DEM ANDENKEN AN

JOHANN WOLFGANG GOETHE

DEN KÜNDER DER EINHEIT DES LEBENS
IM HUNDERTSTEN JAHRE
NACH SEINEM TODE.

ISBN 978-3-642-98796-0 ISBN 978-3-642-99611-5 (eBook)
DOI 10.1007/978-3-642-99611-5

Reprint of the original edition 1932

Vorwort zur zweiten Auflage und Antwort auf Angriffe.

Die erste Auflage ist schon manches Jahr vergriffen. Wegen anderer Pflichten kam ich nicht gleich zu der Bearbeitung der neuen. Ich bedauerte es nicht, in der Hoffnung, ich werde durch die Kritik auf manches aufmerksam gemacht, was zu ändern wäre. Darin habe ich mich getäuscht. Neben einer Anzahl „enthusiastischer" Zustimmungen von Naturwissenschaftern sind allerdings die erwarteten scharfen Verurteilungen von philosophischer Seite nicht ausgeblieben, wenn auch die meisten Andersgläubigen so höflich waren, die Kritik mit Schweigen zu erledigen. Leider war aber aus der negativen Kritik nichts Wesentliches zu lernen; sie bewegte sich meist in allgemeinen Phrasen, hatte die Sache nicht gelesen oder nicht verstanden. Es gibt aber Leute, die bewiesen haben, daß man sie verstehen *kann*. Abgesehen von Schönheitsfehlern, auf die ich selber aufmerksam gemacht hatte, sind wirkliche Unrichtigkeiten, die mir natürlich bei der inhaltlich wie formell schwierigen Darstellung entschlüpft sind, von niemandem erwähnt worden.

Das Buch ist also im Prinzip das alte geblieben, wenn auch im einzelnen viel geändert worden ist in der Hoffnung, es klarer zu machen und Fehler zu korrigieren. Eine wesentliche Kürzung, die mir vorschwebte, ist leider nicht gelungen. Es kam ja darauf an, zu zeigen, daß die Grundidee sich bis in alle Einzelheiten bewähre. Und bei der konstatierten Schwierigkeit für manche, sich in solche Gedankengänge hineinzuarbeiten, war es da und dort notwendig, die gleiche Sache mehrfach zu erwähnen, um sie in verschiedene Zusammenhänge zu bringen und von verschiedenen Seiten zu beleuchten.

Ganz umgearbeitet wurden die Kapitel, die sich mit der Aufnahme und ersten Verarbeitung des psychischen Materials und mit dem Bewußtsein beschäftigen. In bezug auf das letztere wurde jetzt scharf zwischen dem „Urbewußtsein" und dem Bewußtsein eines komplizierten Ich unterschieden, ferner wurde das Verhältnis von Bewußtsein und Introspektion (im engen, eigentlichen Sinne), wie ich hoffe, nicht nur genauer, sondern auch richtiger dargestellt.

Unerläßlich schien es mir, auf einige Kritiken einzugehen, nicht um sie zu widerlegen, sondern um zu zeigen, wie und wo ich falsch verstanden werde, und hauptsächlich, was ich eigentlich sagen wollte. Letzteres kann ja auf keine Weise so deutlich gemacht werden wie durch Gegenüberstellung anderer Anschauungen.

Dazu ist es aber nötig, zuerst von den Grundgedanken einen Begriff zu geben:

Die Arbeit versucht, die Psychologie rein naturwissenschaftlich, also ohne andere Voraussetzungen, als wie sie der Naturwissenschafter überall macht, darzustellen. Sie möchte zeigen, daß diese Aufgabe möglich ist, ja zu einer Abrundung der Lehre von der Psyche führt, die sonst nicht gewonnen werden kann. Dabei wird die Psychologie von selbst ein Teil der Biologie, in genau dem nämlichen Sinne wie die übrige Physiologie und die Pathologie. Bis jetzt scheiterte eine solche Betrachtung, abgesehen von einer Menge von Vorurteilen, an der als Axiom geltenden Unmöglichkeit, „das Psychische“ aus dem Physischen abzuleiten. Nun will gezeigt werden, daß alle Funktionen, die man als spezifisch für die Psyche anzusehen gewohnt ist, Gedächtnis, Assoziation, Abstraktion und damit das Denken, im Keim schon objektiv nachweisbare Funktionen des Centralnervensystems (und damit speziell entwickelte Eigenschaften der lebenden Substanz überhaupt) sind, und es wird auch der Versuch gemacht, die bewußte Qualität der Psyche, das einzige bisher die beiden Reihen wesentlich Trennende, als eine notwendige Folge objektiv bekannter Hirnvorgänge zu verstehen. Die als „wesentlich“, als „unvereinbar“ geltenden Unterschiede zwischen Hirnfunktion und Psyche erweisen sich als selbstverständliche Folgen der Verschiedenheit des Standpunktes, von dem aus das nämliche Ding „angesehen“ wird. Unabhängig davon werden die einzelnen Funktionen in ihren elementaren Eigenschaften durchforscht, soweit sie uns aus den Beobachtungen von innen und außen, an Mensch und Tier, an Gesunden und Kranken, an Kindern und Erwachsenen, an Primitiven und Kulturmenschen, in Psyche und Hirnphysiologie bekannt sind; die Herbeiziehung der Hirnphysiologie ist geboten, nicht nur weil die Gleichheit hirnphysiologischer und psychischer Gesetze die Identitätsauffassung stützt, sondern weil die Erkenntnisse auf dem einen Gebiet überhaupt das andere Gebiet zu beleuchten imstande sind.

Wir beschäftigen uns mit der nämlichen Welt wie jeder Naturwissenschafter und im gleichen Sinne, im wesentlichen ohne uns darum zu kümmern, was für eine Art Realität ihr entspricht. Soweit eine Stellungnahme nötig wird, setzen wir die Existenz einer Außenwelt voraus mit dem Bewußtsein, daß sie nicht beweisbar ist. Wir wenden auch die in der Naturwissenschaft gebräuchliche Art des Materialsammelns und des Schließens an. Die Psyche selbst erweist sich als eine Hirnfunktion durch eine Menge von Tatsachen, die in ihrer Bedeutung ganz gleich oder analog sind denen, die uns veranlassen, einen bestimmten Reflex als eine Rückenmarkfunktion anzusehen. Eine Untersuchung der Tatsachen, die sich hütet, etwas darin zu sehen, was nicht darin ist (Philosophen können einen solchen bewußten und zu begründenden Ausschluß von Spekulationen mit Naivität verwechseln), führt mit zwingender Notwendigkeit zu der Annahme der *Identität* der Psyche mit gewissen Hirnfunktionen[1].

Der Begriff der psychischen Grundfunktion, des *Gedächtnisses*, der *Mneme*, ist nicht bloß ein psychischer, sondern auch ein physischer; wir finden die nämliche Funktion schon physiologisch im Nervensystem, und schon längst hat man triftige Gründe gefunden, vom Gedächtnis der lebenden Substanz und von einem phylischen Gedächtnis (Artgedächtnis) zu sprechen. (Doch ist letzterer Begriff für uns nicht notwendig; was wir phylisches Gedächtnis nennen, kann man auch als bloße Fortpflanzung bestimmter Eigenschaften auffassen, ohne daß die folgenden Überlegungen beeinflußt würden.) Dem phylischen Gedächtnis des Centralnervensystems entstammen die Instinkte und Triebe, die Ergie, dem individuellen Gedächtnis aber diejenigen Funktionen, die man als die psychischen kat exochen

[1] Die Psyche ist also nicht „das Gehirn von innen gesehen“ (Deussen), *überhaupt nichts statisches*, sondern etwas ablaufendes, wie ein Gesang oder die Erdrotation. In gewissem Sinne sind statisch die Trieb*dispositionen* und die nicht ekphorierten Engramme.

bezeichnet, die Noopsyche[1] STRANSKYs, namentlich das Bewußtsein und das Denken. *Unter Bewußtsein verstehen wir nur die bewußte Qualität, dasjenige, was in erster Linie die Psyche prinzipiell von allem Physischen unterscheiden soll. Auch diese Funktion läßt sich aus dem Gedächtnis ableiten.* Diese Ableitung ist nicht so neu, wie sie manchem scheinen mag (vgl. EXNER, BRUN). Da sie aber bis jetzt den einen als prinzipiell unmöglich galt, und es auch für die anderen nicht leicht ist, sich hineinzudenken, sei bemerkt, *daß der übrige Teil unserer Ausführungen davon — und ebenso von den „philosophischen" Anschauungen des Buches — unabhängig ist und für den, der die Zurückführung des Bewußtseins auf eine Hirnfunktion ablehnt, doch richtig sein kann. Es bleibt nur eine Frage mehr zu beantworten.*

Der Naturwissenschafter sieht im Centralnervensystem einen Apparat mit organisch bedingter Fähigkeit, in Individuum und Art erhaltender Weise zu reagieren und zu streben. Das individuelle Gedächtnis der höheren Zoen[2] erlaubt eine Aufschiebung der Reaktion und eine Summation zeitlich auseinanderliegender Reize und überhaupt Benutzung der individuellen Erfahrungen zur besseren Anpassung der Akte an die momentane Situation. Erinnerung, Übung und Summation von Reizen beweisen, daß jede Funktion in der Psyche, bzw. ihrem Organ, Spuren, „*Engramme*" hinterläßt, die nachher wieder zu ähnlichen Funktionen Anlaß geben. Die Engramme sind sowohl ein hirnphysiologischer, wie ein psychischer Begriff, und ihre Eigenschaften sind mit ein Beweis, daß das Psychische und dessen physischer „Parallelvorgang" Aspekte des nämlichen Dinges sind, von innen und von außen gesehen. Offenbar beruht auch die Vererbung auf Engrammen. Jedenfalls bilden phylische Reflexe und Instinkte, „ekphorierte", d. h. aktivierte Individualengramme und aktuelle centralnervöse Vorgänge zusammen so untrennbare Einheiten und können sie einander so deutlich ersetzen, daß man diese Funktionen als prinzipiell identisch ansehen muß. — Die Engramme dauern so lange wie das Gehirn, das sie trägt. Ihr sogenanntes Abblassen beruht auf einer Ersetzung derselben durch sekundäre Gebilde, ihr scheinbarer Ausfall auf normalen oder krankhaften Erschwerungen der assoziativen Ekphorie. Sie sind keine Energien, sondern Dispositionen zur Gestaltung und Richtunggebung der psychischen Funktionen. Beim Erwachsenen reproduziert das Gedächtnis nur selten die immerhin erhaltenen primären Engramme der eigentlichen Empfindungsgruppen (Anschauungsbilder mit sinnlicher Deutlichkeit. Vgl. die wichtigen Untersuchungen von E. R. JAENSCH, die in zwingender Weise zur nämlichen Auffassung führen), sondern Verarbeitungen derselben, die wir *Vorstellungen* nennen. Schon die Wahrnehmung enthält reproduzierte Vorstellungsbilder, und zwar ist deren Bedeutung eine viel größere, als man sich gewöhnlich denkt. Das Herbeiziehen falscher Vorstellungsbestandteile bei einer Wahrnehmung führt zu einer *Illusion;* der Umstand, daß in dem Gebilde, das wir Wahrnehmung nennen, die beiden Bestandteile, sinnliche Empfindung und Vorstellung, jeder für sich von Null bis zum Maximum schwanken kann, erklärt den fließenden Übergang von Vorstellung zur Halluzination. (Es gibt noch andere Halluzinationstypen als die aus Vorstellungen.) Die

[1] STRANSKY unterscheidet in den psychischen Funktionen *thymopsychische* und *noopsychische*. Ich akzeptiere den letzteren Ausdruck für die Gruppe Empfindung, Wahrnehmung, Denken; STRANSKYs Thymopsyche scheint mir aber ein etwas engerer Begriff als das, was ich mit „Ergie" bezeichnete, weshalb ich den letzteren Ausdruck beibehalte für Triebe, Instinkte, Affekte, Wollen, kurz das Dynamische.

[2] Zoon = Tier + Mensch.

wesentlichen Unterschiede zwischen Halluzination und Vorstellung liegen aber nicht in der vorhandenen oder fehlenden Mitbeteiligung von aktuellen Empfindungen oder Empfindungsengrammen, sondern in den begleitenden Assoziationen. *Die Vorstellungen sind ihrer Bedeutung nach zunächst verlängerte Wahrnehmungen:* wenn wir die Augen schließen, so können wir uns in dem eben gesehenen Raume vermittelst der Vorstellungen orientieren. Schon bei dieser Anwendung können wir aber eine bloße Wiederholung der ursprünglichen Anschauungen (Sinnesbilder) nicht brauchen; sobald wir uns von dem Platz, von dem aus wir den Raum gesehen haben, fortbewegen, müssen wir die Vorstellung des Raumes für jede einzelne Stelle des zu durchgehenden Raumes so umbilden, wie wenn wir den Raum nun von der neuen Stelle aus sehen würden. Noch wichtiger ist die *Abstraktion* genannte Umbildung, die die Ähnlichkeiten von verschiedenen Empfindungen und Wahrnehmungen (und auch Vorstellungen) vereinigt, und alles andere ausschaltet (wobei auch Umbildungen nicht zu fehlen brauchen). Diese abstrahierten Vorstellungen sind zum Denken nötig, bei dem die Mitwirkung der ursprünglichen Engramme hinderlich wäre. Die „Blässe" und die „Unvollständigkeit" der Vorstellungen ist also nicht eine Schwäche derselben, sondern eine Notwendigkeit. Auch die Abstraktion ist ein centralnervöser, ja allgemein biologischer Vorgang, der nicht bloß der Psyche zukommt.

Je nach ihren (assoziativen) Zusammenhängen ordnen sich die Erfahrungen von selbst in eine *Innenwelt* und eine *Außenwelt.*

Die Abstraktion bestimmter Beziehungen zwischen den Wahrnehmungen bildet die Begriffe von *Raum* und *Zeit.* Die Heraushebung der *Beziehung* der Dinge und der Geschehnisse untereinander unterscheidet sich prinzipiell in keiner Weise von der Heraushebung der Beziehungen der einzelnen Sinnesempfindungen untereinander. Die letztere führt zur Begriffsbildung und Abstraktion, die erstere zum *Denken.* Das Denken ist eine vorstellungsmäßige Wiederholung (Ekphorie) der Wahrnehmung von Beziehungen der Dinge; seine *Kausalität* sowie alle seine anderen Beziehungen, die man durch „wenn", „obgleich" usw. ausdrückt, stammen aus der Erfahrung. Die Analogie, das Assoziieren nach Ähnlichkeit, ist etwas Selbstverständliches; es ist eine Teilerscheinung der allgemeinen Eigenschaft des Organismus, durch ähnliche Reize zu gleichen Reaktionen angeregt zu werden, indem z. B. der nämliche Reflex durch ähnliche, aber in Qualität, Quantität und Lokalisation nicht ganz gleiche Reize ausgelöst wird. Die *Assoziationsgesetze* sind die der Ekphorie; die anscheinend unendlich vielen Möglichkeiten der Assoziation auf eine bestimmte Vorstellung im Denken werden auf *eine* beschränkt dadurch, daß nie eine einzelne „Vorstellung" in der Psyche vorhanden ist, sondern eine ganze *Konstellation,* einschliesslich einer *Zielvorstellung,* die in letzter Linie aus der Affektivität (den Trieben) stammt. Konstellation bedeutet aber nicht bloß eine Summe der einzelnen wegleitenden affektiven und noopsychischen Tendenzen, sondern eine „Gestalt", ein Ganzes mit anderen Eigenschaften als die Teile. In jeder psychischen Funktion, so auch in jeder einzelnen Assoziation und Konstellation liegt nicht nur etwas Positives, sondern auch eine *Hemmung* aller nicht dazu gehörigen Funktionen. Kausalität, Finalität, kausale und verstehende Zusammenhänge, eindeutige oder bloß wahrscheinliche Folgen aus den Ursachen, psychische und physische kausale Zusammenhänge überhaupt erweisen sich als nicht *wesentlich* verschiedene Dinge. (Nur angedeutet seien hier die zu erläuternden Begriffe der *Intelligenz,* der *Phantasie,* mit dem *dereistischen* (autistischen) *Denken*, die Umkehr der Assoziationen, das mathematische Denken.)

In der Organisation begründet sind die *Triebe* oder *Instinkte* und die elementaren Eigenschaften des Gedächtnisses; durch Erfahrung erworben sind (beim Menschen) die Begriffe, die logischen Gesetze usw.; die Bewußtheit ist eine Folge des funktionierenden Gedächtnisses. Als *Ergie* wird zusammengefaßt alles treibende und zentrifugale in der Psyche, das natürlich seine besondere Dynamik besitzt. Dazu gehört in erster Linie die *Affektivität*, deren wichtigste Eigenschaft die annehmende oder ablehnende Einstellung gegenüber jedem Erleben ist. Alle Annahme, die Ausübung der Triebe, die Vorstellung der Triebziele ist mit *Lust* verbunden, die Unterdrückung der Triebe und das Verfehlen ihrer Ziele mit *Unlust*, oder: *die Annahme von innen gesehen ist Lust, die Ablehnung Unlust.* Unter den Eigenschaften oder „Wirkungen" der Affektivität ist besonders hervorzuheben, daß sie nicht nur für unser Handeln die Ziele setzt, sondern auch für unser Denken, und daß sie durch eine bestimmte Art der Beeinflussung der Assoziationen die Richtung des Denkens auch in den Einzelheiten mitbestimmt, oft direkt gegen die Gesetze der Logik; für das Verständnis der Psychopathologie ist das von fundamentaler Wichtigkeit. Unter den Gefühlen und Trieben dienen die *ethischen* der Erhaltung der Gemeinschaft; *sie sind deswegen auch vom biologischen Standpunkt aus die höheren als die übrigen; es fehlt aber jeder Grund, sie aus irgend etwas Absolutem oder sonstwie wesentlich Besonderem abzuleiten.* Das moralische Ideal ist nicht Unterdrückung der „egoistischen", das Individuum selbst erhaltenden Triebe, sondern das richtige Gleichgewicht von Altruismus und Egoismus.

Eine Teilerscheinung der Affektivität ist die *Aufmerksamkeit.* Auf der instinktiven Verstehbarkeit der Affektäußerungen anderer beruht die *Suggestion* und die Besonderheit der *Massenpsychologie.* Unter den *Trieben* bekommt der Sexualtrieb bei den Kulturvölkern, wo der Nahrungstrieb und die anderen Teiltriebe des Erhaltungstriebes stark zurücktreten, eine relativ besonders hohe Bedeutung, die noch verstärkt wurde durch die ihm innewohnenden natürlichen Hemmungen. So wird seine bis vor kurzem ungeahnte Bedeutung für die Ätiologie der Neurosen verständlich (Freud).

Der *Wille* ist eine Abstraktion und nicht als besondere Funktion von der Affektivität und den Trieben abtrennbar. Das, was man *Willensstärke* nennt, sind mehrere ganz verschiedene Dinge, ebenso die *Willensschwäche.* Der Wille äußert sich nicht bloß im direkten Handeln, sondern auch darin, daß er „Gelegenheitsapparate" schafft, die nach einem einmal gefaßten Vorsatz mehr oder weniger *automatisch* handeln wie Reflexe. Das, was man als „Abreagieren" bezeichnet hat, beruht im wesentlichen auf dem Abstellen dieser Gelegenheitsapparate. Der Wille läßt sich nur als determinierter konsequent durchdenken und kommt nur so nicht in Widerspruch mit den Tatsachen. Dabei sind Begriffe, wie „Zufall", „Möglichkeit" genauer klarzustellen.

Die Mannigfaltigkeit der centralnervösen und psychischen Vorgänge und Möglichkeiten bedingt natürlich einen beständigen Wettstreit verschiedener Funktionen. Die Beobachtung zeigt, daß die verschiedenen Tendenzen meist nicht direkt gegeneinander kämpfen, also nicht so, daß eine Resultante nach Art des Parallelogrammes physischer Kräfte zustande käme, sondern in der Weise, wie in einer elektrischen Anlage *Schaltungen* gestellt werden. Das Bild der Schaltungen läßt sich bis in viele Einzelheiten überall durchführen, nicht nur beim Wettstreit verschiedener

Strebungen, sondern auch bei bloßen Beeinflussungen durch die Konstellation, etwa wie der Bauchschwanzreflex der Katze bei gleicher Reizung je nach der Ausgangstellung nach links oder nach rechts ausschlägt. Jede Funktion übt eine gewisse Schaltung der anderen Assoziationen aus, nirgends aber bekommt die Schaltkraft eine so große Bedeutung, wie bei den *Affekten*, bei denen sie eine von ihren übrigen Qualitäten unabhängig variierende Wirkungsfähigkeit darstellt. Aus diesen Mechanismen lassen sich eine Menge wichtiger Erscheinungen, das *Unbewußte*, die *Verdrängung*, viele Arten des *Vergessens* überhaupt, die *Hypnose*, die *Schlafschaltungen* ohne weiteres verstehen. Im Schlaf können wir zwei Schaltungen unterscheiden, die voneinander unabhängig sind, die eine für die Veränderung oder Ausschaltung des Bewußtseins und die andere für die chemischen (erholenden) Funktionen des Schlafes.

Die *Dynamik* der Psyche drückt sich außerdem in einer Anzahl von wechselnden Dispositionen aus, die man treffend *Spannungen* vergleicht. Davon sind allgemein bekannt Aufmerksamkeitsspannung, Willensspannung, Sexualspannung; weniger denkt man daran, daß eine Art Spannungsenergie dazu gehört, die Assoziation in dem Rahmen der durch die Erfahrung gebildeten Zusammenhänge zu halten, *Assoziationsspannung*, die vielleicht identisch ist mit der Kraft, die im Wachen unser Ich zusammenhält, das beim Einschlafen deutlich zerfällt.

Von der elementaren *Natur der nervösen Vorgänge* wissen wir nichts; wir können deshalb auch über denjenigen Teil derselben, der potentia von innen gesehen werden kann, d. h. über die physiologischen Vorgänge der Psyche nur wenig sagen. Auffällig ist, daß unter manchen Umständen sich Zeit und Intensität ersetzen können wie in der Physik, daß aber auch komplizierte Funktionen oft merkwürdig rasch, „einzeitig", ablaufen. Auch über verschiedene Qualitäten des „Psychokyms" wissen wir nichts.

Über die *Lokalisation der psychischen Funktionen* ist uns bereits Bemerkenswertes bekannt. Jedenfalls ist die Rinde das wesentliche Organ des individuellen Gedächtnisses, während die ergischen Funktionen in erster Linie vom Stamm ausgehen.

Daß sich mit solchen Ansichten eine *Lebens- und Weltanschauung* ebensogut und ebenso befriedigend und sogar konsequenter als mit den meisten anderen aufbauen läßt, wollen viele nicht glauben, weil es nicht *die* Lebensanschauung ist, die *sie* befriedigt. Unendlichkeit, Absolutes, Zweck des Daseins, Wahrheit, Glauben, Schuld und Sühne usw. sind Begriffe, die man in diesen Zusammenhängen nur klar abzugrenzen braucht, um ihren Wert einerseits und Unwert andererseits einzusehen. Für den „*Glauben*" ist gerade durch den „Positivismus" Platz geschafft, zwar nicht für denjenigen Glauben, der positive Beweise haben, sich als objektives Wissen ausgeben möchte, sondern für den, der direkt und ohne Scheu aus dem inneren Bedürfnis kommt.

Von den mir bekannten *Einwänden* verdient einer besondere Beachtung: Diese genetische Ableitung setze, wenn auch in primitiver Form, so etwas wie Psyche schon in den Prämissen voraus, so daß im Grunde nicht Psyche von Nichtpsyche, sondern eine differenziertere Psyche von einer minder differenzierten abgeleitet werde.

Die Bemerkung ist sehr erfreulich, weil sie in der Mneme das psychische Element anerkennt und die Ableitung der höheren Psyche aus der niederen nicht von vornherein verwirft. Die als minder differenziert vorausgesetzte

Prämisse wäre ja die Mneme. Nun schiene es mir wahrhaftig recht interessant, die menschliche Psyche auf eine bloße Komplikation mnemischer Funktionen zurückzuführen. Das allein schon hätte die Bedeutung, daß der in der philosophischen Psychologie gebräuchliche Seelenbegriff einer *wesentlichen* Korrektur bedürfte, da sich die ganze Zielstrebigkeit bis hinauf zur „Vernunft“ in ihrem höchsten Sinne als eine reine Komplikation mnemischer Funktionen erweist.

Wir finden aber auch wirklich von da aus die Brücke rückwärts ins Nichtpsychische, einmal weil wir die gleichen Vorgänge in der körperlichen Physiologie nachweisen, und zweitens weil wir mit MACH und andern die Anfänge der Mneme sogar schon im Anorganischen sehen. Mit der Mneme ist ohne weiteres Zielgerichtetheit, Zweckhaftigkeit und Denken gegeben. Bloß denkbar gemacht, aber für unser Verständnis (noch) nicht erwiesen, ist die Ableitung auch der Bewußtheit aus einer physischen Mneme; aber vielleicht kann sich eine Generation, die von den altgewohnten Begriffen leichter loskommt als wir, einmal auch da noch zu Ende finden. Vorläufig genügt mir: die Psyche ist eine organismische Funktion wie eine andere. Ihre Zielgerichtetheit läßt sich wie die physiologische ohne weiteres aus der Mneme verstehen; da liegt, auch ohne sichere Ableitung, die Vorstellung nahe, daß die Bewußtheit ebenfalls eine mnemische Qualität sei.

Daß ich vom Standpunkt der verschiedenen philosophischen Psychologien aus überhaupt nicht verstanden werden könne, habe ich vorausgesagt.

Ein unübertreffliches Beispiel, wie es Philosophie ihrem Professor geradezu unmöglich machen kann, so etwas zu lesen, und zwar ohne daß es ihm bewußt wird, ist die Kritik von HILLEBRAND in der Dtsch. Literaturztg. 1, IV, 23, 184.

HILLEBRAND findet einen Widerspruch in folgendem: Nach mir liege der Unterschied zwischen Psyche und Physis nicht in den beiden[1] Dingen, sondern in der Seite, von der wir das eine Ding wahrnehmen (S. 38). Das Verhältnis aber zwischen physischen und psychischen *Funktionen*, schreibt er, erkläre ich als ein kausales. Auf S. 38 sage ich ausdrücklich: „Die kausalen Verhältnisse bestehen also zwischen den niederen Nervenfunktionen und den höheren und — über die Sinnesorgane und Muskeln — zwischen den Nervenfunktionen überhaupt und der Außenwelt.“ Trotzdem hat der Rezensent nicht gemerkt, daß niemals von einem kausalen Verhältnis zwischen psychischem und physischem Aspekt des nämlichen Funktionskomplexes die Rede ist, sondern von kausalem Verhältnis zwischen dem psychophysischen Funktionskomplex und den übrigen nervösen, organischen und außenweltlichen Geschehnissen. Gibt es etwas einfacheres als: Ein bestimmter Komplex von Großhirnfunktionen wird von außen und von innen gesehen, wir nennen ihn Psyche. Selbstverständlich hat er seine aktiven und passiven kausalen Zusammenhänge mit den übrigen Nervenfunktionen und dem Körper und damit mit der physischen Welt. Wo ist der Widerspruch?

Die Behauptung, zwischen den „übrigen centralnervösen“ und den psychischen Funktionen gebe es fließende Übergänge, „wäre nicht zu halten, wenn beide Vorgänge eigentlich nur ein einziger wären“. Sagte

[1] Bei mir steht „beiden“ in Anführungszeichen, die Rezensent wegläßt.

denn auf der Welt jemand, die Psyche „und die *übrigen* centralnervösen Vorgänge“ seien eins? Aber warum sollen sie nicht ineinander übergehen? Die „übrigen“ sind eben nicht die gleichen.

Hillebrand S. 123: „Psychische Vorgänge an sich besitzen keine Lokalisation, die centralnervösen sind lokalisiert — trotzdem sind beide identisch.“ Meine ganze Seite 123 ist ausgefüllt mit der Darstellung des Unterschiedes der subjektiven Lokalisation der eigenen psychischen Funktionen und der objektiven, hirnphysiologischen. Der Rezensent hat das nicht gemerkt, und identifiziert beides, obschon in einem gesperrten Satz und einmal in gesperrter Gegenüberstellung von „objektiv“ und „subjektiv“ der Gegensatz besonders herausgehoben wurde.

„Die einen (die psychische Reihe) erkennen wir genau so, wie sie wirklich sind (S. 13), von den andern wissen wir nichts (S. 72) — aber identisch sind sie doch.“ Ich sage, „so *wenig* wir von diesen psychischen Prozessen wissen, so sicher können wir doch sagen . . . . .“. Falsches Zitat; bei mir aber keine „umfassende Konfusion“. Ich sage übrigens auch nicht: „die einen erkennen wir genau so, wie sie wirklich sind“, sondern: das psychische Geschehen „existiert gerade so, wie ich es kenne“, was einen großen Unterschied macht, da bei mir die erkannte und die existierende Qualität das Nämliche sind, bei Hillebrand zwei gleiche Dinge.

Selbst die Darmbewegungen sollen nach mir zu den *psychischen* (vom Rezensenten unterstrichen), wenn auch unbewußten Funktionen gerechnet werden (S. 264). Ich rede aber von der *Direktion* dieser Funktionen, sehe jedoch, daß, wenn man keine Ahnung vom Zusammenhang hat, man die Stelle so verstehen kann wie der Kritiker. Wissen aber wirklich Philosophen nichts von einer psychogenen, meist einfach „psychisch“ genannten Diarrhöe oder Verstopfung?

„Innen“ und „außen“ sollen hier schlechte Metaphern sein, die in die Rumpelkammer gehören. „Wo es sich um die Frage ‚eins oder zwei‘ handelt, kann man doch klar sprechen und braucht nicht nach symbolischen Ausdrücken zu greifen.“ Der Ausdruck stammt von den Philosophen, wo er lateinisch und deutsch viel gebraucht wird; er wird auch von allen Leuten, von denen ich darüber etwas weiß, sofort verstanden. Nun aber handelt es sich *gar nicht* um die Frage „eins oder zwei?“, sondern um die: „entweder zwei Dinge, oder zwei Aspekte des Nämlichen?“, und für letztere haben wir keinen anderen Ausdruck, und gibt es keinen als einen metaphorischen; auch der Rezensent gibt keinen besseren.

Nach Exner und Bleuler werde aus Erinnerungsbildern und aktuellen Vorgängen ein Ich gebildet, „und der bewußte Charakter irgend eines anderen Vorganges besteht darin, daß dieser an jenen schon vorhandenen Kern (an das Ich) assoziiert wird. Beiden Forschern . . . ist die Schwierigkeit nicht aufgefallen, die sich aus der Frage ergibt, ob denn jener Kern selbst etwas Bewußtes ist oder nicht . . .“. Und mein Kapitel II F führt *auf acht Seiten* aus, wie jede mnemische Funktion nur durch die Tatsache, daß sie mnemisch ist, „elementares Bewußtsein“ habe, und es wird der Unterschied zwischen diesem elementaren Bewußtsein und dem des Ichkomplexes dargestellt!

Rezensent findet es merkwürdig, daß es Teile eines Ganzen gibt, die mit dem Ganzen assoziiert werden. Mein Ausdruck läßt wohl zu wünschen übrig. Aus sehr vielen Stellen geht aber hervor, wie er gemeint ist. In den biischen und psychischen Komplexen („Integrationen“) wird jede hinzukommende Funktion in der Tat ein Teil des Ganzen und wirkt nur als solcher.

„Die Engramme bestehen, wenn sie einmal gesetzt sind, so lange wie das Gehirn (S. 91); es fehlen alle Anhaltspunkte, um eine Umgestaltung der Engramme anzunehmen (S. 93). Hingegen: wir ekphorieren nur ausnahmsweise ein ursprüngliches unverarbeitetes Engramm, in der Regel vielmehr ein Neugebilde, und der wichtige Teil dieses Verarbeitungsprozesses erfolgt schon während der Nachdauer (S. 191). Werden also die Engramme während ihrer Latenzzeit umgestaltet oder werden sie nicht umgestaltet?" In der zitierten S. 91 heißt es nun, unter bestimmten Umständen werde ekphoriert „eine nachträgliche Bearbeitung, *die zwar das ursprüngliche Engramm bestehen läßt*". S. 93 heißt es: „daß nicht ein umgeändertes Engramm, sondern ein neu geschaffenes vorliegt, neben dem das ursprüngliche weiter besteht". *Ohne lange zu suchen, habe ich noch 10* (*zehn*) *Stellen gefunden, wo die Frage des Rezensenten klar beantwortet ist*, zum Teil noch mit Anführung von Metaphern wie der photographischen Platte.

„Es ist ein durchsichtiger Widerspruch, für den Inhalt der Vorstellungen noch einen besonderen Raum anzunehmen, von dem aus es zum Wahrnehmungsraum keinen Übergang gebe (S. 124), so sagt BLEULER. . . . . das hindert ihn aber nicht, S. 147 zu behaupten: die genaue Einordnung in den Sehraum ‚statt in den Vorstellungsraum mache die Vorstellung . . . . zu einer Halluzination'." Das vom Rezensenten angeführte Beispiel zeigt gerade, daß die Vorstellung unter Umständen in den Sehraum eingeordnet werden kann, also ein Übergang vom einen zum andern angenommen wird. *Mein* Vorstellungsraum und *mein* Wahrnehmungsraum sind eben in bezug auf den Raumbegriff, wie ich gesagt habe, das nämliche, gerade wie der „Sehraum" und der „Hörraum" und der „Tastraum" *als Raum* dasselbe sind, aber von den verschiedenen Sinnen aus in verschiedener Weise zur Wahrnehmung kommen.

Es sei eine *Tautologie*, wenn ich sage, unter mehreren Trieben setze sich derjenige durch, der unser Ich als Ganzes am meisten beeinflusse . . . (275/6). „Es ist wohl klar, daß wir einem Trieb erst dann maximale Stärke zuschreiben, wenn er sich gegenüber andern durchsetzt". Antwort: 1. Wenn es eine Tautologie wäre, so wäre sie eine sehr nützliche, etwa wie die Tautologie $(a + b)^2 = a^2 + 2ab + b^2$, denn sie sagt, daß hier ein Spiel von Kräften vorliege, denen man ein bestimmtes Maß zuschreiben könne, und nicht das unfaßbare, unbeschreibbare, mystische Etwas, das die Philosophie den freien Willen nennt. 2. Es ist überhaupt keine Tautologie, weil der Naturwissenschafter noch andere Kriterien für die Triebstärke besitzt, so, abgesehen von dem subjektiven Maßstab, die körperlichen Wirkungen und die Schaltwirkungen und vor allem die *biische Wertigkeit* des Triebes. 3. Es ist unrichtig, daß ich sage, unser Handeln gehe *immer* (von mir unterstrichen B.) in der Richtung des stärksten Triebes. Ich sage: „Derjenige Trieb setzt sich durch, der das Ich am meisten beeinflußt, *sei es* (von mir unterstrichen, B.) weil er der stärkere ist, *sei es* . . . . ." und dann werden die Gründe angeführt.

Eine andere Art Tautologie liege im folgenden: Wenn man sage: „Ich habe gestern diese oder jene Wahrnehmung gemacht, und heute erinnere ich mich ihrer, weil etwas mit ihr gleichzeitig Wahrgenommenes abermals zur Wahrnehmung gelangt ist, — so ist das der triviale Ausdruck einer trivialen Tatsache. Wie tiefgründig und gelehrt nimmt es sich dagegen aus, wenn ich sage: die gestrige Wahrnehmung hat ein Engramm hinterlassen, das besteht so lange mein Hirn lebt, und dieses Engramm ist heute ekphoriert worden, weil durch einen äußeren Reiz ein zweites Engramm wieder belebt wurde, das mit dem ersten zusammengeschaltet wurde. Besagt der zweite Satz nur auch um ein geringes mehr als der erste?" Allerdings sagt er mehr, aber nicht um ein geringes, sondern um sehr vieles. An ihm hängt ein Gedächtnisbegriff, der vom Bewußtsein losgelöst ist (Mneme) und wichtige biologische Vorstellungen umwälzt, und, wie man hätte merken sollen, in dieser Psychologie die Hauptrolle spielt. Wer allerdings nicht einmal SEMON und HERING versteht, kann gar nicht wissen, was die vorliegende Psychologie sagen will.

In gleicher Weise hat das angegriffene Bild der *Schaltapparate* seinen Wert; man darf vielleicht von erklärender Bedeutung desselben reden. Es ist unter anderm namentlich in der Psychopathologie brauchbar.

Daß etwas als „früher Dagewesenes abermals vorstellen" nicht identisch ist mit „etwas als früher Gewesenes vorstellen" falle mir nicht ein. Ich weiß nicht, worauf sich das bezieht, aber ich kann den Rezensenten versichern, daß mir solche Selbstverständlichkeiten seit mindestens sechs Dezennien bekannt und bewußt sind.

Meine Ableitung des pythagoreischen Lehrsatzes soll zeigen, daß mir in der Mathematik die elementarsten Kenntnisse fehlen. Falsch ist er nicht. Was fehlt ihm denn? Sollte bemängelt werden, daß ich die Sprünge vom Geometrischen zum Arithmetischen und umgekehrt nicht erkläre, so glaube ich jetzt noch, dem Leser einer Psychologie das Verständnis einer solchen Abkürzung zumuten zu dürfen.

Diese Kritik, in der *alle* Vorwürfe daneben hauen, hat mir eine gewisse Genugtuung gegeben. Schöner hätte man nicht zeigen können, wie die philosophische Bildung auch den redlichsten Willen zuschanden machen kann, wenn es sich darum handelt, naturwissenschaftliche Gedankengänge zu erfassen, und gegenüber meinem philosophischen Insuffizienzgefühl ist es ein gewisser Trost zu sehen, daß philosophische Kritiker von unseren Problemen noch recht viel weniger verstehen können als ich von der Philosophie.

Die Kritik von L. BINSWANGER[1] gilt nicht speziell meinem Buche, sondern der von demselben vertretenen Richtung überhaupt.

Obgleich der Autor, seinerzeit mein Schüler in der Psychiatrie, selbst gute psychiatrische Arbeiten publiziert und ein von ihm philosophisch genanntes Buch, das auch ich schätze, geschrieben hat, ist es ihm bis jetzt nicht möglich gewesen, meinen Ideengang nachzudenken. Daraus schließe ich, daß ich Unrecht hatte zu meinen, jeder aufmerksame Leser werde gleich verstehen, was hier „Assoziation" oder „Engramm" usw. bedeutet. Ich suche eben Definitionen zu vermeiden; denn diese legen in solchen Dingen auch bei der besten Fassung die Begriffsgrenzen nie genau da fest, wo sie sein sollten.

Die Unmöglichkeit des philosophischen Heteristen[2], sich in die Identitätstheorie hineinzudenken, zeigt sich am schärfsten S. 409, wo BINSWANGER die Vergleiche so verwickelter Dinge wie des künstlerischen Ausdruckes, der Arten des Philosophierens u. dgl. erwähnt und dann bemerkt: „Wenn das Gehirn das alles auch zu leisten vermag auf Grund einer,

---

[1] Welche Aufgaben ergeben sich für die Psychiatrie aus den Fortschritten der neueren Psychologie? Z. Neur. 91, 402ff. (1924).

[2] Da unsere sehr verschieden denkenden Gegner sich meist nicht über die Natur der von ihnen vorgestellten „Seele" aussprechen, kann ich sie nicht wohl einfach unter dem Namen der Dualisten zusammenfassen; ebensowenig kann ich mich selbst einen Monisten nennen, weil es deren mehrere Arten gibt, und weil die „Sphäre" dieses Begriffes manches enthält, was mir nicht zukommt. Das Wort „Identitätspsychologe" wird, wenn man es viel wiederholen muß, zu lang. So nenne ich die Anhänger der Identität der Psyche mit einer Hirnfunktion *Identisten*, und die ganze Klasse, die in der Psyche noch etwas anderes findet, *Heteristen*, und bitte um Verzeihung für die nicht ästhetischen aber bequemen und wenigstens inhaltlich richtigen Neologismen.

wenn auch noch so hochpotenzierten primitiven Eigenschaft des Organismus, *wozu dann die doppelte Leistung des Gehirns einerseits, des Denkens anderseits?*" (Von Bl. unterstrichen.) Die ganze Idee, die hier von BINSWANGER bekämpft wird, beruht aber gerade darauf, daß es kein ,,einerseits und anderseits" in seinem Sinne gibt, sondern daß das, was er als zwei Dinge ansieht, nur eines ist. Es braucht ja das nicht jeder zu *glauben*; aber daß ein hervorragend intelligenter, hochgebildeter und vorurteilsfreier Mann sich so wenig in die Identitätsvorstellung hineindenken kann, bringt uns grell zum Bewußtsein, wie schwer es ist, sich von philosophischer Dankweise zu lösen, wenn man sich ihr einmal gründlich hingegeben hat.

BINSWANGER hält allerdings noch für nötig, seine Behauptung zu stützen, und das zunächst mit BUMKEs Bemerkung, daß es in der Tat nicht einzusehen sei, ,,welche Centren bei all diesen Vorgängen gemeinsam in Anspruch genommen werden, und welche Leitungsgesetze die außerordentlich zahlreichen Varianten erklären sollen". Der Identist sieht das auch nicht ein; wozu sollte er? Er leitet die Psyche aus bestimmten vitalen und tatsächlich vorhandenen *Funktionen* ab, wobei ihn Centren und Leitungen nichts angehen. Dem Zusammenhang nach verstehen BUMKE und BINSWANGER hier offenbar Leitungen von einer Gehirnstelle zur andern. Setzen wir nun statt Leitungsgesetze Assoziationsgesetze, die von den Heteristen meist mit Leitungsgesetzen verwechselt werden (,,wer sagt Assoziation, sagt Lokalisation" BERZE) und wohl auch hier gemeint sind, so ist zu entgegnen, daß wir die Assoziationsgesetze recht weitgehend kennen und sogar ihre Genese zwingend aus der Mneme ableiten, wobei allerdings bei oberflächlicher Betrachtung der Anschein eines Zirkelschlusses erweckt werden könnte, weil ,,Assoziation" notwendig im Begriff der Mneme steckt.

Ein Fehler, den ich ebenfalls nicht anders begründen kann als durch die unzerstörbare Vorstellung einer Psyche hinter der Psyche des Identisten, liegt in der Bemerkung, die Psyche habe nach BLEULER bei einer Vergleichung zweier Dinge ,,so wenig wie bei der Bildung unserer Begriffe hinzuzutun". Was soll die Psyche zu sich selber hinzutun?

Ich sehe nun, daß ich mich in der ersten Auflage zu sehr darauf verlassen habe, der Leser werde das, was ich unter Supposition einfachster Verhältnisse ausführte, von selbst auf die gewöhnlichen Komplikationen übertragen. Ich will versuchen mich jetzt deutlicher zu machen. Ich rede davon, daß die Wahrnehmungen sich zusammensetzen aus bestimmten Empfindungen und bestimmten Ekphoraten. Das entspricht zwar dem ganzen Vorgang bei denkbar einfachsten Verhältnissen, wo etwa eine empfundene Farbe mit einer empfundenen Form und einigen Ekphoraten früherer ähnlicher Empfindungen die Wahrnehmung eines Apfels quasi automatisch schafft. Bei der Komplikation der wirklichen Vorkommnisse aber wird das Ganze, die Gesamtheit der aktuellen psychischen Vorgänge, immer einen deutlichen Einfluß ausüben, indem es nach den durch die phylische und ontische Erfahrung gewonnenen Regeln aus dem Chaos von Möglichkeiten gerade die brauchbaren Kombinationen heraushebt. Da kommt das zur Wirkung, was ich die *Konstellation* genannt habe, wobei andere oft nur an noopsychische Vorgänge denken, nicht aber auch an das ganze Triebleben, welches für die Auslese noch wichtiger ist als die Erfahrungsassoziationen (im Hunger wird anderes wahrgenommen und anders reagiert als in der Sättigung). Daß die Konstellation auch die oberste Gestalt, die Psyche, umfaßt, hielt ich für selbstverständlich. Gleiche Empfindungen müssen sich bei verschiedenen Zoen verschieden gruppieren, sowohl weil eine andere Konstitution sie ordnet, als auch weil ihnen andere individuelle Erfahrungen vorausgegangen sind.

Ein zweiter Einwand ist der, daß den Engrammen das „aufgebürdet werde, was in jahrtausendelanger Entwicklung die Wissenschaften der Erkenntnistheorie, der Logik und Psychologie in exakter Arbeit auseinander gefädelt haben" (409.) Nun sollten wir auch hier zunächst statt „Engramme" „Hirnfunktionen" setzen, in denen allerdings der Gedächtnisfunktion und damit den Engrammen eine wichtige Rolle zukommt; aber Denkfunktion ist nicht gleich Engramm. Dann aber — und das ist besonders wichtig — bauen die menschlichen Hirnfunktionen des Individuums inhaltlich vermöge der Mitteilungsfähigkeit eben sowohl auf das, was andere gefunden haben, wie auf das, was sie selber erfahren und kombinieren, gerade wie die mnemischen Funktionen des Körpers nicht nur auf die eigenen Erfahrungen bauen, sondern, vermöge der Vererbung, auch auf das was in Jahrmillionen auseinander und ineinander gefädelt worden ist, und sie sind nicht weniger kompliziert als die psychischen. Und warum sollten nun unsere Engramme das nicht leisten können, was Binswanger von ihnen verlangt? Nicht nur sind sie gerade dazu da, sondern wir haben ja auch einen gar nicht zu verachtenden Anfang von Einsicht in den Mechanismus, der alle diese Wunder zustande bringt. Der Heterist allerdings braucht sich um diese Mechanismen nicht zu kümmern; er holt sich eine anima ex machina, der er alle ihm wünschbaren Fähigkeiten und Eigenschaften zuschreiben kann, weil weder er selbst noch irgend jemand weiß, was für Fähigkeiten sie besitzt und nicht besitzt.

Binswanger bezweifelt überhaupt die Existenz der Engramme (407), was ja ganz unmöglich ist, da der Begriff nur die nicht leugbare „Veränderung" bedeutet, die die Erfahrung im Gedächtnis setzt. Es scheint mir aber, daß Binswanger den Begriff bloß als physisch versteht, während derselbe doch ursprünglich umgekehrt nur ein psychischer war und erst nachträglich auf das Physische ausgedehnt wurde, nachdem man gesehen, daß das gleiche Gedächtnis in aller organischen Substanz besteht. Dabei hat er aber seine psychische Bedeutung keineswegs verloren.

407. Binswanger betrachtet „die Selbstverständlichkeit, mit der wir die Zusammenfassung jener Engramme genannten Dinge in unserem Gehirn als Dingwelt überhaupt und als Struktur dieser Dingwelt erkennen und beurteilen", als ein „Wunder". Zunächst ist zu bemerken, daß die Ausdrucksweise nicht genau und wohl mißverständlich ist: Wir erkennen und beurteilen als Dingwelt (offenbar =Außenwelt) nicht die Engramme[1] sondern gewisse Eigentümlichkeiten der ankommenden Sinnesreize und der Ekphorate dieser Engramme, also nicht Dispositionen, sondern Funktionen. Und warum ist es ein Wunder, wenn die mnemische Seele die Dingwelt erkennt, nicht aber wenn die Heteristenseele das gleiche macht? Ich hoffe, dieses Buch beweise, daß es sich gerade für den Identisten um ein sehr natürliches und für unseren Verstand verständliches Vorkommnis handelt.

Aber unsere Erklärung bedürfe (408) einer ontologisch-metaphysischen Annahme, nämlich, daß die Eigenschaften „in den Dingen liegen". Wozu? Weshalb diese Annahme bei unserer Vorstellung notwendiger sein soll als

---

[1] An diesem Mißverständnis bin vielleicht ich schuld, indem ich einige Male meinte, der Kürze halber „Engramme" schreiben zu dürfen, wo in einem Funktionskomplex die mnemischen Vorgänge die Hauptsache aber nicht das allein in Betracht kommende sind.

bei jeder andern, weiß ich nicht. Jedenfalls aber besteht in bezug auf den Begriff des „Dinges“ eine Unklarheit. Im vorhergehenden Absatz ist „Ding“ rein psychisch aufgefaßt (als Zusammenfassung von Ekphoraten, und eventuell Reizen von den Sinnen aus). Von dieser Art Ding kann man aber nicht sagen, daß seine Eigenschaften „darin“ liegen, sondern gerade für den Identisten wird das Ding als psychisches Ens von der Summe seiner elementaren Eigenschaften „gebildet“, oder mit einem andern Ausdruck: die Gesamtheit derselben *ist* das Ding. Wenn wir aber das Objekt (in vulgärem Sinne) unserer Wahrnehmungen, „den“ Apfel, „den“ Tisch als Ding bezeichnen, dann kann man sagen und sagt man manchmal, daß seine Eigenschaften wie „hart“ und „schwer“ und „rot“ in dem Ding liegen. *Das hat aber mit der sogenannten Projektion nach außen, von der hier die Rede ist, auch gar nichts zu tun.* — Ferner bedürfe es „eines komplizierten wissenschaftlichen Denkprozesses, nämlich die Umwandlung der Farbe Rot in den Begriff der ‚roten‘ (=roterzeugenden) Strahlen“. Wozu? Wir können die ganze Psyche genau in gleicher Weise beschreiben und auffassen, ohne von der Lichtphysik auch nur eine Ahnung zu haben. — Es bedürfe ferner einer „psychophysischen Theorie, nach welcher ein Engramm jeweils einer bestimmten Eigenschaft entspricht“. Letzteres ist richtig, nur ist es wohl keine Theorie, sondern eine Tautologie, die man bei jedem Seelenbegriff in gleicher Weise aussprechen könnte. Auch wenn man die Engramme rein psychisch denkt, müssen die Engramme einer Eigenschaft der Eigenschaft selbst entsprechen. Man könnte höchstens an dem Begriff der Eigenschaft herumdeuteln; ich hoffe aber, daß das nicht nötig ist. — Drittens bedürfe es einer unendlich feinen Lokalisation der Engramme. Wozu? Im Gegenteil, ich glaube, ich sei der erste gewesen, der die Lokalisation à la Meynert und Munk verwarf. Auch in diesem Buche lehne ich die Vorstellung von genauer Lokalisation der psychischen Engramme ausdrücklich ab, allerdings nicht aus psychomechanischen Gründen, sondern aus hirnphysiologischen. — Und das Wunder: es besteht in der nach Bleuler „selbstverständlichen Tatsache, daß wir die Veränderung im Gehirngeschehen eindeutig als Veränderung im Geschehen der Welt, der Außenwelt (von der das Gehirn überdies selber einen Teil bildet) wie der Innenwelt zu lesen und zu deuten vermögen“. Wozu deuten? Da mischt sich wieder ohne jede Berechtigung die heteristische Seele ein. Für uns gibt es kein Lesen und kein Deuten. Es kommen Sinnesreize zum Gehirn, darunter lokal- und kinästhetische, und es gehen nach bestimmten Gesetzen Bewegungsimpulse ab. Diese Funktionen haben bestimmte Beziehungen zueinander und zu den andern hier nicht genannten Funktionen (Beziehungen = Assoziationen aus phylischer und persönlicher Erfahrung), auf a folgt b und auf b cd, und auf n + m folgt q — r (minus wäre Hemmung) usw. Dieses System von Beziehungen bildet das, was wir den Raum und die Dinge nennen. Es *ist* der Raum und gibt also nichts zu deuten, so wenig der ankommende Sinnesreiz, der uns „Blau“ ist, noch einer Deutung der Farbe bedarf. Und das, was diesen Raum und diese Dinge „wahrnimmt“ oder „spürt“, ist das Gesamtsystem, die „Gestalt“, die wir Seele nennen. Sich selber wahrnehmen, spüren, ist aber keine identistische Supposition, sondern eine *Tatsache*, mit der jede Auffassung der Psyche rechnet. Daß die psychischen Funktionen nicht nur im allgemeinen „sich“ spüren, sondern die einzelnen Teile des Ganzen unter sich und vom Ganzen unterscheiden, ist ebenfalls Tatsache, und muß von einer heteristischen Seele wie von einer identistischen gesagt werden.

Nach BINSWANGER gilt es einzusehen, daß ein mnemisches Prinzip im Sinne SEMONS nicht einmal vergleichbar sei mit dem seelischen Gedächtnis; es sei das Verdienst E. MINKOWSKIS, das bewiesen zu haben. Bei einer organisch mnemischen Erscheinung handle es sich um eine eigentliche Wiederholung der engraphierenden Reaktion, in der Psyche erst um eine Empfindung, dann bei der Ekphorie um eine Vorstellung, und das sei ein Unterschied des Wesens der beiden Vorgänge.

Dem ist *unter anderem* entgegenzuhalten:

1. Das psychische und das organische Engramm sind in der Darstellung MINKOWSKIS richtigerweise Folgen des gleichen Reizes, erzeugen an Qualität gleiche objektive Wirkungen und sind im gleichen Organ. Wenn es sich nicht um den Gegensatz Seele und Leib handeln würde, dächte kein Mensch daran, das, was in beiden Fällen zwischen gleichen Reizen und Erfolgen liegt, als verschieden zu betrachten.

2. Es ist ein prinzipieller Fehler, den *objektiven* Behaviorbegriff des mnemischen Inhalts im Organischen vergleichen zu wollen mit dem *subjektiven* Erinnerungsbegriff. Ein von innen gesehenes Blau kann ebensowenig vergleichbar sein seinem von außen erschlossenen Hirnvorgang wie ein gehörter Ton seiner mit dem Finger gefühlten Vibration; aber Ton und Vibration sind der nämliche Vorgang. Auch weiß niemand, ob nicht in der organischen Mneme (der Psychoide) unseren Vorstellungen analoge innere Wahrnehmungen vorhanden sind.

3. Es ist nicht richtig, daß das organische Engramm nur Wiederholungen bewirken könne. *Viel häufiger* beeinflußt es Reaktionen in genau der gleichen Weise wie das psychische: Anpassungen der Gefäßreaktion, Abkürzung beim Infusor usw.

4. Es ist nicht richtig, daß von der Psyche keine Empfindungen reproduziert werden. Das geschieht z. B. nächtlich in unseren Träumen, in den Halluzinationen Kranker, bei den Eidetikern, bei Künstlern, bei jedermanns „lebhaften" Vorstellungen und sonst oft unter irgend wie besonderen Umständen.

5. Es ist nicht richtig, daß das psychische Engramm nur Vorstellungen erzeuge; es erzeugt auch Wiederholungen, z. B. Reproduktion von auswendig gelerntem oder sonstwie geübtem, und, in jeder Sekunde des handelnden Menschen, reaktive Wirkungen, die nicht durch Vorstellungen zu gehen brauchen.

6. Es widerspricht dem identistischen Gedankengang, wenn man die Engrammwirkung bei der Übung motorischer Fertigkeiten *entweder* der Psyche *oder* dem Organismus zuschreiben will. Psychisch und organisch sind ja hier das gleiche.

7. Auch die — auf Engraphie beruhende — Summierung von unterschwelligen Reizen ist sowohl psychisch wie physisch.

BINSWANGER betrachtet den Gedankengang MINKOWSKIS als Beweis für „die Notwendigkeit und den Nutzen einer selbständigen, sich unter methodologischem Verzicht auf die Kategorien der Naturwissenschaft" „rein an den Tatsachen des *Bewußtseins* orientierenden Psychologie". *Ich betrachte ihn als ein hübsches Beispiel aus vielen dafür, wie gefährlich es auch für den tüchtigsten und wegekundigsten Wanderer ist, sich auf so schwierigem Pfade von der Philosophie die halbe Aussicht durch Scheuleder verhängen zu lassen.* Die Freude über das angebliche Zustandekommen einer „autonomen" und „autologischen" Psychologie kann ich also nicht teilen, und ich meine, die beste Bezeichnung einer solchen Wissenschaft wäre „hemianopisch".

Ich gehöre überhaupt zu den vielen, die den Einbruch der Philosophie in die praktische Psychologie und Psychopathologie jedesmal als ein Hemmnis empfanden, das wieder überwunden werden mußte. Die bis jetzt zu konstatierende *absolute Unfruchtbarkeit* der ganzen philosophischen Psychologie selbst für Praxis und Pathologie sollte doch vor all zu stolzen Hoffnungen auf zukünftige Leistungen der uns „vorauseilenden" (403) Psychologie bewahren.

Für BINSWANGER ist die identistische Auffassung von Funktionen, wie z. B. einer Vergleichung, eine Unmöglichkeit. Er fragt sich speziell (407): „Wer erkennt denn nun diese Zusammenstellung (von zwei zu vergleichenden Vorstellungen), und was oder wer erkennt, daß diese Zusammenstellung Gleichheit bedeutet?" Die Antwort ist in der Naturgeschichte der

Seele ausführlich gegeben: Es ist (beim Menschen) die Ichgestalt, ein Komplex von mnemischen Funktionen, der die Eigenschaft hat, sich selber zu spüren, speziell auch Teilveränderungen an sich als „Grün" oder als „Schmerz" oder als „Unterschied" und als „Gleichheit" zu empfinden. *Auch diese Eigenschaft der Psyche ist keine identitätspsychologische Spezialität, sondern der Ausdruck einer Tatsache, die bei jeder Grundauffassung der Psyche konstatiert werden muß.*

409 macht BINSWANGER auf die wichtigen Umgestaltungen aufmerksam, die sich die *Lehre von den Engrammen* unter dem Einfluß moderner psychologischer Anschauungen habe gefallen lassen müssen. Was er aber als neu von „Gestalten" und „Ganzqualitäten" anführt, ist, so viel ich sehe, alles in der Identitätspsychologie von Anfang an fertig enthalten, wenn auch mit andern Worten dargestellt. Jedenfalls habe ich noch nie etwas von dieser Umgestaltung bemerkt.

Die Rückwirkung der Gestalttheorie in der Lehre von den Engrammen zeige sich darin, daß das Engramm nicht mehr als unveränderlicher Eindruck gedacht werde, daß es Veränderungen erleide auf Grund von Gestaltgesetzen. Das gleiche konstatiere ich als selbstverständlich, indem ich ja *nur* mit Gestalten operiere und jede Ekphorie eines Engrammes als eine „Neuschöpfung" bezeichnet habe (vgl. auch S. 97 und 99 der I. Aufl.). Einen psychologisch ganz unwesentlichen Unterschied bedeutet die Auffassung, daß die ursprünglichen Engramme bei der Benützung zur Bildung von Gestalten und Strukturen erhalten bleiben, wie die photographischen Platten, aus denen man ein Typenphoto kombiniert. Dabei erwähne ich, daß die erhaltenen Engramme geradezu aktiv von den gewöhnlichen Ekphorien ausgeschlossen werden. Sie werden also auch bei mir nur ausnahmsweise unverarbeitet benutzt.

Assoziationen sind bei mir Verbindungen psychischer oder psychoider Funktionen nach bestimmten Gesetzen im Neben- und Nacheinander. Im Nebeneinander bilden sie immer, und im Nacheinander oft neue Gestalten, die als Ganzheiten wirken. Assoziiert werden z. B. Empfindungen, Begriffe, Triebe, Gefühle, dann auch kinästhetische Empfindungen und Ekphorate zur einheitlichen Leitung eines Reflexes oder einer Handlung usw.[1].

Da alle psychischen Funktionen aus lauter solchen Assoziationen bestehen, ist es unmöglich zu behaupten, Assoziationen an sich können überhaupt niemals gestört sein (413). Ebenso wenig kann das Gebiet, wo „das Assoziationsprinzip noch gelten gelassen wird", immer mehr und mehr eingeschränkt werden. BINSWANGER und mit ihm viele andere, denken sich unsere Assoziationen als merkwürdige Naivitäten (gelinde ausgedrückt)[2]: sie sollen „sachlich zufällig" (214) sein, es soll bei ihnen auf die

[1] BINSWANGER ist aufmerksam genug, um zu sehen, daß meine „Assoziationen" nicht dem entsprechen, was er mit vielen andern sich unter diesem Namen bei den „Assoziationspsychologen" vorstellt (413 Anmerkung). Doch zieht er nicht die Konsequenz, mich von den Anklagen, die er gegen die Assoziationspsychologen schleudert, auszunehmen, und andere rubrizieren mich einfach unter diese Klasse, womit meine Psychologie unbesehen als sinnlos oder als „überwunden" erklärt ist. Auch hier hat wieder BINSWANGER einen Unterschied zwischen dem Identisten und dem Assoziationspsychologen bemerkt, über den die andern hinweggehen (419): Er ist (merkwürdigerweise) überrascht, daß auch mir die „Empfindung" nicht das psychische Element ist, und knüpft daran die Bemerkung, man sehe daraus, wie schwer BLEULERS Psychologie zu rubrizieren sei. Muß denn wirklich alles Neue von den Philosophen in eine alte Schublade versorgt und mit einer „überwundenen" Etikettierung versehen sein?

[2] Ich kenne die Assoziationspsychologie bloß aus den Darstellungen der Gegner, wo sie den Eindruck einer Sammlung von Kindereien macht.

„sinnlose Häufigkeit der Eindrücke“ ankommen (410), sie sollen eine rein summative Mannigfaltigkeit von verschiedenen Elementen zum Aufbau und Verständnis des Seelischen geben; sie sollen „ein blindes sinnloses Aneinandergeraten und Aneinanderhaftenbleiben im Sinne beliebiger zufälliger Existenzialverbindungen darstellen, nicht nach der sachlichen inneren Gefordertheit des seelischen Geschens“ ablaufen (409/10). Hat wirklich jemals ein Identist einen solchen Unsinn gesagt? Die Assoziationen sollen „eindimensionale“ Vorgänge sein, während sie in *unseren* Vorstellungen der Ausfluß einer äußerst komplizierten Hierarchie von aus Vorstellungen und Trieben zusammengesetzten Ganzheiten sind, und ihr Inhalt selbst auch ein Gebilde von unübersehbarer Komplikation darstellt.

So wolle „der Psychiater im allgemeinen nicht einsehen, daß .... die Richtlinien, nach denen sich für den menschlichen Geist die Mannigfaltigkeit der sinnlichen Eindrücke allmählich scheidet und gliedert, nicht an sich, durch die bloße Natur eben dieser Eindrücke selbst, gegeben und vorgeschrieben sind, sondern daß es die Eigentümlichkeit des Sehens, die Besonderheit des geistigen Blickpunktes ist, wodurch sich die Gestalt der Welt, als eines zugleich physischen und geistigen Kosmos, erst bestimmt“ (nach Cassierer, 413). Ich bin Psychiater und habe nie anders gedacht, als hier Cassierer und Binswanger, so gut wie man die von Binswanger angeführten Ideen Poppelreuters auch bei mir finden wird.[1]. Empfindungen sind auch für mich als psychische Gebilde weder zur inneren Wahrnehmung noch sonst zu einer Wirkung kommende bloße Abstraktionen. Daß kein sinnvoller Gedankengang „ohne determinierende Tendenzen“ entsteht, ist doch wohl bei mir auch deutlich gesagt. Und die determinierenden Tendenzen habe ich herausgehoben unter dem Namen einer „Hierarchie leitender Vorstellungen und Triebe“, d. h. von Ganzheiten unübersehbar vieler Ordnungen.

Aber der unausgesprochene Gegensatz gegenüber meiner Auffassung ist offenbar der, daß bei mir diese Tendenzen ein Produkt einer in elementare Triebe und noopsychische Assoziationskomplexe gegliederten Ganzheit sind, während die Gegner immer durchblicken lassen, daß da noch etwas besonderes, höheres, „die“ Psyche, dirigiere. Ich kann mir anders nicht denken, daß man mich so gar falsch verstehen konnte.

Auch die „Trennung von Inhalt und Funktion“ ist bei mir als selbstverständlich durchgeführt.

Vielleicht könnte es dazu beitragen, daß endlich das Konfundieren meiner Anschauungen mit „der Assoziationspsychologie“ ein Ende nimmt, wenn ich für den Fall, daß dieselben einen eigenen Namen verdienen, den der *mnemistischen Biopsychologie* vorschlage. Dabei könnte man da, wo aus dem Zusammenhang hervorgeht, was gemeint ist, entweder das „mnemistisch“ oder das „Bio-“ weglassen.

---

[1] Anmerkung bei der Korrektur. Die von Binswanger angeführte lichtvolle Arbeit Poppelreuters [Mschr. Psychiatr. **32**, 278 (1915)] habe ich leider bei der damaligen Arbeitsüberhäufung nur flüchtig angesehen, nachdem ich konstatiert hatte, daß sie mir nichts prinzipiell neues bringe. Jetzt habe ich sie gelesen und mußte zu der Einsicht kommen, daß ich wirklich eine Menge höchst naiver Vorstellungen zuerst hätte bekämpfen und mich ihnen ausdrücklich hätte gegenüberstellen sollen, ehe ich von Assoziationen in meiner Auffassung reden durfte. Ich begreife nun die auf die Assoziationen bezüglichen Mißverständnisse der Kritiker besser.

406. Ich soll mit großer Konsequenz bei den Erklärungen jeden *Rekurs auf das Bewußtsein*[1] vermeiden. Das ist nur scheinbar. Ich berücksichtige doch die bewußte Introspektion sehr viel. Aber ich will der hemianopischen *Allein*-Berücksichtigung der Introspektion gegenüber zeigen, daß es noch eine physische Seite gebe, ohne die unser Wissen eine Halbheit ist; da mußte diese notwendig stärker betont werden.

Die „anatomisch-physiologischen Grundlagen der Assoziationspsychologie" sollen einer vernichtenden Kritik unterzogen worden sein. *Meine Psychologie kennt keine anatomisch-physiologischen Grundlagen.* Vernichtung anatomischer und physiologischer Vorstellungen kann ihr als Psychologie nichts anhaben. Mit der Anatomie hat sie überhaupt keine Berührungspunkte, mit der Physiologie nur insofern, als *nachträglich*, wenn das Psychische und das (Hirn-)physiologische einmal bekannt sind, die beiden Erkenntnisreihen in vielen Beziehungen als identisch erkannt werden. Bei diesem Einwand spielt offenbar wieder der MEINERTsche Assoziationsbegriff der *lokalen* Verbindungen der Funktionen oder gar Centren hinein, mit dem wir aber auch gar nichts zu tun haben.

Ich scheine, die „neurologische Methode als *theoretische Grundlage und Ziel*" der Psychopathologie zu betrachten. Davon ist keine Rede. Wir wollen nicht das eine Auge aufmachen, um das andere zu schließen. Die Identitätspsychologie kann nur verstanden werden, wenn *alle* Grundlagen des Wissens in ihrer Gesamtheit benutzt werden. Ein „Ziel" unserer Wissenschaft gibt es überhaupt in diesem Sinne nicht. Das einzige Ziel ist, so viele Tatsachen als möglich zu kennen und sie so gut als möglich zu verstehen.

Ich freue mich, daß ich, was das eigentlich Psychologische betrifft, im wesentlichen mit BINSWANGER übereinstimme; was er bekämpft, sind nicht meine Ansichten. Sehr aber unterscheiden wir uns darin, daß BINSWANGER die Psyche als eine „selbständige ontologische Region mit eigenartigen Gesetzen" auffaßt (405), während ich alle Gesetze der Psyche schon im Biischen finde und deswegen eine autologische, d. h. auf die im engsten Sinne psychisch genannten Vorgänge sich beschränkende Wissenschaft für eine unzulängliche Halbheit halte.

Ich bin der BINSWANGERschen Kritik dankbar. Sie macht mir klar, daß ich eine Anzahl von Dingen, die mir selbstverständlich waren, ausdrücklich hätte herausheben sollen. Das Wichtigste sei nachgeholt: *Im Begriff der Assoziation liegt es, daß sie Ganzheiten, Gestalten bilden, und daß diese, nicht ihre Elemente, das Wegweisende im psychischen Ablauf darstellen. In dem, was ich als Triebe bezeichnete, und das bei allen Funktionen Dynamik und Richtung bestimmt, liegt das Zweckhafte. Beides zusammen macht das aus, was von anderer Seite als „Sinn" des Geschehens bezeichnet wird*[2]. *Die oberste Gestalt, die Person ist eine, in Einzelfunktionen „gegliederte", nicht aus diesen „zusammengesetzte", Einheit.* In den verschiedenen „Psychologien" (Assoziations-, Akt-, Denk-, Gestaltspsychologie usw.) habe ich

[1] Hier offenbar = Introspektion.

[2] In der Psyche schien mir die Bedeutung dieses „Sinnes" zu selbstverständlich, als daß ich sie besonders erwähnen sollte. Wie weit entfernt ich bin, ihn zu übersehen, wenn ich auch das Wort nicht benutzte, zeigt die Darstellung der Psychoide, wo er zuerst zu beweisen war und deshalb besonders betont werden mußte.

bis jetzt nichts Prinzipielles gefunden, das in unserer Psychologie nicht auch vorhanden wäre. Ich sehe aber ein, daß es bei dem Stand der philosophischen Psychologie nötig war, solche psychologischen Funktionen, oder wie man sie nennen will, besonders herauszuarbeiten; aber jede dieser Psychologien für sich ist nur eine Einseitigkeit, ein Bruchstück der ganzen Psychologie, macht aber manchmal den Anspruch, nicht nur ein Ganzes, sondern „das" Ganze zu sein. Das kommt mir vor, wie wenn man den körperlichen Organismus nur von einem einzelnen System, etwa von dem des Stoffwechsels oder des Kreislaufes aus, auffassen und verstehen wollte.

Antwort auf die Kritiken von v. Monakow und Jaspers siehe Z. Neur. („Biologische Psychologie") **83**, 568 (1923).

Mit *einem* Einwand kann ich mich nicht so leicht abfinden, weil ich mich nicht sicher fühle, die Vorstellung des Philosophen ganz verstanden zu haben; ich mag sie aber nicht ignorieren, weil sie von einem Denker kommt, der sich auch in die naturwissenschaftlichen Probleme eingelebt hat, weil sie für die ganze Psychologie fundamental ist, und schließlich weil eine Gegenüberstellung von zwei so verschiedenen Auffassungen zur Klärung beitragen muß. Ich bemerke aber, daß ich hier meine Ansicht nicht für definitiv halte; das Thema bewegt sich für mich und wohl auch für manche andere an der Grenze des klar Erfaßbaren.

Paul Häberlin sagt[1]: Wenn man von „Person" spricht, dränge sich zunächst jedenfalls die Existenz der „lebendigen Wirklichkeit" auf. Der letztere Ausdruck sei eigentlich ein Pleonasmus, denn wirklich = wirkend = lebendig. Persönlichkeit ist zunächst Selbsttätigkeit. Die Selbsttätigkeit, das aktive Ich, das Ich als Subjekt, können wir in keiner Weise wahrnehmen oder uns vorstellen, sondern nur die „Projektion" der *Wirkungen* dieser Tätigkeit auf uns, „ganz analog wie in der Fremdwahrnehmung". Wir beschreiben nur, wie das Wirksame auf uns wirkt, ein zu einem Objekt gewordenes Subjekt, nicht das Wirksame, seine Wesenheit selbst. Das Wahrgenommene oder Vorgestellte ist Objekt und kann nicht das Subjekt, der Träger des Erlebnisses sein; das Ich als Subjekt ist nie zugleich Objekt der Vorstellung. Auch wo ich „mich selbst" erlebe oder fühle, erlebe ich nicht das Wirkende. „Aber im Selbsterlebnis identifiziert oder solidarisiert sich dieses letztere (das aktive Ich) mit seinem Objekt (dem erlebten Selbst) in der Weise, daß es die ‚Verantwortung' für die erlebte Wirkung übernimmt oder vielmehr erlebt: diese im Erlebnis unmittelbar vorhandene ‚Uridentifikation' ist es gerade, was ein bestimmtes Erlebnis zum *Selbst*erlebnis, im Gegensatz zu jedem Fremderlebnis macht. Das erlebte Objekt wird für mich zum Selbst gerade und einzig dadurch, daß ich selber für seine Wirksamkeit die Verantwortung im Erlebnis mit erlebe . . . . .". „Ich erlebe nicht mich als erlebendes Wesen selbst, aber ich erlebe durch das Mitschwingen der Verantwortung im Erlebnis, das Gegenüber so, daß ich mich, das Subjekt der Verantwortlichkeit, und also der Selbsttätigkeit, darin spüre. Ich erlebe *im Objekt*, sofern ich mich als für seine Wirkung verantwortlich erlebe, mich selbst als Subjekt . . . . . nicht ‚unmittelbar', wohl aber indirekt, nämlich als Verantwortliches an der Funktion des Objektes, das ich seinem Wesen nach mit mir, dem erlebenden Subjekt identifiziere". Der Begriff der Selbsttätigkeit ist aus diesem Selbsterlebnis geschöpft.

[1] Der Charakter, Basel: Kober, Spittelers Nachfolger 1925, S. 2 ff.

Ich kann mich gut in die Vorstellung hineindenken, daß in gleicher Sache nicht das Objekt Subjekt und das Subjekt Objekt sein könne. Es ist in der Grammatik und in den Wahrnehmungen und Vorstellungen der Außenwelt das Selbstverständliche. Es ist auch in gewisser Beziehung richtig, daß der, der „sich" selbst tötet, nicht der Gleiche sei, wie derjenige, der dabei getötet wird. Aber: *beim Bewußtsein ist ja gerade die Frage, ob nicht Subjekt und Objekt der inneren Wahrnehmung identisch sein können;* die meisten halten es für selbstverständlich, und ich vermute, daß da, wo nicht einem Ichkomplex eine Veränderung an demselben gegenübergestellt wird (S. 47), die Scheidung in Subjekt und Objekt im Sinne der äußeren Wahrnehmung nicht anwendbar sei, was ebenfalls die ausschließende Gegensätzlichkeit von objektiver und subjektiver Eigenschaft des Ich aufheben würde.

Die ganze Voraussetzung HÄBERLINs *scheint mir also noch nicht bewiesen.* Sie hat übrigens für unsere Auffassung nicht die Bedeutung wie für den Philosophen. Wir wissen ja auch, daß überhaupt ein psychischer Vorgang selbst nur „erlebt" werden, aber nicht Objekt unserer Beobachtung und Analyse sein kann, und studieren ihn doch — in den Engrammen (S. 47/8). Es stört uns auch nicht, daß die vorgestellten psychischen Vorgänge sich unterscheiden von den erlebten.

Jedenfalls haben wir zweierlei Aspekte der inneren Vorgänge zu unterscheiden. 1. Die innere Wahrnehmung eines Aktes während seines Ablaufes: ich nehme wahr, daß ich wahrnehme, denke, aktiv bin usw. — eigentlich keine Wahrnehmung im gewöhnlichen Sinne, mehr ein begleitendes „Gefühl", für das wir aber weder eine Bezeichnung noch eine Beschreibung haben. 2. Die nachträgliche gedächtnismäßige Vorstellung des abgelaufenen Vorganges samt seinem Subjekt, das als Vorgestelltes nun Objekt ist. Das aktive Subjekt dieses Vorganges kann ich mir in der Erinnerung objektiv vorstellen, wie ich mir — nach Analogie meiner Subjektempfindung — die Nebenmenschen als Subjekte ihrer Handlungen vorstelle.

Liegt nun nicht im ersten Aspekt das, was man als Subjekt-Objekt-Empfindung bezeichnet, und damit auch die Empfindung der eigenen Aktivität? Und im zweiten die Erinnerung an die eigene Aktivität?

Wir könnten uns aber auch mit der HÄBERLINschen Vorstellung selbst abfinden, ohne im übrigen unsere Auffassung zu ändern. Die Unterscheidung eines tätigen, wahrnehmenden Subjekt-Ichs und eines wahrgenommenen Objekt-Ichs bringt die innere Wahrnehmung in Analogie zur äußeren. Das erstere würde dem Ding an sich einer äußeren Wahrnehmung entsprechen. In der äußeren Wahrnehmung aber kümmern wir uns nicht um das Ding an sich — und zwar aus guten Gründen, da wir es doch nicht kennen können. Wir haben praktisch und theoretisch nur mit dem Ding der Erfahrung zu tun. Ich meine, wir können — und wir müssen — uns in bezug auf die Dinge der inneren Erfahrung ebenso verhalten, wenn es da etwas dem Ding an sich Analoges gibt.

Vorläufig aber scheint es mir doch, es sei keine Täuschung, daß wir uns als aktives Subjekt empfinden, wenn auch in diesem Ausdruck ein innerer Widerspruch zu liegen scheint. Wir fühlen uns als tätig und zwar unmittelbar evident; man hat sogar gesagt, dieses Tätigkeitsgefühl sei das Realste, das es gibt, oder das einzige Reale. Ich würde sagen: es „gehört" zu dem einzig unleugbar Realen, dem Psychischen; denn es scheint mir, wir empfinden unsere Tätigkeit nicht mehr und nicht weniger als andere psychische

Inhalte; das „Grün“ und der „Schmerz“ als Empfundenes scheinen mir nicht weniger real als das Empfinden des Grüns und des Schmerzes. Mit dem Ich, das wir kennen, können wir operieren gerade wie mit jedem andern Erfahrungsding, nicht aber mit einem dahinter steckenden unerkennbaren Etwas.

Steckt überhaupt etwas dahinter? Beim äußeren Ding ist die analoge Frage als selbstverständlich erledigt: Wir wissen es nicht, aber wir müssen es annehmen. Bei den inneren Vorgängen liegt nicht nur kein Zwang, sondern meines Erachtens kein Anlaß vor, es anzunehmen. Es ist gar keine Frage, daß das, was wir am direktesten — wenn nicht überhaupt allein und vollkommen direkt — kennen, psychische Vorgänge sind. Warum sollen wir unsere Aktivität nicht kennen wie die Farbe Grün oder den Schmerz? Bloß weil das Aktive in einer bestimmten Auffassung Subjekt ist?

Das unmittelbare Aktivitätsgefühl fehlt nur hier und da in Krankheit, und da können wir den Mechanismus dieses Fehlens hypothetisch verstehen; es ist dann gar nicht „die Psyche“, die handelt, sondern eine teilweise oder ganz abgespaltene Funktionsgruppe derselben. Nach Häberlin sollten wir aber von der Aktivität direkt nichts wissen können. Theorie und Tatsachen scheinen also miteinander im Widerspruch zu sein. Bei einem solchen Widerspruch bin ich nun immer geneigt, die Theorie als korrekturbedürftig anzusehen. Häberlin aber zieht einen andern Ausweg vor: Er beantwortet die Frage, die er sich selber stellt, woher wir denn doch von unserer Aktivität etwas wissen, auf dem Umweg über das *Verantwortlichkeitsgefühl.* Da versagt nun leider mein Verständnis vollkommen. Der Fehler mag bei mir sein; aber es wird noch andere geben, denen es auch so geht, und sie werden Häberlin dankbar sein, wenn er auf Einwände Aufklärung gibt. Zunächst möchte ich fragen: In welchem Sinne ist hier „Verantwortungsgefühl“ gemeint? Wenn es den Sinn von „Gewissen“ hätte, so wüßte ich nicht, was es hier zu tun hat. Ist es aber wirklich ein allgemeines Gefühl, für die Handlungen des aktiven Ich, „verantwortlich“ zu sein, so kann ich daraus weder einen Schluß auf Aktivität noch ein Erleben von Aktivität ableiten. Nur wer sich schon als Täter weiss, kann sich verantwortlich fühlen. Nun kann man sich als Täter fühlen, sei es direkt beim Handeln oder nachträglich in der Erinnerung oder auf beiden Wegen zugleich; letzteres halte ich für das Gewöhnliche. In dem Begriff der Verantwortlichkeit steckt allerdings der der eigenen Tätigkeit; er wäre unmöglich ohne diesen. Daraus folgt aber nicht, daß wir — primär[1] — aus dem Begriff der Verantwortung auf Tätigkeit schließen oder sie fühlen können, sondern daß es unmöglich wäre, den Begriff oder den Instinkt der Verantwortung zu bilden, ohne die Tatsache der Aktivität schon zu kennen. Verantwortlichkeit ist unmöglich ohne Aktivitätsgefühl, aber dieses bedarf meines Erachtens nicht der Verantwortlichkeit. Ich kann mir auch nicht denken, daß eine so komplizierte und hochstehende Funktion das anscheinend ganz elementare Gefühl der Selbsttätigkeit bedingen könne. Soll ein Baby im ersten Jahr oder irgendein (höheres) Tier sich nicht aktiv fühlen? Oder soll es Verantwortungsgefühl besitzen? Oder bedeutet der letztere Ausdruck hier etwas ganz Anderes als sonst?

[1] Wenn einmal der Begriff der Verantwortung vorhanden ist, dann natürlich könnte ein überlegendes Wesen aus dem Vorhandensein desselben auf Vorhandensein des Aktivitätsgefühles schließen. Das hat mit unserem Problem nichts zu tun.

Um noch eine Schwierigkeit kann ich nicht herumkommen: Das objektive Ich soll eine Konstruktion des wahrnehmenden, aktiven Ichs aus den Wirkungen des tätigen Ichs auf es sein. Ich muß nun annehmen, daß das aktive Ich schlechthin das gleiche sei, wie das Wahrnehmende; man wird nicht für die verschiedenen Einzeltätigkeiten besondere Wesenheiten annehmen wollen. Das Subjekt-Ich würde also auf sich selbst wirken? Das wäre mir noch schwerer vorstellbar als die der inneren Erfahrung wirklich angehörende Selbst*wahrnehmung*.

Nach Häberlin und andern ist der Subjektcharakter überhaupt unerklärbar, weil er die ewige Voraussetzung aller Erklärung ist. Es wäre zu lang, auch darauf einzugehen. Aber alle diese Dinge sollen beweisen, daß eine Erklärung des Psychischen prinzipiell unmöglich sei. Da habe ich zu erwidern:

Wenn die Einwände richtig sind, muß man im einzelnen falsche oder lückenhafte Voraussetzungen, auf die der Identist baut, oder dann grobe Fehler in den Deduktionen, namentlich Zirkelschlüsse, nachweisen können. (Andere *Meinungen* sind keine logischen Fehler.) In der Zurückführung von Leben und Denken auf die Mneme finde ich keine solche Fehler, trotzdem sie Voraussetzungen alles folgenden sind. Inhaltlich mache ich einen Unterschied zwischen der mir sicher scheinenden Ableitung des Denkens, wo ich glaube, daß wir alles Wesentliche überblicken können, und der hypothetischen Erklärung des Lebens und der Bewußtheit, wo ich noch unbekannte Momente nicht ausschließen kann und man an den angenommenen Zusammenhängen zweifeln mag. In Betracht kommende Voraussetzungen sind nur die „Richtigkeit" unserer Denkformen und die tatsächlichen Grundlagen unseres Schließens, d. h. das, was jeder Schluß voraussetzen muß. Ob hinter dem gedachten oder wahrgenommenen Leben und hinter dem gedachten Denken noch ein anderes, subjektives, aktives Leben und Denken stecke, über die ich nichts wissen kann, hat auf die Möglichkeit der Schlüsse, soweit ich sehe, keinen Einfluß.

Alle mir bekannten Einwände gegen die Möglichkeit einer Zurückführung der Psyche auf eine bekannte, elementare Funktion zusammen scheinen mir aber durch folgende Überlegung entkräftet:

Wir können behavioristisch die Psyche objektiv an andern Zoen wie physiologische Vorgänge studieren, haben dann mit all diesen Schwierigkeiten gar nichts zu tun, kommen aber zu den nämlichen Folgerungen. Wenn wir *nachher* die sichtbaren Reaktionen unserer eigenen Psyche objektiv *und* subjektiv betrachten, werden wir zu dem Analogieschluß geradezu gezwungen, daß im Behavior anderer sich die gleichen Zwischenfunktionen ausdrücken, die wir in uns zwischen Reiz und Aktion spüren.

Aber vielleicht beruht die Differenz auf verschiedenen Grundanschauungen auf dem Gebiete, wo das Wissen nicht mehr ausreicht und das Glauben die Führung übernommen hat?

Zollikon bei Zürich, im März 1932.

E. Bleuler.

Inhaltsverzeichnis.

Einleitung.

Das Buch soll für sich allein verständlich sein, bildet aber zusammen mit der Darstellung der vitalen Zweckhaftigkeit[1] ein Ganzes, welches Leben und Psyche als eine Einheit umfaßt. Vitale wie psychische Zweckmäßigkeit beruhen auf dem Gedächtnis (Mneme), das allein, gestützt auf frühere Erfahrungen, eine Berücksichtigung der Zukunft und damit Zweckhandlungen möglich macht. Die Psyche erweist sich als eine Spezialisierung der vitalen Direktiven der Anpassung an wandelbare Umstände. Was das Buch darstellen möchte, ist also eine *mnemistische Biopsychologie*.

Die Untersuchung ist eine naturwissenschaftliche, d. h. sie sucht Beobachtungen — außen und innen — und bestrebt sich, dieselben in erklärende Verbindung zu bringen. Auf allen andern Gebieten hat sich nur diese Methode bewährt, und nur sie erweitert unser Wissen, nur sie gibt Wissenschaft. Das Glauben hat *neben* dem Wissen, nicht darin seine hohe Bedeutung und Existenzberechtigung. Durch Vermischung beider wird Wissen gefälscht, Glauben erniedrigt. Um Spekulationen einer andersartigen Psychologie kümmert sich diese Arbeit nur insoweit, als sie sich dieselben fernhalten muß. Am liebsten hätte sie gar nichts davon gesagt; aber veraltete spekulative Gewohnheiten haben in die Auffassung der Psyche falsche Noten hineingetragen, die vielen das Verständnis rein naturwissenschaftlicher Zusammenhänge erschweren, andern es ganz unmöglich machen. — Ein Quod erit demonstrandum hat die Untersuchung nicht. Jedes Resultat ist dem Naturforscher gleich willkommen; er sucht nur das, was sich für die Mittel seiner Beobachtung und seiner Logik als Tatsache erweist. Wenn ich bei mir einen Irrtum entdecke, freue ich mich mehr, als wenn ich den eines andern korrigieren kann; ich habe dann wenigstens einen Fehler wieder los. Die Darstellung natürlich mußte der Kürze wegen manchmal die äußere Form des Beweises einer vorangestellten Anschauung annehmen.

Das Objekt der Untersuchung nenne ich *Psyche*, weil an den andern Ausdrücken zu viel metaphysischer Ballast hängt, der hier das Verständnis stört. Allerdings wird auch die Psyche nicht immer in gleicher Weise abgegrenzt. Man bezeichnet sie z. B. gern als das *Bewußte;* aber für eine wissenschaftliche Untersuchung, die kausal verstehen will, ist ein solcher Begriff unbrauchbar, weil das Bewußte nur Bruchstücke eines Kausalganzen enthält, aus denen die Zusammenhänge nur zum Teil zu ersehen sind. „Das Unbewußte" muß also Berücksichtigung finden wie das Bewußte[2]. Das Kriterium ist auch deswegen schlecht, weil bewußt und unbewußt unmerklich ineinander übergehen. Und vollständig versagen muß es auch in der Tierpsychologie und in der Psychopathologie, in Wissens-

---

[1] Bleuler: Die Psychoide als Prinzip der organischen Entwicklung, Berlin: Julius Springer 1925. — Mechanismus, Vitalismus, Mnemismus, Abh. z. Theorie der org. Entwicklung, Berlin: Julius Springer 1931. In der Folge einfach als „Mnemismus" zitiert.

[2] Auch so ist die Grenze unserer Wissenschaft eine künstliche, da ja die Psyche sehr stark vom Zustande des gesamten Organismus abhängig ist.

zweigen, ohne die eine Psychologie ein Stückwerk bliebe. Gleichgültiger ist es, wie weit man die peripheren Funktionen der Empfindungen und Bewegungen einbeziehe; da die psychischen Funktionen im Prinzip nichts anderes sind als die übrigen centralnervösen, muß der Psychologe die letzteren natürlich so weit möglich kennen, um sein engeres Objekt zu verstehen. Außerdem hat man auch da fließende Übergänge. Die Bewegungsformeln sind teils schon in unteren Centren phylisch[1] vorgebildet, teils werden sie beim Menschen durch individuelle Übung mit dem Rindengedächtnis erworben, und beide Elemente mischen sich zu einer untrennbaren Einheit der Funktion. Die elementaren Triebe und Gefühle werden sich analog verhalten.

Von den phylisch im Protoplasma und dann in den unteren Nervencentren vorgebildeten Reaktions- und Triebmechanismen bis zu den höchsten Strebungen, vom Reflex bis zum philosophischen Wissenstrieb, gibt es überhaupt nur gleitende Übergänge. Wegen ihres Zusammenarbeitens mit den tieferen Centren kann man unmöglich nur die Rindenfunktionen[2] psychisch nennen; es ist auch fraglich, inwiefern man *alle* Rindenfunktionen (man denke z. B. an die Regulierung der Gefäße, der Speichelsekretion, der Verdauung von der Rinde aus) einbeziehen dürfte, ohne Schwierigkeiten zu bekommen. Wir können also schon beim Menschen nicht bloß die individuell erworbenen mnemischen Funktionen zur Psyche zählen, sondern müssen auch noch phylische einbeziehen. In der Psychologie der niederen Tiere wird uns alles das interessieren, was *das ganze Tier* in seinem Verhalten[3] leitet, obgleich wir es nicht scharf von den Teilreaktionen, wie wir sie in den Reflexen eines einzelnen Organes finden, abtrennen können; auch diese arbeiten eben nicht ohne Zusammenhang miteinander, und sie werden oft zu Reaktionen zusammengekoppelt, die das ganze Tier betreffen. Einen Unterschied, der es lohnte, „Tropismen" von anderen psychisch zu nennenden Allgemeinreaktionen zu trennen, gibt es nicht.

Eine natürlich auch nicht scharfe Grenze liegt zwischen den Reaktionen, die *plastisch* sind, und den mehr starren. Reflexe gelten fälschlicherweise als starr, aber auch psychische Reaktionen des ganzen Geschöpfes bis hinauf zum Menschen sind oft mit Bestimmtheit vorauszusagen. Manche niedrigeren Funktionen haben erstaunliche *Anpassungsfähigkeit* an die Umstände, wie sie z. B. beim Netzespinnen oder Nestbau deutlich in die Erscheinung tritt. Sogar mit (scheinbar ?) außergewöhnlichen Verhältnissen finden sich manche Tiere ab, indem sie eine sonst starre Reaktion etwas abändern. Diese angeborene Plastik, die wir als *Phyloplastik* z. B. in den Instinkten bis jetzt etwa aus dem Artgedächtnis und einer daraus sich ergebenden „Artüberlegung" verstehen könnten, hat zwar auch keine scharfen Grenzen gegen die *Ontoplastik* des einzelnen Gedächtnistieres, das die individuellen Erfahrungen zu neuen Kombinationen im Handeln („Überlegungen") benutzt. Beide Arten der Plastik sind durch das *Gedächtnis* ermöglicht, erstere durch das phylische, letztere durch das individuelle. *„Gedächtnis" ist hier immer im weiten* HERING*schen Sinne gemeint*

[1] Phylisch = mit der Entstehung der Art.

[2] Die Hirnrinde ist bei den Säugern das Substrat der individualmnemischen, eigentlich plastischen Funktionen und der obersten Zusammenfassung der Einzelvorgänge zu einem Ganzen. Schon bei den Vögeln werden ähnliche Funktionen noch im Streifenhügel sitzen. In anderen Tierklassen gibt es Analogien meist in dem vordersten Nervenknoten. Uns ist aber, damit wir nicht einen neuen Ausdruck erfinden müssen, der Repräsentant aller dieser Organe die Rinde.

[3] Es gibt natürlich auch noch andere als nervöse Integrationen, z. B. eine chemische.

(gleich Mneme), ohne Rücksicht auf Vorhandensein oder Fehlen von Bewußtheit. Nur mit Hilfe dieses Begriffes wird ein Verständnis des Lebendigen und speziell der Psyche möglich.

Wir haben nach dem Vorhergehenden mit folgenden Gegensatzpaaren zu tun: eine zusammenfassende Funktion[1], die das ganze Zoon[2] betrifft, und anderseits lokalisierte oder Teilfunktionen; bewußt — unbewußt; Funktion der Rinde oder, bei anderen Tierklassen, eines analogen Organs — Funktion tieferer Apparate; starre — plastische, phyloplastische — ontoplastische Funktionen, wobei die ontoplastische Reaktion sicher auf dem individuellen Gedächtnis beruht, die phyloplastische nach verbreiteter, gut begründeter Annahme, auf einem phylischen.

So ausgesprochen diese Unterschiede für gewöhnlich erscheinen, so wenig sind sie absolut; die höhere Funktion ist immer nur die besondere Entwicklung der niedrigeren, und wenn wir sie bis in ihre Ursprünge zurückzuverfolgen suchen, so kommen wir überall auf allgemeine Eigenschaften der lebenden Substanz überhaupt.

Unser Wissen würde reichen, noch manche Einzelheit genauer auszubauen, namentlich kompliziertere Vorgänge ins Elementare zu verfolgen. Wir begnügen uns mit dem Wichtigen; sehr viele Einzelheiten sind auch nicht bis zu Ende ausgedacht und durchgedacht. Es wäre ferner möglich, erheblich mehr „Beweise“ zu bringen. Ich sehe aber die wesentliche Beweiskraft zunächst darin, daß ich die allgemeinen Anschauungen über 50 Jahre, und einen großen Teil der Einzelheiten doch seit Jahrzehnten an Gesunden und Kranken, an mir und anderen nachprüfte, ohne Widersprüche zu finden, dann aber auch darin, dass von einem einzigen einheitlichen Gesichtspunkt aus, dessen Berechtigung für den Naturwissenschafter wohl selbstverständlich ist, alles Organismische, Lebenserscheinungen und Seele, und im speziellen alle hier in Betracht kommenden psychischen Einzelfunktionen, verständlich werden, und daß sie in widerspruchlosem Zusammenhang sind unter sich und mit den Tatsachen der inneren und äußeren Beobachtung, an denen sie immer wieder gemessen worden sind. Ich darf auch erwähnen, daß eine Anzahl neuerer Erkenntnisse, die zunächst von den wenigsten verstanden und von vielen mit Heftigkeit abgelehnt wurden, wie Hypnose, Suggestion, Unbewußtes, FREUDsche Mechanismen usw., ohne Schwierigkeit von den biologischen Anschauungen aus verständlich waren, daß die Psychopathologie von da aus zugänglicher wird, und daß Errungenschaften wie die moderne Kriminologie in ihren Konsequenzen wenigstens in bezug auf das Verhältnis von Seele und Leib zu gleichen Anschauungen führen.

Trotzdem wird natürlich manches nicht nur der Ergänzung, sondern direkt der Korrektur bedürftig sein; in einem so beziehungsreichen und im wesentlichen neuen Gedankengang muß wohl jeder sich da und dort einmal irren. Ich kann mir aber nicht denken, daß die Grundauffassung unserer Psyche als eines nervösen einheitlichen Apparates zur Erhaltung von Individuum und der Art falsch sei, und aus ihr folgt doch das meiste übrige mit Notwendigkeit.

Ein erwähnenswerter Vorteil der konsequent naturwissenschaftlichen Behandlung und zugleich eine Wahrscheinlichkeit mehr für die Richtigkeit

---

[1] Bei einfachen Geschöpfen nicht in einem Nervensystem konzentriert.

[2] Siehe Anmerkung S. VII Vorwort.

ihrer Resultate scheint mir darin zu liegen, daß das Prinzip des Psychischen so vereinfacht wird, daß sich aus zwei Grundtatsachen, den lebensgerichteten Strebungen und der Mneme, alles Wesentliche geradezu „von selbst“ ergibt. So wird damit ein Haufen von immer besprochenen, aber nie beantworteten Fragen definitiv erledigt. Viele dieser Fragen fallen überhaupt weg, bzw. sie erweisen sich als falsch gestellt; ein Teil beantwortet sich von selbst; ein dritter endlich kann von da aus ohne Schwierigkeit so erledigt werden wie jede lösbare naturwissenschaftliche Frage, wenn man nur nichts in den Dingen und Verhältnissen voraussetzt, was man nicht beobachtet hat.

Ich habe in der ersten Auflage fast eine Seite solcher Probleme aufgezählt, ohne sie zu erschöpfen. Man hat es mir als ungeheuerliche Anmaßung ausgelegt — ohne zu beweisen, daß ich Unrecht habe. Die bisherige philosophische Psychologie hat ja keine Ahnung von der Grundlage unserer Auffassung, dem biologischen Verhältnis von Leib und Seele, und mußte auf ganz andere Fundamente bauen. Besteht nun aber die hier dargestellte Auffassung zu recht, *so werden selbstverständlich alle früheren Anschauungen und Probleme, so weit sie auf den alten Fundamenten beruhen, hinfällig;* um diese Folgerung zu ziehen, braucht es keine Anmaßung, sondern nur zu-Ende-Denken. Es ist begreiflich, daß solche Ideen diejenigen, die sich auf altgewohnten Wegen sicher fühlen, nicht zu einer von vornherein freundlichen Einstellung hinreißen. Aber das ist kein Grund gegen ihre Richtigkeit. Dagegen ist es ein Grund *für* die Richtigkeit, daß die meisten Probleme dahinfallen, und daß es von da aus wenige prinzipielle Fragen mehr gibt, über die man je nach dem Geschmack verschiedener Meinung sein kann. Es mag vornehm sein, die bei den Naturwissenschaftern verbreitetste Ansicht, die Identitätstheorie, zu ignorieren, aber wissenschaftlich scheint es mir nicht.

Für diesmal nur ein Beispiel: Man schreibt Bibliotheken über die Theorien der Ethik, zieht Dinge, von denen wir nichts wissen können, wie „das Absolute“ in Betracht, vergißt aber die Grundfrage: Ist das Ethos nicht ein Trieb wie ein anderer und als solcher rein naturwissenschaftlich zu erklären? Wenn ja, was für viele selbstverständlich ist, dann ist die ganze Gelehrsamkeit umsonst gedruckt. Die Philosophie will den „Sinn“ der Welt aufdecken und vergißt zu zeigen, nicht nur in*wiefern*, sondern auch *daß* es einen Sinn der Welt gibt, und, wenn ja, daß wir Menschen ihn herausklügeln und gar erfassen können. Es war, wenn ich nicht irre, der Große Kurfürst, der einmal die Preisfrage ausschrieb: Bei den verschiedenen Tierarten sei jeweils das Männchen größer als das Weibchen; warum sei es bei seinen Karpfen umgekehrt? Er erhielt viele gelehrte Beweise, daß und warum es so sein *müsse*, mußte ihnen aber entgegenhalten, daß es nicht so *sei*. Zunächst die Grundlage zu prüfen, das war keinem eingefallen.

Für den, der sich in unsere Grundanschauung hineingedacht hat, wird es erfreulich sein, einerseits auf psychischem Gebiet den Zusammenhang der Reihe von den niederen Organismen bis zum homo sapiens zu überblicken, und anderseits die noch fühlbarere Kluft zwischen physischem Leben und psychischer Funktion ausgefüllt zu finden; auch vom Unbelebten zum Lebendigen läßt sich von da aus eine Brücke wenigstens denken (siehe „Psychoide“).

Um das *Schrifttum* habe ich mich nicht viel gekümmert und hoffe, daß viele das mehr als einen Vorteil denn als einen Nachteil ansehen. Es ist ja hier unausschöpfbar. In Diskussionen habe ich mich nur stichprobeweise da und dort eingelassen[1]. Glaubenssachen kann man nicht mit Logik beikommen. Prioritäten zu meinen oder anderer „Gunsten“

[1] In der zweiten Auflage mußte ich auf einige Kritiken eingehen (siehe Vorwort).

sind mir gleichgültig; wenn andere in dieser oder jener Richtung in Einzelheiten die nämlichen Ansichten geäußert haben, was ich teils weiß, teils hoffe, so freut mich das, und es soll sie auch freuen.

Psychologie behandelt eines der kompliziertesten Themen; jede aus dem Kontinuum der Psyche herausgehobene Einzelheit hat Beziehung zu so ziemlich allem andern. So kann die Darstellung weder leicht zu schreiben noch leicht zu lesen sein. Der Versuchung durch weitgehendes Schematisieren mich leichter verständlich zu machen, habe ich widerstanden und vorgezogen, mich an die zu wenden, die trotz einiger Schwierigkeiten aus Interesse an der Sache verstehen wollen und die verstehen können.

Noch mehr als in den meisten anderen Psychologien sind Begriffe, mit denen hier operiert wird, anders umgrenzt als bei anderen Autoren. Eine durchgreifende eigene Terminologie würde aber das Buch unlesbar machen. Man muß sich also hineinlesen, um zu wissen, was „Engramm" oder „Assoziation" oder „Unbewußtes" bedeutet. Definitionen werden dem Inhalt nie ganz gerecht. *Da die (menschliche) Psyche ganz konsequent als eine Hirnfunktion betrachtet wird, sind die zu beschreibenden Funktionen in der Regel sowohl im hirnphysiologischen wie im psychischen Sinne gemeint.* Dafür gibt es bis jetzt keine Ausdrücke. So mußte ich zuerst die Auffassung der Identität des Psychischen mit gewissen Rindenvorgängen begründen, um dann die vorhandenen Ausdrücke zu benützen, es dem Leser überlassend, die Seitigkeit der Bedeutung aufzuheben oder die Einseitigkeit auf die Zweiseitigkeit zu ergänzen. Man kann doch unmöglich von „Begriffspsychokymvorgängen und ihren Erscheinungsweisen als psychische Begriffe" reden; ich brauche den Ausdruck „Begriff", auch wenn ich vom Physischen ausgehe. Die Psychokymvorgänge in ihrer Mannigfaltigkeit werden unter dem einzigen einigermaßen durchführbaren Bilde der *Schwingungen* beschrieben, wozu aber ausdrücklich bemerkt sei, daß wir noch keine positiven Anhaltspunkte haben, wirkliche Schwingungen anzunehmen. Ich rede auch oft, der Not gehorchend, in teleologischen Ausdrücken, die mißverstanden werden könnten. Was lebt, ist so, daß es leben kann, eingerichtet, d. h. zweckmäßig. Ferner verstehen wir die prinzipielle Zweckmäßigkeit der Organismen aus der Mneme (siehe „Psychoide").

Wiederholungen ließen sich nicht vermeiden. Vieles ist immer wieder aus den nämlichen Elementen abzuleiten. Ferner haben mir böse Erfahrungen gezeigt, daß man in diesen Dingen, an die jeder mit einer fertigen Anschauung, die er einigermaßen für die einzige hält, herantritt, nicht verstanden wird, wenn man dem Leser überläßt, Ergänzungen aus anderen Stellen hinzuzudenken oder gar die Begriffe ohne Erklärungen im Sinne des Schreibers zu erfassen. So mußte ich in gewissen Beziehungen die größeren Abschnitte als selbständige Ganze behandeln.

Man hat auch die Weitläufigkeit getadelt. Sie ist mir selber unangenehm. Aber bei dem Widerstand, dem die Auffassung begegnet, läßt sich nicht umgehen, zu zeigen, daß diese allen Einzelheiten gerecht wird.

Natürlich bin ich mir bewußt, die meisten Einzeldisziplinen, die ich benutze, nicht zu beherrschen, so vor allem die Mathematik und die Philosophie. Ich würde mich deshalb nicht verwundern, wenn ich da und dort auch etwas Wichtiges übersehen oder namentlich mißverstanden hätte, mache aber diesen Vorbehalt, um nicht langweilig zu werden, nur hier ein für allemal. Immerhin habe ich nach Möglichkeit versucht, mich zu orientieren.

I. Die Mittel, unsere Psyche kennen zu lernen.

A. Unser Denken.

Die erste notwendige Voraussetzung aller unserer wissenschaftlichen Erkenntnis ist die *Richtigkeit unseres Denkens*, aus dem wir nicht herauskönnen. Wir vermögen nicht mit unserem Denken das Denken, mit unserem Verstand den Verstand in ihren Prinzipien zu kritisieren, sondern nur im einzelnen die Anwendung der Prinzipien. Was ein allwissender Geist, der die Welt und uns betrachten würde als richtiges Denken bezeichnen würde, dafür haben wir keinen Maßstab. Wir müssen einfach annehmen, daß „richtig"[1] sei, was eben die allgemeine Logik als richtig bezeichnet, und diese besitzt noch einen scheinbar[2] objektiven Prüfstein an den Tatsachen. Diejenigen logischen Formen im allgemeinen und Schlüsse im speziellen, die sich an der Erfahrung bewähren, bezeichnen wir als richtig, und das auch dann, wenn wir sie nicht in jedem einzelnen Fall nachprüfen können. Da denken wir in diesen Dingen genau wie die Naturforscher und zwar sowohl in den Voraussetzungen, wie in den logischen Formen und in der Art der Ableitung und der Behandlung der Begriffe. Für den, dem das nicht selbstverständlich ist, will ich nur den einen Grund angeben, daß dieses naturwissenschaftliche Denken allein sich bewährt und besonders in der neueren Zeit sowohl in der Erweiterung unserer Erkenntnisse wie in der Anwendung derselben in der Technik mehr geleistet hat als das frühere Denken in Jahrtausenden, während speziell das philosophische Denken nach ZIEHEN nichts zuwege gebracht hat als einen „Kirchhof von Systemen"[3]. Aber auf diesem Kirchhof laufen die allseitig umgebrachten Systeme immer wieder als Gespenster herum, und die einen Gelehrten bemühen sich, sie zum hundertsten Male zu töten, die andern, sie wieder lebendig zu machen[4]. Beides gehört gewiss zu den undankbaren Auf-

---

[1] Ich vermeide den Ausdruck „Wahrheit", nicht weil er an sich nicht brauchbar wäre, sondern weil man ihm durch zu vieles Reden darüber zu viele Unklarheiten und Unbestimmtheiten angehängt hat.

[2] Wenn, wie wir ausführen werden, unsere Logik aus der Erfahrung stammt, so kann sie eben höchstens für unsere Erfahrung richtig sein. Entspräche diese nicht einer objektiven Wirklichkeit, wären die Zusammenhänge der Außenwelt halluziniert, oder würde uns die Wahrnehmung dieselben fälschen, so wäre das logische Denken für einen außer uns und der übrigen Welt stehenden Betrachter falsch; für uns aber wäre es dennoch das praktisch und theoretisch einzig Brauchbare, also einzig Richtige.

[3] HÄBERLIN (Wissensch. und Philos. I. Basel, Kober, Spittelers Nachfolger, 1910, Vorwort) spricht von der „kritischen Einsicht in die ‚objektive' Unhaltbarkeit aller . . . Systeme" der großen Meister der Philosophie.

[4] Und zwar gar nicht in dem Sinne einer psychologischen Geschichte menschlicher Irrungen, sondern immer mit dem Wahrheitswert der Meinungen als Angelpunkt der Diskussion.

In der ersten Auflage stand hier eine Polemik gegen den Betrieb der philosophischen Wissenschaft, für den mir HEGELS Beweis, daß sich zwischen Mars und Jupiter kein Stern befinden könne — zwei Jahre nach der Entdeckung der Ceres — bezeichnend schien. Ohne widerlegt zu werden, haben die Bemerkungen manche geärgert. Ich lasse sie deshalb weg.

Ein Kollege, den ich hoch achte, hält mir vor, meine ganze Auffassung von der Identität von Seele und Leib sei, weil nicht sicher bewiesen, *Metaphysik*. Das ist nicht richtig, wenn er unter diesem Namen etwas von den φυσικά wesentlich Verschiedenes versteht, wie man es

gaben. Wir könnten diese Spekulationen auch ohne weiteres auf der Seite lassen, wenn sie nicht immer wieder durch ihren Einfluß auf die allgemeine Denkweise verhindern würden, daß der Gebildete auch in bezug auf die Psyche naturwissenschaftlich denkt. Ich habe nämlich hundertfältig die Erfahrung gemacht, daß der nicht vorbereitete Laie, wenn er nur ein wenig Interesse für diese Dinge hat, sehr leicht naturwissenschaftliche Begriffe in praktischer und theoretischer Richtung auch in bezug auf die Psyche bilden oder aufnehmen kann, während es fast nie mehr möglich ist, einmal gesätes Begriffsunkraut durch fruchtbringende Pflanzen zu ersetzen. Ein ungebildeter Bauer, eine Mutter aus dem Volke, sie verstehen den Begriff der moralischen Idiotie mit all ihren Konsequenzen meist ohne besondere Erklärung, ja sie schaffen ihn gegebenenfalls selbst. Philosophen und Juristen und sogar Berufene, viele Psychiater, sind dazu sehr wenig fähig. Wer unsere psychologischen Mechanismen genauer kennt, weiß, daß es nicht anders sein kann, weil die Engramme so lange bestehen bleiben wie unser Gehirn, und deshalb solche Denkformen, wenn sie einmal

---

gewöhnlich tut. Meine Überlegungen mögen einer Kritik standhalten oder nicht, sie sind in Methode und Resultaten durchaus gleichzustellen irgendwelchen anderen naturwissenschaftlichen Ableitungen. Auf die größere oder geringere Wahrscheinlichkeit der Schlüsse kommt es bei dieser Frage gar nicht an, sondern auf die Art des Voraussetzens und Schließens. Erkenntnistheorie z. B. kann (und sollte) in der Wissenschaft, ebenso wie das Verhältnis von Seele und Leib, rein naturwissenschaftlich behandelt werden. Irgend etwas anderes hineinzulegen ist nicht nötig, aber verwirrend und fälschend. Einer Lebensanschauung dagegen kann (muß nicht) der durch persönliche Gefühlsbedürfnisse gerichtete *Glaube* einen viel höheren Grad von Wahrscheinlichkeit verleihen als die logischen Schlüsse aus Tatsachen, aus denen die Ansicht scheinbar entwickelt oder begründet wird. Der Glaube verleiht den Resultaten ungenügender oder auch falscher Überlegungen geradezu volle, subjektive Sicherheit, Realität, Wahrheitswert. Objektiv ist diese Sicherheit, Realität oder Wahrheit etwas prinzipiell anderes als die durch die Sinne und Logik erlangten, mit den nämlichen Worten bezeichneten Begriffe. Der Glaubende selber kann im einzelnen Falle den Unterschied gar nicht oder wenigstens nicht prinzipiell werten.

Es wird allerdings von philosophischer Seite der Einwand, auch die Naturwissenschaft komme ohne Metaphysik nicht aus, u. a. gestützt durch den Hinweis, auch die Atome habe niemand gesehen und doch operiere man mit diesem Begriff. Der Naturforscher kennt bestimmte Tatsachen, die bestimmten Gewichtsverhältnissen in chemischen Umsetzungen entsprechen, die Übergänge von flüssigen Körpern in Gase, manche physikalische Eigenschaften der Gase und vieles andere, was mit großer Wahrscheinlichkeit auf quantitativ bestimmte, in manchen Beziehungen voneinander unabhängige Teilchen hindeutet oder sich durch diese Auffassung erklären läßt, und wenn er von Atomen spricht, meint er nichts als den so gewonnenen Begriff mit all seinen Unbestimmtheiten und Wahrscheinlichkeiten. Er „glaubt" dann nicht mehr und nicht sicherer, als seine Schlüsse es erlauben; er hat keine Scheinschlüsse gemacht; irgendein anderes Bedürfnis als das, bestimmte Tatsachengruppen zusammenzufassen, wie man es überall in der Wissenschaft und im realistischlogischen Denken tut, spielt dabei nicht mit.

Was gerade die Psychologie bei so vielen Leuten mit Metaphysik in Verbindung bringt, das ist die vulgäre und zugleich philosophische Vorstellung, daß die Seele etwas in ihrem Wesen absolut anderes sei als alles, was wir sonst kennen, etwas nicht Verstehbares oder doch nicht Ableitbares. Das wäre aber noch kein Beweis, daß Metaphysik mit Nutzen herbeizuziehen wäre.

Es gibt einen Schnitt zwischen Wissen und Glauben, zwischen den Wissenschaften einerseits und den Überzeugungen auf den Gebieten der Religion, der Weltanschauung, der Philosophie anderseits. Die Naturwissenschaft kann nicht den anderen Wissenschaften gegenüber gestellt werden. Geschichte, Linguistik, Ästhetik usw. sind Tatsachensammlung und Erklärung genau wie die Physik oder die Zoologie, und auch die Mathematik hat keine Methoden, die sich prinzipiell von denen der Naturwissenschaften unterscheiden würden. Sie fällt nur auf, weil sie die Abstraktion viel weiter getrieben hat als die anderen.

Dasjenige „Glauben", das sich mit jeder eigentlichen Wissenschaft mischt, ist etwas ganz anderes als dasjenige, das in Metaphysik, Weltanschauung und Religion seine Rolle spielt (Übergänge sind dadurch nicht ausgeschlossen). Die Wissenschaft liefert meistens nur Wahrscheinlichkeiten. Bei welchem Grade man eine Ansicht annehmen, einen Beweis als

angenommen waren, nie ganz aufgehoben, sondern höchstens verdrängt werden können. (Siehe Abschnitt Gedächtnis.)

Wir setzen also die Richtigkeit unserer Denkformen überhaupt und des naturwissenschaftlichen Denkens im speziellen voraus. Dabei wissen wir, daß unsere Ableitungen ungefähr mit demselben Maßstabe zu messen sind wie die, daß die Alpen durch einen Faltungsschub von Süden her entstanden seien.

B. Die Sinne und die Welt.

Im Gegensatz zum Naiven, der die Außenwelt als das zunächst Gegebene betrachtet, geht der Denkende[1] von folgenden Tatsachen aus: Gegeben sind mir nur „innere" Vorgänge. In diesen unterscheide ich einen Inhalt und einen Vorgang im engeren Sinne; die Wahrnehmung oder Vorstellung eines Baumes wird zerlegt in den wahrgenommenen oder vorgestellten Baum und das Wahrnehmen oder Vorstellen des Baumes. Zu der Reihe des Wahrnehmens oder Vorstellens rechne ich noch die anderen Vorgänge, die ich „in mir"[2] empfinde, Affektregungen, Wollen, Denken u. dgl. Diese ganze Reihe nenne ich die psychische. Das psychische Geschehen, das ich in mir empfinde, hat eine *absolute Realität*, die sich in keiner Weise bezweifeln läßt; es existiert sicher[3]. Wenn mir aber ein anderer nicht glaubt, daß ich das, was ich ihm sage, wirklich empfinde, glaube oder wolle, so kann ich es ihm auf keine Art zeigen oder beweisen. *Die Realität der psychischen Reihe ist subjektiv*[4].

---

geleistet betrachten soll, ist von den Eigenschaften und den Erfahrungen des Individuums abhängig. Ich halte z. B. die Schizophrenie, so weit sie organisch bedingt ist, in gewissem Sinne für eine Einheit; andere bestreiten diese Auffassung, weil sie die tatsächlichen und logischen Gründe anders werten. Aber wir alle sind uns darüber klar, daß wir da mit bestimmten Wahrscheinlichkeiten rechnen, und wir suchen nach neuen Tatsachen, die diese Wahrscheinlichkeiten zu Sicherheiten erheben können, gleichgültig, welche von diesen Ansichten sich schließlich bewährt.

Betrüblich ist, daß sich Metaphysik und metaphysische Methoden wieder in die *Psychiatrie* einzuschleichen versuchen, die sich einige Zeit freuen konnte, eine Naturwissenschaft zu sein, wie die übrigen Zweige der Medizin. Nun hat sie seit bald drei Jahrzehnten versucht, zu besserem psychologischen Verständnis zu kommen, und da benutzt das metaphysische Gespenst seine alte Mißheirat mit der Psychologie, um sich mit ihr wieder in die wissenschaftliche Stube einzuschleichen. So ist dadurch die einfache Frage nach der Existenz und der Auffassung des Unbewußten zu einem Durcheinander von Problemen geknetet worden, und man redet statt von moralischen und ähnlichen Trieben vom „Transzendentalen" oder „Absoluten" in uns und bringt mit einem einzigen solchen Worte wieder Unbestimmtheiten und Unklarheiten hinein, mit denen niemand, der sich etwas vorstellen will, etwas anzufangen weiß, über die man aber trefflich streiten kann, weil sie nichts Konkretes bedeuten und jeder hineinlegt, was ihm im gegebenen Augenblick gerade paßt. Hoffen wir, die neue Richtung sei kräftig genug, um sich von der aus psychologischer Wissenschaft und metaphysischen Spekulationen zusammengepfropften Chimäre freizuhalten.

[1] Ausnahmen wie SPENCER sind nur scheinbar; man streitet sich da mehr um Worte und Begriffsabtrennungen als um Anschauungsverschiedenheiten den Tatsachen gegenüber.

[2] Die Bedeutung dieses Ausdrucks ist später genauer zu umschreiben.

[3] Ich kann sogar sagen: „es existiert so wie ich es kenne", *insofern ich unter dem psychischen Vorgang (Schmerz, gesehene oder vorgestellte Farbe, innere Wahrnehmung des Sehens usw.) immer gerade das verstehe, was ich von innen wahrnehme.* Bezogen auf die Außenwelt ist das Gespürte (Farbe, Ton usw. als Inhalt des Spürens) ein *Symbol* für die Sinnesreize, bzw. die äußeren Dinge, ausgedrückt mit den Mitteln des Gespürten (Farbe, Ton als Form des Gespürten), wie in einem anderen Zusammenhang der Buchstabe ein Symbol ist für einen Laut, ausgedrückt in einem optischen Symbol oder — auf einer anderen Stufe — mit dem Schreibmaterial.

[4] Eine Ausnahme machen die von uns empfundenen Vorgänge in unserem Körper, die mit dem Körper der Außenwelt angehören, aber Andern doch nicht demonstriert werden können.

Umgekehrt kann das außen Wahrgenommene, „der Baum“, die Außenwelt überhaupt samt meinem Körper, eine Täuschung sein, wie es tausende gibt, z. B. in den Halluzinationen meiner Träume. Es fehlt jeder Beweis, daß sie existiert. Unter der Voraussetzung aber, daß sie und in ihr Nebenmenschen existieren, kann ich diesen das Dasein des Baumes zeigen, es sie durch ihre Sinne ebensogut wahrnehmen lassen, wie ich es wahrnehme, oder ich kann es logisch beweisen wie die Existenz des Planeten Neptun, bevor ihn das Fernrohr gefunden hat. *Die Realität der Außenwelt ist eine im absoluten Sinne nicht beweisbare, eine relative; sie ist aber „objektiv“ beweisbar unter bestimmten Voraussetzungen*[1].

Diesen Voraussetzungen kann kein Mensch entgehen; *jeder ist gezwungen, sie zu machen.* Wer sagt, er glaube nicht an die Realität der Außenwelt, sie existiere nur, insofern er sie sich vorstelle, glaubt in Wirklichkeit selber nicht an seine Behauptungen: er denkt ja gar nicht, daß er seine Doktrin nur sich selber, resp. seinen Einbildungen doziere, sondern er setzt wirkliche Hörer außerhalb sich selbst voraus; wenn er Hunger hat, so behandelt er sein Stück Braten als eine Wirklichkeit; wenn er einen Pfahl auf seinem Wege sieht, so weicht er ihm aus; kurz er denkt und handelt in allem, wie wenn die Außenwelt existieren würde. Niemand kann anders. Es fehlt auch jedermann das Gefühl dafür, daß er auf eine Fiktion reagiere, und auch der Seltene, der das ausnahmsweise mit dem Verstande einmal auf Umwegen erschließt, übersieht es im gewöhnlichen Leben vollständig. *Aus diesen Gründen, und nur aus diesen,* setze ich die Existenz der Außenwelt voraus im Denken und Handeln und Fühlen. *Irgendeinen erkenntnistheoretischen Grund, sie für real zu halten, gibt es nicht.*

Ich setze noch etwas mehr voraus: eine *Korrelation meiner Wahrnehmungen mit der Art der ein für allemal angenommenen Außenwelt und dem Geschehen daselbst,* in der Weise, daß die Symbole, die ich als (äußere) Wahrnehmungen bezeichne, und meine Muskelbewegungen einander so entsprechen, daß ich in Wirklichkeit auf die Außenwelt „richtig“ reagieren, daß ich eine äußere Gefahr vermeiden, eine Nahrung meinem Körper zuführen kann, und daß das, was ich als Nebenmenschen bezeichne, wirklich Wesen seien wie ich, die im Prinzip gleiche innere und äußere Wahrnehmungen haben, so daß ich mich mit ihnen verständigen kann[2]. Nur unter dieser Voraussetzung hat es einen Sinn, über solche Probleme zu sprechen oder zu schreiben[3] — wie überhaupt mit anderen zu verkehren, *und unter dieser Voraussetzung kann ich in allen erkenntnistheoretischen Dingen das „Ich“ durch ein „Wir“ ersetzen.*

Statt zu sagen, ich setze die Existenz der Außenwelt voraus, könnte ich das Nämliche folgendermaßen ausdrücken: *ich beschäftige mich mit dem Inhalt meiner Wahrnehmungen, ohne mich darum zu kümmern, was für eine Art Existenz er hat, ob als Fiktion, als Inhalt einer Vorstellung oder einer Halluzination, oder als etwas „Objektives“* — diese Fragen wären ja doch

---

[1] „Unmittelbare Evidenz“ hat die Existenz beider Reihen; die der Außenwelt kommt sogar früher und aufdringlicher zum Bewußtsein; aber ihre Evidenz erweist sich dem Kulturmenschen sekundär, infolge der Erfahrung und Überlegung, als eine Täuschung.

[2] Über eine andere Art der notwendigen Korrelation, ein Parallelgehen von Abstufungen der Qualitäten und Quantitäten in der psychischen und der physischen Reihe siehe Abschnitt II L.

[3] Obschon wir die Außenwelt auch dann wie eine Realität zur Erlangung von Lust und Abwendung von Unlust benutzen müßten, wenn wir bestimmt wüßten, daß sie nur unsere Phantasievorstellung wäre.

nicht zu entscheiden, ja sie haben gar keinen Sinn, da die Begriffe der Fiktion, der Vorstellung, der Halluzination, des Scheines, des Inhalts, des Vorstellens selbst sich nur auf die Erfahrung (Wahrnehmung) beziehen und sofort ihren Sinn verlieren, wenn ich mich damit außer die Erfahrung begeben will.

Man sagt, es könne andere Geschöpfe geben, die nach ganz anderen Gesetzen denken und handeln, für die z. B. ein Kausalgesetz oder *unser* Kausalgesetz nicht existiert. Natürlich ist es denkbar und geradezu wahrscheinlich, daß zwischen uns und in uns vielerlei existiert, von dem wir nichts wissen, und das so beliebig „anders" sein kann; aber so lange wir es nicht kennen und von ihm nichts merken, geht es die Wissenschaft nichts an.

Wenn die Welt mit ihren Korrelationen zu unseren Wahrnehmungen und Handlungen existiert, so folgt daraus noch, daß wir, oder wenigstens unser Körper, von ihr abhängig sein, einen Teil derselben ausmachen und ihren Gesetzen unterliegen müssen; und wenn wir jene Welt bloß voraussetzen, so ist die Konsequenz, daß wir das nämliche Verhältnis von Ich und Welt auch voraussetzen müssen. Es ist also keine petitio principii, wenn wir *unter dieser Voraussetzung*, der wir ja nicht entgehen können, dazu kommen, aus Gründen, wie sie für beliebige andere Schlüsse voll zureichend sind, die bewußte Psyche in unseren Körper, speziell das Gehirn zu verlegen, und wenn wir sie gar aus der Tätigkeit des Gehirns ableiten. *Dieser Schluß hat nicht weniger, aber auch nicht mehr Berechtigung als ein Schluß auf irgendeinem anderen naturwissenschaftlichen Gebiete.*

Es gibt immer noch Leute, die es als eine Unvollkommenheit ansehen, daß wir „die Dinge nicht sehen, wie sie sind", oder in anderer, bildlicher Formulierung, „daß wir nicht die wirklichen Dinge sehen, sondern nur ihre Schatten", „nur einen Schein statt der Wirklichkeit"; die Wahrnehmung überhaupt soll eine „verworrene" sein. Darin liegt eine gründliche Verkennung der Welt und unserer Psyche. In der Außenwelt (wenn sie existiert) sind Kräfte, die auf unsere Sinne wirken, so daß Neurokymenergien entstehen[1]; diese fließen, wahrscheinlich nach verschiedenen Umarbeitungen, im Gehirn zusammen und werden irgendwie bewußt, „von innen gesehen" oder wie man sich ausdrücken will — kurz, was wir „sehen", sind Neurokymschwankungen[2] und nicht Dinge. Nun sollen diese Neurokymschwankungen uns die Dinge geben, „wie sie sind"; ich weiß nicht, wie sie das anstellen sollen. Es ist, wie wenn ich verlangen würde, daß die Buchstaben gesprochene Worte darstellen sollen, wie sie sind. *Etwas sehen, etwas wahrnehmen, heißt ein psychisches Symbol aus den von ihm ausgehenden Kräften machen;* ungefähr wie wir mit dem Buchstaben a den Laut a bezeichnen oder mit dem Buchstaben π das Verhältnis vom Kreisumfang zum Durchmesser. Es ist also eine vergebliche Hoffnung, wenn man meint, in einer höheren Welt einmal die „wirklichen" Dinge zu sehen oder die Dinge zu sehen, „wie sie sind". Auch ein Gott kann die Dinge nicht sehen, wie sie sind — zunächst, weil die beiden Dinge, das „Sehen" und das „wie es ist" sich ausschließen. Alle diese Begriffe sind nur anwendbar auf unsere Verhältnisse, aus denen sie abstrahiert sind. „Wie es ist" meint etwas Absolutes, das als solches nicht in Beziehung zur Wahrnehmung gesetzt werden kann, die etwas Relatives, eine Beziehung von einem Ding zu einem anderen ist.

Da die Frage, wie die Dinge „wirklich" seien, auf falschen Voraussetzungen beruht, ist sie überhaupt prinzipiell nicht beantwortbar, wenn wir dabei etwas Erkenntnistheoretisches und nicht den allerbanalsten Begriff des „So-seins" verstehen, wie ihn sich jedes Küchenmädchen bilden kann. Erkenntnistheoretisch heißt (etwas sehen) „wie es ist", *gar nichts.* Beim Küchenmädchen aber heißt es — und beim Philosophen *kann* es nur heißen, wenn er den Ausdruck braucht: die Ersetzung eines Symbols durch ein anderes. Der Schall ist „eigentlich" eine Reihenfolge von

---

[1] Die folgende Überlegung besteht auch bei jeder anderen Vorstellung, die man sich von dem Wahrnehmungsvorgang machen mag, zu Recht.

[2] „Psychokym", „Neurokym" (FOREL), „Biokym" sind Bezeichnungen für die Energien, die der Psyche, den nervösen und den vitalen Funktionen zugrunde liegen. Man hat keine Gründe anzunehmen, daß sie verschiedener Natur seien.

Luftschwingungen, das Licht „in Wirklichkeit" eine Folge von Äther- oder Elektrizitätsschwingungen. Ich sehe in der Ferne ein Haus „ganz klein" und seine Fenster schwarz; wenn ich es in der Nähe sehe, sehe ich es „wie es ist", d. h. es hat ein direkt verständliches Größenverhältnis zu meinem Körper, und die Fenster lassen in die Stuben sehen, die nun nicht als dunkel erscheinen. Es gibt in Mitteldeutschland eine gerade noch sichtbare rote Milbe, die sich unter die Haut bohrt und starkes Jucken verursacht. Auf einer Klinik wurde einem Küchenmädchen eine solche Milbe, die man ihr herausgestochen hatte, unter dem Mikroskop gezeigt. Das war für sie eine Erleuchtung: jetzt begreife ich, daß die Bestie mich so plagen konnte, wenn sie doch „in Wirklichkeit" so groß ist.

Da man die Existenz der Außenwelt nicht beweisen kann, und da die Form, in der sie uns erscheint, durch die Konstitution unseres psychischen Organismus bedingt ist, leugnet der Spiritualismus ihre Existenz. *Diese Ansicht führt mit zwingender Notwendigkeit zum Solipsismus* (nur ich allein bin auf der Welt); was man dagegen sagte, auch wenn man dabei ein absolutes Ich den Individual-Ichen gegenüberstellen wollte, sind Kindereien.

Daraus, daß wir das Dasein der Außenwelt nicht beweisen können, folgt aber nicht, daß sie nicht existiert. Und die positive Fassung des nämlichen Gedankens, die, daß die Welt nur als „unsere" Vorstellung existiere, ist eine Durcheinanderwurstelung zweier sich ausschließender Auffassungen: in dem „unsere" liegt die Voraussetzung einer objektiven Existenz wenigstens der Mitmenschen und einer gleichförmigen Vorstellung der Welt durch die verschiedenen Individuen, während die Theorie gerade nur die subjektive Existenz zulassen will. Die Welt, *wie wir sie* (*wahrnehmen und*) *vorstellen*, die existiert natürlich nur in unserer Vorstellung. Die Welt aber, mit der wir überall außer in der Erkenntnistheorie als einer feststehenden Tatsache rechnen, von der wir annehmen müssen, daß sie existiere und unsere Wahrnehmungen bestimme und durch unsere Handlungen beeinflußt werde, diese Welt *muß* zwar nicht, aber sie *kann* auch vor der strengsten Kritik unabhängig von unseren Wahrnehmungen existieren[1]; mein Nachbar kann als schwarz sehen, was mir weiß vorkommt, ja er kann sich unter weiß etwas vorstellen, was ich eine Geschmacksempfindung nennen würde, oder es mag gar niemand da sein, der sich solche Vorstellungen macht — das alles tut dieser Welt gar nichts.

Über das Verhältnis der beiden Reihen des Psychischen und des Physischen zueinander bestehen sehr verschiedene Anschauungen. Der Naive und unsere Religionen, die ein ewiges Leben fordern, kommen am besten damit aus, daß sie eine von der Körperwelt mehr oder weniger unabhängige Seele annehmen (*Dualismus*). Wie man zu dieser Annahme kommt, und warum sie um so mehr verlassen wird, je mehr man beobachtet und denkt, wird von andern genügend dargestellt[2]. Die konsequent *idealistischen*, bzw. *spiritualistischen* Systeme wollen nur die psychische Reihe gelten lassen, die physische wäre ihre „Vorstellung"; daß und warum wir damit

---

[1] Dabei sind wir uns klar, daß der Begriff der Existenz eigentlich nur auf die Welt unserer Erfahrung anwendbar ist.

[2] Der Eifer, mit dem der Dualismus noch aufrecht erhalten wird, nimmt seine Kraft hauptsächlich von der Abneigung, die Wahl zwischen „Gut und Böse" dem vergänglichen Gehirn zu überlassen. Nachdem aber auch diese Entscheidung für jeden, der nicht auch hier den Glauben über die übliche Art der Schlußfolgerung setzt, als genau so abhängig vom Gehirn erwiesen ist, wie jeder andere psychische Vorgang, sollte man den Streit ausdrücklich dem Glauben überlassen; für die Wissenschaft ist er doch wohl erledigt. Die Annahme einer selbständigen Seele ist genau so überflüssig wie die eines Mana, das in dem Pfeil steckt und tötet, während der Pfeil selbst wirkungslos ist.

nichts anfangen können, ist eben angedeutet worden. „*Materialisten*“ betrachten die psychische Reihe als eine Funktion oder eine Eigenschaft der physischen, sind aber bis jetzt daran gescheitert, daß sie keine Vorstellung geben konnten, wie aus den uns bekannten Eigenschaften der Materie, oder, was das gleiche ist, aus den uns unbekannten Kräften, das Psychische mit seinem Bewußtsein und seiner Vernunft abgeleitet werden könnte. Daß diese Schwierigkeit zu beseitigen ist, hoffen wir im folgenden zu zeigen. — Unter dem eigentlich für etwas anderes vergebenen Namen des *psychophysischen Parallelismus* wird heutzutage namentlich von Naturwissenschaftern fast stillschweigend eine Auffassung angenommen, die einfach die beiden Reihen registriert, dabei meist voraussetzend, daß sie irgendwie miteinander in unserem Gehirn zusammenhängen, aber verzichtend, darüber genauere Vorstellungen zu gewinnen.

Bei Wundt geht dabei nicht nur die physische Reihe über die psychische hinaus in den vielen physischen Geschehen ohne psychischen Parallelvorgang, sondern auch die psychische hat in ihren höheren Einheiten, die mehr als die Summe der Eigenschaften ihrer Teile sind („schöpferische Resultanten“) Funktionen ohne physischen Begleitvorgang. Von manchen wird noch in Anlehnung an Spinoza an eine besondere Art *Identitätslehre* geglaubt, ungefähr in dem Sinne, daß *eine* Substanz oder Materie bestehe, die einerseits „Kräfte“, anderseits „Bewußtsein“ als Eigenschaften besitze. Diese Nuance der Identitätslehre verdient ihres prinzipiellen Fehlers wegen Erwähnung: Kraft und Bewußtsein können gar nicht einander gegenübergestellt werden und sind wiederum nicht Eigenschaften einer Materie: Bewußtsein ist etwas, das wir nur in uns wahrnehmen (wir werden es als eine Art Eigenschaft eines Funktionskomplexes kennen lernen). Was wir außer uns wahrnehmen, sind *nur* Kräfte; etwas, das man Materie nennen könnte, hat, soweit wir wissen, neben den Kräften gar keine Existenz. Von Körpern bekommen wir dadurch Kenntnis, daß „von ihnen aus“ Kräfte auf uns und die Umgebung wirken. Denken wir uns die Kräfte weg, so bleibt nichts. Der Begriff der Materie ist eben — erkenntnistheoretisch beurteilt — eine nützliche Hilfskonstruktion unseres Geistes, die die Summe der zusammenhängend wahrgenommenen Kräfte in irgendeinem Komplex heraushebt und uns die restlose Zusammensetzung aus Teilen vergessen läßt (auch ein Haufe Sand, der nur aus Sandkörnern besteht, hat als Haufe eine gewisse begriffliche Existenz). Es wäre unbequem, von einem Gegenstand, den wir bewegen, zu denken, von einem bestimmten Raumteil aus wirken alle die und die einzelnen Kräfte auf unsere Sinne, wir verlegen sie an einen anderen Ort usw.; und wir beschreiben die besonderen Eigenschaften eines bestimmten Körpers viel leichter, nachdem wir in einem einzigen Begriff bezeichnen, was für Kombinationen von Kräften für gewöhnlich jedem „Körper“ angehören usw.

Also: In der Welt gibt es Kräfte, denen ich objektive Existenz zuschreibe, um nicht Solipsist zu sein. Bestimmte Kombinationen von Kräften faßt meine Psyche zusammen, daraus den Begriff des *Dinges*, des (physikalischen) *Körpers* bildend. Als Bewußtsein bezeichne ich die gemeinsame Eigentümlichkeit bestimmter Funktionskomplexe meines Gehirns, „von innen“ gesehen, bewußt zu sein (beschreiben kann man diese Eigenschaften ebensowenig wie die Vorstellungseigenschaft „schwarz“ oder die „warm“). Meine bewußten Vorgänge sind das einzige sicher Existierende.

Bei diesen Diskussionen läuft eine häufige Erschleichung mit: Man sagt, Eigenschaften müssen einen Träger haben (so auch psychische Eigenschaften, so daß man aus psychischen Eigenschaften eine substantielle Seele als ein „Wesen“ ableiten kann). Für den Naiven liegt es allerdings im Begriff der Eigenschaft, daß sie einen Träger haben müsse. Er hat auch insofern recht, als mit einer oder mehreren Eigenschaften, um die es sich gerade handelt, in der Regel noch andere verkuppelt sind. Aber das Ding ist nichts als die Summe seiner Eigenschaften.

Der *eigentliche psychophysische Parallelismus* geht von der prinzipiellen Verschiedenheit von Psyche und Physis aus; aus dieser schließt er — in solchen Dingen, in denen man noch nichts weiß, — ganz voreilig, daß die beiden nicht aufeinander einwirken können. Sie müssen also ohne jede

Beziehung zueinander nebeneinander herlaufen — und doch einander entsprechen. Um das zu erklären, hat man geniale Sonderbarkeiten erfunden wie GEULINCXs Okkasionalismus oder des LEIBNITZ prästabiliert harmonisch gehende Uhren. *In Wirklichkeit ist die ganze Annahme sinnlos: wenn die beiden Reihen nicht aufeinander wirken könnten, dann wäre unsere Außenwelt eine Halluzination ohne realen Hintergrund; von einer „wirklichen" physischen Welt wüßten wir überhaupt nichts, weder daß sie existiert, noch wie sie ist, noch ob sie irgendeinem Vorgang parallel läuft, und wenn trotzdem zufällig etwas existieren würde, was man eine physische Welt nennen könnte, so wäre es keinesfalls die, die unsere Psyche halluziniert, von der man bei dieser Überlegung ausgegangen ist.*

Anderseits sehen wir jeden wachen Augenblick an uns und andern in genau der nämlichen Weise, wie wir sonst innere und äußere kausale Zusammenhänge beobachten, daß die Außenwelt auf dem Wege der Sinne psychische Vorgänge, Wahrnehmungen bewirkt, und daß unser Wille oder unsere Affektivität körperliche Vorgänge hervorbringt. Um diese offensichtlichen Tatsachen der Voraussetzung der gegenseitigen Unbeeinflußbarkeit anzupassen, mußte man eben die Lehre vom Okkasionalismus und die vom Parallelgehen der beiden Uhren erfinden. Ebensogut könnte ich, wenn ich einem Stein einen Stoß gebe, behaupten, er sei nicht dieses Stoßes wegen fortgeflogen, sondern infolge eines besonderen Eingriffes Gottes, oder einer ihm innewohnenden Bewegungstendenz, die als zweite Uhr gleich läuft mit dem Wollen und Ausführen des Stoßes. Den kausalen Zusammenhang des Fortfliegens mit dem Stoß kennen wir in Wirklichkeit so wenig wie den meiner Armbewegungen mit meinem Willen — oder ich möchte im Hinblick auf das Spätere sagen: „gar nicht", während wir den Zusammenhang von Willensimpuls und Bewegung als eine physiologische und psychische Einheit in einem gewissen Sinne wahrnehmen.

C. Das Beobachtungsmaterial, seine Gewinnung, sein Wert.

Innere Beobachtung der eigenen Psyche und äußere Beobachtung der Reaktion anderer Psychen bieten das Material für die Psychologie.

Besonderes Gewicht legen wir darauf, daß wir nichts in die Dinge hineindenken, was nicht die Erfahrung darin zeigt. Unsertwegen kann es noch viele andere Welten oder Anschauungsformen geben, von denen wir nichts wissen; *aber wir beschäftigen uns nur mit der Welt, die wir kennen, mit derjenigen aller anderen Naturwissenschaften und des praktischen Lebens.* „Auffassungen", „Ansichten", „Erklärungen" gewinnen wir in genau gleicher Weise wie solche über Elektrizität oder Wachstum der Pflanzen oder Physiologie des Säugetiers. Auffassungen wie die, daß „der Mensch eine Einheit sei", „nur als Seele existiere", während der Körper „nur eine Anschauungsform" der Psyche sei, gehen uns nichts an, nicht deswegen, weil sie recht angreifbar sind, sondern weil wir uns eben nur mit der Welt der (innern und äußern) Erfahrung beschäftigen. *Wir verlangen gar nicht, daß unsere Schlüsse in einem andern Sinne richtig seien als physikalische oder physiologische Ableitungen; aber diesen sollen sie gleichwertig sein.*

II. Ableitung des Bewußtseins aus der Funktion des Centralnervensystems.

Einleitung.

Das Folgende ist nicht ganz neu, wenn auch niemand etwas davon wissen will. 1894 haben EXNER[1] und ich[2] zu gleicher Zeit die nämliche Idee geäußert, daß die bekannten physiologischen Vorgänge in unserem Gehirn aus Erinnerungsbildern und aktuellen Vorgängen ein Ich schaffen, und daß andere Funktionen diesem Ich durch Assoziationen an dasselbe bewußt werden. Wir sind beide gleichmäßig ignoriert worden. Eine ähnliche Vorstellung hat MACH[3], obschon er sonst von EXNERs und unseren Anschauungen stark abweicht: „Die einzelne Empfindung ist übrigens weder bewußt noch unbewußt. Bewußt[4] wird dieselbe durch die Einordnung in die Erlebnisse der Gegenwart." Er redet allerdings in dieser Andeutung nur von „Gegenwart"; aber nicht nur ist das Prinzip, daß eine „Einordnung" physiologischer Funktionen in andere deren Bewußtwerden bewirke, das nämliche wie bei uns, sondern diese Einordnung setzt ja ein Bestehendes und ein Hinzukommendes, also eine bisherige Gegenwart und eine neue Gegenwart, d. h. wie gleich ausgeführt werden soll, Gedächtnis voraus. BRUN[5], ein Schüler v. MONAKOWs, schreibt: „Auf dem Boden einer solchen *objektiv-biologischen Definition des Psychischen* ist dann die *Bewußtseinsfrage* natürlich *von vornherein gegenstandslos*, um so mehr als das Bewußtsein sehr wahrscheinlich nichts anderes als eine Folgeerscheinung der chronogen aufgebauten mnemischen Integration der Sinneserfahrung darstellt, d. h. sich als selbstverständliche Folge der kontinuierlichen sukzessiven Engraphie, bzw. aus der Tatsache des homophonen Mitschwingens mnemischer Erregungen bei jeder Originalerregung ergibt." Schon vorher hat LOEB[6] oft direkt betont, die Grundlage des Bewußtseins sei das „assoziative Gedächtnis" des Centralnervensystems; soviel ich weiß, hat er aber die Idee nicht eingehender ausgeführt. In bestimmterer Weise legt G. F. LIPPS Gewicht darauf, daß das Gedächtnis einen prinzipiellen Unterschied zwischen physisch und psychisch ausmache. Er kommt uns sehr nahe, wenn er sagt: „Das objektive Aufleben der Vergangenheit bei den Einwirkungen, denen der lebendige Körper gegenwärtig unterliegt, bildet die Unterlage des Bewußtseins[7]." Doch lehnt er die Folgerung ab, daß sich auf dieser Grundlage das Psychische aus dem Physischen erklären lasse (obschon das Gedächtnis ebensogut eine Funktion des Nervensystems wie eine psychische Erscheinung ist). Endlich sagt v. MONAKOW[8]: „Elektive, den verschiedenen visceralen

---

[1] Entwurf zu einer physiologischen Erklärung der psychischen Erscheinungen, Leipzig: Deuticke 1894, I. Teil (der zweite ist leider nicht erschienen).

[2] Versuch einer naturwissenschaftlichen Betrachtung der psychologischen Grundbegriffe, A. Z. Psychiatrie. **50** (1894).

[3] Gedächtnis, Reproduktion und Assoziation in: Erkenntnis und Irrtum, 3. Aufl., Leipzig: Barth 1917.

[4] Nach unserer Unterscheidung von Urbewußt und Ichbewußt müßte er sagen: „dem Ich bewußt".

[5] Das Instinktproblem im Lichte der modernen Biologie, Schweiz. Arch. Neur. **6**, 85 (1920).

[6] Siehe z. B. LOEB, Einleit. in d. vergl. Gehirnphys. usw., Leipzig: Barth 1899.

[7] Mythenbildung und Erkenntnis, Leipzig: Teubner 1907, Vorwort.

[8] Psychiatrie und Biologie, Schweiz. Arch. Neur. IV, 1, 22 (1919).

Grundfunktionen entsprechende Verschmelzung von während einer gewissen Lebensperiode gesammelten und registrierten (zunächst unbewußten) Erregungsergebnissen zu *einem Augenblicksakt*, in welchem sich die gegenwärtig zu vertretenden Lebensinteressen des Individuums wiederspiegeln, stellt dasjenige dar, das wir in der täglichen Sprache als *bewußte* Empfindung und *bewußtes* Gefühl bezeichnen. Bei den niederen Tieren dokumentiert sich dieser Instinkt offenbar in rudimentärer Weise und wird Instinktgefühl genannt."

Für die unheimliche Macht des Ignorabimus-Dogmas sind einige dieser Aussprüche bezeichnend. So mancher Wahrheitssucher pirscht sich mutvoll an die Stelle heran, da nach der Sage der unheimliche Abgrund ohne Boden zwischen Leib und Seele im Finstern gähnt. Ist er ihr aber unversehens wirklich nahe gekommen, so dass er durch lichtes Gebüsch hindurch erkennen sollte, da sei weder ein Abgrund noch ein Gespenst, dann schließt er schreckensvoll die Augen und flüchtet mit einem Sprunge zurück zur allein Ruhe spendenden Metaphysik.

Wenn auch die angeführten Autoren die Konsequenz bis zum genetischen Verständnis der bewußten Phänomene nicht ziehen, so scheinen solche Äußerungen darauf hinzudeuten, daß vielleicht doch die Zeit reif sei, die Idee wieder aufzunehmen und durchzuführen.

Allerdings wird auch jetzt noch recht viel guter Wille dazu gehören, sich in einen Gedankengang einzudenken, der den meisten nicht nur neu ist, sondern bis jetzt als unmöglich galt und prinzipiell abgelehnt wurde.

A. Die Psyche ist eine Hirnfunktion.

So selbstverständlich dieser Satz der heutigen Psychiatrie erscheint, es gibt doch immer noch viele Führende und Geführte, die ihn bestreiten. Und doch ist mindestens seit Mitte des vorigen Jahrhunderts die Auffassung der Psyche als Gehirnfunktion diejenige, mit der die Naturwissenschaften und ein großer Teil der denkenden Laien allein rechnen, wenn auch bis in die neuere Zeit einzelne es liebten, jene drastische Formulierung als absurd hinzustellen, womit die bestimmteren modernen Anschauungen ins Publikum geworfen wurden: die Psyche sei eine Funktion des Gehirns, wie die Harnabsonderung (nicht der Harn selbst) die der Niere.

Auch ein Metaphysiker wie DEUSSEN[1] findet bei „materialistischer" Betrachtung die Abhängigkeit dessen, was wir Psyche nennen, vom Gehirn als sichergestellt — den metaphysischen Willen, den er ausnimmt, sehen wir nicht. Allerdings äußert er sich über die Art der Abhängigkeit nicht klar. Alles Existierende, somit auch der Intellekt, ist ihm „eine Modifikation der Materie" (§ 26). „Gehirn und Intellekt sind zwei Namen für dieselbe Sache" (113) (wohl im SCHOPENHAUERschen Sinne); die Materialität aller intellektuellen Vorgänge steht a priori fest (27). Die „völlige Abhängigkeit des Denkens vom Gehirn" steht außer Frage (27). Der Intellekt vergeht mit dem Gehirn. Ein unerkennbares transzendentales Bewußtsein, das sich hinter den Gehirnfunktionen verbirgt, kommt als Nervenschwingung des Gehirns zur Erscheinung; es ist eines und hat doch in jedem von uns seinen Mittelpunkt (XXVIII).

Daß der Zusammenhang von Psyche und Gehirn nicht bloß der von Sitz oder Durchgangsstelle oder Werkzeug zu einem besonderen Wesen, sondern der von Funktion zu ihrem Organ ist, ergibt sich aus einer Unzahl von Tatsachen, wovon nur einige herausgehoben seien.

Die Grundfunktion der Psyche, das Gedächtnis, mit seinen Spezialfunktionen, dem Assoziationsspiel, der Zweckhaftigkeit, den Lokalisationsprinzipien, alles ist in der physiologischen und der psychischen Reihe identisch. Wenn wir alle diejenigen Eigenschaften der Seele, die durch Veränderungen des Gehirns ebenfalls verändert oder aufgehoben

[1] Elemente der Metaphysik, Leipzig: Brockhaus 1919.

werden, als Funktionen des Gehirns betrachten, *so bleibt nichts mehr, das wir als Seele ansehen können.* Man denke sich irgendeine nervenphysiologische Funktion, die nur zum hundertsten Teile so oft parallel mit Schädigungen einer bestimmten Stelle des Rückenmarks und nur von da aus, verändert oder geschädigt wurde, es würde dem ärgsten Nörgler nicht einfallen zu leugnen, daß diese Vorgänge eine Funktion der betreffenden Rückenmarksstelle seien.

Die Grundfunktionen der Psyche, die Mneme mit ihrem Assoziationsspiel und die Reizbarkeit (Reaktionsfähigkeit), sind auch die Grundfunktionen des physischen Organismus.

Die psychischen Leistungen gehen in ihrer Komplikation trotz aller Einwendungen doch recht hübsch parallel der Komplikation der Nervenknoten und Gehirne, und wo innerhalb der nämlichen Art z. B. die Geschlechter sehr verschiedene psychische Aufgaben zu erfüllen haben, wie bei den Ameisen, entsprechen den komplizierteren Anforderungen auch kompliziertere Gehirne. Das geht bis in die einzelnen Eigenschaften hinein: Beim Hund, dessen Orientierung zu einem ganz wesentlichen Teil auf Geruchsempfindungen und -vorstellungen beruht, sind diejenigen Hirnteile, die nach den Untersuchungen der Anatomie und Physiologie besonders mit der Geruchsfunktion betraut sind, auch besonders stark ausgebildet. Beim Menschen mit seinem rudimentären Geruchsleben sind sie zurückgebildet.

In bezug auf die *Vererbung* erweisen sich die geistigen Eigenschaften als absolut identisch mit den körperlichen.

In der Pathologie sehen wir die Psyche mit der anatomischen und der funktionellen Integrität des Gehirns schwanken sowohl qualitativ wie quantitativ. Allerdings sind wir noch nicht so weit, die eine Reihe mit der anderen in enge Beziehung zu bringen; aber wir finden doch mit den groben anatomischen Veränderungen des Gehirns die elementaren psychischen Leistungen wie das Gedächtnis und die Assoziationen in ganz bestimmter Weise geschädigt, während den feineren schwerer faßbaren Störungen der einen Reihe auch feinere Störungen der anderen entsprechen (organische Psychosen gegenüber den Schizophrenien).

Greifen wir selber in die allgemeinen Funktionen des Gehirns ein, so verändern wir unweigerlich die Psyche. Bringen wir ein bißchen Chloroform, von dem wir wissen, daß es die physiologischen Funktionen bis zum Stillstand hemmt, ins Gehirn, so wird die Psyche wie die physiologische centralnervöse Funktion zunächst in ihrer Koordination gestört und dann sistiert. Betäuben wir durch einen Schlag auf den Kopf oder durch einen shockauslösenden Reflex die Hirnfunktion, so leidet die Psyche mit ihr. Physiologische Hirnfunktion und Psyche können beide dabei — soweit man darüber orientiert ist — „ihre Existenz einstellen“. Ich brauche mit Bewußtsein diesen Ausdruck, der nur für Funktionen, nicht aber für Dinge oder „Wesen“ paßt. Während wir die physiologische Funktionseinstellung objektiv konstatieren können, beruht allerdings die Annahme des Bewußtseinsverlustes im Koma zunächst nur auf dem nachträglichen Mangel an Erinnerung, der ein trügliches Kriterium ist. Doch haben wir noch eine objektive Tatsache, die mit größter Wahrscheinlichkeit auf ein wirkliches Sistieren der psychischen Vorgänge deutet: wenn man während des Sprechens auf das vom Schädel entblößte Gehirn einen Druck ausübt, kann jede Äußerung aufhören, um bei plötzlichem Nachlaß des Druckes da fortzufahren, wo sie aufgehört hat. Es scheint also in der Zwischenzeit nichts gegangen zu sein, wie bei einem Uhrwerk, das gesperrt war. Es ist wenigstens höchst unwahrscheinlich, daß der bewußtlos Werdende sich noch merkt, wo er fortfahren sollte, und sich dann beim Erwachen daran hält.

Bei einem nicht vollständig hemmenden Grade der Einwirkung kommen, ganz wie die motorischen Koordinationen oder die vasomotorischen Funktionen, die psychischen Leistungen bloß in Unordnung, indem Verwirrtheit eintritt, oder sonst die Überlegung ungenügend wird.

Laufen bei torpidem Gehirn oder Hirndruck die physiologischen Funktionen langsam ab, so ist das nämliche mit den psychischen der Fall. Wir können auch auf chemischem Wege die Funktion der Psyche qualitativ hochgradig beeinflussen, mit ein wenig Alkohol aus einem besonnenen, gesetzten, ehrbaren Menschen einen Leichtfertigen, einen Radaumacher oder gar einen boshaften Verbrecher machen; wir verändern den Charakter und andere psychische Eigenschaften, wenn wir Schilddrüse geben oder die Struma zu radikal herausschneiden oder Tuberkulin injizieren. Eine Encephalitis kann den Charakter eines Kindes vollständig verändern. Wir berauben die Psyche eines ihrer mächtigsten Triebe durch Wegnahme der Geschlechtsdrüsen resp. ihrer Hormone, und wir bringen ihr den entgegengesetzten Trieb bei durch nachträgliche Einpflanzung einer Generationsdrüse des anderen Geschlechts. Durch Unterernährung bringen wir ganze Volksmassen zu den verrücktesten Streichen. Durch Meskalin werden Vorstellungen in Anschauungsbilder, Anschauungsbilder in Halluzinationen verwandelt. Dieses Zusammenvorkommen als psychisch aufgefaßter Erscheinungen mit bestimmten körperlichen und namentlich cerebralen Verhältnissen ist von jeher aufgefallen. WUNDT drückt sich darüber folgendermaßen aus: „Die Synthese der Empfindungen sowie die Assoziationen der Vorstellungen sehen wir nun überall an bestimmte Verhältnisse der physischen Organisation gebunden. Wo daher durch diese die Möglichkeit einer Verbindung von Sinneseindrücken gegeben ist, da werden wir auch die Möglichkeit eines gewissen Grades von Bewußtsein nicht bestreiten können."

Am wichtigsten ist aber, *daß die Gesetze der centralnervösen Funktionen diejenigen der Psyche sind und umgekehrt.* Das WEBERsche Gesetz war zunächst in unrichtiger Auslegung der Tatsachen als ein psychophysisches gedacht. Soweit es richtig ist, ist es aber ein nervenphysiologisches, wie z. B. quantitative Untersuchungen der negativen Schwankung bei Reizen des Optikus ergeben haben. Es wird aber niemand bestreiten, daß es auch ein psychisches ist, indem z. B. irgendeine traurige Erfahrung, die unter anderen Umständen eine starke Reaktion hervorbringen würde, bei schon bestehender Trauer nur ein geringes Plus ausmacht. Daß die rein psychische Seite nicht zahlenmäßig erfaßt werden kann, tut dem Prinzip von der geringeren Wirksamkeit eines Reizes bei stärkerem schon bestehendem Reizzustand keinen Eintrag.

Auch das Umgekehrte, die Summation kleiner (wirksamer oder unterwirksamer, gleichzeitiger oder sukzessiver) Reize, gehört dem Centralnervensystem[1] ganz wie der Psyche an, und ebenso das dazu gehörige elementare Symptom, daß die Wirkung eines Reizes diesen beliebig lange überdauern kann oder ihm gar erst nach längerer Zeit nachfolgt.

[1] Ja sogar den peripheren Nerven, wo u. a. ASCHER [Schweiz. Arch. Neur. 6, 168 (1920)], simultane und sukzessive Summation von sog. *Hemmung* überschwelliger Reize durch unterschwellige konstatiert hat.

Begriffe, wie Bahnung und Hemmung, Narkose, Beeinflussung durch Gifte, reizbare Schwäche, Ermüdung, Perseveration bei zerstörenden Einflüssen auf das Gehirn sind psychologische so gut wie physiologische[1], und die Erholungsfunktion des Schlafes betrifft beide Gebiete, wenn wir da überhaupt von einer Zweiheit reden können.

Die Prinzipien der centralnervösen und der psychischen Funktionen sind die nämlichen. An beiden Orten kommen nur (positive oder negative) Veränderungen oder Unterschiede zur Wirkung, und zwar nur solche Unterschiede, die innerhalb einer gewissen Zeit eine bestimmte Größe erreichen, während bei langsamem „Einschleichen" auf elektrischem, thermischem („Wärmefrosch"), moralischem und jedem anderen Gebiete der beiden Reihen die spezifische Wirkung ausbleiben kann: der Begriff der „Reizschwelle" ist der nämliche im Centralnervensystem wie in der Psyche. An beiden Orten spielen die zu beobachtenden Kräfte nicht direkt mit- und gegeneinander wie in der Physik, sondern wir haben es in erster Linie mit komplizierten Funktionen zu tun, deren gegenseitige Beeinflussung durch Wirkung auf eine Art Schaltapparat geleitet wird. An beiden Orten geht es in der Regel nicht nach dem Parallelogramm der Kräfte — man geht nicht nach Südwesten, wenn man teils nach Süden, teils nach Westen gelockt wird; der Rückenmarksfrosch, der einen unangenehmen Reiz am Bauch und einen am Rücken gleichzeitig abwehren sollte, wischt nicht die dazwischenliegende Seite ab, sondern die eine Funktion hemmt die andere in ihrem Ablauf, wie wir in einem elektrischen Netz eine Funktion ausschalten[2]. Analog ist es, wenn die Tätigkeiten sich unterstützen, oder wenn sie zueinander keine Beziehung haben und deshalb nebeneinander laufen, ohne sich zu beeinflussen.

Studieren wir die Reflexvorgänge, so finden wir ein assoziatives Zusammenfließen der verschiedenen Reize zu einer einheitlichen Funktion, genau wie in der Psyche. Alle Reflexe werden durch allerlei zentripetale Reize geleitet oder gehemmt oder sonst beeinflußt; so einfache Reflexe wie die Patellarreflexe verlaufen stärker oder schwächer, je nachdem noch andere Reize gleichzeitig im Rückenmark ankommen; die komplizierteren Reflexe werden durch kinästhetische Reize geleitet, indem z. B. zum Kratzen einer bestimmten Stelle anfänglich ganz verschiedene Muskeln innerviert werden müssen je nach der Ausgangsstellung des kratzenden Gliedes; der gleiche Kitzelreiz am Bauche bewirkt beim Schwanz der Rückenmarkskatze Ausschlag nach links, wenn der Schwanz rechts steht, und umgekehrt; sehr viele Reflexe werden gehemmt durch gleichzeitige schmerzhafte Reize. Nicht nur im Gehirn, auch im Rückenmark haben wir ein feines Zusammenspiel *aller* einzelnen Tätigkeiten. In den Reflexen finden wir weiter: eine Auswahl der zu verarbeitenden Sinneseindrücke, d. h. die elementare Abstraktion und Aufmerksamkeitsfunktion, Assoziationen nach Ähnlichkeit und Gewohnheit, Andeutungen von Gedächtnis (die übrigens schon beim peripheren (motorischen) Nerven nachzuweisen sind; sogar ein phylogenetisch so alter Reflex wie der Babinski läuft

[1] Es gibt ein Lehrbuch der Psychiatrie (Arndt), das die Geisteskrankheiten aus solchen elementaren Störungen des Nervensystems abzuleiten versuchte, allerdings an den meisten Orten nicht überzeugend.

[2] Ausnahmen sind scheinbar. Wenn niedere Tiere im Experiment unter künstlichen Umständen statt auf eines von zwei Lichtern auf einen dazwischenliegenden Punkt hingehen, so handelt es sich um eine Störung der Orientierung nach dem scheinbaren Zielpunkt. Ähnliche Tropismen von Pflanzen erklären sich noch einfacher.

rascher ab, wenn er mehrere Male nacheinander provoziert wird), Hemmungen und Bahnungen durch begleitende Reize[1], Wettstreit zwischen verschiedenen Funktionen, kurz alles, was uns das Studium der Psyche zeigt. So absolut parallel gehen einander die auf beiden Seiten bekannten Mechanismen, daß Einzelheiten wie die besonders von RANSCHBURG herausgehobenen Gesetze von der störenden Wirkung von Ähnlichkeiten auf das Gedächtnis und von dem einheitlichen Zusammenarbeiten gleichgerichteter und der gegenseitigen Hemmung ungleich gerichteter Strebungen von diesem Forscher mit Recht als allgemeine Gesetze ebensowohl des Nervensystems wie der Psyche hingestellt werden konnten. Die von WUNDT als eine Besonderheit der Psyche aufgefaßte Fähigkeit zur Bildung höherer Einheiten, deren Eigenschaften in den Teilen nicht enthalten sind („schöpferische Resultanten"), die eigenartigen Reaktionen eines zusammengesetzten Ganzen trifft man ebensogut bei Reflexen, wo sie besonders SHERRINGTON herausgehoben hat — wir finden sie aber auch bei irgendeiner von uns konstruierten Maschine. Die oft betonte „punktförmige" Einheit der Psyche erweist sich bei genauem Zusehen als eine Täuschung, und was man so aufgefaßt hat, ist gar nichts anderes als SHERRINGTONs Integration der verschiedenen „physiologischen" Apparate. In dem Zusammenspiel einander störender Reflexe finden wir das nämliche Verhalten wie in der „Wahl" der Psyche zwischen verschiedenen Trieben, von denen einer die Funktion des anderen ausschaltet, wenn er der Stärkere ist, oder wo ein beständiges Schwanken stattfindet, sei es in Form der Entschlußunfähigkeit, sei es etwa in der der Aufmerksamkeitsschwankung, wenn man geistig arbeiten sollte, während jemand neben uns Musik macht. Die Übungsfähigkeit, überhaupt das Gedächtnis in Engraphie und Ekphorie durch Ähnliches, gehört dem physischen Organismus und speziell dem ZNS in gleicher Weise an wie der Psyche, und die Art der Reaktionen auf äußere Reize wie die der Spontaneität ist physisch und psychisch gleich; psychisches Streben entspringt einem vorgebildeten Apparat, der durch irgendeinen Anlaß in Bewegung gesetzt wird, ganz wie der Atem-„Automatismus" durch den Reiz der CO_2 oder des O_2-Mangels. Und schon im Altertum ist es aufgefallen, daß in den physischen Funktionen der Tiere und der Pflanzen die gleiche Art der Zweckmäßigkeit herrscht wie in unserer Psyche (vgl. „Psychoide").

So ist die „Hypothese" von der Psyche als Gehirnfunktion, wenn wir hier von Hypothese sprechen wollen, eine kaum weniger begründete, als die von der Drehung der Erde um die Sonne. Allerdings haben wir dort keine mathematischen Beweise wie hier; aber die mathematische Präzision, die die kopernikanische Auffassung scheinbar zu einer unwiderstehlichen machen soll, hatte sich vorher auch bei dem ptolemäischen Weltsystem (im Prinzip) bewährt. Die vor Kopernikus aus den gemessenen und berechneten Tatsachen gezogenen Schlüsse waren nur weniger einleuchtend, und erst mit unserem modernen Wissen sind sie nicht mehr recht vereinbar. Hat aber der Astronom die genaue Zahl für sich, so kann der Psychologe das Experiment in die Wagschale legen, das nicht weniger Gewicht hat, und die unendlich manigfaltigere Beobachtung, die mit ihrer Konvergenz von verschiedenen Seiten kaum weniger Gewähr gibt als die Mathematik. Jedenfalls sind nur die wenigsten der unangefochtenen, wissenschaftlichen Annahmen annähernd so allseitig und so zwingend begründet wie die von der zerebralfunktionellen Natur unserer Psyche.

Zu der Annahme einer besonderen Seele bieten sich dem Naiven gute Scheingründe. Da diese dem Wissenschafter versagen, müssen affektive

[1] EXNER (siehe S. 1) setzt mit Recht die Bahnung psychischer Funktionen durch die Aufmerksamkeit gleich den unterpsychischen Reflexbahnungen.

Gründe seine dualistische Stellungnahme bedingen[1]. Der selbstverständliche Erhaltungstrieb, negativ ausgedrückt, die Furcht vor dem Tode (natürlich unter Mitwirkung anderer, aber nebensächlicher Vorstellungen), hat beim denkenden Menschen die Idee und den Glauben an ein ewiges Leben geschaffen, das eine vom Körper unabhängige Seele zu verlangen scheint — aber wirklich nur scheint. Man braucht auch die vom absterbenden Körper unabhängige persönliche Seele, um die Sehnsucht zu erfüllen nach allerlei definitiv Verlorenem, nach Wiedervereinigung mit den früher oder später sterbenden Lieben, nach ,,Gerechtigkeit", die in der Welt der Wirklichkeit nicht besteht, nach Belohnung für alles Gute, das man getan, Ersatz für alles Schlimme, das man gelitten, und überhaupt nach beständiger Lust ohne Leid und ohne Befürchtung von Leid. Die Religionen und Theologien, die sich bisher alle auf solche Wünsche gründeten, können natürlich in ihren alten Formen die selbstänig lebende Seele nicht entbehren, und die moderne Jurisprudenz ist bis jetzt unfähig gewesen, sich von dem einfältigen Dogma loszumachen, dass eine Verantwortlichkeit mit Schuld und Sühne oder mit dem Recht der Gesellschaft zur Repression sich nur auf die Annahme des freien Willens gründen lasse. Außerdem spielt sehr wesentlich eine traditionelle Erschleichung mit, die ganz unrichtigerweise den ,,materialistischen" Auffassungen ein bloßes Streben nach dem rücksichtslosen Genuß des Augenblicks, und den ,,idealistischen" eine enge Beziehung zu ethischen Werten andichtet, so daß der Mensch, der als höherer gelten will, sich nur zu letzterer Ansicht bekennen darf, gleichwie er bis vor kurzem verpflichtet war, Glacéhandschuhe zu tragen.

Alle diese Scheingründe sind für den, der objektiv sein will und kann, leicht zu entkräften.

v. Monakow wirft mir vor, daß ich *alle* psychischen Leistungen in den Hirnfunktionen aufgehen lasse, während es sich in Wirklichkeit um *Wechselbeziehungen* zwischen den inneren Organen und dem ZNS handle. Der letztere Ausdruck ist wohl etwas zu einseitig, enthält aber etwas so selbstverständlich Richtiges, daß ich nicht für nötig fand, darauf einzugehen. Meine Meinung ist folgende: Als das Nervensystem einen gewissen Teil der im ganzen Protoplasma liegenden Funktionen spezialisierte (oder besser eine Seite der allgemeinen Lebensfunktion heraushob), wurden diese Funktionen dem übrigen Protoplasma nicht entzogen, aber daselbst mit der Entwicklung des Nervensystems immer weniger geübt und vielleicht auch direkt gehemmt, analog wie vom Großhirn übernommene Funktionen tieferer Centren in diesen auch beim Menschen noch nachzuweisen sind, wenn die Hemmungen des Gehirns wegfallen. Ich glaube, daß wenigstens auf unteren Stufen der ganze Komplex der Instinkte noch in jeder Zelle irgend wie vorhanden sei (ein Regenwurm, der den abgeschnittenen Kopf aus anderem Material ersetzt, behält seine Instinkte und unter Umständen sogar individuell hinzugelerntes), und ich würde mich gar nicht verwundern, wenn eines Tages nachgewiesen würde, daß auch noch in einer menschlichen Muskelfaser die elementaren Strebungen des ganzen Menschen in irgendeiner Form angedeutet seien. Ferner kennen wir doch jetzt recht viel von einem chemischen Gleichgewicht, wir wissen, daß die Chemie jedes einzelnen Organs auf alle anderen wirkt, und ich betrachte es als selbstverständlich, *daß überhaupt der Organismus als Ganzes, Psyche und Leib zusammen, das Wesentliche ist,* und wir ihn nur infolge der Unmöglichkeit, ihn als Ganzes zu erfassen und zu beschreiben, in die einzelnen Organe und Funktionen zerlegen müssen. Wenn aber irgendein chemischer oder funktioneller Einfluß von der Leber aus sich psychisch bemerkbar macht, so kann das immer als ein Symptom des Gehirns, der für die Psychologie einzig in Betracht kommenden Erfolgstelle, angesehen werden. Ohne diese Ansicht, daß jede Funktion und vor allem die Psyche, genau genommen eine Funktion des ganzen Organismus ist, hätte ich die

---

[1] Bemerkenswert ist, daß man der populären Erklärung *des Lebens* aus physikalisch-chemischen Vorgängen keine dogmatischen Schwierigkeiten macht, obschon sie weniger konkludent und, in ihrer üblichen mechanistischen Form, d. h. ohne Berücksichtigung der Mneme, überhaupt unmöglich ist. Da fehlen eben die anthropozentrischen Prätensionen.

„Psychoide“ nicht schreiben können. Aber die Psyche als Funktion des ganzen Körpers statt als Hirnfunktion darzustellen, wäre eine unlösbare Aufgabe.

Unsere Vorstellung ist nichts Neues. Sie ist bekannt unter dem Namen *Identitätshypothese*, die mehr oder weniger bewußt und mehr oder weniger konsequent den verbreitetsten Anschauungen der Naturwissenschafter zugrunde liegt, meist allerdings, ohne daß sie in ihren Konsequenzen durchdacht wäre, dafür ohne verwirrenden Begriffsbalast wie „absolut Seiendes“, sondern in der einfachen Bedeutung: Die menschliche Psyche ist eine Hirnfunktion.

B. Fehlen einer Grenze zwischen Psyche und Nervenfunktion.

So weiß denn auch niemand eine Grenze zwischen centralnervösen und psychischen Funktionen anzugeben. Sind die zweckmäßigen Aktionen und Reaktionen einer Schnecke, eines Paramäzium, psychisch oder physisch? Für den, der nicht weiter überlegt, ist es eine Selbstverständlichkeit, daß das Psychische das Bewußte sei, und es ist ja keine Frage, *was Ich-bewußt ist, müssen wir auch als psychisch ansehen.* Damit ist aber wissenschaftlich nichts gewonnen. Wir wissen ja nur bei uns selbst und auch da nur annähernd, was bewußt ist. Wir nehmen, ohne es zu wissen an, daß unsere Mitmenschen bewußt sind, ebenso die höheren Tiere; aber ein Krebs? ein Infusor? Da gehen die Ansichten auseinander von unterhalb der Amöbe bis in die Säugetiere hinein und auch ontogenetisch ist beim Menschen selbst mit dem Kriterium nichts anzufangen, wenn auch die Kirche den Zeitpunkt der Beseelung des menschlichen Fötus einmal gekannt oder wenigstens gesetzlich geordnet hat. Schon aus diesen Gründen ist die Existenz des Bewußtseins als Kriterium unbrauchbar. Als wesentlich kommt aber noch hinzu: es gibt ein „Unbewußtes“, und es ist eine in neuerer Zeit viel umstrittene Frage, wohin es gehöre. Wer sich die ganze Sache am einfachsten machen will und kühn erklärt: psychisch ist, was bewußt ist, weiß weder bei sich selber noch bei anderen die Definition durchzuführen; denn wie viele z. B. von den Motiven seines Handelns ihm selbst zu einer bestimmten Zeit oder überhaupt bewußt oder halb bewußt oder gar nicht bewußt sind, kann er, wenn er ehrlich ist, niemals sagen; über das Bewußtsein der Tiere stritt man sich seit Descartes' Zeiten unter mehr oder weniger bewußten religiösen Gesichtspunkten und heute unter dem Schlagwort der Tropismen und ob Hund und Mensch *neben* einem Hirnrindenbewußtsein auch noch die Pfluegersche Rückenmarksseele und evtl. Mittelhirn- und Segmentpersönlichkeiten besitzen, weiß weder ein Philosoph noch ein Naturwissenschafter.

Was von den einzelnen Funktionskomplexen ganz oder gar nicht, oder halb psychisch sei, unterliegt auch noch der Diskussion. Exner und Ludw. Lange nennen die Reaktion im einfachen psychologischen Versuch einen Rindenreflex, wobei sie sich vorstellen, daß durch die präparatorische Einstellung ein Mechanismus ad hoc geschaffen werde, in welchem auf den erwarteten Reiz ohne neues Zutun des Willens die Reaktion abläuft. Man wird den Autoren leicht beistimmen können, muß sich dann aber klar sein, daß unser Wille durch „Einstellung“ Reflexapparate („Gelegenheitsapparate“) schaffen und wieder verschwinden machen kann, wodurch ein enges Zusammenarbeiten von Psyche und Reflex und zugleich ein nahes Verwandschaftsverhältnis der beiden Aktionsformen dokumentiert wird; denn sie gehen hier wenigstens für unsere Beobachtung fließend ineinander über.

Wir können auch bei Tier und Mensch von der Psyche aus durch bloße Assoziation Reaktionsmechanismen erzeugen, bei denen Reaktion sowohl wie Reiz neue Funktionen sind, die bewußt erworben wurden, deren Ablauf sich aber bald automatisch vollzieht: wenn der Lehrjunge sich gewöhnt hat, daß bestimmte Handbewegungen des Meisters in eine Ohrfeige ausgehen, wird er auch ohne oder gegen seinen Willen den Kopf zur Seite halten, sobald die ominöse Handbewegung sich nur andeutet. Und auf ganz gleichem Wege werden eine Unzahl von mechanischen Fertigkeiten (Formung der Buchstaben beim Schreiben, Violinspielen) automatisch. Erst waren sie psychisch, nachher ein Rindenreflex im Sinne von EXNER.

Die Einstellung beider Augenachsen auf einen Lichtreiz kann von verschiedenen Stellen aus dirigiert werden; in ihren untersten Auslösungsstufen ist sie reiner Reflex; diesem ordnen sich aber höhere Auslösungscentren über, deren instinktives oder gewolltes Hinblicken uns als psychische Tätigkeit erscheint. Ähnlich bei Kratzen auf Jucken, Ausweichen auf Bedrohung, Lidschluß und vielem anderen: wir können im einzelnen Fall oft nicht unterscheiden, ob Reflex oder Handlung vor sich gehe.

Unter pathologischen Umständen sehen wir bei basalen Erkrankungen (Veitstanz, Schlafkrankheit, Arteriosclerose), Para- und Hyper- und Akinesen, die vom subcorticalen Organ ausgehen, aber in den Willen aufgenommen werden[1]. Niemand kann sagen, wo das Psychische beginnt. Ganz verschwommene Grenzen haben wir auch bei Ermüdungen und in der Schizophrenie, wo die Enthemmung unterer Funktionen Pseudohalluzinationen bewirkt oder in den basalen Reizzuständen, die zu den KLEISTschen Pseudospontan- und Pseudoexpressivbewegungen führen.

So haben wir eine Stufenleiter mit gleitenden Übergängen vor uns, deren Hauptstellen etwa markiert werden könnten durch:

a) den gewöhnlichen Reflex mit definitiver organischer Anordnung als Ausfluß der phylogenetischen Anpassung und des Artgedächtnisses;

b) den Assoziationsreflex, eine Verbindung von einem organisch-phylogenetischen mit einem plastischen, dem individuellen Gedächtnis angehörenden Vorgang;

c) ähnliche Verbindung gesetzt durch einen einmaligen Willensakt ohne Gewöhnung: man kann auf ein leises Signal erwachen und durch ein lautes sich nicht stören lassen. Man kann viele Reflexe für eine bestimmte Zeit willkürlich hemmen oder verstärken. Der Blinzelreflex variiert bei gleichem Reiz hochgradig an Stärke je nach der „Aufmerksamkeit";

d) den „Rindenreflex" EXNERs, automatische Handlung infolge einer bestimmten „Einstellung" ad hoc (z. B. Reaktionsversuch im Experiment, „Gelegenheitsapparate").

e) die bewußte Handlung zur Erhaltung unserer Existenz, zur Herbeiführung von Lustgefühlen usw., die in ihren einfachsten Formen noch beim Menschen ohne Grenze aus dem Reflex herauswächst (Kratzen bei Jucken, Parieren einer Ohrfeige, Angriff gegen jemanden, der uns verletzt, und tausend andere Handlungen), und in den kompliziertesten die höchste psychische Funktion darstellt.

---

[1] HAUPTMANN: Subcorticale „Handlung", J. Psychol. u. Neur. 37, 128 (86). — BLEULER: Ein Stück Biopsychologie, Z. Neur. 121, 476 (1929).

Dabei können die meisten dieser Mechanismen, sowohl physiologisch wie psychisch, gehemmt, gefördert oder modifiziert werden. Das physiologische Experiment zeigt solche Einflüsse von allen Stellen des ZNSs einschließlich der Rinde aus, und das ganz gleichwertige Eingreifen der Psyche in die Reflexe unter den verschiedensten Umständen ist bekannt; kann man doch nicht einmal einen Niesreflex mit Schnupftabak hervorrufen, wenn man es gerade wünscht.

In einer etwas anderen Richtung wachsen aus den Reflexen heraus die Instinkte. Die ersteren gelten als physisch, die letzteren als psychisch. Ob wir aber einzelne Akte, wie die Eierablage der Schmeißfliege auf ein Aas oder das „Bebrüten" aller eiähnlichen und kühlen Dinge durch die brütige Henne Instinkthandlung oder Reflex nennen sollen, ist kaum zu entscheiden. Nehmen wir aber alle die Akte der Sorge für die Nachkommenschaft in ihrer Komplikation als Einheit, so können wir von Psychischem reden, von Instinkt, geleitet durch Individualerfahrungen (meist momentane beim Tier, das z. B. die aufgefundene Nahrung dem Jungen ins Nest trägt — oft langjährige und komplizierte, verbunden mit voraussehender Überlegung beim Menschen) und im Wesen, in der Triebkraft und in der Richtung bestimmt durch phylogenetisch ausgebildete organische Apparate. Am psychischen Ende der Reihe finden wir z. B. die Jungfrau, die aus der Wahl eines Hutes eine Aktion allerwichtigster Art macht, weil die Handlung eben ein Glied in der Reihe derjenigen ist, die zur Fortpflanzung führen.

Man hat sich die Vorstellung gemacht, daß reflexanregende Reize, die nicht zur Wirkung kommen können, sei es, weil die nervös motorischen Bahnen geschädigt sind, oder weil das ausführende Organ versagt (das nächste Bein beim Rückenmarksfrosch ist abgeschnitten oder angebunden), sich „stauen" und dann stärkere Widerstände überwinden und einen „benachbarten" Reflex anregen könnten. Auch im Psychischen spricht man von solchen Stauungen und von Überlaufen, und Wernicke hat diese Begriffe benutzt, um eine physiologische Erklärung der psychischen Phänomene der Sperrung und der Halluzinationen zu geben: Er meinte, durch eine lokale Störung im Gehirn werde der Durchfluß des Neurokyms gehemmt; dieses staue sich und gehe schließlich auf andere Bahnen über, so daß es die centralen Sinnesorgane reizen könne und als Halluzination in die Erscheinung trete. Hier geht die Parallele so weit, daß die Theorie auf den beiden Gebieten in gleicher Weise falsch ist. Der Übergang von einer Funktion geht ja nicht nach Nachbarschaft, sondern nach bestimmten zwecksichernden Gesetzen. Es handelt sich also nicht um ein einfaches Überlaufen der Energie, sondern um ein In-Tätigkeit-Setzen anderer Apparate, wenn die erstbeanspruchten versagen. Im Physiologischen wie im Psychischen geschieht eine Regulierung über den Erfolg; bleibt dieser aus, so wird ein anderer Mechanismus oder eine andere Gruppe von Mechanismen in Tätigkeit gesetzt, aber in der Regel eine zweckdienliche bis zur krampfartigen Allgemeinreaktion, die evtl. unter Opferung der körperlichen Integrität das Leben zu erhalten sucht.

So sehen wir im Psychischen genau wie im Physiologischen Reize ankommen, unter Führung anderer Reize und phylogenetisch und ontogenetisch erworbener Engramme bestimmte Mechanismen in Bewegung setzen, und nirgends zeigt sich dabei ein qualitativer Unterschied zwischen physisch und psychisch, sei es in den Vorgängen oder den Apparaten.

Und sehen wir uns die *Willensphänomene* insgesamt oder einzeln an, so finden wir keine Unterschiede gegenüber den anderen Lebensäußerungen als diejenigen, die wir (fälschlich) hineintragen. Wir beeinflussen den Willen chemisch und durch allerlei Reize, indem wir Empfindungen, Vorstellungen und Motive provozieren, durch Schaffung neuer Engramme in der Erziehung und im Verkehr und in der Massenbeeinflussung durch die Presse; wir rechnen in Millionen Fällen des täglichen Lebens mit seiner Gesetzmäßigkeit und täuschen uns nur ausnahmsweise. Wenn ein anständiger Mensch auf einmal ein Verbrechen begeht, vermuten wir mit Recht eine Geisteskrankheit; wir suchen und finden hinter unseren eigenen Handlungen und denen der Mitmenschen nur Motive, die dem angeborenen, also physisch bedingten Charakter und den erworbenen Engrammen, zusammen mit den augenblicklichen Einflüssen der Umgebung entspringen, mit anderen Worten qualitativ die nämlichen Ursachen, wie in den Hirnfunktionen. Und die statistische Bearbeitung unserer Willenshandlungen als Kollektivgegenstände zeigt uns, z. B. in den Kurven der Brandstiftungen, der Morde, des Radaumachens, der Selbstmorde oder der Eheschließungen und der wohltätigen Vergabungen keinen Unterschied gegenüber den rein physiologischen Vorgängen wie Erkrankung und Tod.

Nirgends lässt sich also weder eine Grenze noch irgend etwas qualitativ Neues entdecken, solange wir uns auf dem Gebiet „zwischen" Hirnfunktion und Psyche bewegen. Es gibt keinen Gegensatz: Vitalfunktion inkl. Nerventätigkeit — Psyche, keinen: Neurokym-Psychokym, sondern nur einen Psycho-neuro-biokym — übrige Kräfte. Eine Grenze findet sich also erst zwischen den Lichtschwingungen und dem Reizzustand der Retina, zwischen der Erregung der zentrifugalen Nerven und der Kontraktion des Muskels oder der Sekretion der Drüsenzelle usw., nicht aber zwischen Funktion des ZNSs und der Psyche. Eingehender lassen sich die Übergänge zwischen physiologisch und psychisch erst besprechen, wenn wir uns über die Bedingungen des Bewußtseins klar sind (Abschnitt I, E und H.).

C. Der Übergang zwischen nervösen und psychischen Funktionen.

Auf die Grundlagen, auf denen das Folgende beruht, kann ich an dieser Stelle nicht eingehen; es sei auf die späteren Kapitel verwiesen.

Wo vom Verhältnis von Nervenfunktionen und Psyche die Rede ist, wird in der Regel eine unüberwindliche Schwierigkeit darin gesehen, wie das durch Sinnesreize erzeugte Neurokym sich bei der Ankunft in der Hirnrinde plötzlich in etwas „ganz anderes", das Psychische „verwandeln" oder dort die andersartigen, psychischen Vorgänge „auslösen" soll, und wie umgekehrt psychische Vorgänge im Abgang von der Hirnrinde zu den Muskeln sich in Nervenenergie „umsetzen". Für den Identitätstheoretiker existiert hier gar kein Problem. Er kennt keinen Grund, beim Übergang des zentripetalen Reizes ins Psychische (anatomisch: in die Rinde) und beim Abgang der Muskelinervationen eine Wesensänderung des Neurokyms anzunehmen. In der Hirnrinde wird eben der ankommende Neurokymstrom mit dem dort bestehenden Wellensystem verbunden, er fließt mit ihm zusammen, oder wie man sich ausdrücken mag. Dort wird er nun — nach einem geläufigen Ausdruck — „innen wahrgenommen". Wie das zu denken ist, wird unten ausgeführt.

Ausdrücke wie „innen wahrnehmen", „sich selbst wahrnehmen" geben leicht zu Mißverständnissen Anlaß, weil „Wahrnehmen" sonst in der Psychologie eine ganz bestimmte Bedeutung hat, die den Begriff einerseits dem Vorstellen, anderseits dem Empfinden gegenüberstellt. Wir brauchen deshalb für die Tatsache, daß wir innere Vorgänge, uns selbst und unsere innere Tätigkeit, kennen können, den noch nicht vergebenen Ausdruck **„spüren"**.

Ob wir die Eigentümlichkeit der Wellen, die dem Reiz „Grün" entspricht, spüren oder die Eigentümlichkeit der Wellenform des Empfindens oder des Vorstellens, macht in bezug auf den inneren Vorgang keinen Unterschied. Je nach der Konstellation wird aber an dem nämlichen Wellensystem etwa die Eigentümlichkeit „Grün", oder die Eigentümlichkeit, die allen „Empfindungen" zukommt, beachtet und zur Anknüpfung für die anschließenden Assoziationen herausgehoben.

Was bewußt wird, ist also bei den Empfindungen ein zu den vorherbestehenden Nervenzuständen Hinzukommendes. Gespürt wird aber ebenso gut wie ein einbrechender Reiz, das Aufhören eines Reizes oder irgendwelche qualitative oder quantitative Änderung desselben. Auch im ersten Fall muß also das wesentliche sein nicht das Hinzukommen, sondern *die Veränderung gegenüber dem vorher bestehenden Zustand*, überhaupt eine *Verschiedenheit*.

Andere Veränderungen treten ein dadurch, daß vom Centralnervensystem aus Nervenreize nach außen abgehen. Auch diese durch den Abgang von Neurokym gesetzten Veränderungen werden gespürt. Sind sie direkt von außen ausgelöst nach Art der Reflexe, so nennen wir sie *reaktive* Handlungen; sind innere Reize, z. B. Hunger oder das Spiel ekphorierter Erinnerungsbilder oder die Aktivität des Nervensystems selbst die hervortretende Ursache der zentrifugalen Funktion, so entsteht eine sogenannte *spontane* Handlung. Daß beide Formen ohne Grenze ineinander übergehen, ist selbstverständlich.

D. Ableitung der psychischen Funktionen aus biischen, speziell centralnervösen.

Einen Einwand, der der Identitätstheorie immer wieder als ein Axiom vorgehalten wird, hat WUNDT[1] in folgender Weise formuliert: „Wir würden dem Zusammenhang der psychischen Vorgänge selbst verständnislos gegenüberstehen, auch wenn uns der Zusammenhang der Hirnvorgänge so klar vor Augen stünde wie die Mechanismen einer Taschenuhr." Ich glaube im Gegenteil, wir würden dann sehr bald bemerken, was für Hirnvorgänge einer Wahrnehmung, einem Begriff, einer Wollung entsprechen, und könnten dann auch die Denkzusammenhänge ohne weiteres erkennen. Aus den gedächtnismäßigen Zusammenhängen würden wir ersehen, ob Bewußtsein im allgemeinen da wäre, und aus dem vorhandenen oder fehlenden Zusammenhang eines Vorganges mit dem Ich wäre zu erkennen, ob der Vorgang gerade bewußt wäre oder nicht. Es ist nicht einmal ausgeschlossen, daß wir dann bemerken könnten, warum einem bestimmten Vorgang die Empfindung „Blau", einem anderen die „Süß" usw. entsprechen würde.

Es ist ja gar nicht richtig, daß alle psychischen und hirnphysiologischen Vorgänge uns gegenseitig inkommensurabel erscheinen. Einen sehr wichtigen Teil der Vorgänge können wir geradezu direkt identifizieren. Ist einmal die Möglichkeit nicht verneint, daß wir einen Hirnvorgang „von innen sehen"[2], so kann es nicht anders sein, als daß psychische Unlust und physische Ablehnung, psychische Lust und physische Annahme einander entsprechen;

---

[1] Phys. Psychol. 6. Aufl. III, 754.

[2] Der Ausdruck „von innen" ist eine übliche und nicht ganz schlechte Metapher. Einen direkten Ausdruck gibt es nicht für das, was er bezeichnen soll. Etwas näher dem wirklichen Sachverhalt käme man wohl mit den Bezeichnungen „Selbstansicht" und „Fremdansicht".

man versuche nur einmal sich das Umgekehrte vorzustellen[1]. Ebenso kann der Trieb seine eigene Handlung nur als freie Willenshandlung empfinden, was unter andern schon SPINOZA aufgefallen ist. Und vergleichen wir die psychischen Vorgänge im Aspekt der Hirnphysiologie objektiv und im inneren Aspekt subjektiv, so finden wir im einzelnen so viele Parallelen, als wir Tatsachen kennen, so daß wir psychische Zusammenhänge ganz gut in physiologisch-physikalischen Begriffen ausdrücken können, oder daß wir umgekehrt wenigstens den Mechanismus der psychischen Vorgänge aus unserer Kenntnis der Hirnfunktionen erklären oder ableiten können. Wir kommen gleich darauf zurück.

Nur *eine* Einwendung gibt es, die bis jetzt zwar von vielen nicht angenommen und von der Mehrzahl der Naturforscher einfach ignoriert, von den Verteidigern der alten Anschauungen aber als unwiderlegliches Dogma hingestellt wird: *Ableitung des Bewußtseins aus einem Spiel physischer Kräfte sei nicht denkbar.*

Unter *Bewußtsein* sei hier nicht die Gesamtheit der in einem gegebenen Augenblick vorhandenen psychischen Vorgänge verstanden, auch nicht deren Ordnung und ähnliches, was manchmal mit diesem Wort bezeichnet wird.

Das Besondere, Unerklärbare ist die bewußte *Qualität* der psychischen Vorgänge, das, was die Psyche als empfindendes und handelndes Subjekt vom Automaten unterscheidet, die innere Wahrnehmung, oder wie man diese Erscheinung nennen will. *Diese bewußte Qualität* bezeichnen wir mit dem Ausdruck „*Bewußtsein*“ oder „*Bewußtheit*“[2].

Das Bewußtsein soll nun die Psyche zu etwas absolut Besonderem stempeln. Dafür fehlt jeder Beweis. Unterschied des Aspektes darf nicht verwechselt werden mit Unterschied der Sache. *Es ist ja selbstverständlich, daß eine Funktion von ihr selbst — „von innen“ — aus gesehen total anders erscheint als von irgendeinem anderen Standpunkt — „von außen“.* Mit jedem anderen Ding wäre es ebenso. Stellen wir uns ein kompliziertes Gebäude vor, das wir von außen und von innen sehen können. Von innen sehen wir eine Menge Dinge, die wir von außen gar nicht oder anders sehen und umgekehrt; innen Stuben, außen Fassaden; Winkel innen einspringend, außen ausspringend; die Fenster innen hell, außen dunkel usw. usw. Aber wenn wir die Maße des Ganzen oder der Einzelheiten nehmen, können wir ohne weiteres nachweisen, *daß es sich um das gleiche Ding handelt, und der Unterschied nur in den Aspekten liegt, von denen aus wir es sehen.* Es gibt auf der Welt keinen Grund, daß es bei der Psyche *nicht* auch so sei, aber Gründe, daß es *so sei*, gibt es mehr als bei dem fingierten Gebäude.

Natürlich darf das Bild nicht zu wörtlich genommen werden. In demselben sieht ein Unbeteiligter das Haus von innen und von außen, aber beide Male mit dem

[1] Annahme und Ablehnung kennen wir im Physiologischen ebenso gut wie in der Psyche, und zwar nicht nur im Nervensystem, sondern auch in übrigen Funktionen des Körpers, der viele chemische Stoffe aufnimmt, andere aber abweist oder ausscheidet. Man kann die Funktionen, wenn man unsere Vermutung über die Entstehung des Lebens teilt, auch in der Anziehung und Abstoßung der Physik finden.

[2] Das Wort „Bewußtheit“ habe ich bis vor kurzem nicht gebraucht, weil es von philosophischer Seite bereits für eine bestimmte Art Wahrnehmung oder Vorstellung benutzt wird. Da sich aber diese Bedeutung in der Psychopathologie nicht eingebürgert hat und die Erfahrung zeigte, daß viele nicht imstande sind, bei „Bewußtsein“ von Inhalt und Zusammenhang der psychischen Vorgänge zu abstrahieren, scheint es mir nützlich, beide Ausdrücke als gleichbedeutend nebeneinander zu stellen.

nämlichen Gesichtssinn, während die Selbstwahrnehmung der Psyche *wesentlich* verschieden ist vom Sehen, noch viel mehr als z. B. die Wahrnehmung eines Stückes Zucker im Munde einerseits oder mit den Augen anderseits. Es ist auch nicht zu vergessen, daß es sich für den Psychologen nicht um ein räumliches „Innen“ handeln kann, sondern die gesehene Funktion ist nur insofern „in“ der Psyche als sie einen Bestandteil derselben ausmacht, und die sehende Funktion ist die Psyche selber. Allerdings liegt dem Ausdruck „von innen sehen“ ursprünglich offenbar der vulgäre Begriff der körperlich seelischen Einheit des Ich zugrunde (Kap. III, B, 1.), nach dem die Seele sich „im Körper“ befindet und sich von da aus, und daselbst, sieht.

Nun die Ableitung der psychischen Funktionen von den biologischen, bzw. der Mneme.

Das Dasein der Organismen hängt hauptsächlich ab von einer Anzahl nach Erhaltung des Lebens gerichteter Tendenzen mit spontaner und namentlich reaktiver Aktivität (Ergie). Als phylische Erwerbungen bilden sie Anpassungen an diejenigen Verhältnisse, die sich von Generation zu Generation wiederholen; für ausnahmsweise Situationen, die das Individuum treffen, können sie nicht eingerichtet sein. So sehen wir schon bei Protisten und dann in der Tierreihe aufsteigend in zunehmendem Maße neben den angeborenen auch individuelle Anpassungen. Diese können nur dadurch zustande kommen, daß das Tier seine Erfahrungen benutzt und dazu braucht es individuelles *Gedächtnis*, d. h. eine Funktion, die zwar nicht bewußte „Erinnerungen“ zu schaffen braucht, aber in allem Übrigen gleich ist dem, was wir sonst Gedächtnis nennen.

Der Gedächtnisbegriff, der von der Bewußtheit absieht, ist von HERING an Tieren und Pflanzen herausgehoben und dann von SEMON als *Mneme* bezeichnet worden. SEMON nannte ferner die von einem Vorgang im (physischen oder psychischen) Organismus hinterlassene mnemische Veränderung *Engramm*, und das Wirksam-machen (Wiederbeleben) derselben *Ekphorie*.

Das Gedächtnis ist, von der objektiven oder physischen Seite aus gesehen, die Eigenschaft der lebenden Substanz, durch in ihr ablaufende Vorgänge so verändert zu werden, dass der ursprüngliche Vorgang bei passender Anregung „von selbst“ wieder vor sich geht oder wenigstens leichter abläuft. Die Wirkung ist ausgesprochener nach mehrfachen Wiederholungen der Vorgänge und steht in einem gewissen direkten Verhältnis zur Zahl der Wiederholungen. Diese Eigenschaft kommt schon dem nervenlosen Protoplasma zu, ist bei den differenzierteren Zoen in den peripheren Nerven gerade noch nachweisbar, in den niederen Centren deutlicher zu konstatieren, nicht nur in der Summationswirkung unterschwelliger nacheinander folgender Reize, sondern auch im leichteren Ablauf und in kleineren Modifikationen mancher Reflexe, ist aber zu höchster Vollkommenheit entwickelt in der Rinde der höheren Säuger und dem Vorderhirn der Vögel, deren wesentliche Funktionen sie bildet.

Mit den einzelnen „Vorgängen“ (Handlungen, Wahrnehmungen usw.) werden in gleicher Weise die Verbindungen (Assoziationen) derselben „engraphiert“, *genauer gesagt, es wird alles im Neben- und Nacheinander Erlebte als ein Kontinuum fixiert, aus dem im Anfang des Lebens erst die Einzelheiten* (*Wahrnehmungen, Vorstellungen*) *durch Abstraktion herausgehoben werden, ohne daß deswegen die Verbindungen gelöst würden.* An den Zusammenhängen werden die Erlebnisse in Form von Vorstellungen und Ideen nach bestimmten Gesetzen wieder belebt (ekphoriert); es entsteht auf psychischem Gebiete das *Erinnern* und *Denken*, das sich mit all seiner Logik, mit Abstraktion und Kausalität, der Begriffsbildung und den ordnenden Prinzipien von Raum und Zeit bei genauem Zusehen als selbstverständliche Folge dieses Gedächtnisses erweist, das unsere Engramme bei ihrer Ekphorie in gleicher oder analoger Weise wieder so kuppelt (assoziiert), wie sie bei ihrer Entstehung verbunden waren (wie von einem Begriff aus die *Auswahl* aus den vielen Erfahrungsassoziationen getroffen wird, siehe Abschnitt „Denken").

Dabei ist nichts vorausgesetzt, als was jeder voraussetzt — auch der, der es leugnet — nämlich daß eine Außenwelt existiere, und daß die Lebewesen auf diese reagieren. Letzteres verlangt irgendeine Art Wahrnehmung in der Weise, daß bestimmten Einwirkungen der Außenwelt und Abstufungen derselben bestimmte Reaktionen mit analogen Abstufungen entsprechen können. Diese wahrnehmende Korrelation ist schon in den Reflexapparaten gegeben, bekommt aber die Ausbildung, in der wir die Wahrnehmungen in uns kennen, erst in Verbindung mit dem Bewußtsein der Individualmneme.

Die durch das Denken über neue Wege zum Ziel geleitete Aktion ist nun die zielbewußte *Willenshandlung*. Im speziellen Fall müssen sich die vielerlei Triebe oft widersprechen; dem „Willen" wird die Entscheidung zugeschrieben.

Auch *Bewußtheit* ist eine Teilerscheinung der Gedächtnisfunktion. *Nur Gedächtnisfunktionen können bewußt sein. Gedächtnis bedeutet Zweckhaftigkeit und Leben und — wenigstens in bestimmten Formen — Bewußtheit und Denken. Wollen wir eine Gegenüberstellung machen, so müssen wir die Welt des Gedächtnisses, der Zweckhaftigkeit, des Organischen, des Lebens, ob bewußt oder nicht, der gedächtnislosen, der toten, nicht zweckhaften anorganischen Welt gegenüberstellen.*

Die physiologische Bedeutung der Mneme darzustellen, wurde in der „Psychoide" und in „Mnemismus" versucht. Hier interessiert uns die psychische.

Ein primitivstes Tier habe Wärmebedürfnis; wird sein Milieu von einer Seite erwärmt, so geht es automatisch nach dieser Richtung. Nun ist Wärme unter vielen natürlichen Umständen mit Licht verbunden, und Licht wird rascher empfunden als Wärme. Das Tier spürt also nicht nur häufig zugleich Licht und Wärme, sondern manchmal das Licht zuerst und dann Wärme. Ist Mneme vorhanden, so wird von jedem solchen Vorgang ein Engramm hinterlassen, das die Vorkommnisse Lichtempfindung, Wärmeempfindung und Thermotropismus aneinander gebunden aufbewahrt. Die Bewegung wird dann nicht nur durch die erstrebte Wärme, sondern auch durch den an sich indifferenten Lichtreiz ausgelöst werden. In psychologischen Ausdrücken müßten wir sagen: „Das Tierchen hat bemerkt, daß auf Licht Wärme kommt, der es zustrebt; es bewegt sich also auch nach dem Licht. Das Tier hat etwas gelernt." Es hat auch etwas gemacht, was einem primitivsten *Denkvorgang* gleichkommt, und das wir ausdrücken müßten: „Auf Licht folgt die Wärme, die mir angenehm ist; ich gehe also gegen das Licht."

Etwas komplizierter ist der folgende Vorgang, der nicht fingiert, sondern zu beobachten ist: Ein Infusor nimmt alle Körnchen einer gewissen Größenordnung auf, verdaut, was verdaulich ist, und wirft das Unverdauliche aus. Nun kommt es in ein Milieu, wo eckige Körnchen konsequent unverdaulich, rundliche verdaulich sind. Da lernt es bald, die eckigen immer früher auszustoßen und schließlich wegzuwimpern, sobald sie nur in seinen Aktionsbereich kommen, d. h. bevor es sie auf Verdaulichkeit geprüft hat, da die Wimpern wohl taktile, aber nicht chemische Empfindungen vermitteln. Die Empfindung „Eckig“ war von dem Zeitpunkt an, da die Körnchen in das Innere aufgenommen waren, assoziiert mit der andern Empfindung „Unverdaulich“, die das Auswerfen und Wegwimpern auslöst. Durch diesen Zusammenhang wird sie auch assoziiert mit der Auslösung des Wegwimperns und kann nun dieses allein auslösen an Stelle der Unverdaulichkeitsempfindung. Normaliter wird die Unverdaulichkeit konstatiert, so lange die Partikel sich im Innern des Tierchens befindet; zu dieser Zeit muß also zunächst die wirksamste Verbindung von „Eckig“ und „Abstoßen“ gebildet werden. So wird anfangs das eckige Körnchen nur rascher aus dem Innern ausgestoßen, später aber gar nicht mehr aufgenommen und dann immer weniger nahe an den Mund gebracht; denn je weiter entfernt vom Mund, um so weniger direkt ist die Assoziation eckig—unverdaulich—ausstoßen; es braucht also mehr „Übung“, bis schon die erstberührten Wimpern die wegweisende Bewegung statt der zuführenden auslösen. Daß im Wettstreit der zu- und abführenden Tendenzen die letztere die Oberhand gewinnt, liegt in der Anlage, da sonst auch die unverdaulichen Überreste der Nahrung immer wieder dem Munde zugeführt würden.

Die Mneme bewirkt also automatisch Zweckhaftigkeit der Reaktionen, und zwar sowohl in den individuellen Funktionen wie in den phylisch erworbenen. *Wie die phylische Mneme sich im Körper auswirkt, siehe „Psychoide“*. Für uns kommen von phylischen Funktionen die Triebe und Instinkte in Betracht, die die eine Hälfte der psychischen Funktionen bilden. Die andere Hälfte dient der *Auswahl der Wege*, auf denen die Triebe ihre Aufgabe erfüllen können; sie ist das, was wir beim höheren Zoon den *Verstand* nennen. Dieser beruht beim Menschen ganz ausschließlich auf dem individuellen Gedächtnis. Wir finden da gar keine Spuren von angeborener Überlegung oder von sonstiger angeborener Abfindung mit Ausnahmesituationen. Tiere aber lösen ohne persönliche Erfahrung oder persönliches Lernen bei der Ausübung ihrer Instinkte oft Aufgaben, denen der Mensch ohne die eigene Erfahrung und Überlegung ganz hilflos gegenüberstünde. Bei jungen Dachshunden, die offenbar zum erstenmal einen Igel sahen, habe ich zweimal beobachtet, wie sie nach vergeblichen Versuchen, einem solchen Tiere beizukommen, dasselbe schließlich in einen ziemlich weit entfernten Bach rollten, wo es zum Schwimmen den Kopf aus den Stacheln herausstrecken mußte, und totgebissen werden konnte. Ich habe auch gesehen, wie Weihen Krähen, nach langen Versuchen, sie zu töten, ersäuften usw. Was braucht ein Menschenkind für Erfahrung, bis es solche „Kniffe“ anwenden kann? Angeboren ist ihm nur die leere Fähigkeit, Erfahrungen aufzunehmen und im Denken zu verwerten.

Die *phylisch*-mnemischen Erwerbungen, die Leiter aller vegetativen Funktionen und die gerichteten Triebkräfte der animalischen Funktionen, sind verhältnismäßig stereotyp, während die Wege, auf denen das animalische System seine Ziele erreicht, sehr mannigfaltige und plastische sein müssen. Man kann für gut finden, zum gleichen Zwecke der Ernährung heute zu jagen, morgen zu fischen; man kann mit dem Wechsel der Witterung sich wärmer oder kälter anziehen; aber der Körper kann nicht heute einen Pelz und morgen ein Schuppenkleid tragen, und sein Entwicklungsgang oder seine Blutverteilung in die verschiedenen Organe muß immer nach den gleichen Prinzipien geschehen, ebenso wie die lebenserhaltenden Triebe, die sich im Laufe der Jahrmillionen nach den Durchschnittsverhältnissen gemodelt haben, nicht von Tag zu Tag sich ändern dürfen.

Für Situationen, schädliche und vorteilhafte, die bloß dem Individuum begegnen, kann sich die phylische Reaktion nicht einrichten. Die hungrige Spinne stürzt sich viele Male auf denselben Nagelkopf, weil so aussehende Dinge für sie *gewöhnlich* etwas Freßbares sind. Das Küken folgt dem ersten Gegenstand, den es sich bewegen sieht, auch wenn er nicht die Mutter ist; die Motte fliegt ins Licht, obschon sie darin verbrennt; die Rehgeiß kennt ihr Zicklein nicht mehr, wenn Menschen es intensiver berührt haben, und läßt es verhungern.

Als Beispiele individueller Anpassung bei Tieren seien erwähnt: Ein Raubfisch ist durch eine ihm unsichtbare Glasplatte von den Speisefischen getrennt. Auf der Jagd nach diesen stößt er sich die Schnauze an; nach wenigen Versuchen gibt er die Jagd auf: er „weiß", daß er unter diesen Umständen nichts erreichen kann als Schmerz, und richtet sich darnach. Gibt man einer springenden Spinne eine mit Terpentin bestrichene Fliege, so hüpft sie zuerst einige Male darauf, dann die folgenden Tage nur je einmal. Ein (für sie ungenießbares) Käferchen betastet sie, wendet sich ab und kümmert sich dann die nächsten Stunden nicht mehr um dasselbe[1].

Die phylische Mneme beherrscht unseren Körper und die großen Triebe, die individuelle aber hauptsächlich die Weisen, auf denen die letzteren sich auswirken. Der Individualmneme gehören die Wahrnehmung und das Denken an. Wie sie sich ganz von selbst zum Denken kompliziert, und wie auch die Bewußtheit als Folge der mnemischen Vorgänge zu verstehen ist, wird unten gezeigt. Hier sei nur an einem Bilde eine Vorstellung gegeben, wie der Vorgang der *Abstraktion*, der sich prinzipiell vom Denken nicht unterscheidet, rein physisch zustande kommen könnte, sobald eine Substanz Mneme besitzt.

Unter dem Bilde von *Schwingungen* wäre die Engraphie so aufzufassen, daß die mnemische Substanz durch jede neue Partial-Schwingungsform (ähnlich, aber nicht gleich, der Phonographenplatte) so verändert wird, daß sie ein *Resonator* für dieselbe wird. Trifft nun wieder eine ähnliche Schwingung als Teilkomponente eines Schwingungsgemisches ein, so tönt der Resonator mit. Die frühere Schwingungskurve vereinigt sich mit der aktuellen zu einer neuen, in der die beiden enthalten sind, und aus der sie wieder herausanalysiert werden können, wie wir aus dem Schwingungsmischmasch der Radiowellen der Erde jedes beliebige System herausheben. Wir haben eine Rose gesehen; durch spätere Perceptionen der Rose wird das Engramm der früheren Empfindungsgruppe ekphoriert und das Ekphorat (die resonierende Schwingung) mit den neuen Wahrnehmungen der Empfindungskurven der späteren Anblicke einer Rose in eine Einheitskurve vereinigt. Es ist wohl nicht nötig, weiter auszuführen, daß durch dieses Bild der prinzipielle Vorgang versinnlicht wird, der von der psychischen Seite als Verarbeitung der Sinnesempfindung zur Wahrnehmung und von da zur *Abstraktion* des Begriffes der Rose erscheint. Der Vorgang hat auch etwas ähnliches wie die Entstehung einer Typenphoto, die auch wir als Analogon der Begriffsbildung benutzen werden. — Oder ein centrifugaler Vorgang: In dem eben angeführten Infusor löst die Schwingung „Unverdaulich" anlagegemäß die Schwingung „Abstoßen" aus. Nun wird die erstere regelmäßig begleitet von der Schwingung „Eckig"; beide verschmelzen zu einer einheitlichen Kurve, in der aber die Schwingung „Unverdaulich" wirksam bleibt und das Abstoßen wieder auslöst. Damit ist die Schwingung „Eckig" mit dem Abstoßen ebenso verbunden wie die „Unverdaulich" und kann also das Abstoßen auslösen, sei es allein, sei

[1] Dahl: Vjschr. Wissensch. u. Philosophie IX, 1895.

es auf dem Umwege über die mnemische Ekphorie der Schwingung „Unverdaulich“.

Inwiefern man bei der phylischen Mneme, welche zweckhafte Assoziationen bedingt, von „Denken“ reden kann, ist ein schwieriges Problem. Die Abstraktion hat im Physiologischen enge Grenzen; für Integrationen bestehen allerlei regulatorische Centren in Nervenknoten und im Gehirn, nicht aber eine einheitliche Centrale, wo jede kleinste Funktion ohne weiteres mit jeder andern in direkte Verbindung kommen kann wie in der Hirnrinde. Ob man unter diesen Umständen von „Denken“ reden darf? Ich glaube kaum. Und erst von „Bewußtheit“? Diese letztere Frage würde sich zunächst zuspitzen in die, ob eine Pflanze, d. h. ihre Psychoide, ihre phylischen Funktionen in ihrer Gesamtheit, nicht ihre minimalen individuell-mnemischen Funktionen bei gewissen Schädigungen etwas wie Schmerz spürt. Und was hat die rhythmische Unterbrechung der Funktionen in dem Wechsel der Generationen im Ruhen der Keimzellen für Folgen in bezug auf gedanken-ähnliche Funktionen?

Wir sind bis jetzt nur von mnemisch-vitalen Funktionen ausgegangen. *Und doch konnten von da aus alle wesentlichen psychischen Funktionen, so weit sie objektiv zu konstatieren sind, herausgehoben werden.* Das ist bezeichnend. Die Psyche ist eben nichts anderes als eine spezialisierte Direktion der Funktionsgruppe, die wir die *animalische* nennen. Sie besorgt in der Hauptsache die Leitung des Benehmens des ganzen Zoons im Verhältnis zur Außenwelt vermittelst dem ihr zur Verfügung stehenden Bewegungsapparat und ihrer individual-mnemischen Centralanlage, in der die Überlegungen sich abspielen. Dem *vegetativen* System liegt der innere Dienst, die Entwicklung und die Instandhaltung der Organe und ihre Versorgung mit Energie und Substanz ob. Die beiden Funktionsgruppen haben einander beständig in die Hand zu arbeiten, oft in so enger Verbindung, daß man ihre Leistungen nicht immer auseinanderhalten kann.

Das Verhältnis der Psyche zum *Nervensystem* berührt die elementare Psychologie wenig. Im Prinzip sind ja alle nervösen Funktionen schon in der lebenden Substanz im allgemeinen enthalten. Das Nervensystem ist ein spezieller Apparat, der notwendig wird, wenn Reize rasch auf größere Distanzen und in genauer Lokalisation (d. h. nicht diffus) übertragen werden sollen, und wenn viele Reize zur Erreichung bestimmter Ziele zusammenspielen und als Einheiten wirken müssen. Einer Centralfunktion, die das ganze Zoon zusammenfaßt, bedarf ganz besonders das animalische System, das erstens das körperliche Individuum als ein Ganzes zu leiten hat, und zweitens alle die unzählbaren Erfahrungen des Individuums miteinander kombinieren und zu neuen Aktionen verwenden soll. Diese beiden Umstände verlangen eine große Centralanlage, wo die Erfahrungen gesammelt, aufgespeichert und zu leitenden Gesichtspunkten kombiniert werden. Diese Centralstelle ist bei den höheren Säugern die Hirnrinde, bei den Hymenopteren der pilzförmige Körper, *und die Funktionen, aus denen wir die Psyche abgeleitet haben, sind bei den höheren Zoen ausschließlich centralnervöse.*

E. Ableitung der elementaren bewussten Qualität, des Urbewußtseins aus der Mneme.

Die Kapitel, die sich mit dem Bewußtsein beschäftigen, enthalten am meisten neues. Es fehlen deshalb besonders hier die Worte, um direkt und präzis zu bezeichnen, was gemeint ist. Auch inhaltlich könnte man manche Einzelheiten anders auffassen. Die Darstellung macht in keiner Weise den Anspruch, diese Dinge in den Einzelheiten definitiv zu erledigen; sie will nur beispielsweise zeigen, wie man sich Bewußtheit als Folge des Gedächtnisses denken könnte. Vielleicht wird jemand, der das Problem selber erwägt, eine bessere Darstellung geben können. Aber die Hauptsache, der Zusammenhang unserer Bewußtheit mit der Mneme, wird wohl richtig sein.

Eine Ableitung der Bewußtheit aus physiologischen Vorgängen wird nicht jedem zwingend erscheinen, schon weil es im besten Falle Zeit braucht, sich überhaupt in ihn hineinzudenken. Zwingend scheint mir aber folgende Überlegung: Die bewußte Psyche ist eine Hirnfunktion, also *muß* die Bewußtheit eine Eigenschaft dieser Hirnfunktion sein. *Für den aber, der auch vor dieser Folgerung zurückschreckt, sei noch einmal betont, daß auch bei Ablehnung unserer Annahme, von dem Zusammenhang des Bewußtseins mit der Mneme, die übrige Darstellung der psychischen Funktionen, also namentlich die des Denkens, doch zurecht besteht.*

Bewußtsein läßt sich ebensowenig beschreiben wie irgendein anderer innerer Vorgang. Es steckt aber wenigstens in dem Bewußtsein des menschlichen Ich etwas, was der Wahrnehmung äußerer Objekte analog ist; das hat die Psychologie von jeher anerkannt, indem sie Ausdrücke brauchte, wie: das Ich, oder die Seele, nehme sich im Bewußtsein selber wahr (Subjekt und Objekt der inneren Wahrnehmung seien das nämliche Subjekt-Objekt; Perceptio sui; Observabilitas ad intra; Innenschau usw.).

Wir reden von „elementarem Bewußtsein“, weil die richtigere Bezeichnung, „das die elementaren Vorgänge begleitende Bewußtsein“ zu umständlich wäre. In Wirklichkeit wissen wir von Qualitäten des Bewußtseins nichts, und ich wenigstens kann mir keine denken, außer daß ich mir vorstellen muß, Bewußtsein werde stärker mit der Energie der es tragenden Vorgänge. Ich weiß aber auch nicht recht, was ein stärkeres Bewußtsein ist; dagegen können die Vorgänge, die von ihm begleitet werden, stärker und schwächer, einfacher und komplizierter sein. Die Qualitätsbezeichnung würde sich dann auf den sogenannten Inhalt beziehen[1].

Stellen wir uns nun ein handelndes Ding ohne Gedächtnis vor: Ein Stein erhält einen Stoß, infolgedessen er fortfliegt. Da es für ihn nur Gegenwart gibt, kommt er nie an einen „andern“ Ort; denn es existiert für ihn kein Vergleichsort. In jedem Moment[2] existiert von der ganzen Ortsbeziehung des vorhergehenden Momentes nichts mehr. Für ihn gibt es keine Veränderung. Auch wenn er im übrigen mit Bewußtsein oder Wahrnehmungsvermögen ausgestattet wäre, könnte er die Bewegung unter keinen Umständen wahrnehmen. Und wenn er etwas von der Bewegung wüßte, so könnte er die Ursache derselben (den Stoß) nicht kennen; denn die gehört der Vergangenheit an. Für ihn könnte es eine Ursache auch dann nicht geben, wenn er mit Bewußtsein und mit Denkfähigkeit ausgestattet wäre, weil er zur Zeit der Ursache die Folge und zur Zeit der Wirkung die Ursache nicht gegenwärtig hätte. Er kann überhaupt nichts wahrnehmen, weder innerlich noch in der Außenwelt; denn jede Wahrnehmung setzt eine „Veränderung“ voraus, und da, wo es nicht ein Aktuelles und ein Vergangenes oder Zukünftiges in einer Einheit gibt, gibt es keine Veränderung, und damit auch nicht die spezielle Form der Veränderung, die wir Bewegung nennen. Nicht einmal die allgemeinen Elemente der Bewegung, Ort und Zeit, existieren für ihn. Ein gedächtnisloses Ding kann von nichts wissen, nichts wahrnehmen, weder sich selbst noch die Außenwelt.

---

[1] „Helleres“, „klareres“ Bewußtsein s. Kap. II E und K.

[2] Unter „Moment“ stellt man sich sonst ein unendlich kleines Stückchen Zeit, ein Differential vor, das als solches noch die Dimension der Zeit selbst besitzt. Hier ist aber nach Analogie des mathematischen Punktes jede Dauer ausgeschlossen.

Auch objektiv, d. h. für ein dem fallenden Stein zuschauendes Subjekt, kann es weder Veränderung noch Bewegung, noch Ursache, noch Wirkung geben, wenn es nicht die einander folgenden Momente mit Hilfe des Gedächtnisses zu einer Einheit zusammenfaßt. Alle jene vier Begriffe enthalten als wesentliches Moment die gedächtnismäßige, zeitliche Synthese.

Auch wenn die Möglichkeit eines Bewußtseins bei einem gedächtnislosen Ding vorhanden wäre, bliebe sie leere Möglichkeit ohne Bedeutung, d. h. ohne daß in Wirklichkeit Bewußtsein vorhanden wäre, weil eben nichts wahrgenommen werden kann, weil somit das Bewußtsein keinen Inhalt hätte, der für es so notwendig ist, wie der Körper für die Form. *Für kein Ding ohne Gedächtnis kann es ein Wahrnehmen geben, sei dieses nach außen oder nach innen gerichtet.*

Hat nun aber der frühere Moment eine lebendige oder „wieder belebbare Spur" (Engramm) hinterlassen, und ist diese im folgenden Moment noch belebt oder wieder belebt (ekphoriert), so sind zwei Zustände gleichzeitig vorhanden und in *eine* Funktion verschmolzen. Ein Unterschied, ein Vergleich, eine Veränderung, ein Wahrnehmungsgefälle ist gegeben. Ein solches Verhältnis ist nur da möglich, wo Gedächtnis vorhanden ist. Ich muß mir nun denken, *daß in einer Funktion, welche beständig neue Zustände assimiliert, ohne die früheren aufzugeben, und welche Vergangenheit und Gegenwart zugleich ist, der Keim der inneren Wahrnehmung, des Bewußtseins liegt.* Der Nadelstich, der in einem (fingierten) Klümpchen lebenden Protoplasmas das innere Kräfteverhältnis aus dem Gleichgewicht bringt oder den in den Kräften liegenden Tendenzen entgegentritt, wird irgend etwas provozieren, das als „Unangenehm" bezeichnet werden müßte. Das bedeutet, daß etwas „gespürt"[1] wird, ein elementares Bewußtsein, ein *Urbewußtsein*, vorhanden ist. Den Begriff des Spürens, des an sich gewiß einheitlichen „Urbewußtseins", müssen wir *für unser Verständnis* zerlegen in das Spüren im allgemeinen, die Tatsache, daß die Funktion „sich" spürt, und die andere, daß sie sich „als etwas" (Lust, Farbe, Ton) spürt.

Andere Bedingungen des Bewußtseins als die zeitliche und funktionelle Einheit der mnemischen Funktion eines (überdauernden) Zustandes mit dem eben neu eingetretenen Zustand kennen wir nicht und können wir uns nicht denken. Würden wir uns auf einem bekannten Gebiet bewegen, so würde daraus zwingend der Schluß folgen, daß das die einzigen Bedingungen seien, und daß folglich da, wo sie sind, auch Bewußtheit vorhanden sein muß. Aber auch auf unserem Neuland können wir wenigstens die Denkbarkeit konstatieren, daß aus diesen Voraussetzungen Existenz des Bewußtseins folge.

Wer sich zum ersten Male in diese Dinge hineindenken möchte, dem kann es nicht leicht sein, dem Gedankengang zu folgen. Dazu braucht es einige Zeit. Aber erst, wenn man weiß, was gemeint ist, kann man darüber urteilen, sei es ablehnend oder zustimmend. Ich hoffe nun, daß der Eine oder Andere versuche, sich eine solche Funktion, die Vergangenheit und Gegenwart zugleich und in Einem umfaßt, in Wesen und Wirkung genauer vorzustellen; dann muß es ihm zum Bewußtsein kommen, daß das Vergangene und das Gegenwärtige sich hier *prinzipiell anders* gegenüberstehen, als in der Welt ohne Gedächtnis. Man darf also schon etwas Besonderes von einer solchen Funktion erwarten. Versuchen wir uns dieses

[1] S. S. 24.

prinzipiell Besondere nach allen Seiten genau vorzustellen, so können wir auch hervorheben, daß darin die Gegenwart die Vergangenheit als etwas Gegenwärtiges enthält, und daß diese Vergangenheit in einer einheitlichen Funktion, also momentan „vergleichbar" der Gegenwart gegenübergestellt ist. Diese Gegenüberstellung in der funktionellen und zeitlichen Einheit muß etwas sein, was in gewisser Beziehung unserem bewußten Vergleichen und Wahrnehmen analog ist. (Auch unser gewöhnliches Vergleichen ist nur dadurch möglich, daß zwei Dingsymbole gleichzeitig in *einer* psychischen Funktion enthalten sind.) Damit ist für den Zustand, für die Funktion selber, diese als isoliert von der ganzen übrigen Welt betrachtet, eine (subjektive) Veränderung gegeben.

Es schließen sich hier Fragen an, die in der ersten Auflage ausführlich gestellt, aber nicht beantwortet worden sind, z. B.: „Nimmt die werdende Gegenwart die Vergangenheit wahr, oder die abgehende Vergangenheit die werdende Gegenwart?" Nimmt nur das Ich den Stich wahr, und nicht der sich doch mit dem Ich vereinigende Stich auch das Ich? Diese Fragen wären wohl falsch gestellt; es wird keines von beiden sein, analog der Frage, ob die Erde den fallenden Stein oder der Stein die Erde anziehe, während in Wirklichkeit *ein* Verhältnis zwischen beiden besteht, das sie einander annähert.

Eine andere Frage scheint mir erwähnenswert, weil sie geeignet ist, die ganze Vorstellung zu beleuchten, obgleich ich auch sie nicht beantworten kann. Wir sagen: „Der Schmerz, oder die Farbe Grün wird uns bewußt." Damit trennen wir die Bewußtheit von einem Inhalt des sinnlichen Eindrucks. Haben wir wirklich zwei Seiten eines Vorganges vor uns? oder betrachten wir das gleiche auf zwei Arten? — Wir sagen auch, wir „spüren den Schmerz", „die Farbe Grün", wobei die Spürungsqualität herausgehoben wird ohne Rücksicht, ob Bewußtheit vorhanden sei oder nicht. Wollte man Bewußtheit mit dem Vorgang in Beziehung bringen, so müßte man sie konsequenterweise in den Akt des Spürens verlegen. Vielleicht verhalten sich Schmerz bzw. Grün zur Bewußtheit ungefähr wie Inhalt zur Form; wir können uns wenigstens keine Bewußtheit denken, ohne etwas, das bewußt ist. Man kann also auch formulieren: „Der Vorgang wird als Schmerz, oder als Grün, bewußt", oder vielleicht am besten: „Der Vorgang *ist* (für uns, d. h. von innen gesehen) Schmerz", „*ist* Grün". Schließlich ist für uns nur das wichtig, daß wir es mit Eigenschaften der mnemischen Vorgänge zu tun haben, die untrennbar zusammengehören; inwiefern sie verschieden sind, lassen wir offen.

Allerdings kann man *scheinbar* die beiden Begriffe trennen, wenn wir von unbewußter innerer Wahrnehmung sprechen. Unser Unbewußtes kann einen innern Vorgang kennen, was man an seinen Wirkungen sieht, wenn z. B. die uns unbewußte Stellungnahme gegenüber einem bewußt gar nicht mißliebigen Bekannten uns dazu bringt, ihn gegen unseren bewußten Willen schnöde zu behandeln. Der Ausdruck, die Stellungnahme sei unbewußt, bedeutet aber hier „*dem Ich unbewußt*", was mit dem Urbewußtsein des Vorganges nichts zu tun hat.

Was wir nun spüren, das sind die charakteristischen Eigentümlichkeiten der verschiedenen psychischen Vorgänge. Das ist eine *Tatsache*. *Theorie* ist es, daß wir darin Hirnfunktionen spüren. Ein *Bild* ist es, wenn wir die Verschiedenheiten, die wir wahrnehmen, mit den Verschiedenheiten im Ablauf eines komplizierten Schwingungssystems vergleichen, in dem elementare Partialkurven bis zu den kompliziertesten Kurvengruppen isoliert gespürt werden können.

Die maßgebenden Verschiedenheiten der physischen Seite der einzelnen Psychismen kennen wir ganz ungenügend, weil wir überhaupt von den Rindenfunktionen nicht mehr Vorstellungen haben als die allgemeinen, die wir durch die objektiv konstatierten und erschlossenen centralen und peripheren Nervenvorgänge kennen gelernt haben. Von den elementaren Funktionen kennen wir weder in den psychischen Empfindungen noch in den physischen Hirnreaktionen Eigenschaften, die wir auf unterscheidende Merkmale je der anderen Reihe beziehen könnten. Der Unterschied zwischen dem Hirnvorgang, der uns als die Empfindung „Rot" erscheint, und dem der Empfindung „Bitter“ ist uns unbekannt. Dagegen können wir gewisse Unterschiede komplizierterer Gebilde so beschreiben, daß es für beide Reihen zutreffend ist: Wahrnehmung unterscheidet sich von Empfindung durch das Hinzukommen bestimmter Ekphorate (siehe später); und analog können wir das Wiedererkennen auf beiden Seiten charakterisieren. Annahme und Ablehnung bezeichnen sowohl die psychische wie die physische Seite von Reaktionen. Raum und Zeit sind als Beziehungen zwischen den Hirnvorgängen der Empfindungen und Wahrnehmungen ebensogut vorstellbar wie als Beziehungen dieser Empfindungen und Wahrnehmungen selber (Lokalisation in motorischen Reflexen entspricht der in unseren bewußten Zweckbewegungen). Mit den Psychologen einen wesentlichen Unterschied zwischen Empfindungen und Dingvorstellungen einerseits und den *Beziehungen* zwischen Empfindungen oder Vorstellungen anderseits zu konstruieren, ist ganz unnötig, wie das Bild der Schwingungen zu zeigen erlaubt. Die Schwingung „Grün“ ist eine bestimmt geartete Kurve, die Schwingung „Bitter“ eine anders geartete. Aber auch der räumlichen *Beziehung* von Gegenständen, die oben sind, und Gegenständen, die unten sind (Höhendifferenz), entspricht eine bestimmte Schwingungskombination, in der z. B. das Optische und das Kinästhetische im Blicken nach oben und nach unten eine wichtige Komponente bildet. Ähnlich enthalten die Schallwellen eines Konzertes nicht nur bestimmte Kurvenformen für die einzelnen Töne, sondern auch für deren Beziehungen, die Akkorde, die Melodien, die Konsonanzen und Dissonanzen usw. *Daß wir Vergleichungen oder irgendwelche anderen Beziehungen unter den die Dinge repräsentierenden Psychismen wahrnehmen, bedarf also nicht einer besonderen Erklärung. Der Lichtreiz* „Grün“ erregt eine bestimmte Schwingungsform, die gleichzeitig wahrgenommene Eiform eines Blattes eine andere. Ob ich im gegebenen Falle die Schwingungsart „Grün“ oder die Schwingungsart „Eiförmig“ beachte, hängt von dem Denkziel und der Konstellation ab. Der Anblick zweier gleicher „Rot“ bewirkt einen anderen Schwingungscharakter als der zweier ungleicher „Rot“. Ob ich nun die Schwingungscharaktere, die dem „Gleich“ entsprechen, beachte oder nicht, d. h. eine bewußte Vergleichung vollziehe oder nur die beiden „Rot“ nebeneinander beachte, hängt in ganz gleicher Weise von Denkziel und Konstellation ab, wie jede andere Heraushebung einer Schwingungsart. Die Funktion der Vergleichung ist komplizierter als die der Empfindung, aber nicht prinzipiell anders.

F. Die Elemente der Assoziation[1].

Zum Verständnis des Folgenden müssen wir uns vorläufig mit dem Begriff der *Assoziation* bekannt machen, der eingehend in seinem psychischen Aspekt erst im dritten Abschnitt behandelt werden kann.

„Assoziation“ kann Verbindung von beliebigen Psychismen untereinander bedeuten. Wir reden aber hier nur von Assoziationen im gewöhnlichsten Sinne, von noopsychischen, nicht z. B. vom Spiel der Triebe untereinander (wobei wir aber nicht vergessen, daß die gerichtete psychische Dynamik, einschließlich der des noopsychischen Assoziierens, von den Trieben stammt, und ein kleiner Teil vielleicht auch einer allgemeinen ungerichteten Energie[2] angehört, die das Leben im Gang hält).

[1] Die verschiedenen Bedeutungen dieses Wortes siehe Kap. „Assoziationen“.

[2] Die Richtung bekommt die Bio-Energie durch die Engramme, namentlich die phylischen.

Wir finden Assoziationen schon bei den Protozoen, in Körperfunktionen der höheren Tiere (siehe „Psychoide") und in der lebenden Substanz überhaupt, vor allem aber in den nicht-psychischen Funktionen des Centralnervensystems, hier z. B. in motorischen Reflexen, in denen kinetische und topische centrifugale Funktionen bei der Direktion eines Reflexes im Neben- und Nacheinander als ein Ganzes (Resultante, Gestalt) zusammenarbeiten.

In der Hirnrinde können nun offenbar alle Vorgänge mit allen zusammenfließen, sich assoziieren. Wenn wir ignorieren, was der Fötus im Mutterleib erlebt haben mag, so müssen wir im Bilde der Schwingungen die Psyche des Neugeborenen auffassen als eine Gesamtkurve, die Resultante einer Kombination vieler einfacherer Schwingungen, die von verschiedenen Seiten beständig in der Hirnrinde erzeugt werden.

Werden im Wasser eines Teiches von verschiedenen Seiten Wellen erregt, so existieren die einzelnen Schwingungsarten, die durch die verschiedenen Einflüsse entstanden sind, nur als modifizierende Bestandteile der Gesamtkurve; ihre mechanische Summe bestimmt, ob z. B. ein Wellengipfel in bestimmten Intervallen und an einem bestimmten Orte über den Teichrand schlage. Im lebenden Organismus aber gibt es zum voraus *bestimmte Arten und Folgen von Wellensystemen*, indem z. B. in den Reflexen und Trieben auf bestimmte Wellen von den Sinnesorganen aus bestimmte andere Wellen an bestimmten Stellen nach außen gehen. *Eine zweite Art Direktion der Wellenarten und Folgen wird durch die individuelle Mneme gegeben:*

In einer mit Gedächtnis ausgestatteten Substanz werde durch irgendeine Einwirkung von außen (z. B. Sinnesreiz) eine spezifisch gestaltete Vibration erzeugt. Obgleich diese eine Komponente in der Totalkurve ist, hinterläßt sie auch eine für ihre Art bezeichnende dauernde Veränderung, das *Engramm*. Unter dem Bilde der Schwingungen mußten wir diesem die Eigenschaft eines *Resonators* (S. 30) zuschreiben, der mitklingt, wenn ihn in der Gesamtkurve wieder ähnliche Schwingungen treffen wie die, die ihn gebildet hatten. Dieses Mitschwingen des früheren Erlebnisses mit dem neuen wäre von psychischer Seite zu bezeichnen als Erinnerung, als Schonerlebt und als Wiedererkennen, oder, neutral, mit dem Ausdruck, der sowohl psychische wie physische Bedeutung hat, als *Assoziation* des wiederbelebten Engrammes an das neue Erlebnis. Durch dieses Resonieren wird eine Partialkurve, z. B. die einer einzelnen Empfindung, aus der Gesamtkurve herausgehoben, sie bekommt als etwas Abgegrenztes eine gewisse Individualität, die bei neuen ähnlichen Erlebnissen immer mehr verdeutlicht und abgegrenzt wird. Das Engramm funktioniert auch als *Analysator*.

In der Heraushebung und Abgrenzung von Einzelvorgängen (Psychisch: Wahrnehmungen, Vorstellungen usw.) ist also ein rein mechanisches Element wirksam, die sogenannte Resonanz der Engramme bei Wiederholung des Änlichen, die allerdings in den konkreten psychischen Abläufen in viel komplizierterer Weise funktioniert, als in unserer vereinfachten Darstellung scheinen mag. Sie allein würde schon Begriffe bilden und sie durch Assoziationen verbinden, z. B. Empfindungen, die oft zusammen vorkommen, zu Dingvorstellungen kombinieren und diese zu Urteilen verbinden. Dadurch würde aber eine Weltvorstellung entstehen, die wie ein Photo Gleichgültiges und Wichtiges gleich deutlich zur Anschauung und gleich stark zur Wirkung brächte. Komplexe, die nach biischem Wert herausgehoben und abgegrenzt sind, entstehen aber durch Verbindung der Resonanz mit Reflexen und Instinkten, die ja biische Bedeutung haben und bestimmte Gruppen von auslösenden oder reaktiven Vorgängen zusammenfassen. Auch müßten wir nach Analogie der übrigen biischen Vorgänge annehmen, daß sich in allen Lebewesen eine *allgemeine* Tendenz herausgebildet habe, die Funktionen so zu gruppieren, daß sie vitalen Bedürfnissen entsprechen. Jedenfalls müssen sich alle noopsychischen Vorgänge mit den Trieben der Annahme oder Ablehnung verbinden und damit positive oder negative oder indifferente Wirkung bekommen. Die Sichtung der zu fördernden lebenswichtigen und der in ihrer Wirksamkeit zu hemmenden gleichgültigen Vorstellungen ist bei den Tieren fast ganz phylisch vorbestimmt, hat aber auch beim Menschen nicht geringe Bedeutung, insofern als Anwesenheit oder Fehlen der annehmenden und ablehnenden Affekte nicht nur die Abgrenzungen sondern vor allem auch die Wirkungskraft des Herausgehobenen bestimmt.

Wie Ekphorat und aktuelle Empfindung einander assoziiert werden, *assoziieren* sich auch die verschiedenen gleichzeitigen Psychismen überhaupt, so daß *Gruppen* von Elementarvorgängen (Vorstellungen usw.) das psychisch Wirksame werden und meist ausschließlich zum Bewußtsein kommen oder allein deutlich werden (siehe Kap. III B, 2). Diese Gruppen sind vorzustellen als Partialformen der ganzen Psychekurve, etwa wie ein Akkord im Konzert.

Die — einzelnen psychischen Vorgängen entsprechende — Heraushebung und Individualisierung der Partialkurven (Empfindung, Denken, Willensimpulse usw.) läßt sich nun an dem Bilde eines vom Orchester begleiteten Chorgesanges vorstellbar machen, *das merkwürdig weit den psychischen Vorgängen parallel geht.* Einerseits kann die Schallkurve des Ganzen mit der Phonographennadel als eine vollständige Einheit fixiert werden, anderseits zerlegt sie das CORTIsche Organ wieder in die einfachsten Elemente, und wenn wir in ihren physiologischen und psychischen Wirkungen die Transformation derselben in Hirnschwingungen verfolgen, so sehen wir, daß sie sich wieder kombinieren zu einzelnen Tönen, dem Spiel eines einzelnen Instrumentes, zum gesungenen Wort, zu der Stimme des einzelnen Sängers, des Gesamtbasses, der einzelnen Harmonien und Sätze bis zum Gesamteindruck im Quer- und Längsschnitt. Nach was für Prinzipien die einzelnen Gruppen gebildet werden, siehe Kap. III B, 2. Welche Kombinationen aktuell herausgehoben werden, bestimmt die *Konstellation,* d. h. die Gesamtheit der momentanen assoziativen und ergischen Tendenzen *der ganzen Person.* Dabei können die einzelnen Gestalten forte oder piano, d. h. bei noopsychischen Funktionen mit stärkerer oder schwächerer Gefühlsbetonung gespielt werden, und entsprechend dieser Affektstärke mit mehr oder weniger andern Psychismen verbunden oder namentlich mehr oder weniger von den andern ekphorieren (assoziieren).

Einheitliche Schwingungskurven, die aus vielen Partialkurven zusammengesetzt und doch auch in ihren Teilen zur Wirkung kommen können, haben wir z. B. auch noch in dem Schwingungsgemisch, das von der gleichzeitigen Tätigkeit aller Radiosender der Erde gebildet und von den Empfängern analysiert und in seinen Partialschwingungen beliebig verstärkt wird. Eine fast unendliche Komplikation sehen wir in den Lichtschwingungen eines einzelnen Elementes im durchsichtigen Medium, das von allen Seiten Schwingungsantriebe bekommt. Es muß selbst in der Resultante aller dieser Antriebe schwingen, aber zugleich jede Partialschwingung wieder in ihrer Richtung weitergeben. Wenn so komplizierte Schwingungsgemische immer noch genau auflösbar sind, kann man die Möglichkeit nicht leugnen, daß physische Vorgänge die Grundlage der Psyche mit allen ihren Komplikationen sein könnten.

Der Vergleich der Psyche mit dem Konzert hinkt, insofern das Konzert keine immanente Energie und keine richtungbestimmenden Momente in sich trägt, während die Energie der Triebe ein Bestandteil der Psyche ist, und die noopsychischen Assoziationen durch die in dieser fixierten Erfahrungen bestimmt werden.

Im aktuellen Erlebnis sind immer die Nachschwingungen (siehe „primäre Erinnerungsbilder") des vorhergehenden Momentes, unter Umständen auch eines längeren Zeitabschnittes, in irgendeiner Form gegenwärtig. Ein Vortrag, eine Melodie laufen in der Zeit ab, sind aber sinnlos oder unmöglich in bloßen zeitlichen Querschnitten. So bestehen herausgehobene Kurvengruppen oft nicht bloß aus Assoziationen im Nebeneinander, sondern auch im Nacheinander. (In mnemischen Funktionen gehen Nebeneinander und Nacheinander ohne Grenze ineinander über.)

Es ist ein allgemeines biologisches Gesetz, daß von Vorgängen, die sich stören, derjenige, der sich durchsetzen kann, zugleich die andern *hemmt*. So ist auch mit der Schöpfung eines Ganzen aus Einzelelementen und selbstverständlich ebenso mit der individualisierenden Abgrenzung der Gruppen die Entstehung von *Hemmungen* verbunden, die das nicht Zugehörige absperren, d. h. den Assoziationsverlauf in bestimmten Richtungen erschweren oder ganz verunmöglichen. Diese Hemmungen sind es erst, die die noopsychischen Gruppen schärfer begrenzen. Man beachtet sie aber selten.

Eine andere Art Hemmungen sind die *affektiven*. Wenn die Affekte (Triebe) die ganze Richtung und die Energie eines jeweiligen psychischen Vorganges positiv bestimmen, so ist es selbstverständlich, daß der gleiche Vorgang sich auch negativ in der Verhinderung entgegenstehender Assoziationen ausdrückt. Diese affektiven Hemmungen der Assoziationen bewirken die Absperrung unangenehmer psychischer Komplexe vom Ich, deren große Bedeutung für die Psychopathologie erst von Freud erkannt wurde.

Gruppen von psychischen Elementen, „Gestaltungen" in Form von Vorstellungen und Begriffen werden natürlich unter sich assoziativ verbunden ganz wie die Elemente, die sie bilden. Sind die beiden Begriffe „Vater" und „Mutter" einmal vorhanden, so müssen sie auch assoziative Verbindungen untereinander haben, schon weil sie ungezählte Male miteinander erlebt werden. Solche ekphorierende Assoziation von Gestalten macht das Denken aus.

Durch die Aufteilung des psychischen Stromes in Gestalten, namentlich in Begriffe, wird subjektiv der Eindruck erweckt, wie wenn er von einer Station (Vorstellung) zur andern ginge, oder die Gestalten (Vorstellungen und Begriffe) wie Einzelperlen wären, die vielleicht an einer die assoziativen Zusammenhänge symbolisierenden Schnur in bestimmter Reihenfolge nacheinander herangezogen würden. *Und wir müssen diese nicht ganz richtige Vorstellung beibehalten, weil eine Beschreibung der Psyche in ihrem kontinuierlichen Längsschnitt unmöglich wäre.*

G. Aufbau der bewußten Funktionen.

I. Die bewußte Qualität als solche, das „*Urbewußtsein*", das wir abgeleitet haben, kann noch gar nicht dem Bewußtsein gleichen, das wir in uns spüren, und mit dem sich die Psychologie beschäftigt. Es wird aber doch nötig sein, sich vorzustellen, was in dem allereinfachsten Bewußtseinsvorgang stecken könnte.

Fingieren wir ein Klümpchen lebendigen Protoplasmas mit einer einzigen möglichst einfachen Funktion, wie es in Wirklichkeit höchstens am Anfang des Lebens vorgekommen sein könnte. Es werde berührt von einer chemischen Substanz, die eine den seinen entgegengesetzte Tendenz in das Kräfteverhältnis des Protoplasmas hineinbringt oder sonst das innere Gleichgewicht der Kräfte stört, so daß eine rudimentäre Empfindung „Unangenehm“ und eine Fluchtreaktion entsteht. Stellen wir uns vor, es sei vor dieser chemischen Reizung gar nichts geschehen, so fehlt ein eigentlicher Gegensatz zu dem Vorgang, eine andere Empfindung. (Vielleicht kann man immerhin „keine Empfindung“ als „etwas anderes“ dem Vorgang der chemischen Reizung gegenüberstellen.) Außerdem fehlt ein Ich, an dem sich der Vorgang bei einem entwickelten Wesen abspielen würde. Das, was unter solchen Verhältnissen empfunden werden könnte, wäre also gewiß *sehr* verschieden von einem menschlichen Empfindungsinhalt. Auch wenn auf „unangenehm“ eine Fluchtreaktion folgt, also objektiv genommen zwei Vorgänge, ein centripetaler (beim vollkommenen Organismus eine „Empfindung“) und ein centrifugaler (die Flucht) ablaufen, könnten „Unangenehm“ und „Flucht“ gar nicht auseinander gehalten werden. Für den monofunktionierenden Organismus bleibt ja beides zusammen eine Einheit ohne Teile. Erst wenn ein zweiter, anders lokalisierter Schmerz eine andere Fluchtbewegung provozierte, dann würde etwas wie eine elementare Wahrnehmung von zwei Arten „Schmerz“ und zwei Arten „Flucht“ entstehen.

Diese Dinge beziehen sich aber nun nicht auf die Bewußtheit, oder innere Wahrnehmung, sondern auf den Inhalt.

Die Urbewußtheit können wir uns natürlich nicht in ihrer subjektiven Qualität vorstellen — man exemplifiziert am liebsten mit „einer Art Lust und Schmerz“, die das einfachste Wesen (oft ist das Atom gemeint) spüren soll. Mit dem Ausdruck, daß das Ich oder die Seele „sich selber sehe“, daß sie „Subjekt-Objekt“ sei, können wir auch keine Vorstellung verbinden. Ob man unter Eliminierung des Subjektes sage, der Vorgang „Grün“ werde gespürt, oder unter Identifikation von Objekt und Subjekt mit dem Ausdruck, der psychische Vorgang „sehe sich selbst“, den Sachverhalt darzustellen suche, ist gleichgültig. Es fehlen uns eben die Worte, diesen Begriff positiv zu bezeichnen hier und auch in bezug auf das Ichbewußtsein des Menschen. Am wahrscheinlichsten ist mir, daß in einem so einfachen Vorgang, *im Urbewußtsein, noch keine Trennung in Subjekt und Objekt anzunehmen sein wird.* Wir kennen ja, wie gleich unten gezeigt wird, die Bedingungen, unter denen ein Subjekt und ein Objekt im Bewußtsein einander gegenüberstehen, und wissen, daß hier diese Bedingungen fehlen.

II. Etwas besser wird vielleicht unser Vorstellungsvermögen ausreichen, wenn wir uns die Verhältnisse bei niederen Tieren (mit oder ohne Nervensystem) denken wollen. Da haben wir eine Menge Funktionen, die miteinander eng verbunden sind, so daß sie ein Ganzes, eine „Gestalt“ das (psychische) Individuum bilden, das neben und über den Einzelfunktionen existiert und das eigentlich Bestimmende für das behavior des ganzen Tieres ist. Das Geschöpf handelt also nicht mit dem Reflex a + dem Reflex b + dem Instinkt n . . . . ., sondern auch und in erster Linie als eine Einheit, von der die Reflexe Teilfunktionen sind, und in der die Teilfunktionen zu einem harmonischen Zusammenarbeiten verbunden sind (siehe „Mnemismus“). Da die Funktionen alle mnemische sind, muß ein einfacheres Bewußtsein, eine Art Wahrnehmung von Angenehm, Unangenehm, Wärme, Licht usw. jeder dieser Gestaltungen, namentlich auch dem einheitlichen Komplex zukommen.

Man wird sich das zunächst als ,,Urbewußtsein" des ganzen Komplexes vorstellen müssen, wie wir es bei einem gedachten Einzelvorgang subjekt-objektlos als eine gewisse Empfindung des eigenen Seins, Empfindens und Handelns (die drei nicht auseinander gehalten) versucht haben darzustellen. Ein qualitativ gleiches Urbewußtsein wird alleFunktionskomplexe begleiten, aber in unseren konkreten Vorstellungen neben dem substantiellen Ich nicht erfaßbar sein.

Durch das Gedächtnis erhält der allgemeinste Komplex, der in beständiger, wenn auch nur in den einzelnen Teilen wechselnder Tätigkeit ist, Dauer und zeitliche Kontinuität, was ihn nebst seiner größeren Masse (ich hoffe, man mißverstehe den Ausdruck nicht) von den Einzelreizen und Einzelfunktionen unterscheidet. Wenn also ein Reiz das Tier trifft, so wird er mit diesem Komplex verbunden.[1] Dadurch wird der Komplex ein anderer, *aber nur partiell*, so daß die Wahrnehmung diesmal sich differenziert in den Vorgang in einem größeren dauernd bestehenden Komplex, der in einer Nebensache verändert wird, und in den hinzutretenden die Veränderung bewirkenden Reiz. Wenn diese Veränderung mnemisch bewußt ist, so können wir uns ausdrücken, der gleichbleibende Teil oder das ganze Geschöpf nehme die partielle Veränderung an sich selbst wahr als Schmerz, Licht usw. *Der gleichbleibende Teil ist nun das Subjekt des psychischen Vorganges, die Veränderung das Objekt geworden.*

Auch das einfache Tier hat zwar ein individuelles Gedächtnis, aber, soweit wir beobachten können, überwiegt bis in die Nähe der Primaten ganz enorm das *phylische Gedächtnis*, das sich in seinen Reflexen und Instinkten (Trieben) ausdrückt. Inwiefern können nun Funktionen dieses phylischen Gedächtnisses bewußt sein, und inwiefern können sie Beiträge zum Bewußtsein des Individuums bringen? Nach Analogie unserer eigenen Instinkte liegt es nahe anzunehmen, daß beim einfacheren Geschöpf Instinkte und Reflexe (die sich z. B. bei Einzellern nicht voneinander trennen lassen), dem Komplex angehören, der bei uns die Psyche genannt wird. Unsere menschlichen Reflexe allerdings scheinen[2] größtenteils mit dem Bewußtsein nichts mehr zu tun zu haben, eine verständliche Folge der Spezialisierung der höheren Organismen, durch welche die Psyche ganz bestimmte und begrenzte animalische Funktionen übernommen hat, wobei sie von andern Aufgaben entlastet werden mußte.

Jedenfalls aber dürfen wir uns nicht vorstellen, daß bei niedrigen Tieren Gedächtnis nur in den seltenen Fällen vorhanden sei, wo wir es konstatieren können. Es wäre doch kaum denkbar, daß ein Infusor nur dann etwas mnemisch registriere, wenn es z. B. im Laboratorium runde von eckigen Körnchen unterscheiden sollte. Das Gedächtnis wird wie bei höheren Zoen alle Funktionen oder wenigstens alle ,,psychischen" Funktionen betreffen, nur wird es wie das menschliche diejenigen Erlebnisse, die für die Erhaltung des Tieres wichtig sind, einerseits mehr betonen, anderseits mit mehr Assoziationen in Verbindung bringen. Damit ist aber gegeben, daß auch bei den niedrigsten Tieren eine Kontinuität von indivi-

[1] Man macht sich diese Verbindung am besten etwa unter dem Bilde eines Zuflusses in bestimmter Weise schwingender Elektrizität zu einer komplizierten elektrischen Anlage vorstellbar, wo aber nicht die Energie, sondern der Schwingungstypus der Elektrizität das Maßgebende wäre.

[2] Wir spüren unter gewöhnlichen Umständen weder Patellar- noch Pupillenreflexe.

duellem Gedächtnis und damit von *Individualbewußtsein* anzunehmen ist, über dessen einfache Natur allerdings sich Gedanken zu machen, nicht lohnt.

Es tauchen auch Fragen auf wie die: Wie verhalten sich die Urbewußtseine der einzelnen elementaren Funktionen und die Bewußtseine der vielen Spezialgestaltungen, die sich zwischen den Elementarfunktionen und der obersten Gestalt gebildet haben, zu dem Bewußtsein des Ganzen? Ich will sie hier nicht weiter verfolgen, nur sie mit zwei Analogien beleuchten: Bis hinauf zum Menschen gibt es eine automatische Reaktion (Reflex), ein Glied, dem Schmerz zugefügt wird, zurückzuziehen; aber auch das Ganze zieht das Glied zurück, sorgt unter Umständen auch für eine besondere Bereitschaft oder günstige Richtung des Rückzuges. Beide Apparate werden also in der Regel miteinander arbeiten in einer motorischen Einheitsfunktion. Ähnlich wird es mit dem Bewußtsein sein; die unteren Bewußtseine mögen *neben* dem Ichbewußtsein, aber auch zugleich *als Teil* des letzteren weiter existieren. Eine allerdings etwas weiter abliegende, aber vielleicht eher vorstellbare Analogie wäre die Bildung von Gesamtbegriffen aus vielen Einzelbegriffen, die neben und in dem Hauptbegriff weiter existieren.

III. Unser menschliches Ich, unsere Persönlichkeit, ist mehr als nur ein Bündel von einfachen Reizen und dazugehörenden Reaktionen; es gehört einer Menge von komplizierten Vorstellungen der Stellung des Individuums zu der Welt und zu seinen eigenen Strebungen und namentlich ein Bewußtsein der Begründung seines Tuns an, was wohl nicht weit hinab in der Tierreihe eine erhebliche Rolle spielen wird. Es besitzt diejenige Form von Bewußtsein, die wir alle kennen und verlangt eine besondere Besprechung.

H. Die bewußte Person, das bewußte Ich.

Für unsere Gleichsetzung von Psyche mit einem Komplex von Hirnfunktionen ist es wichtig, daß man aus unseren Kenntnissen der Hirnfunktionen und der objektiven Betrachtung der mnemischen Vorgänge bei andern Geschöpfen von der physiologischen Seite ein *objektives Ich* konstruieren kann, das notwendig existiert, und das, weil aus mnemischen Funktionen bestehend, mit Bewußtsein verbunden, ein irgendwie bewußtes Ich sein muß. Dieses konstruierte Ich deckt sich nun restlos mit dem psychischen Ich, das wir in uns spüren, und so haben wir allen Grund zu der Annahme, daß es mit diesem identisch sei, während wir einen Grund dagegen nicht kennen.

Folgende Tatsachen sind ohne Voraussetzung des Bewußtseins, resp. der innern Beobachtung, an andern Menschen, die sich über ihre innern Vorgänge nicht äußern, an kleinen Kindern und Geisteskranken und an Tieren nachweisbar. Im Keim sind sie auch (außer 7 und 8) bei des Großhirns beraubten Tieren in den niederen Centren zu sehen.

1. Das Centralorgan ist so eingerichtet, daß daselbst von der Peripherie ankommende Reize sich in ganz bestimmter Weise in centrifugale Funktionen umsetzen. Einem bestimmten Reiz entspricht — gleichen Zustand der Centralorgane vorausgesetzt — eine bestimmte Bewegung, Sekretion oder Hemmung usw.

2. Der centrifugale Effekt verschiedener gleichzeitig oder rasch nacheinander ankommender Reize ist gewöhnlich weder qualitativ noch quantitativ gleich der Summe der von jedem Einzelreiz allein angeregten Erscheinungen. Die ankommenden Reize beeinflussen sich somit in gewisser Weise und treten miteinander in Verbindung („Assoziation"). Diese Reizkomplexe wirken als besondere Ganzheiten (z. B. Bewegungen zur Erhaltung des Gleichgewichtes beim enthirnten Frosch, ausgehend von komplizierten Tast- und kinästhetischen Empfindungen).

3. Das Centralnervensystem, in besonders hohem Grade die Hirnrinde, hat die Fähigkeit, durch jeden in ihm ablaufenden Vorgang bleibend oder auf längere Zeit so verändert zu werden, daß ein gleicher Vorgang ein folgendes Mal leichter abläuft. Die gesetzte Veränderung wird das Engramm genannt.

Unter bestimmten Umständen, so wenn ähnliche Reize wie diejenigen, die das Engramm gesetzt haben, im Centralorgan ankommen, wird das Engramm „wiederbelebt", „ekphoriert", d. h. der nämliche Vorgang oder ein analoger läuft von neuem ab (Gedächtnis, Mneme).

4. Waren bei der Anregung des ursprünglichen Prozesses mehrere Reize vorhanden, so genügt häufig zur Ekphorie des Vorganges das Ankommen eines einzigen oder mehrerer dieser Teilreize.

5. So haben mehrfach zugleich oder nacheinander ablaufende Prozesse die Tendenz, in ihren Reproduktionen auch wieder zugleich oder nacheinander abzulaufen. Ist also dem Vorgang a unmittelbar der Vorgang b und auf diesen c ... gefolgt, so werden bei Wiederholung des Vorganges a sehr leicht b, c ... ebenfalls wiederholt: „sie werden durch Assoziation von a aus ausgelöst". Auch hier braucht das wiederholte a nicht absolut identisch zu sein mit dem ersten a, ebenso wie das wiederholte (reproduzierte) b, c ... niemals absolut identisch ist mit dem ursprünglichen b, c ... Die so entstandenen Verbindungen von Engrammen sind unter Umständen so fest gefügt, daß sie nur theoretisch in ihre Komponenten zerlegt werden können (z. B. die zum Auslösen einer beliebigen koordinierten Bewegung nötigen kinästhetischen Engramme). Sie können unter sich wieder Verbindungen zu höheren Einheiten eingehen usw.

6. Wird irgendein Engramm, einmal oder öfter, zugleich mit einem neuen Vorgange (z. B. Sinnesreiz) ekphoriert, so wird es mit dem Engramm des neuen Reizes ebenfalls verbunden. Modifikationen, welche der neue Sinnesreiz in dem Ablauf des Prozesses gesetzt hat, verbinden sich mit diesem Engramm, so daß unter Umständen bei Ekphorie desselben der Vorgang mit der gesetzten Modifikation abläuft.

7. Die Tätigkeit aller unserer Organe wird vom Großhirn aus beeinflußt. Dies ist in zweckentsprechender Weise nur möglich, wenn das Großhirn dieselbe in Ursachen und Wirkungen kontrollieren kann, wenn also zentripetale Botschaften (Reize) von allen Körperorganen zur Hirnrinde gehen.

8. Die Erregungen von allen Sinnesorganen werden ebenfalls zum Großhirn geleitet.

Zu den Engrammen, die am häufigsten, ja fast beständig, und immer unter sich kombiniert, teils von außen, teils durch Assoziationen angeregt werden, gehören diejenigen, welche unsere *Persönlichkeit*, unser *Ich*, betreffen. — Beobachten wir einen Beamten. Jeder Brief, den er erhält, zeigt ihm seinen Namen; die gewohnte Assoziation erregt das Engramm desselben jedesmal, wenn er unterschreibt. Anreden als Direktor, als Doktor, Meldungen der Untergebenen, Anordnungen der Regierung, Wahrnehmungen seines Büro, seiner Amtswohnung usw. wiederholen sich unzählige Male in den verschiedensten Kombinationen; dazu kommen die Erinnerungsbilder dessen, was er in vorhergegangenen ähnlichen Fällen schon gedacht, getan, gesprochen hat. Eine große Zahl seiner Handlungen hat eine Beziehung zu seiner amtlichen Stellung und wäre in der Weise, wie sie geschieht, nicht möglich ohne Ekphorie dieser Beziehung. Aus diesen Einzelheiten muß sich ein besonders fester Komplex von Engrammen zusammensetzen, der fast den ganzen Tag mehr oder weniger stark, bald mehr in diesen, bald mehr in jenen Komponenten angeregt wird: Der Begriff[1] seiner amtlichen Stellung. Ebensolche Komplexe bilden sich für sein Privatleben, seine Familienbeziehungen, seine Verhältnisse zu Bekannten usw. und haben sich früher gebildet, in der Schule, während seines ganzen Bildungsganges. Die letzteren, die Engramme aus einer ganz anderen Zeit, werden durch ähnliche Situationen natürlich nicht mehr erregt, haben aber durch die häufige Anregung in der Vergangenheit, sowie ihre beständige assoziative Wiederbelebung in der Gegenwart besonders leichte Ansprachfähigkeit erlangt. Ein ähnlicher Komplex bezieht sich auf den eigenen Körper, den er zum Teil (Gesicht, Gehör, Geruch, Getast) wahrnimmt ganz wie einen fremden Gegenstand, zum Teil in zwar analoger, aber nicht identischer Weise (doppelte Empfindungen durch den Tastsinn, wenn er mit der Hand einen andern Körperteil berührt, Schmerz, kinästhetische Gefühle usw.). Hinzu kommen als besonders wichtiger Bestandteil *alle gegenwärtigen und früheren Strebungen und Affekte* usw. Jedenfalls spielen auch die Organreize, die ja beständig dem Gehirn zuströmen, eine Rolle, wenn ich auch ihre Bedeutung nicht so sehr hoch anschlagen möchte, wie ich in meiner ersten Publikation im Anschluß an damals geläufige Vorstellungen getan habe[2]. Natürlich fehlen in der Person auch nicht die aktuellen „centralen Tätigkeitsgefühle" WUNDTs; da sie aber nur momentan sind, können sie für den Begriff der einheitlichen Person im *Sinne dieses Abschnittes* nicht sehr wichtig sein. Aber ihre Engramme, die Erinnerungen an unser Wollen und Handeln, müssen einen bleibenden und wichtigen Bestandteil der Person bilden.

Alles das können wir von außen bei anderen erschließen, *und bei unserer eigenen Innenschau finden wir (abgesehen von der bewußten Qualität) nichts anderes, wenn wir unsere Persönlichkeit, unser Ich analysieren*[3]. Die Persönlichkeit muß durch die beständige Anregung der nämlichen Komponenten, die sich in unzählbaren Kombinationen immer wieder gruppieren und wiederholen, ein besonders festes Gefüge erhalten. Sie bildet also eine Einheit, die sich auch, da fast zu jeder Zeit ein Teil dieser Engramme sich in Tätigkeit befindet, mit einer großen Anzahl neu ankommender Reize (Erfahrungen) verbinden muß. Doch werden wohl niemals alle ihre unzähligen Komponenten gleichzeitig in Erregung sein, sondern nur ein verhältnismäßig kleiner Teil derselben. In dieser Beziehung läßt sich der Begriff der Persönlichkeit etwa dem des „Publikums" eines bestimmten

---

[1] „Begriff" als selbstverständliche Funktion der Mneme Kap. II, B 2.

[2] Viele legen der Person die aktuellen und erinnerten Empfindungen der Körperlichkeit zugrunde. Mit diesen beständig anwesenden Psychismen muß wirklich jeder andere psychische Vorgang in Verbindung kommen, so daß sie eine gewisse Centrale bilden, von der aus Assoziationsbahnen zu jeder einzelnen Vorstellung gehen. Sie können also auch die sonst nur nach dem linearen Schema der zeitlichen Einordnung zusammenhängenden Erlebnisse enger zusammenhalten. Vielleicht ist diese Bedeutung überschätzt worden; wir benutzen in unserem bewußten Denken diese Centrale kaum je, weil wir die Körperempfindungen nicht beachten, und ich finde auch (im Gegensatz zu manchen Autoren) als Grundlage einer veränderten Persönlichkeit gewöhnlich psychische Momente, während wir Veränderungen der Körperempfindungen, auch wenn sie vorhanden und beschreibbar sind (Schizophrenie), wenigstens nicht direkt mit dem Persönlichkeitswechsel in Verbindung bringen können. Der Hans Schulze wird nicht deswegen Napoleon, weil er seine Eingeweide anders spürt als vorher, sondern weil er den Ehrgeiz hat, etwas zu sein, wie Napoleon es war.

[3] Auch andere sahen in ihr nur ein „Bündel" von Vorstellungen (HUME) oder ein „Bündel von Trieben" (BENECKE). Wir finden in unserer Persönlichkeit beide Dinge, und zugleich ihre Vereinigung zu einer Ganzheit.

Lokals vergleichen. Unter demselben befinden sich Stammgäste, die niemals fehlen; andere sind gewöhnlich zu treffen, wieder andere seltener; manche Personen kommen nur einmal, viele nur bei bestimmten Anlässen; das Lokal ist bald stärker, bald weniger besucht, immer aber repräsentiert das Publikum desselben die nämliche irgendwie charakterisierte Einheit. — Die neuen Erlebnisse werden also nie mit der ganzen Persönlichkeit in all ihren zeitweiligen Bestandteilen direkt verbunden, sondern nur mit bestimmten Gruppen. Da aber der Ichkomplex so fest gefügt ist, können immerhin die indirekten Verbindungen leicht benutzt werden.

Dieser kontinuierlich zusammenhängende Komplex besitzt nun Gedächtnis, Dauer und Einheit. Veränderungen, die an ihm geschehen, neue Erlebnisse, sei es in Gestalt von Sinnesreizen oder von innerem Geschehen (Denken, affektive Regungen, Handlungen, alles Vorgänge, die als Funktionen des Centralnervensystems abzuleiten sind) müssen ihm folglich bewußt werden. *Er wird zum bewußten Ich, zur bewußten Person.*

Der Komplex ist in beständiger Funktion. Immer strömt ihm Neurokym zu und ab, und immer ist ein erheblicher Teil des unendlich verzweigten Netzes seiner Engramme in Ekphorie. Diese vereinheitlichte und immer in Veränderung begriffene Funktion muß, wie ausgeführt, ein einheitliches Bewußtsein haben, in dem aber die einzelnen Eigenschaften in ganz wechselndem Maße hervortreten (während ich das schreibe, bin ich mir nicht Hausvater und nicht Arzt, sondern der, der eine erste Auflage Psychologie geschrieben hat und sie nun verbessern möchte). So wird das Ich sich am deutlichsten dadurch spüren, daß die einzelnen Komponentengruppen, die es zusammensetzen, kommen und verschwinden, wobei beliebig viele der übrigen Komponenten mitklingen können. Die Strebungen kommen teils als aktuelle, teils als Erinnerungen zum Bewußtsein.

Die Veränderungen durch Zuströmen von Neurokym von den Sinnen her werden dem Ich als Wahrnehmungen bewußt, die innern als Vorstellung, Denken und Wollen und die abströmenden als Handeln.

Wir haben hier deutlich eine *andere Art* Bewußtsein als bei dem monofunktionell gedachten Wesen, nicht eine bloße Spürung, sondern ein Verhältnis von einem großen Dauerkomplex zu einer hinzukommenden, umschriebenen Funktion, nicht die bloße Empfindung „Grün" oder „Schmerz", sondern ein Subjekt, das „Grün" oder „Schmerz" empfindet[1]. Aus dem Bewußtsein schlechthin ist das Bewußtsein eines Ich-Komplexes geworden. *Wir kennen aus Erfahrung nur dieses Bewußtsein.* Wenn ich sage, „es ist mir bewußt, daß ich in 8 Tagen verreisen muß", so heißt das, daß die Vorstellung des „Abreisen-müssens" das Denken und Handeln dieses Ichs beeinflusse und zugleich, daß sie ihm bewußt sei. Sie könnte aber mein Handeln auch vom Unbewußten aus beeinflussen, indem sie nicht mit der Ganzheit des Ichs verbunden wäre, sondern nur mit den Reisetendenzen des Ichs. Oder wenn wir die assoziativen Zusammenhänge, die noch nicht genauer besprochen sind, vorausnehmen, können wir auch sagen: Durch den Entschluß, in 8 Tagen zu verreisen, sind die Schaltungen

[1] Natürlich darf man sich nicht vorstellen daß das, was wir im Urbewußtsein der monofunktionellen Empfindung „Grün" genannt haben, einfach an dem Ichkomplex angehängt werde. Das Grün des Urbewußtseins ist die Veränderung einer einzigen Funktion, das Grün der Person ist die Veränderung der ganzen Person, also etwas anderes, wenn auch beide Dinge eine ähnliche Komponente haben mögen, etwa wie die Schwingungen eines Tones in einem Zweiklang oder in der Gesamtkurve einer Symphonie figurieren.

im allgemeinen so gestellt, daß mein Handeln diese Abreise jederzeit berücksichtigt, auch wenn ich nicht daran denke. Wenn alles richtig verläuft, so kommt mir diese Abreise in den Sinn, z. B. wenn am 8. Tag ein anderes Geschäft erledigt werden sollte, oder wenn ich an die Notwendigkeit denke, neue Kleider zu kaufen, und auf die Reiseausrüstung Rücksicht zu nehmen habe.

Daß auch neben dem Ich andere vom Ich unabhängige individual-mnemische Komplexe noch ein Bewußtsein besitzen, müssen wir annehmen. Wir werden uns aber wohl nie einen Begriff davon machen können, wie das aussieht. Die Erfahrung bei Schizophrenien scheint zu zeigen, daß ganz große vom Ich getrennte Komplexe auch in bezug auf das Bewußtsein dem Ichkomplex ähnlich sein können[1]. Es hat auch keinen Sinn, sich darüber zu verbreiten, wie sich das Bewußtsein eines selbständigen Komplexes zu dem Ichbewußtsein verhalten könnte, wenn der Komplex mit diesem verbunden, bewußt wird.

Es braucht keine weitere Ausführung, daß dem Ich nichts bewußt wird, was nicht mit ihm assoziiert ist (im Bilde der elektrischen Anlage: mit ihm zusammenfließt). Folglich ist auch alles Unverbundene unbewußt. Inwiefern aber alles Unbewußte unverbunden, nicht assoziiert sei, bedarf einer besonderen Betrachtung.

Es gibt im wirklichen Organismus keine elementaren Gebilde, sondern nur zusammengesetzte; die Funktionen und Assoziationen gehen aber nicht bloß von Ganzheiten höheren Ranges, sondern auch von deren Teilen aus (die allerdings im Organischen wieder Ganzheiten, aber solche niederer Ordnung sind). Ein Wagen kommt auf der Straße rasch auf mich zu, löst, wenn ich ängstlich eingestellt bin, Psychismen aus wie „Überfahren-werden", „rasch ausweichen", „aktuelle Angst". In einer andern Stimmung kann ich vielleicht ruhig und mehr oder weniger unbewußt ausweichen und statt der Angst Ideen an den Fahrer anknüpfen. In den beiden Fällen sind sowohl Ichkomplex wie Wahrnehmung des Wagens sehr verschieden voneinander. Ich kann aber auch ängstlich sein und doch Assoziationen an den Besitzer des Wagens anknüpfen, z. B. er sollte vorsichtiger fahren und dergleichen. Kurz: Psychische Vorgänge können in beliebigen und beliebig vielen oder wenigen Teilkomponenten mit dem Ich verbunden sein und sowohl die als gleiche aufgefaßten Teilkomponenten wie auch das Ich sind bei jeder Erfahrung wieder anders zusammengesetzt.

Je mehr Verbindungen von seiten des Ich und von seiten des hinzukommenden Psychismus existieren, um so mehr und um so deutlicher wird uns der Vorgang bewußt. Wenn ich vor meine Haustüre komme und den Schlüssel aus der Tasche nehme und öffne, so geht das das eine Mal, sofern ich etwas ganz anderes dabei denke, rein automatisch, d. h. ohne Verbindung mit dem Ich; habe ich aber Grund, an den Schlüssel zu denken, z. B. weil ich ihn vielleicht nicht in der gewohnten Tasche finde, so gibt es eine ganze Kette von Ichverbindungen, und dafür wird das, was ich vorher gedacht habe, unterbrochen.

Die Vorstellung von partiellen Verbindungen eines Psychismus mit dem Ich läßt die Wirkung des Unbewußten im Freudschen Sinne verstehen, das als Ganzes vom Ich als Ganzem abgesperrt ist, aber auf Umwegen durch Teilverbindungen das letztere doch beeinflußt bis zur Erzeugung von Krankheit. Analog wirkt in komplizierteren chemischen Körpern bald das Ganze, bald irgendeine der darin enthaltenen Molekülgruppen auf das Ganze eines andern Körpers oder dessen Teil-Molekülgruppen.

---

[1] Eine Paranoide hört z. B. die eine Stunde dauernde Vorlesung aus einem Roman mit vollem Verständnis an; zu gleicher Zeit aber verkehrt sie mit Sprache und lebhaften Gesten mit ihren Phantasmen, und nachher erinnert sie sich an beide Erlebnisreihen.

Ein sexueller Wunsch ist „verdrängt", weil mit der Moral unvereinbar, d. h. seine Verbindungen mit dem Ich sind gesperrt. Er ist aber nicht unterdrückt, nicht in der Funktion gehindert. So macht er sich durch allerlei Symptomhandlungen oder Krankheitssymptome bemerkbar, indem er auf die Teilgestalten des Ichkomplexes wirkt. Oder verdrängt ist nur die intellektuelle noopsychische Komponente des Wunsches; die Triebkraft desselben aber läßt sich von der Verbindung mit dem Ich nicht abhalten und bedingt teils eine bestimmte Stimmung, teils bestimmte assoziative Einstellungen. Wie säuberlich eine Trennung der Vorstellung von der zugehörigen Ergie möglich ist, zeigt der Fall STOERRINGs mit seiner Erinnerungsdauer von 1—2 Sekunden und einem viel längeren Überdauern der Ergie in Stimmung und Antrieb (S. 77).

Die Zahl der gegenseitigen assoziativen Verbindungen zwischen Ich und spezieller Funktion bestimmt den Grad der Bewußtheit einer speziellen Funktion. Bei ganz automatischen Funktionen sinkt die Bewußtheit auf Null.

Die Verbindungen sind aber trotzdem nie Null. Eine Menge von wenig beachteten Vorgängen gehören beiden Funktionen, dem Ich und dem Nebenpsychismus an. Die automatische Handlung setzt das Wissen, vor der Haustüre zu stehen, mit allem, was drum und dran hängt, ebensogut voraus wie mein heimkehrendes Ich, das die automatischen Bewegungen des Schlüssel-einsteckens veranlaßt hat. Auch den ganz unbewußten Handlungen stehen die gleichen Muskelkoordinationen, unsere Sinne und noch vieles andere ebenso zur Verfügung wie dem Ich usw. In Geisteskrankheiten sehen wir ganze abgespaltene Persönlichkeiten, die die Sprachfunktion von der Hirnrinde bis zu den peripheren Sprechwerkzeugen benutzen usw. usw. Wir können uns also die Möglichkeiten der assoziativen Verbindungen zwischen den Teilvorgängen und dem Bewußtsein nicht zahlreich und mannigfaltig genug vorstellen.

Aber es sind immer die einzelnen Gestalten, die assoziative Bedeutung haben. Die automatische Bewegung des Türöffnens wird in der Hauptsache weder durch den bloßen Anblick der Türe, noch durch die Ichgestalt dirigiert, sondern in erster Linie von gewohnten Komplexen „vor der Haustüre angekommen", „Haustür öffnen" usw. und diese werden durch die Gedanken, die ich gerade ausspinne, ganz oder teilweise abgesperrt von dem Ich. Sie hängen wohl zusammen mit einer größeren Gestalt als das Ich, dem wir die Handlung des Öffnens als akzessorische zuschreiben, mit einer Gestalt, die nur für kurze Zeit fungiert (= existiert), die des ganzen Zusammenhanges, in welchem das Ich nach Hause kommt und die Tür öffnet und drin sein will usw.

Die Verbindung von Teilfunktionen oder besser „Teilgestalten" des Ich mit einem anderen Komplex oder dessen Teilgestalten bedingt also nicht, daß dieser Komplex uns bewußt werde; er muß dazu mit der Ganzheit des Ich verbunden sein[1].

Über das Unbewußte siehe später.

Die Zahl der Verbindungen hat nicht nur auf den *Grad der Bewußtheit* Einfluß, sondern auch auf die *Klarheit* der Funktion für das Ich. Eine Wahrnehmung, eine Vorstellung ist uns dann klar, wenn uns alle ihre Komponenten und ihre Beziehungen, — wenigstens in der Richtung, worauf es gerade ankommt — bewußt sind, also wenn diese Komponenten nicht nur in der Wahrnehmung und der Vorstellung enthalten, sondern auch mit dem Ich im ganzen und vielen Teilgestaltungen desselben verbunden sind. Ich denke flüchtig an einen Baum, habe ein schattenhaftes optisches

[1] Eine treffende, kurze Charakterisierung derjenigen Funktionen, die bewußt werden, konnte ich bis jetzt nicht finden.

Bild vor mir, kann aber auch an den Begriff Baum oder an einen bestimmten Baum mit allen seinen vielen Beziehungen denken. Im ersten Fall habe ich eine unklare, im letzten eine klare Vorstellung. Ich sehe eine Landschaft, „beachte" aber nur Einzelheiten oder einen Gesamteindruck wie „lieblich" oder „großartig"; die größte Zahl der Einzelheiten bleibt unbewußt; das ist eine unklare Wahrnehmung.

J. Das „Objekt" des Bewußtseins. Außen- und Innenschau.

Mit der Ausscheidung eines Subjektes aus dem Urbewußtsein geht natürlich parallel die des Objektes, das ihm gegenübergestellt wird. Wir verstehen darunter in einfachsten Verhältnissen z. B. „Lust", „Grün", in etwas komplizierteren Wahrgenommenes und Vorgestelltes.

Phylo- und ontogenetisch werden wohl Empfindungen von Lust und Unlust und eine Art Tätigkeitsgefühl, Dinge, die kaum besonders abstrahiert zu werden brauchen, die ersten Objekte sein. Dann werden noopsychische Inhalte gespürt werden, in einfachsten Verhältnissen, etwa bei Protisten, wenig mehr als solche Empfindungen, *auf die reagiert wird;* bei den höheren Zoen Komplexe von Empfindungen mit Ekphoraten früherer Empfindungen (Wahrnehmungen, siehe später). Hand in Hand mit dem Inhalt der Wahrnehmungen entwickeln sich die Inhalte von Vorstellungen. Sie setzen sich aus Ekphoraten von mehr oder weniger verarbeiteten Engrammen, von Empfindungen zusammen und werden nach bestimmten, uns verständlichen Gesetzen (siehe später) sukzessiv ekphoriert (im Assoziieren, im Denken).

Erst bei den höheren Zoen (ich glaube in ganz einfacher Weise schon unterhalb des Menschen) werden Eigentümlichkeiten abstrahiert, die unseren inneren Vorgängen entsprechen, wohl am ehesten die des Wollens und Handelns; „ich will" oder „ich tue" ist gewiß leicht zu erfassen. Dann Empfinden, Sehen, Hören und Wahrnehmen und zuletzt Denken, Überlegen.

Die Wahrnehmung der eigenen psychischen Vorgänge gehört zu dem Begriff der „*Innenschau*". *Diese ist aber durchaus nicht wesensanders als die Schau nach außen.* In beiden Funktionen werden aus dem Fluß corticalen Geschehens Gestalten herausgehoben (abstrahiert) — man denke sich bildlich Schwingungskurven — und damit für Reaktionen nutzbar gemacht und, wenn sie in Verbindung mit dem Ich kommen, von diesem gespürt. Ob herausgehoben wird „Apfel" mit der Folge „Ergreifen" und „Essen", oder „ich liebe Äpfel", ich „will" diesen „essen", ist in bezug auf die Spürung identisch. Ein Unterschied besteht in den sekundären Beziehungen der herausgehobenen „Begriffe" (siehe Abschnitt Außenwelt, Innenwelt). Auch ist ihre Heraushebung natürlich viel weniger naheliegend und viel komplizierter als die der äußeren Vorgänge, auf die jedes Geschöpf direkt reagieren muß. Den Begriff „Hase" wird ein Hund leicht bilden, wenn er ihn, was möglich wäre, nicht schon auf die Welt gebracht hat. Er wird den Hasen auch verfolgen; aber er wird kaum denken: „ich verfolge ihn", und noch weniger wird er denken: „ich denke".

Zu den Eigentümlichkeiten, die in den Beziehungen des von innen geschauten stecken, gehört ferner die, daß innere Vorgänge zwar erlebt, aber in ihrem Ablauf nicht aktiv beobachtet werden können. Sobald wir die Aufmerksamkeit auf einen inneren Vorgang wenden, wird er, weil nun diese Aufmerksamkeitszuwendung dazu kommt, ein anderer oder er hört sogar ganz auf[1]. Wir können ihn deshalb nur erfassen (herausheben) und studieren aus der Erinnerung, wenn er vorbei ist.

Es ist bemerkenswert, daß alle inneren Veränderungen, auch die durch die Sinnesreize erregten, als Tätigkeiten gespürt werden. Noch der naive Erwachsene „sieht" und „hört" und „empfindet": er ist Subjekt. Auch das Leiden ist ihm etwas aktives („ich leide"; anders in dem Ausdruck „es tut mir weh"). Erst die Überlegung abstrahiert das Empfinden als passiven Vorgang, als Reizung eines Sinnesorganes und damit der Psyche. Aktivität kommt erst als zweites hinzu in Form von Zuwendung der äußeren Sinnesorgane und der inneren Aufmerksamkeit (Auswahl) und als Verarbeitung der Empfindungen zu Wahrnehmungen.

Im gewöhnlichen Leben ist auch beim Menschen der Inhalt des Bewußtseins innerer Vorgänge ein sehr wenig konkreter; man „fühlt" mehr als man spürt, sowohl von seinem aktiven und passiven Erleben wie von seinem *Ich*. Wenn letzteres nicht besonders in Betracht kommt, vielleicht etwa gegenüber anderen Ichen, enthält es abgekürzte Zusammenfassungen des ganzen früher erlebten Ichinhaltes, die aber in ihren Einzelheiten beständig wechseln. Das Wichtigste ist, daß dieses Ich auch als Objekt, als etwas Bestimmtes und Gleichbleibendes erlebt wird.

K. Biische Bedeutung von Bewußtsein und Innenschau.

Viele suchen nach einem Zweck, einem Nutzen des Bewußtseins; diesem soll es zu verdanken sein, daß wir uns selber kennen, daß wir etwas von uns wissen, daß wir uns in andere einfühlen können. Man denkt auch daran, daß es die Überlegung fördern oder gar möglich machen soll und ähnliches. Für letzteres hat man einen gewissen Anhaltspunkt darin, daß eben Bewußtsein beobachtet oder angenommen wird, wo man Überlegung findet, und namentlich auch darin, daß für gewöhnlich die Schärfe, Klarheit und Allseitigkeit der Überlegung und der Grad des Bewußtseins einer Denkoperation einander parallel gehen. Das halb unbewußte Denken ist oft ein ungenügendes, oberflächliches, oder das ganz unbewußte, wie es sich namentlich in psychischen Krankheiten offenbart, erweist sich meistens als minderwertiges, ja oft als geradezu unlogisches, dereistisches Denken[2].

Anderseits wird immer wieder hervorgehoben, wie gerade viele Produkte des Genies aus dem Unbewußten stammen, und wenn man genau zusieht,

---

[1] Das kommt nicht bloß davon her, daß wir die Aufmerksamkeit (für gewöhnlich) nur auf *einen* Gegenstand richten können. Wir dürfen uns diesen Umstand ohne weiteres wegdenken; er gehört nicht zu den prinzipiellen Eigenschaften unserer psychischen Organisation. Ja, es kommt z. B. bei Schizophrenen nicht so selten vor, daß sie gleichzeitig zweierlei Dinge beobachten; andeutungsweise kann das jeder; man erzählt von Cäsar, daß er mehrere Dinge nebeneinander tun konnte, und die Zeitungen berichteten von einem Japaner, Kajiyama, der fünferlei nebeneinander bewältigen soll: Zeitungslesen, Aufschreiben, was er liest, am Telephon ein Gespräch anhören, die telephonisch an ihn gestellten Fragen beantworten, und eine Kopfrechnung ausführen.

Wir müssen auch in so komplizierten Fällen, noch viel mehr bei Cäsar, daran denken, daß die Aufgaben doch in einem zeitlichen Nacheinander ausgeführt werden, indem im einen Moment ein Stückchen von der einen, im andern eines von der andern weitergeführt wird; doch wäre der Unterschied kein ganz prinzipieller, indem ja während der einen Überlegung die andere doch immer aktuell (als nachbelebtes Engramm) im Geiste behalten werden müßte, damit sie sofort wieder aufgenommen werden kann. Auch müssen äußere Handlungen, wie Sprechen und Schreiben, zusammenhängend fortgeführt werden; das wäre nun infolge von Einstellung von Gelegenheitsapparaten nicht ganz undenkbar: jeder überlegt sich ja während des Sprechens, was er weiter sagen wolle; aber wenn nicht dann und wann bei neuen Wendungen eine Stockung eintreten soll, so muß doch eine eigentliche Kontinuität paralleler Vorgänge vorhanden sein.

[2] Siehe Abschn. Denken.

so spielt bei jedem Menschen das Unbewußte eine Hauptrolle gerade bei den wichtigsten Entschließungen, die unser Leben dirigieren.

Die Schwierigkeit löst sich leicht, sobald man sich klar macht, *daß mit jedem der Worte „Bewußtsein" und „Introspektion" oft zwei wesentlich verschiedene Dinge verquickt werden, die Bewußtheit und die Kenntnis der eigenen inneren Vorgänge.*

Die reine Bewußtheit haben wir so gut als uns möglich umschrieben als die bewußte Qualität, das, was uns von einer Reflexmaschine nicht nur graduell, sondern qualitativ unterscheidet, daß wir Leid und Lust und Hell und Dunkel und Wollen und Handeln *spüren.*

Betrachten wir es in der Form von Urbewußtsein, so können wir uns keinen Einfluß desselben auf die psychischen Vorgänge denken. Urbewußtsein müssen die einfachsten mnemischen Vorgänge bei Protozoen besitzen; wir rechnen aber bei der Auffassung ihrer Reaktionen nie damit und bemerken doch keine Lücke; und es ist unerfindlich, was denn anderes herauskommen sollte, wenn die Aktionen und Reaktionen der Tiere ohne Bewußtsein ablaufen würden. Unser bio-psychologisches Verständnis ist mit und ohne Annahme von Bewußtsein genau gleich gut und gleich schlecht. Man hat sich ja auch schon die Tiere bis zum Menschen hinauf als fühllose Automaten denken können.

Es ist allerdings gesagt worden, das Bewußtsein wäre „eine Grausamkeit", wenn es nichts nützte. Ist es das weniger, wenn es etwas nützt? Es ist aber sinnlos, einen solchen Begriff in diese Diskussion zu tragen. Wer soll denn diese Grausamkeit verüben oder nicht verüben? Es ist einmal eine physikalisch-chemische Stoffkombination entstanden, zu deren Eigenschaften die Mneme gehört. Daraus entwickelte sich das Leben automatisch ohne Rücksicht auf Lust und Schmerz. (Wenn im ganzen das normale Leben lustbetont ist, so gibt es doch genug Geschöpfe, für die es nur einen negativen Wert hat; sie streben aber doch darnach, es zu erhalten, und pflanzen es womöglich fort.)

Daß auch das Bewußtsein unseres Ich ganz ohne eine bemerkbare Wirkung ist, ergibt sich ohne weiteres daraus, daß alle psychischen Vorgänge, die wir kennen, auch ohne Ichbewußtsein, „im Unbewußten" ablaufen können.

Doch wird uns leicht vorgetäuscht, daß die Intensität des Bewußtseins Gedankengang, Entschlüsse und Handlungen geregelter und klarer mache. Und wirklich, wie oben bemerkt, je größer die Energie der Psyche ist, um so eher wird ceteris paribus der Vorgang mit dem Ich verbunden; es werden namentlich beim Denken die notwendigen Assoziationen in größter Zahl zugezogen, die andern möglichst sicher abgesperrt. Dadurch wird der Gedankengang klarer und richtiger. Aber nicht das erhöhte Bewußtsein bewirkt die Klarheit, sondern der Umfang und die Energie der Assoziationsschaltung (vgl. Kap. Schaltungen), und vielleicht auch die sonstige Energie der Abläufe. Dabei mögen wir ein Gefühl erhöhten Bewußtseins haben (obgleich wir nicht recht wissen, was das sein soll). Jedenfalls aber ist das Bewußtsein nur eine Begleiterscheinung und nicht die Ursache der erhöhten Tätigkeit, mit der es stärker und ausgebreiteter erscheint. So entspricht im gewöhnlichen Leben die Schärfe der Überlegung und Zielgerichtetheit des Handelns graduell dem, was uns als Intensität des Bewußtseins erscheint. Umgekehrt wissen wir, daß, wenn der Ichkomplex wenig Energie hat, die Assoziationsschaltung schwächer wird, so daß die Gedanken ungeregelter und ziellos verlaufen. Viele Vorstellungen sind uns dann nur „halb bewußt", was aber nur heißt, daß ihre Teilassoziationen unvollständig zugezogen und alles wenig mit dem Ichkomplex assoziiert sei. Manchmal kommen ja anderseits gerade Spitzenleistungen ganz aus dem Unbewußten, und die automatisch gewordenen Handlungen werden in der Regel unpräziser, wenn das bewußte Ich sich hineinmischt.

Etwas ganz anderes ist die *Introspektion*, das Spüren, daß wir empfinden, wahrnehmen, vorstellen, denken, wollen, die *Kenntnis* der logischen Zusammenhänge im Denken und der Motive zu unserem Verhalten.

Natürlich ist dieses Wissen um innere Vorgänge, sobald es eine Rolle spielt, meist bewußt so gut wie das Wissen um das außen Wahrgenommene, mit dem wir uns gerade beschäftigen. Es darf aber diese „Innenschau“ nicht mit dem Bewußtsein verwechselt oder nur in Verbindung gebracht werden. Wie in Kapitel I gezeigt, handelt es sich bei dieser Innenschau in bezug auf den Wahrnehmungsakt um nichts prinzipiell anderes als beim Wahrnehmen äußerer Dinge. Es werden in gleicher Weise die Kurvenformen herausgehoben, die sich auf diese Funktionen, nicht aber auf den Inhalt beziehen. Das kann ebensowohl auch ohne Verbindung mit dem Ich, also diesem unbewußt, geschehen wie bei der Wahrnehmung äusserer Dinge.

Der Innenschau kommt beim Menschen eine große Bedeutung zu. Zunächst, indem wir nur auf dem Wege über unsere Introspektion, meist mehr unbewußt als bewußt, die *Psychen anderer* (inkl. der Tiere) kennen lernen, „verstehen“ und uns in sie „einfühlen“ können. Es gibt allerdings eine affektive Einfühlung, die phylisch erworben, dem Individuum angeboren ist und Menschen und Tiere bis hinunter zu Insekten umfaßt (vgl. Kapitel Suggestion), aber der Mensch, dessen Noopsyche als eine vollständige Tabula rasa zur Welt kommt, muß die unendliche Menge und Komplikation seiner Motive, und damit die der anderen, erst im Individualleben kennen lernen, — die der anderen, indem er aus ihrem äußeren Verhalten nach Analogie der Befunde in seinem eigenen Innern auf ihre psychischen Vorgänge schließt. Wenn wir bei unseren enormen zwischenmenschlichen Bedürfnissen die Nebenmenschen nur als Naturerscheinungen ansehen müßten, die so und so reagieren, wir wären niemals im Stande, sie zu verstehen und mit ihren Handlungen zu rechnen und uns mit ihnen zu verständigen.

So ist auch die hohe Ausbildung der menschlichen Sprache indirekt eine Frucht der Innenschau. Für diese Verhältnisse macht es einen großen Unterschied aus, ob man ein Objekt bloß beachte, oder sich klar sei, daß und wie man es wahrnehme. Der Hund, der nicht darüber reflektiert, kann höchstens denken oder „sagen“: „da ist ein Hase“, und ein anderer Hund, der den Hasen nicht wittert, kann sagen: „da ist kein Hase“. Wir aber können uns ausdrücken: „ich sehe den Hasen“, womit die Existenz eines nahen Hasen festgestellt ist, aber zugleich auch, wie und warum sie angenommen wird. Der Nebenmensch kann darauf sagen: „ich sehe ihn nicht“, womit eine Situation geschaffen ist, die dem Hunde wohl unmöglich wäre.

Auch ein menschliches oder nur menschenähnliches Spiel der Motive und abstraktes Abwägen wäre ohne die Introspektion mit ihren psychologischen Begriffen nicht möglich. Wenn der Hund einen Hasen sieht, aber weiß, daß es ihm verboten ist, allein zu jagen, kann er nicht denken, „soll ich ihm doch nachlaufen“ ?, weil er „nachlaufen“ wohl nicht von dem ganzen Begriff der Situation des nahen Hasen abstrahieren könnte. Er kann einfach die beiden Triebe, den des Gehorsams, bzw. Furcht vor Strafe, und den des Jagens gegeneinander spielen lassen, eine eigentliche Überlegung kann in solchen Dingen ohne psychologische Abstraktionen nicht zustande kommen.

Ist die bloße Bewußtheit eine Nebenerscheinung des Gedächtnisses ohne denkbare Wirkung, so ist es doch für uns, oder sagen wir genauer, für sich selber, natürlich das Wichtigste, was es gibt. Mag die Welt existieren oder nicht, mag sie untergehen, mag überhaupt geschehen was will, direkt hängt Glück und Unglück nur vom Zustand des Bewußtseins ab. In der objektiven Welt aber spielt Bewußtheit, so weit wir bis jetzt wissen, keine größere Rolle, als z. B. die weiße Farbe unserer Knochen, die für unseren Organismus bedeutungslos ist, aber ihre Notwendigkeit darin hat, daß die Knochen aus phosphorsaurem Kalk bestehen, der uns weiß erscheint.

L. Eine Lücke unseres Wissens.

Wie Physiologisch und Psychisch, äußere und innere Anschauung der nämlichen Funktion einander entsprechen, davon können wir uns nur teilweise eine gewisse Vorstellung machen. Es erschien uns selbstverständlich (S. 25), daß der objektiven Annahme (dem Fördernden) Lust, der Ablehnung (dem Schädlichen) Unlust entspreche[1]. In dieser Beziehung sind also die beiden Reihen gar nicht inkommensurabel. Auch die subjektive Seite der *Strebungen* der Hirnfunktion könnten wir uns nicht wohl anders wie als „Wollen" vorstellen, ist doch das Wort „Strebung" hier aus dem Psychischen herübergekommen. Und die Zeit gehört beiden Reihen an.

Auch die verschiedenen *Qualitäten* von Lust und Unlust kann man einigermaßen parallel in physischer und psychischer Richtung charakterisieren: Die Ablehnung eines Nadelstichs ist auch physisch eine ganz andere als die einer Speise, an der wir den Ekel gegessen, oder eines Menschen, der uns Böses getan: körperliches Ausweichen beim Nadelstich, Reizungen der Schlundmuskulatur, der Verdauungssekretionen und ähnliches bei der Speise, ängstliches Sich-Verbergen oder wütende Angriffe oder Beherrschung einer dieser Tendenzen beim Anblick des Übeltäters.

Wo wir also vom physischen Vorgang etwas wissen, können wir auch bis zu einem gewissen Grade verstehen, warum er uns subjektiv so und nicht anders erscheint. Wo wir aber, wie bei den Qualitäten, zwischen und innerhalb der von den verschiedenen Sinnesorganen vermittelten Empfindungen, gar nichts von den Unterschieden der entsprechenden Neurokymabläufe kennen, da fehlt natürlich jede Vergleichsmöglichkeit. Die Qualität der Sinnesempfindungen muß uns vorläufig als eine zufällige vorkommen: es würde anscheinend unser Weltbild in keiner Weise stören, wenn wir, wie in einem photographischen Negativ, Hell als Dunkel und umgekehrt sehen würden; niemals aber könnten wir Lust und Unlust vertauschen; Blau könnte ebensogut als Rot oder als ein Geschmack erscheinen, und wir haben wirklich keine Gewähr, daß die subjektiven Empfindungen gleicher Reize bei verschiedenen Individuen auch gleich seien. Vielleicht können

[1] Bezeichnend sind Fälle, wo der Trieb zur Reaktion im Widerspruch steht mit dem Erfolg derselben: Die unter normalen Umständen ohne weiteres verständliche reflektorische und triebhafte Reaktion auf Jucken ist Kratzen. Unter pathologischen Umständen, z. B. bei Ekzemen, wird durch Kratzen das Jucken nicht gelindert, sondern verstärkt (schon während des Kratzens). Dennoch ist es schwer, dem Trieb zu widerstehen, dessen Ausführung trotz des unerwünschten Erfolges im speziellen Fall mit deutlichem Lustgefühl verbunden ist.

einmal die Sekundärempfindungen[1] und Hinweis auf die Natur der Unterschiede der einzelnen Sinnesqualitäten geben; jedenfalls müßte man mit ihnen rechnen.

Ich habe in den Zusammenhängen der Sinnesempfindungen Anhaltspunkte für die spezifischen Qualitäten gesucht. Wenn ich auch dabei bis jetzt kein Glück hatte, so mögen doch die eingeschlagenen Wege angedeutet sein, sei es zur Warnung, sei es zur Benutzung für andere.

Für das reagierende Wesen ist es ganz gleichgültig, wie das Symbol eines Gegenstandes von innen aussehe. Wichtig sind nur seine Zusammenhänge, z. B. daß man den Apfel essen kann, bzw. daß der Anblick mit der Tendenz, ihn zu ergreifen und zu essen, verbunden ist. Ich muß mir deshalb vorstellen, daß in einfacheren Psychen nur diese Tendenz das wesentliche Unterscheidungsmerkmal eines Apfels von einem anderen Dinge bilde, und daß eine Farbe als Rot oder Gelb von ihnen gar nicht abstrahiert werde. Beim Anblick der blauen Honigblume wird wohl in der Biene nichts vorgehen, das etwa der Überlegung entspräche: blau — Honig — hinfliegen — saugen, sondern es wird etwas wie ein einheitlicher Psychismus ausgelöst werden, der sich vielleicht bezeichnen ließe: angenehm + darauf hinfliegen + saugen. Nun sind die Farben allerdings Unterscheidungsmittel für die verschiedenen auszulösenden Reaktionen; es bleibt aber noch zu untersuchen, ob das abstraktive Herausheben der Farben bloß zu der allgemeinen funktionellen Eigenschaft des Menschen gehöre, alles mögliche zu abstrahieren und in den Kreis seiner Wißbegierde zu ziehen, auch wenn es ihm direkt nichts nützt, oder ob es einen elementaren Grund habe. Ein gewisser Nutzen allerdings liegt schon in der leichteren Verständigungsmöglichkeit, die uns die gesonderte Auffassung der Sinnesempfindungen bringt. Es ist leichter einem Kinde zu sagen: bring mir den blauen Rock, als bring mir den Rock, den ich vor 13 Tagen angezogen hatte. Ich glaube aber vorläufig nicht, daß ein solcher indirekter und speziell nur auf die Menschen zugeschnittener Nutzen etwas mit der Abstraktion und namentlich der spezifischen Gestaltung des subjektiven Sinnesbildes zu tun habe, obgleich ich die auffallende Schwierigkeit kenne, die es Kindern bereitet, Farben unterscheiden und richtig benennen zu lernen.

Man wird diese Fragen nicht müßig finden angesichts der Tatsache, daß auch beim Menschen z. B. die schlußartigen Funktionen, die uns die Vorstellung der Entfernung oder die Zusammensetzung der Sinnesempfindungen zu bestimmten Dingbegriffen und Wahrnehmungen liefern, nicht bewußt werden. Es ist nun allerdings gut möglich, daß die lokalisierende Funktion von subcorticalen Centren so vorgearbeitet ist, daß sich die Rinde kaum mehr mit ihr zu beschäftigen hat, weil ja auch die rindenlosen Wesen der Verarbeitung ihrer Empfindungen zu Lokalisationen für ihre Orientierung bedürfen. Gibt es aber auch eine Art subcorticaler Verarbeitungen der Empfindungen zu Wahrnehmungen? Unsere menschliche Wahrnehmung setzt das individuelle (Rinden-) Gedächtnis voraus; aber können die rindenlosen Geschöpfe wirklich ganz ohne ein Analogon der Wahrnehmung sein? Solche Analoga wären wohl Kombinationen von Empfindungen mit rudimentären Engrammen der früheren Reaktionen und könnten auch in unseren basalen Centren noch existieren und dann irgendeine Vorverarbeitung der Empfindungen zu Wahrnehmungen bilden, die die Rinde benutzen könnte.

Ich habe auch versucht, dem Problem dadurch näherzukommen, daß ich mich fragte, was für Qualitäten für die einzelnen Sinne nötig seien, habe mir aber noch lange nicht alles ausdenken können. Zunächst ist allgemein festzustellen, daß wir *kontinuierliche Reihen* oder *Übergänge* der Außenwelt, die für uns von Bedeutung sind, auch als kontinuierliche gleichgerichtete Veränderungen wahrnehmen müssen. An sich wäre es ja denkbar, daß Schwarz, Weiß und eine beliebige (aber beschränkte) Anzahl von Grau ganz verschiedene Qualitäten wären, die sich nicht von selbst in eine Reihe ordneten, sondern erst dadurch als eine Reihe erschienen, daß uns die Erfahrung sie als Abstufungen kennen lassen würde (z. B. bei allmählicher zeitlicher oder lokaler Abnahme der Beleuchtung)[2]. Es wäre dann einfach der Intellekt, der diese Qualitäten als Abstufungen von mehr oder weniger Licht erkennen lassen würde. Wenn aber erst die Erfahrung zeigen müßte, daß eine bestimmte Nuance, die wir als

---

[1] Bei manchen Leuten wird jede Schallempfindung von einer (meist nicht beachteten) Farbenempfindung (Photisma. — Farbenhören, Synästhesien) begleitet. Seltener sind analoge Erscheinungen auf anderen Sinnesgebieten. BLEULER: Theorie der Sekundärempfindungen, Z. Psychol. **65** (1912).

[2] Wenn es keine Ähnlichkeitsassoziationen gäbe, müßten wir etwa so empfinden.

Grau bezeichnen, eine Stellung zwischen Weiß und Schwarz hat (und nicht etwas ganz anderes ist, z. B. Rot), und wenn sie zeigen müßte, welche Stellung in der Skala von Grau sie hat, dann könnte man mit den Zwischenstufen, die man zum ersten Male sieht, nichts anfangen; *man könnte nicht interpolieren;* von einem Helligkeitsgrad, den man zum erstenmal sähe, wüßte man nicht nur nicht, wo er seine Stellung zwischen Weiß und Schwarz hätte, sondern auch, ob er zwischen Blau und Grün, vielleicht gar, ob er ein Ton oder eine Farbe wäre. Eine ganz lückenlose Reihe der Schattierungen nicht nur zwischen Weiß und Schwarz, sondern überhaupt bei allen Farben zwischen hell und dunkel ist aber zur Erkennung des Weltbildes durchaus notwendig, da die Helligkeiten uns z. B. ganz wesentlich helfen müssen, die Tiefendimension zu konstruieren, und es dabei gar nicht auf die absolute Helligkeit ankommt. So kann eine Fläche in der Dämmerung weniger Licht liefern als eine andere im Sonnenschein, und doch kann die erste weiß erscheinen und die zweite schwarz. Auch alle andern Abstufungen in der Aussenwelt müssen wir aus dem gleichen Grunde direkt als Abstufungen wahrnehmen, namentlich auch die Bewegungen im Raum[1] und die sich verändernden Schnelligkeiten.

Umgekehrt müssen den wahrgenommenen Abstufungen solche in der Außenwelt parallel gehen. Da wir bei jedem neuen inneren Vorgang, stamme er aus den Sinnesorganen oder handle es sich um Dosierung einer Muskelkontraktion, interpolieren, so müßten wir ohne diesen Parallelismus in unseren Lokalisationen in den Schätzungen der Kraft und Wege der Bewegungen oder in der Konzentration von Geschmackstoffen in unserer Nahrung beständig fehlgreifen.

Ähnlich wie Abstufungen und Reihen müssen sich noch andere *Verhältnisse* des Physischen im Psychischen analog den Verhältnissen der Dinge an sich ausdrücken, wenn das Weltbild für unsere Reaktion auf die Umgebung brauchbar sein soll. Doch können wir mit solchen Betrachtungen in der Erkenntnis der Qualitäten nicht weiterkommen.

Vielleicht kann man aber einmal herausbringen, warum Licht uns als Licht und nicht als etwas anderes, z. B. als Schall erscheint. Stellen wir uns einmal vor, was einem Farbenhörer leicht wird, daß wir die Retinareizungen durch das Licht psychisch in Schallqualitäten darstellen sollten. Bis zu einem gewissen Grade wäre es ohne weiteres möglich, und man könnte sich mit solchen Sinnesbildern gewiß einigermaßen im Raum orientieren. Die Unterschiede in der Lokalisationsschärfe, die beim Gesicht viel genauer ist als beim Gehör, würden sich natürlich sofort umkehren, wenn Töne durch die Retina wahrgenommen würden. Aber einige Schwierigkeiten ergäben sich doch: Das Gesicht unterscheidet sich von allen andern Sinnen dadurch, daß bei ihm Abwesenheit von Reiz auch ein Reiz ist (der Schwarz erzeugt, genau wie ein anderer Rot). Ein solches Verhalten ist notwendig; denn Gegenstände, die das Licht schlucken, sind ebensogut Gegenstände wie solche, die die Lichtstrahlen zurückwerfen, während Stellen und Zeiten, wo nichts zu hören ist, für uns selten positive Bedeutung haben („etwa als Begriff der Pause", dann beim Takt usw.). Wir nehmen vermittelst der Retina das Kontinuum des Weltbildes wahr, mit dem Gehör nur das, was tönt. Man könnte auch mit der Schallskala die Farbenskala nicht gut vollständig darstellen; die Unterschiede innerhalb einer Oktave, wie sie allein bei den Farben in Betracht kommen, sind bei ihr zu klein und nur sehr relative, quantitative, während zwischen Rot und Grün oder beliebigen anderen Farben psychisch ein qualitativer Unterschied besteht. Wenn die Farben den Schall bezeichnen sollten, so stehen wieder zu wenig relative Unterschiede zur Verfügung. Es mag auch erwähnt werden, daß beim Licht die relative Stärke, beim Schall die absolute bedeutungsvoller ist. Ein besonders wichtiger Unterschied wird der der Verschmelzung sein; Farben, die am nämlichen Orte gleichzeitig gesehen werden, verschmelzen miteinander zu einer Einheit, die manchmal die Komponenten gar nicht erkennen läßt (Grün aus Gelb und Blau, Weiß aus Komplementärgemischen) oder doch nur ungenügend und zu einer Einheit höherer Ordnung verschmolzen (Blaugrün; Violett aus Rot und Blau), während anderseits auch eine physikalisch einheitliche Farbe wie Violett des Spektrums als zusammengesetzt erscheint. Auf dem Gebiete der Töne aber werden auch so komplizierte Gemische wie ein Konzert zerlegt, so daß man jedes Instrument, ja bei einem Chor jeden einzelnen Sänger besonders hört, auch wenn das Lokal so einheitlich ist wie eine Phonographenmembran. Eine gewisse Analogie zu den Mischfarben haben wir immerhin bei den Vokalen, die psychisch nicht in ihre Komponenten zu zerlegen sind, und in gewissem Sinne bei Harmonien

[1] Dabei ist es ganz gleichgültig, ob sich bei gewissen Betrachtungen die Bewegung eines Körpers und der Raum selbst als kontinuierlich bezeichnen lasse oder nicht.

und Melodien, bei denen wir allerdings neben der Einheit die Teile doch noch wahrnehmen[1].

Da man nicht weiß, wie viele von den spezifischen Eigenschaften der Sinnesempfindungen dem aufnehmenden Organ und wie viele der Psyche angehören, dürfte man daran denken, es wären Töne durch Retinaerregungen und Lichtempfindungen durch Gehörreizungen möglich von der Art, daß diese Schwierigkeiten vermieden würden. Aber es gibt wohl noch manche solcher Differenzen wie die aufgezählten, und wenn schließlich alle überwunden wären durch Veränderungen der Schallqualitäten auf der einen Seite und Veränderungen der Lichteigenschaften auf der andern, so fragt es sich, ob nicht aus der Schall- eine Lichtempfindung geworden wäre und umgekehrt. Oder beim Geschmack müßten wir uns fragen, ob nicht jede Empfindung, die der Zusammensetzung aus den Reizen der wenigen Geschmacksendigungen mit den zugehörigen zungenmotorischen, speichelsekretorischen und anderen Funktionen entspricht, zur Geschmacksempfindung würde.

Könnte man alle diese Dinge zu Ende denken, so ist es nicht ausgeschlossen, daß man einmal ungefähr verstehen würde, warum die corticale Folge der Ohrreizung von innen als Schall, die der Retinareizung als Licht empfunden wird, vielleicht sogar, warum innerhalb der Lichtempfindungen Weiß gerade als Weiß und nicht als Schwarz erscheint usw. Jedenfalls aber darf man auch hier nicht ein hochmütiges Ignorabimus aussprechen, *ohne nachgewiesen zu haben, daß es berechtigt ist.*

M. Ergebnis der Untersuchungen über das Bewußtsein.

Die einzige uns denkbare, aber notwendige Bedingung der Bewußtheit ist das Gedächtnis; und es ist wahrscheinlich, daß jede mnemische Funktion in einer bestimmten Weise bewußt ist, denn sie enthält in jedem Moment Gegenwart und Vergangenheit in eine Einheit verschmolzen, da die Vergangenheit in den nachbelebten und ekphorierten Engrammen weiter besteht. In bezug auf den Inhalt ist es eine Tatsache, daß diese Einheit sich selber „spürt“ oder „wahrnimmt“. Die beiden Ausdrücke sind von der Wahrnehmung äußerer Dinge oder Geschenisse auf den mnemischen Vorgang übertragen; man hat dazu einen verständlichen Grund, denn trotz aller Verschiedenheit fühlt man eine, wenn auch nicht genauer beschreibbare Ähnlichkeit von äußerer und innerer Wahrnehmung. Wir konnten ja diese Bewußtheit nur in Ausdrücken und Vorstellungen ableiten, die von der äußeren Wahrnehmung genommen sind. In der Selbstwahrnehmung soll nach dieser Auffassung Subjekt und Objekt das nämliche sein; das ist aber nicht im gewöhnlichen Sinne möglich. Stellen wir uns die einfachsten Verhältnisse vor, fingieren wir ein monofunktionelles Klümpchen mnemischer Substanz, so sehen wir, daß es wohl richtiger wäre, zu sagen: der Vorgang sei noch nicht in Subjekt und Objekt differenziert. In der Komplikation der wirklichen Organismen besteht aber die mnemische Funktion in einem ganzen Komplex zu einer Einheit zusammengeflossener Einzelfunktionen, welcher Dauer besitzt, etwa in dem Sinne wie das Publikum eines Lokales, in dem die nämlichen Personen ständig verkehren, aber von denselben bald die einen, bald die andern anwesend sind. Gegenüber dem einheitlichen und dauernden Komplex (dem Ich) sind die *einzelnen Veränderungen* flüchtig und quantitativ wenig bedeutend, so daß sozusagen die Veränderung „an“ dem Dauerkomplex stattfindet. Der Komplex, der „sich spürt“, wird erst dadurch gespalten in ein Subjekt, den Dauerkomplex, und ein Objekt, die partielle Veränderung; anders ausgedrückt: „Es ist der Dauerkomplex, der die Veränderung spürt.“

---

[1] Es mag kein Zufall sein, daß gerade die Vokale und bei musikalischen Leuten die Melodien und Akkorde resp. Harmonien besonders starke und einheitliche Photismen (Schallfarben) besitzen, während der musikalisch einfachere Trompetenton mit seinen lebhaften Obertönen sehr häufig gesprenkelt oder sonstwie verschiedenfarbig erscheint.

Das Gespürte selbst ist wieder begrifflich zu spalten in das nackte Bewußtsein und das, was wir wohl nur als „Inhalt" desselben bezeichnen können. Die Monofunktion des fingierten Primitivgeschöpfes spürt „sich" z. B. als „Schmerz", sie *ist* dann Schmerz. Zum Schmerz gehört, daß er bewußt gespürt wird und zweitens, daß die Qualität des Gespürten Schmerz ist. Haben wir aber vielerlei Veränderungen an dem Funktionskomplex, so können wir die verschiedenen Inhalte begrifflich trennen von der allen gemeinsamen bloßen Spürung, der Bewußtheit oder dem Bewußtsein. Jeder Funktionsablauf ist gleich bewußt; aber das, was bewußt wird[1], ist jedesmal etwas anderes (Schmerz oder Wärme oder ein Ding usw.).

Die Bewußtseinsinhalte haben untereinander bestimmte Beziehungen. Sie ordnen sich von selbst nach diesen Beziehungen und nach ihren Qualitäten in zwei Reihen, die Außenwelt und die Innenwelt, nicht anders als wie sich die optischen Vorgänge in Hell und Dunkel oder in die verschiedenen Farben gruppieren. *In Wirklichkeit spürt natürlich der mnemische Funktionskomplex, sei es auf äußere oder innere Veranlassung, immer nur sich selbst,* (*die Unterschiede in seiner Schwingungskurve*).

Wie vollzieht sich nun die Dynamik des Zusammenspieles der verschiedenen Partialfunktionen? Was bestimmt, welche von der unübersehbaren Zahl der vorhandenen und möglichen Reaktionen gerade zur Wirkung kommen, d. h. das Denken und Handeln für den nächsten Moment bedingen sollen? Vor allem die Lebensbedürfnisse. Hat der Organismus Hunger, so erhalten die Empfindungen, die den Weg zur Nahrung anzeigen, und die Tendenzen, diesen Weg einzuschlagen, die Führung des Geschehens; in der Sättigung sind es andere Empfindungen und Tendenzen, z. B. sexuelle oder Bedürfnis nach Macht und Geltung. Wie ein solches Verhalten sich in der präorganischen Mnemesubstanz bilden konnte, ist eine biologische Frage und wurde in der „Psychoide" und im „Mnemismus" zu beantworten versucht. Die Wege und Mittel zum Ziel werden durch die noopsychischen Assoziationen bestimmt, welche in den Gleisen von Zusammenhängen verlaufen, die frühere Generationen und — beim Menschen ausschließlich — das Individuum selbst engraphiert hatten.

N. Die Einheit der Funktion.

Der Begriff der „Einheit" („Unitas multiplex", W. STERN) in centralnervöser und psychischer Funktion bedarf einer Klärung. Er wird auf ganz verschiedene Dinge angewandt, die auseinanderzuhalten sind.

1. *Die Einheit der Gesamtheit der psychischen Funktionen, die neben dem Gedächtnis eine der beiden wesentlichen Bedingungen des Ichbewußtseins* ist. Wir können uns das vorstellen als Zusammenfließen oder allgemeine gegenseitige Beeinflussung aller verschiedenen gleichzeitigen psychischen Funktionen in der Hirnrinde, etwa nach dem Bilde einer komplizierten elektrischen Anlage, in der die Elektrizität aus verschiedenen Quellen zusammenfließt oder durch Induktion sich beeinflußt. Das ist die Einheit, von der wir bis jetzt immer gesprochen haben. Sie muß zunächst eine *funktionelle* sein und ist als solche leicht nachzuweisen. Der physiologische Organismus bildet eine analoge

---

[1] Bezeichnend ist, daß man in dieser Redeform die Qualität des gespürten als Subjekt setzt; man kann sie aber auch als Objekt („das Bewußtsein spürt Schmerz") oder als Inhalt des Bewußtseins, oder das Bewußtsein als Begleiterscheinung des abstrahierten qualitativen Vorganges bezeichnen. Unsere „grammatischen" Auffassungen treffen eben hier das Tatsächliche nur ungenügend.

Einheit (siehe „Psychoide“); auch die nervösen Reize sehen wir schon in der Peripherie zusammenfließen und Hemmungen und Bahnungen bewirken (Herz: Verlangsamer und Beschleuniger; Vasomotorius: Erweiterer und Verengerer; ähnlich Darmbewegung oder Sekretion)[1]. Die centralnervösen (physiologischen) Funktionen können einander hemmen (so die meisten widersprechenden Funktionen, starke Sinnesreize, beliebige Reflexe; Shockerscheinungen usw.); sie können einander fördern (gleichsinnige und sich summierende) oder modifizieren (die lokalisatorischen Empfindungen, die Koordination der Reflexe). Namentlich im letzteren Falle können wir uns leicht vorstellen, wie das Zusammenfließen eine Einheit höherer Ordnung hervorbringt. Wenn z. B. der Wischreflex dirigiert wird von den kinästhetischen Empfindungen, die die Lokalisation der gereizten Hautstelle und die Ausgangsstellung des Beines definieren, so kann nicht jedes Empfindungselement für sich allein einen Beitrag zur motorischen Koordination der notwendigen Muskeln liefern, sondern es muß etwas, was wir psychisch als Zielen der Bewegung nach dem gereizten Punkte bezeichnen müssen, das direkt Leitende sein. Es ist das eine sehr komplizierte Einheit und zugleich eine Funktion mit Eigenschaften, die nicht in der Funktion der einzelnen Komponenten liegen. Auf psychischem Gebiete ist diese Art Einheit für jeden von vornherein gegeben; wir wissen, daß daselbst alle einzelnen psychischen Vorgänge in gleicher Weise wie in der Physiologie aufeinander einwirken. Gleichzeitige Reize summieren sich, wenn sie ähnliche Reaktion bewirken, hemmen sich, wenn sie verschiedene oder gar entgegengesetzte Tendenzen hervorbringen. Wie sehr sogar die einfachsten psychischen Funktionen von gleichzeitigen anderen abhängig sind, zeigt der optische Simultankontrast. In dem komplizierten Gebiet des Denkens sehen wir, wie jede Konstellation ihre besondere Schaltungsstellung hat, in der ganzen Psyche die zum Thema gehörigen Ideen bahnt, andere hemmt. Besonders stark bahnt und hemmt die Affektivität die Vorgänge in ihrem Sinne.

Auf psychischem Gebiet kennen wir eigentlich nur Wirkungen von hochkomplizierten Einheiten, „Gestalten“. Die „Konstellation“ inklusive die ganze Hierarchie von Zielvorstellungen, die beim Denken unsere Assoziationen leiten, ist etwas unendlich Zusammengesetztes, das einheitlich wirkt. Wir dürfen ruhig sagen, jeder psychische Vorgang, wo immer im Gehirn seine primären, d. h. auslösenden Elemente lokalisiert seien, beeinflußt jeden andern, verschmilzt in irgendeiner Beziehung mit den andern zur Hervorbringung einer gemeinsamen Wirkung. Die Gesamtpsyche, das Ich in seiner unvorstellbaren Kompliziertheit, reagiert jeden Moment als ein Ganzes. Geschmack und Geruch sind in manchen Beziehungen auffallend hilflos bei geschlossenen Augen, d. h. wenn gar nicht dazugehörige, aber gewöhnlich mit ihnen verbundene Vorstellungen ausfallen (Unterscheidung von weißem und rotem Wein, guten und schlechten, sogar brennenden und ausgelöschten Pfeifen usw.). Und Hirnschädigungen können diese Integration noch besonders hervorheben, so beim Apoplektiker, der in der einen Konstellation ein Wort, einen Satz aussprechen, eine Bewegung ausführen kann, in der anderen nicht (vgl. die v. Monakowsche Diaschise).

2. Die *räumliche*[2] *und zeitliche* Einheit. Die erste ist ohne weiteres gegeben, indem die einzelnen Elementarfunktionen in der Hirnrinde in

[1] Reiz und Hemmung greifen allerdings nicht immer am gleichen Ort an.

[2] Räumlich im Sinne der objektiven Hirnfunktion, nicht der von innen gesehenen Psyche.

ein kontinuierliches Leitungsnetz einmünden, in welchem die höheren psychischen Gebilde bis jetzt keine Lokalisation entdecken ließen, also offenbar über die ganze Rinde sich verbreiten, womit nicht gesagt sein soll, daß alle Rindenelemente *in gleicher Weise* an solchen Funktionen teilnehmen. Im Gegenteil, Physiologie und Psychologie verlangen daneben eine weitgehende Isolierung mit Schaltungseinrichtungen, die gewiß nur zum Teil so zu denken ist, daß *verschiedene* Funktionen innerhalb der nämlichen Organteile isoliert nebeneinander ablaufen; es werden bei den verschiedenen psychischen Vorgängen die einzelnen Teile wenigstens relativ weniger oder mehr zu funktionieren haben, so daß die Unterschiede eines Begriffes, einer Idee von andern zugleich eine andere Verteilung des Psychokyms in den verschiedenen Elementengruppen bedeuten.

Nur so können wir uns erklären, daß die Nervencentren nicht ein Klumpen Kolloid sind, sondern daß sie sich in ein unendlich kompliziertes Gewirre von Fasern aufsplittern, und daß offenbar diese Komplikation, und nicht die bloße Masse der Differenzierung und Ausbildung der psychischen Fähigkeiten entspricht. Immerhin handelt es sich da im Prinzip vielleicht nur um ein *Vorwiegen* verschiedener Elemente bei verschiedenen Psychismen; ich kann mir gut denken, daß die nämliche Elementenkombination die verschiedensten psychischen Gebilde tragen kann, sowie der nämliche Geigenboden alle Klänge wiedergibt, oder wie die Reizung der nämlichen Gruppe von Retinazapfen verschiedene Farbenempfindungen auslösen kann, je nachdem die einzelnen Zapfenarten in verschiedenen Verhältnissen gereizt werden.

Die räumliche Einheit der psychischen Funktionen wäre also vorläufig in etwa folgender Weise zu denken: Sie ist nicht punktförmig, sondern besteht in der Ausbreitung aller psychischen Prozesse über die nämliche Hirnrinde. Da aber viel Psychisches — namentlich zentrifugales und zentripetales — in einem gewissen Sinne lokalisiert ist (aphasische, apraktische Störungen, Ausfall der optischen oder der musikalischen Vorstellungen, anderes Triebleben bei Verletzungen des Stirnhirns als des Occipitalhirns usw.), und die den Leistungen parallel gehende unübersehbare Differenziertheit des Rindenbaues eine verschiedene Funktion der einzelnen Felder höchst wahrscheinlich macht, kann man sich am ehesten vorstellen, daß die Eigenart jeder Funktion nicht nur an eine bestimmte Qualität des Neurokymablaufes (bildlich: Schwingungsform) geknüpft sei, sondern auch an bestimmte Verteilungen des Neurokyms, z. B. für optische Vorstellungen *vorwiegend* in der fossa calcarina und Umgebung, für motorische in den Centralwindungen oder von da ausgehend resp. dahin sich konzentrierend. Der nicht spezifische Teil der Rinde würde dann mehr resonierend teilnehmen, resp. beeinflußt werden im Hemmen und Bahnen bestimmter Wege, in den Schaltungen, und seinerseits die spezifische Funktion hemmen und bahnen und leiten. Eine solche Vorstellung scheint mir zur Zeit widerspruchslos und unserem gesamten Wissen am besten zu entsprechen. Sie hat auch den Vorteil der Analogie mit niedrigeren Organen, z. B. dem Rückenmark, dessen einzelne Funktionen in bestimmt lokalisierten Apparaten ihren Sitz haben, aber durch Fernwirkung einander beeinflussen. Nur hat im Rückenmark die lokale Funktion die wichtigste Bedeutung, die diffuse Beeinflussung eine untergeordnete, während es sich in der Psyche der Rinde umgekehrt verhält.

Keine so einfache Vorstellung ist die *zeitliche Einheit* der Elemente. Die nervöse Funktion ist ja, wie die Physiologie lehrt, kein Zustand, sondern eine stete Schwankung; nur Veränderungen wirken reizauslösend, und das Neurokym ist, soweit wir wissen, kein kontinuierlicher Strom (der Tetanus besteht aus Serien momentaner Reize; Alles- oder Nichtsgesetz; Refraktärstadium usw.), wenn auch in den Centren eine „Verlangsamung" des Ablaufes und eine Summierung sukzessiver Reize eintreten kann (die Natur der Summierung kennt man meines Wissens noch nicht). Auch die Psyche nimmt nur Differenzen wahr und kann eine Vorstellung nicht unverändert festhalten. Nur die periphersten Funktionen, die Empfindung eines dauernden Reizes, Farbe, Schall, und die Aufrechterhaltung einer tetanischen Kontraktion sind von der psychischen Seite nicht deutlich als kontinuierliche

Schwankungen erkennbar; aber gerade bei diesen ist die rhythmische Natur ihres physiologisch zugänglichen Anteils schon längst erwiesen[1].

Dadurch, daß wir im Psychokym mit Schwankungen oder Strömen nur kurzer Dauer zu rechnen haben, wird die Vorstellung der zeitlichen Einheit einer Mehrzahl solcher Ströme erschwert, besonders, wenn wir noch daran denken, daß wenigstens auf physiologischem Gebiet nach Ablauf eines jeden einzelnen Stromelementes ein Refraktärstadium eintritt. Noch komplizierter wird die Vorstellung dadurch, daß Rindenfunktionen sich über ein ausgedehntes Gebiet verbreiten.

Es wäre zwar denkbar, daß ein ganz elementarer neuropsychischer Vorgang in einer einzelnen Zelle ablaufen würde, deren Funktion man auch zeitlich als eine Einheit betrachten dürfte; aber zu der Zelle gehören die leitenden Dendriten und der Achsenzylinder, von denen namentlich der letztere in den größeren Gehirnen schon eine ganz erhebliche Länge besitzen kann. Außerdem wissen wir aus Anatomie und Physiologie, daß auch der einfachste bekannte Vorgang niemals in einem einzelnen Element abläuft, und vor allem haben wir es im Centralnervensystem höherer Tiere wohl nie mit der Wirkung eines einzelnen Elementarvorganges zu tun, sondern mit einer Komplikation, z. B. schon beim Wischreflex des Frosches, der eine große Zahl kinästhetischer und zentrifugal koordinatorischer Reize enthält. Noch komplizierter sind unsere psychischen Gebilde, die Vorstellungen, Ideen usw., die unzweifelhaft über die ganze Rinde verbreitet sind, sowie eine Schmerzempfindung (ohne die Lokalisation) der ganzen Rinde angehört. Die Schaltungswirkung einer Idee, einer Gemütsbewegung, erstreckt sich offenbar über das ganze Gehirn.

Ein wirksamer neuropsychischer Funktionskomplex verbreitet sich also von einzelnen Brennpunkten aus im Gehirn, und er besitzt seine individuelle Eigenart erst durch das Zusammenwirken quantitativ ungleich verteilter lokalisierter Funktionen und hat, z. B. in den Schaltungen, wieder als Ganzes Einfluß auf das ganze Gehirn. *Die Verbreitungsgeschwindigkeit muß also im Verhältnis zu der Dauer eines neuropsychischen Vorganges sehr groß sein, damit alle diese verschieden lokalisierten Qualitäten und Kombinationen und Wirkungen noch eine funktionelle Einheit sein können.*

Diese Einheit der elementaren Funktion muß auch eine elementare sein, nicht eine solche, die erst der Beobachter hineinlegt, wie die Einheit der „Bewegung“ eines Kinobildes, die nur durch Zusammensetzung eines unzusammenhängenden Nacheinander verschiedener Lokalisationen entsteht. *Ich denke mir, daß wohl nur die Funktion, die Energieform, das „Psychokymfeld“, eine solche Einheit darstellen könne. Es ist aber gleichgültig, ob wir die psychischen oder die nervösen Erscheinungen erklären wollen: die Auffassung ist genau die nämliche.*

Hier könnten Studien über die *Natur des (centralen) Neurokyms* anknüpfen. Sollte es sich um Schwingungen handeln, so wären es wohl nicht solche der Moleküle, sondern der Energie. Von physikalischen Vorstellungen, die man wenigstens als Analogien herbeiziehen könnte, seien erwähnt die Schwankungen eines elektrischen Feldes, die sich mit Lichtgeschwindigkeit über die ganze Welt verbreiten, und die Schwerkraft, deren Übertragungsgeschwindigkeit jedenfalls nicht geringer ist.

Gegenüber diesen enormen Geschwindigkeiten geben Studien über Präsenzzeit psychophysischer Erscheinungen verhältnismäßig große Zahlen, die aber sicher nicht den zeitlichen Elementen entsprechen, denn wir reagieren viel schneller. Gleiche Reize summieren sich noch bei 0,4″ Intervall, unterschwellige Pfotenreize plus entsprechende unterschwellige Rindenreize bewirken noch Zuckungen, wenn die Zeitdifferenz 0,6″ beträgt (EXNER). Nach STERN[2] hat die Gegenwart eine Dauer von ca. 0,6″. Noch länger dauern die primären Gedächtnisbilder: *Es ist also im Nervensystem und in der Psyche doch etwas vorhanden, was eine gewisse Dauer hat, jedenfalls eine größere als die der Elementarströme.*

3. Eine ganz andere Art *zeitlicher Einheit der Psyche* drückt sich darin aus, daß wir objektiv und subjektiv im jetzigen Moment die nämlichen sind wie in früheren Zeitpunkten. Dies wird durch die Engraphie gewähr-

---

[1] Unter pathologischen Umständen soll auch eine Halluzination kontinuierlich sein können. Wir wissen zu wenig von der Natur der Halluzinationen, um diesen Umstand in Rechnung zu ziehen, wenn es sich wirklich so verhält.

[2] Psychische Präsenzzeit, Z. Psychol. **13**, 324.

leistet[1], ist aber nicht so einfach, wie man sich gewöhnlich vorstellt. JAMES[2] hat versucht, die Komplikation unter folgendem Bilde darzustellen: Dem gegenwärtigen Augenblick gehört die Gegenwart an, aber auch die ganze Vergangenheit mit ihrem Engrammschatz; er ist wie der Führer einer Herde. Im folgenden Moment ist ein neuer Führer hinzugekommen, der den ersten in die Herde (der Vergangenheit, der Engramme) eintreten läßt und von ihm und zugleich von der ganzen Herde Besitz nimmt usw. Die Sache ist in Wirklichkeit noch komplizierter, einmal dadurch, daß jeder zurücktretende Moment seine ganze Vergangenheit beibehält; diese ist also in dem Engramm jedes Momentes besonders enthalten. Das Ich des 22. September 1918 2 Uhr 3 Min. nachm. sieht ein Känguruh. Es bildet sich der Komplex: Bisheriges Ich + Känguruh. Das frühere Ich (ohne Känguruh) besteht aber als Engrammkomplex weiter. Im nächsten Moment findet das Ich das Känguruh komisch; nun entsteht der neue Komplex: Ich + Känguruh + Komisch-finden; daneben bleibt der Komplex Ich + Känguruh als Engramm. Noch komplizierter muß der Vorgang erscheinen, wenn wir uns klarmachen, daß wir mit dem Känguruh und dem Komischfinden nur hervorragende Punkte in einer *ganz kontinuierlichen* Kurve herausgehoben haben, in der jedes Stückchen *in sich, nicht bloß hinter sich,* die ganze Vergangenheit enthält.

Nun aber gibt es Störungen in dieser Einheit. Nicht nur, daß die meisten Erinnerungen nur potentia und nicht aktuell vorhanden sind. Manche Erinnerungsreihen werden zu bestimmten Zeiten, bei bestimmter Konstellation unekphorierbar, oder sind nur bei bestimmter Konstellation zu ekphorieren. Da ist das Ich in bezug auf diese Engrammgruppen praktisch nicht zusammenhängend; wenn es sich erinnert, ist es ein anderes, als wenn es sich nicht erinnert. In Krankheiten, namentlich Hysterie und Schizophrenie, kann der Zusammenhang mehr oder weniger vollständig unterbrochen werden, so daß wir statt der Einheit der Person mehrere Personen nacheinander im nämlichen Gehirn sehen (alternierendes Bewußtsein). Als eine Unterbrechung der zeitlichen Einheit sind auch die Amnesien zu erwähnen.

4. Viel diskutiert ist die Einheit der Psyche im Nebeneinander, namentlich *die Einheit der Strebungen, des Wollens.* Die Theoretiker behaupten meist ihr Vorhandensein. Der Praktiker und Beobachter sieht etwas ganz anderes: Eine Menge von Trieben und Instinkten und Strebungen nebeneinander, die sich gegenseitig fördern oder hemmen, im letzteren Fall einen Kampf führen, der hart werden und lange dauern kann, der für den einen Zeitpunkt die Herrschaft über unsere Handlungen dem einen, im andern Zeitpunkt bei wenig anderer psychischer oder physischer Konstellation dem andern zukommen läßt; ja wir sehen antagonistische Triebpaare in uns, die zur Regulierung der Psyche da sind, wie die antagonistischen Muskeln, die Beschleuniger und Verlangsamer der Herzaktion, die Gefäßerweiterer und die Gefäßverengerer, die innersekretorischen und überhaupt physio-

---

[1] Entgegen früheren Ansichten (LEIBNIZ, CARTHESIUS u. a.) kommt es dabei gar nicht auf die Kontinuität des Bewußtseins an (bei diesen Autoren allerdings nicht ganz der nämlichen Begriff wie bei uns), sondern auf die Kontinuität des Inhalts. Das Bewußtsein kann durch Hirndruck, Hirnerschütterung, Narkose, epileptischen Anfall (vielleicht sogar Schlaf) für eine Zeit unterbrochen sein, die Kontinuität der Person wird deshalb nicht gestört, da die Kette der Erinnerungen nach der Bewußtlosigkeit wieder an das Stück vor derselben anknüpft. Eine Art inhaltlicher Unterbrechung besteht bei alternierendem Bewußtsein und ähnlichen Zuständen.

[2] JAMES: The principles of Psychology, London: Macmillan 1891, Vol. I, S. 339.

logisch chemischen Gegensätze zur Regulierung der Körperfunktionen: Liebe und Haß; Aggressionslust und Furcht; Kampflust und Friedensliebe; Lust sich zu betätigen und Lust an der Ruhe; Mitleid und Quältrieb; positive und negative Suggestibilität und viele andere Paare, die alle das Verhalten des nämlichen Individuums regulieren. Die Seele ist also funktionell ebensowenig punktförmig wie räumlich.

Alle diese Strebungen vereinigen sich in der Arena der Hirnrinde (funktionell ausgedrückt, der Persönlichkeit), die je nach ihrer Anlage und je nach ihren Engrammen (Erfahrungen) den Ausschlag zu geben versucht und gewöhnlich auch geben kann, aber nur zu oft schon im Normalen keinen Entscheid treffen kann oder bald dem einen, bald dem andern Interesse recht gibt, wie man sich ausdrückt, d. h. entweder unentschlossen bleibt oder der Spielball der Triebe wird.

Diese Art Einheit der Strebungen im nämlichen Moment ist, soweit sie existiert, eine Einheit der Schaltungen[1]. *Wenn eine Idee, ein Gefühl, eine Strebung so stark überwiegt, daß sie alle Schaltungen beherrscht, das Widerstrebende absperrt, das Unterstützende zufließen läßt, so ist die Psyche einheitlich. Diese Einheit betrifft auch die zeitliche Kontinuität; sie wird zur Beharrlichkeit des Strebens, wenn dieses Übergewicht der einen Funktion anhält.*

In der Schizophrenie sehen wir die an sich schon unvollkommene Einheit von Wollen oder Streben oft vollständig zerrissen. Nach- und nebeneinander beherrschen einzelne Triebe die Psyche oder auch nur die ausführenden Extremitäten. Auch diese Zersplitterung ist nichts als eine Folge von Abspaltungen, eine Wirkung der Schaltungskraft der Affekte, der die geschwächten Assoziationstendenzen nur ungenügenden Widerstand entgegenzusetzen vermögen.

Auch der mehr intellektuelle Teil kann auf diese Weise gespalten sein: Der nämliche Patient ist je nach Konstellation der Hans Schultze oder der Kaiser oder der Papst oder auch ein Tier usw.

Wer nicht unsere verschiedenen Strebungen in ihrer relativen und — in pathologischen Zuständen manchmal absoluten — Selbständigkeit kennt, wird niemals imstande sein, die Neurosen zu verstehen.

In diesem Sinne ist die Seele funktionell relativ teilbar — relativ, denn die meisten Funktionen sind den verschiedenen Teilen gemeinsam, man denke nur an die Sprache und die gewöhnlich gebrauchten Fertigkeiten überhaupt, dann an wichtige Teile der „Persönlichkeit" im früher dargestellten Sinne.

Die Psyche ist noch in einer ganz andern Richtung zerlegbar: *Bewußtsein, Überlegung, Wollen sind Dinge, die in gewisser Beziehung voneinander unabhängig sind.* Überlegung und Wollen können ohne Bewußtsein vorkommen, Wollen auch ohne Überlegung, und ein elementares Bewußtsein ist, wie in Abschnitt E. ausgeführt, wenigstens theoretisch denkbar ohne Überlegung und Wollen. (Vgl. auch unten die Grenzen des Psychischen.)

Es enthält unzweifelhaft auch etwas Richtiges, wenn GOLTZ sagt, die Seele sei mit dem Nervensystem *anatomisch* teilbar, wenn wir auch z. B. über die Existenz einer Rückenmarksseele nichts wissen. Auch beim Menschen noch haben Triebe und Affekte ihre Hauptbeziehungen zum Stammhirn, und was das Großhirn betrifft, so verändern Läsionen des Stirnhirns Menschen und Säugetiere anders als solche im hinteren Teil.

---

[1] Siehe Kapitel „Schaltungen".

Und da zur Erhaltung der Psyche eine Hemisphäre genügt, ist der Schluß wohl unabweislich, daß wenigstens theoretisch eine Trennung der Psyche in zwei nebeneinander funktionierende Hemisphärenseelen möglich ist. Ich habe sogar einmal einen Fall beobachtet, wo die beiden Seiten sich — etwa 2 Tage lang — zu bekämpfen schienen[1]. (Die Sektion ergab, wie ich hier nachtragen will, makroskopisch den gewöhnlichen Paralysebefund und keine besondere Degeneration des Balkens.)

5. Mit diesen Andeutungen haben wir auch Stellung genommen zu der *Einheit des Bewußtseins*. Bezeichnet man mit dem Worte Bewußtsein etwas Inhaltliches, den zusammenhängenden Komplex psychischer Funktionen, so haben wir ersehen, daß der Zusammenhang auf verschiedene Weise unterbrochen werden kann. Bezeichnen wir nur die bewußte Qualität, so kommt der Begriff der Einheit überhaupt nicht mehr in Betracht. Es gibt eine (zerstörbare) Einheit der Engramme, d. h. eine zeitliche Einheit der Person, eine Einheit der verschiedenen Strebungen in den Entscheiden, die die Person in die Wagschale wirft, u. dgl. Die bewußte Qualität jedoch *kann*, aber *braucht nicht* einem einheitlichen Komplex anzugehören; eine Rückenmarksseele *und* andere Unterseelen sind „möglich".

Dies alles sind nur Andeutungen, die aber genügen mögen, um diese Art Einheit zu charakterisieren. Betrachtet man die Sache phylogenetisch, so ist diese Auffassung direkt gegeben. Bei der Entwicklung der Arten haben die Lebewesen ihre verschiedenen Aufgaben spezialisiert und besondere Apparate geschaffen, die nach Funktionen oder Segmenten geschieden sind, aber den funktionellen Zusammenhang nie verloren haben, und dann in der weiteren Entwicklung wieder in besonderen höheren Centren, zuletzt in der Hirnrinde zusammengefaßt werden. Die Funktion dieses obersten Centrums ist die des Individuums als eines Ganzen und zugleich des Regulators, der die Teilfunktionen kontrolliert und zu einer harmonischen Einheit gestaltet. *Das Primäre ist die Einheit, nicht der Teil.*

O. Die Grenzen zwischen Psyche und anderen, namentlich nervösen Funktionen[2].

Nach mnemistischer Auffassung ist die Psyche eine Spezialisierung gewisser allgemein vorhandener Funktionen der lebenden Substanz, und es folgt daraus mit Selbstverständlichkeit, daß sie von der allgemeineren Funktion, aus der sie entstanden ist, nicht prinzipiell abgegrenzt werden kann. Für die gewöhnliche Auffassung scheint allerdings unsere Psyche ebenso leicht wie bestimmt zu umschreiben als die individualmnemische Funktion unseres Ich, evtl. unter Hinzurechnung von analogen Funktionen, die dem Ich unbewußt sind, ihm aber potentia bewußt werden können. Diese Psyche beruht beim Menschen in bezug auf Bewußtheit und zweckmäßige Anpassung (Denken) allein auf dem individuellen Gedächtnis; ihre treibenden und Richtung bestimmenden Kräfte aber sind Auswirkungen des phylischen Gedächtnisses. Schon daraus ist ersichtlich, daß wir auch

[1] Bleuler: Halbseitiges Delirium. Psychiatr.-neurol. WS. 1912, Nr 34. Diese laterale Spaltung ist in keiner Weise zu parallelisieren den schizophrenen, hysterischen und normalen Spaltungen und Abspaltungen der Psyche. Die eine Hirnhälfte repräsentiert im wesentlichen die ganze Funktion der Psyche, wie der (längsgeteilte) halbe Sartorius die ganze Funktion des Muskels. Bei den funktionellen Spaltungen aber fallen bestimmte Tätigkeiten aus, oder die Einzeltätigkeiten funktionieren selbständig, ohne Koordination mit den andern, ja oft gegeneinander.

[2] Siehe auch Abschnitt B, Fehlen einer Grenze.

keine prinzipielle Trennung zwischen phylisch fixierten und individuell mnemischen Funktionen machen dürfen. Wir sehen ja auch umgekehrt im Physiologischen mancherlei zweckmäßige Reaktionen, z. B. Angewöhnung, auf bloß individuelle Erfahrung hin, und wenn auch in der Vererbung erworbener Eigenschaften allein phylisch kumulierte Engramme erkennbare Wirkung haben können, so besteht das phylische Engramm schließlich doch nur aus einer Summe ursprünglich individueller, aber auf die folgenden Generationen übertragener unterschwelliger Einwirkungen. Wir müssen sogar daran denken, daß bei Tieren, gestützt auf phylische noopsychische Engramme eine Art „Überlegung" stattfinden könnte, wenn wir sehen, wie die Spinne ihre Netze der jeweiligen Umgebung anpaßt, wie Vögel sich flügellahm stellen, „um" Feinde von den Jungen wegzulocken u. dgl.

Ganz wie die Theorie zeigen uns auch die Tatsachen nur flüssige Übergänge vom Nicht-psychischen zum Psychischen. Man konnte bestreiten, daß die Tiere eine Psyche haben. Nun sind bloß die Menschen vermöge ihrer ausgebildeten Sprache im Stande, genaueres darüber mitzuteilen, was in ihnen vorgeht; aber auch sie können nicht wissen, ob ihre Nebenmenschen mit ihren Worten das nämliche bezeichnen wie sie selbst. Unsere Instinkte und die nächstliegenden Analogieschlüsse zwingen uns aber bei den Mitmenschen und bei allen Wesen, die uns zwar keine Auskunft geben, aber ähnliches Benehmen zeigen wie wir, bei Taubstummen, bei mutistischen Geisteskranken, beim Säugling, bei höheren Tieren eine (bewußte) Psyche anzunehmen — aber Beweise für die Annahme gibt es nicht. Das Kriterium, das man gewöhnlich für die Existenz einer bewußten Überlegung anführt, *zweckmäßiges Handeln*, ist unbrauchbar. Alle unsere physiologischen Funktionen sind im gleichen Sinne zweckmäßig wie die psychischen; die Unterschiede in der Anpassungsfähigkeit an ungewohnte Verhältnisse sind nur quantitative.

Auf die Existenz eines *Centralnervensystems* kann nicht abgestellt werden, weil die psychischen Elemente schon im nervenlosen Tier vorhanden sind.

Können wir bewußte Psyche außer bei uns selber nicht direkt konstatieren, so können wir nach dem Vorhandensein ihrer *Bedingungen* suchen und daraus schließen. Diese sind Aktivität (oder Reizbarkeit) und individuelles Gedächtnis. Die erstere kommt natürlich allen lebenden Wesen inkl. Pflanzen zu; individuelles Gedächtnis ist bis zum Infusorium hinunter und auch bei Pflanzen nachzuweisen und wird aller Wahrscheinlichkeit nach keinem Tiere ganz fehlen. Damit ist eine Art Bewußtsein und Denken im elementarsten Sinne gegeben. Dementsprechend sehen wir in der ganzen Tierreihe individuelles, zweckmäßiges Handeln, Lernen und Anpassen und Abkürzen der Wege zum Ziel, was alles nur als Wirkung einer Psyche verstanden werden kann.

Wir dürfen somit von einer Psyche aller Tiere reden und die Wissenschaft, die sich damit beschäftigt, Tierpsychologie nennen. In der Tierreihe einen Grad der Komplikation zu bestimmen, wo die Psyche anfängt, wäre ein unlösbares Problem. Die menschliche Psyche mag sich zu der des Einzellers etwa verhalten wie das Meer zu einem Wassertropfen; beides ist immerhin Wasser.

Wer das Bewußtsein oder das Psychische als etwas von unserem Körper in allen Beziehungen verschiedenes ansieht, steht vor der Schwierigkeit, wie die Psyche in der phylischen und ontischen Entwicklung auf einmal erschienen sei. Er muß dann annehmen, daß nicht nur die Amöbe, sondern auch das Atom sein rudimentäres Bewußtsein habe; und schließlich kommt er auf die Allbeseelung der Substanz überhaupt.

Wie steht es nun mit abgetrennt vom Ichkomplex verlaufenden, im übrigen aber psychisch zu nennenden Funktionen? z. B. den automatischen? Natürlich können sie an „unserem“ Bewußtsein, dem des Ichkomplexes nicht teilhaben. Da sie aber auch mnemischer Natur sind, müssen sie nach unseren Vorstellungen irgend etwas von Bewußtheit (Urbewußtsein) besitzen. Was darunter zu denken ist, darüber kann man sich natürlich keine Vorstellung machen. Wir wollen uns auch nicht dabei aufhalten, was es für eine Bedeutung haben kann, daß diese Funktionen doch Verbindungen mit *Teilen* des Ichkomplexes haben. In hysteriformen Zuständen und bei der Schizophrenie beobachten wir in bezug auf das Bewußtsein vollständige Abspaltungen einzelner Funktionen vom bewußten Ich: Automatische Handlungen, bei denen der Patient rein passiver Zuschauer ist. Das bezeichnendste Beispiel ist das automatische Schreiben, zu dem manche Leute leicht zu erziehen sind. Solchen Automatismen steht aber bisweilen ein großer Teil des Engrammschatzes und der Intelligenz der schreibenden Person zur Verfügung. Die Teilpsychen der Schizophrenen können sogar wie verschiedene Personen in einem Gehirn nebeneinander bestehen (immer mit gemeinsamer Benutzung gewisser Funktionen)[1].

Wie sind die psychischen Funktionen von andersartigen im nämlichen Individuum abzugrenzen? Bei Einzellern und noch bei andern einfacheren Tieren haben wir natürlich keine bestimmten Anhaltspunkte zu einer solchen Abgrenzung. Wo hören die Reflexe auf, und wo beginnen die psychischen Funktionen? Wir sind geneigt, nach Analogie von höheren Tieren Bewegungen des ganzen Geschöpfes als „animalisch“ und als Ausdruck psychischer Funktionen, die vegetativen Leistungen wie die Verdauung als bloß physiologisch zu betrachten. Bei den höheren Zoen gehören indessen eine Menge von Reflexen dem animalischen System, nicht aber der Psyche, an. Bei den Säugern hat es die Psychologie im wesentlichen mit den Funktionen der Großhirnrinde zu tun, insofern das individuelle Gedächtnis mit seinen abgeleiteten Funktionen, Bewußtsein und logische Kombination, dort seinen Sitz hat, während allerdings Triebrichtungen und Triebkräfte ihren Hauptsitz im Stamm zu haben scheinen, aber beim Menschen (anscheinend) nur in Verbindung mit den Rindenfunktionen oder durch diese wirken. Willkürlich ist es, ob man die in der Rinde sitzenden erworbenen „Melodien“ der motorischen Fähigkeiten und dergleichen Zwischenfunktionen psychisch nennen will oder nicht; es ist auch eine ganz nebensächliche Frage. In der Medizin spricht man von „psychogenen“ Störungen der Körperorgane, obschon das Bindeglied zwischen dem verursachenden Affekt oder der suggestiv wirkenden Vorstellung einerseits und der Organfunktion anderseits uns niemals bewußt werden kann. Aber auch das Bindeglied zwischen Willen und der gewöhnlichen Muskelkontraktion bleibt dem Bewußtsein verborgen. Manche koordinatorischen und aphasischen Störungen hat man eine zeitlang zu den psychischen gezählt; jetzt neigt man mehr dazu, sie als subpsychisch zu betrachten, obgleich sie nicht mehr so scharf lokalisiert gedacht werden.

---

[1] Über Spaltung der Psyche durch gefühlsbetonte Komplexe bei der Schizophrenie vgl. Staudenmayer: Die Magie als experimentelle Naturwissenschaft. Akad. Verlagsges.: Leipzig 1912. — Bleuler: Gruppe der Schizophrenien, Aschaffenburgs Handbuch der Psychiatrie, Wien und Leipzig: Deuticke 1911.

Also bloß flüssige Übergänge.

Das drückt sich auch darin aus, daß wir die gleiche Funktion mit gleicher Bedeutung auf verschiedenen Stufen ablaufen sehen: Das Kind hält den Finger in die Flamme, brennt sich, zieht den Finger zurück: Reflex vom Rückenmark aus, oder corticaler Assoziationsreflex, oder psychische bewußte Handlung, oder alle drei Reaktionsformen in eine verquickt (letzteres vielleicht das Häufigste). Psychopetal bestimmen Reflexe unseren Willen neben den andern Motiven zum Bahnen und Gehenlassen und Hemmen. *Die isolierten Reflexe, die die Physiologie beschreibt, sind Kunstprodukte, die der intakte Organismus nicht kennt*[1]. In den Assoziationsreflexen kann durch begleitende Reize eine neue Auslösungsart des Reflexes geschaffen werden. Wir wissen, daß diese Reflexauslösungen eine Folge des Gedächtnisses sind und bei höheren Tieren über die Hirnrinde gehen, aber auch bei Infusorien vorkommen; sind sie nun psychisch oder nicht? BECHTEREW kann auch das Denken als einen Assoziationsreflex auffassen, ohne einen Fehler zu begehen, bloß mit einer ganz verständlichen Erweiterung des Begriffes der Assoziationsreflexe.

Können nun auch centralnervöse Funktionskomplexe unterhalb der Psyche Bewußtsein haben, also eine Art Unterpsyche sein? PFLUEGER hat das bejaht und eine „Rückenmarksseele" angenommen. Nun ist richtig, daß das Rückenmark auch deutliche Spuren von individuellem Gedächtnis zeigt; es mag also eine Art Bewußtsein seine Funktionen begleiten, und dieses Bewußtsein könnte möglicherweise nicht nur der einzelnen Funktion angehören, sondern einer Zusammenfassung der aktuellen Rückenmarkstätigkeiten, die ja nicht unabhängig voneinander sind, so daß es eine, wenn auch nicht sehr nahe Analogie zum Ichbewußtsein bilden würde; „das Rückenmark" könnte bei Verletzungen im Körper oder in seiner Substanz Schmerz empfinden. Selbstverständlich hätten aber solche psychischen Nebenkomplexe keine wahrnehmbaren Beziehungen zur Rindenpsyche.

Die gelegentlich gestellte Frage nach einem *Kleinhirnbewußtsein* ist noch nicht zu beantworten.

Ob die Funktionen *des phylischen Gedächtnisses* an sich, motorische Reflexe, Sekretion, Wachstum, von einer Art Bewußtsein begleitet sind, muß dahingestellt bleiben. Ihre Zielgerichtetheit und die ganze Aktionsweise ist prinzipiell die gleiche wie die unserer Psyche[2]; aber ihr Bewußtsein hat mit dem unserigen keine Beziehungen.

So ist das Bewußtsein wie die ganze Psyche etwas Unabgrenzbares. Es ist möglich, daß es an ganz verschiedenen Orten entstehe; es ist auch nicht auszuschließen, daß im nämlichen Geschöpf mehrere Psychen oder mehrere Bewußtseine ganz verschiedener Art bestehen: Abgespaltene Komplexe der menschlichen Rindenplastik, „Seelen" des Rückenmarks und anderer Centren, phylogenetisches Bewußtsein innerhalb des nämlichen

---

[1] *Im normalen Zusammenhang mit dem Ganzen* haben die Reflexe eine große Plastizität. Vgl. z. B. BUYTENDIJK: Kritik der Reflextheorie usw., Verh. dtsch. Ges. inn. Med. 24, München: J. F. Bergmann 1931. — BERSOT: A propos des réflexes chez les aliénes, Schweiz. med. Wschr. **1924**, Nr 42.

[2] Ausführlich in „Psychoide" und in „Mnemismus".

Gehirns mit der Individualpsyche; ja sogar eine bewußte Psyche aus Funktionen der Körperorgane ist denkbar — nur müßte sie natürlich von unserer Rindenpsyche ungeheuer verschieden sein.

Ob ein Weltkörper wie die Erde (FECHNER) oder das ganze Sonnensystem Bewußtsein habe, also beseelt sei, lohnt sich nicht zu diskutieren.

III. Der psychische Apparat.

Einleitung.

Die Lebewesen, die da sind, vermögen sich zu erhalten, sonst wären sie nicht da. Zur Erhaltung eines veränderlichen Wesens ist nötig die Benutzung der Umgebung und die Vermeidung von Gefahren, d. h. gerichtete Reaktion auf Reize der Umgebung. Die Reize müssen von dem Lebewesen in spezifischer Weise aufgenommen („wahrgenommen") und so verarbeitet werden, daß dieses zweckentsprechend je nach der Qualität (und Quantität) derselben verschieden reagiert; die Reize unterscheiden sich also in bezug auf den Reaktionsapparat und die auszulösenden Reaktionen (psychisch ausgedrückt: das Zoon muß viele verschiedene Reize „unterscheiden" können). Die Reaktion muß so eingerichtet sein, daß auf die verschiedenen Reize je die nützlichen Reaktionsbewegungen gemacht werden.

Das Lebewesen reagiert aber nicht bloß auf Reize, es handelt außerdem „von innen heraus", es bedarf der „spontanen Aktivität", der „Triebe". Schon das befruchtete Ei entwickelt sich von innen heraus weiter; nachher *sucht* das Geschöpf Nahrung durch Ortsveränderung oder Aussendung von Wurzeln oder auf irgendeine andere Weise; es *sucht* aktiv in irgendeiner primitiven Form das andere Geschlecht *auf*, auch wenn noch kein äußerer Geschlechtsreiz auf es wirkt usw.

Zwischen Reaktion und Trieb besteht keine Grenze. Beide sind zum voraus nach bestimmten Zielen *gerichtet*. Nicht nur ein abstrakter „Nahrungstrieb", sondern auch der fühlbare Hunger, treibt zum Aufsuchen von Nahrung, die Sexualspannung zum Aufsuchen des Partners; man nennt auch diese Handlungen triebhafte; in bezug auf das psychische Geschehen, wenn man bei primitiven Geschöpfen den Ausdruck brauchen darf, sind es aber *Reaktionen* auf innere Reize. Man kann sich zwar ausdrücken, daß das Ei eine Tendenz besitze, sich zu entwickeln. Wir wissen aber, daß diese „angeregt" wird durch die Verbindung des eigenen Kernes mit dem Spermakopf, und daß diese Anregung ersetzt werden kann durch chemische Reize. Statt „Anregung" könnte man auch „Auslösung" annehmen, oder „Ermöglichung" (z. B. durch Hineintragen eines notwendigen Stoffes) oder „Enthemmung". Die Tränendrüse sezerniert zwar auf gewisse Reize besonders stark, ist aber auch sonst in gewissem Maße beständig in Tätigkeit. Der Unterschied zwischen Reaktion und spontaner Aktivität kann also wohl nicht prinzipiell sein.

Jedes Lebewesen besitzt somit aus seiner Organisation heraus eine Aktivität auf Reiz, Reaktionsfähigkeit und eine spontane Aktivität, Triebe oder Strebungen, Dinge, die ineinander übergehen und biologisch nicht prinzipiell zu trennen sind.

Diese Aktivität und die Tendenzen sind im Prinzip zweckmäßig im Hinblick auf Erhaltung des Lebens. Wege zur Erreichung eines Zweckes kann man nur mit Hilfe der Erfahrung kennen, und um Erfahrungen zu sammeln, ist *Gedächtnis* nötig. Wir finden denn auch bei den Organismen ein phylisches Gedächtnis zur Anpassung an die Durchschnittsbedürfnisse der Generationen, und ein individuelles zur Anpassung an Situationen, die nur einzelnen Individuen begegnen. *In der Psychologie haben wir es nur mit dem individuellen Gedächtnis zu tun,* da wir die phylisch angelegten Triebe als gegeben betrachten.

Das Gedächtnis erlaubt ferner die Nutzbarmachung unterschwelliger Reize durch *Summation* und ein *Hinausschieben* von Reaktionen, an denen das Zoon zur Zeit des Reizes verhindert ist, bis es die Möglichkeit hat, zu handeln: Die Biene hat irgendwo gute Beute gesehen, wird aber vom Winde vertragen, oder das Wetter erlaubt ihr sonst nicht das Sammeln. Sie wird am folgenden Tag hinfliegen.

Wie die Individualmneme ganz automatisch die Anpassung an die Verhältnisse besorgt oder sich neue Waffen für den Kampf ums Dasein schafft, haben wir S. 28 an dem Beispiel eines Tieres gesehen, dessen auf Wärme eingestellter Reflexapparat nun auch auf Licht in Tätigkeit gesetzt wird.

Mit der Aufbewahrung von Vorkommnissen in fortwirkenden Gedächtnisbildern („ekphorierbaren Engrammen") in Verbindung mit den organischen Reaktionsfähigkeiten und Trieben, ist im Keim alles vorhanden, was zu einer Psyche notwendig ist. Wir können die Psyche objektiv zergliedern, wie wir wollen, wir finden nichts anderes darin, sondern nur Entwicklung oder Komplikation dieser Funktionen. *Das Gedächtnis macht eine Substanz zur lebenden und gibt ihr die physische und psychische Anpassungs- und Entwicklungsfähigkeit und das Bewußtsein.*

Was mit Hilfe des Reflexapparates, der infolge bestimmter Erfahrungen auch auf Licht statt bloß auf Wärme reagiert, geschieht, können wir, ohne irgend etwas hineinzulegen in Worten ausdrücken, die die wichtigste psychische Funktion, das Denken, bezeichnen: Das Tier hat „erfahren", daß auf Licht der angenehme Wärmereiz gefolgt ist. Es zieht den „Schluß" eines gewissen zeitlichen Zusammenhanges (es ist hell geworden, also wird es warm werden) und „handelt" darnach, indem es sich nach dem Lichtreiz hin bewegt, statt erst nach dem Wärmereiz. Oder in ein Beispiel vom Menschen übersetzt: Das einjährige Kind hält seinen Finger an die Kerzenflamme, brennt sich; der Schmerz veranlaßt es, den Finger zurückzuziehen. Nun „weiß" es, „daß die Kerzenflamme den hingehaltenen Finger brennt"; es zieht von nun an den Finger schon auf den optischen Reiz der sich annähernden Flamme zurück: es „fürchtet" die Flamme oder die Nähe der Flamme. Sieht man hier ab von dem Bewußtsein, so ist die Funktion prinzipiell durchaus identisch mit der, die das niedrige Tier aus der Erfahrung auf Lichtreiz statt auf Wärme reagieren läßt. Das Kind wird ohne weiteres verschiedene Kerzenflammen und überhaupt jedes Feuer fürchten, ebenso wie das hypothetische primitive Tier auf jedes Licht sich zurückzieht. Es wird also von einer verallgemeinerten Erfahrung, von etwas wie einem aus der Erfahrung abstrahierten Begriffe geleitet. In gewöhnlichen logischen Formeln ausgedrückt würde das, was in ihm vorgeht (abgesehen vom Bewußtsein) heißen: „Wenn ich das Feuer berühre, macht es mir Schmerz. Ich fürchte Schmerz. Ich berühre also das Feuer nicht", oder: „ich fürchte deshalb das Feuer, das mir Schmerz bringt". Die Reaktion des gebrannten Kindes enthält also alle Elemente des Denkens, Abstraktion, Assoziation nach Ähnlichkeit, Kausalität, Schlußvermögen. Das Denken stellt sich, wie später genauer ausgeführt werden soll, als eine bloße Weiterbildung dieser Reaktion dar, ohne daß etwas Neues hinzugekommen wäre. Das Denken ist die Intelligenzfunktion; es ist also mit dieser Einrichtung auch die Intelligenz gegeben.

A. Das Gedächtnis.

Wir *erinnern* uns subjektiv an frühere Erlebnisse; wir konstatieren aber auch objektiv an Tieren Gedächtnisfunktion: Stentor und Vortizellen, nervenlose Geschöpfe, kürzen, wenn ihnen mehrfach in gleicher Weise Futter geboten wird, die Bewegungen, die zur Aufnahme führen, ab[1]; viele Tiere finden ihre Futterplätze oder namentlich ihre Wohnung wieder. Eine Menge von Funktionen werden durch *Übung* erleichtert; sie laufen widerstandsloser ab, können schon durch Teilreize, durch schwächere Reize oder durch andere, bloß ähnliche Reize ausgelöst werden[2]; überhaupt läuft jeder psychische Vorgang um so leichter ab, je öfter er sich wiederholt. Auch die *Summation* von schwachen Reizen, die einzeln keine Reaktion auslösen, seien es unterschwellige oder bemerkbare, ist eine Gedächtnisfunktion, wenn auch vielleicht nicht eine ganz identische mit den eben erwähnten Beispielen, indem — wenigstens in den unteren Centren — nur kurze Intervalle Summation erlauben, während allerdings „die vielen Nadelstiche", die den Menschen schließlich zur Explosion bringen, sich auf Jahrzehnte verteilen können[3]. Auch in körperlichen Funktionen konstatieren wir in Menge Wirkungen von Summation und Übung.

Bei der Erinnerung muß eine dem früheren Vorgang wenigstens ähnliche, bei der Wiederholung einer eingeübten Bewegung die gleiche Funktion wieder ablaufen. Diese Vorgänge zeigen, daß 1. durch ein Erlebnis eine Veränderung (*Engramm*) gesetzt wird, die den Ablauf eines gleichen oder ähnlichen Vorganges ermöglicht oder erleichtert, 2. daß diese Veränderung erhalten bleibt, und 3. daß sie unter bestimmten Umständen wieder in Tätigkeit gesetzt (*ekphoriert*) werden kann. Die Engramme werden um so wirksamer, je häufiger der nämliche Vorgang abgelaufen ist. Immerhin gibt es täglich unzählige einmalige Erlebnisse, die doch erinnerungsfähig bleiben. Eigentlich geübt wird nur ein kleiner Teil. Dieser automatisiert sich leicht, d. h. kann unbewußt ablaufen.

Als Engramm fixiert wird alles, was wir erleben, sei es unbewußt oder bewußt, sei es mit oder ohne Aufmerksamkeit erfahren worden. Das zeigen Tausende von Stichproben, bei zufälligen Erinnerungen, im Traum, Experimente in der Hypnose, ferner die Erfahrung, daß unbedeutende Veränderungen auch an Dingen auffallen können, die man sonst gar nicht beachtet. Es wäre auch nicht abzusehen, wo das Gedächtnis eine Grenze machen sollte zwischen den Erlebnissen, die es fixieren soll, und den andern. Daß wir nur einen ganz kleinen Bruchteil alles Erlebten wieder erinnern können, beruht auf den Mechanismen des Erinnerns, nicht der Engraphie.

Eigenschaften der Engramme. Der Begriff der Engramme ist ursprünglich aus dem psychischen Gedächtnis abgeleitet; er ist aber an sich weder ein hirnphysiologischer noch ein psychologischer; er ist einfach der Ausdruck der Tatsache, daß durch ein vitales Geschehnis eine Veränderung gesetzt wird, die später einen, dem Geschehnis gleichen oder ähnlichen Ablauf erleichtert oder ermöglicht. Solche Veränderungen sehen wir in der Psyche und in den Funktionen des Körpers, speziell des ZNSs; ob die an beiden Orten beobachteten Veränderungen identisch seien, ob die

[1] Jennings: Modificability in Behavior, J. of exper. Zool. II, 485 (1905) u. a.

[2] Es gibt auch Anordnungen, wo durch die Übung die Auslösbarkeit beschränkt, der auslösende Reiz immer schärfer von andern abgegrenzt wird (z. B. bei den Assoziationsreflexen).

[3] Siehe die Kapitel Gelegenheitsapparate und Psychokym.

eine die andere bedinge, wo überhaupt die Veränderung ihren Sitz habe, ist bei der Setzung des Begriffes offen gelassen. *Für uns allerdings ist das psychische Engramm identisch mit dem physischen, oder anders ausgedrückt: auch das psychische Gedächtnis ist eine Funktion des ZNS.* Wir finden Gedächtnis denn auch im Keim schon in den peripheren Nerven, welche Summationserscheinungen und eine gewisse Übungsfähigkeit zeigen, namentlich aber bei den Reflexen, und seit Hering in der lebenden Substanz überhaupt.

Phylische Engramme, die sich prinzipiell nicht von den individuell erworbenen unterscheiden, sind offenbar die Träger der ererbten Funktionen, speziell der Reflexe.

Man pflegt sich die Reflexapparate fälschlicherweise nur als anatomische Gebilde vorzustellen, die wie eine elektrische Anlage die ankommenden Energien in entsprechende Erfolgsorgane leiten. Nur wenige machen sich eine klare Vorstellung davon, daß es sich selten, wenn überhaupt je, um eine bloße Weiterleitung von Neurokym handelt, sondern um eine Auslösung einer Funktion durch den Reiz. Die Funktion (z. B. ein Kratzreflex) hat wieder ihre besondere Energiequelle, und — woran nun offenbar gar nicht gedacht wird — eine Plastizität, eine Bildsamkeit je nach den begleitenden Umständen, *die nicht bloß in anatomisch vorgebildeten Einrichtungen, sondern nur in einem Zusammenwirken von vielen Neurokymfunktionen begründet sein kann.*

Die Bildsamkeit der Reflexe, die z. B. je nach der Ausgangsstellung des reagierenden Gliedes ganz andere Muskeln in Bewegung setzt, ist natürlich in bezug auf den Neurokymvorgang prinzipiell das Nämliche wie die Plastizität der Psyche. Der Unterschied zwischen Reflex und Psyche liegt nur im individuellen Gedächtnis, das dem ersteren nahezu ganz fehlt, beim zweiten aber erlaubt, daß nicht nur gleichzeitige, sondern auch frühere individuelle Erfahrungen die Reaktion beeinflussen.

Anatomisch läßt sich zur Zeit der Unterschied zwischen den beiden Einrichtungen nicht so bestimmt definieren. Selbstverständlich bilden beim Reflex die anatomischen Anlagen den wichtigsten Teil, und die bildsamen, aus einer Art phylisch vererbter Engramme bestehend, treten zurück. Bei der Psyche könnten wir uns vorstellen, daß anatomisch gar nichts besteht als eine mit Gedächtnis ausgerüstete Masse mit ihren zentripetalen und zentrifugalen Verbindungen, in der außerdem die Aktionstendenzen und -richtungen als ererbte Engramme vorhanden wären, und die Anpassung an die Umgebung im einzelnen der Erfahrung, d. h. den individuell erworbenen Engrammen überlassen wäre. Doch läßt die Analogie zu den unteren Organen und die Erfahrung bei Krankheiten vermuten, daß die verschiedenen Strebungen, die Richtungsbestimmungen unseres Handelns, die uns gewisse Einflüsse und Tätigkeiten aufsuchen und andere vermeiden lassen, außerdem irgendwie mit Hilfe anatomischer Einrichtungen zustande kommen.

Die Auswirkungen der Instinkte kann man zum großen Teil von denen der individuellen Intelligenz nicht direkt unterscheiden, sondern nur daran, daß die Tiere im Individualleben keine Gelegenheit hatten, die Funktionen zu erlernen. Und auch da sehen wir oft, wie individuelle Übung die Erwerbungen der Vorfahren einfach fortsetzt (Picken, Fliegen, Nestbau usw.). Wir können selbst durch Engramme genau gleiche Apparate schaffen, wie die Natur sie vorgebildet hat, wenn wir uns z. B. „einstellen“, auf ein rotes Licht mit der linken, auf ein grünes mit der rechten Hand zu reagieren. Wir können vorgebildete und erworbene Funktionen als ganz gleichwertige Bestandteile zu einer Einheit zusammenstellen: das oben supponierte primitive Tier, das auf Licht reagieren lernt wie auf die Wärme, verbindet die Reaktion, die aus phylogenetischer Anlage die Wärme aufsucht, mit dem Lichtreiz; der Lehrbube, der gewohnt ist, auf bestimmte Bemerkungen seinerseits oder auf bestimmte Handbewegungen seines Meisters eine Ohrfeige zu spüren, weicht dem Schmerz automatisch aus, schon bevor die Ohrfeige gefallen ist. Analog in Pawlows Assoziationsreflexen. Überhaupt lassen sich die Reflexe durch Ekphorate in gleicher Weise beeinflussen, modifizieren und hemmen wie durch gleichzeitige frische Reize. In unseren Strebungen und Wollungen, in der Ausübung der menschlichen und tierischen Instinkte, mischen sich neue Reize, Ekphorate individueller Engramme und phylisch vorgebildeter Mechanismen zu einer kaum mehr zerlegbaren Einheit. Das ist nur dann leicht verständlich, wenn die drei Vorgänge sich prinzipiell nicht unterscheiden. *Die angeborene centralnervöse Anlage bestände also nicht nur in einer bestimmten anatomischen und chemischen Organisation, sondern auch in einer Mitgift von Engrammen.* Damit ist auch gesagt, daß die Engramme nicht aufgespeicherte Energie (Wernicke, Rignano u. a.), sondern eine *Disposition* für eine bestimmte Funktion sind.

Die Gleichsetzung der vom Individuum geschaffenen mnemischen Apparate mit den phylischen Reflex- und Instinktapparaten muß bedeutungsvoll sein für das Verständnis unserer Nervenfunktionen und schließlich aller Lebensfunktionen. Sie erklärt die Zweckmäßigkeit der körperlichen Funktionen, die Vererbung, die Entwicklung der Arten, überhaupt die meisten Grundtatsachen des Lebens. Darüber siehe „Psychoide" und „Mnemismus".

Hier mag nur noch erwähnenswert sein das *Verhältnis der Hirnmasse zu den Leistungen.* Wir sehen das Großhirn mit der Komplikation der Psyche zunehmen, und doch haben wir gute Gründe, die eigentlich psychischen Funktionen uns recht diffus lokalisiert zu denken, vielleicht über die ganze Rinde (mit verschiedener Beteiligung bestimmter „Foci"). Aber wenn wir daran denken, wie klein das Gehirn eines neugeborenen Spinnchens ist, das unter kunstvoller Anpassung an die zufällige Umgebung sein Netz baut, oder an die Kleinheit eines Spermakopfes, in dem wohl mehr unserer „Erbeinheiten" (in Form von Engrammen) stecken müssen, als Eiweißmolekülgruppen sein können, so wird man sich die Größe der Hirnmasse mehr mit der Notwendigkeit vieler zu- und abführender und intrazerebraler Faserbahnen im Zusammenhang denken, als mit dem Platzbedürfnis für die Engramme bzw. die Intelligenz. Die nämliche Hirnmasse wird vielleicht eine beliebige Menge von Engrammen tragen können.

Wir haben zwingende Gründe anzunehmen, *daß die Engramme, wenn sie einmal gesetzt sind, so lange dauern, wie das Gehirn, das sie trägt; die engraphische Veränderung im Kolloid ist nicht umkehrbar.* Man stellt sich zwar allgemein vor, daß die Engramme mit der Zeit „abblassen", wie eine Anilinfarbe, oder sich verwischen wie eine Fußspur im Sande. Wir werden sehen, daß die dieser Auffassung zugrunde liegenden Tatsachen anders zu erklären sind. So ist das Erinnerungsbild eines Gegenstandes, das so viel blasser und unbestimmter ist als das Wahrgenommene, nicht die direkte Ekphorie der Wahrnehmung, sondern die einer nachträglichen Bearbeitung, die zwar das ursprüngliche Engramm bestehen läßt, aber dessen ekphorische Zugänglichkeit herabsetzt, indem sie an seine Stelle die zum Leben besser brauchbare oder meist allein brauchbare „Vorstellung" setzt. (Siehe Kapitel III, B, 2.) Dafür zeigen uns Tausende von Stichproben, daß alles sich so engraphiert, wie es erlebt wird, und daß die Engramme weder auslöschen noch sich verändern. Wer sich das nicht gleich denken kann, der wird den nötigen Respekt vor dem Gedächtnis des lebenden Kolloids bekommen, wenn er sich vergegenwärtigt, daß es Tiere gibt, die sich seit den ältesten geologischen Zeiten gleich erhalten haben, und daß die phylischen Engramme auch derjenigen früheren Lebewesen, die sich zu den jetzigen Formen fortentwickelt haben, doch in irgendeiner Weise weiter wirken (wie z. B. die Kiemenanlage oder der Greifreflex des Fußes beim Menschen).

Wir kennen zwar einige wenige Tatsachen, die auf eine Flüchtigkeit der individuellen Engramme im fortlebenden ZNS hinzudeuten scheinen: Bienen, die außerhalb ihres Stockes narkotisiert worden sind, sollen ihre Heimat nicht mehr finden. Wenn das bedeutet, daß gewisse narkotische Stoffe die individuellen Engramme vernichten können, so ist das wenigstens kein physiologischer Vorgang und einer, der beim höheren Tier und speziell beim Menschen überhaupt in der Weise nicht zu konstatieren ist, wenn auch vulgär die Meinung herrscht, daß eine chirurgische Narkose nicht nur die bereits vorhandenen Engramme, sondern auch das Gedächtnis für spätere Erlebnisse schädigen könne. Die Reaktionsveränderungen, die man am Stentor hervorbringen kann, sollen nach etwa 5 Stunden vorübergehen; das hat aber guten Grund darin, daß die Reaktion nur für eine bestimmte Art der Futterdarreichung gut ist und für andere Fälle wieder abgestellt werden muß. Es wäre interessant, den Versuch auch auf die Frage auszudehnen, ob die Ausbildung der neuen Reaktionsweise bei Wiederholung des Versuchs später irgendwie zeitlich abgekürzt ist (Übungsersparnis)[1]. Beim Menschen sehen wir alltäglich, daß im Gegensatz zu der gewöhnlichen Anschauung bei diffuser Schädigung der Rinde (organische Psychosen) oder vorübergehender Folgen von Gehirnerschütterung die ältesten Engramme ihre Wirksamkeit am spätesten verlieren; ihre Ekphoriefähigkeit ist die solideste, und wenn von den Erinnerungen der letzten Jahrzehnte nichts mehr zugänglich ist, kommen oft wieder Bilder aus der Jugend, die Jahrzehnte lang nicht mehr vorhanden schienen, zum Bewußtsein, nicht selten mit solcher sinnlicher Lebhaftigkeit, daß die Kranken sie mit der Wirklichkeit verwechseln. Umgekehrt können auch bei schweren organischen Gedächtnisstörungen, in denen scheinbar alles gleich wieder vergessen wird, auch einzelne frische Erinnerungen durch zufällige, namentlich affektbetonte Ereignisse ekphoriefähig bleiben, oder einzelne Male in Halluzinationen oder Wahnideen auftauchen, und durch die Ersparung beim Auswendiglernen von sinnlosen Silbenpaaren kann man noch nach einem Jahre die Wirkung der scheinbar ausgelöschten Engramme der früheren Übung nachweisen (vgl. aber unten den Fall STÖRRINGs).

HELLPACH[2] erzählt von einem Senilen, der für die letzten 20 Jahre völlig, für Jünglings- und Mannesalter fast völlig amnestisch war und nur wenige Kindheitserinnerungen besaß, der aber von Erinnerungen aus allen Lebensperioden förmlich überfallen wurde, wenn er einmal eine starke Dosis Alkohol zu sich nahm.

Die Behauptung von der unbegrenzten Dauerhaftigkeit der Engramme scheint im Widerspruch mit unserer alltäglichen Selbstbeobachtung. Wir können jeden Augenblick wahrnehmen, daß ein Sinneseindruck nach seinem Aufhören doch noch einen Bruchteil einer Sekunde, bis zu mehreren Sekunden — letzteres namentlich beim Getast — gedächtnismäßig ungefähr mit der Klarheit der Wahrnehmung vor uns ist, so daß wir noch Einzelheiten daran beobachten, die wir während des bestehenden Sinneseindruckes nicht wahrnahmen. Wir können namentlich gehörte Worte unmittelbar nachher noch wiederholen, unter Umständen bis zu einem ganzen Hexameter in einer unverständlichen Sprache, Schläge der Uhr noch zählen. Aber rasch scheint uns der Eindruck zu entschwinden, zu „verblassen", ein Vorgang, der alle Sinne betrifft, und den jeder ohne Beschreibung kennt. Die erste Phase nennen wir das „*primäre Erinnerungsbild*" oder das „*nachbelebte Engramm*" (zum Unterschied vom wiederbelebten, ekphorierten).

In gewissem Sinne eine Veränderung der Engramme bedeutet der Umstand, daß ihre Widerstandsfähigkeit gegen ekphoriehindernde Schädigungen, wie Hirnatrophie, gewisse Vergiftungen (Fieber u. a.) mit ihrem Alter zunimmt. Das beruht aber vielleicht nur auf einer Zunahme der assoziativen Verbindungen, da schließlich jedes Engramm, je länger es lebt, um so mehr Gelegenheit hat, mit andern assoziiert zu werden[3]. Jedenfalls aber betrifft die Veränderung nicht den Inhalt, der ja hier allein wichtig ist.

---

[1] Bei der Küchenschabe bleibt die durch elektrische Schläge verkehrte Lichtreaktion 4—55 Minuten bestehen. Später konstatiert man noch Übungsersparnis (SZYMANSKI, Änderung des Phototropismus durch Erlernung, Arch. f. Physiol. **144**, 132 (1912).

[2] Psychologie der Hysterie 461.

[3] Der Vorgang wäre dann nichts anderes als ein fortgesetzter „Reifungs"prozeß (S. 72).

Wenn uns das Haus, das wir in der Kindheit bewohnt, später viel kleiner vorkommt, als wir es uns vorstellen, so hat der Maßstab, unsere Körpergröße, sich in der Zwischenzeit verändert. Jedem begegnet es manchmal, daß eine Erinnerung zuerst in unrichtiger Form auftritt, dann aber ganz spontan korrigiert wird, indem ursprüngliche Engramme ekphoriert werden. Bei den Gedächtnisillusionen der Geisteskranken läßt sich mit einiger Geduld häufig nachweisen, daß die ursprünglichen Engramme noch vorhanden sind, daß also in der Illusion nicht ein umgeändertes Engramm, sondern ein neugeschaffenes vorliegt, neben dem das ursprüngliche weiter besteht. Wenn sich z. B. ein Paranoiker beklagt, daß der Pfarrer gestern in der Predigt die und die Anspielungen auf ihn gemacht habe, so kann man regelmäßig, wenn auch nur mit großer Mühe, noch vom Patienten selbst feststellen lassen, welche Worte der Geistliche gebraucht hat, die dann gar nicht mit den zuerst angegebenen und zunächst hartnäckig festgehaltenen übereinstimmen.

Mehr als genügende Stichproben beweisen uns, daß die primären Erinnerungsbilder gar nicht abblassen, sondern so, wie sie sind, bestehen bleiben, und daß die „abgeblassten" ein Ersatz sind (wie wenn von einer photographischen Platte ein blasser Abzug gemacht wird; nur natürlich ist die „mnemische" Abblassung zugleich eine qualitative Umarbeitung des Bildes). Ein Traum oder sonst eine Vorstellung unter besonderen Umständen kann uns auf einmal beweisen, daß wenigstens Bestandteile einer Wahrnehmung mit voller sinnlicher Schärfe fixiert geblieben sind. Auch die Hypnose und sehr häufige Halluzinationen können zeigen, daß irgendein Sinnesbild mit einer Schärfe erhalten ist, die der Wahrnehmung gleich kommt. Daß überhaupt unsere Erinnerungsfähigkeit, die Lebhaftigkeit der Vorstellungen, kein Index ist für die Erhaltung und die Beschaffenheit der Engramme, erhellt ohne weiteres daraus, daß wir uns die nämlichen Dinge bald nur blaß und unklar und stark schematisiert, bald aber viel ähnlicher den Wahrnehmungen vorstellen, auch wenn diese Ähnlichkeit nur selten bis zur Identität geht. Ferner daraus, daß wir unzählige Dinge zu einer bestimmten Zeit nicht zur Verfügung, „vergessen", haben, an die wir uns zu andern Zeiten wieder erinnern. Wenn wir eine Straße, die wir oft gegangen sind, genau beschreiben sollen, fehlen uns tausende von Einzelheiten. Ist aber irgendwo eine Veränderung gemacht an einem Gebäude, ein Baum geschnitten worden oder irgendeine andere Kleinigkeit umgewandelt, so fällt uns das sofort auf, d. h. wir merken den Unterschied gegenüber dem früheren Eindruck, der also erhalten sein muß.

Eine Fähigkeit wie Schwimmen und ähnliches, was nicht sekundär gehemmt wird durch ähnliche Funktionen (im Sinne von Ranschburg), bleibt nach vielen Jahren der Nichtübung erhalten. Eine bestimmte Affektreaktion aus der Pubertät kann nach mehr als 50jähriger Verdrängung wieder ganz frisch zum Vorschein kommen. — Ich habe sehr schlechte optische Erinnerungsbilder. Von den Personen, die jahrzehntelang um mich sind, reproduziere ich viel mehr einen Eindruck als eine eigentlich optische Vorstellung; wenn ich aber einen ganzen Tag lang mikroskopiert hatte, so sah ich oft namentlich im Dunkeln, ganz scharfe mikroskopische Bilder vor mir, die ich so gut hätte zeichnen können wie das wirkliche Präparat.

Einmal beobachtete ich hypnagogisch einige nicht zusammenhängende Zweige mit Birnbaumblättern so klar, daß ich die Blätter zu zählen anfangen konnte[1]; auf jedem Blatt sah ich den Reflex von der Sonne; die Farbe war ein lebhaftes Grün, das mir durch ein besonderes Timbre auffiel, und das ich nur mit ausnahmsweise lebhaften Farben einer Kamera auf einer Mattscheibe vergleichen konnte. Ich fand das Original erst am

[1] Beiläufig sei erwähnt, daß ein bestimmter Zweig im Centrum des Gesichtsfeldes war, daß aber die übrigen, stark peripheren, kaum weniger deutlich waren, jedenfalls viel deutlicher als beim Wahrnehmen des Originals, das ich nachher studierte. Ich könnte keine einzelnen Blätter an einem Zweige zeichnen, der auf eine Distanz von 5 m nur 60 cm vom Blickpunkt entfernt ist. — Nachträglich finde ich die nämliche Verdeutlichung peripherer Bilder auch bei Joh. Mueller (Jaspers: Allg. Psychopath., 34, Berlin: Julius Springer 1913).

folgenden Tage; es war das Spiegelbild von einem Birnbaumrand, gesehen in einem Fensterflügel mit dunklem Hintergrunde; weil das Fenster fast senkrecht gegen mich gestellt war, wurde bei dem kleinen Einfallswinkel ein so lebhaftes Bild reflektiert.

Daß die ursprüngliche Beobachtung des Baumbildes eine unbewußte war, scheint mir bedeutsam, weil gerade unbewußte Erinnerungen oft nicht zur Verarbeitung kommen (vgl. abgesperrte Affekte). Auch sonst habe ich hundertfältig auffallend lange Zugänglichkeit von Wahrnehmungsengrammen beobachtet, die zunächst unbewußt waren. Ich gehe an einem Buchladen vorbei, etwas ganz anderes denkend; erst zehn oder noch mehr Schritte nachher lese ich noch einen Titel; mit etwas beschäftigt höre ich den Stundenschlag nicht; wie ich aber, z. B. mit dem Niederschreiben eines Satzes fertig bin, höre ich ihn nachträglich mit voller Deutlichkeit, so daß ich (bis 5) nachzählen kann. Musikalische Leute werden wohl unter solchen Umständen viel längere Tonfolgen in primären Engrammen wahrnehmen. — Auch solches Verhalten zeigt, daß bei unbewußten Erlebnissen eine Verarbeitung ausfallen kann, die gewöhnlich stattfindet und um so intensiver ist, je bewußter man sich mit der Sache beschäftigt. So hebt auch der Traum manchmal von einem Eindruck des Vortages gerade diejenigen Bestandteile mit sinnlicher Deutlichkeit heraus, die im Wachen nicht beachtet worden waren.

In der Kindheit sind unverarbeitete Erinnerungsbilder von sinnlicher Deutlichkeit wenigstens auf optischem Gebiet recht häufig (Eidetiker, E. R. Jaensch). Mit der Entwicklung nehmen sie ab und zwar bei Geistesschwachen weniger als bei normalen Kindern. Das heißt, im Laufe des Lebens werden gewisse unnötige Funktionen aktiv immer mehr ausgeschaltet, so z. B. auch die Sekundärempfindungen (Synästhesien) und die Nachbilder, welch letztere, wenigstens bei mir, im Alter durch die Aufmerksamkeit so stark abgeschwächt werden, daß ich nicht mehr recht mit ihnen experimentieren kann. Ich weiß nicht, wie sich bei Eidetikern Engramme von Gesichtseindrücken verhalten, wenn ein Gegenstand von verschiedenen Seiten gesehen, oder wenn Bewegung erinnert wird. Da muß doch wohl auch eine gewisse Verarbeitung stattfinden.

Lange Zeit habe ich versucht, bei mir durch Übung die Dauer der primären (nachbelebten) Erinnerungsbilder zu verlängern, hatte aber nicht nur keinen Erfolg, sondern ich bekam sehr bestimmt den Eindruck, daß die Wendung der Aufmerksamkeit auf diese Dinge den Prozeß des „Verblassens“ nur beschleunigte, so daß ich immer weniger Einzelheiten nachträglich sehen konnte. Auch diese Beobachtungen, die Jahrzehnte vor der jetzigen Deutung gemacht worden sind, scheinen in der nämlichen Richtung zu weisen.

Gross[1] nennt die Nachbelebtheit der Engramme „Sekundärfunktion“ und gibt ihr wichtige Beziehungen zu normalen und krankhaften psychischen Erscheinungen (z. B. erklärt er die Ideenflucht aus verminderter Dauer derselben). Der Gedanke ist gewiß fruchtbar; nicht begründet aber ist des Autors Annahme, daß die Nachbelebtheit ein Reizzustand sei infolge Regeneration des durch die primäre Funktion verbrauchten Energievorrates.

Die Erinnerungsfähigkeit der Engramme scheint in gewissem Grade von einer Art *Reifung* derselben abhängig zu sein. Wir sehen dabei ab von den Konstatierungen des Laboratoriums, daß die Reproduktion nach einer gewissen Zeit viel leichter ist als zu einer anderen, wobei es sich meist um Sekunden oder Bruchteile von solchen handelt, und irgendeine Periodizität der nervösen Funktion im Spiele zu sein scheint. Dagegen ist von

[1] Die cerebrale Sekundärfunktion, 1902 und: Über psychische Minderwertigkeiten, Wien: Braumüller 1909.

verschiedenen Seiten konstatiert, daß irgendwelche Erinnerungsbilder, mit denen man sich nicht beschäftigt, ekphorierbarer werden können. Man kommt oft bei einer Übung nicht mehr recht weiter, so beim Schlittschuhlaufen, Maschinenschreiben und vielen ähnlichen Dingen; nimmt man die Versuche nach einer Pause von Tagen oder Wochen, ja nach Monaten, wieder auf, so konstatiert man, daß es viel besser geht. So kann es bei kleinen Kindern wie bei Erwachsenen sein. Im Laboratorium hat man nachgewiesen, daß stärker gefühlsbetonte Wahrnehmungen oder geistige Arbeit vorhergehende Wahrnehmungen „auslöschen" oder hemmen[1], oder daß Erinnerungen an schwache Sinneseindrücke verloren gehen, wenn diesen stärkere folgen[2]. Nach dem Schlaf sitzt manches Gelernte besser als vorher; umgekehrt wird die Erinnerungsfähigkeit herabgesetzt, wenn gleich nach einer Einprägung eine andere geistige Arbeit unternommen wird; die psychische Verdauung wird dann gestört[3]. Auch KRAEPELIN fand nach BUMKE[4], daß er sich nach einer gewissen Zeit der Sammlung besser über die Eindrücke in einem Konzert Rechenschaft geben konnte als unmittelbar nachher. Ein Schüler mag den Unterricht ganz gut auffassen; wenn er nebenbei kein Interesse dafür zeigt, und mit um so mehr Eifer Allotria treibt, so wird das Gelernte auch bei sonst gutem Gedächtnis vergessen oder bleibt als totes, unbrauchbares Material liegen. MÜLLER und PILTZECKER haben gezeigt, daß je vier Lesungen an drei verschiedenen Tagen mit Reproduktion nach 12 Minuten nach der letzten Lesung bessere Resultate haben als 14 Lesungen unmittelbar nacheinander und Reproduktion wie im ersten Falle.

Es besteht also kein Zweifel, daß ganz ohne unser Zutun durch eine unbewußte Arbeit im Wachen oder im Schlafe die Engramme benutzbarer gemacht werden können, wenn nur diese Arbeit nicht aktiv durch andere Tätigkeit gestört wird.

Worum es sich dabei handelt, zeigt vielleicht am besten die Ausdrucksweise KRAEPELINs, die voraussetzt, daß die Erlebnisse bei dieser unbewußten Arbeit in engere Verbindung mit unserem sonstigen Wissen gebracht werden. Auch dieser Prozeß bedeutet danach nicht eine Umbildung der Engramme, sondern Neubildung, die das ursprüngliche Material benutzt, aber als solches bestehen läßt. Es mögen außerdem die Erinnerungen in zum Vorstellen oder zum Denken handlichere Formen verarbeitet werden.

Einen besonderen Einfluß der Verarbeitung siehe bei den verschiedenen Arten Gedächtnis bei Imbezillen (S. 82).

Eine weitere Verarbeitung der Engramme, an die man gewöhnlich gar nicht denkt, findet jedes einzelne Mal statt, wenn eines ekphoriert wird. Ein Engramm kommt, wenn überhaupt, gewiß nur ausnahmsweise als Rohmaterial, so wie es einmal gebildet worden ist, zur psychischen Wirkung

---

[1] DE HAAN: Zurückgreifende Verdrängung von Bewußtseinsinhalten, Diss. Groningen 1918. Ref.: Z. Neur. **17**, 11 (1918).

[2] WIERSMA: Psychische Nachwirkungen, Z. Neur.Or. **35**, 196 (1917). Vgl. auch SWIFT: Studies in the Psychol. and Physiol. of Learning, Amer. J. Psychol. **14**, 201—251. Ref.: Z. Psychol. **41**, 195 (1906). (Spielen mit 2 Bällen nach 3 Monaten.)

[3] GAUPP: Schlaflosigkeit, Verh. dtsch. Ges. inn. Med. 1914. — TROEMNER: Berl. klin. Wschr. 1910. — LIPPS: Leitfaden der Psychologie, Leipzig 1903. — MORGENTALER: Gedächtnis, 9, S. A., Med. Klin. **1912**, Nr 38 u. 39. — LAY: Z. jugendl. Schwachsinn 5 (1910). — VOGT: Zbl. Neur. 29 (1904). — SPECHT: Neue Untersuchungen über die Beeinflussung der Sinnesfunktionen durch geringe Alkoholmengen, Z. Pathopsychol. 180 (1915). Ebenso: Zur Analyse der Arbeitskurven, Z. pädag. Psychol. **1910**.

[4] In BUMKE: Die Diagnose der Geisteskrankheiten, Wiesbaden: J. F. Bergmann 1919, 67.

oder gar zum Bewußtsein; wir finden es jedesmal in neuen Kombinationen, gerade wie wir die Empfindungen nie als solche erfahren, sondern nur als Wahrnehmungen. Die Ekphorie ist niemals eine bloße Wiederbelebung einer Disposition, etwa wie man eine elektrische Glocke beliebig oft einschaltet, sondern eine neue Bildung von Kombinationen *an Hand* der früheren Engramme. Jedes gebräuchliche Engramm besteht also aus der Kombination einer großen, oft ungeheuerlichen Anzahl von Einzelengrammen. Jede folgende Benutzung schafft wieder eine neue Gestalt, die bei wenig gebrauchten Vorstellungen deutlich von den früheren abweicht, bei schon oft vorgekommenen nur unmerklich. (Vgl. die analogen Ausführungen in dem Abschnitt über die Vorstellungen).

Wie wenig es sich bei den gewöhnlichen Erinnerungsbildern um Originalengramme, sondern um Verarbeitungen handelt, zeigt am besten der Vergleich zweier vorgestellten Intensitäten. Das gebräuchliche Erinnerungsbild eines in unmittelbarer Nähe abgefeuerten Schusses und das ähnliche, aber in bezug auf Intensität des Inhalts maximal verschiedene eines Knalles beim Aufschlagen eines niederfallenden kleinen Lederballs unterscheiden sich nicht in bezug auf irgend etwas, das man Intensität der Vorstellung nennen könnte. Das gewöhnliche Erinnerungsbild enthält von diesem Unterschied nicht mehr als irgendein Bericht darüber, in dem wir von einem starken und einem schwachen Knall reden. Ich möchte sagen, *das gewöhnliche Erinnerungsbild selbst ist wirklich nichts anderes als ein Bericht*, der nur einen minimen Teil des Erlebten gleichsam als Muster reproduziert, das Übrige aber durch Symbole ersetzt. Ich kann über die Musik und das Libretto einer Oper verständlich erzählen, und dabei gar nichts, oder nur wenig einer Arie und vielleicht mit Hilfe einer Zeichnung ein wenig von der Szenerie oder der Gestalt eines Schauspielers darstellen, so wie ich es erlebt habe. Während ich mir einen Knall ohne besonderen Grund geradezu niemals mit auch nur der leisesten Spur der akustischen Komponente vorstelle, sondern nur mit seinem Photisma, das die Ton-Nuance und die Stärke in „optischer" Helligkeitsvorstellung enthält, bin ich unter andern Umständen doch fähig, auch akustische Vorstellungen so lebhaft sinnlich zu bilden, daß sie mit frischen Eindrücken zu verwechseln sind (z. B. die Stimme einer Person, wenn ich ihre Photographie sehe, distinkte Worte, wenn ich im stummen Kino reden sehe). Interessant mag sein, daß ich bis zu Ende meiner Studienzeit glaubte, Töne in der Vorstellung nicht akustisch reproduzieren zu können. Ich habe erst später gelernt, akustische Ekphorate mit sinnlicher Deutlichkeit bewusst zu beobachten.

Eine wirkliche Veränderung der Engramme könnte ihre *Verstärkung durch Wiederholung* (Summation, Übung) sein. Genau genommen gibt es allerdings keine Wiederholung; denn nicht nur gibt es niemals zwei an sich ganz gleiche Erlebnisse, sondern in unserer Psyche ist nichts isoliert, und die mit einem Erlebnis verbundene psychische Umgebung variiert regelmäßig; das kritische Erlebnis selbst aber wird schon dadurch ein anderes beim zweiten Male, daß eben nur das zweite Erlebnis das Engramm des ersten ekphoriert; im zweiten Male findet also ein Wiedererkennen oder ein ähnlicher Vorgang statt, der beim ersten Male nicht ablief. Das Wiedererkennen eines Dinges oder einer Person ist niemals gleich der ersten Wahrnehmung. Da man im Prinzip bei Wiederholungen eines Erlebnisses die einzelnen Male auch im Gedächtnis auseinanderhalten kann, so ist auch direkt bewiesen, daß das erste Engramm nicht im zweiten aufgeht, sondern daß ein neues neben dem ersten gebildet wird.

Was ist nun unter diesen Umständen die Verstärkung, die Übungsfähigkeit? Nach zweimaliger Ausführung einer Handlung oder einer gedanklichen Assoziation bestehen zwei Engramme; das alte ist ein Bestandteil des neuen, weil es mit dem zweiten Erlebnis ekphoriert wurde; beide wirken in gleicher Richtung; so können wir uns, wenigstens an einer Art Bild vorstellen, wie die Verstärkung, die leichtere Ekphorierbarkeit, zustande kommt.

Es kommen aber noch andere Momente hinzu. Bei jeder Wiederholung sind wieder andere Nebenfunktionen (z. B. Vorstellungen) vorhanden, die mit der Hauptfunktion verbunden sind, so daß jedesmal eine ganze Anzahl neuer Assoziationen mit dem wiederholten Vorgang gebildet werden, und dessen Engramm wieder auf neuen Wegen ekphoriert werden kann.

Andere neue Wege entstehen dadurch, daß nach dem Erleben eine Reihe von Einzelfunktionen, die nacheinander ablaufen sollen, unter einheitlichen Gesichtspunkten zusammengefaßt werden, oder daß die einzelnen Glieder besondere Beziehungen untereinander bekommen, die die Ekphorie erleichtern. Diese Ausarbeitung wird durch Wiederholung immer intensiver. Eine mehrfach gehörte Geschichte wird besser „überblickt".

Bei der Übung kommt auch in Betracht, daß Vertrautheit mit einer Aufgabe den hemmenden Stupor vermeiden hilft, der sonst neuen Aufgaben gegenüber so leicht auftritt; ferner wird der geeignetste Weg gefunden, die beabsichtigten Bewegungen zu machen und die nicht dazugehörigen auszuschließen.

Letzteres namentlich ist bedeutsam. *Wie bei den Assoziationen des Denkens ist bei den körperlichen Fertigkeiten die Absperrung der unrichtigen und unnötigen Bahnen mindestens so wichtig wie die Auffindung der richtigen.* Das Neugeborene besitzt schon eine Anzahl von Fertigkeiten, z. B. Greifen, sich mit den Händen halten, die aber nur ausnahmsweise benützt werden können, weil allgemeine Muskelbewegungen eine jede fortdauernde Koordination stören. Beim Radfahren braucht man zuerst wegen der Innervation einer Menge unnötiger oder geradezu antagonistischer Muskeln ganz ungleich viel mehr Kraft als nach genügender Übung. Daß Lernen und Üben nicht nur ein Setzen neuer Assoziationen bedeutet, sondern ebensosehr ein Absperren anderer Assoziationen, wird meist zu wenig beachtet. Durch Übung gewinnt man nicht nur neue Fähigkeiten, sondern man verschließt sich auch andere.

Bei den meisten Übungen ist wichtig die Bildung von Abkürzungen („Kurzschluß")[1], indem man z. B. beim Radfahren im Anfang sich überlegt, daß die Lenkstange nach der Seite des drohenden Falls zu drehen ist, nach und nach aber diese Bewegung ohne Eingreifen der Überlegung macht: Es wird einfach die Empfindung des Schwankens nach der einen Seite ohne den Umweg über das bewußte Ich assoziativ verbunden mit der entsprechenden Korrekturbewegung. Damit sind auch alle die Fehlerquellen ausgeschaltet, die so gefährlich sind, wenn die Funktion über die komplizierte Psyche geht.

Die Engramme sind also gar nicht zu vergleichen mit vom Wasser gegrabenen Rinnen, die sich, wenn kein Wasser durchläuft, verwischen und durch erneutes Durchfließen vertiefen. Sie sind eher wie ein Palimpsest, das immer wieder neu überschrieben wird, zwar mit dem nämlichen Worte, aber jedesmal in anderen Zusammenhängen. Die einzelnen Engramme sind auch nicht wie Steine, die man beliebig zu immer wieder neuen Mosaikfiguren zusammensetzt, schon weil sie nichts Isoliertes sind; jede neue Erinnerung eines Engramms, jede Wiedererinnerung, ist ein neues Erlebnis, das seinerseits wieder engraphiert wird, und von dem das Ekphorat des früheren Engramms ein Teil ist, und das selber wieder engraphiert wird, d. h. es entsteht durch die Wiederholungen eine Einschachtelung von Engrammen fast bis ins unendliche, die noch dadurch kompliziert wird, daß

[1] Wahrscheinlich nie lokal, sondern nur funktionell zu verstehen.

eben kein Engramm und kein Erlebnis isoliert ist, sondern jeder einzelne Teil einer komplexen Vorstellung auf verschiedene Weisen mit einer Menge anderer Dinge zusammenhängt. Wenn ich das lateinische Wort pater zum ersten Male höre, so wird es engraphiert in Verbindung mit dem Wort und mit dem Begriff „Vater". Das nächste Mal, da ich es höre, wird es wieder ekphoriert mit seinen früheren Zusammenhängen; ebenso, wenn mich der Lateinlehrer fragt, was heißt „Vater"? Das zweite Mal erinnere ich mich deutlich an das erste Mal, vielleicht auch noch beim dritten an das zweite und erste Mal. Dann aber wird aus diesen Erfahrungen ein abgekürzter oder allgemeiner Begleitbegriff gebildet, der etwa zu dem „Pater" hinzufügt: „das schon Bekannte" (die Empfindung des Schon-erlebt), und nach und nach verschwindet auch diese Vorstellung wieder aus dem Bewußtsein, indem einfach „automatisch" durch das Wort der Begriff „Vater" und durch den Begriff im Zusammenhang mit lateinischer Rede das Wort „pater" ekphoriert wird. Aber jede dieser Ekphorien wird wieder besonders engraphiert mit ihren eigentümlichen Zusammenhängen — ich weiß, daß und unter welchen Umständen ich gestern und heute das Wort gedacht habe — und in jeder derselben steckt etwas von jedem der früheren pater-Erlebnisse.

Eine Frage untergeordneter Bedeutung ist die, *ob die Engramme beständig in schwacher Funktion oder, außer im ekphorierten Zustand, wirklich nur latente Dispositionen sind.* Da alles Leben mit Energieproduktion verbunden ist, und Reize erst mit dem Tode aufhören, ist es schon von vornherein nicht wahrscheinlich, daß die Engramme in absoluter Ruhe bleiben können. Wir sehen denn auch an der Veränderung ihrer Ekphorierfähigkeit durch die Zeit, daß sie als lebende Organismen zu gelten haben. Auch die latenten Einstellungen, vor allem viele Konstellationen, scheinen zu beweisen, daß sie immer einen Einfluß auf das Denken haben können. Ich suche z. B. einen Namen, kann ihn aber viele Tage lang nicht finden und denke nie mehr daran. Dann, bei einem beliebigen Anlaß, taucht der Name auf oder eine Assoziation, von der aus er zu finden ist, und dann finde ich ihn auch. Ein ungewohntes, einmal gehörtes, für mich ganz gleichgültiges Wort oder ein Begriff kann nach Tagen, in denen ich nie daran dachte, bei irgendeinem Anlaß wieder ins Bewußtsein treten, oft nun als wichtiges Glied des aktuellen Gedankens. Die ganze unbewußte Einstellung der Aufmerksamkeit auf bestimmte, bloß zu erwartende Ereignisse ist vielleicht nur verständlich unter der Annahme, daß die Engramme beständig irgendeinen Grad von Funktion haben. MÜLLER und PILTZECKER haben experimentell nachgewiesen, daß auch nicht aktuelle (nicht merkbar ekphorierte) Vorstellungen hemmend auf andere einwirken können. Es ist auch sonst wahrscheinlich, daß die Denkrichtung von den latenten Engrammen mitbestimmt wird, und ziehen wir die Konsequenzen des Vorhergehenden, so müssen wir vermuten, daß die ganze Persönlichkeit nicht nur deshalb aus der Vergangenheit aufgebaut sei („der Mensch stammt aus seiner Jugend", FREUD), weil viele der früheren Erlebnisse bewußt oder unbewußt immer wieder reproduziert werden, sondern weil auch die nicht ekphorierten einen gewissen, allerdings schwer abzuschätzenden Einfluß auf unser Wesen auszuüben vermögen.

Deshalb aber können wir uns nicht der Ansicht von FREUD anschließen, der zu seinem Unbewußten auch die latenten Engramme rechnet. Was bei den FREUDschen Mechanismen aus dem Unbewußten wirkt, das sind nicht „latente", sondern ekphorierte Engramme, wenn auch davon dem Bewußtsein des Ich direkt nichts bekannt wird. Aber wir merken uns, daß aller Wahrscheinlichkeit nach zwischen latenten und ekphorierten Engrammen kein absoluter Unterschied besteht, indem auch die latenten eine gewisse Funktion besitzen; *doch muß für gewöhnlich ein so starker Unterschied vom einen zum andern bestehen, daß wir ihn für die meisten Betrachtungen als absolut ansehen dürfen, denn bei unseren bewußten und unbewußten Erinnerungen haben wir es ausschließlich mit ekphorierten, niemals mit latenten Engrammen zu tun.*

Die Funktion der Engramme. Ein Engramm hat zunächst die Eigenschaft und Bedeutung einer verlängerten und später dauernd zur Verfügung stehenden Wahrnehmung. Was wir in einem Moment wahrnehmen, ist uns im folgenden noch lebendig, noch bewußt, so daß ein Nacheinander als eine Einheit wahrgenommen werden kann. Die Laute setzen sich zu Worten zusammen[1], die Worte zu Sätzen und von einer langen Rede bleibt während des Anhörens ein Zusammenhang der ganzen Entwicklung aktuell. Einen größeren Gegenstand, eine Landschaft, eine Situation übersehen wir nur mit vielen Blicken, empfinden aber alles als ein räumliches Nebeneinander, ohne für gewöhnlich den zeitlichen Aufbau des psychischen Bildes zu bemerken. Wir wiederholen einen vorgesprochenen Satz so automatisch, wie wenn wir ihn noch hören oder lesen würden, zeichnen eine Figur nach, während wir bei den einzelnen Strichen nicht mehr auf die Vorlage, sondern nur auf unser Zeichnungspapier blicken. Wir verbinden die jetzigen Erlebnisse assoziativ mit den vorhergehenden, was nicht möglich wäre, wenn die letzteren nicht mehr (als Engrammfunktion) existieren würden.

Die Psychologen, die die *Merkfähigkeit* vom Gedächtnis trennen wollen, rechnen gewöhnlich (offenbar ohne sich darüber klar zu sein) diese nachbelebten Engramme nicht zum Gedächtnis, prüfen aber dann doch nicht das Nachsprechen, sondern die gewöhnliche Ekphorie nach Erlöschen des Nachlebens der Engramme. Man denkt überhaupt zu wenig daran, *daß schon das unmittelbare Nachsprechen eine Nachdauer des Sinneseindruckes, irgendeine Art Engramm, verlangt.* Es ist nun nicht leicht, sich vorzustellen, daß das nachbelebte Engramm sich von dem wiederbelebten (ekphorierten), das einmal untätig gewesen, unterscheide, und daß es zwei Arten Engramme geben soll, eine für die unmittelbare Nachdauer und eine für die Wiederdauer der Erfahrungen.

Nachbelebte Engramme sind nicht zu verwechseln mit Nachbildern, die mir ein viel peripherer Vorgang scheinen, obschon sie gewiß recht kompliziert sind, und E. R. JAENSCH nur gleitende Übergänge derselben zu den Anschauungsbildern findet.

Ein vereinzelter Fall[2] mahnt zur Vorsicht in der einheitlichen Auffassung der nachbelebten und der dauernden Engramme. Seit einer Kohlenoxydvergiftung dauern die Erinnerungen eines jungen Mannes nur noch etwa 1—2 Sekunden, d. h. sie halten sich im Rahmen unserer primären Erinnerungen. Einen kurzen Satz kann der Kranke noch verstehen, einen längeren aber nicht, weil er den Anfang vergessen hat, wenn er das Ende hört. Mit keinem der bekannten Prüfungsmittel lassen sich Spuren von länger dauernden Engrammen aufdecken, die aus der Zeit nach der Erkrankung stammen würden. Zum großen Unterschied von den sonst bekannten organischen Defekten, sind aber die prämorbiden Engramme in normaler Weise zugänglich. In der Nacht vom 30. auf den 31. Mai 1926 begegnete das Unglück; in den nächsten Tagen bildete sich die Gedächtnisstörung aus, und seitdem ist dem Patienten der 30. Mai 1926 ein ewiges Gestern, und jedes „Heute" ist der 31. Mai 1926. Obschon er unmittelbar nach dem Unfall sich auch an die letzten Tage vorher nicht erinnerte, hatte sich rasch eine scharfe Grenze zwischen dauernd erinnerungsfähigen und den nur etwa 2 Sekunden lang zugänglichen Erlebnissen gebildet. Zur Grenze wurde die Zeit der Bewußtlosigkeit. Ob die Engramme sich nach den 2 Sekunden vollständig verwischen oder nur in Nachbelebung,

---

[1] Das ist ein sehr uneigentlicher Ausdruck, den ich aber nicht durch einen besseren zu ersetzen wüßte. Psychisch faßt man das Wort nur als Ganzes auf, das man erst bei einer gewissen Kultur in Laute *zerlegen* lernte. Auch rein physiologisch ist das Verhältnis der aufeinanderfolgenden Laute nicht einem Staccato, sondern einem maximalen Legato zu vergleichen. *Diese Wortzerlegung in Laute zeigt vielleicht am einleuchtendsten, wie wir die wahrgenommenen Dinge aus dem kontinuierlichen Strom der Empfindungen herausheben.*

[2] STÖRRING, G. E.: Über den ersten reinen Fall eines Menschen mit völligem, isoliertem Verlust der Merkfähigkeit, Arch. f. Psychol. 81, 257 (1931).

nicht aber durch Ekphorie aktiv sein können, läßt sich nicht entscheiden. Das anscheinende Fehlen aller andern Störungen und die Unmöglichkeit, Dauerspuren von frischen Engrammen nachzuweisen, läßt an wirklichen Untergang der Engramme denken. Daß aber ein solcher Untergang sonst noch nie nachgewiesen worden ist, zwingt uns immerhin zur Aufschiebung einer Entscheidung. *Jedenfalls besteht in diesem Falle ein ganz prinzipieller Unterschied zwischen dem, was seit der Vergiftung engraphiert wird, und dem vorher Engraphierten, sei es nun in bezug auf die Ekphorie oder die Erhaltung der Engramme.* Oder gibt es doch zweierlei Engramme?, flüchtige, die unseren primären Erinnerungen zugrunde liegen, und dauernde, die in diesem Krankheitsfalle gar nicht gebildet werden?

Interessant ist, daß die Erinnerungen der Erlebnisse des Vortages der Vergiftung sich besser erhalten haben als unter normalen Umständen; man kann das nur vergleichen der Unveränderlichkeit von Engrammen, die im Unbewußten aufbewahrt werden, und muß den Umstand als einen neuen Beweis dafür ansehen, daß „nicht die Zeit an sich, sondern die Eindrücke in der Zeit normalerweise zum Vergessen der alten Eindrücke beitragen“ (Störring).

Die durch ein Erlebnis hervorgerufenen Affekte und die Aktivitätstendenzen überdauern bezeichnenderweise bei dem Patienten die der Vorstellungen um ein Bedeutendes, können sich aber doch nicht normal lange halten bei dem sofortigen Schwinden aller Erinnerungen ihrer Anlässe und Zusammenhänge.

Die Verarbeitung der Engramme zu Abkürzungen und Verallgemeinerungen hat im ganzen große Vorteile, in Ausnahmsfällen aber auch Nachteile, die uns erst den ganzen Mechanismus zum Bewußtsein bringen. Wir sind aus guten Gründen nicht darauf eingestellt und eingeübt, die einzelnen Dinge, wie wir sie gesehen haben, zu reproduzieren. Solche Engramme wären für das Denken und noch mehr für das Sprechen von einer unerträglichen Umständlichkeit (die Sprache Primitiver abstrahiert für uns ungenügend, kann z. B. nicht von einem Menschen im allgemeinen reden, sondern nur von einem erwachsenen Mann, der links in erreichbarer Nähe neben mir steht u. dgl. Vgl. den Abschnitt „Vorstellungen“). Wenn wir aber einmal ein Ding aus der Erinnerung zeichnen sollten, so geht es sehr schlecht. Haben die Allgemeinvorstellungen den Vorteil, daß sie leichter assoziierbar sind (u. a. hat „Werkzeug“ viel mehr assoziative Verwandtschaften als „Hobel“), so werden diese Abkürzungen in Einzelfällen zu weit getrieben, und wir werden zuweilen dadurch gestört, daß wir von einer zu erinnernden Sache oder gar einem Wort zunächst nur einen ganz allgemeinen unbestimmten Begriff ekphorieren, mit dem wir nichts Rechtes anzufangen wissen. Diese unangenehmen Folgen der verallgemeinernden und abkürzenden Verarbeitung der direkten Erfahrungen sind aber verhältnismäßig seltene Ausnahmen.

Die *Ekphorie der untätig gewordenen Engramme* — auf psychischem Gebiete die *Erinnerung* — geschieht, soviel wir wissen, immer auf dem Wege der Assoziation[1], d. h., wenn wieder ein ähnlicher Reiz kommt, so tritt das Engramm in Wirksamkeit; neuer Lichtreiz löst bei dem wärme-

[1] Ein spontanes (periodisches) Auftauchen von Erinnerungen wird u. a. von Swoboda und von Fliess behauptet, aber nicht überzeugend bewiesen. Auch daß physikalische oder chemische, namentlich pathologische Reizungen des ZNSs geformte psycheartige Funktionen direkt erzeugen können, ist nicht wahrscheinlich.

suchenden Tier die Bewegung nach dem Hellen aus; wenn wir in tiefes Wasser kommen, werden automatisch die Schwimmbewegungen ausgelöst; wenn ich meinen Namen schreiben soll, laufen die erlernten Schreibbewegungen ab; wenn ich den Namen Alexander höre, so denke ich an Alexander den Großen oder irgendeinen andern Mann dieses Namens, der in meinem Hirn engraphiert ist. Kurz wir haben die „Assoziationen" nach Ähnlichkeit (Gleichheit existiert in Wirklichkeit nicht), Kontrast und zeitlicher und räumlicher Kontiguität, Vorgänge, die in ihrer Natur ziemlich selbstverständlich sind, obschon man darüber sehr viel zu reden für gut findet. Nur muß man sich bei alledem klar sein, daß wir es mit einer Psyche oder einem ZNS zu tun haben, in denen nicht isolierte Vorgänge sondern nur sehr komplizierte existieren. Wir verwundern uns deshalb nicht, daß der Speichelreflex nur dann eintritt, wenn das Tier nicht gesättigt ist, oder daß die Konstellation, bzw. die Zielvorstellung, die Auswahl der Assoziationen mitbedingt. Wir werden, wenn wir bei der Erzählung einer Schlacht von „Pulver" reden hören, nicht an Morphium denken, wohl aber, wenn wir das nämliche Wort in der Krankenbehandlung vernehmen. Auf viele Ideen sind an sich Tausende von Assoziationen gleich möglich, und dennoch wird die Auswahl meist so eindeutig bestimmt, daß wir sie gar nicht bemerken. Den vielen Möglichkeiten gegenüber bestehen ebenso viele Bestimmungen; denn jeder einzelne Bestandteil einer Idee bahnt die ihm ähnlichen oder mit ihm verbundenen und hemmt die übrigen, so daß nicht viele Wege offen bleiben. In vielen Fällen ist allerdings schon eine ganz geringe Kombination von Vorstellungen zur eindeutigen Bestimmung einer Assoziation genügend, so wenn wir fragen, wie die Hauptstadt von Deutschland heiße. (Weiteres über Bestimmung der Assoziationen durch Konstellation und Ähnlichkeit sowie über die *Polarisation der Engramme*, die Einseitigkeit der Richtung vom früher erlebten zum folgenden Ereignis, und der Umkehrung der Assoziation gibt das Kapitel über das Denken.)

Je mehr Wege zur Ekphorie eines Gedächtnisbildes ceteris paribus vorhanden sind, um so leichter wird einer gefunden. Die Zahl der Assoziationen ist abhängig einesteils von der Anlage des Gehirns (Intelligenz), das reich oder arm an Assoziationsmöglichkeiten sein kann, andernteils von der Erfahrung. Was man allseitig durchdacht, in alle möglichen Beziehungen gebracht hat, wird nicht mehr vergessen, um so schneller etwas Unverstandenes, ein chinesisches Gedicht, das ich höre. (Letzteres allerdings auch deswegen, weil mir die Worte ungewohnt sind; ich kann das Ganze nicht in bekannte, d. h. geübte Einzelheiten zerlegen.) So sind u. a. selbst gemachte Assoziationen leichter zu reproduzieren als von außen gegebene, schon weil sie aus dem vorhandenen Assoziationsschatz heraus entstanden sind.

Vielheit der Möglichkeiten wirkt aber oft auch *im Sinne der Erschwerung der richtigen Ekphorie*. Es braucht weniger Zeit, das erste Drama von Schiller zu nennen als ein beliebiges von Schiller; Assoziationen auf irgendein Wort, die ganz frei sind, brauchen mehr Zeit, als wenn man sie zum voraus genauer bestimmt, indem man z. B. Überordnungen verlangt. Je mehr „Ähnlichkeiten" zur Auswahl vorhanden sind, um so schwieriger die Auswahl und damit die Assoziation. Das nämliche formuliert Ranschburg dahin, daß ähnliche Funktionen, die nicht das gleiche Ziel haben, einander hemmen, ein sehr wichtiges Gesetz, das unser *Vergessen* in vielen Fällen bedingt.

Der Deutschschweizer verliert in einem andern deutschen Kanton sehr rasch die Fähigkeit, seinen Dialekt rein zu sprechen; ein Aufenthalt von Jahrzehnten in einem welschen Kanton bleibt meist ohne diesen Einfluß. Zwei ähnliche Namen oder Zahlen oder auch kompliziertere Dinge zu merken, ist viel schwieriger als zwei verschiedene. Der Schüler soll „Aristoteles“ sagen, ein Name, der ihm schon geläufig war; nun hat er kurz vorher von Aristides gehört, und so kommt ihm statt des richtigen dieser Name, erst noch halb verstümmelt, in den Sinn; aber „Aristoteles“ kann er einfach nicht finden. Ist, wie häufig, auf diesem oder ähnlichen Wegen die suchende Psyche auf falsche Assoziationsbahnen gekommen, so ist das beste Mittel, etwas ganz anderes zu denken, sich irgendwie abzulenken, worauf sich oft auf einmal die gesuchte Erinnerung einstellt. Die Konstellation hindert dann die Ekphorie nicht mehr.

Einen besonders großen Einfluß auf die Erinnerungsfähigkeit besitzen *die Affekte*. Auch bei der Erinnerung wird wie im gewöhnlichen Denken das gebahnt, was dem aktuellen Affekt entspricht, das Entgegenstehende gehemmt. Der nämliche Schüler, der ein Gedicht, das ihm gefällt, nach einer oder wenigen Lesungen flott auswendig weiß, kann sich stundenlang abmühen, um ein paar Verse aus einem Kirchenliede, das ihm langweilig vorkommt, in den Kopf zu bringen. Wer ein angeborenes Interesse für Zahlen hat, besitzt auch ein gutes Zahlengedächtnis[1]. Was man ungern erinnert, namentlich wenn es die eigene Person herabsetzt, wird schwer oder gar nicht ekphoriert[2]; Schmerz wird relativ rasch „vergessen“. So wird die Erinnerung an das eigene Leben immer nicht unbeträchtlich gefälscht. Manchmal taucht eine „*Deckerinnerung*“ statt einer unterdrückten auf. Wieder andere Engramme werden zwar ekphoriert, aber nicht mit dem Ich verbunden, bleiben also unbewußt. *Allen diesen Dingen kommt schon für das Alltagsleben, noch mehr aber für die Psychopathologie eine sehr große Bedeutung zu.* Siehe namentlich die Arbeiten FREUDs.

Was überhaupt zur Zeit des Erlebens mit Affekt betont war, bekam dadurch lebhafte Assoziationen mit der ganzen Persönlichkeit, die ja während dieser Zeit in allen Beziehungen intim mit dem affektbetonten Ereignis verbunden ist. So hat man früher beim Setzen von Marksteinen die Jungen geprügelt, damit sie die Stellen dauernd im Gedächtnis behalten. Handelt es sich aber um einen Affekt, der die Assoziationen, das Denken, stark und allgemein beeinflußte, einen schweren Wut- oder Angstanfall, namentlich bei sehr affektiven oder mit geringer intellektueller Widerstandsfähigkeit ausgerüsteten Leuten, so wird der Unterschied zwischen der Zusammensetzung der Persönlichkeit im Anfall und außerhalb desselben zu groß, als daß eine genügende Anzahl brauchbarer Assoziationswege vom Ruhestand in die Engrammgruppe der Aufregung führen könnte. Wir beobachten deshalb nach einem Zuchthausknall und ähnlichen schweren Erregungen, namentlich bei Psychopathen und Geistesschwachen, regelmäßig eine teilweise oder vollständige Amnesie, und bei Gesunden eine lückenhafte und namentlich auch gefälschte Erinnerung (Aussagen über eine Rauferei, in die die Zeugen affektiv verwickelt waren, auch wenn sie nicht als Mittäter in Betracht kommen). Auch der Affektzustand während der Ekphorie hat verschiedene Bedeutung. Ist man „gut aufgelegt“, so

[1] Allerdings kommt dazu, daß der Zahlenmensch seine Zahlbegriffe in besonders viele Beziehungen bringt, die ihm die Ekphorie erleichtern.

[2] Das ist zwar gewöhnlich so, aber im Prinzip nur richtig, soweit nicht andere Mechanismen die negative Affektwirkung stören. In der depressiven, d. h. unangenehmen Natur eines Affekts liegt allerdings die Tendenz, ihn mit der Vorstellung, die ihn trägt, auszuschalten. Aber auch die negativen Affekte haben wie alle andern die Tendenz, sich durchzusetzen. Je nach Anlage und zufälliger psychischer Umgebung kann auch einmal die letztere die mächtigere sein: der Stachel bleibt im Gemüte; dieses kann ihm gegenüber sogar immer empfindlicher werden, so daß schließlich auch die entferntesten Anspielungen die unangenehme Idee samt ihrem Affekt zum Bewußtsein und zur Herrschaft über die Persönlichkeit bringen (*Dysamnesie*, C. VOGT). Solche Fälle haben aber meist etwas krankhaftes.

strömen alle Erinnerungen leichter zu. Eine Hemmung des dem Affekt nicht Passenden und eine Förderung des ihm Entsprechenden ist manchmal auch in bezug auf die Erinnerung deutlich. Besonders wichtig ist der *Affektstupor* (Examenverwirrung), der namentlich durch ängstliche Affekte hervorgerufen wird. Angst ist die Reaktion auf die Vorstellung einer Bedrohung, der man sich nicht gewachsen fühlt. Da gibt es außer blindem Davonlaufen oder rücksichtslosem Um-sich-wüten den Ausweg des Nichthandelns, um nicht selbst in die Gefahr zu laufen, um sich nicht bemerkbar zu machen oder sich einem Feind nicht gefährlich zu zeigen: Gedanken und Bewegungen stehen still: Angststupor, Sich-tot-stellen vieler Tiere. Bei unbehilflichen Leuten wird diese Reaktion viel zu ausgesprochen, und zu oft auch da ausgelöst, wo sie nicht am Platz ist, so daß die Betroffenen in jeder ein wenig ängstlichen Situation eine Sperrung der Gedanken haben, die sie nicht überlegen, die Erinnerungen nicht finden läßt.

Da die Ekphorie auf den Assoziationsbahnen geschieht, ist es selbstverständlich, daß ein *verändertes Ich* nicht die nämlichen Erinnerungen zur Verfügung hat wie das Vorhergehende. So sehen wir nach Dämmerzuständen mit ihren Assoziationsstörungen in der Regel vollständige oder teilweise Amnesien; es kann dann sowohl bei hysterischen wie bei epileptischen und bei toxischen Dämmerzuständen (auch beim bloßen Rausch) vorkommen, daß in einem folgenden ähnlichen Anfall die Erinnerung wieder zugänglich ist, weil eben diejenigen Ideenkombinationen wieder existieren, die in assoziativer (zeitlicher und logischer) Verbindung mit den Erlebnissen waren. So drängen sich in einem späteren Anfall des manisch-depressiven Irreseins die Erinnerungen aus den früheren gleichartigen Anfällen manchmal in geradezu lästiger Weise auf. Darum erinnern wir uns bewußt meist nur an Geschehnisse, die wir auch bewußt erlebt haben, namentlich wenn die Aufmerksamkeit dabei darauf gewendet war, während unbewußt Erlebtes nur zufällig einmal auftaucht (der Einfluß der Aufmerksamkeit während des Erlebens besteht allerdings auch darin, daß sie möglichst viele passende Assoziationen schafft). Daß wir uns an unsere erste Lebenszeit so wenig erinnern, hat auch seine Gründe in der raschen Umbildung der Psyche in den ersten Jahren. Die allgemeine Konstellation eines sechsjährigen Kindes ist von der des 6 Wochen alten Säuglings in bezug auf eingesammeltes Erfahrungsmaterial gewiß viel verschiedener als von der eines in der Familie aufgezogenen Hundes, soweit wenigstens die nämlichen Sinneseindrücke in Betracht kommen (wenn wir also die Geruchsempfindungen des Tieres nicht berücksichtigen); der Hund hat fertige lokale und orientierende Anschauungen, der Säugling nur rudimentäre, die erst noch in beständigem Wandel begriffen sind. Auch die Begriffe selbst, wie z. B. der der Mutter, werden in den beiden Altern des Kindes in höchstem Grade verschieden sein. So sind Ausgangspunkte sowohl wie Ziele der Assoziationen beim Säugling und dem Sechsjährigen so verschieden, daß die beiden Wesen unmöglich die nämlichen Wege benutzen können. Man hat in der Studierstubenpsychologie aus dem Mangel an Erinnerungsfähigkeit geschlossen, daß das Kind im ersten halben Jahre noch kein Gedächtnis habe; in Wirklichkeit nimmt es in keiner Lebensperiode so viel Neues an Kenntnissen und Übung auf. Freud nimmt an, daß nach dem Säuglingsalter die verschiedenen, bei jedem Kinde von ihm vorausgesetzten abnormen Richtungen des Sexualtriebes verdrängt werden, und daß damit die übrigen Erlebnisse dieser Zeit ins Unterbewußte gerissen werden. Ich kenne keine genügenden Gründe für diese Ansicht.

Daß man trotz der unbeschränkten Dauer der Engramme die meisten derselben nicht mehr zur Verfügung hat, daß man beim Auswendiglernen so viele Zeit und Anstrengung braucht, beruht, abgesehen von der oben beschriebenen Verarbeitung, zu einem wichtigen Teil darauf, daß die vielen ähnlichen Assoziationen einander hemmen. Wenn ich innert eines längeren Zeitraumes nur eine einzige Jahrzahl höre, so bleibt sie; muß man die unsinnige Masse von Jahreszahlen für die Geschichtsmaturität auswendig lernen, so haften nur wenige sicher ohne sehr viele Wiederholungen. Der Name des ersten Schiffes, das ich auf einer größeren Reise benutzte, kommt mir so selbstverständlich ins Gedächtnis wie die Bezeichnung Tisch. Auf die Namen der folgenden muß ich mich besinnen.

Die Auffindung von Engrammen kann erleichtert werden dadurch, daß sie unter einen höhern Gesichtspunkt geordnet sind. Die Einzelheiten einer Geschichte würde man viel leichter vergessen, wenn sie nicht mit logischer Notwendigkeit zusammenhingen; eine Deduktion, die man nicht versteht, ist schwer zu behalten; sinnlose Silben haften viel besser, wenn sie als Rhythmus betont werden usw. Ich brauche das nicht weiter auszuführen, da es bekannte Dinge sind.

Ebenso wird die bloße Konstatierung genügen, daß es *verschiedene Formen des Gedächtnisses gibt:* das rein *mechanische*, das nur wiederholt, was und wie es erlebt worden; das *logische*, oder *judiziöse*, oder wie man es noch nennt, das die Einzelheiten nicht nach den erlebten Zusammenhängen ordnet, sondern nach selbstgemachten logischen Verbindungen. Auch die Begriffe des *schlagfertigen* oder des *umfangreichen Gedächtnisses* und ihre Gegensätze brauchen nicht erläutert zu werden.

Unsere Auffassung findet eine beachtenswerte Stütze in den Beobachtungen von GOLDSTEIN[1], der die bloße „Einprägung", d. h. die Benutzung wenig verarbeiteter Engramme unterscheidet von dem „assoziativen Gedächtnis", d. h. der Benutzung stark verarbeiteter und mit andern Vorstellungen in Verbindung gebrachter Engramme. Er redet geradezu von zwei Arten des Gedächtnisses. Die Erinnerungsfähigkeit nach längerer Zeit steht in direktem Verhältnis zur Assoziationsfähigkeit, während die Reproduktion nach kurzer Zeit (wenigen Minuten) davon unabhängig ist und eher durch viele Assoziationen gestört wird. Imbezille lernen oft sinnlose Silben und Zahlen, überhaupt Material mit geringer Assoziationsmöglichkeit leichter als assoziationsreiches (Bilderversuche). Unmittelbar nach der Einprägung haben sie einen auffallend geringen Abfall der Erinnerungstüchtigkeit; schon nach 24 Stunden aber ist der Erinnerungsverlust ein größerer als bei Normalen. Ablenkung durch Beschäftigung zwischen Einprägung und Ekphorie stört um so mehr, als sie *ähnliches* Material bietet. Außerdem kommt es beim Gedächtnis noch auf die Erfassung des Materials durch die Aufmerksamkeit, auf die „apperzeptive Anlage" an.

Dieses Verhalten ist von unserem Standpunkte aus selbstverständlich: 1. Das, was GOLDSTEIN die Einprägung nennt, ist bei uns das Zugänglichbleiben der rohen oder wenig verarbeiteten Engramme. Weil der Mangel an Assoziationen die Verarbeitung der Engramme erschwert, sind assoziationsarme Erinnerungsbilder frisch leichter zu ekphorieren. Die Erinnerungsfähigkeit muß aber ceteris paribus nach der Einprägung rasch abnehmen, weil wenige Wege zur Ekphorie führen und neue Erlebnisse und Einstellungen keine Verbindungen mit den Engrammen haben[2]. Ablenkung

[1] Merkfähigkeit, Gedächtnis und Assoziation, Z. Psychol. **41**, 38 (1906).

[2] Durch die geringe Verarbeitung der Engramme erklärt sich, daß ganz primitive, ja debile und ungebildete Menschen manchmal ihre Lebensgeschichte chronologisch genau mit beliebig vielen Einzelheiten und besonders anschaulich erzählen können, während reichere Persönlichkeiten nur bei besonderer künstlerischer Begabung dazu fähig sind. (Vgl. z. B. „Dulden". Aus der Lebensbeschreibung einer Armen. Herausgegeben von BLEULER, München: Reinhardt.) Dahin gehört es auch, daß der Arzt, namentlich bei Halbgebildeten, oft so viel Mühe hat, eine Beschreibung der Symptome, dessen, was die Kranken fühlen, zu erhalten; sie können mit all ihren vielen Worten nur die Ursache der Symptome, die sie sich einbilden, statt dieser selbst, geben oder ihre pathologische Auffassung und die Folgen, nicht aber, was man haben sollte.

stört die Reproduktion der assoziationslosen Einprägung, und zwar ähnliches Material mehr als fremdes, weil das erstere doch eine gewisse Verarbeitung bewirkt, namentlich aber auch die Auswahl der Wege erschwert[1]. 2. Je verarbeiteter ein Engramm ist, um so mehr Beziehungen hat es mit irgendwelchen anderen Ausgangspunkten, um so leichter ist es zu ekphorieren. Da diese Verarbeitung Zeit braucht, werden die verarbeiteten, assoziationsreichen Vorstellungen ceteris paribus nicht nur bei größerer Assoziationsfähigkeit besser reproduziert, sondern auch bei größerem Zwischenraum zwischen Engraphie und Ekphorie. 3. Eine weitere Stufe der Erinnerungsfähigkeit wird erreicht durch die Subsummierung der einzelnen Begriffe und Ideen unter allgemeine Gesichtspunkte, d. h. durch die intellektuelle Verarbeitung des Materials. Eine Geschichte, deren Pointe man verstanden, die Beschreibung einer Pflanze, die man in eine Klasse eingereiht hat, wird nicht so leicht vergessen, weil einmal der allgemeine Gesichtspunkt wie alle Allgemeinheiten leicht zu ekphorieren ist, und anderseits die Einzelheiten ihre Verbindungen mit diesem allgemeinen Gesichtspunkt haben, unter dem sie sich oft von selbst logisch oder nach einem System ordnen. Das ist wohl das, was GOLDSTEIN als Wirkung der „Apperzeptionsanlage" bezeichnet.

Die Gedächtnisfunktion verhält sich überhaupt *in gewisser Beziehung* umgekehrt wie die Intelligenz. Es ist selten, daß der nämliche Mensch die wenig verarbeiteten und die zu Begriffen und Ideen abstrahierten Erfahrungen gleich gut zu seiner Verfügung hat. Wer ein besonders scharfes Gedächtnis besitzt, produziert meist wenig Neues, denn er verarbeitet nicht. FOREL sagte, das Vergessen sei eine Bedingung der Intelligenz. Der Intelligente behält ceteris paribus mehr die bequemeren, aber auch weiter tragenden Resultate seiner begrifflichen Bearbeitungen zu seiner Verfügung als die Einzelheiten, aus denen er sie abstrahiert hat. Die sogenannten Rechengenies mit ihrem fabelhaften Gedächtnis und unmittelbaren Vorstellungsvermögen für Zahlenreihen sind im übrigen meist mehr oder weniger debil.

KRAEPELIN vermutet auch, daß die Gedächtnismenschen weniger schlafen müssen, weil sie im Schlaf nicht verarbeiten. Ein bekannter Gelehrter mit einem phänomenalen Gedächtnis schlief anhaltend nur 4 Stunden. Daß wir im Schlafe nicht nur unsere Engramme verarbeiten, sondern uns auch mit vielen andern Schwierigkeiten des Lebens abfinden, ist bekannt. Ob aber der Traum zu solchen Leistungen nötig sei, wie KRAEPELIN meinte, ist mir fraglich.

Für die ganze psychische Einrichtung sehr bezeichnend ist die *Beeinflussung der Erinnerungsfähigkeit durch bewußte vorherige Einstellung* (siehe Gelegenheitsapparate). Wenn man sich auf bestimmte Zeit oder bei einer bestimmten Gelegenheit, oder auf irgendein Signal hin etwas zu tun vornimmt, so wird es, wenn die Zeit oder die Gelegenheit oder das Signal da ist, in der Regel assoziiert, ja nicht selten sogar automatisch ausgeführt. Die Ausführungen posthypnotischer Befehle zeigen das nämliche in besonders scharfer Ausprägung. Man hat auch experimentell nachgewiesen, daß dasjenige, was für einen bestimmten Zeitpunkt gelernt worden ist, nach diesem Zeitpunkt auffallend rasch *vergessen* wird, und die Kenntnisse der gewesenen Maturanden sind recht geeignet, die Ergebnisse der Laboratoriumsversuche zu stützen.

Eine besondere Art der Erinnerung ist das *Wiedererkennen.* Man spricht von einer etwas rätselhaften „Qualität" des schon Erlebten. Die Sache ist aber, so weit es nur diese Funktion betrifft, sehr einfach und selbstverständlich. Es ist doch ein wesentlicher Unterschied, ob ein Erlebnis zum ersten Male vorkomme und erst engraphiert werde, oder ob es auf ein altes ähnliches Engramm stoße. Dabei sind, wie die Selbstbeobachtung ohne weiteres konstatieren läßt, zwei Dinge auseinanderzuhalten: Erstens

[1] Vgl. auch die Resultate von RANSCHBURG in BUMKE: Diagnose der Geisteskrankheiten, Wiesbaden: J. F. Bergmann 1919, S. 83.

die einfache Tatsache, daß der jetzigen Wahrnehmung die frühere durch Ekphorie assoziiert wird, worin eben das liegt, was man die „Qualität des Schon-erlebt" genannt hat; dann aber die ganze psychische Umgebung; fragt man sich: Habe ich dieses Gesicht schon einmal gesehen? so orientiert man sich instinktiv am liebsten daran, daß man nach Assoziationen des Eindruckes sucht; dann kommt man darauf, daß es mit einem bestimmten Ort, einer Zeit, einem gewissen Erlebnis assoziativ verbunden ist, womit nicht nur gegeben ist, daß man das Gesicht schon einmal gesehen, sondern auch, wo und unter welchen Umständen das war. Da eben nicht nur das isolierte Engramm der ersten Begegnung, sondern auch viele seiner Zusammenhänge ekphoriert werden, so stößt die „Erinnerung" zunächst auf den ganzen Begriff des Dinges oder der Person, und dann noch auf deren äußere Zusammenhänge. Man wird nicht nur auf das Schon-erlebt aufmerksam, sondern auch evtl. auf den Namen der Person, deren Stellung in der Gesellschaft und uns gegenüber, den Eindruck, den sie auf uns gemacht; mehr oder weniger deutlich werden auch die begleitenden Umstände, die Einreihung der ersten Begegnung in Zeit und Ort mitekphoriert; ist die Wahrnehmung eine gewohnte, so werden nicht die einzelnen Male der Begegnung ekphoriert, sondern eben die daraus abstrahierte Gesamttatsache, daß das der und der Freund, der Verwandte, der Nachbar sei, Begriffe, die alle früheren Erfahrungen irgendwie enthalten.

Natürlich verläuft das Wiedererkennen für gewöhnlich viel einfacher. Wenn der Säugling in den frühen Lebensmonaten vor unbekannten Personen „fremdet", bekannte aber vertraut anlächelt, so werden ihm von den obigen Assoziationen die wenigsten oder gar keine bewußt sein; er wird wohl überhaupt nichts denken; was etwa übersetzt werden könnte in „das ist der Onkel". Das bekannte Gesicht assoziiert einfach angenehme Gefühle aus früheren Erfahrungen, das unbekannte ängstliche Gefühle aus angeborenem Instinkt. Im ersteren Akt liegt aber doch ein primitives Wiedererkennen.

Der Erklärung bedürfen noch die *Paramnesien*. Für die *Halluzinationen* des Gedächtnisses und die *Konfabulationen*[1] haben wir im gesunden Leben Analogien: Wenn man sich irgendeine flüchtige Handlung, namentlich etwas zu sagen, lebhaft vorgestellt hat, so kann man nachher im Zweifel sein, ob man den Vorsatz ausgeführt habe, und es wird jedem einmal begegnen, daß er glaubt, etwas gesagt zu haben, was er sich nur zu sagen vorgestellt hat. So wird das Engramm der Vorstellung mit dem der geschehenen Handlung verwechselt, besonders wenn mit dem ersteren auch die begleitenden Umstände klar gedacht worden sind. Wir können uns nun denken, daß solche Vorstellungen, die im Unbewußten abgelaufen sind, bei Schizophrenen nachher bewußt ekphoriert und dann mit wirklichen Erlebnissen verwechselt werden; dies ist um so leichter, wenn die Kritik eine ungenügende ist, oder wenn nicht nur ein in der Luft stehendes Ereignis, sondern auch noch dessen Umgebung, der Anlaß, wo das geschehen, wer dabei war, usw. lebhaft mitvorgestellt war, oder wenn es in eine wirkliche psychische Umgebung hineingesetzt wird.

---

[1] *Halluzinationen des Gedächtnisses:* Es taucht plötzlich und unvermittelt die (meist recht genaue) Erinnerung an ein Erlebnis auf, das in Wirklichkeit gar nicht stattgefunden hat (wohl nur bei Schizophrenen). — *Konfabulation:* Das Bedürfnis etwas zu erzählen, zu renomieren, auf eine Frage zu antworten, schafft momentan die bestimmte Vorstellung, etwas erlebt zu haben, wobei diese Vorstellung durch neue Einzelbedürfnisse beständig weiter ausgebaut werden kann (in typischer Weise zur Ausfüllung der Gedächtnisleere wohl nur bei den organischen Psychosen). *Gedächtnisillusionen, Paramnesien im engeren Sinne,* sind Umgestaltungen wirklicher Erinnerungen, die bei jedermann vorkommen, aber bei Geisteskranken oft stark übertrieben werden.

Kümmern wir uns um das Unbewußte nicht, obgleich die meisten schizophrenen Gedächtnishalluzinationen ihm entspringen, so können wir den Vorgang, der die Gedächtnishalluzination zustande bringt, etwa folgendermaßen auffassen: die Vorstellung einer Begebenheit bekommt die Farbe des „Erlebt", wenn sie in ähnlicher Weise ausgebildet wird, wie die bewußt werdenden Erinnerungen, und wenn sie assoziativ in den Zusammenhang von einer mehr oder weniger bestimmten Vergangenheit eingereiht wird. Ich kann mir *vorstellen*, daß ich einem Gewitter zuschaue, oder ich kann mich *erinnern*, daß ich gestern nachmittag um 3 Uhr Zeuge eines Gewitters war. Im ersteren Falle fehlen alle zeitlichen Beziehungen der Vorstellung, und es wird in diese Vorstellung des „dem Gewitter Zuschauens" nichts Bestimmtes, Sinnliches eingehen, nicht ein bestimmter Donnerschlag, bestimmte Blitze über einer bestimmten Stelle einer bestimmten Gegend von einem bestimmten Standpunkt aus gesehen, meine eigene Stellung und meine Gefühle; ebenso werden fehlen alle zeitlichen Beziehungen zu einer gleichzeitigen und unmittelbar vorangehenden und nachfolgenden Umgebung, zu den Erlebnissen eines bestimmten Tages überhaupt, wie sie bei einer Erinnerung in der Regel mitklingen und das psychische Gebilde zeitlich lokalisieren. Alle diese Dinge können aber unter gewissen Umständen auf assoziativem Wege zu der Vorstellung hinzukommen, und wenn nur wenige derselben dabei sind, so kann das Gebilde subjektiv nicht mehr von einer Erinnerung an etwas Erlebtes unterschieden werden.

So sehen wir, daß zwischen Wahrnehmungshalluzinationen, Gedächtnishalluzinationen, Wahnideen, autochthonen Ideen und den andern ähnlichen psychischen Gebilden kein prinzipieller Unterschied besteht: es erscheint fast gleichgültig, welche von diesen Formen ein krankhafter Psychismus annehme, und Schizophrene können oft beim besten Willen nicht sagen, welcher speziellen Art ein Wahngebilde angehört.

Wenn man etwas in einem bestimmten Zusammenhang bringen soll, wenn man etwas wünscht oder fürchtet, oder namentlich wenn man sich zu entschuldigen hat, ordnen sich die Tatsachen zunächst immer im Sinne der Strebung, und wohl niemand ist ganz frei von solchen Gedächtnisillusionen, von der unbewußten Versuchung, wenigstens im ersten Augenblick auch neue Einzelheiten als erlebt hinzuzudenken. Besonders leicht wird man rechtfertigende Erlebnisse aus andern Zusammenhängen in die aktuellen hineinbringen usw. Die letzteren Zutaten haben den Charakter des Erlebten und können ihn vielleicht auf das Ganze übertragen. Es könnte auch sein, daß die momentan gebildete Vorstellung schon im nächsten Augenblick als Engramm ekphoriert wird, so daß sie, wie man es bei der Entstehung von Gedächtnishalluzinationen hat annehmen wollen, kurz nach ihrer Entstehung wieder in Form einer Erinnerung auftaucht. Es ist mir indessen sicher, daß in allen diesen Dingen nicht nur ein einziger Mechanismus mitspricht, sondern verschiedene, so daß das nämliche pathologische Symptom aus mehreren Wurzeln entstehen kann.

Die *identifizierenden Gedächtnistäuschungen*, bei denen man fälschlich das Gefühl hat, ein eben ablaufendes Ereignis habe man schon einmal erlebt, kann ich noch nicht erklären. Ganz in der Luft stehen Theorien wie die, daß das Ereignis in der einen Hirnhälfte etwas verspätet wahrgenommen werde, so daß es bereits auf ein Engramm in der zweiten Hälfte stoße.

Verständlicher sind die *Kryptomnesien*, bei denen man glaubt, etwas selbst zu kombinieren, was man in Wirklichkeit von einem andern (gelesen oder gehört) hat (ein Kritiker schreibt eine Kritik, die schon in einer

Zeitung steht; Helen Keller dichtet den „Winterkönig", den sie irgendwo einmal gelesen, aber im Bewußtsein vollständig vergessen hat). Hier werden Engramme ohne die andern ursprünglich mit ihnen zusammenhängenden Assoziationen ekphoriert; an Stelle der letzteren treten die Verbindungen der neuen psychischen Umgebung; der Vorgang ist ein bloßer Grenzfall des gewöhnlichen psychischen Geschehens, in dem ja niemals alle Assoziationen einer Vorstellung ekphoriert werden, sondern nur eine Auswahl.

Sowohl bei Kranken wie bei Normalen ist der Ausfall von Erinnerungen, das Vergessen, wohl immer ein Versagen der Ekphorie (siehe S. 67), wenn auch mit den sensorischen und motorischen Rindenflächen wichtige Bestandteile der Engramme zerstört werden mögen. v. MONAKOW nimmt auch bei Apraxie an, daß die unbrauchbar gewordenen erworbenen Bewegungs formeln nicht ausgefallen seien, sondern nur ihre Ekphorierbarkeit eingebüßt haben.

Daß die Ekphorierbarkeit der Engramme diffusen Reduktionen der Hirnrinde um so besser widersteht, je älter jene sind (S. 70), mag einmal für das Verständnis der Gedächtnisfunktion wichtig werden. Jedenfalls aber ist WERNICKEs Formulierung von der einseitigen Zerstörung seiner „*Merkfähigkeit*" nicht richtig. Auch die vor der Krankheit engraphierten Erlebnisse werden im umgekehrten Verhältnis zu ihrem Alter vergessen. Der Begriff der Merkfähigkeit ist überhaupt ein sehr mißverständlicher und durch den klaren der Engraphie zu ersetzen. Er könnte höchstens für den vereinzelten Fall von STÖRRING (S. 77) passen.

Leicht verständlich ist auch, daß bei organischen Alterationen eine Funktion, Gleiches vorausgesetzt, um so leichter gestört wird, je bewußter sie ist. Substantiva fallen bei Aphasien am ehesten aus, und von diesen wieder die konkreten früher als die abstrakten, während Partikeln oft auch bei Schwerkranken noch erhalten sind. Ist aber eine Funktion nur von einer einzigen Vorstellung aus zu assoziieren, so bekommt eine solche einzige Verbindung schon durch die Übung eine besondere Festigkeit; auslösende und ausgelöste Funktionen werden geradezu zu einer funktionellen Einheit. Taucht während des Sprechens das Verhältnis der Nebeneinandersetzung zweier Vorstellungen auf, so ist das Wort „und" das gegebene und nur dieses; es bedarf zur Auslösung keiner anderen Direktiven, keiner Wahl, auf die besondere Konstellation ist keine Rücksicht zu nehmen, und so läuft die Maschine eben automatisch in der Richtung des „und". Substantive und Verben aber können in den verschiedensten Verbindungen gebraucht werden, und man kann auch wählen, welche unter mehreren man zum Ausdruck der nämlichen Idee verwenden wolle, so daß die Richtung sofort ungenügend bestimmt ist, sobald eine Komponente ausfällt oder unklar angetönt wird. Je konkreter ein Begriff ist, um so weniger Bedeutung hat für ihn das ihn bezeichnende Wort; in der psychischen Darstellung des Begriffes „Tisch" ist das Wort gar nicht nötig, und wenn es auch mitassoziiert ist, so spielt es doch eine viel geringere Rolle dabei als die Vorstellung des Tisches selbst; diese allein ist beim gewöhnlichen Denken verbindungtragend; man denkt in den gewöhnlichen Überlegungen den Begriff überhaupt oft (viele Leute meist) ohne das Wort. Bei abstrakten Vorstellungen dagegen bildet das Wort die bequemste und klarste Komponente, die am leichtesten bestimmte Assoziationen auslösen und von außen angeregt werden kann.

Wenn wir etwas fassen wollen, so ist die einzige Assoziation der Fingerschluß; wenn man aber den Auftrag bekommt, „die Finger zu schließen", bedarf es eines komplizierten Vorganges, nur zur Vorstellung zu kommen, was man eigentlich machen soll, und außerdem ist die Assoziation der Bewegungsauslösung eine ganz ungewöhnliche, so daß sie von Gesunden oft nicht gleich gefunden wird, wie jeder Nervenarzt weiß, der zwecklose Bewegungen auf Befehl machen läßt. So muß sie bei ungewöhnlichem Zustand des Nervensystems leicht versagen. Hier kommt allerdings noch etwas anderes hinzu: die Greifbewegung hat jedenfalls in unteren Centren einen eigenen Mechanismus, und ich kann nach Analogie mit andern Funktionen nicht zweifeln, daß, wenn die Hirnrinde versagt, die tieferen Mechanismen wieder eintreten, hier fördernd und ersetzend, an andern Orten störend. Auch bei peripherer Reizung kommt bei Funktionsausfall des obersten Centrums der alte Babinski oder der v. Monakowsche Reflex wieder zum Vorschein.

Von anderer Seite vorgeschlagene physiologische Gedächtnishypothesen erwähnt E. Becher [Über physiologische und psychistische Gedächtnishypothesen, Arch. f. Psychol. 125 (1916)]. *Ich bin erschrocken über die Naivität der Ansichten, die der Autor als physiologische Gedächtnishypothesen vorfindet,* und in denen er dann sehr leicht das Unzulängliche der physiologischen Hypothese überhaupt nachweisen zu können glaubt, während er in Wirklichkeit nur Einfältigkeiten bestreitet, die den Hirnphysiologen nichts angehen. Es sollen Einwände gegen die physiologische Gedächtnishypothese sein, daß alle die unzähligen optischen Bilder in die nämlichen Hirnteile kommen, daß mehrere „gleiche" akustische Empfindungen getrennt registriert werden, oder daß Assoziationen auf Gesichtsempfindungen stattfinden, die bei der Engraphie vom gelben Fleck, aber bei der Ekphorie von einer andern Retinastelle aus ausgelöst werden. Ich möchte Leute, die so bedenkliche Begriffe von einer Rindenfunktion haben, daß sie solche Auffassungen (wenn sie wirklich noch vorkommen) ernst nehmen können, dringend vor biologisch-psychischen Studien warnen und namentlich bitten, dieses Buch ja aus der Hand zu legen; sie können nur Mißverständnisse daraus herauslesen.

Bechers psychistische Hypothese ist für unsere Auffassung der Hirnphysiologie ganz unnötig; und das ist gut; denn sie versetzt einfach die Assoziationen, die sie sich im Gehirn nicht vorstellen kann, in eine besonders supponierte Seele, der man alle Eigenschaften zuschreiben kann, die man wünschen möchte, da man sie in diesem Sinne nicht kennt, und man nicht untersuchen kann, ob die Eigenschaften dort fehlen. Becher kann aber doch die Hirnvorgänge nicht entbehren, wenn er die psychischen Störungen bei Hirnveränderungen und Vergiftungen erklären möchte. Wozu dann aber der Sprung ins Leere?

B. Aufnahme und erste Verarbeitung des Materials: Empfindung, Wahrnehmung, Abstraktion, Begriff, Vorstellung, Sinnestäuschungen.

1. Außenwelt, Innenwelt, Ich. Projektion nach außen.

Für viele ist es unmöglich, solche Dinge zu versehen, so für diejenigen, die schon an dem „Problem" scheitern, wie denn die Seele, die in unserem Körper sitze, Vorgänge in ihr an einen ganz anderen Ort, „nach außen" verlegen könne, wo sie gar nicht ist[1]. Für den Identisten existiert diese

[1] Z. B. Schultze, O.: Grundsätzliches und Kasuistisches über die Bildung von Begriffen. Arch. f. Psychiatr. **59**, 547 (1918): „Die Sinneserscheinungen sind so gut wie nie an den Stellen lokalisiert, wo das Gehirn auf ihre Entstehung auslösend wirkt." „Unser Gehirn erzeugt die Sinneserscheinungen; kein Mensch weiß, weshalb sie an Stellen auftreten, die weit vom Gehirn entfernt sind. Nirgends entsteht ein räumlicher Zusammenhang zwischen Ursache und Wirkung." „Es scheint eine actio in distans vorzuliegen." Das ist alles Verwechslung von Funktion und Inhalt. — Gleich verständnislos ist das Bergsonsche „nous replaçons les perceptions dans les choses" (zitiert nach Ziehen). Auch Metaphysiker (z. B. Deussen) gehen von ähnlichen Vorstellungen aus, die die so einfache Wirklichkeit hoffnungslos mit sinnlosen Einbildungen vermengen und verwirren.

Frage gar nicht. Wir spüren psychische Vorgänge; sie laufen im Gehirn ab und verlassen es nicht. Von diesen haben die „Aktionen", Wahrnehmen, Denken, Fühlen, Wollen etwas Gemeinsames, das selbstverständlich so wenig beschrieben werden kann wie „Schwarz" oder „Bitter". Immerhin wird jedermann verstehen, was gemeint ist, wenn man sie als „Aktionen" bezeichnet. Wir unterscheiden ja z. B. die Aktion des Wahrnehmens ohne weiteres von ihrem Inhalt, d. h. von dem Wahrgenommenen. Man kann unter anderem als *Gemeinsames* der Aktionen noch herausheben, daß man sie nicht im eigentlichen Sinne „beobachten" kann, während sie ablaufen[1]. Ferner *mangelt* ihnen vollständig das, was in unserem Zusammenhang für die dieser Gruppe gegenüberzustellende zweite Reihe von Psychismen charakteristisch ist: *die exakten Beziehungen der Sinnesempfindungen unter sich und namentlich mit unseren Bewegungen und Kinästhesien*, Beziehungen, die äußerst mannigfaltig, aber nach genauen Gesetzen geordnet sind. Um einen Gegenstand, den ich vor mir sehe, zu ergreifen, muß ich ganz bestimmte Bewegungen machen, die in einem bestimmten Verhältnis zur gereizten Retinastelle und der Stellung des Auges stehen. So gut, wie wir nach Ähnlichkeit und zeitlichem Zusammentreffen alle Rosen, die wir gesehen, zu dem Allgemeinbegriff der „Rose" überhaupt „gestaltet" haben, in gleicher Weise bilden wir aus den Zusammenhängen der Aktionen unsere *Psyche*, aus den sinnlichen und motorischen Beziehungen die Vorstellung des *Raumes*. *Unser Raum ist also die Vorstellung, die wir aus der Gesamtheit bestimmter Beziehungen von Empfindungen (namentlich kinästhetischen und optischen) und Bewegungen gestalten*, wie „Rose" die Gestalt ist, die wir aus bestimmten Sinnesempfindungen gebildet haben. *Die sogenannte Projektion einer Wahrnehmung in den äußeren Raum ist nichts anderes als die Einreihung ihrer Beziehungen unter die schon von uns registrierten Beziehungen durch einfache Assoziation der Ähnlichkeit*, indem die Beziehungen des eben Wahrgenommenen zum großen Teil identisch sind mit schon erworbenen. *Wir reihen die wahrgenommene Rose in die bereit liegenden räumlichen Beziehungen ein, wie wir sie inhaltlich in die schon gewonnene Begriffskategorie der Rosen einreihen.*

Diese Schöpfung des Begriffes des äußeren Raumes und die Anwendung desselben ist also eine rein intrapsychische Angelegenheit und hat mit der objektiven Trennung von Außen- und Innenwelt nur indirekt etwas zu tun, insofern als wir uns vorstellen müssen, daß unser Raumbegriff wirklich einem Raum an sich entspreche. Wir machen ja die gleiche Trennung auch in unseren Träumen und in den Halluzinationen der Geisteskranken, wo ein äußerer Raum gar nicht in Betracht kommt.

Die Projektion des Inhaltes (nicht des Vorganges) der Sinnesempfindungen nach außen als eine Verlegung von Gehirnvorgang in die Außenwelt oder als eine Actio in distans aufzufassen, beruht auf einer recht schlimmen Vermengung des als objektiv gedachten psychischen Vorganges in unserem außenweltlichen Gehirn einerseits, und des Inhaltes der subjektiven Vorstellung eines objektiven Außenraumes mit seinen Dingen anderseits. Es ist, wie wenn man sagen wollte, die Vorstellung einer Kugel sei rund.

Allerdings wird für das Neugeborene die Innenreihe anfänglich (wie bei Tieren das ganze Leben) nur aus einem „Gefühl" des Erlebens und etwas später wohl auch des Wollens bestehen. Für es existiert sonst zunächst offenbar nur der Inhalt der äußeren Wahrnehmungen, nicht das Sehen der Mutter, sondern „die Mutter". Nur auf die Außendinge hat das einfache Geschöpf zu reagieren und zu achten. Die Herausarbeitung der inneren Vorgänge verlangt eine komplizierte „Reflexion".

---

[1] Es gibt deshalb zwei recht verschiedene Aspekte der inneren Erlebnisse: einen unmittelbaren, mehr gefühlsmäßigen, während des Erlebens und einen nachträglichen aus der Erinnerung (siehe Vorwort gegen Ende).

Das, was wir später die Mutter nennen, wird zuerst bestehen aus einer verhältnismäßig geringen Anzahl Empfindungen von Wärme, Hungerstillen, Gerüchen, Tastempfindungen, bestimmten Farbenflecken (diese wohl verhältnismäßig spät, weil sie nur in größerer Komplikation einen Erkenntniswert haben), das was auf Schreien herkommt, das worauf das Kind mit bestimmten Gefühlen und Bewegungen reagiert usw. Diese Empfindungen einzeln und in größeren Gruppen haben bestimmte Beziehungen zu seinen aktiven und passiven kinästhetischen Empfindungen, Reflexen, Trieben usw., Beziehungen, die andern Reizen fehlen. Alles zusammen bildet den primären Begriff der Mutter, von dem gewiß erst später das, was der eigenen Reaktion angehört, z. B. die Empfindung des Saugens, abgetrennt wird, so daß dann nur der Komplex der Engramme (mehr oder weniger verarbeiteter) sinnlicher Empfindungen in dem definitiven Begriff der Mutter bleibt. So mit allen Gegenständen der Außenwelt.

Aus der Außenwelt hebt sich der *eigene Körper* heraus. Er gehört ihr ganz an: man kann ihn sehen, greifen, lokalisieren wie die andern Dinge. Aber wenn man ihn betastet, so hat man zwei Empfindungen, eine an der betastenden und eine an der betasteten Stelle; seine Gestaltung ist den Empfindungen aktiver und passiver Bewegungen in exakter Weise bis in alle Nuancen koordiniert; wenn er von außen berührt oder von Licht getroffen wird, so entstehen Empfindungen, und oft werden dadurch ganz bestimmte Reflexe, Triebe, Bewegungen ausgelöst usw. Gewisse Empfindungen, wie Bauchweh, Kollern im Leib, haben ausschließlich Beziehungen zu diesem Komplex usw.

Ein Teil der psychischen Reihe ist nun mit dem Körper assoziativ so eng verbunden, daß beides dem Laien zu einer subjektiv untrennbaren Einheit zusammenfließt, zu dem „*naiven Ich*“[1]. Dieses besteht aus den Wahrnehmungen und Vorstellungen des eigenen Körpers und dem Teil der psychischen Reihe, der die Beziehungen zur Außenwelt besorgt, mit den äußeren Wahrnehmungen und den Reaktionen nach außen; ich sehe „mit den Augen“, „taste mit der Haut“, bewege „mich“, oder „meinen“ Körper im ganzen oder „meine“ einzelnen Glieder (daß die Psyche durch die zentrifugalen Nerven in die ihr ganz fremden Muskeln komplizierte Koordinationen von Reizen schickt, spüren wir nicht). In seinem „ich sehe“, „ich will das“, „ich tue das“ ist vulgär das Subjekt nicht nur als innerer Vorgang, sondern zugleich als Körper gedacht, ohne daß es zum Bewußtsein kommt, daß das Ding „Ich“ zwei verschiedene Seiten hat.

Auch der Gebildete denkt „sich selber“ nie ohne den Körper, und auch in den Vorstellungen, die wir uns von unseren Mitmenschen machen, kommt dem Körper geradezu die Führung zu, wenn wir uns auch diesen Körper beseelt und mit Strebungen ausgerüstet denken. Wenn „der Herr Müller“ kommt, so kommt er körperlich, und die gewöhnliche oberflächliche Vorstellung einer bestimmten Person enthält als Kern wohl nicht viel anderes als ihre Gestalt (mit Kleidern).

Auch diejenigen, die das Psychische als Seele oder Geist vom Leibe trennen, verleihen dem Geist wieder eine außenweltliche Gestalt und einen Leib, allerdings einen besonderer Art, der z. B. schweben und andere Körper durchdringen kann, den man aber unter Umständen sieht, und der außenweltliche (physikalische) Kräfte besitzt (z. B. Stimme).

Die Heraushebung des mit den Körpervorstellungen amalgamierten Teiles der psychischen Reihe, des rein Psychischen an den Funktionen des

[1] Das Ich der Psychologie, mit dem auch wir sonst allein zu tun haben, und von dem wir z. B. im Kap. II H sprachen, gehört rein der psychischen Reihe an.

Sehens, Fühlens, Bewegens, bedarf einer komplizierten Abstraktion, die der Laie nicht oder nur selten macht[1].

Von selbst werden aber als ganz der psychischen Reihe angehörig aufgefaßt das Denken, die Affekte („ich bin traurig") und namentlich das Wollen. Aber die beiden Anteile des rein psychischen Inhaltes haben recht flüssige Grenzen; sogar „Wollen" existiert nicht ohne Änderung von Muskeltonus, der Blutverteilung und anderer körperlicher Funktionen, die wieder nicht ohne Einfluß auf die Art sind, wie wir uns spüren.

Die vulgäre Trennung von Geist und Körper in zwei besondere Wesen beruht gewiß nur zum kleinsten Teil, vielleicht auch gar nicht, auf subjektiver Unterscheidung von Physisch und Psychisch, sondern auf der objektiven Beobachtung, daß einerseits tote Körper keinen Geist mehr verraten, und anderseits in Träumen oder sonst in Sinnestäuschungen die nicht leibliche Anwesenheit eines Verstorbenen und körperlich Begrabenen möglich ist.

Die Reihen Außenwelt, Innenwelt, naives Ich, von welch letzterem ein Teil der Außenwelt, ein anderer der Innenwelt angehört, haben untereinander sehr wesentliche Verschiedenheiten in ihren Zusammenhängen. Da wir unseren Körper auch mit den Sinnen wahrnehmen, nimmt er Teil an den Beziehungen, die wir den Raum nennen; er wird in den Raum „lokalisiert" wie ein anderer Wahrnehmungsinhalt. Insofern ist er auch für den Naiven ein Bestandteil der Außenwelt. Die psychische Reihe der inneren Tätigkeiten wird an den nämlichen Ort lokalisiert[2] wie der Körper, und im speziellen wird jedenfalls sehr früh das Sehen in die Augen, das Hören in die Ohren, das Tasten und die andern „niedern" Sinnesempfindungen in den empfindenden Körperteil verlegt. Die Affekte verlegt man hauptsächlich in die Brust, weil daselbst die stärksten affektiven Funktionsveränderungen in Herztätigkeit und Atmung vor sich gehen. Dahin wird überhaupt das ganze Ich in erster Linie lokalisiert; wer „Ich" sagt und dem Nachdruck geben will, deutet regelmäßig auf die Brust. Der Traum, die kindliche Phantasie, das Märchen weiß zu erzählen, wie jemandem oder „mir" der Kopf abgehauen worden, wie der nämliche „Jemand" oder „Ich" ihn wieder gefunden und „sich" aufgesetzt hat. Das Denken allerdings, heißt es, „fühle" man im Kopf. Das wird bei den einen mehr oder weniger richtig sein, bei andern sicher gar nicht. Es gibt ja beim angestrengteren Denken gewisse Mitbewegungen, resp. Spannungen der Muskeln am Kopfe; und diejenigen, die besonders in Worten denken, werden bestimmte örtliche Beziehungen zu den Sprechorganen spüren; aber auch in der Brust hat man Begleitempfindungen des Denkens, und viele naive Vorstellungen versetzen auch die denkende Seele dahin; ich erinnere mich selbst noch aus meinen ersten Jahren, daß ich verwundert war, als ich hörte, daß man im Kopf denke, und mein noch nicht vierjähriger Junge behauptete, er habe (zum Unterschied von den Tieren) ein Herz, das könne schwatzen und weinen (er kannte die Lokalisation des Herzens). Jedenfalls ist es eine unsinnige Verkennung der Verhältnisse, wenn man meint, daß man das Denken deshalb in den Kopf verlege, weil man mit dem Gehirn denke. *Der von außen bestimmte Ort der psychischen*

---

[1] Daß die Innenwelt, abgesehen von den elementarsten Begriffen wie „ich will", sehr viel später klar zum Bewußtsein kam, zeigt sich wohl auch darin, daß die Bezeichnungen der seelischen Vorgänge fast alle der Außenwelt entnommene Symbole sind: Neigung, Tendenz, Trieb, Absicht, Gefühl, Seele selbst und Spiritus und Anima, Ziel, Zweck, Motiv, Grund, begreifen, niedergeschlagen, fromm, feige, Rat (= Vorrat), raten usw.

[2] Allerdings in einem etwas anderen Sinne als die Dinge der Außenwelt.

Funktion hat mit der subjektiven Einreihung derselben in räumliche Verhältnisse nichts zu tun.

Die Lokalisation des Denkvorganges ins Gehirn ist eine *objektive* (das Subjekt weiß überhaupt nichts von seinem Gehirn); sie wird — abgekürzt ausgedrückt — daraus erschlossen, daß wir bei Hirnalterationen anderer (Schlagen auf den Kopf, Krankheiten usw.) Veränderungen der Psyche und speziell des Denkens sehen, die wir einigermaßen jenen Hirnveränderungen parallelisieren können.

Subjektiv und an sich gibt es keine Lokalisation eines psychischen Vorganges, die in irgend einer Beziehung der objektiven Lokalisation entsprechen würde, und keine Lokalisation überhaupt außer der zunächst ganz unräumlichen in das Ich. Insofern aber der Körperanteil des Ich in den äußeren Raum sich einordnet, wird er — und *damit sekundär das ganze Ich* — in diesen lokalisiert.

Die Frage nach der direkten Lokalisation psychischer Vorgänge im Raum beruht auf der nämlichen Verkennung der wirklichen Verhältnisse, wie das Befremden darüber, daß es möglich sei, „trotz" umgekehrter Retinabilder die Welt aufrecht zu sehen[1]. Das Aufrecht- oder Umgekehrtstehen der Retinabilder hat mit der richtigen Lokalisation, mit dem Aufrechtstehen des Weltbildes gar nichts zu tun; beide Dinge haben weder Berührungs- noch Vergleichspunkte. Man könnte das ganze Hirn umdrehen, wenn nur die Verbindungen zwischen Retinabild und den übrigen sensiblen und den motorischen Apparaten erhalten bleiben, die Psyche würde nichts davon merken, *ebensowenig, wie es in den Erfolgsapparaten einer elektrischen Anlage darauf ankommt, ob das Schaltbrett horizontal oder senkrecht gestellt werde.* Auch die Retinabilder könnten beliebig gedreht, sogar zu beliebig vielen Stücken auseinandergerissen sein (wenn nur nach bestimmten Regeln), das würde unsere Raumvorstellungen nicht verändern. Zum Überfluß hat man versuchsweise mit Prismen die Retinabilder aufrecht gestellt, woran sich die Psyche in zwei Tagen gewöhnte, so daß sie die Welt wieder aufrecht sah. Wer die umgekehrten Retinabilder in Beziehung bringt mit der räumlichen Lokalisation in der Psyche, der ist dem gleich, der voraussetzt, daß die Gehirnfunktion, die uns als Blau zum Bewußtsein kommt, auch blau sei. Die Psyche selber oder irgend ein wichtiger Vorgang in ihr ist weder aufrecht noch nicht aufrecht, ebensowenig wie blau oder hart. Hier, zwischen psychischem Vorgang und seinem Inhalt, gibt es „nur einen Sprung", nicht aber zwischen Wahrnehmungs- und Vorstellungsraum, d. h. zwischen dem Raum des Inhalts und der Wahrnehmung und dem des Inhalts der Vorstellung (wie JASPERS meint).

So sind Innenwelt und Außenwelt, aber auch Ich und psychischer Vorgang, Begriffsbildungen, die sich in keiner Weise von anderen Begriffsbildungen unterscheiden. Einander ähnliche und assoziativ-zusammenhängende Elemente werden von anderen Elementengruppen, die andere Ähnlichkeiten und andere Zusammenhänge besitzen, abgegrenzt und als Einheiten zusammengefaßt. Eine bestimmte Klasse von Empfundenem (Empfindungsinhalte und deren Zusammenordnungen zu Gegenständen) werden nicht in einen a priori oder sonstwie unabhängig bestehenden Raum „versetzt", sondern sie haben unter sich (assoziative) Beziehungen, deren Abstraktion unser Raumbild ist. Denken wir die sinnlichen (inkl. körperlichen) Empfindungen weg, so ist für uns kein Raum mehr da. Wenn aber die Zusammenhänge einmal herausgehoben sind (es braucht nicht bewußt zu sein), dann kann man sich ja ausdrücken, eine neue Empfindung werde in den schon bestehenden Raum lokalisiert, wenn sie mit den vorhandenen Raumvorstellungen assoziativ verbunden wird. Aber prinzipiell ist damit nichts Neues gesagt.

Nur in dem Sinne, wie man von einem Sehraum, Hörraum usw. spricht, kann man auch einen „*Vorstellungsraum*" sich denken; es ist der nämliche Raum, den wir aus

---

[1] Eben las ich wieder, das häufige Vorkommen, daß Kinder Figuren und Gegenstände auf dem Kopf stehend zeichnen, beruhe darauf, daß sie noch nicht gelernt haben, ihre umgekehrten Retinabilder aufrecht zu sehen (1932).

der Wahrnehmung kennen. Aber im Wahrnehmungsraum ist (unter normalen Verhältnissen) alles durch die Wahrnehmung gegeben, die Gegenstände und ihre Anordnung, ihre Distanzen, Farben usw. Im Vorstellungsraum sehen wir wie in den Gegenstandsvorstellungen — für gewöhnlich, aber gar nicht notwendig — von einem großen Teil der genauen sinnlichen Daten ab. Wir lokalisieren die Dinge gewöhnlich nicht genau hinein, dafür haben wir eine Übersicht, wie sie im reinen Wahrnehmungsraum nicht möglich wäre. Wir können uns die Gegenstände „anderswohin" denken; im gewöhnlichen Raum müssen wir sie wegbewegen — soweit sie überhaupt für unsere Kräfte beweglich sind. Die Vorstellung meines Geburtshauses ist anders als die Wahrnehmung desselben, und *ganz im gleichen Sinne anders* ist sein vorgestellter Ort als sein wahrgenommener.

2. Empfindung, Wahrnehmung, Vorstellung, Begriff; ihre Entstehung.

„*Empfindung*" = einfache Folge eines sensorischen Reizes, elementarste Perzeption, also z. B. Perzeption einer Farbe, eines Tones, einer Berührung. Sie ist schon an sich nicht etwas Einfaches. Die Empfindung eines Lichtfleckes besitzt Helligkeit, Farbe, Nuance, Sättigung, Ausdehnung und eine Eigentümlichkeit, die ihr durch die Stelle der Reizung auf der Retina zukommt. Sie wird nie isoliert erlebt, sondern nur als Bestandteil von Wahrnehmungen. „*Wahrnehmung*" = die Erkennung einer Gruppe von Empfindungen als Repräsentant eines bestimmten Dinges, z. B. eines roten Farbenfleckes als einer Rose, durch Assoziation der aus früheren Empfindungen gebildeten Vorstellung der Rose an den aktuellen Empfindungskomplex. „*Vorstellung*" = Reproduktion einer oder vieler irgendwie zusammengehöriger Wahrnehmungen ohne zugrunde liegende Empfindungen. — Die drei Ausdrücke bezeichnen leider sowohl die Vorgänge des Empfindens, Wahrnehmens und Vorstellens als auch deren Inhalt, das Empfundene, Wahrgenommene, Vorgestellte. Das Vorgestellte wird indessen in vielen Zusammenhängen als „*Begriff*" bezeichnet (über Unterschiede von Begriff und Vorstellung siehe Kap. III, B, 5).

Über das psychische Leben des Fötus haben wir keine diskussionsfähigen Vorstellungen. Mit der Geburt stürzt eine ungeheure Masse von neuen Reizen von allen Sinnesorganen her auf das von individuellen Engrammen nahezu freie Gehirn. Während die unteren Centren eine gewisse relative Selbständigkeit und funktionelle Abgrenzung voneinander besitzen, ist die Rinde im wesentlichen ein einheitliches Reservoir, wo alle ankommenden Reize und überhaupt alle darin ablaufenden Vorgänge im Prinzip mit allen anderen zusammenfließen können und offenbar auch zusammenfließen, soweit sie nicht durch Hemmungen daran verhindert werden.

So müssen alle diese Vorgänge zunächst zu einer einheitlichen, beständig sich ändernden aber auch zeitlich kontinuierlichen Funktion verschmelzen. Diese, als mnemischer Vorgang, wird irgendwie sich selbst spüren, in einer Form, die wir uns unmöglich vorstellen können; vom Standpunkt der fertigen Psyche aus müßte die Spürung in jedem Moment etwa als ein „Chaos"[1] ohne innere Gliederung im Nebeneinander, nur mit Veränderung in der Zeit, beschrieben werden.

[1] Natürlich wäre ein absolutes Chaos ohne jede Andeutung einer Gliederung eine Fiktion. Schon vor der Geburt, zugleich mit dem Beginn der Funktion in der Hirnrinde, müssen einzelne rudimentäre mnemische Komplexe gebildet werden; für das so andersartige extrauterine Leben können diese aber nur minime Bedeutung haben, und zur Darstellung der Entstehung von corticalen Einzelfunktionen darf man diese nicht voraussetzen, sondern muß von dem sozusagen unbeschriebenen Blatt ausgehen. (Bei Tieren, auch den höheren, wird man sich denken müssen, daß viele noopsychische Funktionskomplexe, d. h. Vor-

Das Chaos hinterläßt seine Engramme. Wiederholen sich irgend welche Teilfunktionen (bildlich: „Schwingungsformen“), so werden sie durch Resonanz[2] ihrer Engramme verstärkt und bekommen dadurch eine besondere Energie und eine Individualität; das Engramm wirkt als *Analysator*[1].

Zugleich mit der Analyse findet aber auch eine *Synthese* statt, indem die neue Funktion und ihr Engramm so mit der resonierenden verbunden „assoziiert“ wird, daß die eine die andere wieder hervorzurufen die Tendenz hat. Da aber keine Partialkurve[2] allein vorkommt, werden über die beiden ähnlichen Formen indirekt auch die mit ihnen gleichzeitigen Komplexe, namentlich wichtigere, von denen sie einen Teil bilden, verbunden. Komplexe mit ähnlichen (gleichen) Komponenten stehen also in assoziativer Verbindung. Dadurch entstehen aus Empfindungen *Vorstellungen* und *Wahrnehmungen*.

Der Vorgang läßt sich leichter als am Bilde der Schwingungen an dem oft gebrauchten der Typenphoto darstellen, wobei wir aber von der psychischen Seite — also von Empfindungen statt von Partialschwingungen — ausgehen müssen.

Der Kap. III, B, 1 in Andeutungen beschriebene Komplex von Empfindungen, aus dem sich „die Mutter“ als Ding der Außenwelt zusammensetzt, ist dadurch entstanden, daß eine Menge von Empfindungen miteinander und namentlich nacheinander erlebt wurden, die alle etwas Gemeinsames hatten, das in diesem Falle wohl vor allem in dem Zusammenhang mit dem Saugakt und anderen angenehmen Empfindungen und Gefühlen und der Beseitigung von Unannehmlichkeiten besteht. Nach und nach wird das optische Bild eine dominierende Stellung bekommen wegen seiner Bedeutung für die räumliche Orientierung: Das Engramm eines ersten Empfindungskomplexes (die Platte Nr. 1) wird, wenn ein ähnlicher erlebt wird, ekphoriert. Dabei werden die Platte Nr 1 und das neue Erlebnis 2 zusammen auf *eine* neue Platte (Nr 3) wieder photographiert, wodurch nur das Gemeinsame zur klaren Darstellung kommt. Ein drittes ähnliches Erlebnis ekphoriert diese Typenphoto (Platte Nr 3), evtl. nebst den Engrammen der beiden ersten Erlebnisse[3], was alles zusammen mit dem neuen Eindruck wieder auf eine Platte (Nr 4) photographiert wird, und das wiederholt sich so oft, als die Mutter wieder wahrgenommen wird, so daß auf den neuen Typenbildern das Gemeinsame immer mehr herausgearbeitet wird, das Verschiedene immer mehr zurücktritt[4].

---

stellungen, auf die Welt gebracht werden, wenn auch wohl nicht ganz ausgearbeitet. Analogie z. B. diejenigen Bewegungen bei Nestflüchtern, die angeboren sind, aber doch noch geübt werden müssen: Gehen, Fliegen, Nahrung erfassen usw.)

Ich möchte nicht bestreiten, daß auch in der menschlichen Hirnrinde schon vor der Erfahrung wenigstens „Dispositionen“ bestehen, bestimmte Funktionsgruppen abzugrenzen und andere nicht. Aber angeborene, psychische *Inhalte* sind beim Menschen nicht nachzuweisen.

[1] Es mag gut sein, auch hier daran zu erinnern, daß „Resonanz“ und „Analysator“ bildlich gemeint sind, aber dem tatsächlichen, nicht kurz zu bezeichnenden Verhalten sehr nahe kommen.

[2] In diesem Zusammenhang würde dem Ausdruck „Partialkurve“ von psychischer Seite der der „Empfindung“ entsprechen.

[3] Nach mehrfachen solchen Erfahrungen werden aus begreiflichen Gründen die ursprünglichen Erlebnisse aktiv von der Assoziation ausgeschlossen (die Platten 1, 2 usw. werden schwach oder gar nicht mehr ekphoriert).

[4] Inwiefern der Prozeß vereinfacht wird, wenn die Mutter zum tausendsten Male wahrgenommen wird, lassen wir hier ununtersucht.

So entsteht aus den Engrammen der verschiedenen Anschauungskomplexe als *Symbol* (nicht als „Bild") für die Mutter ein Komplex, in welchem sie in allen möglichen Stellungen und Haltungen, Entfernungen, Kleidern, im Profil oder von vorn oder von unten (Gesicht von der Mutterbrust aus) als gesehen, gehört, getastet, gerochen enthalten ist. Mit Hilfe dieses Symbols, das durch Assoziation an Wiederholungen von einzelnen in ihm steckenden Empfindungen sofort ekphoriert werden kann, wird die Mutter immer wieder als das Gleiche dargestellt[1]. Dieser Engrammkomplex, in Funktion und von innen gesehen, ist der Kern der *Vorstellung per Mutter*. Die Auslösung dieser Vorstellung durch die Sinnesempfindung ist die *Wahrnehmung*. Subjektiv erscheint diese als ein einheitlicher Vorgang, indem wir nicht einzelne Empfindungen, sondern mit unseren Sinnen direkt „die Mutter" wahrzunehmen meinen.

Auch bei der Synthese der Vorstellung aus den Empfindungen gibt es noch andere wichtige Gesichtspunkte außer der Kontiguität, die wir in dem Mutterbeispiel zunächst allein berücksichtigt haben.

Viele aus den Sinnesorganen ankommende Reize (Teilschwingungen) lösen in präformierten Einrichtungen Reaktionen (Reflexe, Instinkthandlungen) aus. Dadurch werden diese zentripetalen und zentrifugalen Funktionen ebenfalls aus dem Chaos herausgehoben, und zugleich müssen sie eine besondere biische Wertigkeit bekommen. Damit ist eine *Auswahl* lebenswichtiger Funktionen gegeben.

Das eben ausgeschlüpfte Küken besitzt einen Reflex, nach allen kleinen Dingen zu picken, die sich optisch von der Unterlage unterscheiden. Es kann nicht anders sein, als daß dadurch alle diese Dingwahrnehmungen sofort nach dem Ausschlüpfen auch in bezug auf die individuelle Erfahrung in eine festgefügte psychische Einheit verbunden werden.

Im gleichen Sinne, nur noch stärker, wirken die Triebe. Die Energie und die Richtung der Funktionen hängt im Organismus von der Ergie ab. Diejenigen Komplexe, die einem aktuellen Trieb entsprechen, werden so die vorwiegend oder allein wirksamen. Die Triebe sind aber auch *inhaltlich* ein weiteres, sehr wirksames *Bindemittel* der verschiedenen Erfahrungen, die mit ihnen assoziiert sind. Die verschiedensten Vorstellungen, die zur Befriedigung eines nämlichen Triebes dienen, werden dadurch auch ohne direkte Resonanz untereinander in den nämlichen Komplex verbunden.

Die Bedeutung der Ergie für die Heraushebung der Einzelerlebnisse aus dem allgemeinen psychischen Vorgang mag noch deutlicher gemacht werden durch einige Beispiele. Viele niedrige Tiere bis zu den Reptilien zeigen keine Reaktionen auf Sinnesreizungen, die für sie keine biische Bedeutung haben. Noch Ratten lernen in 500 bis 600 Versuchen nicht, „theoretisch" eine schiefe von einer horizontalen Linie unterscheiden — „sofort" aber, wenn sie nach der Linie springen müssen (Lashley). Bei dem „gebrannten" menschlichen Kinde wird durch jeden Anblick der als Komponente „Feuer" enthält, der Furchtaffekt und die Tendenz zu fliehen ausgelöst. Durch den Fluchtreflex wird der Anblick des Feuers aus dem ganzen Komplex der Wahrnehmungen, die eine große Zahl von „Nebenumständen" enthalten, herausgehoben und besonders betont, und in eine besondere Beziehung zum Ich gesetzt. Dadurch wird eine zielhafte Auslese bedingt, so daß der Anblick einer beliebigen Umgebung (Küche, Stube, freies Feld, andere Menschen dabei oder nicht usw.), in der ein Feuer in der Nähe ist, wenigstens in erster Linie Bilder ekphoriert, die ein Feuer enthalten. Aus dem „in erster Linie" kann ein „Nur" werden dadurch, daß jeder Psychismus entgegenstehende hemmt; wenn unser Ich von der Feueridee und der Fluchttendenz besonders in Anspruch genommen ist, so werden abgesehen vom Feuer und den Wegen zur Flucht alle anderen Psychismen ge-

[1] Die Mutter wird im Dunkeln an der Stimme erkannt; im Licht braucht sie sich nicht hören zu lassen; beide *total* verschiedenen Empfindungsgruppen werden aber ohne Schwierigkeit als Mutter identifiziert.

hemmt, vor allem diejenigen, die die sonstige Umgebung betreffen, die Küche, die Personen usw. Diese werden also nicht assoziiert und können folglich nicht zur Wirkung kommen. Wenn das Kind Hunger hat, werden diejenigen Bilder besonders lebhaft ekphoriert, die mit dem Hungerstillen, also der Mutter, im Zusammenhange sind; die anderen werden unterdrückt. Wir können uns auch mehr psychisch ausdrücken, ohne im Prinzip etwas zu ändern: Im Blickpunkt der Aufmerksamkeit stehen immer nur einzelne biisch bedeutungsvolle Reizgruppen, wodurch eine Auswahl stattfindet.

Die Tatsache, daß das Kind, wenn es das Feuer fürchtet, unter allem gleichzeitig Erlebten, und unter seinen Engrammen nur diejeningen assoziiert, in denen Feuer einen Bestandteil bildet, beruht auf einem allgemeinen Prinzip. In irgendeiner Gruppe von Empfindungen oder Vorstellungen oder irgendwelchen andern Psychismen, wird ein einzelner Bestandteil durch Interesse, durch Wiederholung, durch Wechsel, kurz durch irgendeinen oder mehrere der bekannten Einflüsse, die die Schaltungen stellen, herausgehoben und damit zum *Assoziationsträger;* er wird wie man in der physiologischen Chemie sagt, *haptophor*, während andere Verbindungen abgesperrt werden. In einem Erfahrungskomplex, der das gefürchtete Feuer enthält, knüpfen sich die weiteren Assoziationen nur an das Feuer. Interessiert man sich für die Verschiedenheiten unter den Gegenständen, so werden die einzelnen Eigenschaften, die wir z. B. als blau, viereckig, groß bezeichnen, die Assoziationsträger und führen damit zur Abstraktion dieser Vorstellungen (Blau usw.) im allgemeinen. Achte ich auf die Beziehungen der Gegenstände zu mir, so werden Psychismen, wie „schön", „schlecht" und „nützlich", assoziationstragend. Verfolge ich Geschehnisse statt Dinge, wird alles das assoziiert, was man als „Gehen", „Fallen", „Bewegung", „Handlung", „Geschehnis" usw. bezeichnet.

Den positiven Richtlinien des Verlaufes psychischer Vorgänge stehen *Hemmungen* der unerwünschten Richtungen zur Seite. Während sich gleich gerichtete Funktionen fördern, hemmen sich alle Funktionen und Tendenzen, deren Ausführung einander stören würde und zwar meist in der Weise, daß die eine die andere unterdrückt. Eine Vorstellung, die aus biischen Gründen oder durch irgendwelche andere Konstellation betont ist, muß alle andern, nicht in der nämlichen Trieb- oder Assoziationsrichtung liegenden Vorstellungen hemmen, von der Assoziation absperren. Ich stelle mir vor, daß das nicht nur in dem Wettstreit der Willensstrebungen wichtig ist, sondern daß auch auf noopsychischem Gebiet erst diese Absperrungen die klare Abgrenzung bedingen, die wir bei unseren Begriffen und Ideengängen konstatieren. Jede Sinnesempfindung und jede kleine Kombination von solchen ist ja mit der Zeit mit unzähligen andern Empfindungen, Wahrnehmungen, Vorstellungen assoziativ verbunden. Das Rot in der Vorstellung der Rose könnte auf einmal in die Vorstellung Abendrot übergehen, wenn nicht der Vorstellungskomplex Rose als Ganzes alle anderen Rot-Assoziationen aktiv absperren würde.

Ist nun auf irgendeine Weise einmal ein größerer Teil des Gleichartigen und Zusammengehörigen in unserem Weltbild herausgehoben, so wird alles neu Hinzukommende, das man sieht, von selbst durch die Grenzen der umgebenden Dinge als etwas Besonderes herausgearbeitet ganz abgesehen von dem affektiven Interesse, das Unbekanntes bei jedem Menschen und bei vielen Tieren erregt. Es bedarf wohl nicht mehr einer besonderen Reaktion oder eines besonderen Verhältnisses zu uns, um solche Dinge herauszuheben, sei es als verbindungtragend für die Leitung der weiteren Assoziationen, sei es für unsere Einzelwahrnehmung. Die Nichtzugehörigkeit zu den bereits herausgehobenen Einzeldingen grenzt — von außen — wieder neue ab. Für viele Fälle kann man auch formulieren: Ein neu erlebter Empfindungskomplex fällt, wenn die übrige Welt erfaßt und eingeteilt ist, dadurch auf, daß er noch nicht eingeordnet ist, und wird durch diese Besonderheit zum Begriff, der allerdings noch die Empfindungs bilder (Farbe, Form, Geruch) enthalten muß, sei es assoziiert mit Ekphoraten ähnlicher früherer Empfindungen, sei es isoliert, wenn nie Ähnliches wahrgenommen wurde, was allerdings selten vorkommen mag.

Die wesentliche Anteilnahme der Zielstrebungen an der Bildung von Vorstellungen und Wahrnehmungen bedingt die Zweckhaftigkeit dieser Funktionen und zeigt wie unrecht man hat, der mnemistischen Psychologie vorzuwerfen, daß ihre Mechanismen Begriffe nach „blinder Zufälligkeit" bilden sollen. Es gibt zufällige Koincidenzen und solche mit für uns wichtigen Zusammenhängen. Die beiden Arten werden von Mneme und Ergie nach Kräften gesichtet. Schon die Empfindungen, die den Wahrnehmungen zugrunde gelegt werden, und dann auch die Wahrnehmungen selbst werden ausgewählt[1]. Von allen Reizen, die unsere Sinne treffen, verwertet die Psyche nur einen kleinen Teil, und von diesen wieder lange nicht alle bewußt. Auch die Wahrnehmung trifft ihre Auswahl. Wenn wir eine Rede hören, beachten wir den Inhalt oder die Sprache oder die Stimme oder die affektive Betonung, selten alles zusammen, überhören auch die meisten Nebengeräusche. Der Maler muß sehen lernen, was für ihn wichtig ist, usw. *Kurz in der Natur der auf Mneme basierenden Funktionen des physischen und psychischen Lebens liegt auch die automatische Zweckhaftigkeit, und davon macht die Begriffsbildung keine Ausnahme.* Und das *logisch* Sinnvolle, das in Wahrnehmen und Begriffen und Denken die Umwege zeigt, auf denen der Zweck der Erhaltung des Lebens erreicht werden kann, ist dadurch gewährleistet, daß die noopsychischen Assoziationen direkt oder in analogischer Weise *die Zusammenhänge der Erfahrung wiederholen.*

Ich glaube, es entspreche allein unserem gesamten Wissen, die psychischen Vorgänge, wenn die Mneme einmal vorausgesetzt ist, als rein mechanisch[2] aufzufassen. Wir suchen also nichts besonderes Seelisches, keine Entelechie mehr *hinter* diesen Mechanismen, die schon alles leisten, was wir von der Psyche verlangen können. Um die Vorstellung von der Psyche vollständig zu machen, müssen wir zu den Mechanismen bloß noch — wie bei jeder Vorstellung von der Psyche — *die Erfahrungstatsache* hinzufügen, daß sie sich in ihrem aktiven und passiven Erleben selber spürt.

Wahrnehmung und Vorstellung sind aber nicht bloße Summen von Empfindungen und ihren Ekphoraten. Zunächst haben sie Gestaltscharakter, d. h. sie haben nur Bedeutung als Ganzes. Auch die Wahrnehmung ist ein *schöpferischer Akt*, nicht bloß ein Herausheben und Addieren von dem Sinneseindruck ähnlichem und Ausschluß und Abgrenzung des Unähnlichen. Der gesehene Bleistift ist für mich in der Regel das Ding, mit dem man unter gewissen Umständen und in gewisser Form schreiben kann usw., nicht ein Ding mit grüner Farbe, Goldschrift, der und der

[1] Vom Menschen werden tausend Einzelerfahrungen herausgehoben, tausend Begriffe geschaffen, die nicht einem biischen Trieb zu entsprechen scheinen. Er ist aber nicht ohne biische Gründe ausgerüstet mit Neugierde und Wissenstrieb, und der Kulturmensch weiß obendrein, daß ihm die Mehrung seines Wissens nützlich ist. So kann es für ihn wichtig werden, daß ein Stern eine Viertelsekunde früher durch sein Fadenkreuz geht, als er vorausberechnet hat.

[2] „Mechanisch" in dem weiten Sinne des gesetzmäßigen Zusammenarbeitens der mnemischen Direktionen mit den physikalischen und chemischen Kräften, *ohne Eingreifen eines außer diesen dreien gelegenen Prinzips.*

Länge und Form, dem und dem Gewicht usw. In der Vorstellung des Bleistiftes sind die sinnlichen Qualitäten, also z. B. das Grün nur andeutungsweise, zum Teil, wie das Gewicht, gar nicht enthalten. Es fehlen uns die Worte, um das Vorstellungsbild zu beschreiben, aber jedermann kennt es und seine Unterschiede von der sinnlichen Wahrnehmung. Die sinnlichen Empfindungen stecken in der Vorstellung des Bleistiftes ungefähr wie in dem Begriff der Wohltätigkeit die einzelnen Handlungen, aus denen er abstrahiert ist. Auch insofern ist die Verarbeitung der Empfindungsgruppen zu Dingvorstellungen wesensgleich der bekannten Abstraktionsform, als die Dingbegriffe im ganzen durch neue Erfahrungen nicht komplizierter, sondern eher handlicher werden. Ebenso werden die Vorstellungen (das Wort bedeutet hier immer den Inhalt, für den wir keinen anderen Ausdruck besitzen) durch die vielfachen Erfahrungen in der Regel deutlicher abgegrenzt.

Wenn ich mir irgend etwas isoliert vom gewöhnlichen Denkzusammenhang vorstelle, so gebe ich ihm meist irgendwelche flüchtigen „blassen" sinnlichen Qualitäten (vgl. Kap. Unterschiede von Vorstellung und Begriff). Die einzelnen Menschen sind darin sehr verschieden, manche machen sich von dem Symbol, das der Begriff ist, wieder ein (meist optisches) Symbol[1], können sich sogar einen „Sieg" als die Frau Viktoria vorstellen usw. Aber alle diese Zutaten sind auswechselbar; auch wenn einer sich seinen Vater für gewöhnlich in einer ganz bestimmten Stellung, Haltung, Kleidung vorstellt, hindert das niemals, ihn in anderer Kleidung oder Haltung vorzustellen, im Gegenteil, die *Möglichkeit,* daß er auch — in ganz bestimmten Grenzen — anders aussehen kann, steckt immer im Begriff. Die sinnlichen Komponenten wären in Begriffen und Vorstellungen meist störende Fremdkörper und würden Wahrnehmungen geradezu verwirren.

Daß die Verarbeitung der Empfindungen in erster Linie die Unabhängigkeit der Vorstellung von den direkten sinnlichen Engrammen bezwecken muß, ist leicht zu sehen. Sogar in einer so konkreten Vorstellung wie die der Mutter wäre die Reproduktion primärer Empfindungen störend. Die Mutter wechselt die Kleidung, die Beleuchtung, die Haltung, kurz alles, was man sinnlich von ihr wahrnehmen kann. Trotzdem muß all das im Begriff, in der eigentlichen Vorstellung „Mutter" vorhanden sein — aber für gewöhnlich nicht faktisch, sondern nur als Möglichkeit, weil sonst jede neue Wahrnehmung der Mutter ein neues Ding, aber nicht mehr die vorgestellte Mutter wäre[2]. Auch ein so einfacher Begriff wie „Rot" darf nicht bloß durch ein spezielles Rot, das wir einmal gesehen haben, dargestellt werden, und auch alle begleitenden Umstände, die in dem unbearbeiteten Engramm stecken, die Lokalisation, Größe usw. gehören nicht dazu. In einem abstrakten Begriff wie „Tugend" kann überhaupt nichts stecken, was sinnlich wahrgenommen wird.

So einfach das Prinzip der Wahrnehmung ist, so unübersehbar kompliziert gestaltet sich im konkreten Falle die Anwendung desselben. Nicht nur im dunkeln oder sonst bei unvollständigen Wahrnehmungen tun wir oft viel mehr hinzu, als in der Empfindung gegeben ist. Wenn

---

[1] „Symbol" im gewöhnlichen Sinne, nicht wie S. 94.

[2] Zoen mit geringerem Abstraktionsvermögen können von nebensächlichen Einzelheiten ungenügend absehen. Die Rehgeiß erkennt ihr Zicklein nicht mehr, wenn Menschen es berührt haben (Geruch); der Taube wird ihr Nest samt der Brut ein Fremdes, wenn man es von seinem Platze verschiebt.

ich eine Taschenuhr in irgendeiner Ansicht sehe, so füge ich so ziemlich den ganzen Begriff der Uhr hinzu, ja bei einem einfachen Körper, wie einer Kugel, setze ich (zunächst ganz unberechtigterweise) hinzu, daß die Rückseite ebenfalls konvex und nicht hohl sei. Wie wenig man diese Zutaten im Wahrnehmungsvorgang bemerkt, zeigen die Zeichnungen kleiner Kinder und primitiver Erwachsener, die gar nicht fähig sind, auch nach dem Modell zu Papier zu bringen „was man sieht", sondern etwas darstellen, das sie aus anderen Erfahrungen „wissen"[1]. Unser Wahrnehmen ist überhaupt viel mehr, als man sich denkt, ein Illusionieren. Wir merken gar nicht, daß uns das Telephon einzelne Laute nicht wiedergibt, bis wir ein unbekanntes Wort, z. B. einen Namen auffassen sollten; wir übersehen Druckfehler, manchmal ganze sinnlose Wörter, richtige an ihrer Stelle sehend. Und es kommt dabei vor, daß wir falsch gelesene Buchstaben gerade besonders deutlich zu sehen glauben, also Vorstellung ausdrücklich mit Empfindung verwechseln. An die *krankhaften* Illusionen brauche ich nur zu erinnern. So kommt es auch beim Erkennen viel weniger auf die Sinnesschärfe als auf die psychische Einstellung zu den Empfindungen an. Ich kannte eine Dame mit über 20 Dioptrien Myopie und außerdem ganz ungenügender Sehschärfe, die ohne Brille regelmäßig die ersten Veilchen aus den Wiesen heimbrachte. Die Primitiven haben keine wesentlich schärferen Sinne als wir, aber sie heben andere Empfindungskomplexe heraus und ergänzen sie auf andere Weise als wir. Dafür können sie oft ein Bild nicht erkennen, weil sie unsere Schwarzweißkunst und unsere Perspektive nicht auslegen gelernt haben.

So gibt es ganz verschiedene Arten des Sehens. An den nämlichen Objekten sehen Künstler, Dichter, Arzt, Botaniker, Entomologe oft ganz verschiedene Dinge und Zusammenhänge. Im Nachbild und im Traum[2] kann man ganz andere Einzelheiten einer Wahrnehmung reproduzieren, als man beim sinnlichen Eindruck beachtet hatte. In den Pareidolien (Auslegung von Klecksen, Wolken, Tapetenblumen usw.) faßt man den nämlichen Eindruck in ganz verschiedener Weise auf. Ja die Verwertung von Empfindungen ist so sehr abhängig von der psychischen Umgebung, daß unser Geschmack und Geruch oft ganz hilflos ist, wenn das Gesicht ausgeschlossen wird (Spezialfall der *Diaschise* von Monakows im Normalen).

Das nämliche treffen wir bei elementareren Vorgängen der Wahrnehmung. Unter gewöhnlichen Umständen sehen wir einen Kreis rund, ein Rechteck rechteckig, ganz unabhängig davon, in welcher Projektion die Dinge sich unserer Retina bieten[3]; daß ein Ding in zwei Meter Distanz nur noch halb so groß erscheine, wie in einem, daß ein Federhalter oder die Hand sich vergrößere oder verkleinere, wenn man sie von und zum Auge bewegt, sieht primär trotz aller Gegenbehauptungen kein Mensch. Die Perspektive der Maler ist viel mehr aus der Überlegung als aus

[1] Verworn, der das „physioplastisch" genaue vom „ideoplastischen" Zeichnen unterscheidet, meint, das komme von den Ideen, die man dem Kinde anerzogen habe. Die Beobachtung des kindlichen Zeichnens zeigt, daß das eine Täuschung ist. Das Kind kann die ursprünglichen sinnlichen Engramme mit ihren Zusammenhängen nicht ekphorieren, und benutzt Bearbeitungen, die für den Zweck der Zeichnung ungenügend sind, so wenn es die Arme an den Kopf setzt, ein Auge neben das Gesicht zeichnet. Auch der Erwachsene zeichnet die Dinge nicht gleich, wie er sie gewöhnlich sieht, sondern in irgendeiner leicht vorstellbaren Stellung, einen Menschen im Profil oder genau von vorn.

[2] Poetzl: Experimentell erregte Traumbilder, Z. Neur. Orig. **37**, 278 (1917).

[3] Die genaue En-face-Vorstellung ist eine Endstellung, die optisch nur ausnahmsweise vorkommt. Sie ist aber nicht nur diejenige, die sich am schärfsten und bequemsten charakterisiert, sondern auch diejenige, die den Gliedbewegungen entspricht, die man zu machen hat, um die Form darzustellen. Zeichnet man einen Winkel ab, so kümmert man sich um die Perspektive, die Form des Retinabildes nicht, sondern man richtet sich so ein, daß die Kopie bei gleicher Projektion dem Original gleich erscheint.

Bei Hirnverletzten kann die Umsetzung der perspektivischen Verkürzung in die gewohnte En-face-Vorstellung gestört sein, so daß der Patient statt des Kreises ein Oval sieht, wenn das Bild nicht ganz senkrecht vor seinem Auge liegt.

der Erfahrung herausgewachsen[1]. Die meisten Beleuchtungsabstufungen nehmen wir weder bewußt noch unbewußt als solche wahr, sondern als Konstituenten unserer stereoskopischen Raumwahrnehmung. Der Maler braucht Jahre, um sie genügend als Helligkeiten sehen zu lernen.

Die einzelne Empfindung gibt keine Lokalisation, keine Form; Lokalisation und Form sind *Verhältnisse*, Inbeziehungsetzungen von vielen aktuellen und ekphorierten Empfindungen und ganzen Empfindungskomplexen zueinander, also schon weitgehende Verarbeitungen. Kommt die Einreihung optischer Empfindungen in die Fläche durch *relativ* einfache Bearbeitung zustande, so ist die Ableitung der optischen Tiefendistanz aus den Unterschieden der beiden Retinabilder, den Abstufungen der Helligkeiten und den Verhältnissen der Perspektive schon recht kompliziert. Wie wenig der einzelne Reiz auch bei den einfachsten Reaktionen zu bedeuten hat, kann beispielsweise die Mücke zeigen, die nur dann ins Licht fliegt, wenn es um dasselbe herum dunkel ist. Ein „heller Fleck" mit seinen psychischen und biischen Wirkungen existiert ja nur im Unterschied von einer dunkleren Umgebung[2].

Am besten kann man sich vielleicht die Kompliziertheit solcher Verhältnisse klarmachen an der Wahrnehmung einer durchsichtig farbigen Flüssigkeit in einem durchsichtigen Gefäß: da die Flüssigkeitsschichten an den verschiedenen Stellen und in verschiedenen Richtungen verschieden dick sind, hat eine homogene Flüssigkeit im durchfallenden Licht ganz verschiedene Farbenintensitäten, und wenn wir diese Verschiedenheiten nicht genau werten gelernt hätten, so daß jeder Fünfzigstel eines Millimeters Fläche im Verhältnis zur Form in unserer Erwartung ganz genau seine bestimmte Farbenintensität besitzt, so könnten wir die Flüssigkeit nicht als gleichmäßig gefärbt erkennen. Da wo man die räumlichen Verhältnisse ungenügend übersieht, oder wenn die Farbenunterschiede ungewöhnlich groß sind, wie bei einer auf unebenem Grund ausgegossenen Flüssigkeit, wo die Dicke der Schicht leicht um das Tausendfache oder mehr schwanken kann, sieht man dann auch meist die dünnere Schicht als schwächer gefärbt. Wenn man nicht noch viel kompliziertere Verhältnisse von Färbung zur Form annehmen will, so muß man voraussetzen, daß wir unter gewöhnlichen Umständen beim Anblick einer solchen Flüssigkeit sofort einen Maßstab bekommen, wie intensiv die Färbung bei einer bestimmten Dicke der Schicht erscheinen muß, und daß wir diese Kenntnis bis auf einen kleinen Bruchteil eines Millimeters genau verwenden können, so daß wir einesteils die Abstufungen gar nicht als solche, sondern nur als Formkomponente sehen, andernteils die Flüssigkeit trotz der verschiedenen Farbensättigung ihres optischen Bildes vom Maximum bis Null als homogen beurteilen. Dabei schließen wir ebensogut von der bekannten Form auf die entsprechende Farbenintensität wie umgekehrt. Mit den Helligkeiten jeder beliebigen Oberfläche in ihren Beziehungen zur allgemeinen Beleuchtung verhält es sich übrigens nicht anders. Wir werten beständig verschiedene Helligkeiten der Teile eines Gegenstandes als ganz gleich, die die Photographie als sehr verschieden wiedergibt, d. h. wir erkennen die Gleichmäßigkeit der Helligkeit des Gegenstandes trotz der Ungleichmäßigkeit der Beleuchtung, sehen aber ohne besondere Übung die letztere nicht. *Konstanten sind eben im Psychischen und Biologischen meist nicht die absoluten Größen (hier: die Reize), sondern die Verhältnisse.*

Das psychische Gebilde, mit dem die Erkenntnis der Welt beginnt, ist also die Wahrnehmung, nicht die Empfindung. Vor ihr ist bei den Psychen mit vorwiegend oder ausschließlich individuellem Gedächtnis nur das Chaos aller gleichzeitigen Empfindungen, verschmolzen in *eine* (mit Verstand zu verstehen; vgl. oben S. 92). Aus ihm heben sich nicht einzelne Empfindungen, sondern ganze Komplexe heraus, denen eine bestimmte

---

[1] Obschon dann und wann ein künstlerisch angelegtes Kind instinktiv perspektivisch zeichnet.

[2] Die Kompliziertheit der Gebilde, die für die Psyche als elementar gelten müssen, ist natürlich manchen andern auch bekannt. (Vgl. z. B. Poppelreuter: Sammlung zur Abhandlung zur psychol. pädag. Ordnung des Vorstellungsablaufes, I. Teil, Arch. f. Psychol. 3.) Sie wird aber immer noch zu wenig gewürdigt.

Reaktion entspricht, und die als häufiges Nach- oder Nebeneinander auftreten: Die Dinge, (zunächst als etwas, für das wir keinen anderen Ausdruck haben als den des „Begriffes", das aber gewiß lange nicht anders als in der Form der Wahrnehmung zur bewußten Erkenntnis kommen kann).

Man kann bei komplizierteren Zoen, wo man die vom individuellen Gedächtnis beherrschte Psyche von den phylischen Reaktionen unterscheidet, die Reflexe als Reaktionen auf bloße Empfindungen auffassen. Aber Empfindung und Folge gehören eben dann nicht der Psyche an. Diese antwortet wohl nur auf Dinge oder ganze Situationen, wenn auch die letzteren unter Umständen recht elementar sein mögen. Das Kind fürchtet nicht die Helligkeit, sondern das Feuer, an dem es sich gebrannt hat. Und sogar wenn ein Hund, der einen spazierengeführten Löwen offenbar für seinesgleichen hält, und seine Witterung nehmen will, „vor Schreck" ohnmächtig zusammenbricht, so ist nicht anzunehmen, daß die bloße Geruchsempfindung diese Wirkung gehabt habe, sondern ihr Zusammenvorkommen mit dem großen Tier. *Wir kennen die Empfindungen ja gar nicht direkt, sondern nur aus der abstrahierenden Überlegung*, so daß sie wohl erst beim gebildeten Kulturmenschen eine gewisse Realität bekommen.

Ganz so wie wir aus der abstrahierenden Zusammensetzung von ähnlichen Empfindungskomplexen den Begriff einer Person, eines Dinges ableiten, so bilden wir den Begriff der Empfindung: wir erfahren Empfindungskomplexe, von denen die blaue Farbe ein Bestandteil ist, andere ohne diese; alle mit der blauen Komponente können einander ekphorieren nach den Gesetzen der Ähnlichkeitsassoziationen; was in der Typenphoto des allgemeinen Erlebnisses übrigbleibt, ist die Farbe Blau, deren Bewußtwerden wir (viel später) als eine einfache Empfindung bezeichnen, obschon wir wissen, daß auch diese abstrahierte Empfindung von Blau noch kein Element ist (s. zu Anfang des Kapitels). Ebenso bei jeder andern Empfindung, Ton, Wärme, Schmerz; kurz wir haben nicht einmal Worte, um wirklich einfache Empfindungen zu bezeichnen.

Den (vorpsychischen) Prozeß, durch den aus den Empfindungen Vorstellungen und Begriffe entstehen und damit Wahrnehmungen ermöglicht werden, nennen wir *Abstraktion*. Wie die verschiedenen Empfindungsgruppen, die von der Mutter aus angeregt worden sind, zu einer Einheit verschmelzen, in der das sich Wiederholende und Wichtige sich erhalten hat, das Zufällige ausgeschieden ist, so entsteht aus den Erfahrungen über viele Einzelmenschen der Begriff des Menschen im allgemeinen, und auf ähnliche Weise der des lebenden Wesens bis zu den abstraktesten Begriffen. Es ist immer der nämliche Vorgang der Typenphotographierung des Ähnlichen. Aber unter „Ähnlichem" sind hier nicht bloß Dinge verstanden wie Gegenstände und Farbe oder Form, sondern namentlich Eigenschaften, die *wegen ihrer Wichtigkeit für uns* besonders hervorgehoben werden. Auch geht in die abstrakteren Begriffe sehr wenig bloße Sinneserfahrung hinein, dafür aber viel Verarbeitung derselben im Sinne von *Verhältnissen* der Erfahrungen zueinander. Wie man aus der Erfahrung von vielen gehenden Geschöpfen den Begriff des Gehens abstrahieren kann, bildet man aus bestimmten Formen von Nacheinander den der Kausalität, aus bestimmten Formen von Nebeneinander den des Raumes usw.

Das gegebene Schema ist gewiß richtig für die ersten Lebenszeiten. Ich glaube nicht, daß es dem Kinde wie dem Gereifteren möglich wäre, *begrifflich* (im rudimentärsten Sinne) einzelne Gegenstände, die es nur einmal sieht, herauszuheben. Die Umbildung der Dingbegriffe kann man oft verfolgen. Für eines meiner Kinder war das Wesentliche an mir wochenlang der Teil des weißen Hemdes, den der Westenausschnitt freiläßt; auf andere weiße Flecke von ähnlicher Form reagierte es wie auf mich; später war ich ihm ein vorwiegend musikalischer Begriff, weil ich gelegentlich versucht hatte, ihm zu singen.

Die *Bedeutung der Vorstellungen* kann man sich vielleicht am besten auf folgende Weise klarmachen: Ich sehe ein Zimmer an und schließe die

Augen. Obgleich ich nichts mehr wahrnehme, kann ich mir den Raum mit seinem Inhalt so „vorstellen", daß ich blindlings herumgehen, die Richtung nach einzelnen Gegenständen oder Personen bezeichnen könnte. Solange ich nur *ein* Büchergestell voll Bücher hatte, konnte ich im Dunkeln, bloß der Vorstellung folgend, jedes beliebige Buch ohne eigentliches Tasten herausgreifen. — Ich werde von irgendeinem Feinde verfolgt und renne davon. Ich brauche nun den Feind weder zu sehen noch zu hören, stelle mir vor, daß er hinter mir ist, evtl. sogar in welcher Distanz er mir folgt, ob er näher kommt oder ich mich von ihm entferne. — Eine Maus rennt hinter ein Möbel; ich erwarte sie auf der andern Seite und stelle mir zugleich vor, wie sie in dem Winkel zwischen Wand und Fußboden weiterläuft oder evtl. sich hinter einem Fuß des Möbels versteckt. — Ich stelle mir Rom vor, in bestimmter Richtung und Entfernung von mir aus, mit seinen Gebäuden usw., so daß ich hinreisen und die Gegend bestimmen könnte, wo ich die Stadt betreten werde.

Daraus geht hervor:

Die Vorstellungen haben die Bedeutung zeitlich verlängerter, „überdauernder" oder „wiederholbarer" Wahrnehmungen, sind aber meist noch stärker verarbeitet als die Wahrnehmungen.

Die *„überdauernde Wahrnehmung"* dient zunächst zur Orientierung im Raum. Mit der Komplikationsmöglichkeit der Engramme in der aufsteigenden Reihe der Gedächtniszoen bekommt sie aber in allmählichem Übergang noch eine in ihrer höchsten Entwicklung neu erscheinende Bedeutung: die der Kombination der Erfahrung zu (Analogie)schlüssen. Ich kann die Vorstellung der Maus nicht nur dazu verwenden, dem Tier abzuwarten, wenn es hinter einem Möbel durchläuft, ich kann mir auch aus der Erfahrung merken, daß eine Maus überhaupt die und die Gewohnheiten zeigt, wenn sie verfolgt wird, und mein Handeln danach einrichten. Zu dieser *Denkfunktion* brauche ich aber nicht mehr den Begriff der speziellen Maus mit ihrer Lokalisation hinter dem bestimmten Möbel, sondern den einer Maus überhaupt in ganz verschiedenen Lokalisationen, ja ich kann für meine Zwecke der Jagd Erfahrungen an anderen Tieren als Mäusen benutzen.

Die Lokalisation des Vorstellungsinhaltes unterscheidet sich also von der des Wahrnehmungsinhaltes dadurch, daß sie freier ist — *die Lokalisation, nicht der Raum;* letzterer ist immer der gleiche. Die Lokalisation des Wahrgenommenen ist gebunden durch dessen Verhältnis zu den Sinnen, namentlich den kinästhetischen. Ich kann einen wahrgenommenen Gegenstand nur dahin lokalisieren, wo ich ihn sehe oder greife; die Lokalisation des Vorgestellten kann ich beliebig ändern; ich kann mir *die* Maus oder eine abstrahierte beliebige Maus hinter einem andern Schrank vorstellen. *Ich weiß aber dann, daß ich mir etwas vorstelle, was mit den Tatsachen nicht stimmt* (wenn es die Maus hinter dem ersten Schrank ist), *oder daß ich einfach „vermute" oder „rate", wo sie ist, oder daß ich eine Fiktion mache* (*mit der „beliebigen" Maus*). Ich kann mir vorstellen, daß ich ein sichtbares oder vorgestelltes Dreieck auf ein anderes lege, daß ich die Äpfel vom Baume herunterhole, oder daß sie geholt seien, daß der abwesende Freund bei mir sei.

Ich brauche also das Vorgestellte

1. *zur bestimmten Orientierung genau wie das Wahrgenommene, wobei es wie dieses lokalisiert ist,*

2. *aber auch zum Denken, wobei ich in der Lokalisation freier bin, ohne irgendwie aus dem gewöhnlichen Raum herauszukommen.*

Zum Denken sind die Verallgemeinerungen unentbehrlich. Ich möchte wissen, wie viele Kammern das Herz des Wals besitzt; dazu reihe ich ihn an Hand irgendeines einzelnen oder mehrerer gemeinsamer Merkmale (Assoziation durch Ähnlichkeit) in die Säugetiere ein, in deren Begriff es liegt, daß sie ein vierkammeriges Herz haben, und damit ist die Frage beantwortet. *Nach Analogie dieses Beispiels wird unser ganzes Handeln gelenkt und geschieht unser Denken vom einfachsten bis zum abstraktesten und kompliziertesten Schluß.*

Und dabei leisten die abstrakten Begriffe das nämliche, was z. B. der Buchstabe π in der Geometrie: sie setzen Abkürzungen für Massenerfahrungen und Verhältnisse, die sonst unübersehbar wären. Man stelle sich vor, man müsse in einer komplizierten physikalischen Gleichung, statt mit Buchstaben und Zahlen, nicht nur mit den durch diese bezeichneten Begriffen, sondern mit den Wahrnehmungskombinationen, aus denen sie gebildet sind, operieren, oder in einer botanischen Überlegung statt mit „Baum" mit der Summe aller einzelnen Bäume, die man gesehen. Wie mühsam wäre es, wenn irgendein bestimmtes Erlebnis, eine Geschichte, unser ganzes bisheriges Leben, um vorgestellt zu werden, jedesmal von Anfang bis zu Ende im Gedächtnis abschnurren müßte, wie es erlebt worden. Schon während der Erfahrung und nachher bei jeder Erinnerung desselben bilden wir zusammenfassende Allgemeinvorstellungen (nicht nur eine), die später wieder benutzt werden, wobei Einzelheiten nur ausnahmsweise, meist dann, wenn sie nötig sind, zur Erinnerung kommen.

Es leuchtet ohne weiteres ein, daß wir zu allgemeinen Schlüssen nur solche psychische Einheiten brauchen können, die eben den Massenerfahrungen entsprechen. Wenn wir den Begriff Hund im zoologischen Sinne benutzen sollen, so darf er keine bestimmte Farbe oder Größe oder Rasse oder gar Stellung und Raumlokalisation enthalten. Es gehört dem Allgemeinbegriff nur das allen Hunden Gemeinsame an und außerdem irgendeine vage Vorstellung von den Variationsmöglichkeiten, also, daß er nicht so groß ist wie ein Elefant oder so klein wie eine Maus, sondern sich in der Mitte zwischen diesen Größen hält, daß er nicht blau und grün, aber weiß und schwarz und braun sein kann. *Die zum abstrakten Denken dienenden Begriffe dürfen also meist von den sinnlichen Qualitäten nichts mehr enthalten, wenn sie brauchbar sein sollen. Sie sind zwar auch überdauernde Wahrnehmungen, aber in einer stärkeren Bearbeitung* (*im Sinne der Typenphoto*) *als die, welche wir zur unmittelbaren Benutzung der Erfahrung anwenden. Etwas prinzipiell Neues aber gibt es nicht vom einfachsten Begriff eines einzelnen Gegenstandes bis zum abstraktesten, den ein Philosoph ausdenkt.*

Auch die abstrakten Begriffe sind überdauernde Wahrnehmungen, aber nicht eines einzelnen Dinges oder Vorganges, sondern von vielen Verhältnissen und Vorgängen. Auch sie sind in die gewöhnliche Welt lokalisiert, nur eben in abstrakterer Weise. Bei der Bildung des Begriffes „Tugend" haben wir nach Möglichkeit von allen räumlichen Beziehungen abstrahiert. Dennoch liegt es in seinem Wesen, daß er sich auf Geschöpfe unserer Welt einschließlich uns selber bezieht. Er ist eben das für unsere moralischen Gefühle Gemeinsame an dem Eindruck, den alle guten Handlungen und Unterlassungen, die wir erfahren haben, auf uns machen.

Abstraktionen haben ferner die Bedeutung, daß sie nicht bloß das der bisherigen Erfahrung Entsprechende erkennen, zum voraus berechnen lassen, sondern daß sie neue Kombinationen zu bilden gestatten. Ich habe niemals einen blauen Hund gesehen, aber nachdem ich die Begriffe des Hundes und des Blau einmal abstrahiert habe, kann ich aus einem Dingbegriff die durch die Erfahrung gegebene Farbe herausnehmen und ihm eine andere geben. So kann ich mir einen blauen Hund vorstellen. Der Erfinder des Flugzeuges hat zunächst noch keines gesehen; er kombinierte es aus früher abstrahierten Vorstellungselementen.

Sind sowohl Wahrnehmungen wie Vorstellungen komplizierte gleichartige Verarbeitungen des nämlichen Sinnesmaterials, so begreifen wir ohne weiteres, daß die beiden Psychismenarten nicht so scharf getrennt sind, wie man sich gewöhnlich vorstellt, ja daß sie ineinander übergehen können. Wenn ich ein Geldstück vom Tisch nehme und einem andern gebe, so bemerkt dieser nicht, daß es auf dem Wege von mir zu ihm in meiner Hand verschwunden war. Dem Wilden kommt für gewöhnlich gewiß nicht zum Bewußtsein, ob er ein Tier, das auf der einen Seite hinter seine Hütte gegangen und auf der andern hervorgekommen ist, hinter der Hütte wahrgenommen oder sich nur vorgestellt hat. Beides ist ihm hier eines usf. Er verwechselt aber auch sonst seine Vorstellungen so sehr mit den direkten Erfahrungen, daß er überhaupt gar nicht den nämlichen allgemeinen Begriff der Realität hat wie wir.

Je mehr man sich in der Verarbeitung und logischen Verwendung seiner Vorstellungen von der sinnlichen Erfahrung entfernt, um so größer wird die Gefahr, daß auch der Kulturmensch sich täuscht. Umgekehrt trägt aber auch eine Vorstellung um so eher den Charakter einer Wahrnehmung, je mehr unverarbeitete, also der Sinnesempfindung am nächsten stehende Engramme und je weniger verarbeitete, zur Hauptvorstellung nicht passende Einzelheiten[1] in sie eingehen.

3. Phänomenologische Unterschiede zwischen Wahrnehmung und Vorstellung.

Der Unterschied zwischen Wahrnehmung und Vorstellung erscheint der naiven Betrachtung so selbstevident wie der zwischen Grün und Rot. In dem Evidenzerlebnis (und deshalb auch in dem Begriff) der Wahrnehmung liegt es, daß der wahrgenommene Gegenstand existiert, Realität hat, und daß er in der Außenwelt sich an einem bestimmten Ort befindet. Für den Gegenstand der Vorstellung an sich kommt Realität im gleichen Sinne nicht in Betracht, er kann existieren oder nicht[2], ebensowenig die Lokalisation; diese kann bestimmt oder unbestimmt, beachtet oder unbewußt sein. Der Gegenstand der Wahrnehmung kann auch von andern wahrgenommen werden, er hat *Objektivitätscharakter*, der Gegenstand der Vorstellung stellt sich bloß dem Subjekt dar, er hat *Subjektivitätscharakter*.

1. Die evident unterscheidenden Characteristica werden von JASPERS[3] als *Leibhaftigkeit* einerseits und *Bildhaftigkeit* anderseits bezeichnet. Sie sollen absolute sein.

---

[1] Wenn ich mir einen Hund leibhaft vorstellen oder wenn ich ihn halluzinieren soll, so kann er nicht zugleich lange und kurze Ohren, braun und zugleich weiß sein, Dinge, die dem allgemeinen Begriff Hund im gewissen Sinne angehören.

[2] Im gewöhnlichen Leben allerdings benutzen wir, Gelehrte und Ungelehrte, fast nur Vorstellungen, denen wir den gleichen Realitätswert zuschreiben wie den Wahrnehmungen.

[3] Psychopathologie, Berlin: Julius Springer 1923.

Betrachten wir aber die wirklichen Zusammenhänge in phänomenologischer und in analytischer Beziehung, so zerfließen diese Unterschiede. Die Wahrnehmung selbst besteht ja schon (S. 92 ff.) aus einer Verschmelzung von sinnlichen Empfindungen und Vorstellungen, von denen beide Anteile maximal schwanken können. Bis ins Gesunde hinein ist man unter außergewöhnlichen Umständen gar nicht selten unsicher oder unterliegt Täuschungen. Der sinnliche Anteil, die Empfindung, ist oft undeutlich, optisch z. B. im Nebel oder in der Dunkelheit, akustisch in unheimlicher Stille, wo nur noch die entotischen Geräusche wahrgenommen werden, oder viel häufiger in einer Mischung von allerlei verschiedenen Tönen und Geräuschen. Wir haben aber dann gar nicht immer einfach eine ,,undeutliche Wahrnehmung" vor uns, sondern unter Umständen merken wir die Undeutlichkeit nicht und machen daraus eine unbezweifelte Wahrnehmung, unter anderen Umständen eine Vorstellung; oder wir wissen nicht, welches von beiden wir vor uns haben. In Illusionen kann die (Pseudo-)Wahrnehmung geradezu aus einem primären Vorstellungsanteil herauswachsen: Jemand hat in der Dunkelheit Angst, an einem bestimmten Orte könnte ihn ein Räuber überfallen; die Vorstellung eines Angreifers wird an diese Stelle lokalisiert und immer mehr mit sinnlichen Ekphoraten ausgestattet, so daß sie sich der Wahrnehmung annähert; plötzlich tritt zu der Vorstellung der Umriß eines (wirklichen) Baumstumpfes oder ein der menschlichen Sprache ähnliches Teilgeräusch, und die (subjektive) Wahrnehmung ist fertig. Beim Halluzinieren werden oft subjektive Wahrnehmungen mit vollem Realitätscharakter bloß aus Vorstellungen geschaffen, und wer lebhafte bis eidetische Vorstellungen produzieren kann, verfolgt oft ganz leicht, wie die Vorstellung zum wahrnehmungsartigen Gebilde wird, das nur aus Nebenumständen von einer Wahrnehmung zu unterscheiden ist. Umgekehrt wird kaum jemand phänomenologisch erkennen wollen, in welchem Moment ein Wahrnehmungsbild eines plötzlich verschwindenden Gegenstandes oder eines erlöschenden Geräusches über das Nachbild und das nachbelebte Bild in den Vorstellungszustand hinüberspringt. Die prinzipielle Gleichartigkeit von Vorstellung und Wahrnehmung wird auch bewiesen durch die Möglichkeit, durch Meskalin Vorstellungen in Anschauungsbilder, und Anschauungsbilder in Halluzinationen überzuführen, und umgekehrt durch Kalk Anschauungsbilder in Vorstellungen zu verwandeln (E. R. Jaensch).

2. Als zweites Unterscheidungszeichen gibt Jaspers an: ,,Wahrnehmungen erscheinen im *äußeren objektiven Raum* — Vorstellungen erscheinen im *inneren subjektiven* Vorstellungsraum." Auch dieser Unterschied soll ein absoluter sein. Dafür weiß die Naturwissenschaft keine Gründe. Sie kennt nur *einen* Raum, der sowohl wahrgenommen als vorgestellt werden kann. In der Vorstellung und der Wahrnehmung des Raumes drücken sich die nämlichen Beziehungen zwischen einzelnen Empfindungsgruppen, namentlich den kinästhetischen und optischen, dann den taktilen, aus. Diese Beziehungen lassen sich niemals in einem zeitlosen Moment erfassen — ohne Zeitregistierung kann es nicht die einfachste Bewegungsempfindung (oder -vorstellung) geben. Die Beziehungen, die den Raum bilden, können also von der Psyche nur dadurch erfaßt werden, daß aktuelle Erfahrungen mit Ekphoraten früherer Erfahrungen, d. h. mit Vorstellungen verschmolzen werden (die Wahrnehmung selbst ist ja eine Legierung von Empfindung und Vorstellung). Wir können folglich den Raum gar nicht wahrnehmen, ohne ihn teilweise zugleich auch vorzustellen, und zwar ist

immer seine ganze Qualität[1] und der größere Teil des Raumes, mit dem unsere Psyche operiert, vorgestellt, so alles, was hinter uns ist oder hinter einem undurchsichtigen Gegenstand, oder außerhalb der Zimmerwände bis in die Unendlichkeit nach allen Seiten. Im Handeln und Denken können wir keinen Unterschied zwischen den beiden Raumerscheinungen konstatieren und in der Anschauung (phänomenologisch) erscheinen sie so gleichartig, daß man ohne wissenschaftliche Untersuchung gar nicht merkt, daß die Wahrnehmung sich aus Empfindungen und Vorstellungen zusammensetzt und gleitende Übergänge von Vorstellungen in (Pseudo-)Wahrnehmungen stattfinden. Stellen wir uns einen Gegenstand in einer bestimmten Richtung vor, so bewegen wir die Augen vorgängig dem Zustandekommen der Vorstellung in jener Richtung[2]. Diese Andeutungen mögen genügen, vom naturwissenschaftlichen Standpunkt aus die absolute Zweiteilung des psychischen Raumes zu verwerfen. Die Unterschiede zwischen wahrgenommenem und vorgestelltem Raum sind so wenig prinzipielle wie die zwischen Sehraum, Tastraum und Hörraum und verstehen sich wie diese von selbst. Wir können in der Vorstellung Dinge oder ihre Formen und Dimensionen und Distanzen verändern, die wahrgenommenen räumlichen Beziehungen aber sind uns (im ganzen) fest gegeben. Dafür kann uns nur die Vorstellung gute räumliche Übersichten über manche komplizierte Verhältnisse, die wir nur stückweise wahrnehmen, verschaffen, so über die gegenseitige Lage der Zimmer und Gänge eines Hauses, über die Gestaltung einer Gebirgsgegend usw.

Es gibt Leute, die behaupten, sie lokalisieren das Vorgestellte (nicht bloß das Vorstellen) in den Kopf oder in die Stirne. Das muß auf einer Verwechslung des Vorgestellten mit der vorstellenden Funktion beruhen. Jedenfalls muß überall, wo die Vorstellungen praktisch benutzt werden, im Denken und Handeln, der Gegenstand in der Außenwelt gedacht sein. Wenn ich ein Buch holen will, im Hellen oder im Dunkeln, so muß ich es samt seiner Umgebung da vorstellen, wo ich es bei der Wahrnehmung finde. Was würde mir eine Vorstellung des im Kopfe sitzenden Buches mit seinem Gestell nützen[3]? Solche praktische Anwendung der räumlichen Vorstellung ist nun das Alltägliche, wenn auch viele Menschen in ihrem ganzen Leben kaum je in den Fall kommen werden, rein theoretisch eine Vorstellung und ihre Lokalisation zu betrachten. So kann man auch blind Schach spielen, maschinenschreiben und noch vieles andere. Man kann auch in der Vorstellung die Möbel eines Zimmers umstellen und die Vorstellung dann realisieren.

---

[1] Die Raumqualität, der Raum als solcher, in den nach manchen Psychologen die Dinge „versetzt" werden, kann nicht durch die jeweiligen Sinnesempfindungen gegeben werden. Er ist eine komplizierte Vorstellung, deren Abstraktion aus der ersten Lebenszeit stammt und wohl durch angeborene Tendenzen befördert wurde.

[2] GRÜNBAUM: Vorstellung der Richtung und Augenbewegung, Nederl. Tijdschr. Geneesk. **63**, 2014 (1919). — Ref. Z. Neur. **19**, 412.

[3] Wenn JASPERS nicht nur einen absoluten Unterschied zwischen Wahrnehmungs- und Vorstellungsraum machen will, sondern auch noch den Wahrnehmungsraum als *äußeren*, und den Vorstellungsraum als *inneren* bezeichnet, so kann ich den Verdacht nicht los werden, daß es sich um irgendeine bloß spekulative Sache handle. Es ist mir wenigstens rein unerfindlich, was für ein phänomenologischer Unterschied sich da ausdrücken könnte. Der psychische Vorgang der Raumwahrnehmung und der der Raumvorstellung verlaufen objektiv beide in meinem Gehirn, und subjektiv in meinem „naiven Ich" („ich" nehme wahr, „sehe mit den Augen", „meine Augen sehen", Kap. III, B, 1), dem Ich, das im äußeren Raum lokalisiert ist. Das Psychische als solches hat nicht Beziehung zu einem „inneren Raum", sondern *gar keine* Dimension oder Beziehung zu etwas, das man dem Raum vergleichen könnte (Kap. III, B, 1). Alles Räumliche als Inhalt von Wahrnehmung und *gleicherweise* als Inhalt von Vorstellung hat seine räumlichen Beziehungen nur zu dem, was wir Außenwelt nennen, und das aus einer Legierung von Wahrnehmungen und Vorstellungen besteht. Man frage mal einen Menschen mit geschlossenen Augen, wo die Haustüre sei; ich denke, er zeige in der Richtung der außenweltlichen Haustüre und nicht in sein Gehirn. Und meinen kann er doch nur eine Haustüre, die vorgestellt ist.

Man sagt auch Abstrakta werden prinzipiell anders lokalisiert als Konkreta oder gar nicht; sie werden indessen nur unbestimmter und freier lokalisiert. Wie ich mir eine beliebige Maus ohne besonderen Grund immer „irgendwo" in oder auf der Erde vorstelle, so den Mut als Eigenschaft der Menschen auf der Erde, ebenso die Farbe Blau, den Kredit, die Überzeugung; „Schönheit" kann ich beliebig in den ganzen Raum versetzen, insofern ich ignoriere, daß ein Schönheit empfindendes Wesen dazu gehöre, ebenso „Beziehung" usw.

Die folgenden Unterschiede werden auch von JASPERS nicht als absolute betrachtet, sind aber in den gewöhnlichen Verhältnissen des Gesunden fast immer vorhanden.

3. „Wahrnehmungen haben eine *bestimmte* Zeichnung, stehen *vollständig* und mit *allen Details* vor uns. — Vorstellungen haben eine *unbestimmte* Zeichnung, stehen *unvollständig* und nur in *einzelnen* Details vor uns."

Richtig ist, daß die Wahrnehmungen *im allgemeinen* eine große Vollständigkeit und Bestimmtheit besitzen, die den Vorstellungen meist abgeht. Man sieht einen Hund in einer bestimmten Größe, Farbe, Haltung, Rasse und Individualität überhaupt, in bestimmter Beleuchtung, Lokalisation usw. Der vorgestellte Hund hat höchst selten solche Eigenschaften. Aber Wahrnehmungen haben — ungerechnet Störungen der Empfindungen durch Krankheit der Sinnesorgane, Dunkelheit, störende Nebengeräusche usw. — lange nicht immer bestimmte Zeichnung und stehen gar nicht immer mit allen Details vor uns. Wir beachten nie alle Einzelheiten, sehen und hören vieles überhaupt gar nicht. Halluzinationen sind sehr oft unbestimmt und unvollständig und haben doch vollen Wahrnehmungscharakter[1]. Noch viel häufiger aber widersprechen Vorstellungen dieser Regel; sie können gelegentlich bei jedem Gesunden, dann bei Künstlern und namentlich bei der Klasse der Eidetiker die Bestimmtheit und Vollständigkeit der Wahrnehmungen erreichen, gelegentlich sogar übertreffen.

Ich kenne eine Malerin, die z. B. in zwei Sitzungen ein (ausgeführtes) Porträt zeichnet, das von niemanden erkannt wird und auch von der Psyche des Modells nichts gibt. Nachher sieht sie, besonders nachts, das Bild vor sich, erkennt die Mängel und korrigiert sie aus der Erinnerung so, daß die Ähnlichkeit nichts zu wünschen übrig läßt und der Ausdruck mehr gibt als bei manchem Künstler von einem gewissen Namen. *Ihre Vorstellung ist, wenigstens in der Beziehung, worauf es beim Zeichnen ankommt, genauer und vollständiger als ihre Wahrnehmung.* Das ist deshalb möglich, weil alle Empfindungsengramme aufbewahrt werden. Damit sie aber eine reproduzierbare Form darstellen, müssen sie in ihre feinsten räumlichen Beziehungen (beim Porträt auch in die zum mimischen Ausdruck notwendigen) zueinander gesetzt und diese Beziehungen aufgefaßt werden. Das braucht Zeit und kann statt im Moment der Wahrnehmung auch erst nachträglich geschehen.

4. „In den Wahrnehmungen haben die einzelnen Empfindungselemente die *volle sinnliche Frische*, z. B. die Farben leuchten. — In den Vorstellungen sind wohl gelegentlich *einzelne* Elemente diesen Wahrnehmungselementen *adäquat.* Aber bezüglich der Mehrzahl der Elemente sind die Vorstellungen *nicht adäquat.* Manche Menschen stellen sich optisch sogar alles grau vor."

Hier ist das gleiche zu sagen wie zu 3. Für gewöhnlich stimmt die Unterscheidung, aber gar nicht immer. In manchen richtigen aber undeutlichen und schwachen Wahrnehmungen wie in sehr vielen Halluzinationen fehlt die sinnliche Frische vollständig, ohne daß das dem Wahrnehmungs-

[1] Auch bei einer gesunden Versuchsperson, die infolge einer Suggestion auf einem leeren Blatte mit voller Überzeugung eine Zeichnung mit scharfen Umrissen sieht, deckt die Aufforderung, den Konturen nachzufahren, ganz schwere Defekte des Bildes auf, wenn sie nicht zeichnerisch besonders begabt ist.

charakter Abbruch täte. Die sinnliche Komponente kann umgekehrt in Vorstellungen in *allen* Elementen den wirklichen Empfindungen adäquat sein. (Künstler, Eidetiker usw.) Auch in den Pseudohalluzinationen oder in den Bildern, die man z. B. nach ermüdendem Mikroskopieren bei vollem Wachen in der Dunkelheit oder bei Augenschluß sehen kann, geben diese typisch sinnlichen Bestandteile der Erscheinung nicht Realitätsqualität.

5. „Wahrnehmungen sind *konstant*, und können leicht in derselben Weise *festgehalten* werden — Vorstellungen *zerflattern* und zerfließen und müssen immer *von neuem erzeugt* werden."

Dieses Kriterium trifft wohl am häufigsten zu. Und doch gibt es gelegentlich „zerflatternde", äußerst flüchtige Wahrnehmungen und massenhaft solche Halluzinationen, die deswegen nicht für Vorstellungen gehalten werden, während umgekehrt unter krankhaften Umständen Vorstellungen und Pseudohalluzinationen Konstanz haben können.

Auch darf man die Unterscheidung nicht zu genau nehmen. Die Konstanz der gewöhnlichen Wahrnehmungen erweist sich bei genauem Zusehen trotz der Unterhaltung derselben durch den Sinnesreiz als nur eine relative; dieselben schwanken beständig in Intensität und Bestimmtheit; die Eigenschaften eines Gegenstandes die im Vordergrund stehen, sind immer wieder andere. Die Vorstellungen aber zerfließen schon bei Gesunden nicht immer, und einem Kranken können sich Vorstellungen mit großer Konstanz aufdrängen. Uns alle begleiten beständig die Vorstellungen des Ortes, meist auch der Zeit, und namentlich der Situation. Man denkt sich irgendwo beobachtet, ohne daß man es wahrnimmt, und läßt sein ganzes Benehmen dadurch beeinflussen. Die Vorstellung des Raumes hinter mir ist gerade so konstant wie die Wahrnehmung des Raumes vor mir. Wenn auch gewöhnlich diesen Vorstellungen keine Aufmerksamkeit zugewandt wird, so sind sie doch für unser ganzes Tun und Lassen mitbestimmend und werden sie den übrigen Erlebnissen ekphorierbar assoziiert, so daß man in der Regel nachher Umstände und Ort so gut weiß wie das Geschehen selbst, das unsere Aufmerksamkeit in Anspruch nahm. Die Zielvorstellung einer Rede darf den Redner keinen Augenblick verlassen. Der Maler, der aus dem Gedächtnis malt, muß seine optischen Vorstellungen festhalten. So ist es nichts Neues, wenn in der Halluzination auch eine für gewöhnlich flüchtige Vorstellung Dauer bekommen kann; aber es kann besonders stark mithelfen, dem psychischen Gebilde den Charakter der Wahrnehmung zu geben.

6. „Wahrnehmungen sind *unabhängig vom Willen*; sie können nicht beliebig hervorgerufen und nicht verändert werden. Sie werden mit dem Gefühle der *Passivität* hingenommen. — Vorstellungen sind abhängig vom Willen; sie können beliebig hervorgerufen und verändert werden. Sie werden mit dem Gefühl der *Aktivität* produziert."

Die Formulierung läßt etwas zu wünschen übrig. Man sollte sagen, die Vorstellung ist *anders* vom Willen abhängig als die Wahrnehmung. Die Vorstellung kommt und verschwindet dann, wenn wir etwas anderes denken, die Wahrnehmung mit dem Gegenstand oder — vom Willen aus — mit der Zu- oder Abwendung der Sinne. „Gefühl der Aktivität und Passivität" ist hier cum grano salis zu verstehen. Phänomenologisch ist „etwas anblicken", „hören", „fühlen" etwas Aktives, wie es der Ausdruck schon sagt. Es gehört ein gewisses Verständnis der Physik und der Physiologie der Sinnesorgane dazu, die Passivität darin richtig aufzufassen. Umgekehrt sind die Vorstellungen recht oft vom Willen unabhängig; wie manche möchte man unterdrücken, wenn man es fertig brächte! (*Dysamnesie*). Auch ganz gewöhnliche Vorstellungen „fallen einem ein". Und willkürliche Veränderungen von Vorstellungen können wir nicht immer bewirken, während doch auch willkürliche Veränderungen von Wahrnehmungen möglich sind (z. B. Vexierbilder). Ich möchte auch nicht behaupten, daß ein deutliches Gefühl der Aktivität häufiger die Vorstellungen als die Wahrnehmungen begleite. Bei Schizophrenen ist es etwas gewöhnliches, daß ihnen Vorstellungen „gemacht“ werden.

Wichtig scheint mir, daß der *Inhalt* der Wahrnehmung uns *fremd* gegenübersteht (etwas ganz anderes als das Gefühl der Passivität gegenüber dem *Vorgang*), während wir über den der Vorstellungen einigermaßen frei verfügen; dieser ist unser Eigentum geworden. Der ganze Vorgang und damit in *gewisser Beziehung* auch sein Inhalt bildet einen Teil unseres Ich vermöge der engen Assoziation mit den übrigen psychischen Vorgängen. Der Inhalt der Wahrnehmungen dagegen hat seine direkten Beziehungen zum äußeren Raum und seinen Gegenständen, eine ganz bestimmte Lokalisation in der Außenwelt, Beziehungen zu unseren Bewegungen und unseren Sinnesorganen. Um mit der Hand oder mit dem Blick von meinem Tisch zu meinem Stuhl zu kommen, muß ich ganz bestimmte Bewegungen machen, die zu meinem Stellungsempfinden in streng definiertem Verhältnis stehen. Der Akt der Wahrnehmungen selbst wird begleitet von allerlei Reflexen und Bewegungstendenzen. Wir können auf sie reagieren, auf die Vorstellungen nur, wenn sie gerade der Wirklichkeit entsprechen.

So finden wir in den psychischen Vorgängen der Wahrnehmung und Vorstellung selbst kein Kriterium, das uns erlaubte, unter allen Umständen die beiden Funktionen sicher zu unterscheiden. Auch die Gesamtheit der gefundenen Unterschiede würde keinen zwingenden Schluß erlauben. Von Millionen von Wahrnehmungen und Vorstellungen wird gewiß nur selten eine falsch bewertet oder bezweifelt. Aber daß doch unter bestimmten Umständen Täuschungen und Unsicherheiten vorkommen, ist wieder ein Beweis für die phänomenologische Ähnlichkeit beider Psychismen. Es begegnet jedem Gesunden gelegentlich, daß er einmal lebhafte Vorstellungen von Hautjucken oder von Rollen eines ungeduldig erwarteten Wagens für Wahrnehmungen hält und ähnliches. *Da die beiden Psychismen dem gleichen Zweck, der Direktion unseres Handelns dienen, erscheint es auch selbstverständlich, daß ihre wesentlichen, die haptophoren, Bestandteile für beide die gleichen sind.*

Wernicke hat versucht, den Unterschied wenigstens physiologisch darstellbar zu machen mit der Annahme, daß der ankommende Sinnesreiz bestimmte als „Körperzellen“ bezeichnete Zellen passiere, deren Erregung die Körperlichkeit, den Ursprung des Vorganges von einer peripheren Stelle anzeige. Wir kennen keine Anhaltspunkte für diese Vorstellung, wenn nicht, daß die Eintrittsstelle eines Reizes in das Organ der Psyche für diese nicht gleichgültig ist, und der flüssige Übergang von Vorstellungen in Halluzinationen wird wohl Wernickes Annahme ausschließen.

Interessant ist ferner, daß auch diejenigen *Pseudohalluzinationen*, bei denen Projektion in den Wahrnehmungsraum, Bestimmtheit und Vollständigkeit der Zeichnung, sinnliche Frische, Konstanz und Unabhängigkeit vom Willen nichts zu wünschen übrig lassen, doch nicht als Wahrnehmungen, sondern als *Trugbilder* aufgefaßt werden.

Das weist uns darauf hin, innerhalb der Wahrnehmungen (äußerer Dinge) die *Projektion nach außen* zu trennen von dem *Realitätseindruck*[1]

[1] Für den Eindruck der *Realität* bedarf es zunächst keiner besonderen Funktion oder gar eines „*Realitätsurteils*“. Das Zoon empfängt einen Reiz und reagiert darauf nach einem angeborenen oder erworbenen Mechanismus. Dazu braucht es nichts, was einer Unterscheidung oder einem Urteil über Realität ähnlich wäre. Auch wenn Reiz und Reaktion empfunden werden, kommt „real oder nicht real?“ so wenig in Betracht wie „Tugend oder Laster?“. Die Nahrung, die es aufnimmt, der Schmerz, den es flieht, das Nahrungaufnehmen und das Fliehen selbst, und — auf höheren Stufen — die Zusammenhänge zwischen Reiz und Reaktion sind jenseits der Diskussion der Realität. Auch für die *Vorstellung* der Dinge und Beziehungen,

des wahrgenommenen Inhaltes. *Die Projektion ist eine assoziative Einreihung des Inhaltes unter die Vorstellungen und Wahrnehmungen des Außenraumes.* Es wäre zu lang, alle die Beziehungen aufzuzählen, die dazu gehören. Die Erfahrungen von Pseudohalluzinationen, sowie die der Eidetiker zeigen, daß die Einreihung ohne sinnliche Anreize von außen möglich ist.

Man kann also ein ohne sinnlichen Reiz entstandenes psychisches Gebilde so in der Außenwelt „wahrnehmen" (einen richtigen Ausdruck dafür gibt es nicht) wie einen wirklichen Gegenstand.

Nur durch begleitende assoziative Vorgänge bekommt das Gebilde *inhaltliche* Realität[1]. (Näheres im Abschnitt über Halluzinationen.)

Vor den Vorstellungen haben die Wahrnehmungen noch das voraus, daß sie von Reflexen und reflektorischen Tendenzen begleitet werden, die durch Empfindungen ausgelöst werden (Pupillenveränderungen, reflektorische Blickrichtung; Kopfdrehung auf Schall; Gliederbewegungen auf Hautreize usw.). Obschon die Empfindungen dieser reflektorischen Vorgänge nur ausnahmsweise zum Bewußtsein kommen, mögen sie doch mithelfen bei der Unterscheidung von Vorstellung und Wahrnehmung.

Wie das Zusammenbringen mit anderen Erfahrungen den Charakter des Gebildes bestimmen kann, mag an dem einfachen Fall des Ohrenläutens angedeutet werden: man kann im Zweifel sein, ob es nicht wirkliches Läuten ist. Verschluß der Ohren kann unter anderm die Frage sofort entscheiden.

Das eigentlich Entscheidende da, wo nicht wie gewöhnlich, gleich der Instinkt das Richtige trifft, sind also die Zusammenhänge mit anderen Erlebnissen und oft eine eigentliche bewußte Kritik.

Es sei nochmals, neben dem phänomenologischen Fehlen eines Sprunges auf ein anderes Gebiet, auf das häufige Vorkommen von beobachtbaren *Übergängen* aufmerksam gemacht: vom direkten Wahrnehmungsbild zum nachbelebten und schließlich zur eigentlichen Vorstellung oder umgekehrt einem Lebhafterwerden der Vorstellung bis zur sinnlichen Deutlichkeit und Lokalisation durch Hinzuzug von Sinnesekphoraten und deren Anordnung usw.[2]. Fügen wir noch hinzu, daß es manchmal schwer ist, *in der Erinnerung*

---

z. B. die Vorstellung, daß an einer bestimmten Stelle Nahrung zu finden sei, existiert der Zweifel, die Frage „real — irreal?" nicht. So ist es bis hinauf in das gewöhnliche Leben des Kulturmenschen. Erst wenn die Erfahrung gezeigt hat, daß Sinne und Vorstellungen gelegentlich zu falschen Reaktionen und damit zu *Irrealitätsurteilen* geführt haben, dann sucht der Instinkt nach Kriterien zu einer richtigen Reaktion; es kommt die Unsicherheit und *damit* die Dimension „Real-Irreal" hinein, die schon bei höchsten Tieren gelegentlich irgendwie empfunden werden mag, noch beim primitiven Menschen nur ausnahmsweise in Betracht kommt und erst vom Philosophen auf alle Erfahrungen ausgedehnt wird — in der Theorie. Dann konnte man auch dazu kommen, den Wahrnehmungen überhaupt die Realität abzusprechen und diese bloß den „Ideen" zuzuschreiben.

[1] Nur die psychische Umgebung, sagt G. F. Lipps mit andern, gestatte die Unterscheidung. Vor allem sei ausschlaggebend, daß andere Personen unsere Vorstellungen nicht wahrnehmen können; er meint sogar, daß wir ohne das letztere Unterscheidungszeichen die beiden Dinge nicht auseinander halten könnten (in Hintermann, Exper. Untersuchungen der Bewußtseinsvorgänge. Diss. Zürich 1917), was nun sicher nicht richtig ist; auch der Vereinzelte besitzt noch eine ganze Menge brauchbarer Unterscheidungszeichen, wenn diese auch in Ausnahmefällen einmal versagen. Aber es bleibt die Tatsache bestehen, daß von allen Eigenschaften der beiden Funktionen selbst weder eine einzelne noch ihre Summe eine sichere Unterscheidung erlaubt.

[2] Alle Vorstellungen sollen nach G. F. Lipps die Tendenz haben, zum vollem Erleben zu kommen, d. h. Halluzinationen zu werden. Wundt schreibt den Vorstellungen das „Streben" zu, in Wahrnehmungsbilder überzugehen.

Vorstellung und Erlebnis zu unterscheiden, und daß auch der Gesunde da sich manchmal täuscht.

Da Wahrnehmungen und Vorstellungen die gleiche Bedeutung haben, können sie sich *mischen*, miteinander in Wettbewerb treten, was nur möglich ist, wenn die Lokalisierung die nämliche ist: Illusionen infolge vorgefaßter Meinung kennen wir alle aus eigener Erfahrung. Beim Hören der eigenen Gedanken bei Geisteskranken wirken akustische Vorstellungen mit sinnlicher Deutlichkeit sehr störend. TESLA[1] litt bis zu seinem 12. Jahr darunter, daß seine Vorstellungen sinnliche Deutlichkeit bekamen. SCHILDER[2] zeigte, daß, wenn man sich ein Ding lebhaft hinter einem Vorhang vorstellt, der Vorhang an der betreffenden Stelle nahezu oder ganz verschwindet (ich kann das bestätigen). Ferner macht er darauf aufmerksam[3], daß man sich bei kalorischer Reizung des Ohres, wenn gesehene senkrechte Linien schief erscheinen, senkrechte Linien auch nicht *vorstellen* kann.

LINDWORSKY[4] kommt in bezug auf Raumlokalisation und die Unterschiede und Zusammensetzungen der Wahrnehmungen und Vorstellungen zu prinzipiell den nämlichen Ansichten. Er berichtet über interessante Versuche von PERKY, der die Versuchsperson sich eine Orange vorstellen ließ, während er ohne ihr Wissen ein ganz schwaches Bild der nämlichen Frucht auf einen Schirm warf. Die Versuchspersonen hielten das letztere für ihre Vorstellung. MARTIN (ebenda) ließ neben einen wirklichen Puppenkopf einen zweiten sich vorstellen, der sich dann in den wesentlichen Dingen nicht vom ersten unterschied. Ferner hat GRUENBAUM[5] darauf aufmerksam gemacht, daß den Vorstellungen einfacher Objekte im Raum Augenbewegungen in entsprechender Richtung vorangehen, und die Unterdrückung dieser Bewegungen die vorgestellte Lokalisation erschwert.

Es sei ferner an die Arbeiten von E. R. JAENSCH erinnert, der den Elementarvorgang als eine Einheit betrachtet, die sich erst im Laufe der Entwicklung in Wahrnehmung und Vorstellung spalte.

4. Vorstellung — Begriff.

Der Sprachgebrauch unterscheidet ungenügend zwischen diesen beiden Dingen; namentlich wird der Ausdruck „Vorstellung" oft auch für „Begriff" gebraucht. Wenn man aber von „Begriff" redet, so meint man nur einen Inhalt; mit „Vorstellung" meint man teils den Vorgang des Vorstellens, teils den Inhalt. *Wir beschäftigen uns hier nur mit dem Inhalt.* In dieser Gegenüberstellung ist der Inhalt der Vorstellung etwas, was im gegebenen Fall oder Augenblick gerade gedacht, vorgestellt wird. Der Begriff ist eine logische Abstraktion aller Characteristica des Gegenstandes ohne Rücksicht darauf, ob vorgestellt oder nicht[6]. Deshalb ist der Begriff etwas Feststehendes; er kann nur verändert werden, wenn die Erkenntnisse, die ihn geschaffen, durch neue Erkenntnisse korrigiert werden[7]. Die Vorstellung aber ist im Prinzip wandelbar. Man kann sich „einen Hund" vorstellen als Pudel, der aufwartet, oder als einen Jagdhund, der einen Hasen verfolgt; die Vorstellung ist ein ganz anderes Gebilde in dem Zusammenhang „der Hund ist ein Raubtier" (zoologische Zusammenhänge), als wenn ich sage,

---

[1] LAUDER BRUNTON: J. ment. Sc. **1904**, 239.

[2] Wahn und Erkenntnis, Berlin: Julius Springer 1918.

[3] Studien über den Gleichgewichtsapparat, Wien. Klin. Wschr. **1918**, Nr 51.

[4] Wahrnehmungen und Vorstellungen, Z. Psychol. **80**, 204 (1918).

[5] Vorstellung der Richtung und Augenbewegungen, Nederl. Tijdschr. Geneesk. **63**, 2014 (1919). — Ref. Z. Neur. **19**, 412.

[6] Im Begriff des „Hundes" steckt alles, was zu unserem Wissen vom Geschlecht der Hunde gehört, das, was jedem Hund zukommt, und das, was bei irgend einem einzelnen Hunde vorkommen *kann:* das vierbeinige Säugetier, bestimmte zoologische Merkmale, soweit sie mir bekannt sind, eine bestimmte Größenordnung, Pelz mit einer bestimmten Farbenskala *unter Ausschluß* anderer Farben, Möglichkeit bestimmter Zeichnungen des Pelzes, dann Eigenschaften als Haustier und eine Menge von anderen *Beziehungen.*

[7] Nicht eine Veränderung des Begriffes ist es, wenn verschiedene Partialbedeutungen desselben herausgehoben werden, wenn etwa der Begriff „Vater" als Erzeuger, dann als Ernährer der Familie oder als Erblasser in Frage kommt.

„er ist ein Haustier" (Beziehung zum Menschen), oder „er ist wachsam", oder „er muß versteuert werden".

Der Begriff steckt nun auch in der Vorstellung von Dingen (abstrakten und konkreten). Wenn ich von Hunden überhaupt rede, so sind Pudel und Jagdhunde gleicherweise gemeint; und wenn ich vom Hund als Steuerobjekt rede, so sind Rasse und viele andere Bestandteile des Begriffes kaum irgendwie aktuell — aber dennoch liegen sie näher als andere Ideen, z. B. Eigenschaften einer Maus. Denke ich an den Begriff „Hund" überhaupt, so ist die Gesamtheit aller Characteristica und besonderen Beziehungen des Hundegeschlechts gemeint und zwar nicht nur einzeln, sondern zugleich als Gesamtgestalt, die ja in diesem Zusammenhang in erster Linie in Betracht kommt. Wir können aber die psychische Form, in der der Begriff vorgestellt wird, nicht näher beschreiben. Vielleicht kommt man der Wirklichkeit am nächsten, wenn man sich denkt, diese Begriffsqualitäten werden als ganzheitliches „Bündel" in Bereitschaft gestellt[1], d. h. seine assoziativen Zusammenhänge werden gebahnt und die Hemmungen beseitigt, dabei aber wird nur das wirklich ekphoriert („aus dem Bündel herausgehoben"), was im speziellen Falle nötig ist, also z. B. der zoologische Anteil am Begriff des Hundes, oder die Rasse oder die Wachsamkeit mit Nutzen und Nachteilen.

Will man einen Begriff isoliert denken, so wird er in eine Vorstellung verwandelt durch sinnliche Zutaten, und zwar soweit meine Erfahrung reicht, hauptsächlich durch solche aus dem optischen Gebiet (einschließlich Photismen). Bei mir wird „der Hund" zu einem ganz unscharf begrenzten Gebilde, das, wenn man seine Bedeutung kennt, als Hund in einer bestimmten Stellung aufgefaßt werden könnte und von dem rotbraunen Photisma des Wortes „Hund" gefärbt ist. „Tapferkeit" stellt sich der Eine als starre helle Fläche vor, der Andere als altertümlich bewaffneten stramm stehenden Mann, der Dritte als Gebilde, in dem die Buchstaben des Wortes „Tapferkeit" undeutlich enthalten sind usf. Kurz bei flüchtiger Vorstellung wird ein Symbol gebildet, das häufig sogar bei konkreten Begriffen dem Ding selbst in keiner Weise gleicht. Von da aus gibt es dann bei „lebhafteren" Vorstellungen und je nach der Persönlichkeit alle Übergänge bis zu den wahrnehmungsgleichen Formen, indem immer ursprünglichere sinnliche Engramme in das Gebilde eingehen, und die Anordnung der Elemente, die Begrenzung, Lokalisierung usw. immer vollständiger hinzugefügt wird. Die bloß symbolischen zu einem ganz beträchtlichen Teil dem vorgestellten Ding wesensfremden Vorstellungen (Schriftbild) dienen als zusammenfassende bequeme Repräsentanten und zugleich als Handhabe für den ganzen Begriff; nach dem oben angeführten Bilde wird das Bündel durch dieses Symbol sowohl als Ganzes wie als Summe der Einzelheiten etikettiert und handlich faßbar gemacht.

Es ist behauptet worden, daß man sich einen Allgemeinbegriff gar nicht vorstellen könne. Das ist wahr oder falsch je nach dem Begriff, den man mit „Vorstellen" bezeichnet. Wenn ich[2] z. B. in der Geometrie von einem Dreieck im allgemeinen rede, so ist es durchaus nicht richtig, daß ich mir dabei nur ein bestimmtes, rechtwinkliges oder gleichseitiges oder ungleichseitiges Dreieck denken oder vorstellen könne; ich operiere dabei wirklich nur mit einem Allgemeinbegriff, der gar nichts von jenen speziellen Eigenschaften besitzt, ebenso wie ich mir ohne zwingenden Anlaß niemals „einen Hund" denke, dem Rasseneigenschaften oder eine bestimmte Größe, Stellung usw. zukäme. Aber das wesentliche des Dreiecks, das Flächenhafte, die

[1] Vielleicht ähnlich wie unsere Muskelbewegungen, wenn wir ein Kommando erwarten.
[2] Von Person zu Person sind offenbar in dieser Beziehung große Unterschiede.

drei Winkel, drei Seiten, eine gewisse Größenordnung und Lokalisation stecken doch in der abstraktesten Vorstellung, wenn ich es auch nicht näher beschreiben kann.

5. Halluzinationen und Illusionen.

Das Gesagte läßt sich ohne weiteres zum Verständnis der Halluzinationen und Illusionen verwenden, und diese beleuchten wieder die Natur der Wahrnehmungs- und Vorstellungsvorgänge.

Illusionen. Die (optische) Empfindung wird zur Wahrnehmung dadurch, daß ein Farbfleck als Ding aufgefaßt wird, indem frühere Erfahrungen von ähnlichen Farbflecken assoziiert werden. Diese Assoziation kann aus mancherlei Gründen gestört sein; so wird etwa ein optischer Eindruck statt zu einem Baumstrunk zu einem Räuber ergänzt. Dabei wird meist auch die zugrundeliegende Sinnesempfindung selbst durch Weglassungen und Zutaten gefälscht. Die Illusion ist in gewissem Sinne schon ein normaler Vorgang, indem wir in der Wahrnehmung viel mehr zu empfinden glauben, als der Wirklichkeit entspricht (s. S. 97/8). *Halluzinationen* sind für die Psyche Wahrnehmungen wie jede andere, entstehen aber nicht durch Reizung der Sinnesorgane von außen. *Pseudohalluzinationen* sind Halluzinationen, die vom Patienten als solche erkannt werden. Sie können so scharf und farbig und vollständig und so genau in die Außenwelt[1] lokalisiert sein, wie die deutlichste Wahrnehmung. Genetisch sind sie keine einheitliche Gruppe, da ihre charakteristische Eigenschaft vom Zustande der Kritik des Patienten abhängig ist.

Es gibt viele *Theorien* zur Erklärung der Halluzinationen. Erwähnenswert sind etwa: Nach einzelnen, von Aristoteles über Hume bis Wundt, unterscheidet sich die Wahrnehmung durch ihre *Intensität* von ihrer „Abschwächung", der Vorstellung. Durch Verstärkung der Intensität würde also die letztere wieder zur (Pseudo)-Wahrnehmung. Das bedarf heute keiner Widerlegung mehr, schon weil uns das direkte Maß für die Stärke solcher Funktionen fehlt, und weil überhaupt der wesentliche Unterschied zwischen Wahrnehmung und Vorstellung ein qualitativer ist. — Andere meinten, daß, weil bei der Wahrnehmung eine Sinnesreizung vorhanden sei, die der Vorstellung fehle, bei dem Übergang von Vorstellung zur Halluzination eine *rückwärts laufende Reizung* der peripheren Sinnesfläche stattfinde. Unter anderm ist dagegen zu bemerken, daß Visionen meist nicht den Augenbewegungen folgen und daß Halluzinationen auch nach Vernichtung des Sinnesorganes gar nicht selten sind. — Damit ist auch die Annahme ausgeschlossen, daß der ganze Halluzinationsvorgang sich *in den peripheren Sinnesorganen* abspiele, die allerdings auch deswegen unmöglich ist, weil die Halluzinationen meist sinnhafte Psychismen sind. — Reizzustand *basaler Centren* oder namentlich der primärer, corticaler „*Perzeptionscentren*" aber ist nicht auszuschließen. Auch von der Basis aus anregbare, die Pseudowahrnehmung begleitende Reflexe mögen etwas zur Halluzinierung einer Vorstellung beitragen, namentlich aber hat man Gründe, eine selbständige Tätigkeit funktionell als „untere" zu bezeichnender Rindenorgane als Grundlage einer gewissen Klasse von Halluzinationen zu betrachten (s. unten).

Wir können nun mehrere Arten von Halluzinationen unterscheiden. Ein Teil sind wirklich *zu (Pseudo)-Wahrnehmungen gewordene Vorstellungen* (die hysterischen, viele schizophrene und Traumhalluzinationen u. a.). Ein großer Teil derselben kommt aus dem Unbewußten, besonders dem verdrängten. Ihnen gegenüber stehen die *Reizhalluzinationen,* deren klarer Typus im Delirium tremens zu beobachten ist, wo krankhafte Reize auf optischem und taktilem Gebiet als Tiere und ähnliches wahrgenommen werden. Diese Sinnestäuschungen sind also nur insofern Halluzinationen, als sie nicht auf dem Wege über die Sinne *von außen* angeregt werden; insofern sie falsche Auslegungen von Empfindungen sind, wären sie als Illusionen zu bezeichnen. Es sind Pareidolien, die bei gestörtem Urteil Realitätswert erhalten.

Eine dritte Entstehungsart von Halluzinationen beruht auf *Schwäche oder Ausfall* einer Funktion: Beim Einschlafen oder auch sonst nach einseitiger Anstrengung der Sinnesorgane (langes Mikroskopieren, lange Autofahrt durch gleichförmige Landschaft, Zirkusvorstellung) sieht man bei Augenschluß oder bei geringem Licht Bilder, die jenen Erlebnissen entsprechen, aber doch meist frei komponiert sind. Auch auf akustischem Gebiet kommt Analoges vor. Es handelt sich offenbar um ein vom Ich zu wenig kontrolliertes oder von ihm abgespaltenes Leerlaufen von sinnlichen Einzelfunktionen, wie wir es auf dem Gebiete des Denkens nach anhaltender geistiger Arbeit kennen, wo es uns am Einschlafen hindert. Bei Krankheiten, nament-

[1] „Außenwelt" bedeutet in diesem Zusammenhang nicht „außerhalb des Körpers", sondern „außerhalb der Psyche". Manche Halluzinationen werden in den Körper lokalisiert.

lich Schizophrenien, fehlt die Kontrolle infolge der geschwächten Assoziationsspannung, und so können — mit oder ohne besonderen Reizzustand der betreffenden Hirnstellen — im vollen Wachen optische und akustische Bilder vorgetäuscht werden, letztere schon deswegen viel häufiger, weil sie nicht wie die optischen beständig durch andere gleichartige Sinnesbilder gehemmt oder zugedeckt werden, wie die Sterne durch das Tageslicht[1], zugedeckt werden (Halluzinationen aus Schaltschwäche).

Ihrer Enstehung als isolierte Funktionen gemäß sind solche Halluzinationen manchmal ohne Zusammenhang mit dem aktuellen Ich. Bei der Schizophrenie kann aber der Inhalt auch dieser Täuschungen von bewußten oder unbewußten affektbetonten Komplexen aus bestimmt und damit in den Dienst der krankhaften Vorstellungen gestellt werden.

Außer diesen drei Entstehungsweisen der Halluzinationen gibt es offenbar noch andere, die z. Z. nicht genauer zu erfassen sind, z. B. die bei Vergiftungen. Und es ist selbstverständlich, daß oft im einzelnen Falle mehrere Mechanismen zusammenspielen. Reizende und lähmende Störungen geben die Disposition zu psychogenen Halluzinationen, oder psychische Bedürfnisse verleihen physisch bedingten Halluzinationen einen bestimmten Inhalt, oder verschiedene Arten von Halluzinationen kommen nebeneinander vor.

Wie wird nun aus der Vorstellung eine Halluzination? Wir haben gesehen, daß die Kriterien, die man gewöhnlich anführt, ausgesprochene sinnliche Komponente, genaue Einreihung in den wirklichen Raum, Eindruck des von außen Stammenden (Auftreten aus dem Unbewußten oder aus Hirnreizen usw.) nicht immer genügen, die Unterscheidung zwischen Vorstellung und Wahrnehmung (inkl. Halluzination) mit Sicherheit zu machen. Aber oft bilden die genannten Momente doch den Anlaß und die Grundlage der Halluzinierung. Wo der normale straffe Gang der Assoziationen gestört ist, im Schlaf, in starker Ermüdung, in Aufregungen, in der Hypnose und in verschiedenen Formen von Geisteskrankheiten, beobachten wir Ekphorie sinnlicher Engramme[2] und damit die Neigung zu Halluzinationen.

Der entscheidende Faktor aber ist der Zustand der *Kritik*. Ein antiker Maler behauptete, Aphrodite habe ihm in Person gesessen; wir setzen voraus, daß er wirklich an die Anwesenheit seiner Göttin geglaubt habe; die Erscheinung war „also" eine Halluzination. Hätte er daran nicht geglaubt, oder würde einem modernen Psychiater ein Heiliger oder ein Einhorn mit der nämlichen Deutlichkeit erscheinen, so könnten wir höchstens von einer Pseudohalluzination reden. Im ersten Moment allerdings kann sich unter Umständen jeder überrumpeln lassen und irgendeine Erscheinung für Wirklichkeit halten, die er gleich darauf als Sinnestäuschung erkennt. Umgekehrt erfaßt der besonnene Geisteskranke manches als Pseudohalluzination, was ihm gleich nachher in einem Augenblick der Verwirrung als Wirklichkeit vorkommt. Man wendet hier gleiche und ähnliche Kriterien an, wie bei der Unterscheidung von Ohrenläuten oder einer anderen Parästhesie von außenbedingter Empfindung.

Ein Fingerzeig ist bei so vielen Halluzinationen *das Ungewohnte*, mit den bisherigen Erfahrungen in irgendeiner der vielen möglichen Beziehungen nicht im Einklang Stehende. Eine Stimme von einem Ort her, wo niemand ist, oder nach aller Erfahrung niemand sein kann, muß als etwas Besonderes auffallen, ebenso ein Mensch, der auf einmal in unserer Nähe gesehen wird, ohne daß wir sein Kommen bemerkt haben, oder der aus der Mauer tritt oder in der Luft schwebt. Die Vision kann sich so von andern Dingen oder Wesen unterscheiden, daß man bei nur einigermaßen erhaltener Kritik sich gleich sagen muß, „so etwas gibt es nicht"; oder die Stimme sagt unsere aktuellen oder früheren Gedanken, die kein anderer Mensch wissen kann usw. usw. An solchen Zeichen erkennen ja die Schizophrenen meistens die Halluzinationen, zwar nicht als solche, aber als das Besondere, dem sie eben ihrer Meinung nach ausgesetzt sind.

Die Kritik kann nicht nur ein Gebilde als krankhaft, unreal erkennen lassen, sondern sie kann den ganzen psychischen Vorgang hemmen. Wenn wir uns klar sind, daß ein im Dunkeln gesehener Baumstumpf nicht ein Mensch ist, so können wir oft in dem Baumstumpf auch mit aller Anstrengung den Menschen nicht mehr

---

[1] Vgl. BLEULER, Halluzinationen und Schaltschwäche, Schweiz. Arch. Neur. **13**, 88 (1923).

[2] Interessant ist der von JASPERS (Psychopathologie, Berlin: Julius Springer 1920) berichtete Fall eines Fieberkranken, der blind schachspielen konnte, während er vorher und nachher dazu nicht fähig war. Hierher gehört auch die alltägliche Beobachtung, daß man im Fieber mit großer Leichtigkeit aus Tapetenblumen oder irgendwelchen Flecken Fratzen herauskennen kann, die man nach Ablauf der Krankheit nicht mehr findet.

sehen, der uns einige Augenblicke vorher erschreckte oder verwunderte. So beobachten wir optische Halluzinationen, die mit der Wahrnehmung der realen Umgebung am leichtesten in Konflikt kommen müssen, sehr selten bei Besonnenheit, aber massenhaft in allen Zuständen „gestörten Bewußtseins". In leichteren Fällen des Delirium tremens verschwinden die optischen Halluzinationen momentan, sobald die Patienten nach ihnen in die Luft greifen (taktil-kinästhetische Kontrolle). Nicht selten werden in der gleichen Krankheit mit der zunehmenden Kritik die zuerst als lebend gesehenen Tiere für ausgestopfte gehalten und schließlich in an die Wand hingeworfene Bilder verwandelt. Einen umgekehrten Gang sehen wir beim Auftreten schizophrener Körperhalluzinationen: Erst kommen solche Patienten oft zum Arzte mit der Klage über Parästhesien; später werden aus denselben Symptome einer allgemeinen Krankheit gemacht, und bei einem nächsten Schub sind sie für den Patienten sichere Zeichen von Verfolgungen und damit Halluzinationen.

Auch direkt werden Halluzinationen durch Konkurrenz mit anderen Wahrnehmungen und durch die Aufmerksamkeit auf andere Dinge gehemmt, oder auch nur verdeckt. Pseudohalluzinationen aus Schaltschwäche verschwinden oft, sobald die Aufmerksamkeit die wirkliche Umgebung, und wäre es nur das Augenschwarz, fixiert. Daß affektive Bedürfnisse die Kritik sowohl fördern wie hemmen können, ist selbstverständlich; gewisse Arten von Halluzinationen sind nur da möglich, wo sie gleich Glauben finden.

Wie weit überhaupt die psychischen Bedürfnisse das Realitätserlebnis bestimmen, zeigt sich in der bei Schizophrenen nicht seltenen *Umkehrung der Realitätsauffassung*, wobei die normal wahrgenommenen Dinge, namentlich Personen, als nicht wirklich erscheinen, während den halluzinierten der volle Wirklichkeitswert verliehen wird; so figurieren die wirklichen Menschen als „Masken" oder „flüchtig hingemachte Männer". In diesen Fällen ist die Projektion der Wahrnehmungen nach außen ganz normal; auch die primäre Verarbeitung der Empfindungen zu Wahrnehmungen wird kaum gestört sein. Die Umkehrung ist also nur von den begleitenden Wahnbedürfnissen abhängig.

Was in diesem Zusammenhang „Kritik" genannt wurde, hat mit der Intelligenz fast nichts zu tun. Die gescheitesten Leute können an uns ganz verrückt vorkommende Halluzinationen felsenfest glauben. Die Unterscheidung zwischen Vorstellung und Wahrnehmung ist etwas so Elementares, daß nur elementare Störungen sie direkt treffen können, so wenn die Assoziationszusammenhänge gelockert werden (Schlaf, Schizophrenie, Delirien usw.), oder wenn bei geschwächter Assoziationsspannung die Affektivität (Wünsche und Befürchtungen) die Führung übernimmt.

Dadurch, daß wir den maßgebenden Unterschied zwischen Vorstellungen und Halluzinationen in die assoziativen Beziehungen setzen, werden auch die *extrakampinen Halluzinationen*[1] verständlich, die durch Zuhilfenahme von Reizen im Sinnesorgan — auch wenn man dieses im allerweitesten Sinne von der Retina bis zur Occipitalrinde faßte — niemals zu erklären waren. Kommt es nur auf den psychischen Zusammenhang an, so kann eine beliebige optische Vorstellung, auch wenn sie außer das Gesichtsfeld verlegt wird, in den meisten Beziehungen ebensogut in die Außenwelt eingereiht werden wie sonst (nur daß sie dann nicht von dem Öffnen der Augen und der Stellung des Gesichts abhängig ist) und die sinnlichen Empfindungsengramme können ebensogut mit einer solchen Halluzination kombiniert werden, wie mit einer, die ins Gesichtsfeld lokalisiert ist. Die extrakampinen Halluzinationen beweisen besonders drastisch die Intensität des Raumes der Vorstellungs- und der Wahrnehmungsinhalte.

Eine als *Illusion* zu bezeichnende, scheinbar recht elementare Störung ist geeignet den Charakter der Empfindungen zu beleuchten: die häufig bei Melancholikern vorkommende Erscheinung, daß optisch alles grau scheint, die Speisen keinen Geschmack zu haben scheinen, „wie Stroh", „wie Papier" schmecken; wenn man aber die Sinnesempfindungen prüft, so sind sie normal. Es kann sich hier nicht wohl um etwas anderes als eine ungenügend differenzierte Stellungnahme handeln, wie auf affektivem Gebiet dem Melancholiker alles gleich schmerzlich erscheint. Wie seine affektive Stellungnahme nivelliert ist, so ist es auch eine Zutat unserer Psyche, die als Teil der Farben- und Geschmacksempfindungen selber erscheint. *Auch das ist*

[1] Man sieht den Teufel außerhalb des Gesichtsfeldes, z. B. hinter sich; ein Geruch ist im Nacken; man spürt auf der Haut („sieht" nicht) einen Wasserstrahl aus einer bestimmten Ecke des Zimmers kommen u. dgl.

wohl ein Fingerzeig, wie stark verarbeitet die scheinbar einfachsten psychischen Vorgänge schon sind. Ich konnte die Erscheinung einmal an mir selbst beobachten, als ich einen Augenblick lang meinte, eines meiner Angehörigen leide an einer unheilbaren Krankheit. Das ganze Weltbild war mir (ohne weitere Überlegung) einfach grau und blieb es noch viele Minuten lang, nachdem ich die unglückliche Idee korrigiert hatte. So konnte ich konstatieren, wie ich bei darauf gerichteter Aufmerksamkeit jede Nuance so gut unterschied wie sonst; ferner schien es, wie wenn sich die Farben in ihrer Mattheit gewissermaßen aufdrängten, vielleicht im Gegensatz zu dem eintönigen Grau, in welchem mir die ganze Welt erschien, wenn ich nicht einzelne Farben besonders beachtete.

C. Das Denken. Die Assoziationen. Die Intelligenz.

Unter dem etwas einseitigen Gesichtspunkte der Begriffsbildung haben wir im vorigen Kapitel die Verarbeitung der Engramme und ihrer Verbindungen betrachtet. *Genau die gleichen Eigenschaften und Vorgänge, und nichts Neues, finden wir im Denken*[1].

Schon in den Abstraktionen die wir (nicht ganz richtig) als etwas Statisches, Feststehendes ansehen und u. a. Begriffe nennen, drücken sich gar nicht nur inhaltliche Erfahrungselemente, sondern ebensogut deren Verbindungen aus: Wenn das Kind nicht die Einzeleindrücke des Gesichts, Gehörs, Getasts, der Wärme, des Geruchs, Geschmacks usw. in dem zeitlichen und räumlichen Nach- und Nebeneinander, wie sie ihm von der Erfahrung geboten werden, fixieren würde, so könnte es sie nicht zu der Einheit der Begriffe kombinieren.

Die Erfahrung zeigt nun, daß die Begriffe wieder unter sich bestimmte, wenn auch viel wechselndere Verbindungen besitzen, und daß gewisse Folgen sich immer wiederholen wie: „Unbehagen — Schreien — Mutter kommen — Trinken oder Trockenlegen — Behagen“. Diese Reihen zeichnen sich von den bisher besprochenen u. a. dadurch aus, daß sie immer in der gleichen Richtung gehen; während von der Mutter bald das Gehör, bald das Gesicht die erste Kunde bringt, geht die obige Erfahrungsreihe stets vom Unbehagen zum Behagen. Wenn also ein Unterschied in der Raschheit und Sicherheit der Fixierung solcher Folgen gegenüber den

[1] Nicht ganz mit Unrecht nennt Fritz Lux in Mannheim eine Vorrichtung, wo das Gedächtnis des einmal magnetisierten Stahls zu einer durch die „Erfahrung“ früher eintretenden wiederholten Reaktion führt, eine „*denkende Maschine*“ (Zürcher Post 2. IV. 21). Es strömt Wasser in das Innere eines Raumes mit elastischen Wänden; die herannahende Wasserwelle wirft schon vor dem Eintritt einen Lichtstrahl auf eine Selenzelle, wodurch ein elektrischer Strom geschlossen und ein Stab aus weichem Eisen vorübergehend magnetisiert wird. Gleich nach dem schließt der Überdruck im Raum einen zweiten elektrischen Kontakt, wodurch ein Stahlstab magnetisiert wird. Folgt nun eine neue Wasserwelle, die das Selen belichtet und so den Eisenstab wieder magnetisch macht, so wirken während dieser Zeit die beiden Magnete, der dauernde aus Stahl und der momentane aus Eisen, zusammen und schließen die Eintrittsöffnung „prophylaktisch“ wie ein Organismus, der Erfahrung gesammelt hat. Durch eine kleine Austrittsöffnung fließt das Wasser wieder langsam aus, wodurch der Überdruck aufhört, die Eintrittsklappe geöffnet und das Spiel von neuem ermöglicht wird. Es scheint mir, die Vorrichtung ließe sich wirklich zu einem Modell des Denkapparates entwickeln. Wenn man z. B. die Funktion des durch die Selenzelle gehenden Stromes so mit einem den Verschluß hemmenden und einem fördernden Mechanismus in Verbindung brächte, daß, je nach der Tätigkeit des einen oder andern derselben, der Lichtstrahl die Schließung der Kammer auslösen oder unterlassen würde, so hätten wir nicht nur Gedächtnis sondern zugleich die assoziative Beeinflussung durch gleichzeitige andere Vorgänge, wie wir es bei einem Reflex treffen, dargestellt. Ohne etwas prinzipiell Neues hinzuzufügen, ließe sich auch ein zweiter Stahlstab mit Selenzelle einfügen, der unter bestimmten Umständen magnetisiert würde und dadurch die Vorgänge beeinflussen könnte. Wir hätten dann sogar die assoziative Ekphorie zweier Engramme nachgeahmt, zwar nicht ganz gleich, aber sehr ähnlich wie beim Denkvorgang.

Begriffen besteht, so kann es nur der sein, daß sie im Verhältnis zu der Häufigkeit des Vorkommens noch rascher und bestimmter engraphiert werden. So kommt zu der organisch vorgebildeten Folge „Unbehagen — Schreien“ als erworbenes Glied gleich in den ersten Tagen hinzu „Mutter und Behagen“[1]. Wiederholung (Übung) läßt die ganze Reihe immer leichter ablaufen. Unbehagen ist aber auch identisch mit dem Triebe, der jetzigen Situation zu entgehen, Behagen identisch mit dem sie zu erhalten — oder eine solche Situation, wenn sie nicht vorhanden ist, hervorzubringen. Zunächst sind das Fliehen aus der unlustigen Situation und das Gewinnen einer behaglichen ebenfalls identisch; das Unlust empfindende Geschöpf ändert (wenn keine andere Richtungsbestimmung der Reaktion vorhanden ist) auf Geratewohl beständig die Situation, bis es in eine kommt, die ihm Lustempfindungen bringt; das sehen wir beim Neugeborenen immer, und beim Tiere dann, wenn wir es in Situationen bringen, für die es keine speziell angepaßten Reaktionen besitzt: Es zappelt oder schlägt oder beißt um sich ohne spezielles Ziel (die Analogie beim entwickelten Menschen ist der Wutaffekt), oder es flieht mit derselben Rücksichtslosigkeit auf alles, was nachher kommt, und auf die Gefahr hin, sich gerade dadurch ins Verderben zu bringen (Durchbrennen eines Pferdes, blinde Panik des Menschen). Für die durchschnittlichen Situationen aber besitzt das Tier seine reflektorischen oder instinktiven Reaktionen, die geeignet sind, ihm Lust und damit Erhaltung zu bringen; es kann sehr geschickt der Unlust entfliehen oder Lust aufsuchen. Das Gedächtnisgeschöpf aber, das den wichtigsten Teil seiner Reaktionen erst aus der Erfahrung gewinnt, muß zuerst die Erfahrung sammeln. Das tut es mit einer merkwürdigen Raschheit. Kaum hat der Säugling die Assoziationen „Unbehagen — Schreien — $\left\{\begin{matrix}\text{Mutter}\\ \text{Behagen}\end{matrix}\right\}$ gewonnen, so wendet er sie auch an. Er „antizipiert“ die Lust, die die Mutter ihm bringen wird, in der Assoziation und schreit deshalb auch, „um sich durch die Mutter Lust verschaffen zu lassen“, oder einfacher und der werdenden Psyche des Säuglings besser angepaßt ausgedrückt, *das Schreien wird leichter ausgelöst, weil es dem Trieb nach Behagen assoziiert ist.* Sobald das Kind nicht Behagen spürt, hat es nun den Trieb, über Schreien Behagen zu gewinnen. Daß dem so ist, ist leicht zu beweisen: springt die Mutter auf jeden Quiek des Kindes bei Tag und bei Nacht herbei, so schreit es alle Augenblicke, während dasselbe Kind, solange es gesund ist, die ganze Nacht durchschläft, falls die Mutter nur dann reagiert, wenn es notwendig ist.

Solcher Leistungen der Erziehung, des Verstandes oder der Gewöhnung oder wie man sie nennen soll — auf dieser Stufe sind diese Dinge alle identisch — ist jedes normale Kind in den ersten Tagen fähig. Ich konnte eine Gedächtniswirkung einmal schon unmittelbar nach der Geburt konstatieren, während das Kind zur Seite gelegt war, weil die Hebamme zunächst noch sich mit der Mutter beschäftigte: Es fuhr ganz ungeordnet mit seinen Händchen herum, geriet, anscheinend zufällig, mit dem Daumen in den Mund, fing sogleich zu saugen an, aber die unzweckmäßigen Impulse rissen ihm den Finger nach wenigen Zügen wieder aus dem Munde; es fand

[1] Das will nicht sagen, daß der erste Begriff „Mutter“ schon eine Ähnlichkeit habe mit dem, was wir darunter verstehen. Er ist zunächst nicht nur rudimentär, aus wenigen Qualitäten bestehend, sondern auch noch nicht abgegrenzt. Offenbar werden die beiden Dinge „Mutter“ und „Behagen“ erst später auseinander gehalten und sind zu dieser Zeit noch Teile einer umfassenden Einheit.

aber den Mund verhältnismäßig rasch wieder und nachher noch einige Male und zwar jedesmal rascher. Es wurde dann zum Baden weggeholt, durch welche Ablenkung diese erste psychische Leistung spurlos „verwischt“ wurde.

Das Kind, das nach der Mutter schreit, führt eine Zweckhandlung aus; ebenso unterläßt oder unterdrückt es das Schreien, wenn dieses dadurch zwecklos geworden ist, daß die Mutter doch nicht kommt. Schreien bringt ihm dann nicht immer Lust, sondern auch Unlust in Form allgemeiner Erschöpfung und Ermüdung der Stimmorgane. Es „zieht dann vor“, in den Situationen ohne Lust oder mit geringer Unlust nicht zu schreien. Es ist gar kein prinzipieller Unterschied zwischen diesen Handlungen und z. B. der meinigen, wenn ich jetzt über das Denken schreibe: Ich ärgere mich über den vielen Unsinn, den man darüber äußert; ich besitze den für meine Mitmenschen gefährlichen, aber vielleicht in seinen Motiven doch nicht zu tadelnden Trieb, andere von falschen Ansichten zu befreien; deswegen habe ich schon seit langem Beobachtungen gemacht, die mir zeigen sollten, was richtig ist, und nun eine Gelegenheit benutzt oder gemacht, darüber zu schreiben. Ich habe ja auch bemerkt, daß man mit Reden und Schreiben etwas zur Änderung der Ansicht anderer tun kann, wie der Säugling durch Schreien Änderungen seiner Entfernung von der Mutter bewirkt. Allerdings hat dieser anfangs keine klare Vorstellung davon, was die Mutter und was das Herbeirufen ist; er denkt auch gar nichts anderes als den Zweck, und folglich auch den nicht, wie *wir* ihn denken, da ein Gedanke nur im Unterschied zu andern klar werden kann, während ich viele Dinge, die da in Betracht kommen, der Menschen Schwächen und Tugenden, alten Zopf und Neuerungssucht, Druckkosten und Verlagsschwierigkeiten nebenbei zu überlegen habe. Aber das sind keine prinzipiellen Unterschiede, die den Mechanismus der Reaktion in Denken und Handeln betreffen würden, sondern nur Unterschiede der Erfahrung und des Handlungszieles.

Wir haben hier bei dem Säugling Denken und Handeln noch als eine Einheit betrachtet und gewiß mit Recht. Später werden die Vorgänge oft (gar nicht immer) getrennt: Das Kind wird die Assoziation „Mutter herbeirufen“ haben, bevor es sie ausführt, indem Hemmungen dazwischen kommen. Es wird die Handlung erst ausführen, wenn bessere Gelegenheit ist, d. h. wenn die Hemmungen wegfallen oder wenn sie durch die zunehmende Stärke des Unbehagens überwunden werden. Es wird zuerst die Assoziation, also im Keime den „Gedanken“, haben, die Mutter herbeizurufen. Wird ihm bewußt, daß es die Mutter rufen werde (sobald die entgegenstehenden Hemmungen wegfallen), so hat es einen „*Vorsatz*“, einen „*Entschluß*“ gefaßt.

Außerdem werden natürlich bald auch Assoziationen gebildet, die nicht direkt zum Handeln führen: Mutter geht ans Klavier — Musik; Mutter setzt den Hut auf — Mutter geht aus; Dunkel werden — Bett gehen; Tag werden — aufstehen; Wolken — Regen; Naschen — Klaps.

Aus allen solchen Verbindungen entsteht das Denken. Wir finden im Denken nichts, das sich nicht darauf zurückführen ließe. Wir können auch auf diese Weise unsere Gedanken anderen ausdrücken, so in den primitiveren Hieroglyphenschriften und im Verkehr mit Taubstummen, die unsere Sprachzeichen nicht gelernt haben. Wir machen z. B. die folgenden Zeichen nacheinander: Sonntag, Du, betrunken; Sonntag, Du, nicht ausgehen. Nun weiß der Schuldige, daß er getadelt wird, weil er am letzten Sonntag betrunken war, und daß er am nächsten Sonntag deshalb nicht ausgehen darf.

Nun aber die *Beziehungen* „weil“ und „deshalb“ und so noch viele andere die wir durch „wenn“ und „obgleich“ und „nachher“ usw. ausdrücken; diese ergeben sich aus den Zusammenhängen die wir hier nicht genannt haben. Wenn ich die Reihe „Sonntag, Du, betrunken“ mime, so heißt das an sich noch nicht, daß der Taubstumme getadelt wird, sondern bloß, daß er am Sonntag betrunken war. Mein Gesicht zeigt ihm aber, daß das nicht als Lob aufzufassen ist wie bei einem Studenten der vergangenen Zeit. Diese meine Stellungnahme brauche ich nicht absichtlich zu mimen; die begleitende Mimik ergibt sich mir von selbst[1]. Für das „Weil“ und „Deshalb“ genügt hier die einfache Folge. Der Mann weiß aus meiner Demonstration, daß die beiden Dinge aufeinander folgen. Wenn ihm das Nichtausgehen Unlust, das Ausgehen Lust bereitet, so muß sich das Nichtbetrinken über die Folge „Betrinken—Nicht-ausgehen“ assoziieren mit dem Trieb auszugehen, das Trinken mit der Erfahrung des Nichtausgehens, in der die Unlust, das Vermeidenwollen liegt. Es wird also ein Trieb in ihm geschaffen, sich nicht zu betrinken und auszugehen, und einer, das Trinken mit dem Nichtausgehen zu meiden. *Durch die bloße assoziative Zusammenstellung der verschiedenen Dinge in einer psychischen Einheit ist für den Sünder die „finale“ Beziehung hergestellt, indem der Begriff „Nicht-ausgehen“ von selbst mit Unlust und Tendenz diese zu vermeiden, verbunden wird.*

Das Kind kann die Erlebnisse „Naschen—Klaps“ verschieden verbinden, so daß es in Worte gefaßt heißt: *Wenn* ich nasche, so kommt der Klaps, oder *weil* ich nasche..... oder *nachdem* ich genascht, oder *obgleich* ich die Erlaubnis zum Essen von der Mutter hatte.... Diese Beziehungen sind ebenfalls bloß etwas Assoziatives.

Hat das Kind zugleich mit der Nebeneinanderstellung „Naschen—Klaps“ die zeitliche Einreihung, den Zeitbegriff assoziiert, so liegt in der bloßen Zusammenstellung der drei Dinge das „Nachher“. Es könnte das auch ausdrücken in der Zusammenstellung „um 5 Uhr habe ich genascht — um 5.05 habe ich den Klaps bekommen“; wobei es ebenfalls gar nichts hinzugemacht hat, um eine Beziehung herzustellen. Es legt nun, wenn es „nachher“ sagt, keinen Wert auf eine so genaue Zeitbestimmung, sondern es hat bloß das zeitliche Verhältnis überhaupt ins Auge gefaßt, d. h. etwas, was es aus einer Menge solcher zeitlicher Folgen abstrahiert hat in der gewöhnlichen Weise, weil alle etwas Gemeinsames haben. Das „Nachher“ liegt also ebensowohl in der speziellen Zusammenstellung

$$\left\{\begin{matrix}\text{Naschen}\\ \text{Klaps}\end{matrix}\right\} \text{ zur bestimmten Zeit,}$$

wie in der Zusammenstellung

Naschen — Klaps — Zeitbegriff.

Hinzugetan ist „von der Psyche“ nichts; *es sind bloß engraphierte Erlebnisse (Tatsachen und Beziehungen) ekphoriert worden.* Die Beziehung lag im Erleben, genau wie sie im Erleben liegt, wenn wir eine Beziehung von oben und unten feststellen: Das Dach ist „auf“ dem Hause; d. h. wir haben beim Blick vom einen zum andern die Bewegung zu machen, die wir als aufwärts und abwärts bezeichnen; diese Bewegungen unterscheiden sich von andern und sind dadurch abstraktiv herausgehoben worden, so daß sie vom

[1] Das „Sonntag Du nicht ausgehen“ bezieht sich auf den nächsten Sonntag; das ergibt sich aus dem Zusammenhang, denn am vorhergehenden Sonntag war der Delinquent ja aus und betrunken. Diese Ergänzung ist allerdings beim Denken, wo die beiden Sonntage sonstwie auseinander gehalten werden, nicht nötig wie hier beim mimischen Sprechen.

fertigen Menschen ohne weiteres an die Vorstellungen (oder den Anblick) des Daches und des Hauses assoziiert werden können.

Man kann sich nun fragen, wenn die Nebeneinanderstellung genügt, warum haben wir denn noch die vielen Begriffe der verschiedenen Beziehungen gebildet und die Worte, um sie auszudrücken? Es liegt darin eine Abkürzung, die Arbeit erspart, so gut wie in jeder anderen Abstraktion. Wenn man bei dem Klaps immer noch denken müßte, um 5 Uhr und um 5 Uhr 05′, so wäre das eine Erschwerung des ganzen assoziativen Prozesses, da solche genaue Daten nicht leicht zu erinnern sind, aber auch eine Erschwerung der allgemein zeitlichen Auffassung des bloßen Nacheinander; man drückt etwas aus, das man nicht wissen will (die genaue Zeitbestimmung), und hebt dasjenige nicht heraus, auf das es in diesem Falle ankommt (das bloße Nacheinander).

Die Beziehungen der Dinge liegen also für uns in den Erfahrungen; soweit sie uns bewußt werden oder mit Beziehungsworten ausgedrückt werden, sind sie eine Abstraktion aus vielen Erfahrungen, welche in ihrem Wesen nichts anderes ist als die Abstraktion bei den Begriffsbildungen.

Durch ganz gleiche Zusammenstellung entsteht die Beziehung „obgleich“. Die Assoziation $\left\{\begin{matrix}\text{Genascht—Klaps}\\ \text{Mutter erlaubt—keinen Klaps}\end{matrix}\right\}$ oder die Reihe „genascht — Klaps erhalten — Mutter erlaubt — kein Klaps“ (d. h. ich habe für das Naschen einen Klaps erhalten, obgleich die Mutter es erlaubt hat) hat in der gleichzeitigen positiven und negativen Setzung des Klapses gegenüber vielen anderen Zusammenstellungen etwas Besonderes, das als solches wahrgenommen werden kann, so gut wie Blau oder Hell. Solche Beziehungen des Gegensatzes oder Widerspruches bezeichnen wir mit „obgleich“, haben aber nichts hinzugetan als die Zusammenstellung und evtl. die Abstraktion.

Hat das Kind bei der Assoziation „genascht—Klaps“ keine weiteren Vorstellungen zugezogen, als daß die beiden Dinge einander regelmäßig folgen, so wird die Beziehung durch „wenn“ ausgedrückt.

Wird „Naschen—Klaps“ zusammengedacht mit irgendeiner Verhinderungs- oder Besserungsabsicht des Erziehers, so wird das Verhältnis mit „weil“ bezeichnet. „Absicht“ ist ein Begriff, der sehr früh abstrahiert werden muß[1]: das Kind wird schon bald beim Herbeirufen der Mutter die Empfindung eigener Tätigkeit haben oder sich der eigenen Tätigkeit bewußt sein; ist es sich gleichzeitig des Strebens bewußt, Lust herauszuschlagen, so liegt in dieser Zusammenstellung der Begriff der Absicht. Durch Assoziation nach Ähnlichkeit (Analogie) wird die Absicht, die zuerst nur das eigene Ich betrifft, auch auf andere übertragen, ihnen „zugeschrieben“. In dem Begriff der Absicht liegt die Beziehung der Finalität.

Eine Menge von andern Beziehungen werden noch den apriorischen Fähigkeiten der Psyche zugeschrieben, sind aber in gleicher Weise wie das Bisherige einfache Folgen des Gedächtnisses, so die der *Ähnlichkeit, Gleichheit, Verschiedenheit.* Es ist ja selbstverständlich, daß *diese* „Beziehungen“ nicht in den Dingen liegen, sondern nur in der Zusammenstellung von Begriffen der Dinge in eine Einheit, die erst die „Vergleichung“ möglich macht. Das Zusammendenken von zwei Dingen muß einen ganz anderen Eindruck (bildlich: Kurvenform) machen, je nachdem sie viele oder

[1] Das Kind des Kulturmenschen braucht lange Zeit, um zu lernen, daß der Gegenstand, der ihm wehtut, *keine* Absicht hat; der Primitive lernt es überhaupt nie.

wenige oder gar keine gemeinsame Eigenschaften haben[1]. Auch diese Kurvenformen müssen wahrgenommen und abstrahiert werden; ihre Abstraktionen sind eben die Begriffe der Ähnlichkeit, Gleichheit, Verschiedenheit.

In den Dingen liegen nur die einzelnen Eigenschaften[2]; die Mohnblume sendet „rote" Strahlen aus, die Nelke sendet „rote" Strahlen aus. Das Gleichsein der Farbe der Blumen ist Resultat der Zusammenstellung beider im ZNS.; der *Begriff* der Ähnlichkeit ist also von der Psyche gebildet, aber nicht auf eine andere Weise wie andere Begriffe; es wird (durch noopsychische + ergische Konstellation) einfach eine bestimmte Kurvenform herausgehoben, die dem Verhältnis der Homophonie oder direkten Resonanz eines Sinnesreizes mit Engrammen eines früheren Sinnesreizes entspricht. Wir nennen diese Kurvenform (von innen gespürt) „Gleichheit". Wenn eine neue Kurve aber auf eine andersartige (heterophone) stößt, entsteht eine ganz andere Kombination, die als Verschiedenheit der zusammengestellten Dinge empfunden wird. Die Übertragung auf kompliziertere Verhältnisse, z. B. Vergleichung von Formen und Abstracta bedarf keiner weiteren Ausführung.

Gleich einfach erklärt sich die *Urteilsbildung*[3]. Das Kind möchte seine Milch trinken; sie ist aber heiß. Heiß gehört nicht zu seinem Begriff der Milch; es hat eine neue Erfahrung gemacht: Die Milch ist heiß. Es ist veranlaßt worden, an den Begriff der individuellen Milch den Begriff „Heiß" zu assoziieren. Damit hat es ein Urteil gedacht. Es kann auch das Urteil bilden: Die Milch ist weiß. Weiß gehört zum Begriff der Milch; es gibt aber Gründe, diese einzelne Eigenschaft herauszuheben, so wenn man ihm Kaffee statt Milch geben will, oder wenn man irgendeine anders aussehende Flüssigkeit als Milch bezeichnet, oder wenn es in der Schule die Aufgabe bekommt, die Milch zu beschreiben. In allen diesen Fällen wird infolge von speziellen Konstellationen eine Eigenschaft und ein Begriff, zu dem diese gehört, ekphoriert und in Zusammenhang gebracht. Die Assoziation „Milch—weiß", zusammen mit der Vorstellung, daß weiß eine Eigenschaft der Milch sei, ist ein Urteil. Das ist keine petitio principii. „Eigenschaft der Milch", „zur Milch gehören", ist eine Vorstellung, die ganz früh in irgendeiner elementaren Form gebildet sein muß, weil viele Dinge ihre Eigenschaften wechseln und einerseits gemeinsame, anderseits verschiedene Eigenschaften haben. Wie die Beziehung der Eigenschaften zum Ganzen kann ich auch irgendwelche andere Beziehungen herausheben und damit ein Urteil bilden. Andere als Urteile bezeichnete Ideenassoziationen werden deshalb gebildet, weil die Kette von Assoziationen, die wir „Schließen" nennen, dazu führt; sie sind das Resultat des Schließens, so wenn ich sage: das Bewußtsein ist eine Folge des Gedächtnisses.

Manche wollen im Urteil mehr sehen als die erfahrungsgemäße[4] Verbindung von zwei Begriffen, eine Stellungnahme: „Der Himmel ist blau" setze die Stellungnahme der Bejahung voraus. Das ist nicht richtig; die Bejahung liegt in der durch Erfahrung gestifteten Assoziation. Etwas, das man Stellungnahme nennen könnte, liegt nur darin, daß man überhaupt in einem gegebenen Moment gerade diese Assoziationen denkt statt irgend

---

[1] Die musikalische Dissonanz hat eine andere Kurvenform als die Konsonanz.

[2] Zu dieser Ausdrucksweise siehe Vorwort, Einwände von BINSWANGER.

[3] Urteil im Sinne der Logik, etwa: die Art, wie Erkenntnisse gedacht werden. Nicht: Schließen.

[4] Gemäß der direkten Erfahrung in: „die Milch ist weiß", der indirekten, mittelbaren, in: „das Bewußtsein ist eine Funktion des Gedächtnisses".

etwas anderes. Das hängt ab von der Konstellation und unseren Strebungen (Interesse). (Siehe später.)

Bei subjektiven Urteilen, „dieser Ton klingt mir unangenehm", verhält es sich nicht anders. Nur die Erfahrung, daß der Ton mir unangenehm klingt, hat das (latente oder ekphorierte) Urteil gebildet. Man *kann* ja *im* Urteil gar nicht anders Stellung nehmen, als man es tut; man *kann* nicht urteilen „das Gras ist blau" oder „das Gras ist nicht grün", solange die Assoziationstätigkeit nicht geschädigt ist. Man kann nur das Urteil ekphorieren oder nicht ekphorieren oder bei abgeleiteten, durch Schließen gewonnenen Urteilen bilden oder nicht bilden. Allerdings kann man denken „der Himmel ist nicht blau" — weil er häufiger nicht blau ist als blau. Aber auch dann ist das Urteil als solches keine Stellungnahme, sondern eine Erfahrungssache. Etwas wie Stellungnahme liegt nur darin, daß ich mir in diesem Falle einen nicht blauen Himmel als Subjekt wähle, wie ich mir statt dessen eine Blume als Subjekt hätte wählen können. „Der Himmel" bezieht sich immer auf eine bestimmte Zeit, evtl. auf den von Wolken freien Tageshimmel, kurz auf einen abstrahierten Himmel, da es nicht Nacht, nicht wolkig, nicht Abendrot ist. „Der Himmel", der blau ist, ist also ein ganz anderes Subjekt als „der Himmel", der nicht blau ist, und wenn eines von beiden einmal gesetzt ist, gibt es keine Stellungnahme, sondern eine einzige Assoziation.

Man will auch *zwingende* von nicht zwingenden Urteilen unterscheiden; „der Himmel ist blau" habe viel weniger Evidenz als „$2 \times 2 = 4$" (KANT). Gewiß, schon deshalb, weil der Himmel nicht immer blau ist, während 2×2 immer $= 4$ ist, weil es eben im Begriff von 2×2 und von 4 liegt, daß sie, zahlenmäßig abstrahiert, einander gleich sind. Aber auch wenn der Himmel immer blau wäre, hätte das Urteil keine absolute Evidenz. Man könnte sich einen andersfarbigen Himmel vorstellen, weil es nicht notwendig im Begriff des Himmels liegt, blau zu sein. Man kann sich auch eine nicht schwarze Kohle denken. Urteilen wir: „Chemisch reines Wasser ist durchsichtig", so hat das auch eine gewisse zwingende Evidenz; es gibt wirklich kein anderes reines Wasser — nach der bisherigen Erfahrung; aber auch sie ist nicht *absolut* zwingend, weil die Durchsichtigkeit für uns nicht im Begriff von H_2O liegt; es ist ja denkbar, daß eine andere Form dieser chemischen Verbindung einmal gefunden würde, die nicht durchsichtig ist, und die wir deshalb doch noch Wasser nennen würden (Diamant und Kohle); *aber der Begriff Wasser wäre dann ein anderer geworden.* Sicher aber ist das Urteil, „das spezifische Gewicht des reinen Wassers ist 1", weil das im Begriff des spezifischen Gewichtes liegt, oder „azur ist blau", oder „(volle) Dunkelheit ist schwarz", weil es im Begriff der Dunkelheit liegt, daß sie schwarz ist. Diese letztere Evidenz ist genau so groß wie die von $2 \times 2 = 4$; und solange ich unter „schwarz" nicht etwas Relatives, sondern den absoluten Lichtmangel verstehe, kann ich den Satz mit der gleichen Evidenz umkehren: „schwarz ist dunkel". Nehme ich die Begriffe „schwarz" und „dunkel" relativ, wie es im gewöhnlichen Leben geschieht, so bleiben die beiden Sätze so lange richtig, als ich für die Begriffe „schwarz" und „dunkel" den gleichen Grad der Relativität annehme, d. h. die nämliche Menge von Licht noch zulasse, um den optischen Eindruck dunkel oder schwarz zu nennen.

Eine besondere und etwas geheimnisvolle Stellung pflegen manche namentlich den *mathematischen* Urteilen und Schlüssen zuzuweisen (vgl. besonders KANT). Ich glaube mit vielen andern, von denen ich nur MACH nenne, zu Unrecht. Die Überlegung „alle Menschen sind sterblich, Hans ist ein Mensch, also ist Hans sterblich", ist doch nicht weniger zwingend als die von $2 \times 2 = 4$, ja sie ist für ein Kind viel früher verständlich als die letztere. Das Zwingende der Mathematik kommt von ihrer Abstraktion her, die so weit geht, daß alles genau übersehen wird, und somit gegen die Anwendung der logischen Formel keine Einwendung mehr gemacht werden kann, indem keine andern Möglichkeiten überhaupt zu erwägen sind. Auch in der Mathematik hört die Evidenz auf, wo man die Möglichkeiten nicht mehr ganz übersieht, was beim Nichtmathematiker schon bei verhältnismäßig geringer Abstraktion und Komplikation der Fall ist, und über die kompliziertesten Dinge streiten sich auch Mathematiker. Wenn der Beweis, daß Hans sterblich ist, ein weniger evidenter scheint als $2 \times 2 = 4$, so liegt das in den Grundlagen, nicht im Schluß; diese sind angreifbar, wenigstens in der Vorstellung; hören wir doch von Elias und dem ewigen Juden, daß sie nicht gestorben sind. Die Mathematik abstrahiert von allen Grundlagen im obigen Sinn. In ihren Formen müßten wir sagen: a = sterblich; b = a; also b = sterblich.

Es gibt auch ernsthafte Leute, die meinen, die mathematische Evidenz liege darin, daß man die Anschauungen gleich nachprüfen könne. Wer, der über die unterste Schulklasse hinaus ist, prüft denn eine Addition an konkreten Dingen nach? Wieviele Schüler und Lehrer haben schon den Pythagoreischen Lehrsatz auf diese Weise erprobt, bevor sie ihn glaubten? Und das würde nicht einmal viel nützen, denn die Messung, die Erfahrung überhaupt, kann niemals die Genauigkeit der Mathematik erreichen. Man will ja gerade aus dem letzten Umstand die Unmöglichkeit der Erfahrungstheorie beweisen. Darin liegt aber eine Verkennung der psychologischen Verhältnisse. Wir werden unten den Pythagoreischen Lehrsatz ableiten und dabei von der Gleichheit der Verhältnisse von Linienstücken zwischen Parallelen ausgehen. Um die Exaktheit brauchen wir uns dabei gar nicht zu kümmern; die ist eine Errungenschaft der allermodernsten Technik und hat bei der Bildung unserer geometrischen Begriffe, die Tausende von Jahren älter sind, nicht das mindeste zu tun. Es kommt ja auch bei der Erfahrung nicht darauf an, ob die Dinge gleich sind, sondern ob sie uns als gleich erscheinen. Bei der Begriffsbildung ist die gewöhnliche Anschauung tätig gewesen, und die zeigt uns Dinge und Größen, die untereinander „genau gleich" sind. Es fällt niemanden ein, die Blätter, die aus der Papierschneidmaschine kommen, als ungleich zu bezeichnen, ja eine Menge Dinge, die von Hand gemacht sind, erscheinen uns ganz gleich und sogar solche, die in der Natur vorkommen. So haben wir den *Begriff* der Gleichheit *vor* allen Messungen, und mit diesem operieren wir in den geometrischen Deduktionen. Wenn dann hintendrein jemand mit dem Mikrometer nachmessen will, so geht das die Geometrie nichts an. Das nämliche ist von physikalischen Deduktionen zu sagen.

Die Mathematik nimmt aus den Erfahrungen nur die Größenverhältnisse heraus und abstrahiert sie, und zwar in der speziellen Form der Zählung bzw. Messung. Die Art dieser Abstraktion, und wie weit sie getrieben werde, ist nicht so selbstverständlich, wie man gewöhnlich meint. Der mathematische Begriff der Gleichheit z. B. ist ein relativer. Es ist schon rein mathematisch nicht in allen Beziehungen richtig, wenn wir sagen, $2 \times 2 = 4$; denn auch die Mathematik unterscheidet 2×2 von 4, sonst käme sie nicht in den Fall, sie einander gegenüberzustellen. Wenden wir aber diesen Begriff der Gleichheit auf Dinge an, so paßt es das eine Mal, das andere Mal nicht.

Dem Kinde, das schon mit Geld umgeht, kann man leicht beweisen, daß zwei halbe Franken einen ganzen ausmachen. Aber ein Imbeziller behauptete mir, das sei nicht richtig; zwei halbe seien mehr wert, denn man müsse den ganzen Franken eher wechseln als die beiden halben und werde dann leichter betrogen. Zwei halbe Brote sind niemals ein ganzes, sondern höchstens ein zerschnittenes; zwei halbe Schweine sind etwas anderes als ein ganzes. Diese Bemerkungen sind keine schlechten Witze; es ist wirklich manchmal nötig, daß man darauf aufmerksam macht. Selbst die Geometrie unterscheidet verschiedene Arten von Gleichheit. Die Gleichheit kat exochen (=) ist ihr die Gleichheit der Größe; die der Form nennt sie Ähnlichkeit; die der Form und der Größe zusammen Kongruenz. Wenn also der Mathematiker schreibt Fläche a = Fläche b, so sind a und b nur in ihren Größenbeziehungen gleich.

Das Pferd ist ein Säugetier; der Igel ist ein Säugetier. Das kann ich in die Formel bringen: Pferd = Säugetier, Igel = Säugetier. Wenn ich die beiden Formeln subtrahiere bekomme ich: Pferd — Igel = 0 oder Pferd = Igel. Das scheint ein Unsinn, ist aber, soweit es das Prinzip betrifft, genau so wahr und so unwahr wie $2 \times 6 = 4 \times 3$. Die Abstraktion ist nur eine ungewohntere. Die Formel ließe sich genau ausdrücken: „In bezug auf die Tierklasse" ist Pferd = Igel, wie „in bezug auf die Gesamtsumme" $2 \times 6 = 4 \times 3$ ist. Statt „Pferd" kann ich „Säugetier" setzen in vielen zoologischen oder physiologischen Überlegungen, in den gleichen Zusammenhängen auch statt Igel. Wenn ich schreibe Pferd = Säugetier, so abstrahiere ich von allen seinen Eigenschaften, die nicht jedem Säugetier zukommen, und solange ich diese Abstraktion gelten lasse, gilt auch Pferd = Igel und zwar genau mit der nämlichen zwingenden Sicherheit wie $2 \times 6 = 4 \times 3$. Die Formel sagt, das Pferd ist ein Säugetier wie der Igel. Abstrahiere ich aber anders, so daß Arteigenschaften in den durch die Zeichen „Pferd" und „Igel" bezeichneten Begriffen vorhanden sind, so ist die Gleichung falsch.

Genau die nämliche Überlegung kann ich mit den Formeln $2 \times 6 = 12$; $4 \times 3 = 12$; $2 \times 6 = 4 \times 3$ machen. Sie sind richtig, *insofern* ich aus allen den Zeichen nur den reinen Summenwert abstrahiere. Sie sind aber sofort falsch, wenn ich die Formeln wörtlicher nehme. Wenn mir ein Stück Land zum Kaufen angeboten wird von 2×6 einer bestimmten Größe, so kann ich kein Haus darauf bauen, weil es zu schmal ist, wohl aber auf ein Stück von 4×3. Wenn ich 6 Hennen habe und jede legt täglich ein Ei, so habe ich in zwei Tagen mein Dutzend, wenn ich aber drei habe, so muß ich 4 Tage auf die gleiche Zahl warten. Und wenn ich gar in 2 Tagen je 6 Franken verdiene, so habe ich am Ende derselben mehr, als wenn ich in 4 Tagen je 3 Franken verdiene, denn von den ersten gehen nur zwei Tageskosten ab, von den letzteren vier. Und so weiter. $-a \times b$ ist gar nicht immer gleich $a \times -b$. Für eine Menge von Fällen ist es falsch zu sagen $\sqrt{a}$ sei $+x$ *oder* $-x$, oder es sei $+x$ *und* $-x$, ebenso wie es wenigstens dem Dilettanten manchmal Schwierigkeiten bereitet, daß man $(-a)^2$ nicht zu unterscheiden pflegt von $(+a)^2$.

Man mag sich streiten, ob $\infty - 7 = \infty$ oder $\infty - 7 < \infty$ sei. Beides ist richtig oder falsch, je nach dem Zusammenhang, der eine bestimmte Art Abstraktion verlangt. Abstrahiere ich von jeder Größe, bilde ich also einen Begriff des Unendlichen, der nur aus Zahlenreihe und der Eigenschaft der Grenzenlosigkeit (nach oben) besteht, so ist $\infty - 7 = \infty$[1]; beide entsprechen diesem Begriff. $\infty - 7$ ist eine ebenso un-

[1] Es ist eigentlich nicht gerade geschmackvoll und enthält direkt einen Fehler, zu verlangen, daß man von einem Begriffe aus, der keine bestimmte Stellung in der Zahlenreihe mehr hat, 7 Schritte zurückgehe. Man mag indessen in Gedanken von einem unendlichen Haufen Körner oder Sterne 7 Stück wegnehmen und die Unendlichkeit des Haufens vor und nach der Operation konstatieren. Dabei werden aber doch dem Unendlichkeitsbegriff wieder relative Größenverhältnisse beigelegt; nicht nur ∞ und $\infty - 7$, sondern auch noch der unendliche Raum, in dem der unendliche Haufen Platz genug läßt, um 7 Körner wegzunehmen.

begrenzte Zahlenreihe wie ∞. Ich muß mir aber klar sein, *daß es in einem solchen Begriff überhaupt kein Mehr oder Weniger mehr gibt*, so wenig als der Begriff „Güte“ etwas von Zweibeinigkeit enthält, obschon der Mensch, von dem „die Güte“ abstrahiert worden ist, zwei Beine hat. In diesem Begriff der unendlichen Zahl steckt neben der größenlosen, in der Stellung der Reihe nicht bestimmten Zahl[1] nur die Grenzenlosigkeit. In diesem Begriff gibt es keine relative Größe, weil von der Stellung in der Reihe abstrahiert ist. Wenn ich aber den Begriff der unendlichen Zahl in mathematischen Formeln verwende, so bildet sie eine relative Größe, indem sie in mathematische Beziehung gesetzt wird mit andern. Die Abstraktion geht dann nicht so weit; von dem gewöhnlichen Zahlenbegriff her bleibt die Relativität der Größe darin erhalten. *Dann* ist $\infty - 7 < \infty$. Wurstle ich die beiden Abstraktionen ineinander, setze ich ∞ als eine wirkliche, aber unübersehbare Größe mit 7 in Beziehung, nehme aber das Resultat aus dem ersten Begriff der bloßen Unbegrenztheit, dann erfolgt die *für diesen Fall* unrichtige Gleichung $\infty - 7 = \infty$; denn das erste ∞ ist ein ganz anderer Begriff als das zweite. Es wäre in bezug auf den Fehler analog zu sagen 5 Kirschbäume = 5 Bäume, womit man nach mathematischen Gesetzen beweisen kann, daß 5 Nußbäume = 5 Kirschbäume oder 1 Kirschbaum = 1 Nußbaum. So mit der unter diesen Voraussetzungen falschen Gleichung: $\infty - 7 = \infty$. Ich setze mit gleichem Recht $\infty - 8 = \infty$ und erreiche durch richtige Operationen der Subtraktion beider Gleichungen den Unsinn $-7 + 8 = 0$ oder $7 = 8$. Das Resultat ist falsch, weil ungleiche Abstraktionen einander gleich gesetzt worden sind.

Ebenso hat die Zahl Null ganz verschiedene Bedeutungen, je nachdem sie entstanden ist aus $2 - 2$ oder aus $3 - 3$ oder gar daraus, daß überhaupt nichts gesetzt ist; wenn einer mit null Hut ausgeht, ist es gar nicht gleichwertig, wie wenn er mit null Hose ausgeht. Von der Null, die aus $\frac{a}{\infty}$ entsteht und eigentlich nicht null ist, wollen wir gar nicht reden. Ein Beispiel, das vielen Leuten aufgefallen sein muß, ist die Ableitung der Lorentz-Transformation bei EINSTEIN[2]. Er setzt: $x - ct = 0$ und $x' - ct' = 0$. Daraus würde bei Gleichwertigkeit der Null hervorgehen: $x' - ct' = x - ct$. EINSTEIN setzt aber: $(x' - ct') = \lambda\,(x - ct)$, leider ohne zu sagen, warum (inwiefern) die erste Formel falsch wäre, was der Faktor λ ist, und inwiefern dieser den Fehler korrigiert.

Auch außerhalb der Mathematik sind die Operationen mit Größenverhältnissen etwas Alltägliches. Letztere werden nur weniger stark von den kongreten Dingen losgelöst und nicht in mathematische Formeln gebracht. Jedermann operiert mit solchen Vorstellungen. Mit Zahl und Raum und Kräften geht man um, ebensogut, wenn man nach einem Gegenstand langt, wie wenn der Primitive seine Hütte baut. Es muß ein Kind recht jung sein, wenn es nicht bei der Auswahl zweier Äpfel ceteris paribus den größeren nimmt. Wenn es an der Turmuhr schlägt, so braucht man nicht zu zählen, und nicht zu „wissen“, ob es drei- oder viermal geviertelt hat, aber man weiß dennoch, ob man eine ganz bestimmte Zeit nachher den Stundenschlag zu erwarten hat oder nicht. Mein Vater konnte die Schaufeln der vorbeifahrenden Dampfschiffe (bis auf zwölf) zählen, indem er zuerst mit den Lippen die gehörten Schläge derselben nachmachte, von denen immer einer nach einer Umdrehung stärker war als die andern gleichartigen. Dann verlangsamte er den Rhythmus allmählich so weit, daß er die Schläge zählen konnte. Hier ist die ganz genaue numerische Messung deutlich das Primäre, rein aus der Erfahrung Stammende, das eigentlich Mathematische das Sekundäre. Ein Pferd, das gewöhnt wurde je 30mal den nämlichen Weg zu machen, hält später nach dem 30. Gang von selbst inne; ja Eidechsen schätzen Serien von 10 Bewegungen ab[3].

---

[1] Ich weiß, daß „größenlose Zahl“, aus dem Zusammenhang gerissen, ein innerer Widerspruch wäre, kenne aber keinen andern Ausdruck und hoffe hier verstanden zu werden.

[2] Über die spezielle und die allgemeine Relativitätstheorie, 8. Aufl. S. 78, Braunschweig: Vieweg & Sohn 1920.

[3] SWINDLE: Über einfache Bewegungsinstinkte und deren künstliche Beeinflussung, Z. Sinnesphysiol. **49**, 247 (1916).

Die Zeit schätzen wir im Unbewußten oft sehr genau. Ein gesunder Säugling kann auch im Schlaf die Zeiträume, nach denen er zu trinken bekommt, recht gut abschätzen. Ein Hund kann sich den ziemlich komplizierten Fahrplan der Dampfschiffe mit seinen zeitlichen und lokalen Verhältnissen merken. Kräfte schätzen wir in kompliziertesten Verhältnissen so genau ab, wie es niemals durch eine physikalische Messung und Berechnung erreicht werden kann, so z. B. wenn wir etwas nach einem bestimmten Ziel werfen oder wenn wir geigen. Im ersteren Fall haben wir zu berücksichtigen das Gewicht des Gegenstandes, die Anziehung der Erde, den Luftwiderstand, die zu gebende Beschleunigung, die Länge der Hebelarme unserer Armknochen für Kraft und für Last, die Energie jedes beteiligten Muskels in seinem Zusammenarbeiten mit den andern und, in jedem Zeitpunkt der Aktion, die Ausgangsstellungen der Muskeln, die inneren Reibungen und wohl noch manches andere[1]. Jedenfalls kennen wir einen großen Teil der Dinge, die uns von der Mathematik gelehrt werden ($2 \times 2 = 4$; die Seiten und die Winkel eines Quadrates sind gleich; die Gleichheit der Stücke von Parallelen zwischen Parallelen, die mit der Schiefheit zunehmende Länge der Stücke, viele Ähnlichkeitssätze und hundert andere Dinge), und benutzen sie häufig, lange bevor der einzelne oder die Kulturstufe eines Volkes etwas von Mathematik weiß.

In der Mathematik formulieren wir diese Kenntnisse nur anders, lösen sie aus den gewohnten Zusammenhängen und bringen sie in andere Beziehungen und machen sie *isoliert* von den Dingen und Geschehnissen, an denen sie hängen, dem Bewußtsein, der bewußten Berechnung, zugänglich. In Wirklichkeit kennt schon ein ordentlich begabtes Kind aus der Erfahrung sogar die Winkelgröße eines Dreiecks oder Vierecks; es hat sie nur nicht gemessen in Graden oder Rechten und kann deshalb ohne weitere Überlegung nicht sagen, daß die des Dreiecks 180^0 oder zwei Rechte beträgt. Wenn man ihm aber drei Winkel so zusammenstellt, daß es sie in der Vorstellung zu einem Dreieck kombinieren kann, so weiß es, ob sie „passen“ (Versuche an einem 10jährigen Knaben und einem 13jährigen Mädchen). *So entsprechen denn auch die meisten mathematischen Definitionen gar nicht unseren gewöhnlichen Vorstellungen. Sie sind Abkürzungen, Abstraktionen zu ganz bestimmten Zwecken.* Eine Gerade ist einem nicht durch Mathematik einseitig gewordenen Sinn nicht nur die kürzeste Verbindungslinie zwischen zwei Punkten, sondern sie hat noch ungezählte andere gleichwertige Eigenschaften, die sich in den Winkeln, in den Parallelen, bei Verschiebungen, beim Aneinanderlegen, bei der Bewegung, wo sie allein die „Richtung“ nicht ändert, usw. zum Ausdruck bringen. Sie ist auch nicht optisch zu definieren als eine Linie, in der wir beliebige drei Punkte von einem Standpunkt aus zur Deckung bringen können (EINSTEIN); der Blinde hat den Begriff der Geraden so gut wie der Sehende.

Neues lehrt uns die Mathematik genau in der nämlichen Weise wie andere Überlegungen, indem sie uns Verhältnisse bewußt macht, die wir vorher nicht herausgehoben haben, indem sie die Größen und Zahlen in Verhältnisse oder Verbindungen bringt, in denen wir sie noch nicht betrachtet haben, und namentlich indem sie nach Analogie die gewonnenen Erfahrungen auf neue Einzelfälle anwendet, also z. B. die Distanz des

[1] Wür dürfen vielleicht auch sagen, daß unsere nicht-nervöse Organisation die Struktur der Knochenbälkchen, die Form der Knochen, die günstigste Weite der Arterien und ähnliches sehr genau „berechnet“.

Mondes nach Analogie von überseh- und meßbaren irdischen Distanzverhältnissen berechnet.

Manche finden Schwierigkeiten in den Brüchen und den negativen Zahlen und suchen sie auf merkwürdige Weise zu umgehen. Jedes Kind das halbe und Viertelsäpfel unterscheidet, lernt daraus den Begriff der Brüche kennen, und Schulden und Schritte von einem Punkte in einer gewissen Richtung und dann wieder zürück über den Punkt hinaus, ergeben u. a. den Begriff der negativen Zahl ohne weiteres.

So finden wir bei der genauesten Untersuchung nichts in der Mathematik, das nicht aus der Erfahrung stammen würde, und wenn der Elementarlehrer seinen Kindern das Verständnis der Zahlenverhältnisse beibringt, so benutzt er mit Recht den Weg der Erfahrung, indem er die Zahlenverhältnisse an einer Anzahl Stäbchen oder Kugeln demonstriert, resp. von den Schülern abstrahieren läßt, obschon mit 6 Jahren ein großer Teil der Kinder die Zahlenbegriffe schon weitgehend abstrahiert hat. In den folgenden Jahren zeigt er die Dinge nicht (außer in gewissem Sinne in der Geometrie), aber er läßt sie sich vorstellen, und nur auf Grund konkreter Vorstellungen, d. h. Wiederholungen von Erfahrungen kann das Kind gewisse mathematische Verhältnisse, wie die der Brüche „verstehen". Umgekehrt kann man einem Kind die Kongruenz zweier Dreiecke nicht erklären, solange es nicht genug Erfahrungen gesammelt und verarbeitet hat.

Eine „Vier" ist die Abstraktion aus einer Menge von erlebten Verhältnissen: zunächst wohl von Dingen, die in einem Viereck angeordnet sind, dann solcher, die in einer Reihe einen bestimmten Eindruck machen, deren Halbteilung zwei Dinge ausmacht, die durch Wegnahme von einem Stück zu drei werden usw. usw. Von diesen und allen andern Eigenschaften der Vierzahl ist dem menschlichen Kinde auch nicht eine Spur angeboren. Es lernt sie nur durch Erfahrung kennen, genau wie den Begriff eines andern Verhältnisses oder eines beliebigen Dinges. Durch Extrapolation, d. h. Ähnlichkeitsassoziationen, wird der Zahlbegriff im obigen Sinne auch auf die höheren Zahlen, die man nicht mehr übersieht, und auf zeitliche Verhältnisse ausgedehnt. Bei den letzteren werden einmalige und noch zweimalige Wiederholungen (drei Schläge einer Uhr) noch sehr leicht als ein aus einer bestimmten Zahl von Teilen bestehendes Ganzes aufgefaßt, während die Übertragung des eigentlichen Zählens von der dinglichen Reihe auf die zeitliche überhaupt nach meinen Erfahrungen deutliche Schwierigkeiten macht.

Das Schließen. Die Fähigkeit zu schließen, Schlüsse zu bilden, ist eine selbstverständliche Folge des Gedächtnisses; dazu ist dieses da. Wenn der Säugling mit seinem Schreien die Mutter herbeilockt, so sagt man noch nicht gern, er habe den „Schluß" gemacht: „Wenn ich schreie, so kommt die Mutter; ich möchte, daß die Mutter kommt; also schreie ich." Der Ablauf der Assoziationsreihe ist zu elementar und zu wenig bewußt; wir sind gewohnt, nur das Schluß zu nennen, bei dem die einzelnen Schritte auseinander gehalten werden können[1]. Wenn aber das Kind nur wenig älter ist, so wird es z. B. die Assoziation bekommen „Mutter Hut aufsetzen —

[1] Man streitet sich allerdings darüber. Beruht es, wie HELMHOLTZ will, auf Schlüssen, wenn wir die Distanz der Dinge aus den Verschiedenheiten beider Retinabilder, der Größe und der Luftperspektive und des Verhaltens zu unseren Bewegungen schätzen? Die Frage ist sinnlos ohne eine besondere Definition des Schließens und keine Frage mehr, wenn die Definition gegeben ist. Der Vorgang der Distanzschätzung ist der nämliche, wie beim Schließen im engsten Sinne; aber manche wollen ihn nicht zu den Schlüssen zählen, weil er ganz unbewußt, unterpsychisch sei. Wie weit beim Menschen die Hirnrinde dabei beteiligt ist, d. h. wie weit der Vorgang ein phylogenetisch organischer oder ein individuell eingelernter ist, wissen wir nicht. Jedenfalls ist er den Tieren ohne Großhirn und auch so hoch entwickelten Geschöpfen wie dem Küken angeboren.

Mutter ausgehen". Damit sind die Bedingungen für das Ziehen von Schlüssen gegeben; denn wenn es die Mutter den Hut aufsetzen sieht, wird es assoziieren „ausgehen". Das drücken wir in der umständlichen logischen Formel so aus: Wenn die Mutter den Hut aufsetzt, so geht sie aus; jetzt setzt sie den Hut auf, also sie geht aus. Solche Assoziationen machen wir den ganzen Tag zu tausenden, aber in der Regel in der einfachen, zuerst angedeuteten Form, nach der auch die Psyche eines Hundes oder eines anderen Tieres mit Gedächtnis arbeitet. Wenn ich einmal weiß, wo beim Menschen die Leber liegt, und ich will sie perkutieren, so assoziiere ich gleich das rechte Hypochondrium und klopfe dort; niemals werde ich den Umweg machen: Jeder Mensch hat die Leber im rechten Hypochondrium; dies ist ein Mensch; also liegt seine Leber im rechten Hypochondrium. Der Umweg hat nur dann einen Sinn, wenn der Schluß so weit von der gewöhnlichen Erfahrung abweicht, daß wir uns dessen bewußt werden und seine Grundlagen genau kennen wollen. So assoziieren wir, wenn die Denkrichtung es verlangt, an jeden beliebigen Baum den Begriff der Wurzeln, die wir jedesmal, wenn wir andere Bäume unten angesehen, gefunden haben, und sagen uns nicht: „Jeder Baum hat Wurzeln; das ist ein Baum, also hat er Wurzeln."

Was wir an früheren Bäumen gesehen, assoziieren wir an neue; was sich nach der früheren Erfahrung des Kindes an das Aufsetzen des Hutes der Mutter anschließt, wird im speziellen neuen Fall erwartet. So hilft dank dem Gedächtnis die frühere Erfahrung uns in der Gegenwart und der Zukunft zurechtfinden, indem wir von dem aktuellen Psychismus, der Auffassung eines Dinges, einer Lage, ähnliche Dinge oder Lagen, die früher erlebt sind, wieder ekphorieren und von diesen die Folgen assoziieren. Irgend etwas anderes liegt auch in der kompliziertesten Denkfunktion nicht.

Einer der Beweise des *pythagoreischen* Lehrsatzes setzt sich zusammen aus vier Erfahrungen, die jedermann hat, und aus zwei speziellen, die der Beweisende ad hoc macht. Aus diesen Erfahrungstatsachen (Engrammen) werden acht analoge Assoziationen (Ähnlichkeitsassoziationen, Schlüsse) gemacht. (Begriffe wie Dreieck, rechter Winkel, Parallele, Multiplikation sind vorausgesetzt, also nicht gezählt.)

Die Stücke je zwischen zwei Parallelen jeder der sie schneidenden Linien haben die nämlichen Verhältnisse zu den Stücken der andern Linien zwischen den nämlichen Parallelen. Das ist eine Erfahrungstatsache; man sieht es und schätzt es richtig ab unter den verschiedensten Umständen; verkleinerte oder vergrößerte Figuren werden im richtigen Verhältnis gezeichnet, soweit man zeichnen kann, und jedenfalls in diesem Sinne verstanden; die Vergrößerung und Verkleinerung durch verschiedene Distanzen werden richtig geschätzt und verwertet, ebenso die Verkürzungen in den Projektionen, in denen wir für gewöhnlich die Dinge sehen; diese werden einfach umgesetzt, so daß man ein Quadrat regelmäßig als Quadrat sieht und sich so vorstellt, obschon

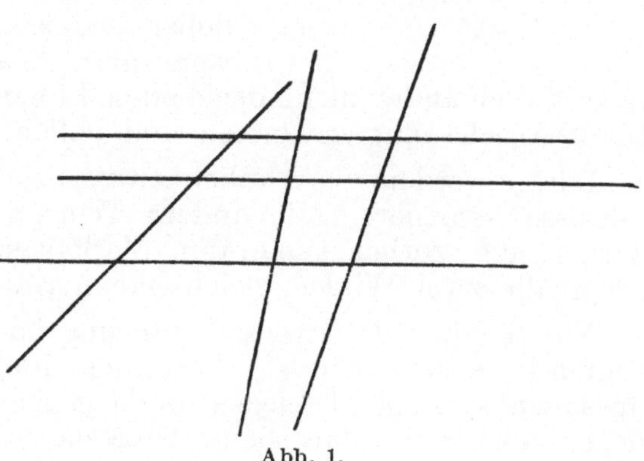

Abb. 1.

wir es nur selten direkt von oben in dieser Form wahrnehmen. Man hat also erfahren, daß die Verhältnisse bestimmter Linienstücke zwischen Parallelen zueinander gleich sind (Erfahrung I). Wenn wir nun, wie man oft gesehen hat, in einem Dreieck eine Parallele zu einer Seite zieht (Abb. 2), so hat man solche Verhältnisse, was sich sofort zeigen läßt, wenn

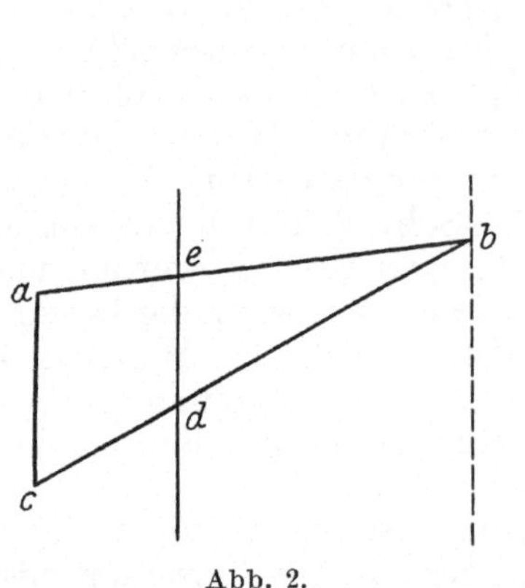

Abb. 2.

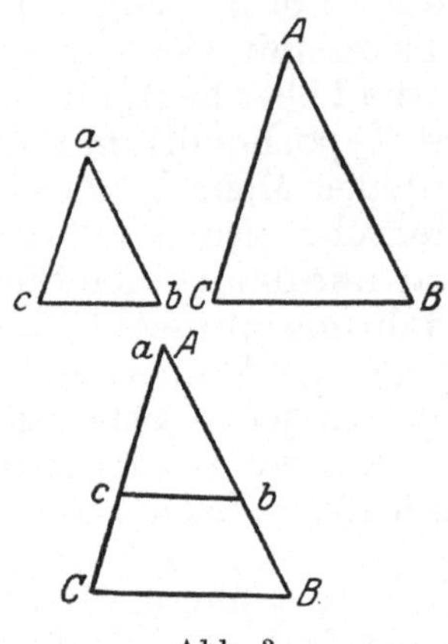

Abb. 3.

man durch die gegenüberliegende Ecke die Parallele wirklich zieht. Oder: die ad hoc gezogene Linie zeigt uns, wenn wir sie nicht sonst gleich sehen, die Ähnlichkeit mit den früher angeführten Verhältnissen (Erfahrung ad hoc I). ae, eb und ab einerseits, cd, db und cb anderseits sind solche Stücke zwischen Parallelen. Die Ähnlichkeitsassoziation sagt uns, daß sie je unter sich in gleichem Verhältnis stehen (Assoziation 1). Ich drücke das in der üblichen mathematischen Abkürzung aus: ae:cd=eb:db=ab:cb.

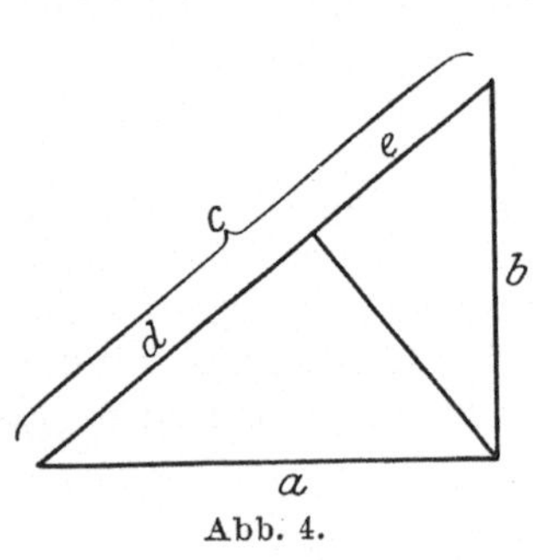

Abb. 4.

Nun hat jedes normale Kind (namentlich im zweiten Halbjahr) tausend und tausend Versuche gemacht, bewegliche Dinge der verschiedensten Formen aufeinanderzulegen. Dabei machte es die Erfahrung, daß Dreiecke (wie beliebige andere Formen) sich gleich bleiben, wie man sie auch dreht oder aufeinanderlegt. Es hat die Vorstellung gewonnen, daß man zwei Dreiecke mit zwei gleichen Winkeln aufeinanderlegen kann (es würde allerdings zunächst lieber umgekehrt sagen: die Winkel sind gleich, wenn man sie aufeinanderlegen kann), und daß dabei die einander nicht deckenden Linien parallel werden. Das ist direkt durch Anschauung gewonnen und jedem geläufig (Erfahrung II).

Daran werden als Ähnlichkeitsassoziation die früher erwähnten Verhältnisse assoziiert. Mit andern Worten ausgedrückt heißt diese Assoziation: die vorher genannten Verhältnisse gelten bei beliebigen Dreiecken, die zwei Winkel gleich haben (Assoziation 2).

Nun kommt die zweite Erfahrung ad hoc (die wenigstens nicht allen Leuten im Bewußtsein ist): Wenn ich eine Senkrechte vom rechten Winkel eines rechtwinkligen Dreiecks auf die gegenüberliegende Seite (Hypothenuse) ziehe, so sehe ich, daß solche Dreiecke mit Gleichheit zweier Winkel entstehen (Erfahrung ad hoc II). Ich assoziiere wieder die frühere Erfahrung (Assoziation 3) und erhalte:

$$a:d = c:a.$$

Aus Erfahrung weiß ich, daß ich Gleiches bekomme, wenn ich mit Gleichem die gleiche Operation mache (Erfahrung III). Ich multipliziere die Gleichung mit a und mit d (Assoziation 4) und erhalte

$$a^2 = dc.$$

Auf ganz gleiche Weise erhalte ich (Assoziation 5)

$$b^2 = ec.$$

Nach der obigen Erfahrung addiere ich Gleiches zu Gleichem und erhalte (Assoziation 6)

$$a^2 + b^2 = dc + ec.$$

Ich weiß aus Erfahrung, daß 4 Zehner + 7 Zehner (oder statt Zehner beliebige andere Dinge oder Größen) 11 Zehner sind (Erfahrung IV). Aus Analogie assoziiere ich

$$dc + ec = (d + e)c \text{ (Assoziation 7).}$$

Daß $d + e$ nicht nur gleich groß, sondern identisch ist mit c, *sehe* ich; es handelt sich nur um andere Namen für das nämliche (Assoziation 8). Damit ist der Beweis geleistet.

Ich habe im obigen vier Sätze aus der Erfahrung abgeleitet. Daß man Dreiecke mit gleichen Winkeln aufeinanderlegen kann, und daß dann die dritten Seiten einander parallel sind, dieses Wissen scheint nicht angeboren zu sein, soweit man aus den Bemühungen der Kinder, sich über diese Dinge Rechenschaft zu geben, schließen darf. Da ich mich bis in mein zweites Jahr zurückerinnere, darf ich vielleicht auch anführen, daß ich mich, ohne spezielle Beispiele angeben zu können, an das bewußte Suchen solcher Erfahrungen noch erinnere, namentlich auch, wie ich mir die Verhältnisse einfacher Formen an einem zusammenlegbaren Maßstab, den ich zum Spielen erhalten hatte, klarmachte. Ich muß schon viel mehr als zweijährig gewesen sein, als mir Raute und Rhombus in den Verhältnissen, die hier in Betracht kommen, klar wurden. Daß die Grundsätze: Gleiches mit Gleichem mit gleicher mathematischer Operation behandelt gibt Gleiches und $ad + bd = (a + b)d$ aus der Erfahrung stammen, kann wohl jeder Schullehrer bezeugen, der den Kindern die Sache an Beispielen beibringt.

Nicht so einfach steht es um die Verhältnisse von Linienstücken zwischen Parallelen. Da jedes Tier, das sich mit den Augen orientiert, diese Verhältnisse benützt, sind sie unzweifelhaft schon in der Organisation tieferer Hirnteile voll abgeschätzt. Da aber das Menschenkind auch in bezug auf die Orientierung ganz hilflos auf die Welt kommt und deutlich erst mit der Erfahrung sich orientieren lernt, ist für es wohl diese das Wesentliche, besonders wenn es sich um bewußte Benutzung im Denken handelt. Wir kennen auch keine phylischen Engramme, die die menschliche Hirnrinde zum Denken verwenden könnte (angeborene Ideen). Für unsere Vorstellungen vom Denken wäre es übrigens ganz gleichgültig, wenn gewisse Engramme phylisch statt individuell erworben wären.

Andere Schlußformeln, wie die *a fortiori*, ergeben sich natürlich auch aus der Erfahrung. Ich sehe drei Dinge nebeneinander; a ist größer als b, b größer als c; da kann ich nicht anders als auch sehen, daß a größer ist als c; und erst wenn ich beide nicht zu gleicher Zeit sehen kann, sondern nur einzeln mit b zusammen, so assoziiere ich die gewohnte Vorstellung in der Form einer besonderen Denkoperation.

Eine andere Art der Benutzung der Engramme zum Denken ist die *des bloß gedachten Versuchs.* Wir haben oben gesagt, das Kind gewinne eine Menge von Kenntnissen über die Formverhältnisse dadurch, daß es Dinge von verschiedenen Formen aufeinanderlege und aneinanderhalte. Nachdem es die Engramme der Formen gewonnen hat, braucht es dazu die wirklichen Dinge nicht immer; es macht in einfachen Fällen den Versuch statt mit den Dingen mit seinen Ekphoraten, aber möglichst nach Analogie der Erfahrung. So braucht ein halbwegs intelligentes Kind die beiden ähnlichen Dreiecke nicht in Wirklichkeit aufeinanderzulegen, um zu sehen, daß die Seiten, die nicht zur Deckung gebracht werden, bei passendem Aufeinanderlegen parallel sein müssen, und in der Schule werden gerade in der Geometrie beständig solche Gedankenexperimente gemacht.

Wenn man das Rätsel lösen will, wie man es machen müsse, um den Wolf, das Schaf und den Kohl über den Fluß zu bringen mit einem Schiff, das nur eines von diesen Dingen auf einmal tragen kann, so macht man in Gedanken das Experiment, bis es klappt. Sogar eine Menge physikalischer Vorstellungen gewinnt man in und außer der Schule auf diese Weise. Die Frage, ob die Fallgeschwindigkeit abhängig sei vom absoluten Gewicht des fallenden Körpers, wird man leicht damit beantworten können, daß man sich zwei fallende Ziegelsteine denkt, die natürlich gleich schnell fallen wie einer; wenn sie sich einander nähern, bis sie ganz verbunden sind, so zeigt die engraphierte Erfahrung, daß das auf die Fallgeschwindigkeit keinen Einfluß haben kann. Man hat auch nicht ganz mit Unrecht ein Gedankenexperiment in der Entdeckung des Kopernikus gesehen, der auf den Einfall kam, sich die Sonne stillstehend zu denken und die Folgen zu berechnen.

Als Beispiel einer *Erfindung* sei die des Flugzeuges angeführt, *wobei ich ausdrücklich hervorhebe, daß ich die wirklichen Vorgänge ganz ungenügend kenne und also einen großen Teil supponiere.* Für unsere Zwecke ist das gleichgültig. Es kann folgendermaßen gegangen sein:

Der Mensch hat das Bedürfnis, sich schnell von einem Ort zum andern zu bewegen. Er sieht die fliegenden Tiere sich am schnellsten und anscheind leichtesten fortbewegen. „Schnell sich fortbewegen" wird also assoziiert an „fliegen", also auch der Wunsch, sich schnell fortzubewegen. So wünscht der Erfinder nicht nur allgemein sich schnell fortzubewegen, sondern zu fliegen. Er sieht: Die Tiere fliegen mit Flügeln. Diese Idee wird an das gewünschte eigene Fliegen assoziiert durch Ähnlichkeit, er möchte fliegen mit Flügeln. Er hat aber keine Flügel. Der Trieb, sich zu erwerben, was man wünscht, liegt in der Organisation jedes animalischen Wesens; es selber zu machen, ist menschlicher Erwerb aus der Erfahrung, den wir hier als schon bestehend voraussetzen. Der Mensch macht sich also Flügel von Ikaros bis zum Schneider von Ulm, kann aber nicht fliegen, ohne recht zu wissen, warum.

Nun wollen die Gebrüder Montgolfier künstliche Wolken machen, etwas, das in der Luft aufsteigt. Das assoziiert die warme Luft, die aufsteigt. Die ist aber noch keine Wolke; man sieht sie nicht und sie bleibt nicht beisammen. Wie der Hungrige in der Außenwelt etwas sucht, bis er Speise findet, so der Erfinder in seinen Assoziationen; d. h. statt Bewegungen assoziiert er Engramme, in beiden Fällen nach bestimmten Gesetzen. Hier muß er assoziieren Dinge, die warme Luft zusammenhalten; die nächstliegende Assoziation ist die unzählige Male erfahrene der Umhüllung oder eines Gefäßes. Die Kraft, die er zur Verfügung hat, ist sehr gering. Die Erfahrungsassoziation sagt, geringe Kräfte können nur geringe Gewichte heben; diese beiden Assoziationen muß er, da sie alltäglich sind und wir immer Gewichte und die Kräfte, die sie heben können, abschätzen, sofort gemacht haben, so daß sie ihm kaum zum Bewußtsein gekommen sein werden. Das assoziiert sich zu dem Begriff der leichten Umhüllung. Die leichte Umhüllung muß nach der alltäglichen Erfahrung irgendein

Gewebe oder ein Papier assoziieren: Die Montgolfiere ist erfunden. Da sie fliegt, wird sie dem immer bestehenden Wunsch, selbst zu fliegen, assoziiert. Dem Wunsch entspricht sie aber nicht gut, u. a. wegen der Schwierigkeiten, die das Feuer mit sich bringt. Es werden also weitere Assoziationen gesucht: Die Vorstellung der leichteren Luft assoziiert die eines leichteren Gases: Der Kugelballon ist erfunden; man kann fliegen — aber nur mit dem Wind. Man hat aber den Wunsch, an beliebige Stellen zu kommen. Er wird assoziiert an die Vorstellung des fliegenden Ballons, d. h. man sucht den lenkbaren Kugelballon. Aus Analogie mit bestehenden Vehikeln wird die Schraube (und das Steuer) assoziiert, wahrscheinlich allerdings nie im praktischen Versuch, weil die Techniker, die solche Sachen ausführen, in moderner Zeit zu gut über die Möglichkeit orientiert sind; um so mehr aber setzen die Geisteskranken und die Witzblätter die Schraube an den Kugelballon. Endlich sind die schnellgehenden Motoren erfunden. Sie werden dem Wunsch, mit dem Ballon zu fliegen, assoziiert und zugleich die bekannte Tatsache, daß der Widerstand mit dem Querschnitt senkrecht zur Richtung der Bewegung zunimmt, und daß eine Kugel schwer steuerbar ist: Der Zeppelin ist erfunden. Er erweist sich als zu schwerfällig. Der Wunsch besteht weiter, setzt nun aber bei einer anderen, früher schon entstandenen Gedankenfolge an. Durch die Erfindung des Ballons ist der Begriff des Fliegens zerlegt worden in den des Aufsteigens resp. Getragenwerdens und den der Lenkbarkeit. Man war von dem ersteren ausgegangen und an kein befriedigendes Ende gekommen. LILIENTHAL assoziierte den zweiten Begriff an den Vogelflug, zunächst ohne sich groß um den ersten zu kümmern, und machte sich wieder eine Art Flügel, zugleich aber moderne Vorstellungen aus der Technik, die Bedeutung der zur Bewegungsrichtung schiefen Fläche an die Flügelwirkung assoziierend und damit heraushebend. So kam er auf seine Studien des lenkbaren Gleitfluges mit einer Art Flügel, eine höhere Stellung, einen Anlauf und den Wind benutzend. Seine Ideen bewährten sich nur zu schnell, so daß er, bevor er sein Instrument in die Gewalt bekommen, sich so hoch in der Luft halten konnte, daß er sich den Rücken brach, als er die Führung verlor. An die Idee der schiefen Fläche aber assoziierten die Gebrüder WRIGHT die Flügelschraube mit dem schnellgehenden Motor: Das Flugzeug war erfunden.

Wie wenig Besonderes in dem Denkvorgang liegt, zeigt vielleicht am besten die Möglichkeit, sich denselben rein physiologisch vorzustellen: ein Tier weicht der Hitze aus; dann infolge von Erfahrung auch dem die Hitze ankündigenden Lichtreiz. Nun gibt es aber verschiedene Lichtarten, von denen die einen von Wärme gefolgt sind, die andern nicht. Es wird nach und nach nur noch auf die erstere Gruppe reagieren (vgl. die experimentellen Assoziationsreflexe). In seinem Nervensystem ist irgendwie die Lichtempfindung mit der Wärmeempfindung (und der daraus entstehenden Reaktion) funktionell verbunden. Diese funktionelle Verbindung ist eine Assoziation. Die Lichtempfindungen der zweiten Gruppen werden nicht mit der Reaktion verbunden oder sekundär bei der Übung von ihr abgesperrt. Wäre das, was wir hier rein objektiv als physiologischen Vorgang beschrieben haben, bewußt, und könnte das Tier in unseren Begriffen reden, so müßte es das nämliche Erlebnis etwa folgendermaßen beschreiben: ich habe gemerkt, daß auf diese Lichterscheinung die verwünschte Hitze kommt, und deshalb fliehe ich. Nun bin ich aber auch oft unnütz geflohen; das war bei Licht mit vielen violetten Strahlen. Davor fliehe ich nicht mehr. Die eine Gruppe von Licht ist gefährlich, die andere ist nicht gefährlich (Urteil). Dieses Licht enthält keine violetten, aber viele roten Strahlen, es ist also gefährlich: vor dem fliehe ich (Schlußfolgerung).

Allgemeines.

Der Denkakt beruht also auf den Assoziationsverbindungen, die die Eindrücke der Außenwelt im Gedächtnis geschaffen haben. *Wie die Vorstellung eine überdauernde Wahrnehmung einzelner Dinge ist, so ist das Denken eine Ekphorie von überdauernden Wahrnehmungen der Zusammenhänge der Dinge, so daß in der Gegenwart an bestimmte Verhältnisse Zusammen-*

hänge assoziiert („*aus Analogie geschlossen*") *werden, die wir jetzt nicht sehen, aber früher erfahren haben.* Wir benutzen nicht nur die gegenwärtigen Erfahrungen, sondern auch die früheren. Es ist die nämliche Gedächtnisfunktion, die sowohl die Begriffsbildung wie das Denken hervorbringt; es besteht psychologisch kein prinzipieller Unterschied zwischen Dingen und Zusammenhängen der Dinge in ihrem Nach- und Nebeneinander; auch Dinge sind Zusammenhänge ihrer (wahrgenommenen) Eigenschaften.

Aber die innerbegrifflichen Assoziationsbindungen sind viel fester als die meisten zwischenbegrifflichen — aus selbstverständlichen Gründen: Die Mutter hat schon für den Säugling eine enorme Zahl bestimmter Eigenschaften, die ihr immer anhaften. Wenn ein Teil (eine Eigenschaft) der Mutter anwesend ist, ist es auch die ganze Mutter; aber die Mutter kann als Ganzes einmal da und ein andermal an einem andern Orte sein; sie kann jetzt das und im nächsten Augenblick etwas ganz anderes tun.

Schon bei den einfacheren Schlüssen im täglichen Leben rechnen wir nicht mit allem, was in Betracht kommt; wir ignorieren Unwahrscheinlichkeiten und geben uns nicht allzuviel Mühe, alles zu überblicken. Ich hole mein Buch an einer bestimmten Stelle, weil ich es dort abgelegt habe, ohne lange zu überlegen, ob es jemand weggenommen haben könnte. Die Kinder gehen um 8 Uhr in die Schule; es ist 8 Uhr vorbei; ich denke für gewöhnlich nicht an alle die Möglichkeiten, die sie vom Schulgang abhalten könnten, und nehme an, die Kinder seien in die Schule gegangen. Aber auch der einfache Mensch kommt täglich in die Lage, Schlüsse zu ziehen, die bedeutend komplizierter sind als die angeführten, und bei denen er nicht alles übersehen könnte, auch wenn er sich dafür anstrengen würde; deswegen so viele Täuschungen. Wo die Logik eigentlich Neues zeigen will, rechnet sie überhaupt (außer in der Mathematik s. oben) nur mit Wahrscheinlichkeiten. Von den Begriffen aber sind erst die künstlichen, stark abstrakten (wie Gott, Personenrecht, Betrug), die keinen Einfluß auf die allgemeinen Denkformen haben, wandelbar in der Menge und Art der Bestandteile; im allgemeinen besitzt der Begriff eines Dinges eine sehr weitgehende Abgeschlossenheit; wir kennen meist alle wesentlichen Sinnesempfindungen, die ein Ding zusammensetzen; man kann nichts dazu und nichts davon tun (was aber nicht hindert, daß ein Begriff jedes einzelne Mal, wo er gebraucht wird, seine besondere Gestaltung besitzt).

So bei der großen Mehrzahl der Dinge. In relativ seltenen Fällen haben wir zwar Dinge nur ein oder wenige Male wahrgenommen, oder wir haben gar nur von ihnen gehört. Die Analogie zwingt uns aber, auch solche Dinge als unzerstörbare Zusammenkittung ihrer Eigenschaften anzusehen: Während wir nur in einer Stunde eine unzählbare Menge von Eindrücken erleben sehen wir doch ein ganzes Leben lang nie, daß die verschiedenen Eigenschaften der Dinge auseinander fließen oder sich prinzipiell ändern, so daß z. B. ein Mensch auf einmal an Stelle des Kopfes Flügel oder die Höhlung eines Kellers oder statt der Füße einen Schlüssel hätte. So muß nach kurzer Erfahrung oder zugleich mit der Bildung des Dingbegriffes ohne weiteres auch die Festigkeit der inneren Verbindung, die Undenkbarkeit eines Auseinanderfallens gegeben sein.

Immerhin sind auch die Dingbegriffe nicht absolut unantastbar. Der Primitive kennt nicht einmal von seiner eigenen Persönlichkeit scharfe Grenzen; wenn er sich ein Bärenfell angezogen hat so *ist* er in vielen Beziehungen, meist in allen, die er gerade denkt, ein Bär und nicht mehr ein Mensch; ein abgetrenntes Haar, eine Photographie repräsentiert ihn ganz, so daß ihm das geschieht, was man einem solchen Symbol tut; wenn seine Frau krank ist, benimmt er sich auch wie ein Kranker und nimmt unbedenklich das Purgiermittel ein, das die Frau heilen soll; die Mythologie kann Apollo zugleich als einen Mann und als eine Frau auffassen, oder irgendeinen Gott mit seinem Bild verdichten und dann wieder unabhängig von demselben denken. Auch beim modernen Kulturmenschen kann eine starke Aufmerksamkeitsstörung die Dinggrenzen verwischen, so daß Eigenschaften zweier Bekannten in eine einzige Persönlichkeit verschmolzen werden, die weder der eine noch der andere ist. Im Traum gar fallen die Begriffe so gut auseinander wie die logischen Funktionen.

In der Pathologie finden wir zwar logische Störungen bei allen Geisteskrankheiten, Begriffsauflösungen aber nur in der Schizophrenie und in traumartigen Delirien. Bei genauem Zusehen erweist sich aber auch dieser Unterschied nur als ein quantitativer. Alle logischen Störungen der nichtschizophrenen Psychosen rühren davon her, daß zu wenig Assoziationen herbeigezogen werden (Oligophrenien, organische), oder daß die Affekte einseitig bestimmte Assoziationen bahnen, andere hemmen und den logischen Wahrscheinlichkeiten einzelner Motive ein falsches Gewicht geben (alle Psychosen, am wenigsten ausgesprochen bei den Oligophrenen). Nur bei den Schizophrenen können sowohl innerbegriffliche, wie logische Assoziationen, ich möchte fast sagen beliebige, von der Erfahrung abweichende Wege einschlagen, und es können die Begriffe Vater und Mutter so in ihren Bestandteilen auseinander gerissen und falsch wieder in einen Begriff zusammengesetzt werden, daß der Vater (nicht bildlich gemeint) von sich sagen kann, er habe sein Kind an seiner Brust genährt. Sehen wir im übrigen affektive Einflüsse die Logik fälschen, so daß es beim Gesunden zu vielen Irrtümern und beim Kranken zu Wahnideen kommt, so ist das gleiche, wenn auch in geringerem Maße, von den Begriffen ebenfalls zu sagen; ein Mensch, der uns geärgert hat, wird leicht zu einem schlechten Charakter umgestempelt; aber allerdings denkt sich auch der Kränkste nicht leicht einen Hund mit fünf Beinen oder mit blauen Federn.

Die Assoziationen.

Man sagt von der „Assoziationspsychologie“, sie wolle alles Denken aus den „Assoziationsgesetzen“ erklären. Das wäre nun kein unwissenschaftliches Unternehmen, weil Denken nichts als noopsychischer Assoziationsablauf ist. Aber man versteht in diesem Zusammenhang, wenn ich mich nicht täusche, nicht „die“ Assoziationsgesetze, sondern *einige auf den Zusammenhang einzelner Begriffe beschränkte Regeln*, wie Verbindung nach Ähnlichkeit, Kontrast, Kontiguität, Über- und Unterordnung u. dgl. *Nun können wir niemals Begriffe isoliert denken, also auch nicht an isolierte Begriffe assoziieren. Es gibt keine Assoziation an den Begriff „Wasser“, sondern nur eine an die ganze Psyche mit all ihren aktuellen Gedanken und Strebungen, in der der Begriff „Wasser“ gerade eine wichtige Partialvorstellung bildet.* Wenn also auch wir im folgenden von Assoziationen nach Ähnlichkeit usw. reden, so ist das eine vom Sprachgebrauch erlaubte Abkürzung für Teilbeziehungen zwischen einem Gedanken und dem darauffolgenden, die man nicht wohl beschreiben kann, ohne sie aus dem Ganzen herauszureißen.

„Assoziation“ bedeutet zunächst ganz allgemein Verbindung von Funktionen im Nacheinander und Nebeneinander — hier natürlich von psychischen Funktionen. Meistens bilden die assoziierten Funktionen, namentlich die gleichzeitigen, zusammen eine Resultante oder eine höhere Einheit. Assoziiert sind z. B. die Bewegungen beider Augen, die der rechten und linken Hand beim Brotschneiden, das Hungergefühl mit dem Trieb, sich Nahrung zu verschaffen, usw.; in den Assoziationsstörungen der Schizophrenie ist das assoziative Spiel der Triebe (Affekte) mit- und gegeneinander in gleicher Weise gestört wie das der noopsychischen Assoziationen.

Gewöhnlich aber denkt man bei dem Wort „Assoziationen" nur an die noopsychischen Verbindungen, also die zwischen Empfindungen, Ekphoraten von Empfindungen, Wahrnehmungen, Vorstellungen, Ideen. In diesem engeren Sinne brauchen wir den Ausdruck in diesem Abschnitt.

Es ist falsch, irgendwelche *lokalen Vorstellungen* mit dem Assoziationsbegriff zu verbinden. Es sitzt nicht am einen Ort dieser Begriff und am andern ein zweiter, der vom ersten aus belebt würde wie auf einer Telegraphenleitung. Denkt man sich die Psyche passiv, so würde in ihr, wie von einer Zauberlaterne darauf geworfen, ein Bild nach dem andern erscheinen (aber so daß jeweilen das vorhergehende den Grund abgäbe für das Auftreten des folgenden). Wird die Psyche als aktiv aufgefaßt, so könnte man sich die assoziative Aufeinanderfolge der Vorstellungen etwa denken wie die Folge der Töne, die der Kehlkopf nacheinander erklingen läßt.

Natürlich gibt es in Wirklichkeit keinen scharfen Unterschied zwischen Empfindungen, Vorstellungen und evtl. andern statisch gedachten Psychismen einerseits und den Verbindungen, den Assoziationen anderseits. Die Psyche ist auch in den kleinsten Teilen etwas zeitlich Fortschreitendes. Die Sache wird aber nicht jedem leicht vorstellbar sein; jedenfalls ist es mir unmöglich, sie in Worten genügend zu beschreiben. Ich benutze deshalb das übliche und für die meisten Zwecke ausreichende Bild der Vorstellungen mit ihren Verbindungen, den Assoziationen.

Solche Verbindungen werden *„gestiftet"* dadurch, daß zwei Psychismen, z. B. Empfindungen oder Vorstellungen neben- oder nacheinander ablaufen. Wir sehen das daraus, daß später die Wiederholung des einen Psychismus eine Tendenz hat, den andern zu ekphorieren. Diese gestifteten Assoziationen bleiben erhalten: das optische Bild einer Person *„ist assoziiert"* dem akustischen ihrer Stimme. Was hier mit Assoziation bezeichnet wird, ist eine *„Disposition"* zur Ekphorie bestimmter Zusammenhänge, ein dauernder *Zustand.* Wir nennen aber auch die unmittelbare *Aufeinanderfolge* der Vorstellungen, d. h. ein bestimmtes *Geschehen,* Assoziation. Diese wird bestimmt entweder durch Ekphorie der gestifteten zuständlichen Assoziationen oder durch andere Zusammenhänge, vor allem nach der *Ähnlichkeit.* Wenn ich die Stimme einer bekannten Person höre, tritt ihr optisches Bild als Vorstellung auf, *es wird assoziiert.* Gleicherweise wird aber auch durch die Stimme einer Person die ähnliche einer andern assoziiert, die ich noch niemals in Verbindung mit der ersten gebracht habe.

Außerdem sind *gleichzeitig ablaufende* Vorgänge meist assoziiert, indem sie einander beeinflussen: Reizt man eine Katze am Bauch, so schlägt der Schwanz nach der seiner momentanen Stellung entgegengesetzten Seite aus; die Empfindung der Ausgangsstellung des Schwanzes ist mit dem Bewegungsimpuls des Reflexes assoziiert. Die Wahrnehmung des Weges und der Hindernisse leitet unsere Schritte; eine moralische Überlegung hemmt eine angreifbare Handlung; zwei Motive, die in gleicher

Richtung wirken, befördern die Reaktion; gegensinnige hemmen sie. — Vor allem werden aktuelle Psychismen mit ekphorierten Engrammen früherer Erfahrungen verbunden. In einer Wahrnehmung sind gegenwärtige Sinnesempfindungen den Erinnerungen früherer ähnlicher Erlebnisse assoziiert. Mit dem Anblick der Flamme wird die Erfahrung des Sichbrennens ekphoriert und beide Psychismen zusammen bedingen das Ausweichen.

Diese Bezeichnung von vier oder fünf verschiedenen Dingen mit dem gleichen Wort führt in diesem Falle fast nie zu Mißverständnissen und mag deshalb beibehalten werden, damit nicht neue Ausdrücke geschaffen werden müssen (SEMON bezeichnet nur die Stiftung oder den Zustand der Verbindung zweier Psychismen als Assoziation; die fortlaufende Assoziation von Begriffen im Denken nennt er Ekphorie; ich halte das nicht für praktisch, weil wir dann keinen Unterschied haben zwischen den beiden unentbehrlichen Begriffen der Wiederbelebung eines Engrammes schlechthin und der Erregung dieser Wiederbelebung durch den assoziativen Zusammenhang).

Die Assoziationsstiftungen sind nicht bloß etwas Positives, sondern ebensosehr etwas andere Wege Verschließendes. Jede beliebige Gewöhnung (Aussprache, Schrift, und tausend andere) erschwert alle Reaktionen anderer Richtung. Je mehr ein Assoziationsreflex mit dem nämlichen Reiz geübt wird, um so präziser wird er auf diesen Reiz eingestellt, um so enger wird die Gruppe von Ähnlichkeiten, die ihn hervorrufen können. (Vgl. auch: Intelligenz.)

Die *Assoziationsstiftung* geschieht wohl allein dadurch, daß zwei Psychismen neben- oder nacheinander ablaufen. *Sie ist etwas Selbstverständliches, wenn man die bekannten physiologischen Eigenschaften des ZNSs im allgemeinen und des Gedächtnisses im speziellen voraussetzt. Von physiologischer Seite gesehene gleichzeitige oder aufeinanderfolgende Vorgänge wie Reflexe und Sinnesempfindungen beeinflussen einander, sie fließen zu einer Einheit zusammen, wie wir aus der Resultante ersehen. Wird das Geschehen als Engramm festgehalten, so betrifft das natürlich die Verbindung so gut wie den Reflex und die modifizierende Empfindung.*

Bei der Ekphorie erst kommen die früher genannten Gesichtspunkte der Gleichheit, Ähnlichkeit, des Gegensatzes in Betracht. Damit verhält es sich folgendermaßen: Gleichheit psychischen Geschehens gibt es nicht (vgl. unten die Anm.); statt Gleichheit ist also Ähnlichkeit zu sagen. *Gegensätze* sind in bezug auf das, worauf es hier ankommt, Ähnlichkeiten; denn sie haben viele ähnliche Bestandteile, so schon den wichtigsten, die allgemeine Qualität oder Dimension. Ob ich von Lichtschattierungen rede oder von Gerüchen, ist ein viel wesentlicherer Unterschied, als ob ich innerhalb der Schattierungen von Weiß und Hell einerseits oder von Schwarz und Dunkel anderseits spreche. Der Unterschied zwischen „Peter ist klein" und „der Tisch ist viereckig", oder auch nur zwischen dem ersten Gedanken und „Peter ist dunkelhaarig" ist viel größer als zwischen „Peter ist klein" und „Peter ist groß". Mehr oder weniger deutlich klingt geradezu bei dem Gedanken „Peter ist klein" noch mit: „Peter ist nicht groß", oder sogar „Peter könnte auch groß sein", sonst müßte man ja nicht noch besonders sagen, daß er klein sei. Schon aus dem letzteren Grunde liegen auch die Gegensätze innerhalb der nämlichen Qualitätsdimension einander viel näher als die Zwischenqualitäten; Weiß und Schwarz sind assoziativ einander näher verwandt als Weiß und Grau oder gar Weiß und Grün. Außerdem werden die Gegensätze so oft nebeneinander genannt, daß sie eine besondere assoziative Verbindung bekommen. Gerade das, was man vermeiden will, wird bei tausend Handlungen des Alltags automatisch getan; der angehende Radfahrer fährt auf den gefürchteten Stein; die Maschinenschreiberin schreibt in Fällen, wo die Wahl in Betracht kommt, die durchgestrichenen Wörter. Weil das Wichtige, die Dimension überhaupt, den Gegensätzen gemeinsam ist, bezeichnen die älteren Sprachen die beiden Richtungen einer Dimension oft mit dem gleichen Wort: altus; schlecht (=schlicht); Ahne war ursprünglich sowohl Großvater wie Enkel (Enkel= Ähnchen); das lateinische calere wie das deutsche kalt usw.[1]; kleine Kinder verwechseln oft „Türe zu" und „Türe auf". Die begriffliche Zusammengehörigkeit der Gegensätze spielt eine bedeutsame Rolle im dereistischen Denken (s. S. 144 ff.), wobei ihre Ähnlichkeit dadurch besonders beleuchtet wird, daß es oft ganz gleichgültig ist, ob etwas als schwarz oder als weiß, positiv oder negativ gedacht und bezeichnet werde; das Wichtige ist nur, daß überhaupt die betreffende Qualitätsdimension gedacht wird.

Manche haben merkwürdige Schwierigkeiten gegen die Annahme von *Assoziationen nach Ähnlichkeit* herausgetüftelt. So meint NELSON[2], verschiedene Nuancen von Blau hätten keine gemeinsame Komponente. Eine solche könne also nicht aus der Erfahrung die Assoziationen bestimmen. Die Ähnlichkeitsassoziation müsse folglich einen andern Grund als die Erfahrung haben. Schon wenn NELSON psychische, bewußte Erfahrung meint, so hat er unrecht; denn verschiedene Nuancen von Blau haben auch subjektiv für uns viel „Gemeinsames" sowohl in der Farbenvorstellung als in der Gefühlsreaktion, die sie hervorrufen, und in der Bedeutung, den Zusammenhängen mit Dingen, die blau sind (keine Glockenblume hat genau die Nuance wie eine andere). Viele Nuancen haben also die gemeinsame Assoziation „Glockenblume". Der einleuchtendste Grund liegt aber nicht in der Psychologie, sondern in der Physiologie. Ähnliche Farben erregen zum größten Teil die nämlichen Retina- und damit Nervenelemente, nur in etwas anderen Verhältnissen. Die gemeinsame Komponente kann also nicht fehlen. Würden solche Leute beobachten statt tüfteln, so fänden sie, daß Assoziationen nach Ähnlichkeit die selbstverständlichsten, die ursprünglichsten sind. Jeder Reflex antwortet auf eine ganze Kategorie von „ähnlichen" Reizen, die in anderer Beziehung unterschieden werden können. Der sich wiederholende chemische oder optische Reiz, der das Tier vor der kommenden Hitze warnt (S. 28), ist niemals genau identisch, nur ähnlich (wie übrigens fast alle Reize, die Reflexe auslösen). Deswegen hat er doch seine immer wesensgleiche Wirkung. Psychologisch ausgedrückt: Die zweite ähnliche Empfindung hat die erste assoziiert. Das sind Selbstverständlichkeiten, die sich nicht nur aus dem Zweck unserer nervösen Funktionen, sondern aus ihrer Art selber ohne weiteres ergeben. Wir könnten uns gar kein Nervensystem denken, das nicht Ähnlichkeiten bis zu einem gewissen Grade als Gleichheiten behandeln müßte, noch weniger als es der Technik gelungen ist, ein Schloß zu erfinden, das nur ein einziger, dazu gehöriger Schlüssel öffnet. *Was man in erster Linie lernen muß, ist die Unterscheidung, nicht die Zusammenbringung des Gleichen und Ähnlichen:* Das Kind verwechselt, wenn es früh französisch lernen sollte, z. B. alle Wörter auf -ette (serviette, assiette). Wenn man im Gedächtnis einen Namen sucht, kommen einem ähnliche Vorstellungen oder unbestimmte wie: Vokal a in der ersten Silbe, langer Name usw.; Material aus ähnlichen Komponenten ist schwerer zu lernen als Unähnliches (RANSCHBURG); bei Unaufmerksamkeit verwechselt man Ähnliches; bei Hirn- und Geisteskrankheiten leidet in erster Linie das Unterscheidungsvermögen, nicht die Fähigkeit, Ähnlichkeiten zu benutzen; genau abgestimmte Assoziationsreflexe funktionieren (beim Hunde) im Schlaf auf breiten Reizvariationen, die Spinne hüpft auf einen schwarzen Nagelkopf wie auf eine Fliege, der Großzehenschenkelreflex wird, wenn er der beschränkenden Regulierung durch das Gehirn entzogen ist, fast von der ganzen Schenkelhaut aus auslösbar und verliert dabei die Modifikationen, die den verschiedenen Lokalreizen entsprechen.

Nicht genau der gleiche Vorgang ist es, wenn die Vorstellung (oder Wahrnehmung) eines bestimmten Dinges die eines ähnlichen erweckt, und dabei die erste *neben* der zweiten besteht, nicht sie ersetzt, d. h. wenn beide auseinander gehalten werden. Das geschieht aber auch bei dem, was man Gleichheiten zu nennen pflegt; sogar, wenn ich gestern ein Bild gesehen habe und das nämliche unter möglichst

[1] Vgl. FREUD: „Über den Gegensinn der Urworte", Jb. psychoanalyt. Forschg. 2, 179.
[2] Die Reformation der Philosophie, Leipzig: Neuer Geist Verlag 1918.

gleichen Umständen heute wieder sehe, halte ich die beiden Wahrnehmungen auseinander. Wer die Assoziationen aus Gleichheit versteht, darf sich über die der Ähnlichkeit nicht wundern.

In Wirklichkeit gibt es ja auf diesem Gebiete gar keine Gleichheit, nicht nur, weil kein Reiz dem andern gleich ist oder weil die begleitenden Umstände immer verschieden sind, sondern vor allem deshalb, weil die aufnehmende Psyche selbst nach einem beliebigen Erlebnis gerade infolge dieses Erlebnisses gar nicht mehr identisch ist mit der, die es erlebt hat. Jedenfalls ist sie insofern prinzipiell verändert, als die zweite Erfahrung auf das Engramm der ersten stößt und es ekphoriert. Wiedererkennen ist verschieden vom ersten Sehen.

So ist es ganz falsch, wenn man behauptet, die Aneinanderreihung zweier gleicher Silben wie Sing-Sing, Töff-töff, Li-li, sei eine „Assoziation mit sich selbst". Die zweite Silbe ist eine ganz andere als die erste, deshalb weil sie eine zweite ist. Die Silbe allein existiert ja nicht, sondern nur in einer Verbindung; oder anders ausgedrückt: Die Silbe ist Bestandteil einer Einheit, eines zweisilbigen Komplexes, in dem die Stellung einen bedeutenden Faktor ausmacht. Es ist psychisch genau wie in der Aussprache, in der die beiden Silben so stark unterschieden sind, daß man z. B. in dem Wort Lili die beiden i ganz gut mit zwei verschiedenen Buchstaben bezeichnen könnte („Líli" gegen „Lilí"). Die Aussprache selber bildet aber zum Überfluß einen Bestandteil der Silbe als Psychismus, so daß dieser auch dadurch von der andern Silbe unterschieden wird.

Der Ekphorie (Assoziation) durch Ähnlichkeit liegt eine primitive Eigenschaft des lebenden Organismus zugrunde, wie sie schon dadurch deutlich wird, daß der gleiche Reaktionsapparat nicht nur auf einen ganz speziellen Reiz, sondern auf eine ganze Klasse ähnlicher Reize antwortet. Das Elementare, das der Assoziation durch Ähnlichkeit zugrunde liegt, ist älter als die Psyche, und älter als das Nervensystem. Die Ekphorie infolge früherer Assoziationsstiftung (durch Gleichzeitigkeit und Nacheinander) ist einerseits eine selbstverständliche, da die Zusammenhänge, speziell auch die zeitliche Folge in den Engrammen ebensogut fixiert wird, wie das, was wir Begriffe oder Vorstellungen nennen. Andererseits aber ist sie nur ein Spezialfall der Ähnlichkeitsassoziation: zwei aus einem Komplex gleichzeitigen Geschehens abstrahierte Vorstellungen haben alle übrigen Begleitkomponenten gemeinsam, sind also ähnlich. Zwei nacheinander erlebte Vorstellungen haben natürlich auch noch eine Menge von Komponenten gemeinsam, die die Zeit des ersten Erlebnisses überdauern (z. B. nur schon die Einreihung in die Zeit), außerdem aber deshalb immer viel anderes Gemeinsames, weil die Erlebnisse des vorangehenden Zeitpunktes im folgenden noch nachbelebt sind (wobei nicht nur an das Nachleben der Sinnesempfindungen, das nur Bruchteile einer Sekunde bis wenige Sekunden währt, sondern an längere Zeiträume zu denken ist, indem z. B. die Zeiträume eines Tages meist gut zusammenhängend registriert werden.

Aus der Existenz von Assoziationen nach Ähnlichkeit ergibt sich ohne weiteres, daß das Denken nicht nur Erfahrungen benutzt, die genau gleich wie die sind, die das Problem stellt, sondern auch (oder eigentlich lauter) ähnliche. *Wir denken nach Analogien der Erfahrung.*

Dabei brauchen die Assoziationen aus zeitlichem Nacheinander natürlich nicht notwendig in der Richtung des Erlebens abzulaufen. Man macht sich indessen über die *Polarisation der Engramme und die Umkehrung der Assoziationen* leicht unklare Vorstellungen. Ich muß mich hier auf einige Andeutungen beschränken. Man verwundert sich darüber, daß ein Tier den Weg, den es einmal in einer bestimmten Richtung gemacht, wieder zurückfinde. Man nimmt da zu Hilfe, daß z. B. ein Pferd auch nach rückwärts sehe und deshalb die Straßen schon beim ersten Gang von beiden Seiten aus engraphiere. Ein Pferd mit Scheuledern findet aber den Rückweg auch, und auch eines ohne Scheuleder fixiert die rückwärtigen Bilder so gut wie die vorwärts gesehenen alle in der Reihenfolge des Hinweges, so daß sie statt zur Erleichterung der Findung des Rückweges eher Anlaß zu einer Konfusion geben möchten, wenn sie ohne weitere Verarbeitung benutzt würden. Außerdem findet doch für gewöhnlich auch der Mensch mit seinem nur nach vorn gerichteten Gesichtsfeld den Rückweg, wenn auch in ungewohntem Gelände deutlich schwieriger als den wiederholten Hinweg, und gar bei einer blinden Ameise, die bloß die unzähligen Erinnerungsbilder ihrer mit den Tastern aufgenommenen topochemischen Empfindungen zur Orientierung benutzt, fallen solche Überlegungen ganz weg. Räumlich orientierende Engrammreihen können eben ohne weiteres umgekehrt ekphoriert werden, wie es zur Orientierung nötig ist. Dazu bedarf es aber keines besonderen Mechanismus. Wir haben in zwei aufeinanderfolgenden Momenten des Hinweges nacheinander eine Situation a und eine Situation b, die engraphiert werden. Beide Situationen haben vieles Gemeinsame. Damit ist die Möglichkeit der Ähnlichkeitsassoziation gegeben, *und zwar unabhängig von der Richtung*; das ekphorierte Engramm a kann b ekphorieren wie umgekehrt. Auf der Rückkehr ist die Richtung vom Ende zum Anfang durch verschiedene Konstellationsbedingungen, auf die hier nicht einzugehen ist, gegeben.

Eine *Polarität* der Engramme besteht aber doch. *In den Engrammen selbst liegt die Wiederholung der Richtung der Erlebnisreihen. Für den, der sich klargemacht hat, daß die psychischen Funktionen nichts Statisches, sondern ein beständiges Fließen sind, ist das selbstverständlich.* Auch Gebilde, die uns als eine zeitliche Einheit vorkommen, die Wahrnehmung einer Farbe z. B., laufen in der Zeit ab und wären nicht denkbar ohne Zeitdauer und damit Zeitfolge. Ein Wort hat nur einen Sinn, wenn es in der ihm eigenen Richtung gesprochen oder gehört wird, eine Melodie, rückwärts gespielt, ist etwas ganz anderes, und so noch tausend andere unserer Begriffe und Tätigkeiten. Auf Blitz erwarten wir Donner, nicht aber umgekehrt; die Assoziation Blitz, die vom Hören des Donners ausgelöst werden kann, ist eine ganz andere als die, die nach dem gesehenen Blitz den Donner erwartet. Bei einem Assoziationsreflex löst der früher in Verbindung mit dem Streichen der Sohle gehörte Ton den Plantarreflex aus, selten und nur in ganz anderer Weise der Plantarreflex den Ton (als Vorstellung). Die Vorstellung von Braten oder Bratengeruch löst Speichelsekretion aus; Speichelsekretion ekphoriert aber nicht alle diejenigen Speisen und Geschmäcke und Gerüche und Vorstellungen, die früher einmal Speichelsekretion angeregt haben. Auf motorischem Gebiet können wir die zu irgendeiner Handlung nötigen Muskelinnervationen niemals umkehren; wenn man eine Bewegung umkehrt, rückwärts geht, einen Buchstaben von rechts nach links zeichnet, einen Kreis einmal nach links und ein andermal nach rechts beschreibt, so ist das keine umgekehrte Innervation der Muskeln, sondern eine Umkehrung der Wirkungen.

Die letztere Funktion mag uns zeigen, worauf es ankommt. *Rückläufige Assoziationen sind keine Umkehr des ganzen psychischen Vorganges.* Sondern es handelt sich um eine Umkehrung der Reihenfolge von Vorstellungen, die aus Stücken des früheren Erlebnisses gebildet worden sind. Wenn ich mir einen Weg umgekehrt vorstelle, so läuft die Vorstellungsreihe gar nicht wie im verkehrten Kinographen kontinuierlich von hinten nach vorn ab, sondern einzelne Stückchen der ursprünglichen Erlebnisreihe, die Vorstellung eines bestimmten Hauses, eines Platzes, die an sich nach vorn polarisiert ist, erweckt die Vorstellung des vorhergehenden Hauses oder

Platzes. Keine dieser einzelnen Vorstellungen enthält etwas von einer Rückläufigkeit; soweit sie das ursprüngliche Erleben ohne starke Bearbeitung wiedergibt, ist sie deutlich rechtläufig polarisiert, man denke an Erinnerungen aus einer Autofahrt. *Aus der Erlebnisreihe werden bei der Umkehr zu Vorstellungen verarbeitete Stückchen, die alle oder meistens an sich nach vorwärts, jedenfalls nie nach rückwärts gehen, nach Art der gewöhnlichen Ähnlichkeitsassoziationen in umgekehrter Reihenfolge ekphoriert.* Daher z. B. der Unterschied einer in Vorstellungen eingeprägten Reihe von einer motorisch geübten: Kinder, die eben das Abc oder die Reihe der Monatsnamen gelernt, zeigen oft ohne jede Übung keine merkbar größeren Schwierigkeiten, die Folge rückwärts zu sagen. Sobald sie aber die Reihen motorisch üben, so daß sie „mechanisch“ ablaufen, wird der Unterschied zu ungunsten der verkehrten Hersage immer größer, offenbar nicht nur durch Erleichterung in der Richtung der Übung, sondern auch durch Hemmung in der Richtung des umgekehrten Ablaufs.

Die Existenz einer solchen Hemmung, die im speziellen Fall noch durch mehr Versuche sicherer nachzuweisen wäre, wird auch durch verschiedene Analogien wahrscheinlich. Wenn man etwas in einer bestimmten Nuance sehr gut geübt hat, verliert man die Fähigkeit für bloß ähnliche Funktionen (im Sinne von RANSCHBURG). Eine gelernte Zahlenreihe erschwert das Lernen einer ähnlichen; wer eine Sprache gut geübt hat, verliert die Fähigkeit, eine andere ohne Akzent zu sprechen; Kinder und Primitive erkennen zuerst Dinge und Bilder und Buchstaben ebensogut in einer beliebigen Stellung wie aufrecht; später können sie nur schwer mehr lesen, wenn die Schrift nicht ungefähr aufrecht vor ihnen liegt.

Eine aktive Polarisation der Ekphorie durch Hemmung der rückläufigen Assoziationen ist auch sonst noch anzunehmen. Ohne sie müßte wohl jeder Vorgang seinen jetzt oder früher einmal vorhergehenden auslösen, und das ganze Assoziationsspiel käme nicht vorwärts. In dem Abgelaufenen liegt zugleich das *Erledigte* („Erledigt“ im gleichen Sinne wie bei den Gelegenheitsapparaten: das, was vorher funktioniert hat, sei es im Erleben oder in der Zeitfolge der Engramme, *wird abgestellt)*.

Wenn beim Aufsagen des Abc b gesagt ist, besteht nur die Tendenz c oder d usw. zu sagen, nicht aber mehr a. Das drückt sich auch in den Verschreibungen und Versprechungen sehr deutlich aus: es kommt jedem Gesunden dann und wann vor, daß er ein Wort oder einen Laut, die in einen späteren Teil des Satzes hineingehören, vorzeitig schreibt oder spricht; eine nur geringe Anhäufung von solchen Fehlern aber, die Buchstaben oder Worte aus dem schon Erledigten bringen, ist Zeichen einer Krankheit.

Eine andere Art Polarisation der Engramme entsteht durch den *zeitlichen* Zusammenhang, indem jedes folgende Gesamtengramm (d. h. nicht sekundär zerlegtes Engramm des gesamten Erlebens eines Momentes) die vorhergehenden in sich schließt, nicht aber die nachfolgenden (vgl. Abschnitt Raum und Zeit).

Mehr scheinbare Polarisationen entstehen dadurch, daß man vom Allgemeinen zum Speziellen schwerer fortschreitet, als umgekehrt[1], daß die weniger verarbeiteten Engramme schwerer zu ekphorieren sind als die verarbeiteten, und daß das Wiedererkennen leichter ist als das bloß assoziative Vorstellen. So wird man einen großen gotischen Buchstaben immer wiedererkennen, selten aber aus der Vorstellung zeichnen können,

[1] Vgl. BLEULER: Ein Fall von aphasischen Symptomen usw., Arch. f. Psychiatr. 25 (1892).

den Sinn eines fremdsprachigen Wortes beim Hören leicht wieder verstehen, oft aber dasselbe vom Sinn aus nicht finden.

Wiedererkennen ist ein Spezialfall der Assoziation vom Speziellen zum Allgemeinen; jemanden oder einen Buchstaben aus dem Kopf zeichnen geht vom Allgemeinen zum Speziellen[1].

Aus all diesen Assoziationen aber kann noch kein brauchbares Denken entstehen. Die vorgestellte Rose kann mich auf Dornen oder eine Kamelie oder ein Mädchen, das ich mit der Rose gesehen oder verglichen habe, und noch auf tausend andere Gedanken bringen. Es muß noch die Auswahl und die Richtung des Denkens bestimmt werden.

Da hat man teils an Verbindungen wie Oberbegriff zu Unterbegriff und umgekehrt gedacht, teils an logische Beziehungen, wie zeitliche Folge, Bedingung und namentlich Kausalität.

Die Verbindungen von Oberbegriff zu Unterbegriff, vom Allgemeinen zum Einzelnen und umgekehrt, sind uns nichts Besonderes. Mein Apfelbaum (Unterbegriff) hat mit jedem andern Baum, ja mit jeder Pflanze (Oberbegriffe), eine Anzahl von Merkmalen gemeinsam, so daß es sich hier zunächst um einfache Ähnlichkeitsassoziation handelt im gleichen Sinne, wie wenn ich an meinen Apfelbaum einen andern Apfelbaum assoziiere. Die spezielle Richtung vom Einzelnen zum Allgemeinen kann aber einen besonderen Grund bekommen, wenn ich mir z. B. denken will, in welche Begriffsklassen die Einzeldinge gehören. Da sozusagen bei jeder Wahrnehmung eines Einzeldinges der Allgemeinbegriff mitklingt, muß daraus die Assoziation vom Speziellen zum Allgemeinen sehr erleichtert werden, so daß diese Form z. B. bei aphasischen oder sonst organischen Störungen am spätesten zugrunde geht (natürlich gibt es noch andere Gründe für dieses Verhalten). Es wird aber auch durch die Gewohnheit der Assoziation, durch die Übung in dieser Richtung eine gewisse *Tendenz* entstehen, an das Spezielle das Allgemeine zu knüpfen. Dass es schwieriger ist, vom Allgemeinen zum Speziellen zu assoziieren, so weit es sich nicht um einen Schluß handelt, ist verständlich; denn von dem Begriff Baum aus gibt es unzählige Wege zu den verschiedenen Einzelarten von Bäumen, die erst durch besondere Determinanten zu bestimmen sind.

Die in logischer Beziehung wichtigste Bedingung eines geordneten und fruchtbringenden Gedankenganges ist die *Wiederholung der Beziehungen der Erfahrung*. Diese ist eine Assoziation nach Ähnlichkeit, die man hier *Analogie* zu nennen pflegt. In den vorhergehenden Beispielen vom Pythagoreischen Lehrsatz und der Erfindung des Flugzeuges haben wir gezeigt, wie diese Benutzung der Erfahrung sich bei jedem einzelnen Schritt gestaltet. Es ist bemerkenswert, wie lange man das nicht eingesehen hat und geradezu die „Ideen“ über die Wahrnehmungen gestellt hat, während es doch selbstverständlich sein sollte, daß, wenn wir die Kräfte der Außenwelt benutzen oder auf diese einwirken wollen, wir uns nach den Beziehungen dieser Kräfte zu richten haben und nicht nach irgendwelchen anderen Regeln, die ein Gott nicht nur unnützer-, sondern schädlicherweise unserm Gehirn eingepflanzt haben sollte.

Auch der Analogien nach der Erfahrung sind zu jeder Beziehungsvorstellung noch viele. Auf die Auswahl hat in erster Linie das *Denkziel*

[1] Ich bin mir bewußt, daß sich die Diskussion über die Umkehr der Engrammrichtung hier deswegen in so vielen Einzelheiten bewegt, weil sie noch nicht zu Ende gedacht ist.

Einfluß, die im gegebenen Moment herrschende Strebung, wie in den Beispielen zu ersehen ist. Die Assoziation läuft wieder nach Ähnlichkeit, aber diesmal nicht Ähnlichkeit der Vorstellungen selbst, sondern ihrer Zusammenhänge, ihrer Beziehungen zum Denkziel. Ich überlege, ob ich ein bestimmtes Haus kaufen will; da werden die Vorstellungen der Vorteile und Nachteile des Kaufes assoziiert. Vorteil und Nachteil wird allgemein vorgestellt und assoziiert und dann die speziellen Einzel-Vor- und Nachteile. Wenn man ein Tier jagen will, so werden alle Regungen, die helfen können, das Tier zu erreichen, gebahnt, die nicht auf diesen Zweck hinzielenden gehemmt. Damit sind schon eine Menge Assoziationen ausgeschlossen. In jedem Stadium der Jagd werden aber wiederum nur die im großen und ganzen passenden Assoziationen zugelassen, so daß für jeden Augenblick die Auswahl, wenn nicht eindeutig, so doch sehr klein wird. Genau so ist es bei einer theoretischen Überlegung, wo das allgemeine Denkziel, z. B. die Erklärung der kausalen Zusammenhänge oder der Beweis des Pythagoreischen Lehrsatzes, das Hauptziel darstellt; die Vorstellungen alles dessen, was schon bewiesen ist, und dessen, was nun im Moment zu beweisen ist, bilden die Unterziele, die natürlich sehr mannigfaltig sind. In einer Abhandlung gibt es neben dem allgemeinen Ziel der Darstellung das des Kapitels, des Abschnittes, des Satzes usw. (Hierarchie der Denkziele).

Das was in der Psyche die Wirkung des Denkzieles ist, haben wir im Keim auch in niederen Centren: Bauchreiz macht beim Froschmännchen Umklammerung nur, wenn die Samenblasen gespannt sind; Speisegeruch macht keine Speichelsekretion, wenn das Tier gesättigt ist; er ist noch dem Menschen angenehm, wenn er Hunger hat, unangenehm, wenn er übersättigt ist.

Die Denkziele entsprechen bestimmten Strebungen oder *sind* Strebungen, werden aber vom Verstande (dem assoziativen Gedächtnisapparat) stark beeinflußt; man kann nicht auf die Idee verfallen, den Pythagoreischen Lehrsatz zu beweisen, wenn man nicht eine ziemliche Anzahl mathematischer Begriffe schon gesammelt hat. Die Grundstrebung aber, die nur das Denken für ihre Zwecke benutzt, ist der elementare Wissenstrieb, der, geleitet durch irgendwelche Assoziationen, gerade auf das Thema dieses Lehrsatzes gekommen ist, wie der Nahrungstrieb des Primitiven sich einmal dieses Wild, ein andermal jene Baumfrucht holt.

Neben diesen Strebungen, die das eigentliche Ziel bestimmen, gibt es aber noch Leitschienen für das Denken, die im Prinzip dem assoziativen Apparat angehören, wenn auch die Strebungen natürlich in diese Mechanismen mit hineinspielen, wie die Assoziationen in den Strebungsapparat. Wenn man gerade über ein chemisches Thema denkt und man hört von Wasser, so wird man Wasser in seiner chemischen Bedeutung assoziieren und die Vorstellungen seiner anderen Beziehungen als Kraftspender oder Naturschönheit oder Gefahr der Überschwemmung hemmen.

Die Kompliziertheit der Konstellation ist die Ursache, warum sich psychische Vorgänge auch unter scheinbar einfachen Verhältnissen nie mit der nämlichen Sicherheit berechnen lassen wie ein physikalisches Experiment. Sie bedeutet ein Hineinreden von Faktoren, die wir kaum je alle kennen können, und die sich genau genommen auch experimentell niemals in einem Falle gleich gestalten lassen wie in einem andern[1].

Wir sehen in der Konstellation wieder eine Wirkung der *Schaltung*, die jeder herrschende psychische Vorgang, eine Idee, ein Trieb, vor allem ein Affekt auf das

[1] *Der Unterschied der psychischen und physisch experimentellen Kausalität ist einer der Komplikation und nicht des Prinzips. Wegen der nämlichen Kompliziertheit der Bedingungen ist die biologische Kausalität gleich der psychischen.*

ganze Assoziationsgefüge ausübt, indem sie die Verbindungen so stellt, wie es dem Vorgang entspricht. Diese Art Schaltung ist nicht nur ein Ausdruck, sondern geradezu die Ursache der Einheit der obersten zentralnervösen Funktionen. Ist unsere Aufmerksamkeit auf ein bestimmtes Experiment gerichtet, so wird alles andere überhört und übersehen; flieht das Tier angstvoll vor dem Feind, so bleiben die stärksten Verlockungen des Nahrungs- oder Sexualtriebes unwirksam; wird man in einer anderen Sprache angeredet, als der, die man gewöhnlich spricht oder denkt, so antwortet man in jener Sprache (vorausgesetzt natürlich, daß man sie beherrscht), ohne sich besonders dazu zu entschließen, ja oft ohne es nur zu merken; vielen Leuten fällt es geradezu schwer, in einer anderen Sprache zu antworten als in der, die sie eben hören, auch wenn die gehörte Sprache eine ihnen wenig geläufige ist und sie sich der Muttersprache bedienen dürften.

Besonders stark konstellierend wirken die Affekte. In der Trübsal werden traurige Vorstellungen begünstigt, andere gehemmt. Gerade jetzt höre ich aus der Uhr heraus immer Gick-Gack, Gick-Gack, zum erstenmal in meinem Leben. Die verursachende Konstellation besteht darin, daß ich Heimweh nach dem abwesenden Kleinen habe, der das Tick-Tack so nannte.

Allgemeine Schaltung und Konstellation bezeichnen also das nämliche von verschiedenen Seiten. Alle anwesenden Vorstellungen, die einzelnen Begriffe wie die Denk- und Strebungsrichtungen nebst evtl. gleichzeitigen Sinneswahrnehmungen zusammen sind zunächst als eine Einheit vorhanden und bestimmen in ihrer Resultante die engere Auswahl der Assoziationen nach Ähnlichkeit und Erfahrungsverbindungen. Ist nun der Begriff Wasser derjenige, von dem im gegebenen Moment die Assoziationen weitergehen sollen, so können sie anknüpfen an Wasser als H_2O oder als Kraftspender usw. Jede dieser Untergruppen des Begriffes Wasser kann Verbindungsträger werden, und die Auswahl unter den Gruppen wird getroffen, je nach dem das Thema Chemie oder Mechanik behandelt.

Eine besondere Art Bestandteil des Begriffes ist das *Wort*, das ihn bezeichnet und regelmäßig so enge mit ihm verbunden ist, daß man wirklich in gewisser Beziehung von „Bestandteil“ reden darf. So wird es manchmal zum bequemen Assoziationsträger, kann aber auch überwertet werden, indem an das Wort, statt an den Begriff angeknüpft wird („Wasser — Prasser“ statt „Wasser — hydraulischer Druck“). Zum Dichten und für Bierwitze ist eine solche Assoziation manchmal nützlich. Beim echten Dichter, der Reime braucht, verbindet sich das Bedürfnis nach dem passenden Ausdruck mit dem nach Reimen zu einer konstellierenden Einheit, so daß sich in der Regel dasjenige Wort einstellt, das den richtigen Sinn mit dem richtigen Reim verbindet. Der Reimschmied läßt bald merken, daß er nicht zu der Synthese beider Bedürfnisse kommen kann. In Krankheit spielen die Wortassoziationen aus verschiedenen Gründen eine große Rolle (z. B. in der Ideenflucht der Manie).

Manche finden eine Schwierigkeit darin, *daß man beim Denken etwas aufsuche, das man nicht kenne, daß eine solche nur gesuchte, aber noch nicht existierende Vorstellung die Assoziationen leiten soll.* Die Sache ist aber sehr einfach. Ich suche den Namen der berühmten alexandrinischen Astronomin des Altertums. Damit ist eine gewöhnliche Assoziationstendenz gegeben und eindeutig bestimmt. Das was ich suche, kenne ich ja, nur von einer andern Seite; der gesuchte Name Hypatia ist ein Synonym zu der Vorstellung „berühmte alexandrinische Astronomin des Altertums“. Dieser Begriff bildet zusammen mit der Vorstellung des Fehlens des Namens und mit dem Wunsche, ihn zu nennen, eine Einheit, deren nächstliegende Assoziation der Name ist, die aber unter Umständen durch irgendeine Hemmung, durch einen anderen ähnlichen Namen oder eine falsche Nebenvorstellung, die auf andere Bahnen weist, erschwert wird. Wird infolge einer solchen Hemmung der Name nicht auf den ersten Anlauf ekphoriert, so kommen von selbst andere Assoziationen, die mit der Astronomin zusammenhängen, und von denen ein Teil infolge dieses Zusammenhanges geeignet ist, den Namen zu assoziieren, wie Alexandrien, ptolemäisches Weltsystem u. ä. — Wird ein Schüler gefragt, wann die Schlacht am Issus war, so wird er an die Frage selbst 332 assoziieren, falls ihm das Datum geläufig ist; „Schlacht am Issus“ verbunden mit „wann?“ haben als nächstgelegene Assoziation 332, wenn das Datum überhaupt gelernt worden ist. Möchte ich fliegen, so assoziiert der Begriff des Fliegens zusammen mit dem Wunsch (als Einheit ausgedrückt: „Fliegen im Optativ“) die Mittel dazu, Flügel und allerlei Technisches. Kurz es ist nirgends etwas Besonderes, nirgends „ein Loch“, nichts Negatives (was nicht heißen soll minus a, sondern null), nichts Nicht-existierendes, Nicht-vorhandenes, das die Assoziation dirigieren würde. Die Assoziationen werden von den vorhandenen Vorstellungen aus dirigiert wie überall, und es ist für die Natur des Vorganges gleichgültig, ob die nächstliegende eine gesuchte sei oder eine sonst sich darbietende.

So beruht das Denken und unsere ganze Intelligenz auf einer im Prinzip höchst einfachen Einrichtung: Engraphie des Erlebten; Ekphorie nach Ähnlichkeiten resp. nach Analogien mit der Erfahrung. *Die Gesetze des Denkens sind die der Assoziation; diese sind die der Ekphorie; die Ekphorie ist in Art und Inhalt bestimmt durch die Engraphie, in ihrer Auswahl durch die angeborenen lebenserhaltenden Reaktionen des ZNSs. (Reflexe, Triebe, affektive Einstellungen); die Engraphie wiederum ist eine überdauernde Erfahrung. Die Endglieder der Kette hängen also durch Vermittlung der Zwischenglieder so zusammen, daß die Gesetze des Denkens die der Erfahrung sind oder, anders ausgedrückt, daß das Denken eine Auswahl von Erfahrungen reproduziert.* Wenn KANT meint, die Verknüpfung (der Vorstellungen) sei kein Werk des bloßen Sinnes und der Anschauung, sondern das Produkt eines synthetischen Vermögens der Einbildungskraft, so kennen wir von diesem Vermögen nichts, wir müßten denn die selbstverständliche Funktion des Gedächtnisses, zu verschiedenen Zeiten Erlebtes in eine Einheit zusammenzustellen, so nennen. Jede „Synthese des Mannigfaltigen" überhaupt ist einfache Folge der Funktion des Gedächtnisses. Dieses gibt den einzelnen Wahrnehmungen in der Form von Vorstellungen Dauer, und erlaubt so, ihrer mehrere nach Ähnlichkeit zusammenzustellen.

Wenn das Denken auf einer Schaltung beruht, indem jeder Begriff die ihm verwandten auslöst und das Denkziel die ihm entsprechenden Assoziationen bahnt, die andern hemmt, so muß man sich fragen: *Wäre nicht ein einzeitiges Denken komplizierter Zusammenhänge möglich*, so wie man die Komponenten eines komplizierten Begriffes, einer Idee, den Zusammenhang eines Dramas gleichzeitig denkt? Könnten nicht alle Schritte einer Überlegung, statt einzeln nacheinander und mit großem Zeitverlust, ungefähr gleichzeitig gemacht werden? Wenn man bedenkt, wie man oft die Lösung irgendeines komplizierten Problems ganz plötzlich vor sich sieht, was im Traum, in Gefahr, bei Inspirationen genialer Leute für verwickelte psychische Prozesse in einem Moment ablaufen, oder was wir alles für Nervenvorgänge in einem kleinen Bruchteil einer Sekunde ablaufen lassen, wenn wir z. B. etwas nach einem Ziel werfen (S. 125), oder wenn wir einen Gedanken in einem gesprochenen Satz ausdrücken, so muß man sich sagen, daß es wenigstens unter gewissen Umständen im ZNS. Funktionen von einer unfaßbaren Kompliziertheit gebe, die in einem Zeitraum vollzogen werden, der ein Nacheinander aller Einzelheiten vollständig ausschließt. Instinktive und unbewußte Prozesse haben jedenfalls eine besondere Neigung, in dieser Weise abzulaufen. Die willkürliche Aufmerksamkeitsspannung scheint das einzeitige Denken zu hindern. Bei der Auflösung des Denkvorganges im Traum kann man sogar rückwärts assoziieren, ohne daß die Vorstellungsverbindungen zeitlich umgekehrt würden: man macht aus einem gehörten Ton, an dem man erwacht, eine Geschichte, die logisch mit dem Ton abschließt und nur durch ihn ausgelöst worden sein kann. — Vielleicht hängt die Seltenheit des einzeitigen Denkens damit zusammen, daß das Handeln nur im Nacheinander ablaufen kann.

Arten des Denkens.

Man spricht von verschiedenen Denkarten. So soll das *wissenschaftliche Denken* sich von dem gewöhnlichen unterscheiden. Wenn mit dem Unterschied ein prinzipieller gemeint ist, so ist das unrichtig; der Unterschied liegt nur darin, daß der Wissenschafter bloß mit scharfen Begriffen arbeiten, die Zulässigkeit der von ihm benutzten Analogien, die Beweiskraft seiner Schlüsse in jedem einzelnen Fall genau prüfen sollte, während das gewöhnliche Denken sich in dieser Beziehung auf den Instinkt verläßt oder, anders ausgedrückt, sich viele Nachlässigkeiten erlaubt. Aber ein gewandter Kaufmann z. B. wird in dem, was sein Geschäft angeht, ebenso scharf denken, wie der Wissenschafter in seiner Disziplin. Er wird aber nicht bewußt seine Denkgrundlagen prüfen, wie es der Wissenschafter sollte. Manchmal aber wird unter dem wissenschaftlichen Denken ein Denken in den Begriffen *einer bestimmten* Wissenschaft oder die Kenntnis und Beachtung aller Klippen auf einem speziellen Gebiete verstanden. Diese Vorstellung hat natürlich mit unserem Thema nichts zu tun. Daß das exakte, das mathematische Denken nichts prinzipiell Eigentümliches ist, haben wir oben an einem Beispiel gezeigt[1].

Andere Unterschiede werden mit den Ausdrücken der *Deduktion* und *Induktion* bezeichnet. Darüber ist nicht viel Neues zu sagen. Nach unserer und mancher anderer Vorstellung stammen die Allgemeinvorstellungen aus der Erfahrung und sind Abstraktionen derselben. Da man niemals alle Menschen auf ihre Sterblichkeit, alles Blei auf seine Schmelzbarkeit untersuchen kann, begnügen wir uns bei der Bildung von Allgemeinvorstellungen mit einer begrenzten Zahl von Erfahrungen, oft ohne jedes Recht, oft aber auch mit einer relativen Berechtigung, indem unter bestimmten Umständen sogar schon eine einmalige Erfahrung genügende Wahrscheinlichkeit für die Richtigkeit der Verallgemeinerung gibt, so wenn eine Krankheit, die bis jetzt als sicher unheilbar galt, nach einer bestimmten Medikation heilt[2].

Ist die Induktion, die Verallgemeinerung richtig, so kann sie zu sicheren *deduktiven* Schlüssen verwendet werden. Ist es sicher, daß alle Menschen sterblich sind, so darf man ruhig schließen, daß auch Peter es sei. Aber noch mehr als bei der Induktion ist bei der Deduktion sorgfältig zu prüfen, ob die Analogien auch stimmen, ob nicht nur alle Menschen, die wir bis jetzt beobachtet haben, sterblich seien, sondern auch, ob Peter *in diese Kategorie* Mensch gehöre. Die Deduktion ist deshalb viel gefährlicher als die Induktion, weil sie zunächst die Richtigkeit der Induktion voraussetzt und dann mit ihrem deduktiven Schlusse noch einmal eine Gefahr läuft. Soweit sie übrigens sicher ist, gibt sie keine neue Erkenntnis. Wenn man weiß, daß Sterblichkeit eine nie fehlende Eigenschaft des Menschen ist und Peter zu den Menschen rechnet, so liegt die Vorstellung, daß Peter sterblich sei, in der bloßen Zusammenstellung der beiden Einzelkenntnisse. Das was wir Schluß nennen, hebt nur die implizite schon besessene Kenntnis besonders ins Bewußtsein.

Etwas ganz anderes ist das *intuitive Denken*, das aus Wahrnehmungen und Kenntnissen, die kaum oder gar nicht zum Bewußtsein kommen, unbewußt seine Schlüsse zieht. Es gibt Menschen, die nur ausnahmsweise so denken; andere, namentlich Frauen, haben ein ausgesprochenes intuitives Talent. Bei diesen muß man annehmen, daß sich alle wichtigen Schaltungen sehr leicht ohne Zutun des Willens nach dem Ziel richten, während der bewußt Überlegende die einzelnen Schaltungen Schritt für Schritt stellt. Die Schaltungen der Intuitiven sind wie die Moleküle des weichen Eisens, die sich unter dem Einfluß eines Magneten alle zusammen gleich richten, während die Deduktiven ihre Einstellungen nur etappenweise nacheinander auf das Ziel einstellen. Intuitive Leute sind wohl alle affektiv, aber nicht alle affektiven sind intuitiv. Welche Art Affektivität gehört zur Intuition?

Über den Einfluß der Affekte auf das Denken s. Kapitel Affektivität.

Das dereistische Denken.

Wenn wir spielend unserer Phantasie den Lauf lassen, in der Mythologie, im Traum, in manchen krankhaften Zuständen, will oder kann sich das Denken um die Wirklichkeit nicht kümmern; es verfolgt von Instinkten und Affekten gegebene Ziele. Für dieses „dereistische Denken“[3], „die Logik des Fühlens“ (STRANSKY) ist charakteristisch, daß es Widersprüche mit der Wirklichkeit und oft mit sich selber unberücksichtigt läßt. Das Kind und manchmal auch der Erwachsene träumen sich im Wachen als

---

[1] Vgl. BLEULER: Das autistisch- undisziplinierte Denken in der Medizin und seine Überwindung, 4. Aufl., Berlin: Julius Springer 1927.

[2] Siehe vorhergehende Note.

[3] Vgl. BLEULER: Das autistische Denken, Jb. psychoanalyt. Forschg. 4 (1912). — Autistic thinking, Amer. J. Isanity **69** Nr 5, Spec. Nr (1913). Ich habe es zuerst „autistisches“ Denken genannt, weil es im Autismus der Schizophrenie zuerst gesehen wurde und dort am ausgesprochensten in die Erscheinung tritt. Der Name wurde aber mißverstanden (sogar von JASPERS in seiner Psychopathologie). So war ich gezwungen, einen andern vorzuschlagen: Dereieren kommt von reor, ratus sum (ratio, res, real), logisch, der Wirklichkeit entsprechend denken. Dereieren wäre also wörtlich: Denken, das von der Wirklichkeit absieht oder abweicht. Weiterbildungen wie Dereist, Dereismus habe ich mir der Bequemlichkeit halber erlaubt zu bilden nach Analogie anderer Mißhandlungen toter Sprachen.

Held oder Erfinder oder sonst etwas Großes; im Schlaftraum kann man sich die unmöglichsten Wünsche auf die abenteuerlichste Art erfüllen; der schizophrene Taglöhner heiratet in seinen halluzinatorischen Erlebnissen eine Prinzessin. Die Mythologie läßt den Osterhasen Eier legen, weil Hasen und Eier zufällig das Gemeinsame haben, daß sie als Symbole der Fruchtbarkeit der Ostara heilig sind. Der Paranoide findet eine *Lein*faser in der Suppe; das beweist seine Beziehungen zu Fräulein Feuer*lein*. Die Wirklichkeit, die zu solchem Denken nicht paßt, wird oft nicht nur ignoriert, sondern aktiv abgespalten, so daß sie, wenigstens in diesen Zusammenhängen, gar nicht mehr gedacht werden kann: Der Taglöhner ist eben als Verlobter der Prinzessin nicht mehr der Taglöhner, sondern der Herr der Welt oder eine andere große Persönlichkeit.

In den besonnenen Formen des dereistischen Denkens, vor allem in den Tagträumen, werden innerhalb eines bestimmten Denkgebietes relativ wenig reale Verhältnisse weggedacht oder umgestaltet und nur einzelne absurde Ideenverbindungen gebildet; um so freier aber verfügen der Traum, die Schizophrenie und zum Teil auch die Mythologie, wo sich z. B. ein Gott selbst gebären kann, über das Vorstellungsmaterial. In diesen Formen geht der Dereismus bis zur Auflösung der gewöhnlichsten Begriffe; die Diana von Ephesus ist nicht die Diana von Athen; Apollo wird in mehrere Persönlichkeiten gespalten, in eine sengende und tötende, eine befruchtende, eine künstlerische, ja, obgleich er für gewöhnlich ein Mann ist, kann er auch eine Frau sein. Der eingesperrte Schizophrene fordert Schadenersatz in einer Summe, die in Gold trillionenmal die Masse unseres ganzen Sonnensystems übersteigen würde; eine internierte Paranoide ist die freie Schweiz, weil sie frei sein sollte; sie ist die Kraniche des Ibykus, weil sie sich ohne Schuld und Fehle fühlt. Auch sonst wird leicht in Symbolen gedacht und *Symbole* werden wie Wirklichkeiten behandelt, verschiedene Begriffe werden zu einem einzigen *verdichtet:* die im Traum der Gesunden erscheinenden Personen tragen meistens Züge mehrerer Bekannter; eine gesunde Frau redet, ohne es zu merken, von den „Hinterbeinen" ihres kleinen Kindes; sie hatte es mit einem Frosch verdichtet. In Kollektivschöpfungen (Mythologie, Sagen) gehen ausnahmslos, und in Dereismen des Individuums meistens, mehrere Triebfedern und intellektuelle Vorstellungen ein („*Überdeterminierungen*" nach FREUD). Im Märchen vom Rotkäppchen ist der Wunsch nach ewigem Leben, nach Wiedergeburt (was nicht ganz das gleiche ist), der Kreislauf des Lebens, der Tages- und Jahreszeiten (Rotkäppchen = Sonne) darstellt; in sehr vielen andern ähnlichen Mythen wird auch die Auferstehung des Phallus deutlich mit einbezogen; in andern der Ödipuskomplex mit der Liebe des Vaters zur Tochter, der Eifersucht der Mutter auf die letztere, des Vaters auf den Sohn.

Das dereistische Denken verwirklicht unsere Wünsche, aber auch unsere Befürchtungen; es macht den spielenden Knaben zum General, das Mädchen mit seiner Puppe zur glücklichen Mutter; es erfüllt in der Religion unsere Sehnsucht nach ewigem Leben, nach Gerechtigkeit und Lust ohne Leid und ohne Schuld; es gibt im Märchen und in der Poesie allen unsern Komplexen Ausdruck; dem Träumenden dient es zur Darstellung seiner geheimsten Wünsche und Befürchtungen; dem Geisteskranken schafft es eine Realität, die für ihn realer ist als das, was wir Wirklichkeit nennen; es beglückt ihn im Größenwahn und entlastet ihn von der Schuld, wenn seine Aspirationen scheitern, indem es die Ursache in Verfolgungen von außen, statt in seine eigene Unzulänglichkeit legt.

Trotzdem das dereistische Denken die gewöhnlichen Erfahrungszusammenhänge im Prinzip nicht ausschließt, ja oft (z. B. in der Dichtung) in Einzelheiten nur selten von denselben abweicht, kann man doch sagen, daß es *seine eigenen Gesetze hat,* die genauer zu erforschen eine dankbare Aufgabe wäre. Die Logik ist eben im ausgesprocheneren dereistischen Denken nur Magd und nicht das Führende; sie hat weder überzeugende, noch Ideen bildende Kraft wie im Realdenken, und gerade an den Stellen, wo der Dereismus sich schöpferisch erweist, täuscht man sich regelmäßig, wenn man da Zusammenhänge aus der Reallogik hineindenkt, zum mindesten beim ausgesprocheneren Dereieren, wie im Traum, in der Mythologie, in vielen Äußerungen des Unbewußten, u. a. a. O. Eine Menge der scheinbar naheliegendsten Erklärungen der dereierenden Zusammenhänge sind in Wirklichkeit unmöglich, weil sie rational statt affektiv bedingt sind. Man hat Jahrzehnte lang die „Transformation" des Verfolgungswahnes in Größenwahn daraus erklärt, daß der Verfolgte sich denken müsse, wenn man so viel Mühe und Geld aufwende, um ihn zu verderben, so müsse er eine besonders wertvolle, hochgestellte Persönlichkeit sein. Dieser Schluß ist im paranoiden Denken nahezu unmöglich und hat sich denn auch als falsch erwiesen[1]. In der Mythologie, im Märchen, in der Sage sind nur ganz bestimmte Motive möglich, vor allem nur solche, die nicht nur dem einzelnen Menschen, sondern der Gesamtheit derer, die die Phantasien geschaffen und überliefert haben, angehören.

Erscheinen die Resultate des dereirenden Denkens an der realistischen Logik gemessen als barer Unsinn, so haben sie als Ausdruck oder Erfüllung von Wünschen, als Spender von Trost, als Symbole für bewußte oder unbewußte affektbetonte Komplexe doch eine Art Wahrheitswert, eine „psychische Realität", wie Psychanalytiker Psychismen mit dereirendem Inhalt nennen, die einem innern Bedürfnis entsprechen.

Außer den affektiven Bedürfnissen mögen auch intellektuelle im dereiernden Denken erfüllt werden, worüber wir aber noch recht wenig wissen; so wenn der Sonne, die über den Himmel wandelt, in der Mythologie Füße zugeschrieben werden, oder wenn sie in einem Wagen fährt. In gewissem Sinne sind aber alle „Bedürfnisse" affektive; jedenfalls spielt die Affektivität beispielsweise auch dann sehr stark mit, wenn das dereiernde Denken uns über die Entstehung der Welt und den Bau des Alls Auskunft zu geben versucht.

In seiner vollen Ausbildung scheint das dereiernde Denken prinzipiell anders als das Erfahrungsdenken; in Wirklichkeit aber gibt es alle Übergänge vor der geringen Loslösung von den erworbenen Assoziationen, wie sie bei jedem Analogieschluß notwendig ist, bis zu der unbändigsten Phantasie.

In gewissen Grenzen ist ja die Unabhängigkeit von dem gewohnten Gedankengang eine Vorbedingung der Intelligenz, die neue Wege finden will, und das Sichhineinphantasieren in neue Situationen, das Tagträumen und ähnliche Beschäftigungen sind unerläßliche Übungen der Intelligenz. HAHN[2] macht sehr plausibel, daß der Wagen, der jetzt ein allgemeines Transportmittel ist und nachweislich zuerst der religiösen Symbolik diente, indem man damit die Sonne (Rad) und den Mond (Rind) herumführte, aus der rituellen Zusammenstellung der beiden Symbole (Rad = Sonne, Rind = Mond) entstanden sei.

Die Inhalte und Ziele solcher freien Gedankenbetätigungen sind natürlich immer Strebungen, die unser Innerstes am tiefsten bewegen. Es ist deshalb ganz selbstverständlich, daß man dereierende Ziele viel höher einschätzt als reale Vorteile, die sich ersetzen lassen (vgl. später: Glaube). So kommt es nicht nur zu der besonderen Wildheit der Religionskämpfe, sondern es wird auch verständlich, daß z. B. Tabuvorschriften oder peinlichste Bestrebungen, vom Essen ja nichts übrigzulassen, was einem Feinde Gelegenheit zu einem schädlichen Zauber geben könnte, und ähnlicher Aberglaube dem Primitiven zu einer Fessel werden, deren Ertragbarkeit wir auch dann noch nicht ganz verstehen, wenn wir sie mit der chinesischen und europäischen Etikette vergleichen.

Die (nicht wissenschaftliche) *Phantasie* im vulgären Sinne ist insofern dereierend, als sie sich um die Wirklichkeit nicht kümmert (Tagträume). Das undisziplinierte Denken dereiert überhaupt sehr leicht, und das Kind muß nicht lernen zu phantasieren, sondern *nicht* zu phantasieren, wo es nicht paßt, Phantasie und Wirklichkeit zu unterscheiden. Ebenso ist unter vielen Umständen das Lügen das Einfachere und Näherliegende. Ein Kind

[1] Der Verfolgungswahn hat seine hauptsächliche Wurzel darin, dass der Instinkt die Schuld an dem Scheitern der Aspirationen auf andere überwälzt.

[2] HAHN: Von der Hacke zum Pflug, Leipzig: Quelle & Meyer 1914.

wird gefragt, ob es die Scheibe zerschlagen habe. Es assoziiert an „ja“ die Prügel, die es bekommen soll, an „nein“ Straflosigkeit. Es gehört also eine viel größere Beherrschung, eine Art Heroismus und rein intellektuell eine besonders klare Unterscheidung von real und unreal dazu, um „ja“ zu sagen. Die Franzosen, die die *fonction du réel* als die höchste bezeichnen, haben insofern recht. Sie vergessen aber, daß, um dereistisch zu denken, schon ein hoher Grad von Abstraktion und Loslösung von der Erfahrung nötig ist, so daß das niedere Geschöpf bis hinauf zum menschlichen Imbezillen stärkeren Grades *nur* die fonction du réel besitzt und gar keine Vorstellungen hat, die es mit dem Realen verwechseln könnte. Es ist undenkbar, daß ein Maikäfer ein eingebildetes Blatt frißt, oder für eine eingebildete Geliebte schwärmt, so sicher er das reale Blatt und das reale Weibchen auffindet. *Die fonction du réel ist das Primäre, und erst auf den höchsten Stufen kommt mit der Intelligenz die Möglichkeit zu dereieren hinzu, die stärkere Abstraktion und Loslösung der Erfahrungsassoziationen, die eine Unterscheidung von real und irreal zugleich nötig macht und erschwert.* Je tiefer wir in der Intelligenzreihe hinuntergehen, um so mehr rechnet das Zoon mit der Wirklichkeit, und schon bei höheren Tieren wird die Phantasie recht wenig Einfluß haben. Alles, was lebt, hat Wirklichkeitsfunktion, und gewiß nur bei den höchsten Wesen kann die Phantasie Störungen hineintragen[1]; aber, wenn ein Geschöpf einmal so weit entwickelt ist, dann bedarf es wieder besonderer Arbeit, die Vorstellungen, die die Wirklichkeit darstellen, und diejenigen, die sich zu weit von derselben entfernen, auseinander zu halten. Deshalb versagt im Traum, in der Schizophrenie, in organischen Psychosen die Unterscheidung von Wirklichkeit und Phantasie sehr leicht. Aber die tiefststehenden Oligophrenen haben wohl viel weniger falsche Einbildungen (nicht „Täuschungen“) als selbst die Gesunden.

Es ist interessant, die Umstände zu verfolgen, die eine so starke Loslösung des Denkens von der Realität bedingen: 1. Man denkt dereierend überall da, wo unsere Kenntnisse der Realtiät nicht ausreichen, und doch praktische Bedürfnisse oder unser Trieb nach Erkenntnis zum Weiterdenken zwingen, bei den Problemen über die Entstehung und den Zweck der Welt und der Menschen, über Gott, woher die Krankheiten oder das Übel überhaupt in die Welt gekommen, wie es zu vermeiden sei. Je mehr wir Kenntnisse der wirklichen Zusammenhänge besitzen, um so weniger Platz bleibt für solche Denkformen; wie es Winter und Sommer wird, wie die Sonne über den Himmel wandelt, wie der Blitz geschleudert wird, und tausend andere Dinge, die früher der Mythologie überlassen waren, werden jetzt vom Wirklichkeitsdenken beantwortet. 2. Wo die Wirklichkeit unerträglich scheint, wird sie oft aus dem Denken ausgeschaltet und durch lustbetonte Phantasien ersetzt. Auf diese Weise entstehen Wahnideen, traumhafte Wunscherfüllungen in Dämmerzuständen und neurotische Symptome, die eine Wunscherfüllung in symbolischer Form darstellen. 3. Wenn die verschiedenen gleichzeitigen Vorstellungen nicht in dem einen

[1] Es ist deshalb nicht richtig, das dereistische Denken als primitives oder gar als „prälogisches“ zu bezeichnen. Ohne Realitätsassoziationen in Psyche und Psychoide kann kein Organismus leben. Die Gleichheit und Ähnlichkeit von Phantasiegebilden Primitiver mit unseren psychotischen und traumhaften Vorstellungen beruht darauf, daß die Unkenntnis der realen Zusammenhänge der Phantasie ebensowohl freie Hand läßt wie die Lockerung der einmal gewonnenen Assoziationsverbindungen durch Ausfall der kontrollierenden Instanzen.

Punkte des Ich zur logischen Operation zusammenfließen, können die größten Widersprüche nebeneinander bestehen, eine Kritik kommt nicht in Betracht. Solche Verhältnisse haben wir leicht im unbewußten Denken, vielleicht auch in einzelnen deliriösen Zuständen. 4. In den Assoziationsformen des Traumes und der Schizophrenie sind die Affinitäten des Erfahrungsdenkens geschwächt; beliebige andere Assoziationen, durch mehr zufällige Verbindungen (Symbole, Klänge usw.), namentlich aber durch Affekte und allerlei Strebungen geleitet, bekommen die Oberhand[1].

Über den Nachlaß der Assoziationsspannung als Ursache dieser vierten Form des dereierenden Denkens s. Abschnitt Spannungen.

Das dereierende Denken spielt auch beim Kulturmenschen noch eine große Rolle *in den religiösen Deduktionen*, wo es ganz am Platze wäre, wenn man sich nicht den Anschein geben würde, logisches Denken zu treiben und Wissen an Stelle von Glauben zu vermitteln.

Ich möchte nun nicht mißverstanden sein. Ich weiß, daß es bei unserem Bedürfnis nach Zusammenhang sehr unbefriedigend wäre und jede affektive Einstellung zum Glaubensinhalt unmöglich machen würde, wenn wir diesen ohne Diskussion bloß in dogmatischer Behauptung denken und formen würden; aber die zur „Begründung" notwendige Logik ist eben eine Schein-Logik, wie der Glaube ein Schein-Wissen. Wäre sie eine echte Logik, so wäre ihr Resultat Wissen, und der Glaube würde aufhören. Dem Prediger, dem Politiker, der die Menge mitreißt, bis zu einem gewissen Grade auch dem Dichter steht es gut an, wenn er die Güte Gottes damit begründet, daß er jeder großen Stadt einen bedeutenden Verkehrsweg gegeben, der Partei das Paradies vormalt, das entstehen werde, wenn sie herrscht, an der Geliebten Gefallen findet, weil sie die schönste aller Frauen ist. Und wer die Erhabenheit der Sprache griechischer Mythen in sophokleischem Gewande oder der Psalmen oder des Gedankenganges von der Erlösung in buddhistischer oder christlicher Gefühlslogik nicht empfindet, der ist zu bedauern. Ich weiß auch, daß der Lehrer irgendeines Dereismus unmöglich selbst sagen kann, daß er dereire, sonst hört seine Scheinlogik auf, Schein logik zu sein — obschon die Märchen als Märchen bezeichnet werden und doch noch jedes Kinderherz gefangen nehmen — da, wo der Schein das Wesentliche ist, zerstört man eben mit ihm das Wesentliche; man darf nicht im Theater statt des Hamlet den Schauspieler Müller sehen. Ich weiß ferner, daß man im alltäglichen Leben, wenigstens bei unserer jetzigen Kulturstufe, logisches und dereistisches Denken nicht scharf trennen kann; aber im Begriff der Wissenschaft liegt es gerade, daß man so scharf scheidet als eben möglich; und dabei wird sich der Glaube selbst besser befinden, als wenn er die Kritik herausfordert, durch die ihm jeder Schusterjunge beweisen kann, daß er sich auf Sinnlosigkeit oder Widersinn stützt. Glaube durch Wissenschaft erhärten wollen, heißt eben, statt der Kulissen ihre Schnüre und Gestelle zeigen; und umgekehrt das Wissen mit Glauben verquicken, heißt unsere Wünsche und Befürchtungen zum Richter über Wahr und Falsch machen.

So „machen wir die Bahn für den Glauben frei", unterscheiden uns aber dabei wesentlich von KANT; wir übersehen nicht, daß der Glaube etwas Individuelles ist; es gibt nicht einen allgemein richtigen Glauben im gleichen Sinn, wie es ein allgemein richtiges Wissen gibt, sondern nur Glaubensinhalte, die richtig sind für ganz bestimmte Menschen mit ihren besonderen Charakteren, Erfahrungen, Suggestionen und ihrem Wissen.

[1] BLEULER: Dementia praecox oder Gruppe der Schizophrenien, ASCHAFFENBURG: Handb. d. Psychiatr., Wien: Deuticke 1911.

Soweit wir Wissenschafter sind, schließen wir das Glauben so gut als möglich von den Dingen, die wir wissen können, aus. Wir sind uns aber klar, daß, wenn wir die Grundlage unseres durch Wahrnehmung und Denken erworbenen Wissens prüfen, wir immer wenigstens am Anfang und am Ende auf das Glauben als das Entscheidende stoßen. (Glauben an Realität der Außenwelt — Richtigkeit der Analogieschlüsse, bzw. Ausreichen unserer Erfahrung zu den Schlüssen.)

Als besondere Form des dereierenden Denkens mag die Bildung von *Wahnideen* herausgehoben werden. Indem die Affekte das, was ihnen entspricht, bahnen, das Entgegenstehende hemmen, so daß es in bestimmten Zusammenhängen gar nicht oder mit ungenügendem Gewicht gedacht werden kann, wird das Ergebnis der logischen Operationen gefälscht. Der Melancholische wird, wenn er an sein Vermögen denkt, beständig alle seine Schulden und Schwierigkeiten vor sich sehen; die Aktiven aber nicht zählen können, indem er sie teils für wertlos und unsicher hält, teils aber gar nicht in einen logischen Vorgang hineinbringen kann. So kommt er zur Wahnidee verarmt zu sein. Der onanierende Schizophrene hat Angst, daß sein Laster bekannt werde. Bemerkt er, daß jemand ihn ansieht, so meint er, es sei wegen der Onanie. Die Selbstverständlichkeit, daß man tausendmal ohne solchen Grund angesehen wird, kann nicht als Gegengewicht gebraucht werden. So sind die Wahnideen die krankhafte Verzerrung des Glaubens, nicht aber des Irrtums, wie oft gesagt wird.

Die Intelligenz.

Der Intelligenzbegriff ist etwas sehr Kompliziertes und psychologisch ebensowenig wie der der Demenz klar umschreibbar. Beide Begriffe sind eigentlich nur praktische; die Fähigkeit günstiger Anpassung und Benutzung der Umstände ist Intelligenz, das Versagen Demenz (Schwachsinn, Blödsinn). Akademische Streitfragen, was bei Tieren Intelligenz sei, wo man sich bemüht, sie von den Instinkten abzugrenzen, können wir hier übergehen. Beim Menschen nun gibt es schon insofern nicht eine geschlossene einheitliche Funktion Intelligenz, als man auf dem einen Gebiete gut und auf dem andern schlecht begabt sein kann, und überhaupt niemand für alles gleichmäßig entwickelte Fähigkeiten besitzt. Immerhin kommt es im allgemeinen besonders auf die *Zahl der möglichen Assoziationen* an. Wer wenig Assoziationen hat, kann nicht alle zu einer Überlegung notwendigen zuziehen; er besitzt aber auch schon weniger Ideen, weil er zu wenig Assoziationen aus der sinnlichen Erfahrung zu komplizierteren oder abgeleiteten Vorstellungen zusammensetzen kann. Er hat weniger zahlreiche und weniger richtige abstrakte Begriffe erwerben können. Es ist aber nicht richtig, daß der schwerer Oligophrene (angeboren Blöd- oder Schwachsinnige) gar nicht abstrahieren könne; abstrahieren kann die einfachste tierische Psyche, und die ihr zugrundeliegende allgemeine Funktion ist eine Folge der Mneme und älter als die Psyche.

Ein zweites mehr allgemeines Erfordernis guter psychischer Leistungen ist eine gewisse *Leichtigkeit, durch die Erfahrung erworbene Assoziationen wenn nötig lösen zu können.* Man muß nicht nur die einzelnen Eigenschaften einer Erfahrung richtig herausgearbeitet haben, man muß sie herauslösen können wie Mosaiksteine, die man anders verwenden möchte. Der Schwachsinnige kann oft einen Fall nicht anders denken, als er ist; er kann sich, solange die Mutter gesund ist, nicht vorstellen, was er täte, wenn sie krank ist. „Mutter gesund" ist ihm ein untrennbarer Begriff. Er könnte das Flugzeug schon deshalb nicht erfinden, weil er die Einzelheiten, die der Vogel zum Flug braucht, und diejenigen, die z. B. die physikalische Erfahrung über die schiefe Fläche und über die Motoren zeigt, nicht von bestimmten

Fällen, in denen er schiefe Flächen oder Motoren gesehen hat, trennen (und damit anders zusammensetzen) kann.

Die Lösbarkeit der Assoziationskomplexe kann aber auch zu groß sein. Der „höhere Blödsinn", „Salonblödsinn", der sich in der Gesellschaft bewegt, sich die äußeren Manieren, eine fremde Sprache, philosophisch sein sollende Ideen, mit einer gewissen Leichtigkeit aneignet, vielleicht bis an die Universitäten kommen kann, aber im praktischen Leben scheitert, besitzt bei nur zu vielen Assoziationsmöglichkeiten eine zu geringe Festigkeit der Erfahrungsassoziationen. So werden Begriffe, die immer den nämlichen Inhalt haben sollten, einmal aus diesen, einmal aus jenen Komponenten zusammengesetzt; der Patient merkt nicht, daß er unter dem gleichen Namen die verschiedensten Begriffe verwendet; so kommt er zu *Unklarheiten* und schiefen Schlüssen. Die auffallenderen dieser Leute haben ein besonders psychologisches Flair; sie können sich an die Erfordernisse des tätigen Lebens sehr schlecht, aber um so besser an die Psychen anderer anpassen und sie nehmen und täuschen — aber eben nicht auf die Dauer. Es fehlt ihnen auch meist die Fähigkeit, ihre *Phantasie* genügend von der Wirklichkeit zu unterscheiden, ein Defekt, an dem auch Leute mit sonst gut begrenzten Ideen leiden können (*Pseudologie*). Die Fähigkeit, Wirklichkeit und Phantasie scharf zu trennen, vermeidet natürlich eine Menge von Fehlern im Denken und Handeln. Je stärker aber die Phantasie, um so schwieriger die Unterscheidung. Andererseits erscheint, alles übrige gleichgesetzt, der Phantasiereichere als der Intelligentere; schließlich ist doch jede logische Neukombination ein Werk der Phantasie.

Die *Geschwindigkeit des Assoziationszustromes* kann die Intelligenz stark beeinflussen; der Treppenwitz, der (außer durch affektive Einflüsse) durch Langsamkeit des psychischen Geschehens bedingt wird, nützt nichts, und Schlagfertigkeit gilt als ein Zeichen von Intelligenz. Doch kann bei Leistungen, die man sich länger überlegen kann, der scheinbar Unbeholfene weiter kommen als mancher überraschende Debatter. Einen besonderen Vorsprung gibt das *intuitive* Denken: es zieht seine Schlüsse im Unbewußten aus meist ebenfalls nicht bewußt wahrgenommenem Material und kann oft auf einen Schlag eine komplizierte Aufgabe lösen. Eine besonders gute Überlegung wird zuweilen vorgetäuscht, wo nur ein *instinktives Hineinfühlen* in die Situation vorliegt (s. Affektivität). Die mit dieser Einfühlung verwandte *Suggestibilität* kann bei der Aufnahme von Ideen anderer von Nutzen sein; dadurch, daß man sich auch Unsinn suggerieren lassen kann, wird sie aber auch oft gefährlich.

Die Intelligenz ist ferner in mehrfacher Beziehung von der *Affektivität* abhängig. Wird diese übermächtig, hat sie eine zu große Schaltkraft, so ist die beste Intelligenz überall da verloren, wo stärkere Affekte mitspielen, also gerade in den lebenswichtigsten Überlegungen. Lebhafte Affekte fälschen die Logik in der Richtung ihrer Strebungen, oder sie hemmen durch Affektstupor das Denken. Umgekehrt kann das Interesse für eine Sache ein Maximum von günstigen Schaltungen bewirken; Leute, die auf irgendeinem intellektuellen Gebiete etwas Besonderes leisten, haben regelmäßig sowohl den Trieb, sich damit zu beschäftigen, als das notwendige Verständnis und Erinnerungsvermögen (man denke an große Musiker, Rechenkünstler). Die größte Zahl der Assoziationen hilft dem Kinde in der Schule nichts, wenn ihm Konzentration und Tenazität der *Aufmerksamkeit* fehlt. Wer Tiere zur Dressur auswählt, prüft in erster

Linie ihre Aufmerksamkeit. Zu große Tenazität kann aber auch die Herbeiziehung notwendiger Assoziationen im richtigen Moment hemmen.

Eine gute *Erinnerungsfähigkeit* ist natürlich für die Überlegung günstig. Doch ist sie in gewissem Sinne umgekehrt entwickelt wie die Verarbeitung der Ideen; einesteils verhindert die Umbildung der Erlebnisse zu entwickelteren Begriffen die Ekphorie der ursprünglichen Engramme, andererseits verführt die Leichtigkeit der Reproduktion sinnlicher Wahrnehmungen dazu, sie nicht genügend zu verarbeiten. Ein auffallend gutes Gedächtnis ist deshalb ebensooft, wenn nicht noch öfters, mit schlechter Intelligenz verbunden als mit besonders guter.

Dies einige Andeutungen, deren Tragweite am besten noch durch pathologische Erfahrungen, besonders die Gegenüberstellung der Demenzformen beleuchtet werden. Der *Manische* in seiner Ideenflucht macht trotz der so rasch und zahlreich zuströmenden Assoziationen Dummheiten, weil er sich nicht Zeit nimmt zu einer genauen Sichtung und zur Heranziehung *aller* notwendigen Ideen, weil seine Zielvorstellungen die Schaltungen des Gedankenganges nicht beherrschen, weil er infolge der einseitigen euphorischen Betonung die entgegenstehenden Gründe nicht ekphoriert oder nicht genügend wertet, und weil ihm die Hemmungen, worunter die negative Suggestibilität nicht zu vergessen ist, fehlen: eine Idee wird in Handlung umgesetzt, bevor sie fertig gedacht ist. Der *Melancholische* ist auf einen engen Ideenkreis beschränkt, macht infolge einseitiger Schaltungen und falscher Wertungen der Ideen logische Fehler, die zu Wahnideen führen, und kann eine Menge Dinge gar nicht mehr überlegen, weil die Affektschaltung ihn daran hindert. Der *Organische* (Altersblödsinnige und Paralytiker) kann nicht alle notwendigen Ideen zuziehen; es kommt ihm meist nur das, was gerade zu seinen aktuellen Affekten paßt, in den Sinn; außerdem sind seine Affekte zu lebhaft und zu wechselnd, so daß sie ihn bald da-, bald dorthin reißen. Die Hemmungen fehlen, seine Phantasien werden ihm leicht Wirklichkeit. Vage Allgemeinheiten ersetzen klare und bestimmte Detailvorstellungen, die nur schwer hinzugezogen werden können. Auch der *Oligophrene* hat zu wenig Assoziationen, bildet deshalb zu wenig und oft falsche Abstraktionen; er kann die Sinnesempfindungen nur eine kurze Strecke weit verarbeiten, keine komplizierteren logischen Schlüsse ziehen. Ist er erethisch, so hat er außerdem ähnliche Fehler wie der Manische; ist er apathisch, so fehlt der Trieb zum Denken; ist er in einem Ausnahmeaffekt, so sind die Schaltungen des Affektes gegenüber den Assoziationsschaltungen übermächtig und hindern das Denken: er handelt „triebhaft". Seine Gewohnheitsassoziationen sind so fest, daß er sie nicht lösen und anders kombinieren kann. Beim *Epileptiker* werden die Vorstellungen wie beim Organischen allgemein und unklar; die Ähnlichkeiten verschwimmen aber noch leichter zu Gleichheiten; der Gedankengang kommt nicht vom Fleck; die Zahl der Assoziationen wird geringer. Die überstarken Affekte überrumpeln leicht das schwache Denken. Beim *Schizophrenen* (Dementia praecox) ist, wie im Traum des Gesunden, der Weg von einer Vorstellung zur andern nicht mehr durch die Gewohnheit und Erfahrung gebunden; es kommt in Begriffen und Ideen zu unzusammenhängenden, bizarren, unsinnigen Produkten. Die Affekte beherrschen deshalb sehr leicht die Logik und es kommt zu Wahnideen. Da das Triebleben darniederliegt, fehlt leicht Interesse und aktive Aufmerksamkeit und damit die Kraft der Konzentration und des Denkens und Wollens (affektiver Blödsinn).

D. Die Kausalität. Die Denknotwendigkeiten.

Obgleich sich aus allem bisherigen die Natur der kausalen Anschauungen und Gedankenverbindungen von selbst ergibt, müssen diese besonders erwähnt werden, weil man gewohnt ist, so viel darüber zu reden, Kant meint, wenn die Kausalität nicht a priori vorhanden wäre, könnte man keine Erfahrung sammeln[1]. Wenn das so zu verstehen wäre, daß Erfahrung die Einwirkung der Außenwelt auf unsere Psyche, und damit kausale Ver-

---

[1] Erfahrungen sammelt man durch einfache Engraphie der Erlebnisse. Damit sind auch schon Nacheinander und Nebeneinander gegeben.

hältnisse, schon voraussetze, so hätte wohl niemand etwas dagegen; das wäre aber eine Kausalität nicht als Kategorie in unserer Psyche, sondern in der Außenwelt und ihren Beziehungen zu unseren Sinnen und unserer Psyche, ganz wie die gewöhnliche Anschauung und die Naturwissenschaft es sich vorstellt. Die Frage nach dem Ursprung unserer kausalen Vorstellungen bleibt dann noch zu lösen: Sind die kausalen Vorstellungen, die wir in uns finden, irgendein Abklatsch dieser äußern Kausalität, oder sind sie nur eine Anschauungsform in unserer Psyche, der in der Außenwelt nichts entspricht?

Wir haben früher gezeigt, daß wir entweder die Einwirkungen einer existierenden Außenwelt auf unsere Sinne und Psyche annehmen oder Solipsisten sein müssen. Mit der letzteren Vorstellung zu rechnen lehnen wir wie jedermann ab.

Wir setzen also die (unbeweisbare) Existenz der Außenwelt voraus und ebenso ihre Einwirkung auf unsere Sinne, die wir uns so vorstellen müssen, daß bestimmte, irgendwie geregelte Beziehungen bestehen zwischen den Geschehnissen in der Außenwelt, in unseren Sinnesorganen, in unserer Psyche und in unsern Reaktionsorganen, den Muskeln, so daß nicht nur die Außenwelt auf uns, sondern auch wir auf diese wirken, und das in einer Weise, die den Umständen angepaßt ist und die Erhaltung des Organismus ermöglicht. *Würden unter dieser Voraussetzung die Beziehungen, die wir kausale nennen, nicht in genauer Analogie draußen existieren, so müßten wir jeden Augenblick in Konflikt mit der Außenwelt kommen, statt daß wir diese zur Erhaltung unseres Lebens benützen könnten.* Wir müssen also annehmen[1], ob wir wollen oder nicht, daß nicht nur die Welt, sondern auch ihre Kausalität existiere, und daß die Kausalität, die wir in uns finden, irgendein Symbol von wirklichen Verhältnissen draußen sei, so wie die Vorstellung Rot ein Symbol von Verhältnissen ist, die wir von einer andern Seite gesehen als Lichtschwingungen bestimmter Länge bezeichnen.

Für die Frage nach der Entstehung unserer kausalen Vorstellungen sind aber diese erkenntnistheoretischen Überlegungen gleichgültig. Auch bei solipsistischen Anschauungen würden wir uns fragen: Sind die kausalen Vorstellungen etwas Primäres, eine Schablone, in die die Erfahrungen eingehen, und nach der sie geformt werden? Oder ist umgekehrt die Kausalität aus den Erfahrungen abzuleiten?

Zur Beantwortung müssen wir von dem ausgehen, was wir beobachten. Da sehen wir sich wiederholende zeitliche Zusammenhänge von Geschehnissen, wobei auf ein Ereignis immer ein bestimmtes anderes eintritt. Erfahren wir nur das eine, so müssen wir unter bestimmten Umständen nach den Assoziationsgesetzen das andere assoziieren. Damit ist meines Erachtens der Begriff der Kausalität im Keim gegeben; er mag einige Monate lang nach der Geburt ungefähr in dieser Weise zu umschreiben sein. Wir sehen dann aber schon beim Säugling, aber wohl am ausgesprochensten im zweiten bis dritten Jahr, wie das Kind spielerisch immer wieder die zeitlichen Zusammenhänge, soweit es sie selber mit seiner Tätigkeit hervorbringen kann, experimentell prüft und so zur Heraushebung einer besonderen Nuance kommen muß, die sich zum definitiven Kausalbegriff entwickelt. Dieser wird in seinen Anwendungsmöglichkeiten

[1] Nicht als bewiesen, sondern als unausweichliche Vorstellung und Grundlage unseres Denkens und Handelns.

das ganze Leben hindurch noch weiter präzisiert, indem festgestellt wird, in welchen Fällen die zeitlichen Zusammenhänge die kausale Nuance haben und wo nicht. Im weiteren bleibt die Umschreibung des Begriffes sehr stark von den Erfahrungen des einzelnen und namentlich seines Milieus abhängig, so daß er z. B. bei dem animistisch und magisch denkenden Primitiven etwas anderes ist als bei dem europäischen Physiker. Die Eigentümlichkeit unseres vulgären Kausalbegriffes gegenüber anderen Formen von Nacheinander zu definieren, fällt mir zu schwer; das Folgende mag in Beispielen zeigen, worauf es ankommt.

Gleiche Folgen mancher Ereignisse, wie wir sie an andern Dingen sehen, erfahren wir zu Tausenden auch an uns; auch wir fallen um, wenn wir einen Stoß erhalten, wobei wir einen engen Zusammenhang zwischen Stärke und Stoßrichtung und der Art unseres Falles konstatieren. Vor allem aber können wir selbst willkürlich das scheinbar erste Glied mancher Kausalreihe setzen und dann das oder die folgenden ablaufen sehen. Und noch mehr, bei der Ansicht unserer eigenen Reaktionen von innen wird uns ein Zusammenhang bewußt, den wir mit Worten wie „weil“ und „Motiv“ bezeichnen. Weil du mich beschimpfst, haue ich dich; weil du schön bist, liebe ich dich; weil ich dich liebe, tue ich dir Angenehmes. Man spürt in diesen Fällen den Zusammenhang, obgleich man die Folge unterbrechen „könnte“.

Etwas anderes als bestimmte Formen von zeitlicher Folge finden wir in den kausalen Verhältnissen nicht. Den engeren „ursächlichen“ Zusammenhang, warum ein gestoßener Körper in Bewegung kommt, kennen wir nicht; wir kennen nur die regelmäßige Folge unter bestimmten Umständen. Schon die Worte „Folge“ und „folglich“ drücken, wie die meisten kausalen Konjunktionen, eigentlich nur den zeitlichen oder räumlichen Zusammenhang aus („weil“; „denn“; „da“; im Bayrischen „nachher“; „puisque“), während ältere Sprachen und jetzt noch dialektische Sprechweisen einfach die Tatsachen nebeneinander stellten. Und wenn DAGUERRE die Ursache der Fixation seiner belichteten Platten, und ROENTGEN diejenige eines Belichtungseffektes innerhalb der lichtdichten Umhüllung suchte, so prüften beide Forscher alle möglichen Reagenzien und Manipulationen durch, und diejenige Applikation, *nach* der wieder eine Fixation oder eine Bromsalzzersetzung stattfand, erwies sich *dadurch* als die Ursache. Nun gibt es massenhaft Folgen, die nicht kausal sind; das erweist sich dadurch, daß sie nicht regelmäßig sind (auch unter gleichen Umständen). Bei welchem Grad der Wiederholung oder der Seltenheit zweier zusammentreffender Ereignisse man einen ursächlichen Zusammenhang annehmen soll, ist nun sehr willkürlich, da auch der Mensch, soweit es seinen bloßen Instinkt betrifft, nur auf die häufig vorkommenden Fälle eingerichtet ist. So gibt es eine Menge von Verwechslungen des post mit dem propter, die sich für den naturwissenschaftlichen Beobachter von [illegible] erklären.

[illegible] bekommen wir, *wenn der Begriff der Kausalität einmal gebildet ist*, noch andere Zeichen für und gegen Annahme kausaler Zusammenhänge, z. B. wenn eine bisher unheilbare Krankheit nach der Anwendung eines Mittels auf einmal heilt[1]. Wenn der Blitz in ein Haus schlägt, und dieses Feuer fängt, so ist es nicht bloß die Seltenheit beider Ereignisse, die uns annehmen läßt, daß der Blitz das Haus angezündet habe, sondern für den Primitiven die Ähnlichkeit des Funkens

[1] Näheres über Kausalannahme bei einmaligen Ereignissen siehe BLEULER: Das autistisch-undisziplinierte Denken in der Medizin und seine Überwindung, 4. Aufl., S. 146. Berlin: Julius Springer 1927.

mit dem Feuer und für den Kulturmenschen die Kenntnis der zündenden Kraft des elektrischen Funkens. Umgekehrt werden wir bei einer Menge zeitlicher Zusammenhänge kausale Beziehungen von vornherein ausschließen, wenn wir uns (in Verwertung anderer Erfahrungen) keine Beziehungen zwischen den beiden Ereignissen denken können. Der gebildete Kulturmensch denkt nicht an einen kausalen Zusammenhang, wenn ein Gewitter aufhört, nachdem man einen Hokuspokus gemacht hat. Im kausalen Denken geschieht nur das, was überall im richtigen Denken; wir lernen auch hier die früheren Erfahrungen benutzen und nach Analogie derselben auf Neues schließen.

Etwas Besonderes, das die Erfahrung nicht geben könne, soll in der *Notwendigkeit* bestehen, kausale Verhältnisse zu denken. Man könnte aber gerade diese Notwendigkeit, auch wenn man nicht wüßte, daß sie vorhanden ist, aus der Erfahrung ableiten. Wenn wir eine bestimmte Folge von Ereignissen *immer* sehen, so muß mit Notwendigkeit auf die Erfahrung oder Vorstellung des einen die Vorstellung des andern assoziiert werden, genau so, wie es eine Notwendigkeit ist, sich den Himmel oben[1], die Erde unten zu denken. Und da wir jeden Tag Tausende und aber Tausende von kleinen und großen Geschehnissen mit solcher Regelmäßigkeit aufeinanderfolgen sehen bei jeder Bewegung, die wir machen, bei jedem Gegenstand, den wir aufnehmen oder abstellen, bei Tönen, die wir hören usw., muß dieses Verhältnis der notwendigen Folge abstrahiert und verallgemeinert werden, so daß es auch da meist assoziiert, mit Notwendigkeit gedacht werden muß, wo die Regelmäßigkeit der Folge nicht so evident ist oder, weil die Erfahrung ungenügend ist, noch nicht so sicher abgeleitet werden kann.

Die Notwendigkeit, kausale Beziehungen zu denken, reicht denn auch nicht mehr und nicht weniger weit wie die entsprechende Erfahrung. Wo wir die Ursachen oder die Folgen nicht sehen, werden sie auch nicht assoziiert, wenn nicht die allermodernsten Ideen von Erhaltung der Energie und ähnliches ganz sekundär dazu veranlassen. Wer denkt denn daran, daß alle seine Handlungen Ursachen weiteren Geschehens sind, daß, wenn er einen Gegenstand auf den Tisch abstellt, dieser und der Gegenstand wärmer wird, daß jede „vergebliche“ Anstrengung doch eine Folge hat, die man nur nicht beachtet oder nicht kennt; der Primitive bis zum ungebildeten Kulturmenschen des 20. Jahrhunderts, sie haben keine Ahnung davon, daß jedes Geschehen eine Ursache hat; die Kinder und die Pflanzen wachsen — wer denkt an die Ursache? Ein feuchter Gegenstand trocknet, Brot wird hart, eine Frucht fault, Kautschuk verliert seine Elastizität, der Ofen wird kalt, „das liegt in den Dingen“; aber nicht einmal das denkt man ohne eine besondere Fragestellung bewußt und klar, sondern man stellt es sich nur ganz im allgemeinen so vor, weil eben die Assoziationen in der Erfahrung so gelenkt werden; das Anders-werden gehört zum Begriff des Dinges; man denkt so wenig daran, das zu analysieren, als man denkt, eine Erdbeere könnte blau sein. Die Erfahrung gibt uns eben direkt keinen Anlaß, in dieser Ric[illegible] zu denken.

Ein besonders lehrreicher Fall ist die *vulgäre Auffassun*[illegible]*is*. Man denkt auch da gewöhnlich an keine Ursache; es lie[illegible] vulgären Begriff der Dinge, daß sie so lange fallen, bis sie v[illegible]ner Unterlage getragen werden. Wenn man aber, was hie und da vorkommt, an die Ursache zu denken veranlaßt wird, so denkt man an einen Zusammenhang von Fallen und der Richtung „nach unten“. Der Gegenstand fällt,

[1] Ein „unten“ gedachter Himmel ist kein Himmel.

bewegt sich in einem bestimmten Sinne, *weil* das die Richtung nach unten ist; der Erfahrungszusammenhang genügt zu einem Denkzwang, der von den alten Atomisten bis zum Durchschnittsmenschen im modernen Mitteleuropa mit seinen auswendig gelernten Phrasen von der Kugelform der Erde nicht überwunden werden kann. An die Anziehung der Erde denkt keiner derselben, weil er das nicht sieht; und er denkt auch nicht daran, daß es sich um eine konzentrische Funktion nach einem Mittelpunkt hin handle, sondern er nimmt eine absolute und parallele Richtung an, entsprechend seiner Erfahrung.

Da wo die zeitliche Abhängigkeit zweier Geschehen zwar konstant, aber die Folge nicht klar ist, täuscht man sich oft. Ich erinnere mich noch gut an die Zeit, da ich gemeint habe, die Bäume machen mit ihren Bewegungen den Wind, und von anderen Kindern habe ich das nämliche erfahren.

Eine andere Schwierigkeit, die die Erfahrung bietet, ist die, daß von *einer* Ursache mehrere Geschehen abhängig sind: Wenn der Luftdruck abnimmt, so sinkt das Barometer und dann gibt es Regen; wenn es Tag wird, so öffnen der Bäcker und der Metzger die Läden. Im letzteren Falle wird man sich kaum je täuschen, weil das Tagwerden, die gemeinsame Ursache mit ihren Folgen, zu oft erfahren wird; die einzelnen Handlungen von Bäcker und Metzger müssen also richtig miteinander und mit ihrer gemeinsamen Ursache verbunden werden. Beim Barometer und Wetter aber ist die gemeinsame Ursache nicht sichtbar, und da wird nicht nur von kleinen Kindern die Idee geäußert, ob man nicht schön Wetter machen könne dadurch, daß man das Barometer künstlich steigen macht, sondern der allergebildetste Kulturmensch hat gelegentlich einmal den Trieb, über das Barometer zu schimpfen oder es zu zerschlagen, weil es nicht steigen und damit schön Wetter bringen will.

Überhaupt ist die kausale Verbindung von Geschehnissen, die in der Regel gleichzeitig oder nacheinander vorkommen, nicht eindeutig; *entweder* ist das eine kausal vom andern abhängig, *oder* sie haben eine gemeinsame Ursache. Diese Unterscheidung verunglückt nun manchmal, namentlich da, wo die Erfahrung die Zusammenhänge nicht direkt zeigt. So kann es kommen, daß Barometer und Wetter in unmittelbare kausale Verbindung gebracht werden, oder daß sogar der Tag in den Mythologien von der Nacht geboren wird, oder eines meiner Kinder die nämliche Idee botanisch ausdrückte: Mitten aus der Nacht wachse der Morgen hervor. In Wirklichkeit sind beide Tageszeiten von der Drehung der Erde abhängig.

So sind die kausalen Beziehungen im Denken gar nicht so notwendig und nicht so streng, wie viele uns glauben machen wollen. Das ungeschulte Denken macht alltäglich massenhafte falsche Verknüpfungen, und, was bezeichnender, an vielen Orten fehlt ihm vollständig das Bedürfnis, Kausalität in Ursache und Folge hinzuzudenken. Sogar der Philosoph kann die Kausalkette an dem Gelenk zwischen Physis und Psyche zerreißen lassen, obschon wir gerade da Zusammenhänge nicht nur von außen, sondern auch von innen zu erfahren meinen. *Der strenge Kausalbegriff der modernen Wissenschaften gehört nicht dem natürlichen Denken an, sondern ist in allen Beziehungen eine Errungenschaft der Forschung der Gebildeten, die ihn abstrahiert, an neuen Erfahrungen geprüft und an Hand dieser letzteren so verallgemeinert haben, daß in unseren Augen jedes Geschehen seine Ursachen und seine Folgen haben muß.*

Beim Kind, beim Naturmenschen, ist das kausale Denken *in seiner finalen Form* besonders gut ausgebildet. Auch das hat wieder seine Gründe in der Erfahrung. Die Zusammenhänge der Geschehnisse in der Außenwelt sind seinem Verständnis nur zu einem kleinen Teil zugänglich. Der Teil aber, den der Mensch bewußt benutzt, liegt durch Introspektion klar vor ihm. Er handelt den ganzen Tag zu bestimmten Zwecken, mit bestimmten Motivierungen, und dem Kinde wird noch ganz besonders eingehämmert, daß es aus diesen und jenen Motiven die einzelnen Handlungen tun und andere lassen müsse. So suchen Kind und Primitiver aus Analogie mit Vorliebe Motive auch da, wo nur physische Ursachen in Betracht kommen könnten (die „böse" Tischecke, an der man sich gestoßen). (Personifizierung oder Beseelung der Außenwelt, Zauberglauben usw.)

Da seit HUME noch viele andere die Kausalität aus der Erfahrung ableiten, mögen diese Andeutungen genügen. Ich beschränke mich auf den bloßen Hinweis darauf, daß es für ein Geschehen niemals nur *eine* Ursache gibt, eine Erkenntnis, die zum Anlaß geworden ist, den Ursachenbegriff überhaupt aufzugeben und an dessen Stelle den der *Bedingungen* (in der Mehrzahl) zu setzen. Mit unserem Thema hat das nichts zu tun.

Es ist also nicht nur möglich, die kausalen Vorstellungen, nachdem man sie einmal gefunden hat, nachträglich aus der Erfahrung abzuleiten, sondern aus den bloßen Voraussetzungen (die in Wirklichkeit jeder macht), daß es eine Erfahrung, wie wir sie kennen, gibt, daß ein Gedächtnis, wie wir es konstatieren, existiert, und daß unsere Denkgesetze auf diese Dinge anwendbar sind, aus diesen Voraussetzungen müßten wir die Bildung kausaler Vorstellungen mit zwingender Notwendigkeit erschließen, wenn wir sie noch gar nicht kännten. Noch eine andere apriorische Kausalität neben dieser aposteriorischen, sicher vorhandenen anzunehmen, ist sinnlos, da dazu kein Grund besteht. Wäre übrigens die Kausalform des Denkens angeboren, so müßten wir sie wieder in der nämlichen Weise ableiten, nur aus Erfahrung und Gedächtnis der Art statt des Individuums. Eine Kategorie im KANTschen Sinne wäre sie deswegen doch nicht.

Trotzdem wir die kausalen Verbindungen sich beim Kinde entwickeln sehen, und wir noch keine zwingenden Gründe zur Annahme einer Art phylischer (angeborener) Kausalitätsfunktion besitzen, so ist doch nicht auszuschließen, daß irgend etwas derartiges, das wir allerdings noch nicht näher definieren können, schon in der Anlage sei. Vergessen wir nicht, daß jede Reaktion des Nervensystems eine Einwirkung *von* außen und eine Einwirkung *nach* außen[1], also im Prinzip ein kausales Zusammen ist.

Die jeder unserer Funktionen innewohnende Kausalkette und die beständige Übung kausaler Zusammenhänge könnte möglicherweise eine gewisse phylogenetische *Disposition* zu kausalem Denken geschaffen haben, sei es so, daß der organische Denkapparat für diese Art Überlegung besonders gut eingerichtet wäre, vielleicht sogar sie begünstigen würde, sei es, daß ein Trieb zum kausalen Denken, zum Suchen nach Ursachen und Folgen in uns läge.

Wir haben nun noch keine Anhaltspunkte, daß ein besonderes Entgegenkommen oder gar eine besondere Einrichtung des Gehirns für die Aufgaben des kausalen Denkens realisiert sei. Wir sehen vielmehr, daß das gesamte Denken sich aus den Engrammen nach der individuellen Erfahrung bildet, und daß sich daraus alles im Denken überhaupt ohne weiteres erklärt und damit auch die Kausalformen, *die in keiner Weise*

[1] „Außen" bedeutet hier nicht notwendig außerhalb des ganzen Körpers, sondern nur außerhalb des reagierenden nervösen Organs.

etwas Besonderes sind oder besondere Ansprüche an die Funktion des Gehirns stellen. Da die sonst bekannte Einrichtung der Engraphie das kausale Denken genau so gut wie einerseits die logische Ordnung der Erlebnisse und anderseits das Denken überhaupt erklärt, wissen wir vorläufig nicht, was eine besondere Organisation für das kausale Denken Neues hinzufügen könnte.

Anders ist es mit einem aktiven *Trieb* zum kausalen Denken. Irgendein „Bedürfnis" in dieser Richtung entsteht schon nach den gewöhnlichen Assoziationsgesetzen aus der einfachen Gewohnheit. Jeden Augenblick erleben wir kausale Zusammenhänge. Wie alles sich Wiederholende müssen auch diese kausalen Beziehungen als solche abstrahiert (es braucht nicht bewußt zu sein) und zu einem Schema werden, nach dem, wenn ein erstes Glied gegeben ist, die folgenden Glieder im Denken wieder ablaufen. *So müssen aus bloßer Assoziation nach Ähnlichkeit und (individueller) Gewohnheit nicht nur die einzelnen speziellen Ursachen und Folgen, die wir schon erlebt haben, sondern kausale Beziehungen überhaupt besonders leicht assoziiert werden.* Das heißt, bei einer gewissen Höhe des Abstraktionsvermögens wird man nicht nur an den Rauch die bekannte Ursache Feuer assoziieren, sondern man wird auch da, wo man eine Ursache oder eine Folge noch nicht aus Erfahrung kennt, ein Assoziationsbedürfnis in dieser Richtung haben, bzw. die Ursache zu kennen suchen.

An die Assoziation einer Ursache knüpft sich in tausend Fällen ein angenehmes Erlebnis: Die Entdeckung eines Splitters im Leib führt zur Beseitigung des Schmerzes usw. Ein besonderes Bedürfnis nach kausalen Zusammenhängen muß auch dadurch entstehen, daß jedes Geschöpf Triebe hat, irgendwie auf die Außenwelt einzuwirken. Nun empfinden wir zwar den Zusammenhang zwischen unseren Willensregungen und den Bewegungen der Glieder nicht in Form einer Kausalkette; psychologisch sind die Glieder Teile des Ich, subjektiv scheint es der nämliche Vorgang, der sich in den Bewegungen wie in der Willensregung ausdrückt. Aber wir können nicht alles, was wir wünschen, direkt ausführen, sondern brauchen dazu oft kausale Vermittlungen. Um ein Tier zu fangen, muß man Fallen stellen oder Waffen vorbereiten, um sich vor dem Regen zu schützen, ein Dach machen, um das Verderben eines Speisevorrates zu vermeiden, die Ursachen der Verderbnis kennen. Man ist also nicht nur *gewohnt*, sondern auch *gezwungen*, nach kausalen Zusammenhängen zu suchen, die man benutzen kann.

Da aber wird der Wunsch leicht Vater des Gedankens. Man hat viele unerfüllbare Strebungen, z. B. möchte man seinen Feinden schaden, ohne daß sie es merken, resp. sich wehren und Rache nehmen können. Anderseits erlebt man selbst viel Ungemach, das man abwenden möchte; es sind also stärkere Mächte da, die uns schaden; der Naive kann nicht anders, als sich diese Mächte personifiziert vorstellen, da er die Naturkräfte noch nicht genügend abstrahiert hat. Wenigstens diese Götter und Dämonen können also auf Wegen, die nicht jedem zugänglich, nicht so greifbar sind, etwas bewirken, warum nicht auch Menschen? Auch auf diesem Wege muß der Primitive zum *Zauberglauben* kommen, der allerdings noch andere Wurzeln hat. Man darf also nicht auf das Apriorische der kausalen Auffassungen schließen deshalb, weil *diese* kausal gedachten Zusammenhänge nicht aus der Erfahrung stammen können. Dem Primitiven *sind* diese Zusammenhänge eben Erfahrung, bzw. zwingende Analogien zu Erfahrungen.

Gewohnheit und praktisches Bedürfnis sind aber noch keine Zeichen eines eigentlichen Triebes zum kausalen Denken. Dagegen zeigt sich, daß unabhängig von dem, was wir sonst, namentlich in der Praxis, Intelligenz nennen, der Forschungstrieb, der doch in erster Linie die ursächlichen Zusammenhänge erklären möchte, bei den einzelnen Menschen und den einzelnen Rassen ungeheuer verschieden entwickelt ist; seine Wurzeln sind also in der Anlage; es ist mir sogar wahrscheinlich, daß Hunde, Pferde und Vögel etwas wie einen Trieb nach Erkenntnis überhaupt und damit auch speziell nach Kenntnis kausaler Zusammenhänge besitzen („Neugierde").

So macht sich auch ein mittelmäßig angelegtes Kind bei den meisten neuen tatsächlichen Zusammenhängen irgendwelche kausalen Vorstellungen; wenn der Magnet Eisen anzieht und festhält, so kommt aus ihm ein unsichtbarer Faden, der das bewirkt (darin liegt zugleich ein Beispiel, wie die kausalen Zusammenhänge der Erfahrung entnommen werden). Auch die Energie, die von allen Völkern aufgewandt wird, um in den Mythologien den Ursprung und die Zusammenhänge der Welt kausal zu erklären, und die Gewalt, welche diese Phantasieschöpfungen auf die Menschheit ausgeübt haben, scheint auf etwas Triebhaftes in den kausalen Bedürfnissen zu deuten. Das wäre aber nicht eine Denkkategorie, sondern nur eine spezielle Äußerung des Wissenstriebes.

Noch oft stellt man den kausalen Zusammenhängen den *Zufall* gegenüber und meint damit einen objektiven Unterschied konstatiert zu haben. Auch der moderne Mensch, der etwas von den Naturgesetzen kennt und an sie glaubt, kann sich vorstellen, es sei zwar selbstverständlich nicht Zufall, sondern gesetzmäßig, daß zu einer bestimmten Zeit ein bestimmter Ziegel vom Dach falle; ebenso sei es gesetzmäßig, daß zu einer bestimmten Zeit ein Mensch an dieser Stelle vorbeigehe. Aber es sei Zufall, wenn beide Ereignisse so zusammentreffen, daß der Mensch von dem Ziegel getötet werde. Das ist eine Inkonsequenz des Denkens. Ich setze keinen Leser voraus, der nicht annimmt, daß alles gesetzmäßig abläuft, will also nicht weiter ausführen, daß zwischen den ersten beiden Geschehen und dem dritten kein Unterschied besteht. Dann gibt es aber keinen Zufall? Gewiß nicht — objektiv oder absolut. Zufall ist ein relativer Begriff. Wenn wir von einem Geschehen die Ursachen nicht genügend kennen oder nicht genügend berücksichtigen, so ist es *in bezug auf die vorliegende Untersuchung* zufällig. Zufällig fiel ein Ziegel vom Dach, da der Mann vorbei ging, und zufällig ging der Mann vorbei, als der Ziegel herunterfiel. Die beiden Dinge haben für uns keinen kausalen Zusammenhang, weil wir im Weltgeschehen nicht so weit zurückrechnen können, um festzustellen, warum zu der nämlichen Zeit sowohl der Ziegel fällt, wie der Mann vorbeigeht.

Wenn ich in einem Zug aus einer Urne mit 99 weißen und einer schwarzen Kugel die schwarze herausziehe, so ist das Zufall, weil ich nicht weiß, warum ich gerade diese erwischt habe. Hätte ich aber vorher berechnen können, wie durch die verschiedenen Schüttelungen, mit denen ich die Kugeln gemischt habe, gerade die schwarze obenauf kam, und hätte ich die Motive beachtet, die mich gerade an diese Stelle greifen ließen, so würde ich nur noch dann von Zufall reden, wenn ich gerade an den unbekannten Zusammenhang zwischen den Bewegungen der Kugeln in der geschüttelten Urne und meinen Motiven dächte; nicht aber, wenn ich in tausend Ziehungen die schwarze Kugel zwischen 8- und 12mal heraushole, weil das der Wahrscheinlichkeitsrechnung, resp. der berechneten Erwartung entspricht. Wenn ich eine Erblichkeitsforschung mache oder die Wirksamkeit einer ärztlichen Behandlung statistisch ergründen will, so kann ich das Material nach beliebigen Regeln auswählen, also z. B. alles, was in dieses Spital kommt oder in jenes; ich nehme an, daß der Zufall mir eine richtige Mischung bringe, wenn ich nur nicht eine Regel anwende, die das zu untersuchende Merkmal beeinflußt. Alles, was das

Merkmal nicht beeinflußt, ist mir *unter diesem Gesichtspunkt* Zufall; ich habe eine zufällige Auslese, die mir die Grundlagen zur Berechnung geben kann. In einem andern Zusammenhang wäre es aber nicht Zufall. Ich mache z. B. eine Statistik über die Mortalität des Typhus bei zwei Behandlungen. Die eine wird in einem Spital geübt, wo mehr dunkle Patienten aufgenommen werden, die andere in einer Gegend mit mehr Blonden. Solange ich Grund habe, anzunehmen, daß der Typhus bei den verschieden pigmentierten Menschen gleich verlaufe, betrachte ich die erwähnten Verhältnisse als einen zufälligen Nebenbefund; sobald ich aber eine Korrelation von Haarfarbe und Typhusverlauf untersuchen will, gilt die Auswahl nicht mehr als eine zufällige, und so wird sie für die Statistik unbrauchbar.

Man hat einen Unterschied konstatieren wollen zwischen psychischen Ursachen und physischen; die ersteren seien Zwecke oder Motive[1], die letzteren Ursachen im engeren Sinne, und innerhalb des Psychischen hat man das „weil" vom „damit", das Kausale vom Finalen trennen wollen. Solche Unterschiede haben für uns keine Bedeutung. Ob das gebrannte Kind seine Hand vor der Flamme zurückziehe, *weil* es sich gebrannt hat oder *damit* es sich nicht mehr brenne, ist gleichgültig; es ist der nämliche Vorgang von verschiedener Seite gesehen. Faktisch ist nur die Assoziation „Annähern der Flamme — (Schmerz —) Hand zurückziehen" gebildet worden. Wenn eine neue Flamme sich annähert, vollzieht sich die Assoziation, wie ein Uhrwerk bei einer Auslösung 12 Uhr schlägt, weil es darauf eingerichtet ist. Für das nach innen schauende Bewußtsein des Kindes ist der Schmerz oder die Annäherung der Flamme ein Motiv zum Zurückziehen der Hand, für den physiologischen Ablauf der Reaktion, die wir von außen sehen, ist er eine Ursache (via Engramme). Auf nicht eigentlich psychischem Gebiet ist es ebenso: Wir hören oft, ein Reflex oder irgendeine Einrichtung im Organismus sei so beschaffen, *damit* das Tier erhalten werde (Hinblick auf Gegenwart und Zukunft); man sagt aber auch, die Einrichtung hat sich so ausgebildet und ist so geblieben, *weil* sie das Geschöpf in der Auslese begünstigt hat (Hinblick auf die Vergangenheit). Für die Bedeutung der Träume macht es allerdings einen Unterschied, ob man seinen Feind im Traume getötet habe, *weil* man beständig denkt, wenn ihn nur der Teufel holte, oder *damit* man ihn endlich los habe, wobei die Idee von seinem Tode bei dieser Gelegenheit zum ersten Male kommt, so daß man von nun an auch im Wachen daran denkt, ihn umzubringen. Der Unterschied liegt aber darin, daß man im einen Fall nur das träumt, was man auch sonst fühlt, im andern aber im Traum seinen Gedanken eine neue Richtung gibt.

In bezug auf die logischen Formen gibt es keinen Unterschied zwischen kausalem und finalem Denken; beim letzteren werden Determinanten, die die Zukunft betreffen, mit einbezogen, wie wenn man eine Sonnenfinsternis vorausberechnet. Ein gewisser Unterschied liegt aber im Denkziel: Die finale Operation soll unser Handeln bestimmen, während im kausalen Denken die gewonnene Erklärung ein anderes Bedürfnis befriedigt. Die finale Funktion ist selbstverständlich für den Primitiven die wichtigere, die kausale gewinnt eine größere Bedeutung erst beim Kulturmenschen, der ein wachsendes Bedürfnis nach theoretischer Aufklärung besitzt und zugleich die große Förderung schätzen gelernt hat,

[1] Die menschlichen Motive stellt man sich zu leicht als intellektuelle Begründungen unseres Handelns vor. Das Wirkende darin ist aber nur der Trieb, der auch schon die Überlegung verursacht hat. Der intellektuelle Anteil des Motivs zeigt nur den Weg zur Erfüllung des Triebes. Wer keinen Lebenstrieb hat (Melancholie), kann sich wohl überlegen, wie er sein Leben erhalte; aber er wird nicht danach handeln.

die ihm ein kausales Verständnis der Zusammenhänge für später sich bietende Ziele liefert.

Geisteskranke kehren nicht selten scheinbar die kausalen Verhältnisse um. Der Patient führt sich schlecht auf, weil er in der Anstalt ist; von außen gesehen ist er aber in der Anstalt, weil er sich schlecht aufführt. Abgesehen von komplizierteren Zusammenhängen, die auch mit der Kausalität nichts zu tun haben, handelt es sich in solchen Fällen meist um eine falsche Auswahl der zu treffenden Reaktion. Es ist dem Patienten zu kompliziert zu denken: Ich habe zwar den Trieb zu schimpfen, mich zu rächen, mich aufzulehnen gegen die ungerechte Einsperrung; ich will aber mich fein artig aufführen, damit man mich entlassen kann, wobei noch die richtigen Überlegungen gemacht werden müssen, was für Motive die Ärzte haben, ihn nicht gehen zu lassen — einfacher ist, die Primitivreaktion, die eigentlich jedem am nächsten liegt, ablaufen zu lassen, d. h. auf eine als schlecht empfundene Behandlung zu pöbeln. Der Kranke lärmt unter Umständen wirklich, *weil* man ihn nicht gehen läßt, unterscheidet aber dieses „weil" nicht genügend vom unrichtigen „damit" man ihn gehen lasse. Manchmal lärmt er aus ganz andern Gründen, aus Trieb von innen oder Aufregung, und dann rationalisiert er hintendrein sein Benehmen. Es handelt sich also in solchen Fällen um ein Ignorieren komplizierterer Verhältnisse und nicht um eine Störung der Kausalität. Dagegen fehlt den Schizophrenen häufig das *Bedürfnis* nach kausalen Erklärungen; sie können die merkwürdigsten (halluzinatorischen) Erfahrungen einfach hinnehmen.

Ein anderer Unterschied zwischen psychischer und physischer Kausalität soll darin liegen, daß sich das physische Geschehen eindeutig aus den Ursachen ergebe, das psychische aber nur nach Wahrscheinlichkeit aus seinen Motiven (z. B. G. F. LIPPS). Das ist nun schon als Tatsache nicht ganz richtig. Soweit ein Unterschied besteht, ist er einer der relativen Komplikation und nicht des Prinzips. Ist einmal etwas geschehen, so können wir auf psychischem Gebiet dank der Introspektion die Ursachen, auch wenn wir sie Motive nennen, oft eindeutig erkennen und daraus die Folge ableiten; sehen wir eine physikalische Bewegung, so können wir das nicht; denn sie mag aus den verschiedensten Wirkungen entstanden sein, die nur in die nämlichen Diagonalen ihrer Kräfte-Parallelogramme resultieren müssen. Um auch hier eindeutige Verhältnisse zu haben, müßten wir nicht nur die Bewegung des Körpers kennen, sondern auch alle Nebenwirkungen, z. B. wenn Stöße die Ursachen waren, die Elastizitäts- und Wärmewirkungen, die Bewegungen des stoßenden Körpers nach ihrer Einwirkung usw.

Nehmen wir die gewöhnlichen Verhältnisse des Alltags, so ist ein großer Teil der psychischen Zusammenhänge durchsichtiger als die physischen. Wir rechnen zwar auf das Fallen eines Gegenstandes, dem man die Unterlage entzieht, und auf einige ähnliche einfache Folgen auch auf physischem Gebiet mit größter Sicherheit; aber sobald es sich um Komplikationen handelt, so zählen wir auf nichts so bestimmt wie auf die psychischen Reaktionen. Die Introspektion erlaubt uns sehr komplizierte Analogieschlüsse auch auf die andern Wesen mit gleicher Organisation. Trotzdem die psychischen Zusammenhänge viel komplizierter sind als z. B. die meteorologischen, können wir unendlich viel leichter psychologisch prophezeien als meteorologisch. Millionen unserer psychischen Voraussetzungen für die Zukunft bei uns selbst und bei unsern Bekannten realisieren sich; es fallen nur die ungeheuer seltenen Ausnahmen auf, wo wir uns täuschen. Unser ganzer Verkehr von Mensch zu Mensch beruht auf unseren psychologischen Voraussetzungen. Man verläßt sich darauf, daß, wenn die Schulzeit aus ist, der Lehrer mit Dozieren aufhört, alle Schüler ihre Sachen nehmen und das Schulzimmer verlassen; die Arbeiter einer Fabrik tun am Ende der Arbeitszeit dasselbe, keiner bleibt, keiner steht auf dem Kopf, keiner sprengt den Dampfkessel in die Luft oder tut überhaupt etwas von den Milliarden scheinbarer Möglichkeiten. Die liebende Mutter, die das Kind verloren hat, ist vom Südpol bis zum Nordpol, von der ältesten bis auf die neueste Zeit traurig. Man kann prophezeien, ein bestimmter Psychopath werde sich in einer bestimmten Kirche erschießen, und es geschieht.

Nirgends hat man so große Sicherheit, aus einer einmaligen Folge auf ursächlichen Zusammenhang der Ereignisse zu schließen, wie auf psychischem Gebiet, und für den Primitiven, der die Kausalität der Außenwelt noch ungenügend kennt, sind die psychischen Zusammenhänge bei Menschen und Tieren diejenigen, mit denen er am sichersten rechnet, und zwar so meisterhaft, daß er immer wieder den Kulturmenschen überlistet. In der physischen Welt gibt es für den Naiven massenhaft Ausnahmen: Seine Waffe versagt, er weiß nicht warum (d. h. er meint es zu wissen, indem er einen psychischen Grund hineinsetzt, den Einfluß irgendeines Zauberers oder Dämons), der Wagen eines Europäers läuft, ohne daß ihn jemand zieht, ein Ballon geht in die Höhe, ein Fuß wird infiziert, die Sonne wird verfinstert, ein Blitz schlägt in eine Hütte. Erst wenn man mit genaueren und vereinfachenden Methoden zu forschen anfängt, dann findet man jenen Unterschied, von dem manche Philosophen fabeln, da nur das physikalische Experiment sich so vereinfachen läßt, daß man alle *in Betracht kommenden* Erscheinungen beherrscht, während schon der physiologische, noch mehr der centralnervöse und am ausgesprochensten der psychische Versuch *infolge der Konstellation*, des Hineinspielens einer unübersehbaren Anzahl und Qualität von Einflüssen niemals gestattet, in zwei Fällen wirklich gleiche Bedingungen zu schaffen. Auf psychischem Gebiet ist es *prinzipiell* ausgeschlossen, weil der zweite, anscheinend gleiche Reiz auf das Engramm des ersten stößt, das ihm einen andern Charakter gibt, und die Verhältnisse oft gerade da ändert, wo sie ausschlaggebend sind. Wenn Ziehen meint, durch Darbietung des nämlichen Reizschemas bei verschiedenen Kranken, und beim nämlichen zu verschiedenen Zeiten, gleiche Assoziationsreize zu setzen, so täuscht er sich, wenn auch natürlich mit diesen Reaktionen, wie mit allen andern, gewisse interessante Beziehungen aufgedeckt werden können.

Auch Jaspers sieht in dem Zwingenden der physischen Zusammenhänge einen prinzipiellen Unterschied, den er in etwas anderer Beleuchtung mit dem Unterschied von *kausal* und *nur verständlich* identifiziert. Diese Ansicht fängt an Schule zu machen, und es scheint mir gut, ihr entgegenzutreten.

Für den Naturwissenschafter ist es keine Frage mehr, daß alle unsere Handlungen eindeutig bestimmt sind durch unsere Anlage und unsere Erfahrungen; er ist Determinist. Wie kommt man dennoch dazu das Gegenteil zu behaupten? Zunächst weil man eben trotz allem Wissen immer wieder der Täuschung unterliegt, daß man auch anders handeln könnte, und diese Möglichkeit auch in andere hineinlegt. *Das ist aber ein Fehler, den man nicht mehr weiterschleppen sollte.*

Es gibt aber noch ein „Anders-können", das mit dem der Willensfreiheit gar nichts gemein hat, aber hier damit verquickt wird: ein Ast wird vom Winde gebrochen und fällt dicht neben einer Statue zu Boden: „es ist gut gegangen, er hätte sie auch treffen und beschädigen können", sagt man. Hier beruht das Anders-können auf der Komplikation der

Ursachen, die uns unmöglich macht, alle in Betracht kommenden Einflüsse zu übersehen und daraus zu erkennen, warum der Ast die Statue gerade streifte. Für unsere Kenntnis, *nicht für den Zusammenhang des Geschehens*, hätte es auch anders sein können. Was vom Zufall gesagt worden, gilt auch für diese Überlegung.

Nun machen wir im Physischen viele Erfahrungen, die so einfach sind, daß wir alle Bedingungen (Ursachen) überblicken, und deshalb mit aller wünschenswerten Sicherheit sagen können, warum sie so ausfallen mußten, oder daß wir sie vorausberechnen können: wenn wir einem Körper die Unterlage entziehen, so fällt er; wenn wir trockenes Holz ins Feuer werfen, entzündet es sich, und so in Millionen anderer kleinerer Vorkommnisse. Aber in ebenso vielen Fällen fehlt uns diese Sicherheit der Komplikation wegen, wenn wir auch oft genug nachträglich „verstehen", warum unsere Erwartung nicht eingetroffen ist. Es gibt auch ganze Klassen von Ereignissen, bei denen wir die Ursachen nie ganz überblicken, so beim Wetter, von dem wir aber gut „verstehen" können, warum es an einem bestimmten Tage im Mai einen Morgenfrost abgesetzt hat; die Meteorologen berichten uns jeweilen darüber und brauchen manchmal gerade den Ausdruck „verstehen". Wir können nicht berechnen, wo eine in den Fluß geworfene Leiche landen wird, aber wir können verstehen, daß und warum die meisten an einer bestimmten Stelle ans Ufer treiben. Zu den niemals ganz übersehbaren Kausalkomplikationen gehören auch die meisten Vorgänge im lebenden Organismus, *aber im Physischen genau wie im Psychischen.* Auch in der Physiologie haben wir beim Experimentieren nie die Sicherheit wie bei den einfacheren Experimenten der Physik und der Chemie (bei denen übrigens auch dann und wann einmal eine Überraschung erlebt wird, die uns zwingt, den „Versuchsfehler" aufzusuchen).

Das Andersseinkönnen ist also entweder eine Täuschung oder Ausdruck einer ungenügenden Kenntnis aller Einflüsse, und zwar im Physischen wie im Psychischen. Der Unterschied zwischen kausal und verstehend ist also, soweit er vorhanden ist, nicht einer der psychischen und physischen Zusammenhänge, sondern ihrer Kenntnis.

Das kausale Denken konnte sich natürlich nur entwickeln, weil uns die Außenwelt konstante Folgen von Ereignissen zeigt. Die Frage, was denn die Kausalität in der Außenwelt der Erfahrung sei, hat mit der nach der Entstehung unseres kausalen Denkens gar nichts zu tun; es ist in diesem Zusammenhange gleichgültig, ob es eine strenge Gesetzmäßigkeit in der Natur gäbe, oder ob neben ihr noch „freie Entscheidungen" vorkommen, die durch die *Statistik* als *Wahrscheinlichkeiten* oder *Regelmäßigkeiten* faßbar wären[1]. Wir würden hinter diesen freien Entscheidungen natürlich immer wieder kausale suchen.

Denknotwendigkeiten.

Die Kausalität ist eine Denknotwendigkeit, die aus der Erfahrung stammt. Draußen folgt auf das Ereignis A regelmäßig das Ereignis B, und in unserem Assoziationsspiel folgt (deshalb) auf das Symbol A′ das Symbol B′. Wir können dem nicht ausweichen; wir setzen sogar, wenn wir B′ erleben, A′, bzw. A voraus, und wenn wir diese Zusammenhänge nicht finden, so nehmen wir an, daß entweder A oder B uns nur vorgetäuscht, oder die Zusammenhänge uns durch irgendeine Komplikation verborgen seien.

[1] Z. B. Weyl: Das Verhältnis der kausalen zur statistischen Betrachtungsweise in der Physik, Schweiz. med. Wschr. **1920**, Nr 34.

Es gibt noch eine andere Art Denknotwendigkeit, die sich zwar ebenfalls auf die Erfahrung zurückführen läßt, aber nur auf einem Umwege. Wenn die Folge in der Voraussetzung enthalten ist, so ist sie zwingend. Liegt es in einer Definition des Menschen, daß er zwei Hände hat, und ist Hans ein Mensch (nach dieser Definition), so folgt daraus mit Sicherheit, daß er zwei Hände hat. Nenne ich aber ein Geschöpf, das zwei Hände hatte oder potentia (in der Anlage) zwei Hände hätte bekommen können, auch einen Menschen, so kann Hans, obgleich er ein Mensch in diesem Sinne ist, auch ohne Hände geboren sein, oder sie wieder verloren haben, nachdem er sie besaß. Hier sind eben die Voraussetzungen aus der Erfahrung abgeleitet. Es können aber auch die beiden Notwendigkeiten sich als identisch erweisen, so, wenn ich es als Denknotwendigkeit bezeichne, daß $2 \times 2 = 4$. Es liegt in dem Begriff der beiden Zahlen, daß dem so ist; es ist aber auch eine Erfahrungstatsache. Das ist selbstverständlich, weil der Begriff jener Zahlen aus der Erfahrung abgeleitet worden ist.

Auch hier ist zu unterscheiden zwischen der Denknotwendigkeit und der Notwendigkeit, daß es in der Welt so sei. Die letztere kann die Denknotwendigkeit bedingen; aber damit ist nicht gesagt, daß wir aus der Denknotwendigkeit auf die Notwendigkeit im äußeren Geschehen schließen dürfen; unsere Erfahrung enthält ja nur eine Auslese oder höchstens Stichproben von allem Geschehen.

E. Raum und Zeit.

Wir reden im folgenden nur von dem Mechanismus, wie Raum und Zeit — ihre Existenz als Ding an sich[1] mit der der Außenwelt vorausgesetzt — zu unserer Kenntnis gelangen, wie wir die Begriffe „Raum" und „Zeit" bilden. Die Elementarpsychologie interessiert die Beschaffenheit von Raum und Zeit weder als Ding an sich noch als psychisches Phänomen.

Bei diesem Thema ist es besonders wichtig, sich vor dem berechtigten oder unberechtigten Vorwurf der Petitio principii zu hüten. Wir sind uns also klar, daß wir es hier nicht mit Erkenntnistheorie zu tun haben, sondern daß wir die Erkenntnistheorie bereits in dem Sinne erledigt haben, daß wir uns mit der Welt der Erscheinungen beschäftigen, ohne uns darum zu kümmern, ob hinter den Dingen, die wir sehen, und dieser ganzen Welt etwas sei oder nicht — genau wie jeder andere Naturforscher. Wir sind geneigt — genau wie jeder andere Naturforscher — nicht daran zu denken, daß die Welt nur meine, des Verfassers, Halluzination sein könnte; unsere Überlegungen wären aber ganz genau gleich richtig und ganz genau gleich falsch, wenn die Welt *nur* vorgestellt, also halluziniert wäre; sie würden sich dann eben auf diese (von mir) halluzinierte Welt beziehen.

Es scheint mir, die Einreihung der Erlebnisse in Raum und Zeit und die Bildung der Begriffe „Raum" und „Zeit", werden selbstverständlich, wenn wir vom Bekannten, d. h. hier von den physiologischen Zusammenhängen ausgehen.

Ein lebendes Wesen wird an einer bestimmten Hautstelle von einem Reiz getroffen. Der Reiz an sich hat weder etwas Räumliches noch etwas Zeitliches. Es entsteht infolge der Organisation des Reflexapparates eine Kontraktion eines Muskels, deren Erfolg auf verschiedenen zentripetalen Bahnen, die namentlich vom Muskel, den Gelenken und der Haut aus-

[1] Auch ein Verhältnis ist in gewisser Beziehung ein Ding.

gehen, irgendwie im ZNS. gemeldet wird, ganz wie die Reizung der Hautstelle. Auch dieser Vorgang allein hat weder etwas Zeitliches, noch etwas Räumliches. Nun aber trifft die „Bewegungsempfindung“ (die wir aus Mangel an einem andern kurzen Ausdruck so bezeichnen, ohne damit zu sagen, daß sie bewußt sei) auf die frische „Reizempfindung“ (auch die natürlich noch nicht psychisch gedacht, sondern als bloßes ankommendes Neurokym bestimmten Charakters). Eine ganz bestimmte Funktion ist also mit einer ganz bestimmten anderen Funktion in Verbindung gebracht.

In dieser Verbindung liegen die Elemente des Raumes und der Zeit; wir verfolgen sie zunächst von der *räumlichen* Seite. Jede Nervenerregung, die durch den gleichen Reiz taktiler, chemischer oder irgend anderer Natur entsteht, besitzt zwei Gruppen von Eigenschaften: eine, die für uns ungefähr gleich ist (wir haben gleiche Reize vorausgesetzt), die den Reiz immer als den nämlichen erkennen läßt, und eine andere, die sich verändert je nach der Reizstelle (innerhalb des nämlichen Sinnesorganes, Haut, Retina, Muskelsystem und aller andern Organe): der gleiche Berührungsreiz bewirkt eine andere Neurokymwelle im Gehirn, wenn er von der Zehe kommt, als wenn er vom Fußrücken ausgeht; Ankunftort, Reflexauslösung, Zahl- und Anordnung der reizaufnehmenden Nerven in den verschiedenen Körperteilen und auch das, was man die spezifische Energie eines Sinnesorganes genannt hat, und gewiß noch vieles andere, das in Betracht kommt, ist je nach dem Reizort verschieden (anscheinend maximale Unterschiede sind z. B. zwischen der Berührungsempfindung der Cornea und der Zehe oder auch nur der dem Auge benachbarten Haut), kleinere fehlen nirgends, andere Unterschiede in dem cerebralen Vorgang rühren davon her, daß die Reaktion oder die Reaktionstendenz, die durch jeden Reiz ausgelöst wird, in jedem Falle eine andere ist. *Reize an verschiedenen Körperstellen sind also selbst verschieden, können (oder müssen) folglich unterschieden werden.* Das nämliche ist zu sagen von den kinästhetischen Empfindungen. Und nun sind immer nur bestimmte Hautreize mit bestimmten Kinästhesien in Verbindung: beim Frosch löst ein Säurereiz an einer bestimmten Stelle nur die Bewegung des nächsten Fußes zu dieser Stelle aus, und wenn der Fuß aus anderen Gründen die nämliche Stelle berührt, empfindet das Tier von dieser aus die Berührung. So entstehen bestimmte Verbindungen von Bewegungen mit Reizen. Das gleiche wiederholt sich mit anderen Körperteilen; das nämliche Glied kann verschiedene Hautstellen erreichen, und die nämliche Hautstelle kann von verschiedenen Gliedern und Gliederstellen berührt werden. *Aber in jedem Falle ist die Berührung jeder einzelnen Stelle mit ganz bestimmten und eigenartigen kinästhetischen Funktionen verbunden.* Das gleiche Verhältnis zu der Kinästhesie wie Hautreize haben die für die Raumvorstellung der Außenwelt besonders wichtigen Retinareizungen.

Das ist von außen gesehen die Funktion, die im ZNS. den Raum darstellt. Etwas anderes als diese Beziehungen finden wir nicht darin, und diese Beziehungen, abstrahiert, geben einen Raumbegriff, dem nichts fehlt, was zu einem solchen gehört. Wer das begriffen hat, wird nicht auf den Einfall kommen, noch einen anderen Raumbegriff irgendwelchen anderen Ursprungs zu postulieren und dann zu behaupten, wir sehen den ersten sicher existierenden Raum nicht, sondern nur seinen phantasierten.

Der Raum ist also eine abstrahierte Beziehung[1]. Das einzelne Element der Empfindung, sei es ein äußerer Reiz oder etwas Kinästhetisches, hat noch nichts, was man „Lokalzeichen" nennen könnte, wenn man mit diesem Wort wirklich etwas Räumliches bezeichnen will. Jede Empfindung hat nur, entsprechend der gereizten Stelle, eine Anzahl Eigentümlichkeiten, durch die sie sich von andern unterscheidet. Zum Lokalzeichen wird diese Gruppe von Eigentümlichkeiten erst dadurch, daß sie sich mit ganz bestimmten Bewegungsempfindungen assoziiert. Analog ist die Bewegungsempfindung, die an sich nichts Lokalisatorisches hat, sondern das erst bekommt durch ihre Verbindung mit bestimmten Reizen. Die eigentlichen Raumelemente sind also Beziehungen. *Ein* Molekül des Marmors hat im strengsten Sinne gar nichts an sich von dem, was die Statue ist. Dagegen zwei, weil sie bereits eine räumliche Beziehung haben.

Diese Raumelemente ordnen sich nun ganz von selbst zu einem Kontinuum. Die Hautempfindungen wechseln ihre Qualität bei allmählichem Übergang auf andere Orte nur an ganz wenigen Stellen plötzlich (das einzige ausgesprochene Beispiel ist eigentlich die Cornea), sondern im allmählichen Übergang; ebenso die den Abstufungen der Bewegungen entsprechenden Empfindungen. So kann man interpolieren ganz wie bei allen andern kontinuierlichen Reihen, der Farben- oder der Tonskala oder den Stärkeverhältnissen in beliebigen Empfindungen.

Der Sehende hat für die Abtastung des Außenraumes noch ein besonderes Organ, die Retina, das sich der Lichtstrahlen bedient, wie die tastende Hand des Blinden eines Stabes. Jede Retinastelle entspricht bestimmten Bewegungsempfindungen, sei es, daß man die Lichtquelle berühre, sei es, daß man sich ab und zu wende, sei es, daß man die Hand zwischen Lichtquelle und Auge bringe usw. Daß dabei die Muskelempfindungen aus den Augenmuskeln eine wichtige Rolle spielen, wird gewöhnlich richtig eingeschätzt. Beim Vollsinnigen geht die Entwicklung des Sehraumes ganz Hand in Hand mit der des Tastraumes; sie entwickeln sich zusammen und bilden deswegen eine fast untrennbare Einheit. Aber das Auge bringt gar nichts prinzipiell Neues hinein. Ganz die nämliche Überlegung wie oben hätte auch gemacht werden können, wenn man vom Auge ausgeht; ich bin lieber vom Körper ausgegangen, weil man gewohnt ist, in den Sehraum Dinge hineinzudenken, die nicht dazugehören, und uns von da aus die Beziehungsnatur des Raumes leichter entgeht, und besonders, weil die Orientierung am Körper ein notwendiger Bestandteil zur Orientierung im Raume ist, während das Auge entbehrt werden kann.

Der *Raum der psychischen Vorgänge* ist nicht ein Raum, der in seiner Art dem Raum der äußeren Dinge und dem Raum an sich gegenübergestellt werden könnte, sondern er ist, je nach Art der Abstraktion, entweder gar kein Raum oder ein Teil des äußeren Erfahrungsraumes.

„Nativisten" und „Empiristen" streiten sich darüber, ob die Raumanschauung *angeboren oder erworben* sei. Nun ist in der Rinde, also psychisch, die Möglichkeit der Bildung der Raumanschauung aus bestimmten Beziehungen durch die Assoziationsverbindungen mit ihren Abstraktionen gegeben. Irgendein vorbestehender starrer Mechanismus, diese Verbindungen in bestimmter Art zu vollziehen, besteht aber nicht: Bei Schielenden bildet sich leicht eine physiologische Macula, so daß Dinge einfach gesehen werden, die ihre Bilder auf anatomisch nicht koordinierte Retinastellen werfen und umgekehrt. Blindgeborene, die durch Druck auf die Bulbi

[1] Gemeint ist immer der Raum unserer Erfahrung, wie er sich unserer Psyche darstellt, nicht der objektive „Raum an sich", von dem wir nichts wissen.

Lichterscheinungen erzeugen, lokalisieren diese auf die Seite des Druckes, weil sie sie mit den begleitenden Hautempfindungen assoziieren[1]. In kaum einer Stunde hat man die umgekehrte Koordination von mikroskopischem Bild und Verschiebung des Objektes eingeübt, in zwei Tagen bewegt man sich richtig im Raum mit Prismen vor den Augen, die das ganze Weltbild umkehren. Die Anpassungen bei Sehnentransplantationen der Augen- und Körpermuskeln, bei Verlegung gestielter Hautlappen, die rasche Einübung des Gebrauches künstlicher Prothesen nach SAUERBRUCH usw. zeigen deutlich, daß die räumlichen Beziehungen vom Individuum aufgebaut werden können, und das sogar, wenn sie schon einmal in bestimmter Weise vorhanden, aber gestört worden waren.

In den untersten Centren sehen wir in den Reflexen und den Lokomotionen ein äußerst feines Spiel von räumlichen Beziehungen, die unzweifelhaft angeboren sind. Es ist nun selbstverständlich, daß die Psyche, die aus diesen Funktionen stammenden Empfindungen zu ihrer Orientierung mitbenutzt, nach der Geburt vorwiegend, später wohl in geringerem Maße. Die *Raumvorstellung* aber muß (mit ihrer Hilfe) beim Menschen von der Psyche erst gebildet werden.

Die Raumvorstellung scheint mir ein hübsches Beispiel, wie einfach und klar die mnemistische Auffassung Sachen verstehen läßt, die bei den geläufigen Voraussetzungen einer unübersehbaren und unlösbaren Problematik gerufen haben. Wird der Raum als eine Abstraktion wie eine andere *aus den Beziehungen* der sinnlichen Empfindungen zueinander aufgefaßt, so kann ich mir nicht denken, was für eine Schwierigkeit noch bestehen könnte von der „Projektion" der Dinge nach außen bis zu der abstrakten Raumanschauung. Der Psychologe sieht z. B., daß der Raumbegriff im wesentlichen erworben ist, möchte ihn also empiristisch erklären, kann dann aber nicht verstehen, wie aus einzelnen nicht räumlichen Empfindungen eine räumliche Vorstellung entstehen soll. Der Mnemist aber weiß, daß sie nicht aus den Empfindungen, sondern aus deren *Beziehungen* entsteht. Eine bestimmte Hautempfindung hat ganz bestimmte Beziehungen zu andern Hautempfindungen (zusammen oder nicht zusammen Vorkommen, bestimmte Bewegungen, um mit der Hand von der einen zur andern zu kommen usw.), zu bestimmten Empfindungen in der Retina, die wieder mit bestimmten kinästhetischen Empfindungen verbunden sind, und genau genommen zu allen anderen gleichzeitigen Empfindungen und Vorstellungen der äußeren und kinästhetischen Sinne. Alle diese Beziehungen zusammen machen die Raumvorstellung aus. Daß diese etwas ganz anderes ist als die einzelnen Empfindungen, ist verständlich nach Analogie von allen andern psychischen Vorgängen: die einzelnen Empfindungen, aus denen die Vorstellung der Mutter kombiniert ist, enthalten auch nichts von dem Mutterbegriff; oder auf ganz anderem Gebiete: ein Uhrenbestandteil ist in keiner Weise etwas Zeitmesserisches; aber alle zusammen bilden eine Uhr. Für den Mnemisten existiert überhaupt die Frage der Bildung eines Neuen aus der Kombination mehrerer einfacher Psychismen nicht. Jede Kombination von Vorgängen ist wieder ein besonderer Vorgang, der von innen wahrgenommen wird. Das ist wiederum am Bilde der Kurve leicht vorzustellen: Einzelne Töne haben nichts von Harmonie oder Dissonanz, mehrere Töne aber zusammen machen eine Gesamtkurve, deren besonderer Charakter einer Dissonanz oder einer Harmonie entspricht. So muß die Zusammenstellung der Empfindungen, aus denen der Raum abstrahiert wird, ihre Besonderheit haben, in der sich ihre Beziehungen der Empfindungen ausdrücken, und die eben der vorgestellte oder wahrgenommene Raum ist.

Prinzipiell ganz gleich ist der Begriff der *Zeit* gewonnen worden. Jedes Erlebnis des einen Momentes unterscheidet sich von dem eines vorhergehenden Momentes u. a. durch seine Verbindungen; das zweite stößt auf nach- oder wiederbelebte Engramme von bestimmten vorhergehenden; die vorhergehenden haben unmittelbar andere Psychismen und im allgemeinen eine kürzere Reihe von Engrammen hinter sich, die sie potentia ekphorieren können und de facto zu einem gewissen (kleinen) Teil ekphorieren. Die Kontinuität wird aufrechterhalten, einesteils durch die kontinuierliche Engraphie, die jeden Moment mit dem folgenden in (einseitig gerichtete) Beziehung bringt, und andernteils dadurch, daß jedes Erlebnis alle vorher-

[1] ALBERTOTTI: Un cas de cataracte congénitale opérée par le Prof. Reymond sur un homme agé de 21 ans, Arch. ital. de Biol. (Pisa) 6, 341 (1884).

gehenden als mehr oder weniger wirksame ekphorierte oder nachbelebte Engramme in sich schließt.

Die Abstraktion dieser Beziehungen ist die Zeit[1]. Die Polarisation der Zeitrichtung[2] ergibt sich von selbst durch die aus der Natur der Engraphie folgende größere Ekphorierbarkeit in der Richtung des Geschehens (viele Assoziationen können geradezu nur in der Richtung ablaufen, in der sie gewonnen sind), durch die kontinuierliche Vermehrung der hinter uns liegenden Engramme, in manchen Beziehungen auch durch die begriffliche Einordnung der Geschehnisse: manche Erlebnisse können nicht vor oder nach der Alltagsschulzeit oder vor dem Mittagessen stattgefunden haben; eine Wirkung erfolgt nicht vor der Ursache usw. Die *Einreihung* überhaupt wird durch die begleitenden Assoziationen wesentlich begünstigt, wie wir beim Aufsuchen der zeitlichen Lokalisation einer auftauchenden Erinnerung oder bei den Irrungen und Korrekturen bei der Lokalisation ohne weiteres beobachten können. Mit der Vorstellung eines bestimmten Ereignisses ekphoriere ich z. B. die Vorstellung eines bestimmten Platzes in der Schule; damit weiß ich, daß es in jener bestimmten Klasse war usw. Die beiden Arten zeitlicher Reihenbildung heben sich in außergewöhnlichen Zuständen manchmal klar voneinander ab.

Mit der Einreihung ist wenigstens für den entwickelten Menschen zugleich eine gewisse *Abschätzung* der Zeitdauer gegeben; ebenso liefern die Unterschiede in den Einschachtelungen der Erlebnisse im Gedächtnis, wobei immer das spätere die frühere, wenn auch noch so rudimentär, enthält, Anhaltspunkte für die Unterscheidung der verschiedenen Zeitspannen. Beobachten wir ferner zwei Ereignisse von verschiedener Dauer, so können wir während des einen vieles denken und tun, wir können darauf reagieren, in seinen Verlauf eingreifen; während des andern können wir innen und außen nur ganz wenig handeln. Das erste nennen wir langdauernd, das zweite kurzdauernd, wenn wenigstens die genannten Unterschiede die einzig wesentlichen sind. Die eine Jagd, die eine Arbeit, verlangt wenige einzelne Teilhandlungen, eine andere deren viele; die erstere dauert kurz, die zweite lange. Es wird Tag und es wird Nacht; ebenso Sommer und Winter. Zwischen dem Wechsel der Jahreszeiten haben wir viel mehr Handlungen vornehmen können als zwischen dem Wechsel von Tag und Nacht; außerdem fallen *viele* Tag- und Nachtwechsel in einen Jahreszeitwechsel. Eine Bewegung mit starkem Ortswechsel während sehr geringem Wechsel der übrigen Ereignisse nennen wir schnell, eine gegenteilige langsam. Auf die erstere reagieren außerdem unsere Reflexe, die Augenmuskeln und manche innerpsychischen Vorgänge anders als auf die zweite, z. B. durch Schreck, durch plötzliches Zurückweichen.

Alle diese Unterschiede scheinen für die bewußte Zeitschätzung genügende Anhaltspunkte zu geben. Man hat jedoch das Gefühl, daß man auch ohne assoziative Einreihung eine gewisse (grobe) Schätzung dafür besitze, ob eine Erinnerung aus ganz nahen oder entfernten Zeiten stamme. Betrachten wir außerdem gewisse elementare Vorgänge, vergegenwärtigen wir uns z. B., daß ein Säugling in den ersten Lebenswochen durch ganz wenige Fütterungen gewöhnt wird, das Anlegen an die Brust am Tage alle 2 oder 3 Stunden, in der Nacht 6—8 Stunden lang gar nicht

---

[1] Auch hier ist nicht zu vergessen, daß entsprechende Beziehungen in der objektiven „Welt an sich“ vorausgesetzt sind, die unsere Erlebnisse verursachen und sich psychisch als Zeit symbolisieren. Es gibt eine „Zeit an sich“ im gleichen Sinne wie einen „Raum an sich“ und ein „Ding an sich“.

[2] Auch im äußeren Geschehen kann man vorläufig die Zeit nicht überall umkehren (Entropie, Mischung und Entmischung zweier Flüssigkeiten, Entwicklung eines Organismus usw.).

zu erwarten, daß auch seine Darmtätigkeit an eine 24stündige Regelmäßigkeit gewöhnt werden kann[1], so wird es klar, daß die Zeitschätzung schon eine elementare Funktion der Psyche ist — aber nicht nur der Psyche, sondern des lebenden Organismus überhaupt[2]. Die Pflanzen unseres Klimas bedürfen einer gewissen Zeit Winterruhe; Samen von Weizen, der bei der Besonnung der langen schwedischen Sommertage gezogen worden, bringt die nächste Frucht auch in Mitteleuropa schneller zur Reife; es gibt Organismen, die sich eine ziemlich bestimmte, aber sehr hohe Zahl (zwischen 100 und 200) von Malen ungeschlechtlich teilen, dann aber sich kopulieren. Das letztere Verhalten scheint allerdings eine „Zählung" und nicht eine Zeitschätzung zu sein, aber Zählung von Ereignissen und Zeitschätzung lassen sich voneinander nicht trennen. Man kann das angewöhnte regelmäßige Nahrungsbedürfnis des Säuglings ebensowohl als eine Zeitschätzung wie als einen *Rhythmus* mit je acht zweistündigen und einem achtstündigen Intervall auffassen; in jedem Rhythmus liegt überhaupt sowohl eine Zeitabschätzung wie eine Zählung. Man kann nun solche Lebensäußerungen rein physisch auffassen: der Same, die überwinternde Pflanze machen in der scheinbaren Ruhe einen Reifungs- oder Entwicklungsprozeß durch; jede der beispielsweise 160 ungeschlechtigen Generationen eines niedrigen Organismus nähert sich ein wenig dem Zustand der geschlechtlichen Vermehrung in der 161sten; der Säugling hat in 2 Stunden seine letzte Milchportion so weit verdaut, daß der Magen neue Arbeit, der Organismus neue Kraftzufuhr verlangt. Aber es wird niemand zweifeln, daß es sich im letzten Fall um ein Rindengedächtnis handelt, das sich von dem der späteren Psyche nicht unterscheiden läßt — können wir doch das nämliche bei vielen andern Angewöhnungen des Säuglings beobachten (Trockenlegen). Die organische und die psychische Zeitschätzung sind also nicht recht zu trennen, und es wäre interessant, die Konsequenzen dieses Verhaltens näher festzustellen, sich auszudenken, wie die beiden Dinge miteinander zusammenhängen, einander beeinflussen, ineinander übergehen, wobei wohl das phylische Gedächtnis der Gene mit in Betracht gezogen werden müßte. Manche stellen sich den Zusammenhang so vor, daß körperliche Rhythmen, namentlich Puls und Atmung, die Zeitschätzung mit bedingen. Das genügt aber nicht zur Erklärung aller Verhältnisse, und außerdem beeinflussen Veränderungen der beiden Funktionen unsere Zeitschätzung gar nicht so, wie diese Annahme es erfordern würde.

Da wir einen Unterschied machen zwischen den aktuellen Erlebnissen und den Vorstellungen davon, ist der Unterschied von Engramm und neuem Erlebnis gegeben, d. h. der zwischen *Gegenwart und Vergangenheit.* Die *Zukunft* ist eine Analogiebildung, zu der wir geradezu gezwungen sind, indem wir z. B. auf ein Ereignis, das in der Vergangenheit eine bestimmte Folge gehabt, wieder diese Folge assoziieren, sei es als Erwartung einer Wahrnehmung oder als Handlung, die wir selbst ausführen. In dem Zurückweichen des gebrannten Kindes vor der erneuten Annäherung der Flamme liegt etwas von Zukunft: die Vor-Vorstellung des Schmerzes.

Ein bemerkenswerter *Unterschied zwischen Zeit und Raum* liegt, wenigstens für den ausgebildeten Organismus des Menschen mit seinem individuellen Gedächtnis, darin, daß die Zeit psychische Verhältnisse ebensogut betrifft, wie die der Außenwelt. Sie könnte also auch aus den inneren Erlebnissen allein abstrahiert werden; doch wird anzunehmen sein, daß die äußeren Verhältnisse, die ja bei der Bildung der Psyche allein bewußt sind, in erster Linie den Zeitbegriff geschaffen haben.

So können wir uns die Zeit, die ein integrierender Bestandteil aller unserer Psychismen ist, gar nicht wegdenken, während der Raum mit der ganzen Außenwelt keine Denknotwendigkeit ist.

Immerhin läßt sich der Raumbegriff nicht restlos in der Zeit ausdrücken. Stellen wir uns vor, wie ein Blindgeborener sich orientieren muß. Die Distanz ist für ihn zunächst ein Nacheinander von bestimmten kinästhetischen und anderen Emp-

---

[1] Die allerdings durch Änderung der Verdauung leicht vorübergehend gestört wird.

[2] Auch die Präzision, mit der ein Hund den Fahrtenplan oder den Wochentag abschätzt, wird aus den bloßen assoziativen Verhältnissen nicht recht plausibel. Vgl. die übrigen Beispiele elementarer Schätzung (S. 124/5).

findungen, ließe sich also vielleicht zeitlich ausdrücken, soundso lang dauernde Armbewegung, soundso viele Schritte[1]. Der Blinde hat aber auch wechselnde Empfindungen nebeneinander. Zu gleicher Zeit spürt er den Reiz des Fußbodens an seiner Sohle und die Berührung eines Gegenstandes mit den Händen. Auch diese *Distanz* von Hand zu Fuß ließe sich in Zeitfolgen von Bewegungen der Hände oder der Beine oder von beiden zusammen ausdrücken. Aber ich kann mir nicht vorstellen, daß die beiden Empfindungen in ihrem Nebeneinander irgendwie als eine Funktion der Zeit sich darstellen könnten. So mit allen den unendlich vielen Empfindungen von allen Körperstellen; sie schaffen für den Körper eine Art Raumbegriff, der geordnet zusammenhängt, und zwar nicht nur zeitlich durch die Bewegungen, die man machen muß, um von einem Punkt des Körpers zum andern zu kommen, sondern namentlich durch die kontinuierliche Abstufung der lokalen Beziehungen. Ich kann mir nicht einmal vorstellen, daß, wenn alle Empfindungen, mit Ausnahme der kinästhetischen, der zeitlichen par excellence, ausfielen, man ohne einen rudimentären Raumbegriff bleiben würde.

F. A priori und a posteriori, Organisation und Erfahrung.

Vor aller — persönlicher — Erfahrung ist der Organismus da mit seinen gerichteten Aktionen und Reaktionen auf die Umgebung, ferner das leere Rindengedächtnis. Ein vor der Erfahrung vorhandener *Inhalt* des Rindengedächtnisses ist nicht nachgewiesen. Die sogenannten Kategorien, Raum, Zeit, Kausalität und im wesentlichen auch die logischen Formen stammen also aus der persönlichen Erfahrung. Offen lassen müssen wir immerhin die Möglichkeit, daß eine gewisse Neigung zu den logischen Formen in den Assoziationsverbindungen, vielleicht als Richtung des „geringsten Widerstandes", angeboren sei. Es will mir nicht recht mit den sonstigen Erfahrungen über die Entwicklung der Arten stimmen, daß das menschliche Denkorgan nicht nur in bezug auf den Inhalt, sondern auch in bezug auf die Denkformen absolute Tabula rasa sein soll. In dem „kollektiven Unbewußten" scheinen sich sogar sehr spezielle Denkrichtungen, wie die zu der Vorstellung vom Kreislauf des Lebens führende, zu manifestieren.

G. Die Ergie.

Einleitung.

Jedes Lebewesen steht in inniger Wechselbeziehung zur Umgebung, aus der es seine Nahrung, seine Existenz schöpft, gegen deren Gefahren es sich aber auch zu wehren hat. Alles Lebende, das existiert, muß deshalb so eingerichtet sein, daß es aktiv auf die Umgebung einwirkt und auf die Einflüsse von außen reagiert und zwar verschieden, je nachdem sie ihm nützlich, schädlich oder gleichgültig sind. Die nützlichen sucht es zu erhalten, wenn sie da sind, und herbeizuführen, wenn sie fehlen, die schädlichen hält es sich ab, auf die gleichgültigen reagiert es gar nicht.

Die so umschriebene Funktion ist eine Einheit, die aber noch nirgends in einen Begriff gefaßt worden ist. Es läge nahe, sie als „Aktivität" zu bezeichnen; einerseits aber würde dieser Ausdruck für die meisten die dazugehörige Affektivität ausschließen, andererseits würde er durch Erinnerung an Vorstellungen, die in der „Aktivitätspsychologie" benutzt werden, nicht Dazugehöriges hineintragen. Ich nenne die Funktion deshalb *Ergie:* sie umfaßt Funktionen, die man bis jetzt einzeln als selbständige herausgehoben hat: die Affektivität und die eigentlich zentrifugalen Funktionen: die Entschließungen, den Willen, die Strebungen, die Triebe und Instinkte, das Handeln.

Natürlich hat jeder Teilapparat des Organismus seine Ergie. In der Psychologie reden wir aber nur von der des ganzen Geschöpfes oder, was in den meisten Beziehungen dasselbe ist, der oberen Centren; man hat sie wie die der unteren Organe in *Reaktion* und *Aktion* zerlegt. Die beiden

[1] Mit den Distanzen allein läßt sich aber noch kein Raum bilden. Es müssen noch die Distanz*richtungen* in ihren Beziehungen und relativen Verschiedenheiten dazu kommen. Das kann nur durch die Lokalbeziehungen geschehen, etwas nicht in Zeit Auszudrückendes.

Begriffe sind aber nur Abstraktionen, supponierte Grenzfälle, indem in jeder Reaktion etwas Spontanes, in jeder scheinbar spontanen Aktion ein reaktives Element liegt. Wir haben schon auf die dem Ei innewohnende Tendenz zur Entwicklung aufmerksam gemacht, die aber doch eines Reizes bedarf. Der „Automatismus“ der Atmung funktioniert auf Reiz der H-Ionen, und wenn wir den Reiz nicht kennen, der die ersten Herzschläge des Embryo auslösen mag, so ist er doch wahrscheinlich vorhanden und nötig, wie auch die Herzbewegung des ausgewachsenen Organismus mit Reizen im Zusammenhang steht. Wir können ja überhaupt nicht annehmen, daß etwas Ruhendes sich selbst in Bewegung setze, oder etwas sich Bewegendes seine Richtung ändere ohne einen äußeren Einfluß. Jede Reaktion anderseits enthält schon insofern etwas Spontanes, als die Funktion schon eines bloßen Reflexes nicht einfach den Reiz in eine Bewegung umsetzt wie ein Morse-Apparat, sondern daß dieser eine vorgebildete, mit eigener Kraft ausgestattete Einrichtung in Bewegung bringt, oder darin die Bewegung auslöst wie der elektrische Strom das Bahnsignal. So ist auch kein prinzipieller Unterschied, ob wir im hungrigen Zustand Nahrung, die sich zufällig bietet, annehmen oder welche spontan suchen.

Die Ergie hat natürlich als Treibendes und Handelndes eine wichtige *Dynamik*. Bei noopsychischen Vorgängen, dem Wahrnehmen und Denken, ist die Stärke des Vorganges selbst ziemlich gleichgültig. Bei der Stellungnahme zu von außen kommenden Reizen aber wie bei der inneren Betätigung eines Triebes kommt es auf die Energie an, mit der die Schaltungen gestellt werden, wie groß der Bereich der wirksamen Schaltungen ist, wie kräftig sie sich gegen andere Stellungnahmen durchsetzen, wie stark sie die Vasomotoren, die Drüsen, die Mimik beeinflussen; bei den äußeren Aktionen und Reaktionen selbst, dem Handeln, ist die meßbare Stärke der ausgelösten Muskelkontraktionen von Bedeutung, die wieder von der Stärke des nervösen Vorganges direkt abhängig ist. Die Ergie bestimmt also zugleich die Verwendung der ausgelösten Energie und ihre Quantität.

Die *Richtung* der Ergie geht im Prinzip auf Erhaltung des Lebens. Dazu bedarf es aber vieler Einzelrichtungen (nach Nahrung, nach Fortpflanzung, nach Vermeidung von Schädigungen des Körpers usw.), und von diesen gabelt sich jede wieder in manigfaltige Spezialwege. So zerfällt die Ergie in eine Menge von Einzelstrebungen, von *Trieben*. Deren Funktion ist begleitet von einer lebhaften inneren Empfindung (Lust und Unlust mit ihren vielen Nuancen) und von mimischen und vegetativen Symptomen.

Den Mechanismus, der sich in der Gesamtheit dieser Begleiterscheinungen äußert, nennen wir *Affektivität*, den einzelnen Fall von Äußerung *Affekt*. So sind die Affekte neben der vom Trieb gebotenen Handlung der manifeste Ausdruck der funktionierenden Triebe. Es ist deshalb verständlich, daß die bisherige Psychologie den Triebbegriff zurücktreten ließ, und die Affektivität mehr in den Vordergrund stellte. Sind jene Begleiterscheinungen sehr ausgesprochen, d. h. ist der Affekt stark, so werden in nicht allzu klarer Umschreibung das innere Gefühl (Lust, Unlust, Zorn, Trauer) als „der Affekt“ und die vom Trieb geforderte Handlung nebst der Assoziationsveränderung, der Mimik und den vegetativen Symptomen als seine „Wirkung“ aufgefaßt. Diese Vorstellung ist so eingewurzelt und allein allgemein verständlich, daß wir, um nicht weitläufig zu werden und mit neuen Begriffsabgrenzungen zu arbeiten, auch hier die Affektivität wie etwas Selbständiges beschreiben.

Die Affektivität[1].

In der Affektivität, in Lust und Unlust, drückt sich unsere Stellungnahme zu aktivem und passivem äußeren Geschehen aus. Sie ist bedingt durch unsere Hirnanlage (angeborene Triebe), viele Chemismen (Hormone, Gifte), die momentanen Konstellationen (die nämliche Speise ist bei Hunger angenehm, bei Übersättigung unangenehm) und durch eine Menge von Erfahrungen, die durch Assoziationen unsere Stellung beeinflussen. Der Begriff der „Stellungnahme" ist ohne weiteres klar in bezug auf das uns ohne unser Zutun Gebotene, das wir annehmen oder ablehnen; wir müssen dazu aber auch die bloß aktive Stellungnahme rechnen, die in unseren Trieben liegt, bestimmte Erfahrungen aufzusuchen (nicht bloß gebotene anzunehmen, oder abzulehnen). Die Ausübung der Triebe, die Vorstellung der Triebziele ist mit Lust verbunden, die Unterdrückung der Triebe und das Verfehlen ihrer Ziele mit Unlust.

Auf die Unterschiede in der einfachen Lust- und Unlustbetonung der Reize von außen und der Triebe gegenüber den „Affekten" kann hier nicht eingegangen werden; inwiefern die beiden Klassen eine Einheit bilden, kann sich wohl jeder vorstellen (evtl. vgl. BLEULER, Affektivität usw).

Die Reaktionsweisen der einzelnen Triebe werden nicht bloß durch ihre spezifischen Eigenschaften, ihre Richtung und relative Stärke bestimmt, sondern in manchen Beziehungen durch die allgemeine Reaktionsweise des ganzen Gehirns, bzw. der Persönlichkeit. Von dieser Reaktionsweise hängt es ab, wie die verschiedenen einzelnen Annahmen und Ablehnungen verlaufen, ob lebhaft, energisch, mit großer Schaltkraft und Dauerwirkung, oder anderseits schwach und ohne räumlich und zeitlich weittragende Bedeutung, und vor allem, ob im allgemeinen mehr Tendenz zur Annahme oder zur Ablehnung der Lebensreize besteht.

Auf andere Theorien der Affektivität gehe ich nicht ein und will nur erwähnen, daß die neuerlich z. B. in psychanalytischen Kreisen wieder beliebte Auffassung, daß schwache und mittelstarke psychische Vorgänge Lust, stärkere aber Unlust erzeugen, mit den alltäglichsten Erfahrungen im Widerspruch stehen. Es gibt doch genug Reizarten, die schon bei der geringsten Intensität unangenehm sind (z. B. Gerüche, Geschmäcke), und sogar andere, die bei höchster Stärke angenehm sind (z. B. Wollust). Jene Ansicht rührt offenbar davon her, daß starke Reize oft schädigend auf die empfindenden Organe wirken, während im allgemeinen das Empfinden von Reizen ein Bedürfnis, also angenehm ist (normaler „Reizhunger").

Zur Affektivität gehören die Gefühle von Lust und Unlust, schön und häßlich und vieles Ähnliche, die Affekte, die Emotionen, die Stimmungen usw., nicht aber umfaßt der Begriff die ungeschickterweise ebenfalls Gefühle genannten unbestimmten Empfindungen („Bewußtheiten"; Gefühl, daß jemand neben einem stehe), unbewußte Schlüsse („Gefühlsdiagnose"; Gefühl, der A meine es schlecht mit mir), Empfindungen niederer Sinne (Tastgefühl, Gefühl von Hitze), dann als Gefühle bezeichnete Bestandteile innerer Wahrnehmungen (Bekanntheitsgefühl, Gefühl des Schonerlebt, der Sicherheit). Diese Funktionen gehören alle der Noopsyche und nicht der Ergie an.

Nur ein von diesen Nebenbedeutungen gereinigter Begriff hat allgemeine Eigenschaften.

Manche wollen die Affektivität als eine eindimensionale Skala zwischen Lust und Unlust auffassen. Es scheint mir aber doch, daß die Lust der

---

[1] Vgl. BLEULER: Affektivität, Suggestibilität, Paranoia, II. Aufl., Halle: Marhold 1925. Die wenigen und nebensächlichen, dort von dieser Darstellung abweichenden Anschauungen sind leicht zu korrigieren.

Liebe und die einer Sportleistung, der Schmerz einer Verwundung und die Trauer um verlorenes Glück sich *qualitativ* stark unterscheiden, auch wenn man den Begriff der Affektregung noch so gründlich von allen Begleitempfindungen befreit.

Eine besondere Stellung nehmen die von MONAKOW so genannten *Urgefühle* ein, die unmittelbar der Selbsterhaltung dienen, Nahrungstrieb, Geschlechtstrieb, vor allem aber der Schmerz. Die Empfindungen, die uns vom eigenen Körper zugehen, stehen meist in so unmittelbar enger Beziehung zu ihren Gefühlen, daß man sie gewöhnlich von diesen gar nicht zu trennen versucht. Als Hunger bezeichnet man einen Empfindungskomplex so gut wie ein Gefühl. Am ehesten noch kennen wir den *Schmerz*, die Reaktion auf Störungen der Integrität des Körpers, die eine sofortige Stellungnahme verlangen. Er hat eine Empfindungskomponente, insofern er lokalisiert ist (wir würden wohl den Verhältnissen nicht gerecht, wenn wir uns ausdrücken würden, wir empfinden einen Stich und reagieren darauf mit Schmerz; subjektiv ist das, was wir als Schmerz bezeichnen, selbst lokalisiert), und bis hinauf zum Großhirn besitzt der Schmerz besondere Leitungen; er ist also bis dahin ein umschriebener zentripetaler Vorgang und nicht eine Allgemeinreaktion (immerhin bewirken schmerzhafte Reize schon im Rückenmark besonders heftige und ausgedehnte Reflexe, aber auch Reflexhemmungen). Es wird sich nun so verhalten, daß ein Reiz zur Rinde geht, der besondere Lokalwirkungen, aber auch eine besondere Stellungnahme des ganzen Ich dazu auslöst. Die Lage der Leitungsbahn hat die Schmerzempfindung mit einer speziellen Art der Körperschädigung, der Hitze- und Kälteempfindung, gemeinsam. Man hat auch Gründe für die Annahme, daß die zentripetalen Bahnen des Licht-Pupillenreflexes nicht identisch seien mit den lichtübermittelnden Fasern des Opticus, so daß wir nach allen Seiten Analogien finden.

Der Schmerz als Stellungnahme, als der Affektivität angehöriges Gefühl, dokumentiert sich in der Allgemeinreaktion mit ihrer Stärke, dem Zwingenden derselben, dem Einfluß auf die Assoziationen, aber auch in der Unterdrückbarkeit, die in merkwürdigem Gegensatz steht zur gewöhnlichen Unwiderstehlichkeit der Schmerzreaktionen. Ablenkung, irgendein Affekt, namentlich aber hypnotische Suggestion können viel leichter den Schmerz als eine Empfindung unterdrücken. Ja der Schmerz kann im Martyrium, in hysterischen Eigentümlichkeiten, im Masochismus, in manchen banalen Reaktionen, die uns veranlassen in kleinen Wunden zu wühlen, als Lust empfunden, d. h. in unserer Auffassung angenommen statt abgelehnt werden (natürlich bezeichnet in diesem Satz das Wort „Schmerz" nicht den Gefühlsanteil, der eben Lust ist, sondern den Empfindungsanteil). Trotz dieser verhältnismäßig leichten Dissoziation der beiden Komponenten des Schmerzes können wir aus der subjektiven Einheit „Schmerz" die beiden Anteile nicht herausfühlen; ja wir kennen den Empfindungsanteil noch nicht recht. Analgetische Hypnotisierte geben von etwas wie Schmerz gar nichts an, sondern nur die Empfindung des Schneidens, Brennens oder Reißens. Da ich keine Operationen an Hypnotisierten mehr gemacht habe, seit mir diese Fragestellung bewußt ist, muß ich die Beantwortung andern überlassen.

Auch das phylogenetische Alter der Urgefühle zeigt sich in Besonderheiten. Beim Schmerz fallen die Reaktionen auf, die besonders elementar sind: Davonlaufen, Schreien, Wüten, Bewegungslosigkeit. Chronischer körperlicher Schmerz führt sogar beim Menschen sehr viel weniger zum

Selbstmord als das, was wir aus Analogie auf psychischem Gebiet als Schmerz bezeichnen. Des Selbstmordes fähig ist eben nur ein überlegendes Wesen, und Überlegen ist eine Funktion der Hirnrinde, während der Schmerz, wie alle Urgefühle, in irgendeiner Weise noch zum größeren Teil in Reaktionen der tieferen Teile besteht. Damit hängt es wohl auch zusammen, daß der Schmerz so auffallend rasch vergessen wird. Der körperliche Schmerz ist erledigt, wenn er vorbei ist, und äußert sich nur noch — aber auffallend wenig regelmäßig — in größerer Vorsicht gegenüber Wiederholungen der schmerzverursachenden Situation.

Im Gegensatz dazu führen diejenigen negativen Affekte, die Bezug auf den Verkehr mit den Menschen haben, besonders, wenn man sich denkt, es könnte auch anders sein, oder hätte anders sein können, und diejenigen der feineren Erotik, leicht zu dauernden Wirkungen: MEYER-GROSS[1] bemerkt, daß ein Trommelfeuer weniger nachträgliche Folgen habe als Zurücksetzung durch einen Vorgesetzten. Eine Kränkung, eine Ungerechtigkeit, eine unglückliche Liebe werden nicht nur nicht vergessen, sie können manchmal gar nicht zum Abschluß gebracht werden und stören deshalb das Leben oft bis zum Tode — und oft noch mehr, wenn sie ins Unbewußte verdrängt sind, als wenn sie bewußt bleiben. Ein Unglück durch Naturgewalten trägt man viel leichter, und in der Regel findet man sich damit verhältnismäßig rasch ab. Im Kleinen kann man den Unterschied besonders deutlich herausheben, wenn man sich vorstellt, wie ungestört man im Lärm und dem Gerüttel der Eisenbahn arbeiten kann, während es ganz unmöglich wäre, sich zu sammeln, wenn uns jemand boshafterweise am Schreibtisch die gleichen Störungen antun würde. Diese Unterschiede sind für das Verständnis der krankhaften Reaktionen, die die Neurosen hervorbringen, nicht unwichtig, können aber auch für Normen des Verhaltens sehr nützlich sein, indem man viel besser in der Welt auskäme, wenn man auf manche Unannehmlichkeiten, die von Menschen kommen, so reagieren würde, wie auf die des Wetters. Neben den phylischen Altersunterschieden der Reaktionen und der verschiedenen Anteilnahme des Gedächtnisapparates hat dabei namentlich die Vorstellung, ob etwas „anders sein könnte", eine Bedeutung. Was nicht zu ändern ist, ist meist erledigt. Wo man sich auch nur im Prinzip vorstellen kann, es könnte anders sein, hindert diese Vorstellung die Abstellung des Gelegenheitsapparates, oder, mit FRIEDMANN zu reden, die Abschlußfähigkeit des Gedankens.

Ältere und elementare Affekte sind auch die, die einfach mit den Ausdrücken von *Lust und Unlust* bezeichnet werden. Auch sie sind jedenfalls älter als die Hirnrinde, und konstitutionelle Einflüsse, Gesundheit und Krankheit, Alkohol, Tuberkulin und andere Gifte wirken direkt nur auf solche elementare Affekte. Hier sei auch an die Sexualhormone erinnert, die die Gefühlsbetonung gegenüber den Sexualobjekten bestimmen. Letztere sind natürlich auch älter als die Hirnrinde, ebenso wie der Zorn, wenn man die entsprechenden Äußerungen bei niederen Tieren als Affekt und nicht als bloße Reflexe auf gewisse Formen körperlichen und psychischen Schmerzes bezeichnen will.

Die Richtung unseres Handelns in Stellungnahme und Trieben und Instinkten ist angeboren. Die Affektivität als solche entwickelt sich nach

[1] Z. Neur. 60, 165 (1920).

der Geburt wenig mehr und geht auch durch die schwersten Hirnkrankheiten nicht verloren[1]; sie kann nur z. B. bei Hirndruck oder Hirnschwellung mit allen andern Funktionen in dem allgemeinen Torpor nicht fungieren oder in der Schizophrenie primär durch die Störung des Zusammenarbeitens der verschiedenen Funktionen, und sekundär durch „Abspaltungen" an der Äußerung gehindert sein, oder vielleicht dadurch, daß das Ich zu zerrissen ist, um eine Funktion zu tragen, die in ihrem Wesen eine Gesamtreaktion des ganzen psychischen Organismus darstellt[2].

So hat denn auch der Säugling schon ein Verständnis für affektive Äußerungen[3]; auf Koselaute wie auf mißbilligenden Ton reagiert er in entsprechender Weise; ja die affektive Mimik konnte von NEUTRA mit einem gewissen Recht als die „interbestiale Sprache" bezeichnet werden, weil sie auch von Geschöpfen verschiedener Arten noch in weitgehendem Maße verstanden wird; man denke z. B. an unsern Verkehr mit Hunden. Je jünger ein Kind, um so weniger kümmert es sich um den Inhalt einer Rede, und um so sicherer reagiert es auf den Ton. Es ist ein Scherz, der auch bei mehrjährigen Kindern immer einschlägt, daß man ihnen in drohendem Tone sagt: „Soll ich dir die Ohren stehen lassen und das Leben schenken?"; sie fürchten sich davor wie vor einer wirklichen Drohung. Bezeichnend für die soziale Funktion der Mimik ist es, daß man sie mit dem peripheren Gesichtsfeld instinktiv viel besser erfasst, als der Schärfe der Gesichtsbilder, gemessen an dem Verständnis für sonstige kleinere Formvariationen von Körpern, zu entsprechen scheint (ähnlich Bewegungen und Orientierungen im Raum überhaupt). Wieviel mehr das Verhältnis der Menschen untereinander durch die Affektivität geleitet wird als durch die Intelligenz, zeigt (abgesehen von dem Verhalten der moralischen Gefühle) der fast normale Verkehr mit Idioten gegenüber dem mit affektiv abnormen Schizophrenen oder nur Psychopathen, ferner folgendes hübsche Experiment: Eine Gymnasialklasse verabredete sich, unter sich und im Verkehr mit den Lehrern nur noch das Notwendigste zu reden. Das konnte ohne Schwierigkeit durchgeführt werden. Der Versuch aber, nicht mehr zu lachen, schaffte so unangenehme Situationen, daß man ihn sofort wieder aufgeben mußte (KLAESI).

Die Affektivität braucht keinen Inhalt, kein Material von außen zu bekommen; die Erfahrung gibt in den Erlebnissen nur die Gelegenheit zur Stellungnahme, zur Affektproduktion. Intelligenz und Affektivität, abstrakt gefaßt, sind bei der Geburt fertig entwickelt; die Intelligenz muß aber zur Äußerung noch das Material durch die Erfahrung sammeln, während die Affektivität kein fremdes Material braucht, sich also gleich in allen ihren Komplikationen und Feinheiten äußern kann (nur in bezug auf das sexuelle Gebiet zeigt sie eine gewisse, aber oft überschätzte Entwicklung). Was wir im gewöhnlichen Leben eine durch hohe Entwicklung des Charakters und durch Bildung usw. raffinierte Affektivität nennen, das ist die Gefühlsbetonung einer raffiniert ausgebildeten Intelligenz.

So sehen wir denn wirklich bei Kindern die kompliziertesten Gefühlsreaktionen schon vorhanden, zu einer Zeit, wo der Inhalt der Intelligenz noch ein äußerst geringfügiger ist. Die Affektivität leitet die Assoziationen in einer bestimmten Richtung, ohne daß die Erfahrung diese Richtung beeinflussen könnte. Das sind die oft verblüffenden instinktiven Verständnisse für kompliziertere Situationen, und

---

[1] Vielleicht bilden manche Formen der Encephalitis epid. eine — unverständliche — Ausnahme.

[2] Ganz erklärt scheint die schizophrene Apathie auch damit nicht.

[3] Vgl. im folgenden: Suggestion.

die noch viel auffallenderen richtigen Reaktionen darauf. Als einer meiner Jungen mit 5 Monaten zum erstenmal auf eigenen Füßen stand, zeigte er sich sichtlich stolz darauf, guckte um sich wie ein Hahn, so daß wir beide Eltern mit Lachen herausplatzten. Da kamen wir aber schön an, indem der Kleine in ein jämmerliches Geschrei ausbrach mit dem Typus des Geärgerten. Das Lachen über seine neue Leistung hatte er nicht vertragen. Wer nicht dabei war, und die ganze Reaktionsweise des Knaben nicht vorher und nachher studiert hat, wird natürlich, wie ich selbst zunächst, geneigt sein, zu glauben, es handle sich um ganz andere Dinge, ich lege den Stolz und den Ärger über das Auslachen in die Reaktion hinein. Ich glaube aber in der Beziehung so skeptisch als möglich zu sein; die tägliche Beobachtung des Kleinen bis zu der Zeit, da er sich selbst über seine Gefühle äußern konnte, erlaubte aber keine andere Auslegung[1]. Einige weitere Beispiele werden die Sache noch besser darlegen. Im 11. Monat verlangte er einmal aufgestellt zu werden, als er auf dem Boden saß. Ich lehnte das ab mit dem Hinweis, daß er den Boden naß gemacht hatte. Da machte er sein überlegenes und entschiedenes Gesicht, hob sich ganz langsam vom Boden und guckte mit einem Herrscherblick um sich, der deutlich sagte: Wenn du mir nicht helfen willst, so weiß ich mir selbst zu helfen. — Wenig mehr als ein Jahr alt, wollte er einmal nicht gehorchen, worauf ich ihm sagte: „Jetzt ist der Papa noch Meister, so lange du so klein bist.“ Darauf warf der kleine Knopf, der noch kaum ein halbes Dutzend Worte sprechen konnte, den Kopf zurück und wiederholte vielfach, mit dem Kopf und Oberkörper von vorn nach hinten wackelnd, wie wenn er sich in affektierter Weise verbeugen wollte, und mit einer höhnisch ironischen Miene: „Papa, Papa, Papa“, und auch das in einem so spöttisch respektvollen Tone, wie es kein Schauspieler besser hätte tun können, wenn er meine Papa-Autorität hätte verhöhnen wollen. — Oder er hat etwas Dummes gesagt, z. B. die Mama sei bös; dann führt er es, sobald er den Fehler merkt, ad absurdum, indem er der Reihe nach alle Anwesenden, inklusiv sich selbst, auch als bös bezeichnet. — Oder mit 31 Monaten führte er sich schlecht auf, worauf ich ihm sagte, nun müsse er in das für solche Fälle benutzte Isolierzimmer gehen. Ohne jedes Besinnen gab er zur Antwort: „Ist Miezi auch dort.“ In diesem Falle ist die scheinbare Diplomatie, mit der er der Strafe die Spitze zu nehmen wußte, eine ganz bewunderungswürdige. Dahinter eine Überlegung, einen intellektuellen Vorgang zu suchen, wäre ganz gewiß falsch. Die Situation brachte einen versteckten Trotz, der mich nicht beleidigen wollte, hervor; dieser Affekt brachte von sich aus „instinktiv“ die ihm entsprechende Reaktion, die richtigen Assoziationen zustande.

Noch komplizierter ist die Reaktion im folgenden Falle, für dessen genaue Beobachtung der Vater alle Garantien gibt. Brüderlein war ca. zweijährig, als ein Schwesterlein ankam. Da verschob einmal bei einem forcierten Husten und Aufsitzen die Wöchnerin ihre Unterlagen. Sie gab dem Gatten einen Wink, ohne sich sprachlich über das Vorgefallene zu äußern, weil sie die Beobachtung des Kleinen kannte. Während der Vater die Sache in Ordnung machte, hielt sich der Knabe vom Bett abgewandt, in nervöser Weise beschäftigt — mit nichts, gerade wie ein Kellner, der im Aufenthaltszimmer von Fremden anwesend sein muß, ohne etwas da zu tun zu haben, als zu warten oder zu überwachen. Sobald die Sache in Ordnung, war, hatte auch der Kleine seine ganze Unbefangenheit wieder erlangt. Es war, als wenn er nichts bemerkt hätte. Am andern Tage aber bekam er von der Mama Vorwürfe, daß er seine Kleider genäßt hatte. Die Antwort war: „Mama auch — Mama auch — Mama hat auch gehustet — Mama hat auch gehustet.“ Der letztere Satz wurde dann in den nächsten Minuten noch mehrmals wiederholt. Klar ist, wie der Kleine sofort mit dem Gefühl (gewiß nicht mit der bewußten Intelligenz) begriffen hatte, daß an der Situation etwas zu verbergen sei, etwas, das nicht zu bemerken und nicht bemerkt zu haben gut sei. Er reagierte dementsprechend, so gut wie ein intelligenter, mit bewußter Überlegung handelnder Erwachsener getan hätte. Er hatte aber auch begriffen, daß etwas Ähnliches vorging, wie wenn er im Bett trocken gelegt wurde, und als er getadelt wurde, konnte er die vulgäre Entschuldigung, die Mama hat so etwas auch gemacht, nicht unterdrücken. Er durfte aber von der heikeln Sache nicht direkt reden, und so benutzte sein Instinkt die Verschiebung, statt des ihn entschuldigenden Vorganges, Unordnung im Bett, die Ursache und Begleiterscheinung desselben, das Husten zu nennen — den Sack zu hauen und den Esel zu meinen. Vom intellektuellen Standpunkt aus war ja das nicht gerade geschickt; er gab das Geheimnis preis, oder, wenn er nicht verstanden worden wäre, war seine ganze Verteidigung wertlos. Aber gerade diese Lücke beweist, wie wenig das im Spiel war, was wir Intellekt nennen.

[1] Ich habe die nämliche Reaktion seitdem auch bei anderen Kindern dieses Alters gesehen.

Dieses Beispiel zeigt am besten, was für einen Grund der Sprachgebrauch hat, von „Gefühlserkenntnissen" zu sprechen, zu sagen, man könnte etwas nicht erkennen, sondern nur fühlen. In diesen Fällen ist es die Affektivität, die die Assoziationen leitet. In Wirklichkeit handelt es sich eben nicht um ein Erkennen, sondern einfach um eine instinktive Reaktion, die das Richtige trifft. Die teils äußere, in gewisser Beziehung aber auch innere Ähnlichkeit mit den Gefühlsdiagnosen ist einleuchtend, wenn auch bei den letzteren unbewußte Beobachtungen und Schlüsse das Wesentliche ausmachen, während die Affektivität zurücktritt.

Affektivität und intellektuelle Vorgänge lassen sich nur theoretisch voneinander trennen. Jeder Psychismus besteht aus einem einheitlichen Vorgang zugleich intellektueller und affektiver Natur; wir können nichts erleben ohne dazu Stellung zu nehmen, und eine Stellungnahme oder einen Trieb ohne etwas, das man annehmen oder ablehnen könnte, gibt es nicht. Auch die Stimmungen, die aus physischen Zuständen herauswachsen (z. B. melancholische Zustände) äußern sich in der Gefühlsbetonung aller Erlebnisse. Bei von verdrängten Komplexen herrührenden „frei flottierenden" Affekten ist der die Stimmung verursachende intellektuelle Vorgang zwar vorhanden, aber nicht bewußt; im Bewußtsein überträgt sich auch diese Stellungnahme mehr oder weniger stark auf alle andern Erlebnisse, und zugleich fehlen niemals die körperlichen, den Affekt begleitenden Empfindungen. Wahrnehmungen oder Vorstellungen, wie z. B. die einer geometrischen Figur, scheinen allerdings zunächst von gar keinem Affekt begleitet zu sein. Sobald man sich aber fragt: Was ist schöner, ein Quadrat oder ein Trapezoid? so kann man ohne weiteres darauf antworten.

Die Richtung auf etwas hin in Stellungnahme und Trieb ist von innen gesehen Lust, die Abwendung Unlust.

Die Geschmacksreizung durch eine Speise, die der Organismus annimmt, der Anblick einer schönen Frau sind mit Lustgefühlen verbunden, ebenso die Betätigung jedes „positiven Triebes", das Essen oder schon die Jagd nach Nahrung. Die Anregung durch Sinnesreize wirkt im allgemeinen angenehm; wenn diese eine Stärke erreichen, die den Organismus schädigt, werden sie unangenehm oder schmerzhaft. Negative Triebe in dem Sinne, daß ihre Ausübung an sich mit Unlust verbunden wäre, kann es nicht geben. Die Handlung in der Richtung jedes Strebens ist mit Lust verbunden, *ist*, als schlechthinige Handlung von innen gesehen Lust. Eine Strebung, die von innen gesehen Unlust wäre, wäre an sich abgelehnt, also gar keine Srebung, ein innerer Widerspruch wie eine stillstehende Bewegung. „Negative Triebe" sind Reaktionen auf unlustbetonte Erlebnisse oder Vorstellungen. Es gibt also eigentlich keinen negativen Trieb, sondern nur eine negative Stellungnahme. Der positive Trieb kann etwas suchen, das nicht da ist. Etwas vermeiden oder bekämpfen kann man nur, wenn es da ist oder erwartet werden kann. Der negative Trieb, der einem unlustbetonten Erlebnis ausweicht, berührt sich mit den positiven Trieben: Nicht nur *lockt* uns die Freude am Essen Nahrung aufzusuchen, der nagende Hunger kann uns geradezu *zwingen*, es zu tun. Wenn nun auch der Hungerreiz im Körper selbst entsteht, so ist er doch eine Empfindung, zu der man Stellung nimmt, wie zu einer von außen angeregten. Die Beseitigung des Hungers ist zugleich mit Lust verbunden; so sind hier positiver und negativer Trieb eins. In der „Vorsicht" besitzen wir einen Instinkt, einen Trieb, Verletzungen oder Zerstörungen unseres Körpers, bevor sie begonnen, zu vermeiden. Bei gefährlichem Sport spüren wir das Angenehme der Betätigung, ferner das Machtgefühl, das in dem „Spielen mit dem Feuer" liegt[1], meist aber überwiegt in Gefahr die Angst, die verbunden ist mit der Vorstellung von dem, was wir vermeiden wollen. Nimmt die Gefahr den Charakter der unmittelbaren Bedrohung des Lebens an, so ist die höchste Angst die gewöhnliche Form des begleitenden Unlustgefühls. Die Erstickungsangst infolge von Überladung des Gehirns mit Kohlensäure treibt uns, besssere Verhältnisse für die Atmung zu schaffen (für krankhafte Zustände sind

[1] Schwalben und Finken können Katzen in viertelstündigen und noch längeren Spielen reizen.

solche Triebe natürlich nicht gebildet)[1]. Beim fertigen tierischen Individuum ist ein „*Lebenstrieb*" wohl nur als Abstraktion aus all den einzelnen Trieben und Stellungnahmen (Nahrungstrieb, Vermeidung von Verletzungen, von Bedrohungen des Lebens überhaupt) erfaßbar; einen Begriff des Lebens und des Todes werden ja Tiere kaum haben. Beim Menschen allerdings besteht neben den Einzeltrieben noch die bewußte Tendenz, möglichst lange zu leben und „den Tod zu fürchten"; aber auch er ißt meist aus ganz anderen Gründen als um zu leben. *Genetisch* ist das Primäre natürlich überall der allgemeine Lebens-(Erhaltungs-)trieb, der erst nachträglich entsprechend den verschiedenen Notwendigkeiten (Ernährung usw.) und Gefahren in Spezialtriebe gespalten wurde.

Da es nur positive Triebe gibt, d. h. solche, die direkt mit Lust verbunden sind, oder solche, die Unlust vermeiden, überwiegt beim gesunden Geschöpf, das nicht von außen gehemmt wird, und das seine Lebensbedingungen findet, die Lust stark über die Unlust. Es ist ein Vergnügen, gestärkt zu erwachen, sich zu betätigen, auf die Jagd nach Nahrung zu gehen, zu essen, in der Verdauung oder bei Ermüdung zu ruhen oder einzuschlafen usw. Wir Kulturmenschen allerdings mit unserem Voraussorgen und Nachkümmern, mit unserem Gewissen und unseren Verantwortungsgefühlen und dem ausgedehnten Mitleid erzeugen mehr negative Gefühle als uns lieb ist. Auch ist die Organisation der „Arbeit" eine so unnatürliche geworden, daß das Schaffen und Erwerben für viele ein unangenehmes Mittel zum Zweck der Erhaltung des Lebens geworden ist, und man sich für diese Fälle fragen kann, ob die Erhaltung eines solchen Lebens einen genügenden Zweck darstellt. Vielleicht kommt die Intelligenz auch einmal dazu, diese ihre Nachteile zu kompensieren, wozu Wege denkbar sind.

Lust und Unlust sind insofern verwandt, als beide der nämlichen Dimension angehören, nur mit umgekehrtem Vorzeichen: Verminderung der Lust ist Unlust und umgekehrt. Wenn wir bei leichter Müdigkeit die Annehmlichkeit des Ausruhens empfinden, so wissen wir nicht, ob das Aufhören der Müdigkeit oder das Ausruhen an sich das Lustbringende sei. Eine bestimmte Wärme ist sehr angenehm, wenn sie uns ein unangenehmes Frieren beseitigt. Ich vermute allerdings, daß die Beseitigung der Müdigkeit oder des Frierens einerseits und die Annehmlichkeit des Ausruhens oder der Erwärmung anderseits in solchen Fällen eigentlich das nämliche seien. Im Ausruhen liegt die Beseitigung der Müdigkeit wie im Essen die Stillung des Hungers.

Die mit Lust betonten Erlebnisse sind also im großen und ganzen die der Erhaltung des Individuums oder der Art dienlichen, die unlustbetonten die schädlichen. Daß es Ausnahmen geben muß, indem z. B. der uns schädliche Alkohol mit Lust, der nützliche Fischtran von unserer Rasse mit Widerwillen genossen wird, oder der Fisch auf einen Wurm beißt, in dem eine Angel steckt, ist selbstverständlich: Der Organismus kann phylogenetisch nur den häufigen Vorkommnissen, wie auch nur den Durchschnittsstärken der Reize angepaßt sein. Unsere kaum merkbaren Äußerungen von Wohlwollen oder Ablehnung leiten das Verhältnis

---

[1] Eine noch nicht recht verständliche Form der Angst ist die *Sexualangst*. Schon normal ist die geschlechtliche Erregung (mehr bei Frauen als bei Männern) mit Affekten verbunden, die man nicht anders wie als Angst bezeichnen kann; die körperlichen Zeichen der Angst, namentlich Zittern und Herzklopfen, sind dabei etwas ganz Häufiges; vielen wird die sexuelle Erregung erhöht oder allein möglich gemacht durch eine ängstliche Situation (Angst vor Entdeckung usw.); Angst vor Strafe, ja bloße Angst den Zug zu verfehlen, erregt manchmal direkt sexuelle Gefühle bis zum Orgasmus; krankhafte Angstzustände, z. B. bei Melancholie, sind oft mit unwiderstehlichem Trieb zum Onanieren verbunden, und was das Auffallendste ist, unterdrückte oder unbefriedigte Sexualität führt zu Angstzuständen. Man könnte sich vielleicht denken, die Bedrohung der Existenz der Spezies (Fortpflanzung) sei etwas Ähnliches wie die Bedrohung der individuellen Existenz; da aber diese Angst nicht, oder wenigstens nicht direkt, zur Sexualhandlung führt, wäre sie auch aus diesem Zusammenhang nicht restlos zu verstehen. *Neurotische Angst ist wohl fast immer, schizophrene meist, eine Sexualangst infolge Unterdrückung des Sexualtriebes oder einzelner seiner Komponenten.*

zu den Mitmenschen[1]. Eine kleine Nuance Ärger hilft uns eine schlecht laufende Schublade aufmachen, einen Nebenmenschen zum Nachgeben veranlassen. Wenn *übertriebene* Affekte schädlich sind, so fehlt eben der Seltenheit des auslösenden Ereignisses in Qualität oder Quantität die Anpassung. Um solche Unannehmlichkeiten zu vermeiden, wird man Selbstbeherrschung gelehrt; diese darf aber nie so weit gehen, die Affektäußerungen zu unterdrücken, sonst wird der Mensch uns unverständlich, unsympathisch, unheimlich.

Nicht selten sind scheinbar überstarke Affekte in der Form der Primitivreaktionen die letzte Zuflucht gerade da, wo die Überlegung *primär* den Umständen nicht gewachsen ist: wütendes Ausschlagen ohne Rücksicht auf die gefährdete Integrität des Körpers, blindes Drauflosrennen, Schreckstarre retten manchmal unter solchen Umständen das Leben und sind deshalb die Reaktionen vieler Tiere, aber auch der Menschen, deren Verstand einer Situation nicht gewachsen ist.

Die Moral. Die Affektivität dient der Erhaltung des Individuums, aber auch der Art oder der Allgemeinheit, in der das Individuum lebt. Die der Art dienenden Gefühle (und damit Triebe) sind die *ethischen*, die moralischen, die altruistischen oder, wie man jetzt oft sagt, die sozialen. Wir finden ethische Affekte überall, wo Geschöpfe in Gemeinschaft leben, unter den niederen Tieren am ausgesprochensten bei den Ameisen. Die Gemeinschaft kann auch nur eine vorübergehende sein, wie die Familie, die die Katzenmutter mit ihren Jungen bildet. Da auch die *Sexualität* (im weitesten Sinne, mit der Sorge für Nachkommenschaft und evtl. für die Familie), im Dienste der Art steht, hat es gute Gründe, wenn die sexuelle Moral besonders betont wird, obgleich die Bedeutung, die ihr die moderne Literatur zuschreibt, zu einem Teil auf Sensationslust beruht, zum andern aber auch davon herrührt, daß unsere jetzige Sexualmoral der Kulturstufe nicht recht angepaßt ist, und daß überhaupt eine ganz befriedigende Lösung der „sexuellen Frage“ für unsere Kultur unmöglich ist.

Die einzelnen ethischen Triebe, Liebe, Mitleid, Tapferkeit, Wahrheitsliebe, Eltern- und Kindesliebe usw. lassen sich alle rein naturwissenschaftlich begründen und in Wirklichkeit *nur* so begründen. Man will das allerdings verächtlich machen, spricht von „seichtem Utilitarismus“[2], verdichtet naturwissenschaftliche Erkenntnis und Konsequenz mit moralischem „Materialismus“ und will den Anschein erwecken, wie wenn die Fiktion des kategorischen Imperativs oder irgendwelche metaphysischen oder „absoluten“ Pflichten und Vorschriften, die jeder einzelne aus einer alten Suggestion holt und reichlich nach seinem Gutdünken färbt, etwas besonders „Ideales“ wären. Glücklicherweise ist unsere angestammte Ethik im großen und ganzen durch die phylische Erfahrung von Jahrhunderttausenden trotz der „Fortschritte“ der Menschheit noch wenigstens so weit brauchbar, daß sie das Menschengeschlecht erhalten

[1] Viel mehr als die Worte, deren Sinn das affektive Verhältnis zum Angesprochenen unter gewöhnlichen Umständen gar nicht oder mehrdeutig ausdrückt. Wie oft bedeutet ein „ja“ mit bestimmter Betonung „nein“ und wird ohne weiteres so verstanden! Die nämliche Rolle wird von verschiedenen Schauspielern ganz ungleich aufgefaßt.

[2] Oder SCHWEGLER: Gesch. der Philos., Reclam „Neue Ausgabe“, S. 75: Sokrates hat durch utilistische und eudämonistische Motivierungen „die Reinheit seiner ethischen Gesichtspunkte getrübt“. Wenn die Ethik weder nützlich sein, noch glücklich machen soll, wozu ist sie dann da? Nur um die Leute zu ärgern oder zu entzweien und Ausreden zu geben, um schlechte Handlungen zu motivieren?

kann, ohne daß die Wissenschaft ihr zu Hilfe kommt. Aber einzig die naturwissenschaftliche Betrachtung, die den Zweck jedes moralischen Triebes oder Gefühles und seinen Nützlichkeitswert unter gegebenen Verhältnissen untersucht, ist imstande, die Ethik eindeutig zu begründen und namentlich auch sich dabei den Verhältnissen anzupassen. Sie läßt die Konflikte zwischen verschiedenen Pflichten verstehen und das Relative der ethischen Forderungen. Ein Geschlechtsverkehr ohne Zeugungsmöglichkeit, also mit dem eigenen Geschlecht oder als Coitus interruptus, war bei den Israeliten, die alles daran setzen mußten, ihre kleine Rassengemeinschaft gegenüber den größeren Völkern, neben denen sie wohnten, zu erhalten, ein todeswürdiges Verbrechen; an andern Orten war, und ist jetzt wieder, die Homosexualität höchstens eine Ungehörigkeit, der Coitus interruptus nicht mehr eine Ausnahme. Blutrache war eine ethische Forderung, als jede Sippe sich zu verteidigen hatte; auf das Rachegefühl („Sühne") gründen sich bis in die neueste Zeit viele als göttlich bezeichnete Vorschriften sowie die irdischen Strafbestimmungen; wir wissen nun alle, daß die letzteren den jetzigen Verhältnissen und Anschauungen gegenüber ganz ungenügend sind, und es kann nicht besser werden, bis sie sich frei gemacht haben werden vom Rachetrieb, den bereits Christus verpönt hatte, aber nicht konsequent genug, so daß viele seiner Nachfolger in seinem Sinne zu denken glauben, wenn sie wenigstens dem lieben Gott die Tendenz und seinen Werkzeugen die Pflicht der Rache zuschreiben. Der Rachetrieb paßt, rein praktisch gewertet, nicht mehr in unsere Kultur und muß verschwinden, resp. als Laster gewertet werden statt als Tugend. An seine Statt muß die Fragestellung kommen: Wie kann die Gesellschaft sich am besten vor den Asozialen schützen? Wobei das Mitleid ferner verlangt, daß man auch den Verbrechern nicht mehr Übles zufüge als zu diesem Zwecke nötig.

Ein Problem möchte ich dabei zur Zeit nicht definitiv lösen: *Wie weit soll das Mitleid und die Erhaltung der Schwachen gehen,* wo diese Bedürfnisse mit andern im Widerspruche sind. Die Ethik ist keine Eudämonie, sondern sie dient der Erhaltung der Lebewesen. Anderseits ist das Mitleid eine notwendige ethische Forderung; denn nur, wenn jeder sich in den andern hineinversetzt und ihm in seinen Nöten nach Kräften beisteht, ist ein Maximum von Lebensfähigkeit möglich. Aber es gibt Situationen, in denen die Betätigung des Mitleids für die Gesamtheit lebenshindernd wird; man denke an alle die Kranken und Schwachen, die eine auslesehindernde Fürsorge erhält, oft zum eigenen Leid des Kranken und noch mehr zu dem der Nachkommen. Mancher findet mit Grund sein Leben nicht mehr lebenswert. Da wird wohl weder die Überschätzung des einzelnen Lebens und die unbegrenzte und blinde Caritas noch die NIETZSCHEsche Konsequenz des gegenteiligen Standpunktes das Richtige treffen, sondern ich denke mir, daß man ein Optimum für die jeweilen gegebenen Verhältnisse wird suchen müssen.

Aber die Moral darf nicht von einer Generation oder von einer Revolution zur andern wechseln. Hinkt sie heute in ihrer Entwicklung etwas zu stark hinter den Bedürfnissen her, so ist das doch noch besser, als wenn sie der Willkür momentaner Wünsche überlassen würde. Ich fürchte übrigens trotz allen Wankens mancher moralischer Grundlagen in der Gegenwart den zu raschen Wechsel der eigentlichen Moral nicht sehr. Was wechselt, sind meistens die Anwendungen; phylische Anlagen können sich nicht rasch umwandeln.

Es braucht nicht ausgeführt zu werden, *daß, wie überhaupt die verschiedenen Triebe unter sich, so besonders die ethischen Triebe sehr oft mit denen der Selbsterhaltung, den egoistischen, in Konflikt geraten;* jeder kann vor die Frage gestellt werden: Soll ich mich oder die andern opfern, oder wenigstens die eigenen oder anderer Interessen? oder soll ich oder mein Nächster das Leiden tragen? Die Natur stellt nun deutlich, und aus sehr verständlichen Gründen, die Interessen der Gemeinschaft über diejenigen des Individuums, von der Ameise, die sofort ihr Leben einsetzt, wenn das Interesse des Volkes es erfordert, bis zur menschlichen Mutter, die in stillem Martyrium sich für ihre Kinder und den Säufer von Mann aufreibt. Es ist das selbstverständlich, nicht nur deshalb, weil dem Individuum auch sonst nur eine kurze Lebensdauer zukommt, sondern vor allem deshalb, weil die gegenseitige Hilfe eine Gemeinschaft kräftiger macht und durch den Untergang einzelner der Mehrzahl genutzt werden kann. Ein Maximum von Kraft und Glück auch des einzelnen ist nur bei einer tüchtigen Ethik möglich[1]. *Man kommt deshalb auch vom naturwissenschaftlichen Standpunkt unweigerlich dazu, die ethischen Gefühle und Triebe als die höchsten zu werten, denen sich die andern unterzuordnen haben.* Dabei ist aber nicht zu vergessen, daß die Gemeinschaft nur in den einzelnen Individuen lebt, der Nutzen für die Allgemeinheit also eine gewisse Größe erreichen muß, wenn er die Vernichtung des einzelnen Lebens rechtfertigen soll. *Und anderseits ist es dem Individuum eine moralische Pflicht gegenüber der Allgemeinheit, sich selbst leistungsfähig zu erhalten.* Seinen Körper durch allerlei Ausschweifungen oder Gifte schwächen ist nicht nur vom egoistischen Standpunkt aus eine Dummheit, sondern ein ganz grober Verstoß gegen die Ethik, gegen die Interessen der Allgemeinheit. *Es ist überhaupt falsch, wenn man die das Individuum erhaltenden Triebe unter dem Namen der egoistischen als Fehler und die arterhaltenden als Tugend wertet.* Nur wer für sich selbst richtig sorgt, kann der Allgemeinheit das Maximum leisten. Ein Altruist, der vor lauter Wohltun zu wenig produktiv ist, ist schädlich, ganz abgesehen davon, daß solche Leute meist am unrichtigen Ort helfen; und wenn dabei der Altruist zugrunde geht und der Lump (für den Augenblick) gerettet wird, so ist das Fazit nur ein Verlust. *Die Tugend besteht weder im Altruismus noch im Egoismus allein, sondern im richtigen Gleichgewicht beider Triebe und in deren Ausübung am richtigen Orte.*

Es wird nun eingewendet, um alle diese Dinge, wie die Erhaltung der Art, brauchen wir uns nicht zu kümmern. Was haben wir, oder was hat die Welt davon, daß die Species homo sapiens oder das Geschlecht der Schulze erst bei der Vereisung der ganzen Erde aussterbe? Von diesem Standpunkt aus kann man höchstens Pflichten der Eudämonie gelten lassen; was einmal da ist, soll ein Maximum von Lust und ein Minimum von Leiden zu tragen haben. Im übrigen hat man sich um diejenigen, die nicht geboren werden, nicht zu kümmern; haben sie keine Freude, so haben sie auch keine Leiden[2]. Dagegen ist zu sagen: Es ist nun einmal Tatsache und mit dem Leben untrennbar verbunden, daß die Geschöpfe sich um die Erhaltung des Individuums und der Art kümmern. Diejenigen, die es nicht tun, werden ausgemerzt; es bleiben immer diejenigen, die diese Triebe haben. Die Ethik in diesem Sinne wird also

[1] Es scheint mir übrigens, daß es im Naturbetrieb eine noch höhere Tendenz gebe: die *Erhaltung von Leben überhaupt*, gleichgültig, welcher Individuen und sogar gleichgültig welcher Arten, indem eines das andere frißt, abgesehen von dem Kohlenstoffkreislauf zwischen Pflanze und Tier. Ich habe aber noch keine Lust, es ethisch zu werten, wenn möglichst viele Bakterien von meinem lebendigen oder toten Körper ihr Leben erhalten.

[2] Bei dem engen Zusammenhang zwischen Sexualität und Moral gibt es namentlich auch manche Homosexuelle, denen für einen andern als den eben geschilderten Standpunkt jedes Gefühl und damit jedes logische Verständnis abgeht, denen deshalb nicht einmal naturwissenschaftlich begreiflich zu machen ist, daß das ausschließlich homosexuelle Fühlen eine Aberration, etwas „Krankhaftes", sei.

bleiben, solange Geschöpfe in Gemeinschaft leben, und was einer Gemeinschaft angehört, hat diejenigen Pflichten zu übernehmen, die die Gemeinschaft aufstellen muß. Handelt eines dem Interesse der Gemeinschaft zuwider, so hat diese es als Feind zu behandeln. Auch der Egoismus zwingt es also zu einem, wenigstens äußerlichen, ethischen Benehmen, wenn es nicht Selbstvernichtung vorzieht.

Eine Art Rassenselbstmord ist auch die Rassenvermischung, in der die Rassen zugrunde gehen, wenn auch unter (seltenen) Umständen neue daraus entstehen. Ich weiß, daß es bei den Menschen noch weniger als bei den natürlich lebenden Pflanzen und Tieren „reine Rassen" gibt, daß also alles Lebende in gewissem Sinne Mischrassen angehört. Aber was alles bei diesen Mischungen an ungenügender Anpassung zugrunde geht, das wird nicht in Rechnung gezogen, und auch nicht, daß ein großer Teil auch der lebensfähigen unmittelbaren Nachkommen aus Mischehen zwei Seelen in sich fühlt und deshalb weniger glücklich ist, wenn auch gerade aus solchen Konflikten Dichter und andere große Leute hervorgehen können. Der natürliche Instinkt sagt jeder Rasse, daß sie die höchste sei, und die Verbindung mit einer andern eine Mésalliance — von manchen Stämmen wurde diese als todeswürdiges Verbrechen gewertet — *und vor dem Forum der Wissenschaft hat der Instinkt recht.*

Eine Nebenfrage: Wenn der Zweck der Moral die Erhaltung der Arten ist, ist es moralisch, Tiere, die unserer Species nichts schaden, wie die Walfische und die Quaggas und die Elefanten und viele andere auszurotten? Gibt es nicht auch eine Moral aus der Gemeinschaft aller Lebewesen, wenigstens für gewisse Probleme? Eine solche wäre allerdings nur dem Kulturmenschen zugänglich.

Die notwendigen Funktionen zur Erhaltung des einzelnen und der Art sind natürlich für jedes Geschöpf phylogenetisch durch die Einrichtung des ZNSs bestimmt. Damit ist auch bestimmt, welche Erlebnisse man annimmt, und welche man ablehnt, kurz die Affektivität. Auf Umwegen über den Verstand oder die Erfahrung kann manches Erlebnis seine Wertigkeit ändern; die Freude am Gelde wäre nicht so groß, wenn es nicht mit der Vorstellung verbunden wäre, was man sich alles damit verschaffen kann. Belehrung, Suggestion, Verknüpfung mit anders gefühlsbetonter Vorstellung kann die Richtung unserer moralischen Strebungen und Empfindungen im einzelnen stark beeinflussen. Es wird zwar schwer sein, einen echten Zigeuner zur Achtung des Eigentums des Nichtzigeuners zu bringen; aber der Spartaner, der unter dem Einfluß der lykurgischen Gesetze stahl, hätte unter andern Gesetzen das Eigentum geachtet wie wir. Ein wichtiger Teil der angeborenen Moral besteht eben in dem Gehorsam gegenüber den Gesetzen und Gebräuchen seiner Umgebung, nicht aber in der Kenntnis der einzelnen Gesetzesvorschriften. Auch andere Affekte sind in ihren kausalen Zusammenhängen mitbedingt durch Erfahrung und logische Verbindungen. Man kann je nach der Begründung und den Erfahrungen das Vaterland lieben oder hassen. Durch Irradiation werden Stellungnahmen von einem Erlebnis auf ein damit assoziiertes übertragen: Man liebt den Ort, wo man Gutes erfahren. Eine Speise, die man bei Unwohlsein genossen, kann dauernd unangenehm schmecken.

Es gibt noch viele Leute, die mit einer solchen Auffassung der Ethik nicht zufrieden sind. Sie soll von außerhalb des Menschen kommen und etwas Allgemeineres sein; am schlagendsten findet diese Ansicht ihren Ausdruck in den Worten, die Ethik, resp. das Gewissen, sei das „einzig Absolute".

Daß wir unsere Auffassung vorziehen, ist nicht bloß ein Setzen einer Ansicht gegen eine andere, sondern läßt sich begründen[1]. Was haben wir aber für einen Grund, ein Absolutes überhaupt anzunehmen? Es hat noch niemand einen solchen, der sich irgendwie logisch, resp. aus den Tatsachen begründen ließe, genannt. Ich kann genau mit dem nämlichen Recht behaupten, daß alle Bewohner des Mars blaue Hosen tragen. Und was ist das Absolute? Der Begriff verfliegt uns doch, sobald wir ihn in Beziehung mit dem Weltganzen bringen und nicht in ziemlich naiver Weise uns einfach etwas vorstellen, das außer uns ist nach Analogie der Befehle eines Vaters oder eines Gottes; d. h. indem wir einfach einen nicht absoluten Begriff der Erfahrung nehmen und eine Bestimmung daraus zurückschieben: Befehl des Pfarrers — Gottes — Niemandes, d. h von Anfang an dagewesen. Der einzige Anhaltspunkt, irgend etwas wie einen Befehl, eine absolute Norm in der Ethik und dem Gewissen zu sehen, ist die Tatsache, daß man diese Norm in sich fühlt; man geniert sich vor sich selber wie vor anderen, etwas Schlechtes zu tun oder getan zu haben, und im letzteren Falle „plagen einen die Gewissensbisse“. Nun sagt das nichts anderes, als daß die Anlage in uns steckt, das eine mit angenehmen, das andere mit unangenehmen Gefühlen zu betonen. Warum diese Anlage etwas Absolutes sein soll und die andern gleichwertigen Anlagen von Hunger und Nahrungstrieb bis zur Intelligenz nicht, das ist nicht erfindlich — vom Standpunkt der Logik und der Tatsachen aus, um so besser aber vom Standpunkt des dereistischen Denkens, der Gefühlsbefriedigung. Leute, die heutzutage, wo man nicht auf eine religiöse Ethik mit ihren Dogmen eingeschworen zu sein braucht, sich an eine solche Theorie halten, haben immer eine besondere Wertschätzung ethischer Eigenschaften, stehen also wenigstens in Beziehung auf die Theorie ethisch hoch (da *das Handeln* noch von vielen anderen Faktoren abhängt, so namentlich von

[1] KANT hat seine Ansicht vom kategorischen Imperativ selber umgebracht, wenn er als Norm aufstellt: „Handle so, daß die Maxime deines Willens jederzeit auch als Prinzip einer allgemeinen Gesetzgebung gelten könnte.“ Er setzt hier eine relative und rein praktische Wegleitung ein.

Auch die Ansicht KANTs, daß es das Höhere sei, gegen seine Triebe aus bloßem Pflichtgefühl Gutes zu tun, als aus direkter Freude daran, ist vor dem Forum der Biologie noch schlimmer, als vor dem des Dichters (Schiller). Einmal muß die affektive Wertung, die Lustbetonung der Pflichthandlung, größer sein als die der schlimmen Handlung (oder negativ ausgedrückt: die Pflichthandlung muß mit weniger Unlust verbunden sein als die gewissenlose Handlung), sonst würde die Pflichthandlung nicht zustande kommen; denn es gibt nichts, das uns zum Handeln veranlaßt und die Richtung des Handelns bestimmt, als unsere Strebungen, die mit den Affekten eins sind. Der Erfinder des kategorischen Imperativs hat ja vergessen zu zeigen, daß dieser etwas anderes ist als unsere Triebe, und der Naturforscher hat nichts anderes dahinter entdeckt als unsere Triebe und keinen Grund etwas anderes zu vermuten. Das Pflichtgefühl nimmt nur deshalb eine relativ „hohe“ Stellung ein, weil es aus bewußter Überlegung heraus gewachsenes moralisches Streben darstellt; es kann nur beim höheren Kulturmenschen gut ausgebildet sein; den Tieren muß es wohl ganz fehlen (ich behaupte das deswegen nicht ganz bestimmt, weil wenigstens manche Hunde den Eindruck machen, irgend etwas dem Pflichtgefühl Analoges zu besitzen). Doch ist das alles Nebensache; der Mann, der mit dem Pflichtgefühl (oder mit irgend einem andern positiv gewerteten Trieb) schlimme Regungen darniederhalten muß und wenig direkte Freude an moralischen Handlungen besitzt, steht ethisch weniger hoch und leistet weniger als derjenige, der mit Freude ohne inneren Kampf gegen widerstrebende Triebe das Gute tut. *Wie* das Gute zu erreichen ist, das sagt uns nicht nur das unmittelbare Gefühl. Wer aus Pflichtgefühl Almosen gibt, schadet meist mehr als er nützt; der ideale deutsche Schul- und Drillmeister, der sein ganzes Leben der Pflicht seines Berufes weiht, aber nicht wohlwollend und mitfühlend sich in seine Schüler hineinlebt, ist ein größeres Unglück für die Generation, die er erzieht, als ein schlechterer Lehrer, der da und dort über die Schnur haut, aber mit seinen Schülern einen Gefühlsrapport hat, und dessen Fehler von ihnen erkannt und menschlich beurteilt werden. Und wenn nicht der ganze Mensch das Gute will, sondern nur ein Teil von ihm, und der andere nach dem Schlechten strebt, so ist eben nur ein Teil gut und der andere Teil ist schlecht. Da braucht es nur eine etwas außergewöhnliche Situation, und das Schlimme bekommt die Oberhand; und im besten Fall kann nur ein geringer Teil der Kraft des ganzen Menschen für das Gute verwendet werden. Bei der Vererbung ferner fallen die einzelnen Eigenschaften auseinander: die einen der Kinder können wohl das Pflichtgefühl des Elters erben, und wenn sie auch die schlimmen Triebe oder den Mangel direkter Freude am Guten miterben, so kann zwar ihr Pflichtgefühl die Fehler korrigieren wie beim Vater; aber diejenige Hälfte der Kinder, die zufällig gerade das Pflichtgefühl nicht mitbekommen, diese müssen asozial oder antisozial werden. Pflichtgefühl ist also vielleicht

der Willensstärke, ist damit nicht gesagt, daß sie ausnahmslos besonders *nützliche* Leute seien, aber sehr ehrenwerte sind es unter allen Umständen). Sie haben folglich das Bedürfnis, diese Eigenschaft, die sie besonders hoch schätzen, auch besonders herauszuheben, und das geschieht am besten durch deren „göttlichen" oder, moderner ausgedrückt, absoluten Ursprung, gerade so, wie das dereierende Denken des Altertums den Personen, die es besonders verehrte, göttliche Ahnen verlieh.

Deutlicher als man ohne genauere Bekanntschaft mit dem dereistischen Denken voraussetzen könnte, spielt aber noch etwas anderes hinein: Man hat den besten Gott oder die besten Eltern oder das größte Haus oder die schönste Hutfeder nicht nur dazu, um eine direkte Freude oder einen Nutzen davon zu haben, sondern auch deswegen, damit man vor andern etwas voraus hat. Das haben nun alle diese Leute ganz besonders. Man wird selten[1] einen solchen Denker lesen oder hören, ohne daß er uns zu verstehen gibt, er könne uns nicht nur belehren, sondern er sei überhaupt der „Bessere", und das deshalb, weil er diese Ansicht habe, die so sehr von den andern „materialistischen" absticht. Und unter dem Bessern versteht er gerade das Feinste, was Wertung überhaupt bieten kann. Man kann so edel handeln wie man will, wer nicht auch diese *Ansicht* hat, ist doch im Charakter nicht ganz so vollwertig wie der liebe Ich. All das zu denken, ist so hübsch, daß sich wohl niemand seinem Einfluß ganz entziehen kann, dessen Wertung eben auf theoretische Ethik eingestellt ist (Ethiker des Handelns gibt es wohl genug, die an solche Dinge nicht denken: Diejenigen, die direkt aus Liebe oder aus Erbarmen handeln und in Wirklichkeit viel mehr leisten). Da verfängt es nicht mehr, daß unter bestimmten Verhältnissen nur *eine* bestimmte Ethik möglich ist: ein kleines, in steter Berührung mit andern stehendes Volk muß seine Vermehrung und den Rassenzusammenhang in erste Linie, die Schlauheit über die Macht stellen; ein großes Volk hat die Tugenden der großen Gesichtspunkte, des Zusammenhaltens usw. nötig. Die Leute merken nicht, daß man sich von ihrem Standpunkt aus keine Vorstellung machen kann, warum denn die Ethik allein von allen unsern Trieben einen solchen Ursprung haben soll, warum sie von Gesellschaft zu Gesellschaft wechselt, oder was für ein Absolutes oder Göttliches oder kategorisch Imperativisches die Ethik der Ameisen durchdringt. Da heißt es einfach: Ja, Bauer, das ist ganz was anderes; wie willst du deine oder gar meine göttliche Sonne mit dem Leuchten des Johanniskäferchens vergleichen? Das *scheint* dir nur ähnlich; ich und du, wir handeln doch bewußt das Gute anstrebend, und die Ameise tut es aus blindem Triebe. Er bleibt aber schuldig, warum wir das Gute nicht auch aus Trieb tun, so gut wie etwas anderes (denn die ethischen Triebe sind eben Triebe), und warum die einen Menschen mehr, die andern weniger gut sind, mehr oder weniger von diesem Absoluten zu hören oder zu besitzen oder zu fühlen bekommen, und warum sich die Quelle dieser Eigenschaften meist (bei eigentlichen moralischen Idioten immer) in der Erbschaftsmasse finden läßt.

Die Theorien vom besonderen Ursprung der Ethik haben also bis jetzt auch gar nichts von einem Wert, der irgendwie mit dem zusammenhinge, was man in der Wissenschaft und im Leben Wahrheit oder Realität nennt. Die „Beweise", die ich kenne, beruhen auf einer petitio principii und sind, ganz gleich den Gottesbeweisen, nur für diejenigen überzeugend, die schon überzeugt sind. Die Theorien sind Wünsche, die sich in hübscher Einkleidung in einer Geburtstagsrede, die man an sich selber richtet, sehr gut ausmachen, von denen man aber vergißt, daß es Wünsche sind — wie gewöhnlich im dereistischen Denken.

Allerdings hat das noch einen Grund, dem aber der Kenner des dereierenden Denkens eine geringere Wichtigkeit beimißt: Die geläufige Vorstellung ist für den Pädagogen der großen und der kleinen Paides ausgezeichnet. Diese sind ja meist ungenügend fähig, aus der Nützlichkeit eine andere Moral zu ziehen als die, die ihnen und höchstens noch ihrer Familie den nächsten Vorteil bringt: so würden sie doch nur das Gegenteil von dem verstehen, was der gute Lehrer in seinem eigenen und auch anderer Interesse sagen möchte. Um so besser verstehen sie, ihre Gefühle in Gedanken umzusetzen, d. h. dereierend zu denken, und da ist es praktisch, sie dereierend, aber dafür brav, denken zu lassen. Und der Lehrer kann das Problem eben auch nicht so ganz durchdenken und deshalb auch nicht so darstellen, wie man es sollte. Also, was soll er sich mit naturwissenschaftlichen Grillen plagen;

---

die wertvollste oder eine der schönsten Blüten in der Moral des Kulturmenschen: aber wem die andern moralischen Triebe fehlen, der bleibt ein moralischer Krüppel, wie derjenige ein Idiot in der Orientierung bliebe, der sich nur noch mit Kompaß und Karte in seinem Haus und seiner Umgegend zurechtfinden würde.

[1] Ich kenne höchstens einen.

einfach und praktisch ist es als Dogma zu verkünden: Die Ethik ist das Höchste und Absolute; eine Ursache hat sie nicht; was ich sage, das ist das allein und ewig Richtige: Hättest du geschwiegen, du Nörgeler, so wärest du nicht nur Philosoph, sondern der bessere Mensch geblieben — wie ich, der ich würdig bin, das Kleinod zu besitzen.

Auch von Naturforschern kann die Ethik benutzt werden, um einander oder eine Theorie herabzusetzen. Da behauptet sogar HERTWIG, vom DARWINschen Standpunkt aus gebe es keine Ethik, sondern nur einen Kampf aller gegen alle. Ich glaube das Gegenteil gezeigt zu haben.

Natürlich wird niemand den Kampf ums Leben leugnen. Die organische Welt wird eben durch Gegenstrebungen im Gleichgewicht gehalten so gut wie die physische, in der z. B. das Sonnensystem durch das Gegenspiel von Anziehung und Zentrifugalkraft Dauer bekommt. Übrigens liegt das schon im Begriffe des Gleichgewichts, und es wäre interessant, einmal zu untersuchen, ob überhaupt etwas, Physikalisches oder Organisches, existieren könnte ohne ein Gleichgewicht, d. h. ohne Kraft und Gegenkraft; eine einseitige und ungehemmt wirkende Kraft müßte ja in unendlich kleiner Zeit abschnurren und könnte doch nicht aufhören, und außerdem könnte sie keine Wirkung haben . . .

Überhaupt wird kaum etwas so stark mißbraucht wie die Ethik. Viele schwärmen für die „Ideale", um sich mit guten Handlungen nicht anstrengen zu müssen; um Eitelkeit, Machtinstinkte, Grausamkeit, ja die gewöhnlichste egoistische Habgier auszuleben, gibt es kein besseres Mittel, als ethische Motive vorzuschützen. Die Geschichte der Politik und der Kirchen gibt da die besten Beispiele, von dem Alltäglichen und Kleinen nicht zu sprechen. Und diese Leute sind meist nicht einfache Heuchler; sie machen sich selbst vor, den Teufel zu treffen, während sie den Besessenen martern oder ihren persönlichen Feind verfolgen. Die Instinkte lenken eben die Logik der Menschen wie Wasserbäche. In einer wichtigen Entscheidung hatte einmal ein intelligenter Mann ein mir unverständliches Votum abgegeben; ich wollte ihn damit rechtfertigen, daß er es mit ethischen Gründen gestützt habe. Ein Kollege fand, ich habe Unrecht und warnte mich vor ihm; die ethischen Gründe lassen sich nicht fassen, mit ihnen könne man immer das rechtfertigen, was man haben möchte. Seitdem bin ich alt geworden, ohne daß meine Erfahrungen diesen Kollegen Lügen gestraft hätten.

Die Hemmungen. Da unsere Erhaltung ganz von der Richtung unserer Stellungnahmen und Strebungen abhängt, haben diese selbstverständlich zu befehlen. Der in einem bestimmten Zeitpunkt notwendige (herrschende) Trieb muß die andern unterdrücken, wenn ein kraftvolles und einheitliches Handeln zustande kommen soll. Unsere Affektreaktionen sind ja unter normalen Umständen Aktivitätsrichtungen der *ganzen* Person noch viel mehr als die Assoziationen. Nun hemmt im Prinzip jede zentralnervöse Funktion alle nicht gleichsinnigen anderen. *Bei der Affektivität aber bekommt dieser Mechanismus der Hemmung eine ganz besonders auffallende Bedeutung.*

Wenn zwei Strebungen einander widersprechen (z. B. sexuelle Betätigung und Ethik), so gelingt es der einen gar nicht immer, die andere vollständig zu unterdrücken, so daß sie nicht funktionieren kann; es sind eben beide organisch im ZNS begründet. Die stärkere kann aber die Assoziationsschaltung so beherrschen, daß sie die andere von der Verbindung mit der bewußten Person, oft schon in statu nascendi, absperrt, daß sie sie „*ins Unbewußte verdrängt*". In der Verdrängung fungiert aber die Strebung weiter, und sie kann von da aus auf Umwegen das Denken und Handeln des bewußten Ich doch beeinflussen oder Krankheitssymptome machen, ohne daß das Ich die Quelle kennt (vgl. namentlich die FREUDschen Anschauungen, die in dieser Beziehung durchaus richtig sind). Manchmal macht der verdrängte Affekt Schmerzen, Krämpfe und andere körperliche Symptome. Diese sind dann meist Symbole für die Erfüllung eines verdrängten Wunsches. FREUD[1] redet dann von *Kon-*

[1] Nach den Darstellungen FREUDS könnte man meinen, daß nur verwerfliche Tendenzen durch ethische verdrängt werden. Es kommt aber oft auch das Umgekehrte vor, und an den Wurzeln von Neurosen können auch verdrängte Gewissensbisse sein.

version des Affektes in das Symptom, indem er sich vorstellt, daß die Affektenergie, die nicht „abreagiert“ werden könne, sich auf diese Weise äußere. Das Tatsächliche ist richtig, die Auslegung bedarf einer Korrektur (vgl. Gelegenheitsapparate).

Ich kann an dieser Stelle der *Bedeutung der Affektivität für die Psychopathologie* nicht gerecht werden. Wie die Abnormitäten, die wir Psychopathien nennen, fast nur Thymopathien sind, so spielen in der Psychopathologie überhaupt die Affektwirkungen eine so dominierende Rolle, daß alles andere fast zur Nebensache wird. Nur die Oligophrenien, die Verschrobenheiten und die meisten deliriösen Zustände sind vorwiegend intellektuelle Störungen. Aber auch diese werden durch die Affektmechanismen gefärbt und oft in ihrer praktischen und theoretischen Bedeutung allein bestimmt. Die ganze Genese und Symptomatologie der sogenannten Neurosen und der größte Teil der manifesten Symptomatologie der häufigsten Geisteskrankheiten, der Schizophrenien, beruht auf Affektwirkungen.

Die Affektivität, eine Seite unseres organisch bedingten Strebens, stellt sogar das *Denken* in ihre Dienste, nicht nur, indem sie ihm seine Aufgaben anweist, sondern indem sie das logische Erfahrungsdenken zu fälschen sucht, was ihr auch beim ruhigsten Menschen in viel ausgiebigerem Maße gelingt, als man sich gewöhnlich vorstellt. Dabei stehen ihr inhaltlich zwei Wege zur Verfügung:

1. Die einem aktuellen Affekt entsprechenden Assoziationen werden gebahnt, d. h. begünstigt, alle andern, vor allem die ihm widersprechenden, werden erschwert (Schaltkraft der Affekte). Daraus folgt a) ein Zwang zur Beschäftigung mit dem gefühlsbetonten Gegenstand (aktuelle gefühlsbetonte Erlebnisse können nur in Ausnahmefällen ignoriert werden und machen unter Umständen geradezu das Denken in anderer Richtung unmöglich). — b) Eine Fälschung der Logik (der Euphorische ist nicht imstande, alle schlimmen Chancen in Berechnung zu ziehen; sie „fallen ihm gar nicht ein“ oder werden doch für die logische Operation außer acht gelassen; seine eigenen Fehler übersieht man).

Ein Psychopath (vielleicht latenter Schizophrene) hatte einmal sexuell mit einer verheirateten Frau verkehrt. Da sie später ein Kind bekam, versprach er ihr monatlich 30 Fr. zu zahlen und sie zu heiraten, wenn ihr Mann gestorben sei. Er hatte das 3 Jahre lang gehalten, als er in unsere Untersuchung kam. Ich beweise ihm, daß das Kind gar nicht von ihm stammt, weil es fast 11 Monate nach dem Koitus zur Welt gekommen ist; das nützt nichts, er will die 30 Fr. doch weiter bezahlen; er habe es nun einmal versprochen und er wolle Wort halten; Vaterstolz und vielleicht auch die Abneigung, sich selber einen so dummen logischen Fehler einzugestehen, hindern ihn, in diesem Zusammenhang ihn zu korrigieren. Nicht mehr halten aber will er das Heiratsversprechen mit eben so leichtem Herzen, wie er es im anderen Falle schwer nimmt. In dieser Beziehung ist er froh über meinen Beweis, der ihm einen schon gefaßten Entschluß moralisch rechtfertigt: Er hat eben in der Zwischenzeit eine andere kennengelernt, die ihm gefällt.

2. Die Wertigkeit, das logische Gewicht der einem Affekt entsprechenden Ideen wird erhöht, die der für den Affekt unerheblichen und namentlich die der ihm widerstrebenden wird herabgesetzt. Daraus folgt wieder einerseits die Tendenz, sich mit den als wichtig imponierenden Ideen zu beschäftigen, und andererseits eine weitere Alteration der logischen Operationen (der Ängstliche wertet die Gefahren zu hoch, die guten Chancen, soweit er sie überhaupt berücksichtigt, zu niedrig. Der Forscher, dessen Ehrgeiz an einer von ihm aufgestellten Theorie hängt, findet immer Beweise für dieselbe und ist nicht fähig, die Gegenargumente in ihrem ganzen Gewichte zu würdigen).

Der Einfluß der Affektivität auf Handeln und Denken wird verstärkt durch ihre *Neigung zur Ausbreitung*. Zeitlich überdauern die Affekte den ihnen zugrunde liegenden intellektuellen Vorgang ganz gewöhnlich, und zwar oft sehr lange, und sie „*irradiieren*“ außerdem leicht auf andere psychische Erlebnisse, die mit den affektbetonten irgendwie assoziiert sind: Der Ort, wo man etwas Schönes erlebt hat, wird geliebt, der unschuldige Überbringer einer schlimmen Botschaft gehaßt; Liebe wird oft von dem ursprünglich Geliebten auf einen andern „*übertragen*“, der irgendeine Analogie mit dem ersten besitzt, oder auf ein Objekt, einen Brief usw. Es kann auch schon unter normalen Verhältnissen vorkommen, daß der übertragene Affekt sich von der ursprünglichen Idee loslöst, so daß diese gleichgültig erscheint, während die sekundäre den ihr nicht zukommenden Affekt trägt (*Verschiebung* des Affektes); ein Junge hat Gewissensbisse wegen Onanie, verdrängt aber diese Vorstellung und macht sich Gewissensbisse wegen unschuldigeren Äpfelauflesens. Auf diese Weise entstehen die meisten Zwangsideen.

Einzelheiten über die Direktion des Gedankenganges durch die Affekte s. „Schaltungen“.

Die Affektivität reguliert auch die *Geschwindigkeit* psychischer und zentralnervöser Vorgänge überhaupt: Lustaffekte haben die Neigung, die Gedanken schneller ablaufen zu lassen, Depression bewirkt das Gegenteil, so daß z. B. in der Melancholie so einfache Vorgänge wie die sinnliche Auffassung verlangsamt sein können. Es scheint auch in vielen Beziehungen die *Energieentwicklung* durch Lustgefühle begünstigt zu werden; sogar Sehnenreflexe sind im manischen Stadium stärker als im melancholischen. Doch kann namentlich Angst auch gewisse Kraftausgaben steigern. Fälschlicherweise hat man lange Zeit positive und negative Affekte auch in allen biischen Beziehungen als gegensätzlich betrachtet. Aktive Ablehnung und Annahme verlangen aber in gleicher Weise energische Bereitschaftstellung der animalischen Funktionen mit Herabsetzung der vegetativen Leistungen. Diese von W. R. HESS herausgearbeiteten ganz allgemeinen Gesichtspunkte klären die scheinbar widerspruchsvollen Ergebnisse der bisherigen Forschung.

Jeder einmal gesetzte Affekt hat die Tendenz, Alleinherrscher zu sein; er unterdrückt direkt alle andern Affekte, gibt den Erlebnissen, die sonst anders betont wären, seine Richtung, fälscht schon beim Gesunden in erheblichem Maße das Denken, beim Geisteskranken bis zu unkorrigierbaren Wahnideen. *Dadurch wird die Einheitlichkeit des Fühlens und Strebens und Handelns begründet*, Kraftzersplitterung verhindert und die Energie erhöht. Es kommt sogar vor (unter Umständen, die ich noch nicht genauer umschreiben kann), daß ein Affekt geradezu in der Unterdrückung anderer Strebungen eine erhöhte Energie bekommt, es ist wie wenn er den ganzen Energiebetrag des unterdrückten an sich reißen und für sich benutzen könnte (Haß, wo man liebt, Tapferkeit aus Feigheit, Prüderie aus Geilheit), während allerdings unter anderen Umständen die unterdrückte Strebung die herrschende andauernd behindern oder in ihrer Energie schädigen kann.

Es kann trotz allen diesen auf Alleinherrschaft hinwirkenden Mechanismen vorkommen, daß ein Affekt sich nicht durchsetzen kann, indem die nämliche Idee entgegengesetzte Beziehungen zu uns hat, von denen man keine opfern kann. Man „fühlt dann zwei Seelen in einer Brust“. Eines der häufigsten Beispiele solch hochgradigster „*Ambivalenz*“ ist das Kind vom gehaßten oder nur ungeliebten Manne, das von der Mutter geliebt wird, weil es ihr Kind ist, und zugleich gehaßt, weil es das des Mannes ist. Bei ambivalenten Zielen ist die Entschlußfähigkeit beeinträchtigt, oft bis auf null. Es sind ambivalente Komplexe, die unsere Träume beherrschen, namentlich aber neurotische und psychotische Symptome machen. Mit einseitig gerichteten Übeln kann man sich gewöhnlich abfinden. Wer den Verlust einer geliebten Person nicht überwinden kann, hat gewöhnlich irgendeinen Gewinn von demselben gehabt, vielleicht vorher schon mehr oder weniger bewußt einmal den Tod der Person als etwas in irgendeiner Hinsicht Wünschbares gedacht.

Die Affekte besitzen große *assoziierende Kraft*. Ein unangenehmer Affekt ekphoriert gern frühere ähnliche; so kann ein an sich nicht gerade bedeutendes Ereignis eine große Wirkung bekommen, indem die Affekte aus früheren qualitativ ähnlichen, aber viel stärker gefühlsbetonten Situationen wieder auftauchen, und zwar oft, ohne daß jene früheren Begebenheiten mit bewußt werden. In andern Fällen werden zunächst gerade die ähnlich betonten Erlebnisse wieder in Erinnerung gebracht und verstärken und modifizieren dann sekundär den ursprünglichen Affekt. Diese Eigenschaften haben in der Pathologie der Neurosen große Bedeutung, indem daraus eine Neigung ähnlicher Affekte besteht, sich zu *kumulieren*.

Durch die Hemmung des nicht zu ihnen gehörigen üben die Affekte auch einen abgrenzenden Einfluß auf die von ihnen betonten Ideenkomplexe aus. Solche Komplexe bilden in manchen Beziehungen ein Ganzes, und zwischen ihnen und der anderen Psyche besteht nicht nur eine *Assoziationsbereitschaft* für entsprechend zu verwertende Ideen, sondern auch eine gewisse *Assoziationsfeindschaft* gegenüber allem, was nicht zu ihnen gehört. Sie werden deshalb oft sehr wenig von neuen Erfahrungen beeinflußt und sind der Kritik schwer zugänglich. Ist ihre Affektbetonung eine unangenehme, so werden sie, wie oben ausgeführt, leicht ins Unbewußte verdrängt. Alle diese Mechanismen spielen in der Psychopathologie eine große Rolle.

Wenn ein bestimmter Affekt anhält, also während einiger Zeit den ganzen Menschen mit allen Erlebnissen beherrscht, spricht man von einer *Stimmung* oder *Stimmungslage*. Die Tendenz des einmal aufgetretenen Affektes bestehen zu bleiben und sich auf andere Erlebnisse zu übertragen, sowie sein Einfluß auf das Denken erleichtern das Zustandekommen von andauernden Stimmungen.

Natürlich ist die Annahme und Ablehnung von Lebensreizen nicht nur abhängig von der Qualität der letzteren, sondern ebensogut von der allgemeinen *Annahmetendenz* des Organismus. Mit dieser meinen wir hier nicht die speziellen Reaktionen auf die Verschiedenheiten der Erfahrungen, daß das eine Tier Fleisch frißt und das andere Gras, oder der eine Mensch die Blonden liebt und der andere die Schwarzen, sondern eine allgemeine Tendenz, die sich in prinzipiell gleicher Weise auf alle Erfahrungen des Individuums erstreckt. Dabei wird im Prinzip die Stufenleiter der Affektbetonung der Erlebnisqualitäten nicht verändert; aber bei stärkerer positiver Einstellung werden — etwas stark schematisch ausgedrückt — alle Erlebnisse weniger mit Unlust und stärker mit Lust betont und umgekehrt bei negativer Einstellung (euphorische und depressive Stimmung).

Die Art der Einstellung ist in erster Linie abhängig von der *Konstitution*. Der eine Organismus strebt nach möglichst vielen Lebensreizen, der andere hat eine mehr abweisende Einstellung. In der Konstitution liegt es auch, wenn in größeren Zeiträumen ein Wechsel von positiver (euphorischer) und negativer (depressiver) Einstellung eintritt (Zyklothymie bis manisch-depressives Irresein). Die Konstitution bestimmt ferner, ob die Stimmung rasch und entschieden oder langsam und geringgradig auf die entsprechenden Lebensreize reagiere.

Aber auch vom momentanen Befinden des *Körpers* ist die Stimmungsdisposition abhängig. In den meisten Krankheiten sind viele Lebensreize unerwünscht und werden deshalb mit Unlust erlebt. Von besonderer Bedeutung ist dabei der *chemische Zustand* des Körpers. Hormone sind offenbar normaliter bei der Einstellung der Annahme- und Ablehnungsdisposition wesentlich beteiligt. Am auffallendsten ist die Beeinflussung der sexuellen Gefühle durch die Hormone der Pubertätsdrüse, so daß z. B. durch Einpflanzung von Hoden bei einem kastrierten Weibchen männliche Triebe entstehen. Nicht wenige körperfremde Stoffe wirken ähnlich. Fäulnisstoffe im Magen bei gestörter Verdauung bewirken depressive oder gereizte Stimmung, Alkohol, Morphium, Kokain und andere Gifte Euphorie. Bis wir die physiologischen Zusammenhänge besser verstehen, können wir uns vorläufig vorstellen, es handle sich in diesen letzteren Fällen um eine Wirkung physiologisch-chemischer Verwandtschaft solcher Stoffe mit die Einstellung regulierenden Hormonen.

Die Wirkungen der konstitutionellen und akzidentellen Stimmungen auf die übrigen Funktionen, namentlich die Assoziationen, ist ganz gleich wie die der von außen bestimmten Affekte. Der konstitutionelle Depressive sieht alles schwärzer an als der Euphorische und zieht inhaltlich vorzugsweise die schlimmen Gedanken herbei usw.

In dem richtigen Bestreben, in diesen Dingen das Qualitative und das Quantitative auseinander zu halten, bezeichnet EWALD[1] das nach der Richtung des Manischen abweichende Temperament als erhöhten *Biotonus*. Diese Auffassung hat viel für sich, und doch scheint mir, der Gegensatz von erhöhtem Biotonus wäre die Apathie, während die Depressionen etwas qualitativ Negatives darstellen. Auch gibt es ausgesprochen euphorische Leute, die gar nicht den Eindruck einer lebhaften Vitalität machen, während umgekehrt manche Schwerblütige eine große Lebensenergie entwickeln. Die Sache ist offenbar kompliziert und bedarf noch weiterer Studien.

Die chemisch, namentlich durch Hormone bedingten Stimmungen sind zunächst nicht an eine bestimmte Vorstellung gebunden; sie suchen sich aber nicht selten an irgendeine solche anzuknüpfen, die dann als die Ursache des Affektes angesehen wird. Man ist z. B. niedergeschlagen aus irgend einem chemischen Grunde; da werden nach dem Früheren hauptsächlich depressiv betonte, unangenehme Dinge assoziiert, und alle oder eins derselben wird dann als Grund für die Traurigkeit angesehen. Solche Affekte können aber auch irgendeinem verdrängten Komplex angehören; die unerträgliche Vorstellung kann nicht zum Bewußtsein kommen, aber der Affekt drängt sich doch hervor; namentlich die Angst hat häufig diesen Charakter („frei flottierende Angst" nach FREUD). Noch nicht genügend erklärt ist das bei Geisteskranken und Nervösen so häufige Auftreten von Angst infolge von sexueller Verdrängung oder nur schon Nichtbefriedigung. Vielleicht besteht irgendein Zusammenhang

---

[1] Charakter und Temperament ..., Erg. Med. 10, 508 (1927).

mit dem v. MONAKOWschen *Kakon*, der angstvollen Reaktion auf Angriffe auf das Ich, gegen die man sich nicht eigentlich wehren kann[1].

Wir haben also in der Affektivität zu unterscheiden die Stellungnahme zu einzelnen Erlebnissen und die allgemeine Richtung der Stellungnahme: die erstere, die *katathyme*[2], ist vorwiegend bestimmt durch die Art des einzelnen Erlebnisses, die zweite, *synthyme*, durch chemische und vielleicht auch anatomische Verhältnisse, die sich in ihren Extremen als manische und melancholische Verstimmungen äußern, in denen alle Erlebnisse mit Lust bzw. Unlust betont werden. Ohne scharfe Grenze gehen diese physischen Verstimmungen in diejenigen über, die durch Überdauern und Irradiation eines durch ein Erlebnis oder eine Summe von Erlebnissen begründeten Affektes entstehen. Auch bei diesen Zuständen werden ja offenbar der Stimmung entsprechende Hormone gebildet, die die Stimmung erhalten. Wir haben also zwei Funktionskreise: Auf psychischem Gebiet ruft ein Erlebnis einen Affekt hervor; dieser begünstigt die ihm entsprechenden Assoziationen, deren logisches Resultat wieder den Affekt verstärkt und seine Dauer verlängert. Im Körper löst der Affekt chemische (innersekretorische im weitesten Sinne) Prozesse aus, die in der nämlichen Richtung wirken. Es kann aber auch ein primärer chemischer Zustand, eine Schwankung des Gleichgewichts der Hormone, den Affekt hervorbringen, der dann seinerseits wieder die Hormone in seinem Sinne beeinflußt. So erklären sich manche krankhafte Zusammenhänge, z. B. daß ein affektives Ereignis bei einem Manisch-Depressiven genau die gleiche Manie auslösen kann, wie die physiologische (chemische?) Schwankung des Organismus, die für gewöhnlich die Anfälle ohne äußeren Anstoß ganz von innen heraus erzeugt. Auch vorübergehende Anfälle von Mutwillen oder schlechter Laune können in genau gleicher Art sowohl von innen heraus physiologisch und durch chemische Reize von außen (Alkohol, Kakao) als auch durch zufällige Anregung auf rein psychischem Wege erzeugt werden. Bei der Bedeutung der Affekte für unsere Reaktionen verstehen wir die Existenz solcher Verstärkungsmechanismen ganz gut. Aber wenn die beiden in sich selbst zurücklaufenden Kreise sich gegenseitig steigernder Funktionen nicht irgendwie kompensiert würden, so müßte ein einmal gesetzter Affekt immer wachsen, und es gäbe keine Möglichkeit mehr, aus ihm herauszukommen. Daß wirklich das Herauskommen nicht immer leicht ist, sehen wir oft an Kindern und Primitiven, bei Hysterischen und Schizophrenen, die sich in eine Erregung immer mehr hineinarbeiten. Schließlich aber „erschöpft sich“ jeder Affekt; die Vermutung liegt nahe, daß die Erschöpfung der Produktion von Affekthormonen die Ursache sei. Doch ist zu erwarten, daß noch verschiedenes anderes mitwirke (z. B. gegenwirkende Hormone, Ermüdung der Vasomotoren, assoziativ-intellektuelle Vorgänge, vor allem aber regulatorische Auslösung irgend einer Gegenfunktion bei einer gewissen Höhe des Affektes).

Die Affektivität ist von Mensch zu Mensch und sogar nicht selten beim nämlichen Menschen in seinen verschiedenen Lebensaltern äußerst verschieden. Während jeder Normale eine Katze eine Katze nennen und die allgemeinen logischen Gesetze befolgen muß, um mit seinen Nebenmenschen und der Außenwelt überhaupt auszukommen, kann man die

[1] Vgl. v. MONAKOW, Biologie und Psychiatrie, Schweiz. Arch. Neur. 4, 239, und BLEULER: Der Sexualwiderstand, Jb. psychoanalyt. Forschg. 5, 442.

[2] MAIER, H. W.: Über einige Arten der psychogenen Mechanismen, Z. Neur. 82, 193 (1923).

Katze lieben oder ein scheußliches Tier finden; die Reaktionsweise des Individuums, die sich ja in erster Linie in der Affektivität ausdrückt, ist nicht an so enge Normen gebunden wie die Logik. Man kann sich deshalb z. B. darüber streiten, ob der Mangel an Gefühlsbetonung moralischer Begriffe ohne andere Störungen als krankhaft anzusehen sei oder nicht.

Durch die Affektivität fast allein[1] wird der *Charakter* eines Menschen bestimmt. Lebhafte, leicht wechselnde Gefühle machen den Sanguiniker aus, anhaltende und wenig bewegliche den Phlegmatiker; wer Vorstellungen von Gut und Böse nicht mit Lust und Unlust betont oder schwächer betont als egoistische Vorstellungen, „hat einen schlechten Charakter". Neben der Qualität der Reaktionen kommt hier auch die Schnelligkeit und die Kraft der Affekte und damit der Triebe in Betracht. Eifersucht, Neid, Eitelkeit sind Charaktereigenschaften und Affekte zugleich; Faulheit, Energie, Stetigkeit, Betriebsamkeit, Nachlässigkeit stammen aus der Ergie (bzw. Affektivität).

Auffallend ist, wie oft die nämlichen Erlebnisse beim nämlichen Menschen das eine Mal eine starke Affektwirkung haben, das andere Mal gar keine. Wir stellen uns unter Umständen den Tod eines Lieben, auch wenn er noch aktuell ist, klar vor, ohne den entsprechenden Affekt mitzuerleben. Man kann eben viele Dinge denken oder gar erleben, ohne daß man dazu Stellung nimmt. Eine komplizierte Genese hat die Affektlosigkeit in den Schizophrenien.

Auch qualitativ sind die Affekte sehr variabel nicht nur von Mensch zu Mensch, sondern auch beim nämlichen Menschen zu verschiedenen Zeiten oder in verschiedener physischer Umgebung. Speisegeruch ist für den Hungrigen angenehm und anregend, für den Übersättigten mit Ekelgefühl verbunden. Die nämliche Musik kann uns das eine Mal entzücken, das andere Mal zur Verzweiflung bringen. Der nämliche ch-Laut tönt den Franzosen im Spanischen elegant, im Deutschen barbarisch. Was die Wonne des Manischen bildet, kann ihm später im melancholischen Stadium als etwas besonders Schreckliches vorkommen.

Wie die Affektivität die *Körperfunktionen* beeinflußt, ist bekannt (die Mimik im weitesten Sinne einschließlich Betonung der Rede, Körperhaltung, Muskeltonus, das Gefäßsystem, Erröten, Erblassen, Herzklopfen, alle Absonderungen, Tränen, Speichel, Darm, die ganze Trophik des Körpers). Man hat daraus schließen wollen, die Affektivität, wie wir sie in uns spüren, sei nichts als die Empfindung dieser körperlichen Veränderungen. Es genügt wohl schon der Hinweis auf die obigen psychischen Affektwirkungen, um eine solche Ansicht auszuschließen, und zum Überfluß hat A. LEHMANN noch nachgewiesen, daß die körperlichen Affektzeichen später kommen als die psychische Wertung eines Ereignisses.

Die Affekte haben viel deutlicher als alle andern Funktionen eine gewisse *dynamische* Bedeutung. In ihnen kommen ja die Stellungnahme, die Triebe, die Aktivität der Psyche zum Ausdruck. Die Energie des

[1] Außer der Anlage können besondere affektive „Einstellungen" den Charakter bedingen (siehe Gelegenheitsapparate). Ferner sind manche Menschen infolge zu verschiedenen Keimplasmas von Vater und Mutter nicht einheitlich, so daß zwei Charaktere in ihnen streiten, von denen je nach äußeren oder inneren Umständen der eine oder der andere herrschend werden kann. Inwiefern äußere Erlebnisse oder Krankheiten den Charakter beeinflussen, ist bekannt.

Handelns nach außen, der ursprüngliche Kraftbegriff, ist im Zusammenhang mit unseren Trieben. Die Triebe unter sich bekämpfen und fördern sich wie die dynamischen Systeme; außer im Handeln drückt sich die Stärke der Wirkung der Affekte auch in den körperlichen Reaktionen wie denen der Vasomotoren, Drüsen, des Muskeltonus aus. Dem Begriffe des „Abreagierens“ liegt die Vorstellung zugrunde, daß ein Affekt ein Quantum Energie sei, das irgendwie „abgeführt“ werden müsse, wenn es nicht in falsche Bahnen geraten und dort unangenehme Wirkungen hervorbringen solle. Diese Auffassung ist aber nicht ganz zutreffend; das Abreagieren beruht im wesentlichen auf der Abstellung von Gelegenheitsapparaten. Über die Dynamik der intrapsychischen Vorgänge haben wir überhaupt so wenig Kenntnisse, daß wir bis jetzt noch gut tun, davon nicht weiter zu reden. Es genügt für uns zu wissen, daß die Stärke der Reaktionen ebenso wie die Stetigkeit oder Wandelbarkeit des Wollens eine Seite der Affektivität ist.

Die Aufmerksamkeit.

Eine Äußerung der Affektivität ist die Aufmerksamkeit. Sie besteht darin, daß bestimmte Sinnesempfindungen und Ideen, die unser Interesse erregt haben, gebahnt, alle andern gehemmt werden. Machen wir ein wichtiges Experiment, so beachten wir nur das, was dazu gehört; das andere geht spurlos an unseren Sinnen vorüber. Wollen wir uns auf ein Thema konzentrieren, so werden alle entsprechenden Assoziationen zugezogen, die andern ausgeschlossen. Darauf beruht die größere „Klarheit“ der Beobachtung und der Gedanken, denen wir die Aufmerksamkeit zuwenden. In der Aufmerksamkeit hemmt und bahnt also das „Interesse“, wie überhaupt der Affekt, die Assoziationen. Je ausgiebiger das gelingt, um so stärker ist die Intensität, die *Konzentration* (vgl. Spannungen); je mehr der nützlichen Assoziationen zugezogen werden, um so größer ist der *Umfang* der Aufmerksamkeit.

Man unterscheidet ferner: die *Tenazität* und die *Vigilität* der Aufmerksamkeit, die sich meist, aber nicht immer, antagonistisch verhalten. Die Tenazität ist die Fähigkeit, seine Aufmerksamkeit dauernd auf einen Gegenstand gerichtet zu halten, die Vigilität diejenige, die Aufmerksamkeit einem neuen Gegenstand (namentlich einem von außen kommenden Reiz) zuzuwenden.

Das Gegenteil der Aufmerksamkeit ist die *Zerstreutheit;* sie hat zwei gegensätzliche Formen, indem einerseits der Mangel an Tenazität bei Hypervigilität einen Schüler, der durch jedes Geräusch abgelenkt wird, als zerstreut bezeichnen läßt, während die Hypertenazität und Hypovigilität den zerstreuten Gelehrten charakterisiert. Eine dritte Form, die in ihren stärkeren Ausprägungen krankhaft ist, beruht auf ungenügender Konzentrationsfähigkeit; diese kann affektiv begründet sein (Neurasthenie) oder in Assoziationsstörungen (Schizophrenie, gewisse Delirien) oder in komplizierteren Verhältnissen (Ermüdung) liegen. Die Aufmerksamkeit kann für längere Zeit auf bestimmte Vorgänge eingestellt werden; so entsteht eine *Assoziationsbereitschaft* der Aufmerksamkeit als Dauereinstellung. Wenn uns etwas affektiv beschäftigt, so erinnern uns die verschiedensten Erlebnisse daran; alle möglichen Ideen finden assoziative Zusammenhänge mit dieser Idee, auch wenn sie aktuell gar nicht gedacht ist. Wer eingesteckt zu werden fürchtet, erschrickt leicht vor jedem, der irgendwie an einen Detektiv erinnern könnte. Die Assoziationsbereitschaft kann auch wie die Aufmerksamkeit willkürlich auf bestimmte Dinge eingestellt werden: ich suche etwas in einem Buche, interessiere mich aber für viele andere Dinge, die darin stehen, und überlasse mich der andern Lektüre. Sobald ich aber auf den Passus komme, auf den ich mich eingestellt hatte, oder auch nur auf etwas Ähnliches, assoziiere ich mein Vorhaben daran.

Auch die bloße *Gewohnheit* kann eine Art Assoziationsbereitschaft schaffen, wenn auch in einem etwas anderen Sinne: Wer gerade viel Korrekturen zu lesen hat, wird auch in anderer Lektüre leicht durch die Druckfehler verfolgt.

Die Assoziationsbereitschaft führt auch bei Gesunden oft zu Täuschungen, die Wahnideen recht ähnlich sehen, so bei dem Mann mit dem schlechten Gewissen, der sich überall beobachtet glaubt. Bei Geisteskranken führen solche Einstellungen zu krankhaften Eigenbeziehungen.

Es gibt auch eine negative Einstellung der Aufmerksamkeit, die besonders in der Pathologie eine wichtige Rolle spielt. Man will — meist unbewußt — bestimmte Dinge nicht beachten, bei Überlegungen nicht in Betracht ziehen (*Assoziationsfeindschaft*).

In der Aufmerksamkeit äußert sich das *Dynamische* subjektiv und objektiv, namentlich in der Konzentration. Die Stärke der Hemmungen und Bahnungen, der Schaltungen ist dabei das am besten Konstatierbare. Man stellt sich aber meist noch mehr darunter vor: die Aufmerksamkeit soll die psychische Aktivität selber verstärken. Es mag etwas daran sein; nur sollte man den Ausdruck etwas anders wählen; die Verstärkung der Aktivität, der psychischen Energie, wenn sie überhaupt dabei in Frage kommt, *ist* eben die stärkere Aufmerksamkeit, sie ist nicht eine Folge derselben. Zu warnen ist vor den gebräuchlichen „Erklärungen" aller möglichen Denkstörungen durch Aufmerksamkeitsschwäche. Man kann jede beliebige Unter- oder Falschleistung ebensogut auf Aufmerksamkeitsstörung zurückführen wie auf Infantilismus oder Psychasthenie oder ähnliches. Solche Erklärungen sagen also nichts. Ebenso verfehlt ist der Begriff der *Apperzeption* in seiner modernen Form, der in die Normalpsychologie eingeführt worden ist; er macht aus der notwendigen Aktivität der Psyche eine neue Art Psyche hinter der gewöhnlichen und stattet sie mit allen den Künsten aus, die nötig sind zum Verständnis der psychischen Tätigkeiten, nachdem man die mehr peripheren Funktionen wie einfache Wahrnehmung und Motilität weggenommen hat.

Der Begriff der *Aufmerksamkeitsstörungen* hat nur da einen vollen Wert, wo es sich um schwankende Zustände handelt. Ein Patient oder auch ein Gesunder besitzt die Fähigkeit, bestimmte Rechnungen zu lösen; bei einer Prüfung macht er aber beständig Fehler, weil er abgelenkt, zerstreut ist, sich nicht konzentrieren kann, d. h. weil die Aufmerksamkeit nicht recht funktioniert. Und den Fehlern können wir meist schon an ihrer Art den Ursprung ansehen, so wenn beim Kopfrechnen die Zahlen bloß nicht richtig geordnet werden, Einzelziffern aus der Aufgabe ins Resultat geraten u. dgl. — Aufmerksamkeitsstörungen bei deliriösen oder schizophrenen Zuständen werden richtiger einfach phänomenologisch beschrieben: Flüchtigkeit der Vorstellungen, ungenügende Verarbeitung derselben, ungenügende Assoziationsspannung, zu große oder zu geringe Ablenkbarkeit.

Suggestion und Suggestibilität[1].

Nicht nur das Individuum mit seinen verschiedenen Strebungen, auch eine Gemeinschaft von Individuen bedarf der Einheitlichkeit des Handelns. Die Tiere, auch die soziallebenden, sind nun offenbar nicht fähig, sich Mitteilungen vorwiegend intellektuellen Inhaltes zu machen. Sie haben sich hauptsächlich die Annäherung von Beute oder von Gefahren anzuzeigen, und das geschieht, wie die Beobachtung erweist, im wesentlichen durch Affektäußerungen[2], die bei den Genossen wieder die gleichen Affekte hervorrufen. Erst durch die Flucht- oder Angriffsbewegung des zuerst vom Affekt ergriffenen Tieres wird den andern die Richtung der Beute oder der Gefahr gewiesen. Das genügt vollständig für die meisten Verhältnisse.

Diese affektive Suggestibilität ist auch beim Menschen trotz seiner immer mehr auf intellektuelle Bedürfnisse hin entwickelten Sprache noch vollständig erhalten. Schon der Säugling reagiert in entsprechender Weise auf Affektäußerungen; der Erwachsene kann unter Traurigen nicht munter bleiben, nicht wegen der der Trauer zugrunde liegenden Vorstellungen, sondern wegen der wahrgenommenen Affektäußerungen[3]. Daß neben dem Affekt leicht auch die Ideen, zu denen er gehört, mitsuggeriert werden, versteht sich bei der engen Verbindung zwischen beiden und bei der Beeinflussung der Logik durch den Affekt von selbst, ganz abgesehen davon, daß es wohl im Zweck der Einrichtung liegt, auch die Ideen zu übertragen. Von der gereizten Wespe, die nicht nur in der Mimik ihren Affekt, sondern durch ihr ganzes Tun auch die Richtung ihres Stachels den andern mitteilt, bis zu der abstraktesten Verbalsuggestion unter Menschen besteht volle Kontinuität.

Ideen ohne begleitenden Affekt wirken nicht suggestiv; „je größer der Gefühlswert einer Idee, um so ansteckender ist sie". Die Suggestionen werden überhaupt nicht so passiv aufgenommen, wie oft geglaubt wird; auch da trifft die Psyche des Suggerierten eine Auswahl. Was seinen Gefühlen und Trieben widerspricht oder kein affektives Echo bei ihm findet, kann höchstens auf irgendeinem affektiven Umwege zur Annahme gebracht werden. Je mehr umgekehrt eine Suggestion der Affektrichtung des Suggerierten entspricht, um so leichter wird sie verwirklicht (die Besprechung der Affektivität gab uns Anlaß, das nämliche zu sagen — weil eben Suggestion nur ein Spezialfall der Affektivitätswirkung ist). So ist es zwar auch sehr wirksam, aber nicht unbedingt nötig, daß der Suggestor seine Suggestionen mit Affekt betone. Wenn sie nur beim Suggerierten Affekt erregen. Einer dem Sprechenden gleichgültige Bemerkung kann sehr suggestiv wirken, wenn sie beim Hörer einen affektbetonten Komplex trifft: ein unheilbar Kranker hört von einer Wunderkur in gleichgültigem oder sogar abschätzigem Tone reden und begeistert sich sofort dafür, sie selbst

[1] Bleuler: Lehrbuch der Psychiatrie. — Forel: Der Hypnotismus, 6. Aufl., Stuttgart: Enke 1911; Moll: Der Hypnotismus, 4. Aufl., Berlin: Fischer 1907.

[2] Die Annahme eines besonderen Triebes zu suggerieren und suggeriert zu werden, ist also unnötig. Die allgemeine Funktion der Affektäußerung und Affektresonanz besorgt alles.

[3] Daß die „*Einfühlung*", wie Th. Lipps meint, ein Instinkt des Nachahmens sei, ist nicht ganz richtig. Selbstverständlich besitzen wir einen *Nachahmungstrieb*, der unter Umständen auch unsere Affekte denen der Mitmenschen angleichen kann. Aber das, worauf es hier ankommt, läßt sich nur so ausdrücken, daß die Gefühlsäußerungen des einen ähnliche oder gegensätzliche Gefühle beim andern erwecken — ähnliche bei gleichen Interessen, gegensätzliche unter gewissen feindseligen Verhältnissen: „*Suggestion des Gegensatzes*", nicht zu verwechseln mit der negativen Suggestion.

zu versuchen. Bei der bewußten Suggestion kommt allerdings statt eines einheitlichen Affektes meist ein Affektpaar in Betracht: Beim Suggestor der des Dominierens, beim Suggerierten der des Dominiertwerdens oder Sichhingebens (letzteres bald nur im Sinne der Unterwerfung, bald mit erotischer Färbung). Identische und ähnliche reziproke Affektverhältnisse haben wir indes auch bei natürlichen Suggestionen, ja schon bei Tieren: Unter Feinden hebt Angst des einen den Mut des andern und umgekehrt.

Der Suggestion zugänglich sind nicht nur Gedanken, sondern auch Wahrnehmungen (suggerierte Halluzinationen) und alle vom Gehirn (d. h. den Affekten) kontrollierten Funktionen (glatte Muskulatur, Herz, Drüsen usw.): *ihr Einfluß geht also viel weiter als der des bewußten Willens,* deckt sich aber mit dem der Affekte.

Es bedurfte vieljähriger affektbetonter Kämpfe, bis die Überzeugung von der Macht der Suggestion sich durchgesetzt hatte. Von unserer Auffassung aus war sie aber ohne weiteres verständlich, und zwar einschließlich der für alle anderen Anschauungen verblüffenden Tatsachen der Erzeugung echter Halluzinationen und physischer Symptome von der Beseitigung von Menstruationsstörungen bis zur Beeinflussung des Kalkspiegels im Blut. Die Sinnestäuschungen erklärten sich durch auch sonst vorkommende Assoziationen primärer Empfindungsengramme und lokaler Beziehungen zur Außenwelt, der Einfluß auf den Körper durch die Erkenntnis der Wesensgleichheit der Psyche mit den somatischen Direktionen in den Lebewesen [s. Bleuler, Suggestionsmechanismen. Z. Neur. **127**, 469 (1930)].

Unendlich wichtiger als die Suggerierung des Einzelnen ist die *Massensuggestion,* der sich auch der Intelligenteste nie ganz entziehen kann. Die Leitung der Massen in politischen und religiösen Bewegungen geschieht im wesentlichen durch Suggestion, nicht durch logische Überredung, oft sogar der Logik entgegen. Gegenüber Suggestionen, die den Instinkten und Trieben nach Erhaltung, Größe, Macht und Ansehen entsprechen, ist ein ganzes Volk meist ganz kritik- und widerstandslos.

Die *Psychologie der Massen* überhaupt hat von der der Einzelnen recht abweichende Gesetze. Sie unterscheidet sich von der letzteren ganz ähnlich wie der abstrahierte Allgemeinbegriff von den einzelnen Empfindungskomplexen, aus denen er zusammengesetzt ist. Sie ist auch eine Art Typenphoto, auf der nur hervortritt, was allen gemeinsam ist, während alles feiner und deswegen individuell Differenzierte in Gefühlen und gar in den Ideen ausgelöscht wird. Sie besitzt schon deshalb eine andere viel primitivere Moral; aber auch noch aus anderen Gründen: die Masse an sich ist etwas Impossantes, aber auch etwas Mächtiges, das seinen Willen durchsetzen kann, wenn es sich um belebte Wesen handelt, und das schwer zu bekämpfen ist, auch wenn es eine in Bewegung gesetzte *tote* Masse ist. Jedes Individuum in einer Masse fühlt sich als Teil derselben unüberwindlich, wodurch das Gefühl der Verantwortung herabgesetzt wird; die Masse als Ganzes erkrankt so leicht an Cäsarenwahnsinn. Es ist auch schwer, eine Masse zu bestrafen, was wieder in der gleichen Richtung wirkt. Die Einheitlichkeit und damit ihre Kraft nach außen und ihre Suggestivkraft auf alle ihre Glieder wird dadurch besonders verstärkt, daß man sich geniert, anders zu handeln oder gar andere Gefühle zu zeigen wie andere; gerade in einer Masse drin will man nicht gerne besser sein als die andern, geschweige denn schlimmer, und als schlimm wird sehr leicht das angesehen, was nicht zu den momentanen Trieben der Masse gehört. Besonders angesehen wird gern der, der die Tendenzen der Masse am direktesten ausdrückt und womöglich übertreibt.

Auch logisch sind in einer Masse nur die einfachsten Ableitungen möglich; diese haben aber dann bei der allgemeinen suggestiven Stimmung besonders mitreißende Kraft. Eine Vielheit ist ceteris paribus immer viel leichter zu „überzeugen“ als die einzelnen. In der Masse wird die Logik in noch viel stärkerem Maße die Dienerin der Triebe. Begleitende Gedanken entspringen mehr dem dereierenden als dem logischen Denken, ebenso die nicht selten ins Große gehenden Ideenschöpfungen einer Masse. Je ausgedehnter aber die Gemeinschaft, um so mehr übernehmen die Führung dunkle Instinkte, die, keinem einzelnen klar, den meisten gar nicht zum Bewußtsein kommen, auch objektiv schwer zu erfassen sind und viel mehr Entwicklungsstrebungen des vegetativen oder animalischen Organismus oder den plötzlichen Wanderungen von Tierarten ähnlich sehen als zielbewußtem Handeln. Jedem einzelnen einer Rasse, einer Zeit wohnen gleichartige Strebungen inne, mit unwiderstehlicher Gewalt und starrer Unablenkbarkeit hervorbrechend aus dem „*kollektiven Unbewußten*“[1], von dem der „*Zeitgeist*“ eine Teilerscheinung ist.

Zur Entstehung psychischer Massenfunktionen bedarf es nicht notwendig eines Nebeneinander der Individuen; ein Nacheinander kann die nämliche Wirkung haben, wenn der Kontakt der einzelnen Generationen gesichert ist. Es ist ganz richtig, daß ein Volksheld dem Volke viel mehr angehört, wenn er als Sagenheld von ihm geschaffen worden ist, als wenn er gelebt hat und — mehr oder weniger zufällig — aus diesem Volke geboren ist. Der Sagenheld ist viel mehr Geist vom Geist des Volkes als der wirkliche; er ist nicht eine zufällige Einzelerscheinung, sondern eine Quintessenz, das Gemeinsame von allem dem, was die verschiedenen einzelnen des Volkes bewundern und sich als Ideal vorstellen. Die Tradition eines Vereines kann 100 Jahre lang gleichartig bleiben, auch wenn ihm die Mitglieder nur wenige Jahre angehören. Eine Familientradition hält oft den einzelnen in so bestimmten Schranken, daß man zunächst nur an erbliche Übertragung denken würde, wenn nicht der Einfluß der Mütter dabei in merkwürdiger Weise ausgeschaltet wäre[2].

Wenn man von einer Massenseele, von Massenbewußtsein spricht, so ist es bestimmt abzulehnen, daß die Masse irgendeine gemeinsame seelische Funktion besitze. Was man Massenseelen ennen kann, besteht nur aus der Gleichartigkeit der Regungen der Individuen unter gleichen Umständen und im gegenseitigen Kontakt, aus der Abstraktion des Gleichartigen in Fühlen, Denken und Handeln und Unterdrückung des Ungleichartigen. Und diese Art Abstraktion besorgt in erster Linie die Suggestion.

Die Suggestion hat für eine Gemeinschaft die nämliche Bedeutung wie der Affekt für den einzelnen: sie sorgt für eine einheitliche Strebung und für deren Kraft und Nachhaltigkeit.

Einen ganz ähnlichen Einfluß wie die eigentliche Suggestion können die einfache *Gewöhnung*, sowie das *Beispiel* ausüben. Man tut, was man gewohnt ist, ohne weiteren Grund; man tut gerne wie andere Leute, ohne dabei viel zu denken oder zu fühlen, wobei allerdings die Suggestion, namentlich die Massensuggestion, leicht mitwirkt. Die Gewöhnung erscheint, von einer andern Seite betrachtet, auch in der Gestalt der PAWLOWschen Assoziationsreflexe, bei denen z. B. dadurch Speichelsekretion an das Erklingen eines bestimmten Tones geknüpft wird, daß man den Ton einige Male mit dem Futterreichen zeitlich zusammenfallen

[1] Ein glücklicher Ausdruck von C. G. JUNG.

[2] ZIERMER: Genealog. Studien über die Vererbung geist. Eigenschaften. Arch. Rassenbiol. 5, 178 (1908).

ließ. Die Mechanismen sind theoretisch scharf von der Suggestion zu trennen, obgleich sie sich in der Wirklichkeit oft mit ihr vermischen.

Man spricht auch von *Autosuggestion*, womit aber nichts als die Wirkungen der Affektivität auf die eigene Logik und Körperfunktion bezeichnet wird. Sie spielt in der Pathologie eine größere Rolle.

Die Suggestibilität ist künstlich erhöht in den Zuständen der *Hypnose*, die selbst durch Suggestion erzeugt werden. In der Hypnose werden die Assoziationen so beschränkt, daß nur das wahrgenommen und gedacht wird, was in der Absicht des Suggestors liegt, soweit die Versuchsperson sie versteht. Dafür sind die gewollten Assoziationen viel mehr in der Gewalt der Psyche als sonst. Der Hypnotisierte errät unendlich viel besser, was man von ihm erwartet, als der Normale; er kann Sinneseindrücke verwerten, die für ihn im gewöhnlichen Zustande viel zu schwach wären; er kann sich Dinge so lebhaft, d. h. mit unverarbeiteten sinnlichen Engrammen, vorstellen, daß er sie halluziniert, und anderseits wirkliche Sinneseindrücke ganz von der Psyche absperren („negative Halluzinationen"); er hat Erinnerungen zur Verfügung, von denen er sonst nichts weiß; er beherrscht auch die vegetativen Funktionen wie die Herztätigkeit, die Vasomotoren, die Darmbewegung oft in auffallender Weise. Alle diese Vorgänge können auch beliebig lange über die Zeit der Hypnose hinaus andauern (posthypnotische Wirkungen).

Der positiven steht die *negative Suggestibilität* gegenüber[1]. Wie wir einen Trieb haben, den Anregungen anderer zu folgen, so haben wir einen ebenso primären Trieb, nicht zu folgen oder das Gegenteil zu tun. Bei Kindern in gewissem Alter zeigt sich diese negative Suggestibilität oft ganz rein. Wir sehen sie überhaupt namentlich deutlich bei den Leuten, die eine starke positive Suggestibilität haben, wohl einesteils, weil beide Arten der Suggestibilität zwei Seiten der nämlichen Eigenschaft sind, dann aber wohl auch, weil man um so mehr des Schutzes durch die negative Suggestibilität bedürftig ist, je mehr man Gefahr läuft, der positiven zum Opfer zu fallen. Das Auftauchen negativer Triebe neben den positiven ist von größter Wichtigkeit; es verhindert, daß wir zu leicht zum Spielball der Suggestionen werden, schützt namentlich das Kind vor einem Übermaß von Einflüssen, zwingt den Erwachsenen zum Überlegen und ermöglicht auf jeder Altersstufe die Selbstbehauptung.

Die negative Suggestion ist ein Spezialfall der antagonistischen Regulierung unseres Trieblebens, das auch, abgesehen von der Beeinflussung von außen, durch Trieb und Gegentrieb in der richtigen Bahn gehalten wird, was nirgends so in die Augen springt wie beim Sexualtrieb, dessen positive Richtung mit den Hemmungen zu einer merkwürdigen Einheit verschmolzen ist[2].

Die Triebe und Instinkte[3].

Triebe und Instinkte sind die aktive Seite der Ergie, die wir als Affektivität kennen gelernt haben. So könnte man Sexualität oder Ethik als Triebe, als Instinkte oder als Gefühle beschreiben. Der Ausdruck „Trieb" hebt

[1] Bleuler: Neg. Sugg., Psychiatr.-neur. Wschr. 1904.

[2] Vgl. Bleuler: Der Sexualwiderstand, Jb. psychoanalyt. Forschg., 5, 442 (1913).

[3] Wir reden hier nur von „Naturtrieben" wie Nahrungstrieb, Selbsterhaltungstrieb, Geschlechtstrieb, ethischen Trieben. Wir haben aber noch daran zu denken, daß in der Psychologie, namentlich in der pathologischen, der Ausdruck „Trieb" in Anlehnung an vulgären Gebrauch auch für ganz andere Dinge benutzt wird. Zunächst einmal für *Primitivreaktionen* Kretschmers, das blinde Wüten, Davonlaufen und ähnliches bei einem

mehr die Aktivität und ihre Richtung hervor; „Instinkt“ läßt mehr an die Ausführung komplizierter Handlungen denken, deren eigentliche Motive und Ziele nicht bewußt sind und deren Anpassungen nicht durch Überlegungen geleitet werden. Eine Ordnung der Tatsachen in zwei getrennte Begriffe hat keinen Sinn; man sollte im Gegenteil einen Ausdruck haben, der den ganzen Begriff, den wir jetzt mit zwei Worten bezeichnen müssen, umfaßt.

Von den einfachsten Reflexen bis zum höchsten Instinkt gibt es eine kontinuierliche Stufenleiter; wir haben es dabei überall mit den nämlichen präformierten Einrichtungen zu tun. Durch die Triebe und Instinkte werden bestimmte Zwecke erfüllt, ohne daß eine besondere Erziehung, Anlernung oder Einübung nötig ist. Zum Unterschied von den Reflexen betreffen sie das ganze handelnde Wesen und nicht bloß eine Muskelgruppe oder ein Organ, und sie sind ausgezeichnet durch ihre Kompliziertheit, ihre weitgehende Berücksichtigung der Umstände, d. h. ihre Anpassungsfähigkeit (indem die Spinne ihr Netz je nach den Umständen verschieden gestaltet), und durch ihre anscheinende Spontaneität, oder wenigstens Aktivität (der Vogel sucht erst grobes, dann feineres Material zu seinem Nest; man *sucht* Speise oder das Sexualobjekt, wenn sich diese Dinge nicht von selbst bieten).

Als Übergänge von Reflexen zu Instinkten seien erwähnt: die Tropismen, die oft als Reflexe aufgefaßt werden, obschon sie das ganze Geschöpf betreffen. Die Liebesspiele der Weinbergschnecken scheinen uns ein Instinkt, ihre einzelnen Bewegungen aber werden, wie SZYMANSKI[1] nachgewiesen hat, als Kettenreflexe durch bestimmte Berührungen ausgelöst, von denen einer

unangenehmen Affekt. Solche Handlungen nennt man „triebhaft“, weil sie ohne Überlegung geschehen, und ihr Zusammenwerfen mit den früher angeführten lebensnotwendigen Trieben ist nicht ganz unrichtig, weil diese Reaktionen auch vorgebildet und für bestimmte Umstände Normalreaktionen sind. Auch *Zwangshandlungen* nennt man triebhaft, Handlungen, die infolge Affektverschiebung aus dem Unbewußten heraus gegen den Willen des Patienten unter dem Zwange von Angst ausgeführt werden. *Automatische Handlungen* geschehen ohne Zutun des Individuums, das wie ein Fremder nur mit den Sinnen wahrnimmt, was seine Sprechwerkzeuge oder seine Glieder tun. In den beiden letzteren Fällen hat man früher *Dämonismus* angenommen. Andere automatische Handlungen, die man aber selten als Triebe bezeichnet, an einem Rockknopf drehen u. dgl., sind einfach Folge von Einübung. Die pathologischen Triebe, wie *Stehltrieb*, *Brandstiftungstrieb*, werden mit einem gewissen Vergnügen bewußt ausgeführt, aber ohne normale Erwägung aller Umstände und ohne Bewußtsein, daß sie eigentlich symbolische Ersatzhandlungen z. B. für sexuelle Triebe sind. Einzelne krankhafte Triebhandlungen sind aus Gewohnheiten entstanden (nach dem Schema der Gelegenheitsapparate). So gibt es Onanisten, die keine Wollust, ja nur unangenehme Gefühle bei ihren abnormen Handlungen empfinden und doch nicht mehr davon lassen können. In der Dipsomanie, in den Suchten sehen wir oft Ähnliches. Es ist notwendig, daß man sich diese verschiedenen Bedeutungen des Ausdruckes „Trieb“ klar macht, wenn man die zentrifugalen Funktionen verstehen will.

Noch nicht recht verstanden sind viele *krankhafte Abweichungen der Triebe*. Wie kommt man dazu, Faeces oder Regenwürmer oder Erde einer angemessenen Nahrung vorzuziehen? Aufgeklärt sind wir über die Entstehung der meisten sexuellen Abnormitäten. Bestehenbleiben der andersgeschlechtlichen Pubertätsdrüse und daraus hervorgehende Wirkung falscher Hormone mögen in dem doppelgeschlechtig angelegten Gehirn homosexuelle Tendenzen in Tätigkeit setzen; andere Abweichungen entstehen auf psychischem Wege (vgl. namentlich die FREUDschen Mechanismen). Rein psychisch auf verschiedene Arten erzeugt ist wohl der Trieb, sich Schmerzen beizubringen bei manchen Hysterischen.

Eine nicht ohne weiteres verständliche Eigentümlichkeit vieler Triebe ist, daß sie so oft über das Ziel hinausschießen. Sexuelle Betätigung und Nahrungsaufnahme wird nicht nur vom Menschen in sehr viel höherem Maße geübt als zur Erhaltung von Art und Individuum notwendig ist. Es gibt gewisse Parallelen dazu auf dem Gebiete der Körperphysiologie, wo Lust aus notwendigen Trieben (Nahrungsaufnahme usw.) Selbstzweck wird.

[1] SZYMANSKI: Methodisches zum Erforschen der Instinkte, Biol. Zbl. **1913**, 262.

dem andern folgt. Immerhin liegt in dem Aufsuchen des Partners etwas Aktives, und diese Aktivität oder Spontaneität, die wir bei jedem Instinkt finden, bedingt einen weitern Unterschied gegenüber den Reflexen, die auf den auslösenden Reiz warten müssen. Auch dieser Unterschied ist allerdings kein absoluter; je größer der Hunger, um so stärker der Trieb Nahrung zu suchen. Von den einzelnen Instinkten resp. Trieben sind zu erwähnen neben dem Nahrungstrieb der Sexualtrieb, der einzige, der noch beim Menschen klar zu erforschen ist. Dann die Triebe nach Macht oder bewundert zu sein, Eigentum zu haben, Heimlichkeiten zu hegen, ein Heim zu besitzen, Wissen zu erwerben, alle die ethischen Triebe, ferner negative Triebe, wie Angst vor Neuem oder Ungewohntem u. dgl. Das Hühnchen fürchtet den Habicht aus angeborener Einrichtung; die Dogge, die von einem Löwen die Witterung nahm, blieb „vor Schreck" ohnmächtig liegen, obschon der Löwe sich nicht um sie kümmerte. Kleine Kinder haben Angst, wenn sie fern von der Mutter sind, wenn sie ungewohnte Eindrücke erleben usw.

Der Selbsterhaltungstrieb (einschließlich den Nahrungstrieb) hat beim Kulturmenschen viel von seiner Bedeutung verloren; man wird von Jugend auf gezwungen, auch gegen seinen Willen sich selbst zu erhalten; für die Sicherheit des Lebens sorgt die Polizei, für Nahrung und Wohnung die Couponschere oder die Armenpflege, und wenn man nicht essen will, so wird man mit der Sonde zwangsmäßig gefüttert. So ist von den beiden Haupttrieben derjenige, der die Art erhalten soll, der relativ bedeutendere geworden, obgleich gerade sein Endziel, die Kindererzeugung sehr oft unerwünscht ist. Der *Sexualtrieb* hat aber nicht nur eine besondere Stärke, sondern auch eine besondere Zahl von Hemmungen, teils äußere, besonders beim Kulturmenschen, der zur Fortpflanzung eine Familie „gründen" und erhalten muß, teils innere, die in dem Trieb selber liegen, schon bei tiefer stehenden Tieren nachzuweisen und in ihrer Art nicht genügend verständlich sind. Die innere Hemmung, die Ambivalenz des Triebes, ist so groß, daß der Begriff der Sexualbetätigung eng verbunden ist mit dem der Sünde, daß die kleine Abweichung vom Normalen, die Onanie, instinktiv als die Sünde par excellence gilt, daß die Keuschheit als „Reinheit" von Millionen so hoch gewertet wird wie keine andere Tugend, daß man sich den Anschein geben muß, als habe man keinen Sexualtrieb, daß es nicht nur bei blasierten Kulturvölkern, sondern auch bei primitiven eine rituell verdienstliche Kastration gibt, und daß ein belesener Autor[1] in einer längeren Abhandlung beweisen kann, die Geschlechtsliebe sei zu allen Zeiten ein Gegenstand des Abscheus gewesen usw. So ist es nicht zu verwundern, daß dieser Trieb ungleich stärker und häufiger zu pathogenen Konflikten führt als alle andern zusammen.

Nirgends so deutlich wie im Geschlechtstrieb haben wir eine mehr physiologische und eine rein psychische Seite des Triebes zu unterscheiden. Es gibt eine sexuelle Erotik ohne Bedürfnis von genitalen Reizungen im engeren Sinne und ein solche, die nur auf den Coitus abzielt. Das Normale beim voll entwickelten Menschen ist eine innige Mischung beider Funktionen. Entsprechen sie getrennt dem Basalhirn und der Rinde? Jedenfalls haben wir schon bei Insekten eine merkwürdige Neigung zur Auswahl des Partners, indem einem Männchen nicht jedes Weibchen genehm ist, und auch nicht jedes Männchen von einem Weibchen angenommen wird.

---

[1] THEODORIDIS: Sexuelles Fühlen und Werten, Arch. f. Psychol. **49**, 1 (1920). — Ref. Z. Neur. **23**, 308.

Zum Bewußtsein kommen die Instinkte (beim Menschen) zunächst nur als Gefühlsbetonungen von Strebungen und Erlebnissen. Wie uns das der Art Nützliche in den Sinnesempfindungen als angenehm, das Schädliche als unangenehm zum Bewußtsein kommt, „mit angenehmen oder unangenehmen Gefühlen betont ist", so auch diese Strebungen. Ob es Instinkt oder bloße Gefühlsbetonung eines Geruches sei, daß uns Unrat unangenehm ist (wovon die Faeces des Kindes für die Mutter eine Ausnahme machen; viele Säugetiere reinigen das Nest der Jungen, indem sie deren Exkremente verschlingen), daß die läufige Hündin dem Rüden angenehm riecht, das alles läßt sich nicht entscheiden, weil es da nichts zu trennen gibt. James sagt, der brütigen Henne komme ein Ei als ein never-to-be-to-much-sat-upon-object vor[1].

Gewisse Inhalte der Instinkte sind beim Menschen ganz oder teilweise dem bewußten Verstande überbunden worden. Wir haben den Instinkt, eine geschützte Wohnung zu besitzen, nicht mehr aber den, die Materialien dazu zu sammeln und in einer bestimmten Weise zu einem Hause zu verbinden. Das letztere besorgt unsere Überlegung oder es wird gelernt. Alle diese „Kunstfertigkeiten" werden beim Menschen vom plastischen Großhirn ausgeführt — aus leicht verständlichen Gründen, während die Spinne noch einen ganz komplizierten Bauinstinkt hat, der sich den Gelegenheiten weitgehend anpassen muß.

Noch fast ganz instinktiv sind unsere Reaktionen im Verkehr mit andern Menschen: die Art, wie wir auf eine Beleidigung, auf eine Herabsetzung oder auf eine Erhebung unserer Person reagieren. Ausgelacht werden kann schon ein wenig Monate altes Kind in Wut versetzen: es wird niemand annehmen, daß es den Grund seines Affektes, die Herabsetzung seines Ich, bewußt erfaßt habe. Ein kleines Wesen um ein Jahr herum kann eine solche Herabsetzung sehr deutlich dem Vater herausgeben oder wenig später einer Strafe auf scheinbar raffinierte Weise die Spitze abbrechen (vgl. Affektivität S. 175). In solchen Reaktionen haben wir das umgekehrte vom Bautrieb: der intellektuelle Teil ist unbewußt geblieben, der affektive bewußt.

Nun aber gibt es noch Instinkthandlungen, die als solche nicht bewußt sind, sondern nur der Annehmlichkeit wegen gemacht werden, ganz wie das Essen. Die kleinen Kinder bauen sich unter dem Tisch, unter einem Bett eine Höhle, in der sie Herr und Meister sind und von den andern sich abschließen. Der junge Mann liest eine Kravatte, das Mädchen einen Hut aus, wobei der Sexualtrieb dem Geschäft die Wichtigkeit verleiht. In diesen Fällen sind sich die Handelnden nicht bewußt, daß sie dabei einem bestimmten Instinkt folgen. Es sind auch beim Menschen manche Instinkte rudimentär geworden[2], oder haben durch die Verhältnisse so von den natürlichen abweichende neue Folgen bekommen, daß der Zweck

---

[1] James: The Prinziples of Psychology, London: Macmillan **1891 II,** 387.

[2] Vom Nahrungstrieb ist das Wichtigste die Lust, seinen Unterhalt zu erjagen, zu erkämpfen, überhaupt zu erarbeiten und sich dabei den vorhandenen Möglichkeiten anzupassen, seit Generationen im Schwinden begriffen und in Arbeitsscheu verwandelt worden — aus begreiflichen Gründen, ist doch an Stelle des Befriedigung bringenden Naturtriebes ein Zwang zumeist direkt lästiger Form der Anstrengung getreten; in der Schule ochst man oft sehr gegen seinen Willen und nimmt man gar seine unliebsamen Prügel in Empfang, damit man 15 oder 20 Jahre später sich mit der Familie ernähren könne. Auch eine Fabrikarbeit hat mit lustbetonten Trieben nur noch höchst indirekten Zusammenhang. — Es wäre interessant zu untersuchen, in wie fern die beschaulichen Asiaten recht haben, wenn sie geneigt sind, unsere einseitige Einstellung auf Arbeit für einen Fehler zu halten.

unter Umständen gar nicht mehr gewünscht wird: man denke an den Fortpflanzungsinstinkt im ganzen (man streitet sich unnötigerweise, ob es einen Fortpflanzungsinstinkt im engeren Sinne, einen Wunsch nach Kindern beim Menschen noch gebe), wo die Betätigung des Instinktes meist nur bis zum Coitus gewünscht, der Endzweck oft geradezu verabscheut wird.

Für unser jetziges Wissen ist die enorme Plastizität der komplizierteren Instinkthandlungen der Tiere, ihre Anpassungsfähigkeit an die verschiedensten Situationen nur verständlich aus der Analogie mit rindenpsychischen Leistungen, d. h. als durch die Generationen erblich akkumulierte Erfahrung und Fertigkeit. Nur so kann man sich vorstellen, wie die Spinne den Platz für ihr Netz wählt und den Bau in Berücksichtigung der lokalen Verhältnisse, der Festigkeit und Stabilität der Stützpunkte und der Eigenschaften ihres Baumaterials ausführt, wie der Vogel ohne entsprechende Erfahrung, und doch ohne Versuch und Irrtum, sein Nest ungewohnten Verhältnissen anpaßt. Dem gegenüber geben die menschlichen Instinkte nur die allgemeine Richtung an und überlassen die Einzelheiten der individuellen Erfahrung und der Belehrung durch die Artgenossen, *die an Stelle der langsam arbeitenden Erblichkeit getreten ist.*

Man hat die Vorstellung, daß ein Trieb, der in seiner natürlichen Richtung keine Befriedigung finde, dadurch abreagiert werden könne, daß die ihm innewohnende Kraft in einer andern Weise verwendet werde. FREUD meint sogar, daß die Kulturleistung in dieser Weise „sublimierten" Sexualenergien (namentlich perversen, die jedes kleine Kind, wenn es normal werden soll, umwandeln müsse) zu verdanken seien. Das letztere möchte ich nun bezweifeln. Im übrigen weiß jedermann, daß etwas Richtiges an der Auffassung ist. Obschon vielleicht niemand alle seine Triebe ausleben und namentlich niemand auch nur einen einzigen „ganz" ausleben kann, so genügt doch das durchschnittlich vorkommende Maß; viele aber sind unglücklich, weil sie sich in irgendeiner einzelnen Richtung, z. B. in der sexuellen oder in einer künstlerischen, nicht ausleben können. Unter Ausleben verstehe ich aber hier nicht den häßlichen Begriff, den ihm die neuere Literatur gegeben hat. Man kann unter Umständen erotisch sehr bedürftig sein, aber doch sich voll ausleben in der Liebe, z. B. zum Ehegatten, ohne nur den Coitus auszuüben. Die Natur gibt also recht weitgehenden Spielraum. Aber in wenigstens *einer* Richtung muß der feiner angelegte Mensch einen Trieb befriedigen können — inwieweit auch der Durchschnittsmensch, wage ich nicht zu entscheiden; man hat aber Anhaltspunkte für die Annahme, daß der Philister mit sehr wenig, d. h. mit Befriedigung bloß seiner zum Leben notwendigen Instinkte, nahezu auskommen könne. Immerhin zeigt das Wirtshaus, daß vielen noch etwas fehlt. Bei den Frauen muß auch irgendeine Tätigkeit, die sich auf Menschen bezieht, wenigstens *neben* der nicht adäquaten Berufsarbeit vorhanden sein, wenn sie zufrieden sein sollen. Dies nur einige Andeutungen zur allgemeinen Orientierung. Das Thema verlangt eine besondere Arbeit und ein besonderes Buch. Für uns ist wichtig, daß man sich nicht in allen Beziehungen und nicht voll ausleben muß, um nicht unglücklich zu sein, und daß das Bedürfnis nach Befriedigung einzelner nicht unmittelbar zur Existenz notwendiger Triebe von Mensch zu Mensch ein sehr verschiedenes ist.

So verstehen wir, daß auch in dieser Beziehung, wie überall in der Psyche, Ähnlichkeiten für Gleichheiten genommen werden, so daß ähnliche Betätigungen einander ersetzen können. Schon eine so einfache Funktion wie der Hunger läßt sich für einige Zeit beschwichtigen durch die Füllung des Magens mit unverdaulichen Massen. Tiere können sich im Objekt vergreifen: eine säugende Katze, der die Jungen abhanden gekommen sind, kann junge Ratten, Kaninchen oder andere Tiere, die sie sonst bloß als Beute betrachten würde, adoptieren. Beim menschlichen Weibe kann sich die Liebe zu den Kindern und zu einem Mann in Krankenpflege erschöpfen; der Kranke ist Symbol des Kindes, das als ganz oder halb vollwertiger Ersatz seine Dienste tut.

Um eine abschließende Vorstellung von den medizinisch und sozial höchst wichtigen Ersatzbetätigungen der Triebe zu gewinnen, sind noch viel mehr Beobachtungen zu sammeln. Von der viel besprochenen *Sublimierung* des Geschlechtstriebes in Kulturhandlungen wäre nach meiner Ansicht zur Zeit etwa folgendes zu sagen. Schon bei niederen Tieren gehören zur Befriedigung des Geschlechtstriebes eine Menge von Nebenhandlungen, deren Zweck wir nicht recht einsehen, und die „auch anders sein könnten". Es ist deshalb selbstverständlich, wenn gerade hier ähnliche Reaktionen einander am leichtesten ersetzen können, und Abänderungen im guten (Sublimierungen) und bösen Sinne (Perversionen) häufig vorkommen. Daß aber alle oder viele Kulturhandlungen eigentlich sublimierte Betätigungen des Geschlechtstriebes seien, ist nicht zu beweisen und für mich unannehmbar. Auch ist die Vorstellung der Überleitung eines Vorrates von Kraft auf einen anderen Trieb, der sie dann „abführt", gewiß nicht ganz richtig (vgl. Gelegenheitsapparate). Wenn der Kindertrieb der unverheirateten Frau sich in aufopfernder Krankenpflege und andern erzieherischen oder fürsorgenden Bestrebungen auslebt, so kommen ganz andere Dinge in Betracht. Zunächst einmal hat der Mensch vielerlei Triebe, und Befriedigung auf einem Gebiete schafft ihm auch Befriedigung im allgemeinen, so daß ein anderes Streben nicht aufkommen kann oder nicht mehr nötig ist. Wer gerne Naturwissenschafter, aber auch Arzt, geworden wäre, und nun sich, wenn auch aus einem äußeren Grunde, für den letzteren Beruf entschieden hat, kann befriedigt sein, ohne weiter sich mit Naturwissenschaften zu beschäftigen. Die Verhältnisse, namentlich die der höheren Kulturen, bieten dem Menschen eine *Auswahl* von Befriedigungsmöglichkeiten. Er braucht nicht alle auszuleben, und könnte es gar nicht.

Nun aber decken sich Krankenpflege und Pflege der eigenen Kinder zu einem nicht kleinen Teil. Die beiden Triebe und namentlich ihre Betätigungen sind einander „ähnlich", so daß sie einander assoziieren. Sie müssen in einen einzigen Komplex verschwimmen, so daß mit dem einen auch der andere befriedigt wird. Mit der Frage der Sublimierung hängt auch die der symbolischen Befriedigung[1] zusammen, die in der Krankheit besser studiert ist, als beim Normalen. In gewisser Beziehung ist die Krankenpflege auch ein Symbol der Kinderpflege.

Ich weiß, daß mit diesen Worten das Problem nicht genügend abgeklärt ist; aber ich denke, daß der angedeutete Weg zum Verständnis führen könnte.

Der Kunsttrieb. Von der Kunst will ich nur reden, um auszudrücken, daß ich ihr gegenüber eben so hilflos bin wie die bisherigen Untersucher. Jedermann kann sehen, daß sie dazu dient, Gefühle und gefühlsbetonte Ideen auszudrücken und zu empfangen. Selbstverständlich weiß ich, daß im „Schönen" viel Lebensförderndes steckt, daß der Rhythmus eine aus dem Organismus sich ergebende besondere Stellung in der Aufeinanderfolge der Reize und der Impulse hat, daß ein schön gezeichneter Kreis für Auge und kinetische Vorstellungen etwas Bequemeres, also Angenehmeres sein muß als ein zerbeulter. Ich weiß namentlich, daß eine Menge von Formverhältnissen auf den Menschen übertragen ohne weiteres mit Lust und Unlust betont werden müssen. Ich konstatiere nur zu sehr, wie oft nicht das Schöne, sondern das Auffallende, Heraushebende mit der Ästhetik verquickt wird, so daß diese in solchen Fällen eigentlich bloß der Eitelkeit frönt. Ich kann mir daraus auch einen Vers machen, daß der Gesang einer Nachtigall sofort an Reiz verliert, wenn ich vernehme, daß ich „nur" eine künstliche Nachtigall gehört habe. Das erklärt aber alles nicht, warum der Spinnenaffe (spider-monkey) mit seinem Schwanz Blumen herumträgt, warum die Krähenarten glänzende Dinge sammeln, und die Laubenvögel sich eine Privatgalerie von Flitter anlegen, warum es Vögel gibt, die wunderbar komplizierte Tänze aufführen und zwar ohne sexuellen Zweck; ich könnte letzteres aber auch nicht verstehen, wenn es sich um sexuelle Ziele handelte. Ich beobachte, daß die Vögel sich mit der Stimme manches mitteilen; aber ich weiß nicht, warum sie so viel und so

[1] Der in der Ehe unglückliche Psychiater hat Vorliebe für Ehescheidungsgutachten. Der geizige Nervöse beschränkt wenigstens die „Ausgabe" der Faeces und wird obstipiert. Überhaupt sind viele nervöse Symptome symbolische Triebbefriedigungen (vgl. FREUD).

kompliziert singen, und muß mit anderen vermuten, daß das mit dem zusammenhänge, was wir Menschen Kunst und Ästhetik nennen[1]. Wenn das Wesentliche an der Schönheit das wäre, was uns fördert, so müßten die Nahrungsmittel in ihrer ästhetischen Wertung in eine ähnliche Skala einzureihen sein wie in ihrer nährenden, oder zum Schönsten müßten die Genitalien des anderen Geschlechtes gehören, während das, allerdings vorhandene, optische Interesse an denselben sich von dem ästhetischen so stark unterscheidet wie ein Ton von einem Licht; dafür ist die menschliche Schönheit, wie sie erotisch vom anderen Geschlecht gewertet wird, in vielen Beziehungen direkt antiselektorisch, und jedenfalls nicht in geradem Verhältnis zu dem Nutzen für die Erhaltung der Art. Ich kann auch von keiner der üblichen Erklärungen aus begreifen, daß man sich schon in prähistorischen Zeiten Mühe gegeben hat, den Töpfen mit den Fingernägeln Ornamente einzupressen, und ebensowenig, daß wir ein Abendrot schön finden. Die alte Spieltheorie ist schon deswegen ungenügend, weil wir das Spiel als Vorübung nützlicher Fähigkeiten und als Aufkitzeln bestimmter Affekte ohne weiteres psychologisch verstehen. Wäre im Prinzip des Schönen das Fördernde das Wesentliche, so bliebe ein Rätsel, warum so nebensächliche Förderungen aus den verschiedensten Lebensgebieten überhaupt herausgefühlt, und gar warum sie in unserer Psyche begrifflich und als Trieb[2] in eine besondere Einheit geordnet werden, während wir im übrigen die verschiedenen Funktionsgebiete streng auseinander halten und die Freude an Bewegung nicht mit der am Essen zusammenwerfen. Und wenn man für alle diese Dinge noch irgendeine Erklärung aus den schon bekannten Prinzipien herausfinden könnte, so wäre das Quantitative an der Kunst nicht zu verstehen, daß man sich seit vorgeschichtlichen Zeiten so viel Mühe gibt und geradezu einen Lebenszweck darin findet, Kunst zu produzieren, daß es sich lohnt einen gotischen Dom oder eine Symphonie aufzubauen, und vor allem, daß es einen angeborenen aktiven und passiven Kunsttrieb gibt, dessen Nichtbefriedigung den Menschen unglücklich macht, und dem von vielen geradezu alles andere geopfert wird.

Wir sind nur erst am Anfang dieser Studien, und da ist es höchst wahrscheinlich, daß wir eben zu wenig wissen, um diese Frage zu beantworten. Da wir aber alle andern Eigenschaften unserer Psyche, die wir kennen, auch verstehen, kann man nicht umhin, doch daran zu denken, ob nicht die utilistische Erklärung hier unangebracht sei. Warum soll man nur hier schon alles wissen? Warum sollen uns nicht auch ganze große Prinzipien, die das Leben überhaupt leiten, noch unbekannt sein? Und da fällt uns in diesem Zusammenhang noch ein anderes Rätsel auf, das uns die Lebewesen zu lösen geben: Die Farben und Formen der Blumen und vieler Tiere; speziell der Hochzeitsschmuck in Farben und Formen und Bewegungen und Tönen und Düften ist nicht einmal bei den Pflanzen, wo man doch die Pollen übertragenden Insekten herbeiziehen kann, ganz befriedigend erklärt. Wenn die Theorie der sexuellen Auslese auch nicht so vielen anderen Schwierigkeiten in der Anwendung am einzelnen Falle begegnete, sie müßte schon in ihrem Prinzip daran scheitern, daß wir einfach wieder zu fragen haben: Warum ist das Weibchen so eingerichtet, daß ein bestimmter Gesang, ein bestimmter Kamm, bestimmte Tänze des Männchens ihm „gefallen“, es sexuell erregen? Mit andern Worten, die Frage nach der Bedeutung des Gefallenfindens an nicht „notwendigen“ nicht „nützlichen“, nicht direkt „fördernden“ aber sehr luxuriösen Eigenschaften ist durch die Annahme der geschlechtlichen Zuchtwahl um keinen Schritt der Lösung näher gebracht worden. Wir dürfen auch nicht annehmen, daß diese Farben „zufällig“ seien, wie etwa das Rot des Blutes oder einiger Tiefseefische; denn wo keine Augen sind sie zu sehen, bei den im Dunkel lebenden Tieren und im Körperinnern finden wir keinen Farbenschmuck.

Diese Tatsachen zwingen uns geradezu im jetzigen Zustand des Wissens die Frage auf, ob nicht zwischen der aktiven Ästhetik der Blumen und Schmetterlinge und Kolibri und Quallen und der passiven unseres Gefühls ein Zusammenhang sei; und da wir vom utilistischen Standpunkt aus auf ein Verständnis gleich Null kommen, so ist es nicht unlogisch, wenn man bis auf weiteres die Wurzeln der Ästhetik nicht

---

[1] Hinter dem Interesse von Eidechsen, Spinnen und anderen niederen Tieren für einfache Musik könnte eine Verwechslung der Töne oder Erschütterungen mit den Tönen stecken, die die Nähe von Insekten anzeigen.

[2] Wenn auch Dichter, Musiker oder bildende Künstler mehr oder weniger einseitig auf ihre Spezialkunst eingestellt sind, im allgemeinen ist das ästhetische Fühlen doch eine Einheit, deren verschiedene Seiten je nach den begleitenden Anlagen verschieden entwickelt sein können. Künstlerisch angelegte Leute aller Spezialitäten bilden in dieser Beziehung eine Klasse, die sich sehr gut abgrenzt von den Kunstbarbaren und sogar den Kunstphilistern. Vor allem aber beweist die Familienforschung, daß es einen allgemeinen Kunsttrieb gibt.

nur in der Nützlichkeit sucht, sondern auch nach anderen Lebensprinzipien forscht, die die merkwürdige Parallele zwischen den Farben und Zeichnungen der Raupen und unserem ästhetischen Empfinden erklären könnte. Kann nicht in der Produktion und im Empfinden von Schönem irgend etwas Allgemeines zum Ausdruck kommen, das der ganzen Welt oder wenigstens der organischen Welt angehört, und das wir in unserem menschlichen Denken etwa mit dem Begriff der „Idee" andeuten könnten (natürlich ohne jede Verwandtschaft mit den PLATONschen Ideen)? Könnte nicht in der ästhetischen Erscheinung der Blumen und Raupen und des Vogelgesanges und in der ästhetischen Wertung dieser Erscheinungen durch die sie wahrnehmenden Wesen ein allgemeines Prinzip zum Ausdruck kommen, Farben und Formen und Töne nach Gesetzen zusammenzustellen, die wir in einzelnen Erscheinungen als ästhetische empfinden — „in einzelnen Erscheinungen" sage ich deshalb, weil es unwahrscheinlich ist, daß gerade die Auslese, die der Mensch mit seinen beschränkten Sinnen und seinem ästhetischen Fühlen macht, das ganze Prinzip erschöpfe. Es gibt eine Reihe anderer Tatsachen, die vielleicht mithelfen könnten zur Aufklärung. Ist nicht der Descensus testiculorum, der eigentlich nur Gefahr bringt (manche männliche Tiere suchen einander im Kampfe die Hoden wegzubeißen), ein Mittel, die Männlichkeit herauszustreichen[1]? könnte nicht der Hymen der physische Ausdruck der Sexualhemmung und der Überwertung der weiblichen Keuschheit beim Menschen sein? der radschlagende Pfau scheint ein Demonstrationsbedürfnis auch dem Menschen gegenüber zu haben. Auch da scheinen sich im physischen und im psychischen Organismus Prinzipien auszudrücken, die über das biologisch „Nützliche" hinausgehen.

Was *Witz und Humor* ist, weiß ich auch noch nicht. Die bisherigen Lösungen scheinen mir zum Teil etwas Richtiges zu treffen, aber nicht alles oder nicht die Hauptsache. Wir sollten zuerst einmal wissen, was Lachen und die entsprechende Stimmung ist.

Wissen wir biologisch von der Kunst nichts, so kennen wir doch einiges vom *Künstler und dem künstlerischen Schaffen*. Aber dieses Wissen hat es trotz der vielen Bücher, die darüber gedruckt worden sind, noch sehr nötig, geordnet und in verständlichen bzw. kausalen Zusammenhang gebracht zu werden. Dazu möchte ich anregen, mehr nicht. *Das Folgende soll nicht etwa Fragen beantworten oder Ansichten, die ich für richtig halte, ausdrücken, sondern Fragen stellen, wenn auch in der bequemen und leichter verständlichen Form von Bruchstücken einer Schilderung.* Ich bin auch weit davon, diese Andeutungen durchgedacht zu haben.

Aufgabe eines Künstlers ist es in erster Linie, Gefühle auszudrücken und damit nach dem Gesetz der einfachen Suggestibilität bei andern Gefühlen zu erregen[2]. Nun ist unsere Ausdrucksfähigkeit für Gefühle verhältnismäßig beschränkt. Der Verliebte gibt seine Gefühle durch Seufzen und Erröten und Zittern, in der Haltung und in Handlungen und in vielen andern Dingen kund, gelegentlich auch in einigen Interjektionen und sogar kurzen Sätzen. Aber unsere Sprache ist im großen und ganzen da, objektive Zusammenhänge mitzuteilen, nicht innere Vorgänge; speziell der Gefühlsübermittlung dienen nur die mimischen Affektäußerungen im weitesten Sinne, einschließlich das ganze Benehmen.

Um Gefühle sprachlich auszudrücken oder zu schildern, muß man sie zum Objekt machen; das Ich muß ihnen gegenüberstehen wie andern zu studierenden oder zu schildernden psychischen Vorgängen. Sie können deshalb (vgl. Kapitel Wahrnehmung) erst am Engramm beobachtet werden.

Das Gefühlsmäßige, das der Dichter zu schildern hat, kann also nicht mehr aktuell sein oder nicht das ganze Ich bewegen, d. h. es muß in einem gewissen Grad abgespalten sein[3].

---

[1] Es gibt Säugetiere, bei denen die sichtbaren Hoden zum „Hochzeitskleide" gehören, indem die Drüsen nur während der Brunstzeit außerhalb der Körperhöhle bleiben.

[2] Übrigens muß nicht jeder Künstler ein Publikum haben, und sind es zum Teil nicht künstlerische Gründe, die ihn nach Anerkennung streben und sich dem Publikum aufdrängen lassen. Es gibt Leute, die ihre Gedichte für sich behalten und dabei zufrieden sind.

[3] Selbstverständlich werden umgekehrt die eigenen Gefühle dadurch, daß man sie studiert, verändert und bis zum Verschwinden abgeschwächt. MARIE V. EBNER-ESCHENBACH sagt irgendwo: die, welche sie beneiden, wissen nicht, was es für eine Plage sei, wenn man auf diesem Wege Naivität, Gegenwartsgefühl und Gegenwartsgenuß einbüße. Und SELMA HEINE hat dem nämlichen Gedanken im Perseus Ausdruck gegeben, indem sie die Beobachtungsweise des Künstlers mit dem Gorgonenschild symbolisiert, vor dem das Lebendige zu Stein wird. Wahrscheinlich empfindet die Frau diese Wandlung viel stärker als der sonst schon objektivere Mann.

Eine der größten jetzt lebenden deutschen Dichterinnen äußerte sich, daß es Dilettantenart sei, seine Gefühle zu verwerten, solange sie bestehen. Erst wenn man kalt geworden sei, könne man sie dichterisch gestalten. Daß der unglücklich Liebende die Wonnen der Liebe besonders glühend schildert, ist oft bemerkt worden.

Die beiden Bedingungen der dichterischen Gestaltung, Angehören der Vergangenheit oder Abspaltung der Gefühle, sind nicht ein einfaches Entweder-Oder. Ein vergangenes Gefühl taucht bei der Ekphorie nahezu als solches wieder auf und kann jedenfalls den ganzen Menschen wieder beherrschen wie zur Zeit des Erlebnisses, dem es angehört. Auch es muß deshalb, um objektiviert zu werden, zwar empfunden, aber dem beobachtenden Ich gegenübergestellt werden. Das Wichtigste ist also auch hier die Spaltung in Beobachtetes und Beobachtendes. Eine besondere Leichtigkeit dieser Spaltung haben wir bei der *schizoiden Anlage*, die wohl eine der Bedingungen oder die Bedingung ist, die künstlerisches Schaffen ermöglicht. So sehen wir schizophren werdende und schizoide Künstler in Menge, und vielleicht haben geradezu alle Künstler wenigstens einen schizoiden Einschlag. Wir sehen auch, daß gewöhnliche Menschen im Beginn einer subakuten Schizophrenie sich mit Erfolg künstlerisch betätigen, gelegentlich zeichnend oder malend, am häufigsten aber einige überraschend schöne Gedichte hervorbringend, was möglich ist ohne eine angelernte Technik.

Mit dieser Spaltungsfähigkeit der Künstlerpsyche hängt natürlich auch die große Rolle zusammen, die beim wahren Künstler das *Unbewußte* spielt. Es ist bekannt, wieviel die künstlerische Gestaltung abgetrennt vom bewußten Ich vor sich geht und sich erst mehr oder weniger fertig wie eine Halluzination dem Bewußtsein aufdrängt. Ich habe noch nicht verfolgt, wie sich die Abspaltung des Unbewußten vom Bewußten und die Gegenübersetzung vom Schaffenden und seinem Objekt, die den künstlerischen Ausdruck gestattet, zueinander verhalten.

Die Abspaltung künstlerisch wirksamer Komplexe bedarf wie die der im Traum und in der Psychopathologie aktiven einer besonderen Nuance: sie müssen so stark *ambivalent* sein, daß sie ihrer Unerträglichkeit wegen vom Bewußtsein niemals ganz assimiliert werden, aber doch in der relativen Abspaltung energisch fortleben. Vielleicht könnte ich noch besser sagen: Vorstellungen, die nur unangenehm sind, werden leicht nicht nur abgespalten, sondern so unterdrückt, daß sie nicht mehr wirken. Was abgespalten wird im eigentlichen Sinne, was weiterlebt, aber vom Ich möglichst abgetrennt gehalten wird, ist zugleich gewünscht und verabscheut. Selbstverständlich braucht das von einer künstlerischen Idee nicht in ihrer Gesamtheit so zu sein. Es können einzelne Züge derselben das ambivalente Ferment sein. GOETHE wird sich wohl immer seines Verhältnisses zu Friederike bewußt gewesen sein, aber es ist mir sehr fraglich, ob er sich darüber klar war, wie er sich im Clavigo, im Ur-Faust und in der neuen Melusine selbst strafte und verteidigte gegenüber den Vorwürfen, die er sich dabei machen konnte.

So braucht auch gar nicht „der ganze Mensch" von den Gefühlen beseelt zu sein, die ihn zum Dichter machen. Aber der Künstler arbeitet eben irgend etwas, was in ihm ist, heraus, indem er es von allen andern Strebungen, die in ihm sind, loslöst. Da ist eine junge Frau, die in einem Weihnachtsspiel Entzücken verbreitet durch die Innigkeit, mit der sie als Maria die Mutter darstellt — sie ist aber das Gegenteil von einer guten Mutter. Ein Mädchen macht nach der Pubertät eine Zeitlang sehr fein empfundene Gedichte; als Persönlichkeit, im Leben, ihrer Familie gegenüber, ist sie aber damals und in der Folge ziemlich gefühllos und rücksichtslos, wenn sie auch nirgends einen aus den Gewohnheiten der guten Gesellschaft heraustretenden Fehler macht. Es gibt ja auch sonst mancherlei zum Teil allgemein bekannte Gründe, daß man in der Kunst mit einer gewissen Vorliebe dasjenige, dessen man im Leben ermangelt, ausdrückt oder genießt. Ich gehe hier nicht darauf ein. Ich möchte nur davor warnen, Ethik und Ästhetik in engen Zusammenhang zu bringen, namentlich in der Erziehung Charakterbildung durch Geschmacksbildung ersetzen zu wollen. Praktisch erweist sich Künstlertum eher als eine Klippe für die Tugend, und die Blüte der Kunst fällt, soweit wir wissen, gern in Zeiten des sittlichen Verfalls.

Worin aber besteht das *künstlerische Gestalten?* Ein Teil der Antwort wird oft indirekt gegeben, wenn man auseinandersetzt, worin der Unterschied zwischen einem Gemälde und einer Photo bestehe. Etwas weniger bekannt ist es, warum die gut dargestellte Maria (ganz abgesehen von dem großen Zusammenhang), das Theater-Gretchen eine so große Wirkung ausübt, während wir im Leben an tausend ebenso liebenden Müttern und an vielen gut angelegten aber gefallenen Mädchen vorübergehen, ohne uns daran zu erheben. Da erweist es sich, daß eben die wirkliche Mutter und das wirkliche Gretchen uns noch eine ganze Menge von immanenten und akzessorischen Zügen, Beschäftigungen und Beziehungen zeigen, die nicht die gleichen

Gefühle erregen, ja die geeignet sind, sie zu unterdrücken. Die Kunstgestaltung gibt uns eine reinliche Herausarbeitung dessen, was gerade einen bestimmten Gefühlston schwingen läßt. Durch Dichtung und bildende Kunst, mutatis muternalis auch durch Musik werden unserem stets wachen Reizhunger Ereignisse oder Darstellungen geboten, der Art, daß sie weder persönliche Gefühle peinlich treffen, noch durch unharmonische stören oder durch Gleichgültiges abkühlen. Nehmen wir z. B. ein Gedicht von CONRAD FERDINAND MEYER. Man findet kein Wort und kein Bild, das nicht die gewünschte Stimmung herbeiführen und tragen hilft.

Am Gestade Palästinas
Auf und nieder Nacht und Tag

ist die inhaltlich trockene lokale und geographische Exposition von „mit zwei Worten". Der Leser braucht noch nichts von der darauf folgenden Geschichte zu wissen; die wenigen Worte haben ihn so präpariert, daß er dem folgenden „London!" nicht den Ton geben kann, den der Schiffbeamte benutzt, wenn er die Station ausruft.

Diese Sichtung des zu Gebenden ist eine Arbeit, die sich durchaus dem Vorgang der Abstraktion analogisieren läßt, und zwar auch insofern, als nicht ein planloses Auslesen von Gegebenem, sondern zugleich ein sinnvolles Suchen und Zusammenstellen von Zusammengehörigem stattfindet. Trotz des letzteren Umstandes liegt aber doch eine Abstraktion von der Wirklichkeit im künstlerischen Schaffen und in der Künstlernatur. Die Schwierigkeiten, die die meisten Künstler dem Leben gegenüber erfahren müssen, sind nicht zufällige, ganz abgesehen davon, daß auch der Künstler manchmal erst daraus seine Größe zieht, daß er im Leben das entbehren muß, wonach er sich besonders sehnt.

Die Religiosität. Die Religionen.

Es soll hier natürlich keine Religionspsychologie gegeben, sondern nur an einigen Beispielen gezeigt werden, wie sich das Entstehen der religiösen Vorstellungen und der Religionen aus dem centralnervösen Reaktionsapparat ohne Hinzukommen irgendeines außerweltlichen Etwas verstehen lasse.

VON MONAKOW zählt einen „Trieb zur Vereinigung mit dem Weltganzen" schon zu den Urgefühlen; biologisch ist mir das so unverständlich als möglich; außerdem habe ich weder bei den Tieren, die ich näher beobachtet habe, noch bei der Mehrzahl der erwachsenen Gesunden oder Kranken etwas gefunden, was sich so nennen könnte. Ich habe auch sonst keine Spuren von irgendeinem primitiven Religionstrieb oder -instinkt gesehen. Dagegen wissen wir unter anderem folgendes: das Kind und der Primitive verstehen von den äußeren kausalen Zusammenhängen nur das Gewöhnliche und Einfachste. Um so besser verstehen sie das Wollen und Handeln nach einem Zweck. So bringt die bloße Analogie die Personifikation in die Außenwelt, man sieht Motive statt Ursachen; die Tischkante, an der das Kind den Kopf angeschlagen hat, hat einen bösen Willen; sie wird zur Strafe geschlagen. Aber auch sonst ist das Lebende als Tier und Mensch das Wichtigste, dasjenige, das am meisten unsere Aufmerksamkeit verlangt. Tier- und Menschengestalten werden schon aus diesem Grunde am leichtesten illusioniert; irgendein Haus, ein Fels, eine Wolke, ein Klecks macht uns ein freundliches oder feindliches Gesicht, obschon das reale Handeln uns zwingt, so wenig als möglich Fremdes in unsere Wahrnehmungen hineinzulegen. So werden die Dinge auf gewisser Denkstufe notwendig zu belebten Wesen. Die Bildung und Benutzung der abstrakten Begriffe der Kraft und des Schicksals braucht schon eine recht hohe Kultur; vorher müssen beide nach Analogie der dem einfachen Denken geläufigsten Zusammenhänge personifiziert werden.

Man verkehrt also mit der Außenwelt wie mit Lebewesen, und das ganz besonders, wo sie wirkend auftritt. Zwischen Wirken und Handeln gibt es für den Primitiven keine eigentliche Grenze. Man möchte das Wirkende und Handelnde zu seinen Gunsten benutzen, wie alles andere; man muß sich gut stellen zu ihm, um das Schicksal zu beeinflussen; daher die religiösen Gebräuche vom Zauber bis zum Gebet zu einem pantheistisch gedachten fast ins Leere verfließenden Gott.

Das was wir *magisch* nennen, braucht beim Primitiven nicht dem dereierenden Denken zu entspringen. Nur der besonders kultivierte Kulturmensch ist imstande, das dereierende Denken vom realistischen zu trennen. Der prinzipielle Nachweis kausaler Verhältnisse ist eine neuere Errungenschaft der Kulturvölker. So ist das Magische für die Primitiven eben nicht magisch in unserem Sinne, sondern es reiht sich vollständig in ihre sonstigen Vorstellungen vom Zusammenhang der Welt und der Dinge ein. Es ist ja nicht der Pfeil, der den Krieger tötet, sondern das ihm innewohnende Mana. Und da sie das, was wir als Ursachen in der Welt nach und nach erkannt haben, zu einem ganz großen Teil überhaupt nicht kennen, haben sie keinen Grund, den Tod eines Häuptlings *nicht* mit der in ungefähr der gleichen Zeit erfolgten Ankunft eines weißen Mannes auch in *kausale* Verbindung zu bringen, nachdem beide Ereignisse *assoziativ* eng verbunden sein müssen, weil sie den Menschen gleichzeitig stark beschäftigen. Das Wie? kümmert sie so wenig wie uns, wenn wir davon reden, daß eine Billardkugel durch Stoß eine andere in Bewegung setzt.

Es ist aber auch in bezug auf die höheren Religionen nicht leicht zu sagen, was als magisch oder als dereierend zu bezeichnen sei. Man erfindet es ja nicht selbst, man wird es eindringlich von den Liebsten und von Respektpersonen gelehrt, daß ein persönlicher Gott uns erhöre, und in seiner Allmacht fähig sei, unbekümmert um die von uns im Naturgeschehen konstatierten Schranken der Kausalität die Zusammenhänge beliebig zu dirigieren.

Daß ich von dereierndem Denken im Glauben und damit in den Religionen spreche, ist mir von theologischer Seite sehr übel genommen worden, indem man aus „dereierend" „von der Vernunft abweichend" machte. Wie falsch das ist, s. Glauben.

Die Tendenzen, Böses abzuwenden, werden begünstigt durch Furcht vor allerlei Schlimmem, die angeboren ist. Aus selbstverständlichen Gründen macht alles Unsichtbare, dessen Existenz doch irgend wie sich ankündigt, dem Kinde Angst; das gefährliche Dunkel der Nacht ist bis hinauf in unsere Zeiten mit Angst betont; MACHs sorgfältig vor Märchenvorstellungen gehütete Kinder fürchten nachts einen Stuhl; der in der Familie aufgezogene Sperling ist in der Nacht gegenüber den nämlichen Menschen ängstlich, denen er am Tage nur Zutrauen zeigt. Von dieser Angst vor dem Unfaßbaren, Unbekannten sucht man Erlösung.

Man ist mit der Welt niemals zufrieden; man hat Sehnsucht nach etwas Anderem, Besserem, als da ist, sei es Beute für das hungrig umherschweifende Tier oder ein Schlaraffenland für den Philister, oder ein Himmel der Erlösung für den durch seine eigenen Leiden und die der Nächsten gequälten höheren Menschen. Das dereistische Denken erfüllt diese Wünsche schon in vielen Kleinigkeiten, vor allem aber in den Dingen, die der Kulturmensch auf dieser Welt am meisten entbehrt, und die er da nicht einmal suchen kann, so daß man sie sich nur in einer anderen Welt denken kann. Es sind namentlich ewiges Leben[1], Gerechtigkeit, Lust ohne Leid, Heiligkeit ohne Kampf mit der Versuchung.

Die Gefühle der Gerechtigkeit gehören der Gruppe der ethischen an. Aber auch sonst kommt die Ethik in die Religionen hinein: auch sie erfüllt Wünsche, daß man selbst und daß die andern gut seien; um die Gewissens-

---

[1] Der degenerativ-pessimistische Buddhimus wollte umgekehrt das von Zeiten größerer Lebenskraft her (in Form der Seelenwanderung) als ewig gedachte aber den Schwächlingen unerträglich gewordene Leben endlich machen. Allerdings hat dann der Lebenstrieb derer, die die Religion durch die Generationen fortzupflanzen vermochten, aus dem Nirvana der Nichtexistenz ein Nirvana der positiven leidlosen Seligkeit gemacht, wie auch die Armut und Bedürfnislosigkeit der Mönche in einen lukrativen Seligkeitshandel umgewandelt werden mußte.

qualen wegen verletzter Ethik loszuhaben, braucht man die nämlichen realistischen und symbolischen guten Handlungen, die die Ethik verlangt. Der Begriff der Schuld hängt mit dem der Gerechtigkeit, mit Sühne und Strafe zusammen, die man abwenden möchte, deren Ursache man aber in ein höheres Wesen hineinlegt, nach Analogie eines Menschen, der straft und lohnt. Auch die hygienischen Vorschriften werden damit verbunden, nicht nur weil sie eigentlich, d. h. im biologischen Sinne Ethik sind, sondern auch weil sie Vorschriften sind, deren direkten Zweck man nicht versteht. Erst das Christentum mit seiner bewußten Hintansetzung der Welt der Erfahrung hat (leider) diesen Teil des religiösen Gefühls und der religiösen Gebräuche atrophieren lassen[1]. In der Auffassung der religiösen Vorschriften gibt es eine kontinuierliche Stufenleiter von der unklaren Vorstellung der Notwendigkeit bestimmter Handlungen und Riten und eventueller Tugenden (Tapferkeit) über das in Worte gefaßte Gebot eines Gottes und den kategorischen Imperativ bis zu den aus dem Absoluten geholten Gesetzen der Moral, die sich dann wieder realistisch begründen lassen in der modernen Naturwissenschaft. Unter allen diesen Auffassungen bewährt sich im übrigen Zuckerbrot-und-Peitsche praktisch ebensogut, wie es zu unseren Instinkten (Gerechtigkeitsgefühl) paßt.

Es kommt ferner der Trieb dazu, sich mit dem Geheimnisvollen zu beschäftigen, der ein Teil des Wissenstriebes ist, trotz seiner etwas anderen Gefühlsbetonung. Mit diesem Bedürfnis vermengen sich dann Erkenntnistriebe, die sich in Fragen krystallisieren; wie ist die Welt, wie der Mensch entstanden? auf was steht die Erde? wie kommt das Übel in die Welt? Darauf geben Kosmogonien Auskunft, die mit den religiösen Vorstellungen von übersinnlichen Beherrschern der Welt und Beseelung einzelner Dinge zusammenhängen mußten. Wie die Sagen in dereistischer Weise den Wechsel von Tages- und Jahreszeiten, Tod und Leben des Menschen und der Natur, Wiedergeburt, Ohnmacht und Auferstehung des Phallus in Eines verquicken, ist in neuerer Zeit namentlich durch Freud klar geworden, wenn auch schon früher manche diese Zusammenhänge gewußt haben. Die Kenntnis der dereierenden Denkformen zeigt uns, daß solche Verdichtungen und Überdeterminierungen etwas ganz Selbstverständliches und Allgemeines sind, und überall vorkommen, wo das logisch realistische Denken versagt. Die Frage, wozu wir da sind, ist von jeher und immer wieder gestellt, wenn auch nie beantwortet worden.

Das Geheimnisvollste und zugleich das Eindruckvollste ist *der Tod*. Der liebe Freund, der gefürchtete Feind liegt auf einmal machtlos da und verschwindet in ekler Verwesung. Nie mehr erscheint er in der nämlichen Gestalt, wohl aber in den Hoffnungen und Befürchtungen des aufgewühlten Gemütes und in den Visionen des Wachens und des Traumes,

[1] Man hat davon gesprochen, die *Rassenhygiene* sollte die Religion der Zukunft werden. Das wäre sehr nützlich, aber es ist unmöglich. Die hygienischen Instinkte sind beim Menschen infolge der Verdrängung durch überlegtes medizinisches Handeln trotz aller Schwäche des letztern (Zauber!) überhaupt stark verkrüppelt; man hat sehr wenig Instinkt vorzubeugen, man möchte nur cito tuto et jucunde geheilt werden, wenn man die Folgen der hygienischen Sünden zu spüren bekommt. Die vorbeugenden Gesundheitsinstinkte sind aber auch, soweit sie vorhanden sind, unseren Kulturverhältnissen gar nicht genügend angepaßt (Syphilis, Alkohol!). Sie sind ferner viel zuwenig bewußt, als daß man daraus eine Religion machen könnte. Eine solche Religion wäre auch zu einseitig; alle die andern Bedürfnisse nach Abwendung von Leid, das viel näher liegt als die gesundheitliche Zukunft von Individuum und Nächstem und Rasse und alle die verschiedenartige uns in erster Linie bewegende Sehnsucht würde damit nicht befriedigt. Aber als wichtiger *Teil* jeder Religion sollte die Rassenhygiene wieder ihren Rang einnehmen; mehr kann sie nicht leisten.

rächend, belohnend und tröstend. Und wir selbst gehen alle, alle diesem nämlichen Ende zu, ein Ziel, vor dem die Lebensinstinkte gerade am meisten schaudern. Und wo sind sie alle Zeit, die, die nur für Augenblicke einmal wiederkommen? was haben sie für Mächte zur Verfügung, die Rache auszuführen, die unser schuldiges Herz sich gegen seinen Willen ausmalen muß, und um ihr Eigentum zurückzufordern, das wir in Besitz genommen? Und die uns liebten, wie werden sie von dem Ort aus, wo alles anders ist, dem Segen ihrer Wünsche Wirklichkeit verleihen? Und werden wir sie wiedersehen?

Was sind für Zusammenhänge des vor unseren Augen gewachsenen und wieder abgestorbenen Körpers, der früher die Person war, mit dem fortlebenden Hauchwesen, dessen Entstehung man nicht wahrnehmen konnte, und das jetzt den Freund oder den Feind darstellt?

Solche und viele ähnliche Gefühle und Gedanken in Rätselform werden nach den Gesetzen des dereierenden Denkens zu Antworten verarbeitet und zu Anschauungen von Leben und Tod und Seele und fortdauernder Liebe und Belohnung in einer geheimnisvollen Welt, und dadurch zum Kern von Glaubensformen gemacht, die sich zu einer Einheit hinaufgerungen, bis schließlich die mehr instinktive als bewußte Erkenntnis der Einheit eines Kosmos sich zu dem einen Gott gestaltete, zu dem Klein und Groß, Elend und Mächtig, der Einzelne und die ganze Welt ein persönliches Verhältnis gewinnt, in dem alle unsere sehnsüchtigsten und geheimsten Wünsche eine Befriedigung finden.

Warum das Geheimnisvolle sich vom einfachen Nichtgewußten unterscheidet ist selbstverständlich. Das letztere ist meist gleichgültig, oder es beruht auf den gewöhnlichen Zusammenhängen, die wir erfassen, sei es als kausale Verknüpfung, sei es als unabänderliches Sosein (ich sage absichtlich nicht „Schicksal", weil dieses Wort gerade etwas Geheimnisvolles in den Begriff hineinträgt), wenn der Regen uns einen Spaziergang verdirbt oder eine Naturkatastrophe Familie und Güter entreißt. Das, dessen Mechanismen sowohl unbekannt als auch ungewohnt sind, von dem man nicht einmal recht weiß, ob es wirkt oder nicht, und ob es Spuk macht oder uns vernichtet oder erhöht, oder neue Wege der Macht zeigt, hat natürlich eine besondere Gefühlsbetonung, ähnlich wie das Dunkel der Nacht, in dem aber (wenigstens für den Primitiven) das Ängstliche vorwiegt.

Ein ähnliches Gefühl flößt uns alles *Große und Erhabene, Überwältigende und „Unendliche" ein*, wie es die Welt oder eine Masse, auch nur ein hoher Berg, das Meer oder ein gewaltiger Dom ist. Auch die Mannigfaltigkeit der Welt, selbst die Unabänderlichkeit des Schicksals hat einen ähnlichen Gefühlswert. Warum es so ist, braucht wohl nicht ausgeführt zu werden, und ebenso daß diese Gefühle und Vorstellungen mannigfach sich mit den übrigen zur Religion gehörenden Gefühlen und Begriffen verbinden müssen bis zu einer unlösbaren Einheit.

Von jeher ist es aufgefallen, eine wie große Rolle die *sexuelle Komponente* in den religiösen Mythen und Empfindungen spielt. Es handelt sich dabei nicht bloß um Symbolisierungen wie in der Mythologie, sondern die höchste religiöse Wonne, die Verzückung, hat einen sexuellen Charakter, und ein instinktives Schuldgefühl knüpft sich so sehr schon an die normale Betätigung des Fortpflanzungsinstinktes, und erst recht an die abnorme, wie die allgemein verbreitete Onanie, daß die letztere auch ohne äußeren Anstoß bloß aus den eigenen Instinkten heraus immer wieder als die Sünde par excellence empfunden wird, und daß die höheren Begriffe und Gefühle von Schuld schon recht früh einen sexuellen Einschlag oder vorwiegend sexuellen Charakter bekommen, wie sich schon in alten religiösen Gebräuchen zeigt; auch in den Wahnideen unserer Geisteskranken tritt diese Verquickung von Sexualität und Schuld beständig als etwas Elementares und Unausweichliches in die Erscheinung. Auf der einen Seite führen religiöse Gebräuche zu grenzenlosen Ausschweifungen des normalen Geschlechtstriebes und auch abnormer Nebentriebe, anderseits zu Kastration und sonstiger Überschätzung der Keuschheit. Die Vereinigung mit dem Höchsten hat sehr oft eine sexuelle Note. Zusammengefaßt werden die Vorstellungen und Befürchtungen und Wünsche, die all das Elend dieser Welt betreffen, in dem Begriff der *Erlösung*, der, wie alle Riten und die Beobachtung der Schizophrenen zeigen, gefühlsmäßig geradezu vorwiegend sexuell gefärbt ist. Sexuellreligiös sind außer der Überwertung der Keuschheit und der rituellen Kastrationen die Auffassung nicht nur des Geschlechtsaktes als Sünde, sondern des Weibes als der Personifikation der Sünde neben der hohen und affektvollen Verehrung des vergöttlichten keuschen Weibes, die Verquickung von Reinheit und Keuschheit, und dann wieder überall die sexuelle Hingabe bis zu argen Ausschweifungen, die sich sogar im Christentum z. B. in Faschingsgebräuchen und in vielen sektiererischen Entartungen nachweisen lassen. In allen diesen Dingen drückt sich Trieb und Hemmung, die Ambivalenz aus, die wir auch außer diesem Zusammenhang nirgends so ausgesprochen und machtvoll finden wie im Sexualbetrieb[1].

Das Bedürfnis nach Trost, nach Aussprache, nach einem Vermittler, der persönliche Trotzeinstellung und ähnliche Schwierigkeiten umgeht, hat wenigstens in den größeren Religionen ausgiebige Befriedigung gefunden. Ob auch primitivere Religionen in dieser Richtung etwas leisten, wenn man von wirklichen Herzensbedürfnissen spricht, weiß ich nicht.

---

[1] Wie sich der Zusammenhang von Sexualität und Religion darstellt in den Vorstellungen einer modernen, ethisch und intellektuell außergewöhnlich hochstehenden Mystikerin mit von Natur und durch Erziehung hochentwickelten religiösen Gefühlen hat FLOURNOY veröffentlicht: „J'ai toujours senti d'étranges et profondes affinités entre ces deux ordres d'émotion sans pouvoir me l'expliquer intellectuellement. Les grandes forces de vie ont le même langage, qu'il s'agisse de vie divine ou de vie humaine. Le besoin de contact, de pénétration, d'intimité absolue se retrouve dans un domaine comme dans l'autre. Peut-être est-ce pour cela aussi que les mystiques ont si souvent décrit leurs expériences religieuses dans le langage même de l'amour humain. L'homme est ainsi fait (et la femme bien plus encore) qu'il cherche à rendre tangible tout ce qu'il aime. Il est malaisé d'aimer une pure abstraction; et, en fin de compte, c'est bien à notre amour, notre confiance intime, que Dieu fait appel. Alors, pour mieux l'aimer nous le saisissons dans ce qu'il a de divinement humain, nous l'appelons notre Père et en son Christ nous saluons „le divin Epoux". Mais jusqu'à présent cette forme-là de l'émotion religieuse m'était restée étrangère. Comment se fait-il qu'elle soit éveillée en moi par cette singulière Expérience, qui, en elle-même, a si peu un caractère d'intimité personelle?

Pour une femme de bonne éducation, il existe une très forte barrière qu'il faut abattre pour parler de ce sujet. Et pourtant, il n'y a pas d'éducation qui tienne: on a beau n'en parler qu'avec d'infinies réticences, ou n'en pas parler du tout, cet éternel sujet des instincts sexuels, et de tout ce que ces instincts remuent en nous et nous font souffrir, a une importance qui n'est atteinte par rien d'autre. Toute l'éducation, la réserve féminine, la pudeur même (qu'on ne perd pas en vieillissant), ne peuvent empêcher ces instincts-là d'être primordiaux, et primitifs, et grandioses; et c'est par là, je pense, qu'ils touchent au divin. „Dieu les fit homme et femme", et tant qu'il en est ainsi, une moitié de l'humanité ira cherchant l'autre à travers toutes ses expériences, et plus une expérience, même d'autre nature, atteindra profondément dans l'âme humaine, plus elle sera sûre de côtoyer l'instinct sexuel ou même de se confondre avec lui." (FLOURNOY, Une mystique moderne, Arch. de Psychol. **15**, 94/95).

Daß das Bedürfnis besteht, alle diese Dinge intellektuell und affektiv zu einer harmonischen Einheit zu gestalten, der Vorstellung von der großen und kleinen Welt, der nahen und der uns umgebenden, von deren Entstehung und deren Zusammenhängen, eine Abrundung zu geben und die diese Ideen begleitenden Gefühle zu einer höheren Einheit zu verbinden, ergibt sich aus den Elementarnotwendigkeiten unseres Organismus, und selbstverständlich ist es, daß das so entstandene Gebilde in Ideen und in Gefühlen eine ganze Menge von Berührungen und Gemeinsamkeiten mit anderen Ideen und Trieben und Gefühlen besitzt; ich erinnere nur an die positiven und negativen Beziehungen zur Kunst. Wie diese Summe von Gefühlsmächten eine der gewaltigsten Triebfedern des menschlichen Handelns dargestellt hat, weiß jedermann, und wenn man es nicht wüßte, so könnte es jeder ableiten aus der Kraft der Instinkte, die da zusammenwirken, und des dereierenden Gedankenganges. Auch die Fassung der religiösen Vorstellungen in Dogmen, ihre Benutzung nicht nur zur Erziehung, sondern auch zur Niederhaltung und Ausbeutung anderer, braucht nur angedeutet zu werden.

Der Wille.

Der zentrifugale Anteil in Entschluß und Handlung kommt namentlich dann zum Bewußtsein, wenn mehrere Möglichkeiten oder Strebungen sich um die Oberhand streiten, unter denen dann eine Auswahl zu treffen ist. Derjenige Trieb setzt sich durch, der das Ich als Ganzes am meisten beeinflußt, sei es, weil er als der Stärkere, der Durchsetzungskräftigere, dem Ich eine Richtung aufzwingt, sei es, weil er den Tendenzen des Ich entspricht, weil die Gesamtstrebung des Ich, die Resultante seiner Einzelstrebungen im Kampf um die Schaltung, in der nämlichen Richtung tendiert. Bei einem ernsthaften Wettstreit der Triebe, zum Beispiel beim Entscheid zwischen Gut und Böse, gehören zu dem herbeigezogenen Material unsere Tugenden und Laster, unsere ganze ethische Erziehung, frühere Entschlüsse gut zu sein oder sich um moralische Vorstellungen nicht zu kümmern, die Erfahrungen bei früheren Verstößen gegen die Ethik, kurz die ganze *Persönlichkeit;* dieser „kommt die Entscheidung zu". Dieses Sich-durchsetzen mit der Persönlichkeit verbundener Strebungen nennen wir den *Willen*, den einzelnen Fall einen *Entschluß*, einen *Willensakt.*

Die Durchsetzungskraft der Triebe (Tendenzen) ist etwas Relatives. Bei Hunger siegt gewöhnlich der Nahrungstrieb, bei Sättigung und Sexualspannung der Geschlechtstrieb. So kommt es auf eine Menge von begleitenden Umständen („Konstellation") an, die auf die Psyche einwirken.

Da auch diese Darstellung mißverstanden werden konnte, sei sie in modernen Ausdrücken zusammengefaßt: *Der Wille ist die Resultante aller bestehenden Strebungen, wobei „Resultante" zum Unterschied von der bloßen Summe eine von den Komponenten verschiedene Ganzheit bedeutet.*

Die viel umstrittene Frage, ob es einen *„freien Willen"* gebe in dem Sinne, daß ohne Ursache die Entscheidung getroffen werden könne, beseht für die Naturwissenschaft nicht. Dieser Begriff der Freiheit widerspricht nicht nur der Erfahrung; er kann nicht einmal theoretisch durchgedacht werden. Wir handeln nach Motiven; diese haben wir nicht selbst gemacht; sie sind uns teils von außen gegeben, teils liegen sie in unseren angeborenen Strebungen. Man erzieht die Kinder, man beeinflußt täglich seine Nächsten; das wäre ganz unnütz, wenn der Wille unabhängig davon wäre. Man sage nicht, der Geist wähle unter den Motiven aus, werte sie. Einmal kann man nur wählen unter denen, die gegeben sind, und dann ist die Auswahl, die Wertung, in erster Linie von den angeborenen Trieben abhängig und gerade da, wo es am meisten darauf ankommt, in der Wahl zwischen Gut und Böse, besonders deutlich bestimmt durch den angeborenen Charakter (die moralischen Eigenschaften sind Erbeigenschaften). Durch hypnotische Suggestion können wir Menschen veranlassen, subjektiv aus freiem Willen den größten Unsinn zu machen. Ein bißchen Alkohol im Gehirn, einige Herdchen der Schlafkrankheit in den Stammganglien, und aus Gut ist Böse geworden. Sogar so periphere und so absolut sinnlose Vorgänge wie choreatische Bewegungen können in unseren Willen aufgenommen werden. Wir sehen also, daß unsere Handlungen wie die aller belebten Geschöpfe durch ihre innere Organisation und die darauf einwirkenden äußeren Einflüsse genau so bestimmt sind wie irgendein anderes Geschehen; die Wissenschaft ist *deterministisch* (auch dann, wenn sie es nicht ganz eingesteht). *Subjektiv* motivloses Handeln gibt es nur in Krankheit, namentlich der Schizophrenie; *objektiv* finden wir aber auch da die Motive (= Ursachen) im Unbewußten.

Trotzdem ist die subjektive Empfindung, in seinen Entschließungen frei zu sein, keine Täuschung im eigentlichen Sinne. Unser Handeln ist der Ausfluß unserer eigenen Strebungen; wenn von diesen manche sich widersprechen, geht die Reaktion, ganz wie wir es fühlen, in der Richtung des Triebes, der durch seine Stärke oder die Konstellation der der Persönlichkeit wird. Der Willensakt ist also im Einklang mit den momentanen Zielen der Gesamtpsyche, d. h. mit der Persönlichkeit, dem Komplex, der alle Strebungen umfaßt und in dem diese eine Resultante bilden können[1]. *Wir tun, was wir wollen, weil wir wollen, was wir tun;* objektiv ausgedrückt: das Wollen und das Tun ist *ein* Vorgang, von dem wir zwei Seiten einzeln herausheben. Eine Täuschung besteht zunächst darin, daß wir das Gefühl haben, mit dem Willen Kausalreihen zu beginnen, was ohne weiteres verständlich ist, weil wir die unendliche Kausalreihe des Erbganges, die hinter unseren Trieben steckt, nicht empfinden. Unsere Motive sind also *für unser Bewußtsein* wirklich das Letzte (nach rückwärts). Eine zweite Täuschung liegt in der Vorstellung, daß man auch anders wollen (= handeln) könnte. Man kann nur nach anderem *gelüsten*, und man „könnte"[2] anders wollen, *wenn* die Umstände (d. h. die Motive) anders wären; dabei ignoriert man, daß diese eben nicht anders *sind*. Dieser Täuschung unterliegen wir überall da, wo wir die Ursachen ungenügend abschätzen, auch im Physischen. Darauf beruht der Begriff des *Zufalls*. Wenn ein Ziegel neben jemandem vom Dach fällt, sagt man: er hätte ihn treffen können (siehe Kausalität).

„Möglichkeit"[3] ist überhaupt nichts Objektives. Alles Geschehen ist gebunden. Der Begriff ist ein rein subjektiver und relativer; er bezeichnet unsere ungenügende Kenntnis der Bedingungen eines Geschehens. Es ist möglich, daß der Ziegel vom Dach fällt und den Heinrich totschlägt, heißt: ich weiß nicht, wie fest der Ziegel den ihn loslösenden Kräften gegenüber sitzt, und ich weiß nicht genau wohin er fallen würde, und wo in diesem Moment Heinrich seinen Kopf hätte. Von dem Augenblick an, wo ich die Bedingungen des Fallens

---

[1] Hätte das Kraftsystem, das den fallenden Stein und die Erde einander nähert, Bewußtsein, es könnte gar nicht anders sein, als daß es die Empfindung hätte, spontan zu fallen.

[2] Man beachte, daß dieses „könnte" eine ganz andere Bedeutung hat als das im vorhergehenden Satz (subjektiv und objektiv).

[3] „Möglichkeit" bezeichnet zwei Begriffe: erstens „ich kann", Gegensatz „unmöglich", zweitens „es mag geschehen oder nicht", als Mittelbegriff zwischen „es geschieht sicher" und „es geschieht sicher nicht". Von diesem zweiten Begriff ist oben die Rede.

resp. Nichtfallens genau kenne, gibt es keine Möglichkeit, sondern nur mathematische Sicherheit.

Der Determinismus wird auch von der praktisch ethischen Seite angegriffen. Er sage uns: „Du bist nun einmal so, Du kannst nicht anders handeln." Das ist eine Verdrehung des Tatbestandes. In bezug auf unser Handeln und seine Konsequenzen geht die Kausalreihe durch unseren Willen. Genau wie wir essen wollen müssen, um den Hunger zu stillen, müssen wir an uns arbeiten, wenn wir uns bessern wollen. Jeder Charakter hat eine Anzahl „Möglichkeiten". Ob jemand überhaupt „besserungsfähig" sei, hängt nicht von seinen Auffassungen ab, sondern von seiner Anlage. Die Auffassung dient höchstens zur Beschönigung.

Im *Willen* liegt nichts, was wir nicht von der Seite der Affekte schon beschrieben haben. Eine „besondere Tätigkeit" habe ich dabei nie finden können. Man könnte die ganze Psyche lückenlos beschreiben, ohne den Begriff des Willens zu benutzen. Immerhin ist er bequem, wenn auch gerade das in der Vulgärpsychologie zu manchen Mißbräuchen desselben führt. Ein „kräftiger Wille" ist bei dem vorhanden, der energische und nicht auf jeden Anstoß wechselnde Gefühle hat. Unter einem schwachen Willen (*Abulie*) verstehen wir ganz verschiedene Reaktionsweisen: 1. eine schwache Affektivität ohne Triebkraft; 2. eine lebhafte aber zu labile, zu leicht umstimmbare, die mit den Wölfen heult, und mit den guten Vorsätzen den Weg zur Hölle pflastert; 3. Entschlußunfähigkeit durch entgegenstehende Überlegungen und Triebe bei zu gewissenhaften und zu sehr alles überdenkenden Personen und bei Deprimierten.

Der Begriff der *Willensstärke* ist ein sehr komplizierter. Was man so nennt, ist 1. abhängig von der Stärke der Affektivität, der Triebe; das ist selbstverständlich; ein starker Wille in diesem Sinn erlahmt nicht leicht vor Hindernissen. 2. Von der Schaltungskraft der Affekte. Wenn der Trieb, der im Begriff ist sich durchzusetzen, nicht gleich alle Schaltungen in seinem Sinn stellt und sie so festhält, so gibt es immer wieder Gegenimpulse und Hemmungen. Entschluß und Handlung müssen hinausgeschoben werden, oder können gar nicht zur Ausführung kommen. 3. Von der Tenazität der Affekte. Ohne Beharrlichkeit wird nicht viel durchgeführt. Auch das heißeste Strohfeuer gilt als Zeichen der Willensschwäche. 4. Wer viele Vorstellungen hat, wird sich, das übrige gleichgesetzt, schwerer entschließen; die Auswahl wird schwieriger, die Vorstellung aller Hindernisse und Nachteile des Handelns wird ein Hemmnis des Entschlusses. Der gefaßte Entschluß ist dann aber besser gegründet. 5. In ähnlichem Sinne wirkt starkes Pflichtgefühl und weitgehende Rücksicht auf andere; man kann ja wenig Rechtes tun, ohne Interessen anderer zu verletzen. Bei den Zwangsneurotikern ist das Pflichtgefühl in krankhafter Weise übertrieben und hindert dann oft die einfachsten Entschlüsse. 6. Entschlußfähigkeit und Wille sind auch abhängig von der Selbsteinschätzung: ein hohes Selbstgefühl, das instinktive „Gefühl", daß alles, was man tue, gut sei, oder zum erwünschten Ziele führe, erleichtert Entschluß und Handeln. 7. Die Nivellierung der Vorstellungen im Sinne der Euphorie erschwert natürlich auch das Wollen und Entschließen schon bei leichter Euphorischen. Bei schwer Euphorischen wird die Schwierigkeit überkompensiert, indem die Betonung des gerade Vorgestellten mit hoher Lust neben der Oberflächlichkeit des ideenflüchtigen Denkens den Entscheid erleichtert (neben dem manischen Toupé). Bei Deprimierten wirkt die gleichmäßige Trostlosigkeit aller Ziele dahin, den Entschluß zu erschweren. 8. Außerdem mögen noch verschiedene Organisationen und Stimmungen direkt den Übergang von Reiz und Vorstellung zur Handlung erschweren oder erleichtern; das was man *Hemmung* nennt, hat verschiedene Wurzeln, unter denen zu erwähnen sind: einfache Gegenvorstellungen, dann Gegentriebe (Sexualtrieb und Sexualhemmungen[1]), Affektstupor, Ambivalenz des Zieles, Tenazität der Affekte, die einen neuen Antrieb nicht aufkommen läßt. Hemmung für viele Triebe, aber nicht *bloß* Hemmung. wie es viele, z. B. auch NEUTRA darstellen, bewirkt die Ethik im weiteren Sinne, mit der sich zu einem Teil die Erziehung deckt. Die letztere wirkt natürlich ebenfalls in sehr verschiedener Weise: Autorität, Suggestion, Gewohnheit, praktische Anwendung der ethischen Gefühle im Einzelfall, logische Überzeugung, Pietät gegen die Eltern, Familienstolz, Standeswürde, Eitelkeit usw.

Die Gelegenheitsapparate.

Wir machen im psychologischen Laboratorium Versuche über die Reaktionszeit und tippen auf Erscheinen eines Signals mit einem bestimmten Finger so schnell als möglich auf einen elektrischen Taster. Dabei bedürfen die einzelnen Reaktionen keines besonderen Willensentschlusses mehr, ja wir brauchen nicht einmal an das Experiment zu denken: wir behalten dennoch die richtige Stellung bei und reagieren „automatisch" im richtigen Augenblick. Bei komplizierteren Versuchen, Wahlreaktionen oder Assoziationsexperimenten ist es ein häufiges Vorkommnis, daß das bewußte Ich verwirrt ist oder glaubt, besonders langsam reagiert zu haben, während der Automatismus gut funktionierte, oder umgekehrt[2]. Man hat also durch den Willen einen Apparat zusammengestellt, der vollständig analog ist den phylisch erworbenen Reflexeinrichtungen. Der Wille zu einer bestimmten Handlung braucht also nicht andauernd aktuell zu sein. Ist ein Entschluß einmal gefaßt, so ist *der* Wille, der über das Ob und Wie des Handelns zu entscheiden hat, bei der Ausführung nicht mehr in Tätigkeit. Der Wille, der nun die Handlung ausführt, ist meist etwas deutlich anderes. Ich hatte mich zu entscheiden, ob ich eine Berechnung machen oder eine andere ebenfalls dringende Arbeit vollenden solle. Entsprechend dem Entschlusse rechne ich einen Tag lang — nicht gerne; aber die Frage, ob ich etwas anderes tun solle, tritt nicht mehr an mich heran. Dagegen brauche ich eine gewisse Energie, die langweilige Arbeit mit der nötigen Aufmerksamkeit fortzusetzen. Diese Energie kommt in vielen anderen Fällen kaum mehr zum Bewußtsein, weil sie unbedeutend ist. Wir setzen dann einfach für bestimmte Gelegenheiten mit unserem Willen durch bestimmte Schaltstellungen einen Apparat zusammen, der nun mehr oder weniger selbsttätig fungiert und überhaupt einem angeborenen Reflex- und Triebapparat gleich ist. Wir reden dann von *Gelegenheitsapparaten*[3].

Solche Apparate werden nun für bestimmte Anlässe während unseres Lebens beständig gebildet. Bei einer Arbeit fällt mir irgendwie ein, ich sollte etwas in einem Buche nachsehen, schiebe es aber noch auf; der ganze Vorgang dauert vielleicht einen Bruchteil einer Sekunde und unterbricht meine Arbeit nicht merkbar. Wie ich aber mit dieser fertig bin, gehe ich, ohne daran zu denken, zum Büchergestell und nehme mir das Buch, worauf mir mein Vorsatz einfällt. — Ich habe einen Brief zu besorgen, stecke ihn in

[1] Vgl. negative Suggestion.

[2] EDUARD KELLER: Handlung und Bewußtsein usw. Diss., Zürich 1915.

[3] BLEULER: Gelegenheitsapparate und Abreagieren, Z. Psychatr. 1920.

die Tasche, und denke nicht mehr daran. Ich greife aber darnach, sobald ich einen Einwurf sehe, und werfe ihn ein, wobei bewußt meist sehr wenig gedacht wird. Der Gedanke, das Buch zu nehmen, oder den Brief einzuwerfen, hat den automatischen Apparat zusammengeschaltet. So schafft jeder Entschluß, jedes Unternehmenwollen einen solchen Apparat vom einfachsten Selbstlauf, der auf ein bestimmtes Signal reagiert, bis zu der Lebensaufgabe, deren Einstellung vielleicht erst der Tod aufhebt. Man stellt sich ein, auf den Wecker zu erwachen, oder nicht zu erwachen, man entschließt sich zu einem Spaziergang, richtet seine Aufmerksamkeit darauf, eine bestimmte Pflanze zu finden, Druckfehler zu sehen, man nimmt sich vor, Arzt zu werden, oder Vermögen zu sammeln[1].

Eine Anzahl solcher Apparate wird bloß durch *Übung*, nicht durch besonderen Willensakt zusammengeschaltet, so die täglichen Automatismen beim An- und Auskleiden, das Einschenken am Tisch, das „freut mich sehr“, wenn uns jemand vorgestellt wird. In den Assoziationsreflexen verdeutlicht die Kombination von Reflex- und Gewohnheitsschaltungen die Identität der phylischen und der gelegentlichen Apparate.

Einen gleichen Mechanismus wie die Gelegenheitsapparate haben auch bestimmte Assoziationseinstellungen, die einen angeborenen Charakter scheinbar ganz umgestalten. Aus Trotzeinstellung zum Vater zum Beispiel kann ein moralisch gut angelegter zum gewohnheitsmäßigen Affekt- oder Eigentumsverbrecher werden. Nicht ganz das gleiche, aber ähnlich ist es, wenn durch eine falsche Einstellung der Sexualtrieb in unangemessener Form betätigt wird, z. B. fetischistisch oder kleptomanisch.

Die Gelegenheitsapparate können ganz wie die vorgebildeten durch Summation oder Kumulation der Reize in stärkere Tätigkeit versetzt werden als dem einzelnen Reiz entspricht. Da sie in zufälligen Konstellationen begründet sind, nicht in der Natur der ganzen Psyche, so ist die Stellungnahme dieser letzteren, d. h. der begleitende Affekt, alles andere gleich gesetzt, geringer als bei den Naturtrieben. Immerhin tritt bei Nichterledigung eines Vorsatzes doch oft eine ähnliche Unruhe ein, wie wenn ein Instinkt nicht befriedigt wird, so ganz besonders dann, wenn eine solche Einstellung mit einem natürlichen Trieb auch nur lose gekuppelt ist, [illegible]n z. B. eine beabsichtigte Handlung indirekt der Erfüllung eines sexualen Zweckes dient.

Wie alle Funktionen muß ein solcher Apparat wieder *abgestellt* werden, wenn er nicht mehr gebraucht wird. Das geschieht zum Teil automatisch. Wenn er ein bestimmtes einmaliges Ziel hat, so stellt er sich nach Erreichen des Zieles selbst ab. *Die Abstellung liegt in seinem Bau, wie die Auslösung der Betätigung.* Ich beabsichtige die Türe zu schließen, tue es im geeigneten Moment, wo ich die Arbeit gut unterbrechen kann, und dann merke ich nichts mehr von meinem Apparat. Dieser kann aber auch abgestellt werden dadurch, daß die Handlung nicht mehr nötig ist: es hat jemand anders die Türe geschlossen. Oder ich wollte mich an jemandem rächen, und verzichte nun aus irgendeinem Grunde auf Genugtuung. Viele Apparate, die nicht zur Reaktion kommen, werden durch andere Funktionen gehemmt, „vergessen“.

Unter krankhaften Bedingungen bekommt die Außerbetriebsetzung durch *Verdrängung* eine außerordentlich große Bedeutung. Selbst ein

[1] Die Assoziationsbereitschaft und Assoziationsfeindschaft sowie die Explosionsbereitschaft sind Äußerungen von Gelegenheitsapparaten.

Normaler bringt es oft nicht fertig, einen solchen Apparat vollständig abzustellen, weil irgendein Trieb zu sehr zur Betätigung drängt. Er spaltet ihn dann vom bewußten Ich ab, und für gewöhnlich ist die Sache erledigt, wenn auch bestimmte Gelegenheiten die Verbindung wieder herstellen, den Apparat in Tätigkeit setzen, so daß er der Persönlichkeit seine bestimmten Triebe und Hemmungen aufdrängt, oder sich in Form von Affekten, gelegentlich auch von Handlungen, zum Bewußtsein bringt. Ist der Komplex sehr *ambivalent*, wird die Betätigung des Apparates von einem Teil des Ich ebenso dringend gewünscht, wie vom anderen verworfen, so verunglückt die Unschädlichmachung durch Verdrängung besonders leicht. Der Apparat arbeitet dann losgelöst vom Ich weiter, und erzeugt die neurotischen oder schizophrenen Krankheitssymptome, die durch FREUD ihre Aufklärung erhalten haben. Weil diese Funktionen nicht bewußt sind, kann sie das bewußte Ich nicht abstellen. Andere bleiben in Tätigkeit, bloß weil die inneren Widerstände gegen ihre Abstellung zu groß sind, oder aus noch anderen Gründen. Die verdrängten Apparate können durch Psychanalyse der Einwirkung des Ich zugänglich und dadurch abstellbar gemacht werden. Es kommt dabei nicht darauf an, ob ein Affekt zur Entäußerung komme oder nicht. Die Auffassung des *Abreagierens* einer gewissen Menge affektiver Energie in ihrer Verallgemeinerung ist unrichtig[1]. Das Wesentliche ist die Abstellung des Apparates.

Diese ist insofern eine Demontierung, als er bloß aus Schaltungen besteht und diese bei der Abstellung wieder ausgeschaltet werden. Der Begriff der Demontierung paßt aber doch nicht ganz, weil der Apparat als Engramm weiter besteht und deshalb immer wieder ekphoriert werden kann. Eine gewisse Tendenz, wieder in der Richtung des „abgestellten" Apparates zu handeln, besteht fort, beim Gesunden wie beim Kranken. Kriegsenuretiker haben die Enurese der Kinderjahre wieder aufgenommen. In den Suchten sucht der an ein Gift gewöhnte ganz gegen seinen Willen bei allen Schwierigkeiten wieder Trost in dem Gifte, das seine Existenz bedroht: der Apparat läuft bei bestimmten Bedingungen einfach wieder ab und reißt meistens nicht nur den Willen, sondern auch die Überlegung mit sich wie ein angeborener Instinkt.

Der scheinbare Widerspruch, daß der Apparat demontiert und doch nicht demontiert ist, beruht auf dem Unterschied zwischen engraphischer und aktueller Schaltung. Durch eine bestimmte Schaltung wird der Apparat so zusammengestellt, daß er auf ein bestimmtes Zeichen, z. B. mit einem bestimmten Finger und einer bestimmten Energie, reagiert. Nun kommt das Signal, das die Handlung auslöst wie einen Reflex. Der Apparat hat also drei Bedeutungen; zuerst seine Zusammenstellung, seine Existenz infolge des Willensentschlusses, dann die der Bereitschaftsstellung für die Zeit des Experimentes (zu anderen Zeiten wird auf das nämliche Signal nicht reagiert), und drittens die Funktion des Tippens auf den Reiz hin. Ist der Versuch zu Ende, so wird die Bereitschaft abgestellt, aber der Apparat besteht als latentes Engramm fort. In den meisten Fällen des täglichen Lebens wird er nie mehr ekphoriert. Wird aber ein neuer gleicher Versuch gemacht, so zeigt sich, daß die frühere Einstellung leichter zu gewinnen ist als vorher, und bei einem anderen Versuch kann der Apparat sich auf einmal wieder bemerkbar machen in einer falschen Reaktion, oder er kann im Traum erscheinen und dergleichen.

Die Automatisierung oder Mechanisierung durch Übung.

Ich lerne schreiben. Zuerst macht man mir einen Buchstaben vor. Ich versuche ihn nachzumachen. Ich suche herauszufinden, wie ich es am besten machen kann; ich sehe wie er herauskommt; ich korrigiere.

[1] BLEULER: Gelegenheitsapparate und Abreagieren, Z. Psychiatr. 1920.

Durch die Übung geht es immer leichter. Ich brauche die Überlegungen nicht mehr, nicht mehr die genaue Vorstellung des optischen Bildes. Die Handbewegung wird einfach an die Vorstellung des Lautes geknüpft, dann an die des Wortes, dann an die des Gedankens. Die einzige Verbindung ist nur noch die Einstellung, schreiben zu wollen, und die des Gedankens, was man schreiben will. Von da aus gibt es Kurzschluß[1]. Das heißt, die Bewegungen sind nicht mehr mit dem Ich verbunden, sie sind unbewußt. Auch die Einstellung, daß man schreiben will, was man denkt, braucht nicht mehr bewußt zu sein. Sie ist ein für allemal gemacht worden bei dem Entschluß, zu schreiben, ähnlich wie die Einstellung zu gehen bei einem Spaziergang. Beim Radfahren gibt es Kurzschlüsse in erster Linie für das Balancement. Ein Sinken nach einer Seite löst ohne Dazwischentreten des ganzen Ich die kompensierende Bewegung aus. Wenn ich eine Kurve nehmen will, so kompensiere ich die zu erwartende Zentrifugalwirkung in statu nascendi. Das Ausweichen geht bald unbewußt wie beim Gehen; ebenso die Anpassung an das Ziel.

So werden tausend andere Handlungen automatisiert. Eine der wichtigsten Mechanisierungen ist die Umsetzung der Gedanken in Worte und umgekehrt. Sie ist bei manchen Menschen nur teilweise gelungen; die Funktion bleibt ihnen oft bewußt und bedarf einer gewissen Anstrengung.

Automatisierte Handlungen brauchen viel weniger Energie, ja sie scheinen zum Teil gar keine Ermüdung hervorzubringen.

Die Automatisierung von Bewegungen ist der gleiche Vorgang wie manche intellektuelle Assoziation: Ich lerne gleichzeitig Herrn A und Herrn B kennen. Wenn ich nachher Herrn A allein sehe, so fällt mir Herr B ein, ohne daß ich es will.

Die Psychomotilität.

Das Zustandekommen unserer *Bewegungen* will man zuweilen damit erklären, daß in jeder Vorstellung einer Bewegung oder einer Handlung ein Impuls, die Handlung auszuführen, liege; bei einer gewissen Stärke der Vorstellung werde der Impuls wirksam. Nun sind aber die Bewegungen sowohl phylogenetisch wie ontogenetisch älter als die „Vorstellungen“, und ich denke, wir werden nicht stark irren können, wenn wir vom Einfachen ausgehen. Das Lebewesen mit oder ohne Nervensystem reagiert motorisch auf äußere und innere Reize. Das tut auch der Säugling (schon vor der Geburt). Bestimmte, offenbar noch in den tiefern Centren liegende Mechanismen führen zum Greifen, Saugen, zu Blickbewegungen usw. Diese Bewegungen werden in der Rinde registriert zugleich mit ihren auslösenden Reizen und ihren Erfolgen. Die drei Engrammgruppen bilden also jeweilen in der Rinde eine assoziative Einheit. Die Berührung der mütterlichen Mamilla durch den Mund des Kindes löst dann die Saugbewegung von zwei Stellen aus, nicht nur von dem unteren (reflektorischen) Apparat im Althirn, sondern auch von der Hirnrinde (den erworbenen Engrammen). Infolge Assoziation durch Ähnlichkeit und Gleichzeitigkeit haben bald auch andere Reize die nämliche Wirkung, so Berührung bloß des Gesichtes mit einem warmen Gegenstand, Anblick der Brust oder der

---

[1] Brun: Studien über Apraxie, Habilit.-Schr. Zürich 1922, S. 140, macht darauf aufmerksam, daß die Engramme einer Handlung in der Rinde immer weiter gespannte „Erinnerungsbögen“ besetzen und so immer leichter ekphoriert werden. Es ist ein hübsches Beispiel, wie weit Assoziation vom Lokalen unabhängig ist: Zugleich mit weiter Ausdehnung der Engramme wird der assoziative Anschluß an die bewußte Psyche, die ungefähr über die ganze Rinde lokalisiert sein wird, ganz unterbrochen.

Mutter selbst; die Aktion wird offenbar vom Neuhirn (den Engrammen) aus zuerst bloß eingeleitet oder ausgelöst, so daß der ältere Apparat in Bewegung gesetzt wird und ihm die Einzelheiten der Ausführung überlassen bleiben. Später übernimmt die Rinde infolge ihrer besseren Anpassungsfähigkeit an die momentanen Verhältnisse und ihrer Fähigkeit, die Aktionen in der Tiefe zu hemmen, die direktere Leitung. Es bilden sich in ihr Bewegungsformeln aus. Es können nun durch die Vorstellung der Mutterbrust, des Saugenwollens, des Hungers, des Vergnügens am Trinken die Saugbewegungen und schließlich auch die einleitenden Bewegungen, das Aufsuchen der Brust, das Schreien, das die Mutter herbeiruft, ausgelöst werden. Inwiefern die Instinkte, zu sitzen, zu stehen, zu gehen, in die Hirnrinde hinaufgewandert sind, wissen wir noch nicht. Jedenfalls geht der erwachsene Mensch im wesentlichen mit dem Neuhirn, wenn auch die untern Centren mitbenutzt werden mögen (bei Unterbrechung der Pyramidenbahnen auch oberhalb der Basalganglien wird das Gehen bis zur Unmöglichkeit gestört).

Alle die genannten und ähnliche Tätigkeiten haben etwas Triebartiges; das Kind lernt nicht gehen, wie es in der Schule lesen oder schreiben lernt, sondern in einem bestimmten Zeitpunkt fängt es an, Gehübungen zu machen und kommt dann unter normalen Umständen auch bald zum Ziele, während frühere Antriebe von außen erfolglos waren. Sogar mit dem phylogenetisch viel jüngeren und komplizierteren Sprechen verhält es sich ähnlich. Schon mit 6—7 Wochen gibt das Kind auf Töne Antwort. Später übt es sich triebartig mit einer Menge von selbst fabrizierten Lauten, um schließlich durch Nachahmen der Töne und Worte anderer zum Sprechen zu kommen. — Für nicht vorgebildete Bewegungen schafft sich der Säugling allmählich die kortikalen Bewegungsformeln durch allerlei tastende Übungen, die er beständig betreibt.

Psychische Energie.

Trieb und Dynamik führen zu dem Begriff der „psychischen Energie", nicht im elementaren Sinne der Stärke des Psychokyms als eines nervösen Vorganges, sondern einer Energie der ganzen Psyche. Viele stellen sich vor, daß sie im gewissen Sinne eine konstante Größe sei, so daß z. B. die Verteilung derselben auf zwei Wahrnehmungen oder zwei Beschäftigungen jeder dieser Funktionen nur einen Teil zukommen lassen, während beide Teile zusammen wieder die ganze psychische Energie ausmachen. Da die Psyche aus mancherlei früher angedeuteten Gründen als eine Einheit funktioniert, und das bewußte Ich sich unter gewöhnlichen Umständen nur mit *einem* Gegenstand beschäftigen kann, ist es selbstverständlich, daß eine solche Gleichzeitigkeit zweier Funktionen unter Umständen eine Störung bringen muß[1]. Wir können nun die psychische Energie nicht messen; aber die Anhaltspunkte, die wir zu ihrer Schätzung haben, lassen uns doch vermuten, daß der Aufwand an psychischer Energie beim nämlichen Menschen sehr stark wechselt. Wir haben das Gefühl, sehr wenig

[1] Erscheint eine Fläche weniger hell, wenn eine zweite gleichwertige neben sie gelegt wird, so ist das nicht, wie behauptet wird, Folge der Verteilung der psychischen Energie auf die beiden Wahrnehmungen. Die Erscheinung wird zu den Kontrastfunktionen gehören; legt man eine schwarze Fläche neben die helle, so wird diese noch heller gesehen, und psychisch ist schwarz eine Funktion genau wie hell, müßte also ebensogut zur Verteilung der Energie führen — wenn nicht überhaupt schon vorher das Gesichtsfeld ausgefüllt gewesen wäre!

auszugeben, wenn wir daliegen und unsere Gedanken ohne Anstrengung schweifen lassen, während wir offenbar ein Maximum verwenden, wenn es gilt, uns aus einer momentanen Lebensgefahr zu retten. Bei konzentrierter Aufmerksamkeit wird man leichter „erschöpft", als wenn man sich gehen läßt. Es gibt ferner Beschäftigungen, die sehr gut nebeneinander ablaufen. Gehen stört das Denken selten, häufiger fördert es geradezu die Überlegung (worauf das letztere beruht, weiß ich noch nicht recht; vielleicht hängt es damit zusammen, daß motorische Betätigung die Willensregung im allgemeinen heraufsetzt [KRAEPELIN]), oder daß es Nebenassoziationen unschädlich ableitet, wie Rauchen, Zeichnen — „unschädlich" weil stark automatisiert. Das Unbewußte kann namentlich in pathologischen Fällen sehr energisch arbeiten, ohne deswegen dem Bewußten etwas an Energie wegzunehmen. Kurz, wenn etwas Richtiges hinter dem Begriff der Konstanz der psychischen Energie steckt, so ist es etwas anderes, als was man bis jetzt vermutete.

Merkwürdigerweise muß man noch daran erinnern, daß die Energie der ein- und ausgehenden Funktionen direkt gar nichts mit der psychischen Energie zu tun hat. Wir können im ärgsten Lärm ruhen, im grellsten Licht geradezu schläfrig duseln. Die Stärke der Sinnesempfindung hat direkt keine Beziehung zur Stärke des durch sie ausgelösten psychischen Vorganges. Die nämliche Nachricht hat die gleiche Wirkung, ob laut oder leise gesprochen. Nur wo die Sinnesempfindung direkt einen Affekt auslöst, hat ihre Stärke eine Bedeutung, so wenn man von einem Knall erschrickt, wenn ein Schlag uns schmerzt. Ebenso können wir ohne psychische Anstrengung viel Muskelkraft ausgeben, wenn auch die Stärke des Wollens die physische Kraftausgabe begünstigt.

Die psychische Energie drückt sich bloß in den Affekten und Trieben und in ihren Erfolgen, in der Ergie aus (ob *als* Affekt oder *im* Affekt ist nur ein Unterschied im Ausdruck). Weder der äußere noch der innere Erfolg einer psychischen Anstrengung braucht dieser irgendwie proportional zu sein. Maßgebend ist in erster Linie das *Verhältnis* von Kraft und Hemmungen. Letzteres ist aber recht kompliziert zu denken. Alle Organismen besitzen z. Z. die Möglichkeit, auf den gleichen Reiz nach zwei entgegengesetzten Richtungen zu reagieren. So kann ein Trieb durch innere oder äußere Widerstände in seiner Energie entweder verstärkt oder umgekehrt bis zur Wirkungslosigkeit gehemmt werden.[1] Steigert der Widerstand die Energie eines Triebes, so kann dadurch auch der Gegentrieb zu stärkerer Tätigkeit veranlaßt werden, was zu einem zunehmenden aber sterilen Kraftaufwand führt, auf den man aus Ermüdung und Erschöpfung schließen darf. Es mag dann irgend ein anderer regulierender Mechanismus oder die Erschöpfung des Kraftvorrates dem circulus vitiosus ein Ende bereiten. Manische, die keine Hemmungen haben, ermüden bei beständiger Tätigkeit sehr wenig, und haben auch ein ganz geringes Schlafbedürfnis[2]. Es sind auch nur innere Kämpfe, die zu den Erschöpfungsempfindungen der Neurotiker führen. Mat hat die psychische Energie als eine Funktion von Kapazität mal Tension aufgefaßt, so daß die Summe der Ausgabe in größeren Zeiträumen, nicht die momentan vorhandene Energie, sich einer Konstanten annähern würde. Eine neurotisch labile Affektivität kann anscheinend in kurzer Zeit sehr viel Energie verpuffen, die der Ruhige

[1] Unter was für Umständen die positive und unter welchen die negative Reaktion erfolgt, vermag ich nicht kurz zu formulieren.

[2] Auch die Melancholiker schlafen wenig, leiden aber darunter und fühlen sich müde.

mit nachhaltigem Affekt allmählich und gleichmäßig ausgibt (vgl. hier den Begriff der reizbaren Schwäche, der physiologisch wie psychisch ist). Die „Arbeiter", die andauernd aber mit wenig Intensität sich anstrengen, würden sich unterscheiden von den „Kämpfern", die momentan zu großen Kraftanstrengungen fähig sind, aber dann der Ruhe bedürfen. Es gibt aber gewiß genug Kämpfer sowohl wie Arbeiter, deren Kapazität ebenso groß ist wie die Spannung.

Die psychische Energie kann sich auch sonst in verschiedenen Richtungen äußern, die unabhängig voneinander sind. Ich kann sie aber hier weder erschöpfen noch in klarer Abgrenzung aufzählen. Die wichtigste Energie ist die des Handelns, die offenbar die gleiche ist wie die der Triebe und der Affekte. Sie kann sich wohl auch ausdrücken in der Nachhaltigkeit der Strebungen und des Handelns; jedenfalls nennt man ein zähes Streben auch energisch. Nicht damit identisch ist die Energie in der Konzentration der Aufmerksamkeit. Auch der Umfang der Aufmerksamkeit hat etwas mit der Energie zu tun. Eine besonders störbare Energierichtung liegt in dem, was wir die Schaltspannung genannt haben, die die Assoziationen in den Bahnen der Erfahrung hält, womit vielleicht verwandt ist, daß genaue Vorstellungen viel mehr Energie verbrauchen als verschwommene oder stark abstrahierte überhaupt. Beim Denken drückt sich die Energie auch in der Geschwindigkeit und der Zahl der zuströmenden Assoziationen aus.

Psychische Aktivität.

Eine wie mir scheint recht müßige Frage ist die nach einer *psychischen „Aktivität"*, auf die ich eingehen muß, weil sie jetzt oft aufgeworfen wird, namentlich auch mit dem Anspruch, eine besondere Art Psychologie, die „Aktivitäts- oder Aktionspsychologie" zu begründen. Diese kenne ich viel zu wenig, um mich im ganzen darüber zu äußern; was ich davon weiß, muß ich ablehnen. Sie will sich z. B. darauf gründen, daß schon im Wahrnehmen eine aktive Leistung der Psyche stecke, daß die Begriffsbildung auf einer besonderen auswählenden Tätigkeit der Psyche, die vorgebildet sei, beruhe und ähnliches.

Dazu möchte ich folgendes bemerken: Empfindungen oder Wahrnehmungen sind Veränderungen in der Psyche, die von außen bewirkt werden; wenn wir dennoch dabei oft die Empfindung einer gewissen Aktivität haben, so ist das wohl durch die aktive Hinlenkung der Sinne und der Aufmerksamkeit und durch die Verarbeitung der Empfindungen bedingt. Sogar das Denken kann ohne bemerkbare aktive Anstrengung geschehen, in der Weise etwa, wie der Kautschuk mit der Zeit seine Elastizität verändert. Es ist gleichgültig, ob man das eine Aktivität nennen mag. Demgegenüber ist die Psyche eine Kraftmaschine wie eine geheizte Dampfmaschine oder ein geladenes Gewehr, mit der Tendenz in gewissen Richtungen aktiv zu werden. Das sehen wir namentlich in den Trieben und ihren Leistungen, und darüber kann man nicht streiten. Auch insofern ist unsere Psyche bei jeder Funktion „aktiv", als sie (in der Affektivität) Stellung zu jedem Erlebnis nehmen muß.

Man soll sich ferner darüber klar sein, daß *selbstverständlich* unsere nervösen Funktionen wie alle anderen etwas Aktives sind, schon rein physikalisch genommen, denn sie verbrauchen Energie, die dem Nervensystem durch das Blut wieder zugeführt werden muß. Man kann also eine Aktivität in gewissem Sinne niemals leugnen. Es gibt ja Leute, die sich vorstellen, ein Reiz gehe im Reflexcentrum einfach in die entsprechende motorische Bahn, oder die von stärkerer Dynamogenie der roten Farbe sprechen gegenüber einer andern Farbe, weil die Muskelleistung durch Wahrnehmung von Rot vergrößert werden soll. Im letzteren Falle denken sie sich, daß das in der Retina entstandene Neurokym einen Zuwachs zu der psychischen Energie bringe, und direkt als Muskelleistung oder wenigstens Muskelreizung zur Verwertung kommen könne. Es lohnt sich nicht, solche Vorstellungen weitläufig zu widerlegen. Selbstverständlich hat doch das ZNS. seine wichtigste, wenn nicht die alleinige Kraftquelle in sich, und die ankommenden Reize wirken als Auslöser von irgendwelchen Funktionen, die von den im Gehirn bereitliegenden Apparaten ausgeführt werden. Auch darin zeigt sich also eine selbstverständliche Aktivität der Psyche. Und wenn auch z. B. die Atmung durch H-Ionen ausgelöst wird, so sind doch Automatismen denkbar, die ohne äußere Anregung funktionieren. Auch das wäre eine Aktivität.

Angreifbarer ist es, wenn man sagt, schon zum Empfinden brauche es eine Aktivität, die die Psyche auf den Reiz oder das Sinnesorgan hin wende. Das ist nicht unbedingt nötig. Es könnte genügen, daß der Reiz nicht abgesperrt wird von dem Ich. Aber es könnte auch so sein, daß die Bahn ein für allemal so gestellt wird, daß ein bestimmter Reiz beachtet wird, andere Reize aber vom Ich ausgeschlossen sind (wenn ich z. B. Erdbeeren suche, kann ich ganz Beliebiges denken, und mich in der Richtung der Blicke frei fühlen; sobald aber eine Erdbeere Lichtstrahlen auf die Retina sendet, wird sie wahrgenommen). Ist nun eine solche Einstellung, die vielleicht vor einer halben Stunde geschehen ist, noch als Aktivität im Momente des Erblickens der Beere zu bezeichnen? Man kann ja oder nein sagen. Daß die Lenkung der Aufmerksamkeit eine Aktivität ist, wird niemand bestreiten.

Ist aber die Auswahl, die wir unter den Sinneseindrücken treffen, ein Beweis von einer besonderen Aktivität? Gewiß nicht! Ist ein Sieb, das hineinfallenden Sand durchläßt und gröbere Körner festhält, aktiv? Sind ein Resonator oder ein Marconiapparat, die nur auf bestimmte Wellen reagieren, aktiv? oder gar ein Klavier, das nur den angeschlagenen Ton gibt?

Wenn man nun aber behaupten will, zur Wahrnehmung und zur Begriffsbildung sei ein vorgebildeter aktiver Apparat notwendig, so möchte ich erst Zeit zur Diskussion verschwenden, wenn dieser Rückfall in die Vermögenstheorie wenigstens mit einiger Wahrscheinlichkeit begründet werden kann. Daß er nicht nötig ist, glaube ich gezeigt zu haben.

Unsere Auffassung einer „Aktivität“ bezieht sich nur auf folgendes: Alle Funktionen eines lebenden Organismus, so auch die der nervösen, resp. psychischen Centren, beruhen auf Produktion und Ausgabe von Kraft; die psychische Energie hat aber in ihrer Richtung oder Form physikalischen Kräften gegenüber etwas Besonderes. In den einzelnen nervösen Apparaten sind Energien entladungsbereit, und die Apparate sind so eingerichtet, daß die frei werdende Energie in bestimmten Verhältnissen in bestimmte Bahnen geht, je nach Mitwirkung von Reizen, die neben dem auslösenden der Einrichtung zufließen (Schwanzausschlag auf Bauchreiz nach rechts oder nach links je nach der Ausgangsstellung). Der Umstand, daß ein Apparat mit Energie geladen ist, die durch einen Reiz, oder vielleicht auch spontan, frei wird und zu seiner Funktion führt, wird nach Analogie psychischer oder physischer Verhältnisse als „Tendenz“ oder „Strebung“ des Apparates zu einer bestimmten Funktion bezeichnet. Der Begriff hat aber keine scharfen Grenzen. Es ist willkürlich, ob wir schon im Muskel, der auch Energien zur Verfügung hält, eine „Tendenz“ zur Kontraktion konstatieren wollen oder nicht; er hat einen bestimmten physikalisch-chemischen Bau, der auf Reiz mit einer Zusammenziehung antwortet; ebenso sezerniert die Schweißdrüse nur auf Reiz, und für den Wischreflex wird, ohne daß die Haut gereizt wird, wohl kein Bedürfnis zum Ablauf bestehen. Aber schon die Tränen- und Speicheldrüsen sezernieren beständig, wenn auch auf bestimmte Reize mehr oder weniger und in anderen Qualitäten, und unsere Triebe und Instinkte *suchen* geradezu die nötigen Reize, kurz, sie haben eine spontane Aktivität. Selbstverständlich bestehen zwischen diesen Aktionsweisen keine prinzipiellen Unterschiede, es handelt sich vielmehr um quantitative Unterschiede eines allgemeinen biologischen Vorganges. Schließlich können wir auch bei den Funktionen, die wir als spontan zu bezeichnen gewohnt sind, irgendwelche auslösenden Reize finden oder konstruieren. Wir reden dabei sowohl von Strebung, die im Apparat liegt, wie von Strebung der Funktion, zwei Dinge, die wir hier nicht regelmäßig auseinander halten können, ohne neue Ausdrücke zu schaffen. Bei den Begriffen, mit denen wir zu operieren haben, kommt das nicht sehr in Betracht; ob wir hier eine Strebung, einen Trieb dem funktionierenden Apparat oder der Funktion zuschreiben, ist meist ohne weiteres ersichtlich.

Im ganzen scheint mir der Streit um psychische Aktivität gleichwertig zu sein der Frage, ob das Ei aktiv oder passiv infolge des Reizes eines Spermatozoons sich entwickle, und ob das Holz brenne, weil es Cellulose enthalte, oder weil es angezündet worden sei.

Über die Lokalisation der psychischen Energieproduktion, die in diesem Zusammenhange auch besprochen wird, an anderer Stelle.

H. Die Schaltungen.

Im ZNS müssen sich die verschiedenen Funktionen beeinflussen können, um kompliziertere Reaktionen entstehen zu lassen, in die z. B. verschiedene kinästhetische Empfindungen eingehen (Ausgangsstellung bei einem Wischreflex), oder die aus einer zeitlichen und räumlichen Koordination verschiedener Muskeln oder verschiedener Teilhandlungen bestehen, und besonders auch um Einheitlichkeit, sei es der einzelnen Reaktionen, sei es des ganzen Geschöpfes zu gewähren.

Die Art, wie verschiedene Funktionen und Strebungen aufeinander wirken, ist nun nicht vergleichbar dem Zusammen- oder Gegeneinanderwirken von Kräften in einfachen physikalischen Verhältnissen[1], sondern demjenigen verschiedener Kräfte in komplizierten Apparaten, wie einer Dampfanlage mit verschiedenen angehängten Maschinen oder noch bequemer in einer elektrischen Anlage. Die Funktionen wirken nicht als solche aufeinander, so wenig wie der Lokomotivführer direkt auf den Gang der Maschine wirkt; soll diese angehen oder stillestehen, oder vor- oder rückwärts gehen, so schaltet er den Dampfzufluß in geeigneter Weise, und das übrige besorgt die Konstruktion der Maschine und die Energie des Dampfes. Ebenso wird die Dynamo einer elektrischen Anlage gesteuert. Die Energien in Dampf und Elektrizität kommen nur zur Wirkung, insofern ihnen der Weg geöffnet und die Richtung gewiesen ist. Da gibt es kein Parallelogramm der Kräfte[2], so daß die Zwischenglocke b eingeschaltet würde, weil von zwei verschiedenen Strebungen die eine die Glocke a, die andere die Glocke c läuten wollte, und keine direkte Abschwächung der Energien; wenn zwei Führer am elektrischen Motor sind,

---

[1] Man will darin eine prinzipielle Eigentümlichkeit sehen, die die Seele zu etwas Besonderem stemple. Wie schon der gut durchführbare Vergleich mit Schaltungen zeigt, ist das unrichtig.

[2] Immerhin hat SZYMANSKI: (Versuche, das Verhältnis zwischen modal verschiedenen Reizen in Zahlen auszudrücken, Arch f. Physiol. **143**, 25 (1911); Methodisches zur Erforschung der Instinkte, Biol. Zbl. **1913**, 260) gezeigt, daß bei gewissen Tropismen, z. B. wenn ein Tier durch zwei Lichter angezogen wird, unter Umständen eine Mittelrichtung eingeschlagen wird. Sogar bei Kindern hat er Andeutungen davon nachweisen können. Das sind aber Ausnahmen, die im Leben kaum vorkommen und sich auch von unserem Standpunkt aus ohne weiteres erklären lassen (auf verschiedene Arten). In manchen Fällen sieht man z. B. eine Zickzackbewegung, so daß bald der eine, bald der andere Einfluß zur Wirkung kommt (d. h. eingeschaltet wird und den andern ausschaltet) wie beim Wettstreit der beiden Sehfelder.

und der eine will vor-, der andere rückwärts fahren, so ist das Resultat nicht die Geschwindigkeit a—b, sondern, wenn einmal der eine die Drehung des Schalters bewirkt hat, so geht die Maschine in Richtung und Kraft, wie wenn vorher kein Wettstreit stattgefunden hätte.

Der Vergleich mit der elektrischen oder Dampfanlage gilt nur im großen und ganzen. Namentlich zwei Unterschiede sind zu erwähnen. Einmal entspricht die organische Strebung nicht nur der bloßen Triebkraft, wie der Dampf oder die Elektrizität in der Maschine, sondern sie selbst wirkt auch auf den Schalter. Die Energie der Strebung ist nicht nur darauf gerichtet, zu handeln, wenn sich Gelegenheit bietet, sondern auch zum Handeln zu kommen, also den Schalter dementsprechend zu stellen. Im Wettstreit mit den andern Strebungen kommt nur diese letztere Energierichtung in Betracht, der Kampf um die Schalterstellung, die die Entladung, das Handeln erlaubt. Allerdings kann der Schalter *auch* von außen, von den andern Strebungen, durch Assoziation gestellt werden. Ist er einmal geöffnet, auf Handlung gestellt, dann kommt die Energierichtung der Aktion zur Wirkung. Es ist nicht prinzipiell nötig, daß die beiden Energien einander an Stärke parallel gehen, obgleich es wohl meistens der Fall ist. Ich mag keinen großen Eifer haben, eine bestimmte geistige oder körperliche Arbeit zu leisten; habe ich mich aber einmal entschlossen, so kann ich die maximale Energie des ganzen Ich darauf verwenden (ohne daß diese Energie eine neue Quelle hätte, z. B. die Scham, das Begonnene nun nicht zu Ende führen zu können)[1].

Dadurch, daß die Strebungen selbst auf ihre eigenen Schaltungen wirken, wird noch ein zweiter Unterschied gegenüber der als Bild benutzten elektrischen Anlage bedingt: eine ausgeschaltete elektrische oder Dampfkraft kommt in der Maschine gar nicht mehr zur Wirkung. Im ZNS aber existiert eine ausgeschaltete Strebung als solche immer noch fort, strebt wieder die Schaltung zu beeinflussen und kann deshalb plötzlich eine frühere Entscheidung wieder aufheben oder abschwächen. Man hat sich z. B. entschlossen, endlich mit der Geliebten zu brechen, handelt aber in manchen Einzelheiten, wie wenn die Verbindung noch fortbestände, oder wie wenn man sie wieder anknüpfen wollte. Es kann auch die unterdrückte Strebung die ablaufende dynamisch hindern, sie nicht ihre volle Kraft ausgeben lassen, oder es macht geradezu den Eindruck, wie wenn die funktionierende Energie immer wieder am von anderer Seite angegriffenen Schalter beansprucht und dadurch geteilt würde. Beim Maschinenschreiben bemerke ich, daß ich im Begriffe bin, eine falsche Taste zu tippen, mein Gegenbefehl kommt aber zu spät, hat jedoch noch die Wirkung, daß die Taste weniger stark angeschlagen wird. Auch Bestrebungen, die subjektiv ganz unterdrückt scheinen, machen sich manchmal daran noch bemerkbar, daß die siegreiche Handlung mit weniger Energie ausgeführt wird.

In allen diesen Fällen handelt es sich nicht um eine Durchbrechung des Prinzips der Schaltung, um Ausnahmen, sondern um Komplikationen, — die einmal genauer zu untersuchen sich lohnen würde.

---

[1] Analog ist nach dem Alles-oder-nichts-Gesetz die Stärke eines Reizes für den Erfolg gleichgültig, soweit es sich um ein einzelnes Arbeitselement handelt; das Element gibt alle seine momentan verfügbare Kraft ab, ob der Reiz stark oder schwach sei. Ob ich ein Pulverfaß mit einem großen oder einem kleinen Funken entzünde, macht keinen Unterschied in bezug auf das Quantum der frei werdenden Energie. Der stärkere Reiz veranlaßt aber im ZNS mehr Elemente zur Reaktion.

Es liegt in dem Prinzip der Schaltung nicht nur ein Alles-oder-nichts, sondern auch die Möglichkeit eines Mechanismus, der erlaubt, mehr oder weniger Kraft zur Wirkung kommen zu lassen, etwa wie bei einem Dampfhahn oder einer elektrischen Schaltung mit verschiedenen Widerständen[1]. Je nach Stärke und Art des auslösenden Reizes kann die Reaktion abgestuft sein; wie die Kraftausgabe abgemessen wird, wissen wir noch nicht. Jedenfalls haben unter manchen Umständen Gegenstrebungen Einfluß darauf, die den Schalter nicht auf Volldampf stellen lassen, wenn sie zwar nicht stark genug sind, die Reaktion zu verhindern, aber doch zu stark, um sich ganz unterdrücken zu lassen. *In einer solchen Art Antagonismus liegt sicher ein ausgiebig benutztes Prinzip der Regulierungen durch antagonistische Kräftepaare.* Ein Uhrwerk regulieren wir durch Trieb und Hemmungen. Eine genaue Gewichts- oder Elektrizitätswage wird möglichst empfindlich gemacht, aber gedämpft. Wenn wir Bewegungen ganz fein dosieren wollen, so spannen wir die Antagonisten und lassen nur einen Überschuß (rectius Differenz) von Kraft zur Wirkung kommen. Das chemische Gleichgewicht des Körpers ist das Resultat einer unabsehbaren Menge von antagonistischen Kräften. Die Herztätigkeit, der Tonus der Vasomotoren und der Drüsen werden alle durch zwei Gegenwirkungen reguliert. So auf psychischem Gebiet überall, am auffallendsten beim Sexualtrieb, dem graduell noch nicht genügend verständliche enorme Hemmungen entgegenstehen[2]. Alle diese Hemmungen setzen nun an dem Punkt an, den wir bildlich als Schaltung bezeichnet haben, ohne daß notwendig nur das Entweder-Oder von „Aktion oder nicht?“ in Betracht käme, sondern noch viel häufiger die abgestufte Reaktion die Folge ist. Ein Teil dieser Mechanismen ist unzweifelhaft von hoher Komplikation. Wie man sich die Einzelheiten vorstellen soll, ob als viele Schalter für die gleiche Aktion, von denen eine größere oder kleinere Anzahl gestellt werden, oder als einzelne Schalter für jede Aktion, die nur in ihrer Durchgängigkeit für die Kraft variieren, wie ein elektrischer Schalter mit Widerständen oder ein Dampfhahn, der auf teilweise Durchlässigkeit gestellt werden kann, muß noch genauer untersucht werden. In komplizierteren psychischen Strebungen spielt unzweifelhaft das Numerische eine besonders große Rolle, indem die nämliche Strebung von verschiedenen Gesichtspunkten aus mehr oder weniger gefördert oder gehemmt werden kann. Das Mädchen, das man heiraten möchte, ist tüchtig, schön, hat Geld, jedes dieser Momente scheint einen besonderen Schalter zu haben, um den Entschluß zur Heirat zu befördern; ebenso jeder ihrer Fehler, die die Heirat erschweren.

Häufig kommt es auch vor, daß für den einen Augenblick die eine Strebung herrscht, dann, unter anderen Einflüssen, sei es nur für einen Moment oder für länger, die andere doch zur Wirkung kommt und so die Handlung abschwächt, für eine gewisse Zeit unterbricht oder in ihrem Sinne verändert. Letzteres kommt namentlich häufig vor bei Einflüssen aus dem Unbewußten. So wird auch oft nicht eine Gesamtstrebung unterdrückt oder abgeschwächt, sondern nur einzelne Teile, manchmal die wichtigen, manchmal weniger wesentliche; solche Teilhandlungen können auch zeitweise wie die Haupthandlung unterdrückt werden und wieder aufleben. Man will mit der unwürdigen Geliebten brechen, sie nicht heiraten, ihr kein Geld mehr geben, sich nicht mit ihr kompromittieren; aber man

[1] Absolute Widerstände und ganz widerstandslose „Kontakte“ gibt es in einem Organismus wohl nicht.

[2] Auch schon bei Tieren deutlich. Also nicht Folge der „Kultur“.

empfindet es doch als schön, oder führt es geradezu herbei, daß man sie wieder einmal sehen kann.

Die Schaltungen wirken als Disposition (Bereitschaft) und als Aktion. *Bereitschaftsschaltungen* liegen z. B. vor bei den Verbindungen der Engramme: wenn man Blitzen und Donnern nacheinander erlebt hat, so werden die beiden Wahrnehmungen in ihren Engrammen dauernd miteinander verbunden, zusammengeschaltet, so daß die eine die andere wieder auslöst. In den phylisch vorgebildeten Apparaten ist z. B. der ankommende vom Beklopfen der Patellarsehne herrührende Reiz mit den Centren des Beinstreckers zusammengeschaltet. Wenn ich vorhabe, einen Brief in den ersten Kasten zu werfen, dem ich begegne, so wird die Vorstellung des Briefkastens mit dem Akt des Einwerfens verbunden, so daß diese Handlung durch das Wahrnehmungsbild des Kastens (bewußt oder unbewußt) assoziiert, ausgelöst, wird.

Von einer *Aktionsschaltung* können wir dann reden, wenn eine aktuelle Vorstellung die Verbindungen so stellt, daß das Psychokym während der Dauer dieser Vorstellung in bestimmten Richtungen fließt, und von andern Richtungen abgesperrt ist.

Die meisten *kinästhetischen Reize* bewirken insofern Aktionsschaltungen, als sie nur wirken, während sie bestehen. Sie sind aber Bereitschaftsschaltungen insofern, als sie erst wirksam werden, wenn z. B. der Bauchreiz, der den Schwanz je nach der Ausgangsstellung nach rechts oder nach links gehen läßt, oder sonst eine Bewegungsintention hinzukommt. Das Beispiel soll zeigen, daß Aktions- und Bereitschaftsschaltung, so verschieden sie zunächst scheinen — die erste als dynamisch, die zweite als statisch — nur zwei Seiten der nämlichen Funktionseigenschaft sind. Wenn wir automatisch 1, 2, 3 zählen können, so ist es deshalb, weil das öftere Hören und Sprechen dieser Reihe eine Bereitschaftsschaltung geschaffen hat. Außerdem ist beim Zählen eine Aktionsschaltung beteiligt, die die Funktion gerade in dieser Richtung ablaufen läßt. Wir könnten ja an 1 auch 10 oder viele andere Dinge assoziieren.

Die Aktionsschaltungen kann man sich nicht kompliziert genug vorstellen. Die gleichzeitigen Bewegungen unserer Hände laufen gewöhnlich miteinander enge verbunden ab, so bei allen Handlungen, zu denen man beide Hände benutzt, z. B. Operieren mit Messer und Pinzette. Es kann aber auch jede Hand etwas anderes tun, wenn ich z. B. mit der einen Hand schreibe, mit der andern mich im Haar kratze, wobei wenigstens die eine Handlung gewöhnlich vom bewußten Ich ganz oder fast ganz abgetrennt verläuft. Jedenfalls aber sind die beiden Handlungen unter sich möglichst wenig verbunden und ganz selbständig einander gegenüber, sie beeinflussen sich nicht, helfen einander nicht, stören einander nicht, während die Bewegungen der Hände im ersten Falle enge miteinander verbunden sind, nicht nur zentrifugal, indem sie die zueinander passenden Impulse bekommen, sondern auch insofern, als die eine Hand sich nach dem richtet, was die andere bei ihrer Tätigkeit erlebt; droht die Pinzette der Linken auszugleiten, so muß die Rechte sich beim Schneiden danach richten, kurz die Tätigkeit der beiden Hände ist zentrifugal und zentripetal zu einer vollen Einheit zusammengeschaltet. Wenn ich nun aber meinen Willen anstrenge, mit der einen Hand einen Kreis, mit der anderen ein Hinundher auf gerader Linie zu beschreiben, so konstatiere ich große Schwierigkeiten, die noch verstärkt werden, wenn ich versuche, auch die Füße mitzubenutzen. In diesem Beispiel sind die Bewegungen der Hände zwar auch wieder verbunden — durch meinen Willensentschluß; sie hemmen sich aber, weil eine einheitliche Idee fehlt und nur eine Aufgabe vorliegt, wie wir sie im Leben ohne besondere Umstände nie üben oder nie in eine Einheit zusammenfassen. Es kommt hier aber wohl noch ein direkter Widerstand hinzu von einer angeborenen Schaltung, die die Centren der Glieder zu symmetrischen oder alternierenden Bewegungen verbindet. Aber sogar diese organische Anordnung kann ich auseinander schalten durch die einheitlichen Bedürfnisse einer Arbeit; ich kann ganz gleiche Bewegungen wie die scheinbar unmöglichen, ohne jede Übung machen, wenn ich z. B. an einer Futterschneidmaschine mit der einen Hand ein Rad drehe und mit der anderen das Heu zuschiebe.

Über die Rolle der Schaltmechanismen beim Denken siehe das Genauere im betr. Abschnitt. Jede aktuelle Vorstellung hemmt die entgegenstehenden und bahnt die zu ihr passenden, so daß in Verbindung mit dem eigentlichen Denkziel der Ablauf einer Denkoperation eindeutig bestimmt wird. Den *affektbesetzten* Strebungen kommt dabei ein besonders großer Einfluß zu, indem sie nicht nur das eigentliche Ziel des Denkens bestimmen (Überlegung, wie man ein gutes Geschäft machen könne), sondern alle Assoziationen in ihrem Sinne beeinflussen (man möchte ein gutes Geschäft machen und rechnet dann nur die guten Chancen). So führen sie schon beim Normalen durch zu starke Einwirkung auf die Schaltungen oft zu Denkfehlern, bei Geisteskranken zu Wahnideen. Bei gewissen Formen von Denkschwäche (Borniertheit, namentlich aber Schizophrenie) können die Affekte Gedanken, die dem Kranken nicht passen, ganz von den Überlegungen ausschließen, auch dann, wenn man darauf aufmerksam macht, so daß die Kranken vollständig diskussionsunfähig werden, z. B. trotz aller Erklärungen nicht fähig sind zu begreifen, daß sie nicht aus der Anstalt entlassen werden können, solange sie Lärm machen, und dann geradezu Lärm machen, um entlassen zu werden, oder wenn sie auf hundertfache Erklärung, man halte sie für anständige Leute, immer wieder behaupten, man bezeichne sie als Verbrecher.

Auf den Schaltungen beruht die Launenhaftigkeit der *Erinnerungen.* Was man in der einen „Konstellation" gut erinnert, kann unter dem Schaltungseinfluß einer anderen nicht ekphoriert werden. Die FREUDschen Mechanismen des Vergessens kommen so zum vollen Verständnis. Extreme einer solchen Gedächtnisstörung finden wir bei der *doppelten Persönlichkeit* („doppeltes Bewußtsein"), wo während eines bestimmten Zeitraumes alle Erinnerungen früherer Zeiten (gewöhnlich mit Ausnahme der halb oder ganz automatischen Fertigkeiten wie Sprechen, Schreiben, Essen) vergessen sind, so daß sich die Kranken in allen Beziehungen auch über sich selbst neu orientieren müssen. Nach einiger Zeit wird wieder die frühere Erinnerungsreihe eingeschaltet unter Ausschaltung der neuen. Diese Schaltungsänderungen können sich wiederholen, so daß in dem krankhaften Zustand a nur die Erlebnisse der früheren Zustände a und im gewöhnlichen Zustand b nur diejenigen von früheren Zuständen b erinnert werden können. Auch andere Kombinationen solcher doppelter oder mehrfacher Persönlichkeiten kommen vor. Sie sind natürlich alle bedingt durch die Schaltungseinflüsse von Wünschen und anderen Strebungen[1].

---

[1] Vgl. JUNG: Zur Psychologie und Pathologie sogenannter okkulter Phänomene, Diss. Zürich 1902.

Die stärkste Schaltkraft haben unsere Strebungen und unsere Stellungnahmen zu den Erlebnissen, die *Affekte*. Wir konnten deshalb schon oben nicht von den allgemeinen Schaltungen sprechen, ohne wenigstens die Strebungen zu erwähnen. Wenn ich an Cäsar denke und „Rom“ assoziiere, so werden nur wenige Schaltungen bemerkbar beeinflußt, und tausend Ablenkungen können die Verbindungen anders stellen. Ein Vorstellung aber von der Bedrohung meiner Existenz stellt alle Verbindungen des ganzen Gehirns bis hinunter zu den Vasomotoren und den Lenkern der Sekretionen unwiderstehlich so, daß mein ganzes Denken und Fühlen und alle meine Energie nur auf diese Vorstellung und das damit zusammenhängende Handeln konzentriert bleibt.

Durch die Schaltkraft, die die Affekte, die Strebungen aufeinander selbst ausüben, wird in erster Linie die *Einheit des Ich* begründet (vgl. Abschnitt über die Einheit des Bewußtseins); ohne sie wären wir ein Konglomerat von Strebungen, die einander hindern würden, und auf dem Gebiete der Vorstellungen wären wir nichts imstande hervorzubringen als ein Chaos von Engrammen früherer Sinnesempfindungen, die sich ohne Regel mischen und folgen würden. Es könnte nicht einmal zu einer Vorstellung, geschweige zum Denken, kommen.

Auch die Schaltung wird vom Gedächtnis fixiert. Wir können von Schaltungsengrammen sprechen, möchten aber davor warnen, sich darunter etwas Eigenartiges vorzustellen. Es handelt sich sicherlich nur um eine andere Seite des nämlichen Vorganges wie bei der Engraphie von dem, was wir *Inhalt* von Psychismen (Wahrnehmungen, Vorstellungen) nennen.

Ist eine Vorstellung aktuell, wird sie gedacht, so beeinflußt sie alle Schaltungen so, daß die mit ihr verwandten gebahnt, also wirklich geöffnet oder doch leichter geöffnet werden als sonst, während alle nicht dazugehörigen, und besonders nachdrücklich diejenigen, die Gegenstrebungen entsprechen, gehemmt, gesperrt werden. Da zu gleicher Zeit in unserem Gehirn eine Menge Vorstellungen, meist in geordneter Hierarchie als Zielvorstellungen (siehe Abschnitt Denken), lebendig sind, bestimmt *die Resultante aller dieser Schaltkräfte* den Übergang von einer Vorstellung zur andern, die Assoziation, das Denken.

Die Beobachtung zeigt, daß das nur ein Spezialfall einer allgemeinen Eigenschaft vitaler Funktionen ist: Jede Funktion wirkt über die Schaltungen auf alle gleichsinnigen andern bahnend, auf die entgegengesetzt gerichteten oder irgendwie mit ihr in Konkurrenz tretenden im Sinne der Absperrung oder der Hemmung. Da zu gleicher Zeit viele Tendenzen aktuell sind, resultiert daraus ein recht kompliziertes Spiel. Diese Vorstellung bekommen wir in gleicher Weise von der Betrachtung der Physiologie des ZNSs wie in der Psychologie.

Wenn Ranschburg berichtet, wie ähnliche Psychismen einander stören, unähnliche aber nicht, so ist das auch richtig, zeigt aber nur, wie vorsichtig man in diesen Dingen die Ausdrücke wählen sollte — wenn es nur immer möglich wäre, ganz passende zu finden. Dadurch, daß das Ähnliche sich besonders leicht assoziiert, setzt es sich manchmal auch da durch, oder wirkt wenigstens eine Tendenz sich durchzusetzen mit, wo es nach der allgemeinen Konstellation, nach dem Denkziel, nicht auftreten sollte. So stiftet es leicht Verwirrung (vgl. Abschnitt Assoziationen), während fremde Dinge, die einander nichts angehen, die Assoziationsschaltungen so stellen, daß sie ohne Berührung nebeneinander ablaufen. Wir gehen und richten unsere Schritte nach den optischen und akustischen Eindrücken und nach der früher vorgenommenen Wahl des Zieles, können dabei aber sehr gut über irgendein Problem nachdenken.

Die *Dauer* der Schaltungen als Engramme reicht bis zum Tode des Gehirns. Was einmal zusammengestellt ist, sei es als Vorstellungsassoziation, sei es als Aktionstendenz, bleibt als Verbindung erhalten.

Die Schaltungsengramme haben aber zwei ganz verschiedene Bedeutungen, je nachdem sie (gültig) abgestellt sind oder fortwirken (vgl. Gelegenheitsapparate).

Von den Zehntausenden von Schaltungen, die wir täglich abstellen, kommt nur ausnahmsweise eine einzelne noch einmal zur Wirkung, z. B. als Fehler in einem Experiment, in welches fälschlicherweise eine Reaktion aus einem früheren Experiment hineingetragen wird, oder wenn man sich verspricht, namentlich aber bei vielgeübten und bei affektiv betonten Einstellungen, die sehr schwer gründlich abzustellen sind. Hat man sich einmal eine bestimmte Form des t zu schreiben angewöhnt, so wird es nicht leicht, eine andere anzunehmen. Hat sich gar die Übung, zum Glase zu greifen, mit allem Schönen, was man erlebt und mit allem, was man unangenehm betont, assoziiert, so kann die „alte Gewohnheit" immer wieder die besten Vorsätze und die zwingendste Logik über den Haufen werfen.

Viele Schaltungen werden aber auf Dauerwirkungen gestellt, ohne daß sie deswegen irgendwie bewußt bleiben müßten. Wie die Schaltung „Briefkasten—Brief einwerfen" als Assoziationsbereitschaft so lange besteht, als der Brief nicht eingeworfen ist, so bleiben andere Schaltungen jahrelang, ja bis zum Tod in Wirksamkeit. Letzteres wird namentlich von unseren guten Vorsätzen erwartet, die nicht nur als Gelegenheitsapparate zusammengeschaltet sind, sondern auch so eingerichtet sein müssen, daß sie immer im richtigen Moment assoziiert, resp. aktuell werden.

Die Wirksamkeit und Festigkeit sowohl der Einstellung wie der Abstellung der Schaltungen hängt, soweit wir wissen, in erster Linie mit der Affektivität zusammen. Leute mit labiler Affektivität „vergessen" einerseits ihre Entschlüsse und gedanklichen Schaltungen sehr leicht, lassen aber anderseits auch Funktionen, die sie ausschalten wollten, oder glaubten ausgeschaltet zu haben, leicht wieder auftreten. Von dieser Verschiedenheit der *Stabilität* in Ein- und Ausschaltung ist zu unterscheiden die aktuelle *Energie* und *Ausdehnung* der Schaltungen. Hysterische haben im allgemeinen eine labile Affektivität und damit geringe Stabilität der Ein- und Ausschaltungen. Die momentane Wirkung der Schaltungen eines affektbetonten Ereignisses auf Handeln und Denken ist aber in Intensität und Ausdehnung bekanntlich eine sehr große. Bei gleichgültigen Menschen ist weder die Stabilität noch die Schaltungskraft bedeutend. Bei „Phlegmatikern" und Paranoikern reicht eine einmalige Einstellung aus, fürs ganze Leben dem Handeln und Denken eine bestimmte Richtung zu geben, namentlich in der Logik die einen Assoziationen aus- und die anderen einzuschalten (ähnlich die Rentenneurosen).

Die Ausschaltung braucht nicht ausdrücklich durch eine Gegenstrebung gegeben zu werden; jede neue Funktion hat eine gewisse schaltungsaufhebende Kraft, wenn sie nicht isoliert von der auszuschaltenden Funktion verläuft. Nur die im Unbewußten abgesperrten Vorgänge können nicht durch bewußte Funktionen beeinflußt werden, und bleiben deshalb unter Umständen jahrzehntelang gleich geschaltet.

Wo wir es mit einer nervösen Dauerfunktion oder einer Einstellung (z. B. Gelegenheitsapparat) zu tun haben, müssen wir annehmen, daß eine Abstellung geradezu immer notwendig sei, wenn die Funktion aufhören müsse. So sehen wir, daß, wenn wir uns einmal eingestellt haben, die Glockenschläge zu zählen, wir nicht so leicht aufhören können; auch wenn wir es fertig bringen, von einem bestimmten Schlag an, etwas anderes zu denken, so zählen wir doch leicht automatisch daneben weiter, und wissen ganz gut, welcher Schlag der letzte ist, bevor der Zeitpunkt für einen folgenden eingetreten ist (natürlich vorausgesetzt, daß wir die Zeit kennen). Die Gewöhnung, auf Druckfehler zu achten, macht sich leicht bei einer belletristischen Lektüre unangenehm geltend. MACH[1] berichtet, daß es oft eines besonderen Einflusses zur Abstellung der Bewegung bedurfte, wenn er einige Male die Faust taktmäßig ballte und dann nicht weiter auf diese Bewegung achtete. Schizophrene sind nicht selten außerstande, wiederholte Bewegungen im richtigen Moment aufhören zu lassen. Hierher gehört auch der Katatonusversuch KOHNSTAMMS, bei dem man, an einer Wand stehend, den Handrücken etwa eine Minute lang gegen dieselbe drückt, dann einfach sich abdreht, ohne den Arm anders einzustellen: dieser geht nun langsam automatisch in die Höhe, indem die Kontraktion, die früher den Arm gegen die Wand drückte, ihn jetzt, nach Verschwinden des Hindernisses, in die Höhe hebt. Wenn man ermüdet ist, bringt man oft die zum Aufhören einer Arbeit nötige Energie nicht auf und arbeitet gegen seinen Willen weiter. Nach geistiger Arbeit wird leicht das automatische Weiterarbeiten ein Hindernis des Schlafes. Die Perseveration bei groben Hirnherden, wo der Kranke von einem bestimmten Wort, einer einfachen Handlung nicht mehr loskommt, indem ihm beliebige andere Impulse immer wieder in die eben benutzte Bahn entgleisen, zeigt ebenfalls, daß das Aufhören einer cerebralen Funktion ein besonderer Akt ist. In gröberer Weise sehen wir das nämliche am absterbenden Hirn im Tierexperiment, wo elektrische Reizung eine einmal von ihrem Zentrum aus ausgelöste Bewegung, z. B. eine bestimmte Kaubewegung nachher von beliebigen Stellen aus auslösen kann, während die normale Reaktion der Reizstelle ausbleibt. Der Kopf einer Raupe, der während des Fressens mit scharfem Schnitt vom Leibe getrennt worden, frißt oft andauernd weiter, weil keine Empfindung des gefüllten Magens die Funktion abstellt. Bekannt sind auch die allerdings nicht gar häufigen Vorkommnisse, wo durch Schuß in die Oblongata ein Tier oder ein Mensch in einer bestimmten Stellung krampfhaft festgehalten wird, wie man annimmt, weil die allzu plötzliche Verletzung einerseits keine Zeit zur Abstellung der Funktion vom Gehirn aus ließ, anderseits, weil ein glatter Schuß unter Umständen nicht selbst einen Reiz zu setzen braucht, der im Rückenmark eine andere Einstellung hervorrufen könnte. Nach PIGHINI[2] soll das gleiche häufig nach Granatkommotionen vorgekommen sein. MATULA[3] berichtet, daß, wenn man die Reflexerregbarkeit des RM. durch starke Reizung des Gehirns auf Null herabsetzt, und dann das Gehirn vom Rückenmark trennt, bevor sie sich wiederhergestellt hat, daß dann die Reflexlosigkeit „häufig" bleibt, während sonst das abgetrennte Rückenmark erhöhte Reflexe zeigt. Organisch Geisteskranke haben oft nicht nur Mühe, eine neue Assoziation zu finden, sondern ebensowohl eine alte Funktion auszuschalten. Wenn man ein neues Thema anschlägt, antworten sie leicht im Sinne des früheren. Ein Teil der eigentlichen *Perseveration* bei Organischen mag darauf beruhen.

Neben *Tenazität* (= Widerstandsfähigkeit) und *Intensität* und *Extensität* der Schaltungen kommt noch in Betracht, daß wenigstens die Affektschaltungen zugleich die *Wertigkeit* der Assoziationen beeinflussen. Wer verliebt ist, wird die Fehler seiner Angebeteten, auch wenn er sie beachtet, nicht so hoch werten, wie wenn er nicht verliebt wäre.

Die Schaltung ist auch abhängig von der *Stärke* eines psychischen Vorganges. Ein Reiz muß eine bestimmte Schwellenhöhe erreicht haben, bis er einen Reflex auslösen kann, und um einen zu hemmen, muß seine Stärke meist noch viel größer sein (nicht weil ein anderes Prinzip in Betracht käme, sondern weil der Reflex für einen bestimmten Reiz eingerichtet ist, die Hemmungen aber, die wir kennen, meist gar nicht zum Reflex in organischer Beziehung stehen, sondern einfach darauf beruhen, daß beliebige Funktionen jede andere hemmen können, wenn sie nur stark

---

[1] Erkenntnis und Irrtum, III. Aufl., S. 430, Leipzig: Barth 1917.

[2] PIGHINI: Considerazioni patogenetiche sulle psiconevrosi emotive osservate al fronte, Roma, Il Policlinico, Vol. XXIV, M., S. 7 (1917).

[3] MATULA: Korrelative Änderungen der Reflexerregbarkeit, Arch. f. Physiol. **153**, 413 (1913). — Z. Neur. Ref. 8, 97 (1913).

genug sind; Hemmungen durch vorgebildeten Antagonismus brauchen nicht die maximalen Stärken, so die der Herzbewegungen durch den Vagus, die der Vasomotoren und — soviel ich weiß — manche Sekretionshemmungen). Ganz besonders die Schaltungskraft der Affekte ist ceteris paribus von dem abhängig, was wir als die Stärke der Affekte aufzufassen einigermaßen berechtigt sind, weil innere Empfindungen und die infolge des Affektes aufgewendete Energie in dieser Richtung weisen. (Doch muß man sich hüten, sich im Kreise zu drehen und einen starken Affekt einen mit starkem Einfluß auf die Schaltungen zu nennen, und schwach, was keinen starken Einfluß auf die Schaltungen hat.) *Unzweifelhaft ist aber, daß die Stärke eines Affektes — soweit wir etwas davon wissen können — nicht parallel zu gehen braucht der Stärke der Schaltungskraft.* Bei Debilen und bei vielen Psychopathen sehen wir oft eine so starke Schaltungskraft, daß es zu vorübergehenden Wahnbildungen, ja zu vollständigen Anfällen von Verwirrtheit kommt, auch wenn die übrigen Zeichen von Stärke der Affektwirkungen gering sind oder ganz fehlen. Paranoiker, die ihr Leben lang ein Wahnsystem ausspinnen unter dem Einfluß einer zu starken affektiven Schaltung, brauchen anscheinend im übrigen nicht besonders starke Affekte zu haben.

Natürlich kommt es bei der Schaltungskraft irgendeiner Funktion auch auf die zu *überwindenden Widerstände* an. Bei intelligenten Leuten besitzen z. B. logische Assoziationen eine große Widerstandsfähigkeit, die den Geistesschwachen abgeht; deshalb können diese letztern unter dem Einfluß der Affekte leichter falsche logische Operationen machen, die unter Umständen Wahnideen ganz ähnlich sehen oder direkt als solche zu bezeichnen sind.

Einer besonderen Erwähnung bedürfen die allgemeinen *Schaltungen der Persönlichkeit,* obschon sie sich aus dem Vorhergehenden von selbst verstehen. In jeder beliebigen Situation benimmt man sich normalerweise ganz von selbst dieser entsprechend. Alle Schaltungen werden automatisch im Sinne der Allgemeinvorstellung gestellt.

Am Stammtisch ist Benehmen und Denken ganz anders als in Damengesellschaft; Kinder sind ganz andere Leute je nach der Umgebung. Wenn man in einer bekannten Sprache angeredet wird, stellen sich sofort alle Schaltungen auf diese Sprache. Viele Jahre lang, wenn ich an der Schreibmaschine einen Brief schrieb, wurde er ganz von selbst sehr viel sauberer als ein Konzept zu meinem Gebrauch, ohne daß ein entsprechender Unterschied in der Schnelligkeit zu konstatieren gewesen wäre[1]. Auf die Affekte, die im vorhergehenden als die mächtigsten Beeinflusser der Schaltungen erwähnt worden sind, möge auch in diesem Zusammenhang aufmerksam gemacht werden; ein Psychopath ist ein ganz anderer Mensch, wenn er gereizt ist, als einige Minuten vorher oder nachher. Unter den Geisteskranken ist die allgemeine Schaltungswirkung bei Paranoiden besonders leicht demonstrierbar: redet man mit ihnen über Dinge, die ihre Komplexe nicht berühren, so sind sie wie andere Leute; von einer Sekunde auf die andere aber können sie in der Denkweise, in Affekten, Haltung und Mimik und namentlich auch im Blick wechseln, wenn man ein Thema anschlägt, das sie mit ihren Wahnideen in Verbindung bringen. Nicht so selten kann man mit ihnen beliebig experimentieren, und innert einer Minute die Schaltung mehrfach wechseln. Die Entstehung aller hysterischen Symptome geht über Schaltungsmechanismen. Im hysterischen Dämmerzustand wird die ganze Psyche mit einer Konsequenz, deren das bewußte Ich niemals fähig wäre, auf Abweisung einer unerträglichen Situation oder Darstellung einer erwünschten Situation oder Wiederholung eines affektbetonten Erlebnisses eingestellt. Ein Ganserscher Dämmerzustand

[1] Beachtenswert für den Unterschied zwischen willkürlicher und unbewußt automatischer Einstellung ist, daß, als ich nach Jahren die bessere Schaltung auch für die Konzepte erstrebte, nicht nur der Erfolg null war, sondern die Fehler in den sorgfältig sein sollenden Schriften erheblich zunahmen.

kann, sobald der beobachtende Arzt den Saal verläßt, verschwinden, um bei seinem Eintritt sofort wieder da zu sein. Hochgradige Katatonien mit Mutismus oder Flexibilitas cerea können bei einem Besuch, bei der Herausnahme aus der Anstalt spurlos verschwinden und unter Umständen ebenso schnell sich wieder einstellen.

Die allgemeinen Schaltungen machen auch die Symptome der *Hypnose*, die vor 40 Jahren mit so viel Affekt als Schwindel hingestellt wurden, ohne weiteres verständlich. Bei der jetzt gebräuchlichen LIÉBEAULTschen Methode der Hypnotisierung wird einesteils durch die Schlafsuggestion möglichste Abschaltung der Sinnesreize und der innern und äußeren Aktivität bewirkt; anderenteils wird die Aufmerksamkeit auf die Worte des Hypnotiseurs durch die ganze Situation und sein beständiges Sprechen besonders gebahnt (wenn auch in seltenen Fällen vom Bewußtsein ausgeschlossen), so daß der Hypnotisierte mit dem Suggestor „in Rapport" bleibt wie die schlafende Krankenschwester mit den Atemzügen ihres Patienten. So können die vom Suggestor eingegebenen Vorstellungen das Feld ohne Widerspruch beherrschen. Alle Schaltungen sind so gestellt, daß die Suggestionen sich realisieren können oder müssen. Da auch sonst von den Vorstellungen aus die Körperfunktionen mit reguliert werden, ist es gar nichts Außergewöhnliches, daß die Vasomotoren, der Darm, die Sekretionen, die Menstruation, der Kalkspiegel des Blutes auf diesem Wege beeinflußt werden können. Da aber die Zugänge zu diesen Einwirkungen immer über das Unbewußte gehen, von dem auch der Hypnotisierte keine Kunde hat, begreifen wir das Launenhafte auch dieser Beeinflussungen. Von den Empfindungen ist auch sonst der Schmerz am leichtesten auszuschalten; die Hypnose erlaubt vollständige Anästhesien hervorzubringen. Man findet auch die niemals ganz verschlossenen Wege zu den unverarbeiteten Engrammkomplexen, die die Wahrnehmungen hinterlassen haben, so daß Halluzinationen entstehen können. Die Konzentration der Aufmerksamkeit erlaubt noch eine Anzahl anderer Mehrleistungen gegenüber dem Normalen, deren Mechanismen wir nicht kennen, aber auch sonst einmal antreffen: besondere Feinheit der Sinne, oder Muskelleistungen ohne Ermüdung, die in gar keinem Verhältnis stehen zu dem, was wir unter gewöhnlichen Umständen leisten können. Daß durch die Vorstellungen die Erinnerungsfähigkeit ausgeschaltet werden kann, ist eine alltägliche Beobachtung; hier mag das Zustandekommen der Amnesie noch unterstützt werden dadurch, daß die Assoziationen überhaupt in der Hypnose anders geschaltet sind als im gewöhnlichen Zustand, so daß von diesem aus die in der Hypnose eingeschlagenen Wege nicht mehr leicht zu finden sind. Die posthypnotischen Handlungen, die in der Hypnose befohlen worden sind, kennen wir als Wirkungen von Gelegenheitsapparaten.

Okkultismus. Da die hypnotischen Symptome der gewöhnlichen Psychologie so unverständlich erschienen, hat man mit ihnen die sogenannten okkultistischen Phänomene in Zusammenhang gebracht, und es ist tatsächlich sehr vieles als okkultistisch aufgefaßt worden, was nichts als Folge unbewußter Suggestion und Autosuggestion ist[1]. Anderseits gibt es eine Menge einzelner Tatsachen, deren Erklärung durch „Zufall" oder „Betrug" noch gezwungener ist, als irgend etwas anzunehmen, das man noch nicht kennt. Erscheint es nicht als unvernünftige Überhebung, zu erklären, eine Erscheinung, die wir nicht verstehen, sei mit den Naturgesetzen im Widerspruch? Haben wir denn in den wenigen 100 Jahren, da man zielbewußt realistisch forscht, wirklich alle Gesetze der „Natur" entdeckt? Wenn man aber die Sachen genauer studiert, so findet man oft ein so gesetzmäßiges Zusammenspiel von psychologischen Faktoren (namentlich gefühlsbetonten Komplexen) und irgend etwas Unbekanntem, das auf die Psyche und sogar auf die Dinge wirkt, daß man der Annahme von irgendeinem erforschbaren Neuen nicht gut entgehen kann. Vorläufig allerdings sind Tatsachen zu sammeln und besser zu beobachten als bis jetzt die meisten. Will man experimentieren, so darf man nicht vergessen, daß man es mit psychischen und erst noch ihrer Natur nach „launenhaften" unbewußten Funktionen zu tun hat, die weder der bewußte Wille direkt dirigieren, noch der Verstand übersehen kann; darf man doch nicht einmal von einem Goethe verlangen, daß er morgens um 10 Uhr ins Laboratorium komme und einen Faust dichte, um zu beweisen, daß er der geniale Autor sei. Auch ist sehr zu betonen, daß in diesen Dingen, seien sie mit den bisherigen Mitteln zu erklären oder nicht, in erster Linie die Gesetze des dereistischen Denkens und nicht die der Logik und Physik maßgebend sind. Die bisherigen „Erklärungen" mit Annahme von Geistern oder verschiedener „Fluide" sind wertlos. In die Wissenschaft ist neuerdings wieder die Vorstellung gedrungen, daß äußere und innere Geschehnisse direkt ohne Vermittlung der Sinne

[1] Vgl. FLOURNOY: Des Indes à la planète Mars.

auf unser Gehirn wirken können in so elementarer Weise wie eine faradische Spule auf eine andere. Von den äußeren Geschehnissen ist es deshalb nicht möglich, weil die Gehirnfunktion nicht sie selber, sondern Symbole derselben ausdrückt, und seine eigenen Vorgänge kann ein Gehirn nicht wohl ohne weiteres einem andern induzieren, weil sonst zusammenlebende Menschen gar keine Individualitäten wären, die Massenpsychologie nicht durch die Suggestion restlos zu erklären wäre, und vielleicht auch, weil die größten Distanzen die Einwirkungen nicht wie in der Physik abschwächen.

Das Unbewußte[1]. Ein großer Teil der psychischen Funktionen ist schon in der Norm nicht mit der bewußten Person verbunden[2]; ein anderer Teil wird, weil unerträglich, aktiv abgespalten, funktioniert aber noch weiter. Beide Gruppen zusammen, von denen die erste sehr groß, die letztere beim Gesunden verhältnismäßig sehr klein, wenn auch nicht unbedeutend ist, bilden das *Unbewußte.* Es ist nämlich dem Ich nicht immer möglich, Strebungen vollständig zu unterdrücken. Sie werden deshalb bloß von der Verbindung ausgeschaltet, abgesperrt, und können noch allerlei Wirkungen entfalten, namentlich krankhafte. *Absperrung und Unterdrückung einer Funktion sind also zwei verschiedene Wirkungen der Schaltung, aber mit ähnlichem Ziel.* Eine Funktion kann an der Wirkung gehemmt werden dadurch, daß sie von den anderen Funktionen, auf die sie wirken sollte, abgeschaltet wird, oder dadurch, daß sie als Funktion gehemmt wird.

Über das Unbewußte gibt es viel Streit und viele unklare Vorstellungen. Ich möchte hier nur das Wichtigste erwähnen und für das übrige auf die untenstehenden Publikationen verweisen[3].

Das Tatsächliche an dem Unbewußten („Unterbewußten") ist folgendes: Es gibt Wahrnehmungen, Schlüsse, Einstellungen der Aufmerksamkeit, Affekte, Motive, Strebungen und überhaupt Psychismen jeder beliebigen Art, von denen wir introspektiv nichts wahrnehmen, die aber in allem übrigen genau gleich sind den bewußten Vorgängen. Wir können ihre Existenz ungefähr mit der Sicherheit erschließen, mit der wir annehmen, daß ein Hund, den wir hinter seine Hütte gehen und auf der andern Seite wieder hervorkommen sehen, hinter der Hütte so vorbeigelaufen sei, wie er es tut, wenn wir ihn sehen.

Und doch hat man behauptet, wenn es ein Unbewußtes gäbe, so könnten wir ja nichts davon wissen. Wir bekommen aber erstens von ihm zu wissen, wenn wir unsere eigene bewußte Psyche betrachten, in der wir Wirkungen sehen, die aus dem Bewußten nicht stammen können, aber auf unbewußte psychische Vorgänge zurückführen. *Wir finden also das Unbewußte in uns zunächst auf gleiche Weise, wie wir bei unseren Mitmenschen das Psychische überhaupt konstatieren.* Wir kennen es aus seinen Wirkungen, aber nicht nur wie die Elektrizität, die eigentlich nur ein Name ist für supponierte Zusammenhänge gewisser physikalischer Wirkungen, sondern auch nach Analogie unserer eigenen bewußten Vorgänge, d. h. so gut wie sonst nichts auf der Welt, abgesehen vom uns Bewußten. Der Schluß auf unbewußtes Psychisches ist also schon deswegen zwingend. Zweitens wird uns seine Richtigkeit noch direkt gezeigt dadurch, daß unbewußte Vorgänge bewußt werden können und manchmal auch schon bewußt waren, so daß man durch eigene Introspektion direkte Kenntnis von ihnen bekommt. Drittens sind die Wirkungen und Zusammenhänge des Unbewußten nicht nur qualitativ

[1] Das heißt das dem Ich Unbewußte. Vgl. S. 41ff.

[2] FREUD kennt nur Unbewußtes durch Verdrängung wegen sexueller Ambivalenz. Ich kann ihm da nicht folgen.

[3] DESSOIR: Das Doppel-Ich, Leipzig: Günther 1890. — BLEULER: Das Unbewußte, J. Psychol. u. Neur. **20**, 89 (1913). — BLEULER: Bewußtsein und Assoziation, J. Psychol. u. Neur. **6**, 126 (1905). — BLEULER: Zur Kritik des Unbewußten, Z. Neur. **53**, 80 (1919). — BLEULER: Über unbewußtes psychisches Geschehen, Z. Neur. — BLEULER: Das Unbewußte, Natur **4**, 161 (1913). — Dann vor allem alle die Arbeiten der FREUDschen Schule, wobei aber darauf aufmerksam zu machen ist, daß sie die latenten Engramme auch dazu zählt, und daß sie im Unbewußten als Kern verdrängte sexuelle Perversitäten sieht, an die sich dann andres Material assoziativ geknüpft habe. Wir teilen diese Ansicht nicht.

identisch mit denen des Bewußten, sondern die beiden Arten psychischer Vorgänge funktionieren in der Regel zusammen, so daß die psychische Kausalität nur dann ein Ganzes ist, wenn man Bewußtes und Unbewußtes als eine Einheit betrachtet.

Man kann die Existenz des Unbewußten auch mit der Begründung bestreiten wollen, es handle sich nur um Ungewußtes oder um Halbgewußtes. Für uns ist kein Unterschied zwischen unbewußten und ungewußten psychischen Vorgängen. Wenn etwas uns gar nicht bekannt ist, so wollen wir es auch nicht halbbewußt nennen; aber wir wissen, daß der Grad der Bewußtheit (in unserer Auffassung die Stärke oder die Zahl der Verbindungen mit dem Ich) alle Grade von Null bis zum Maximum annehmen kann. So gibt es keine Grenze zwischen bewußt und unbewußt, und der ehrlichste Mensch kann oft beim besten Willen nicht sagen, ob ihm selbst ein Motiv bewußt war oder nicht. Wir halten deswegen einen Streit, inwiefern ein Teil des von uns als das Unbewußte bezeichneten Funktionskomplexes doch noch „schwach" bewußt sei, für ganz müßig. Sicher gibt es *ganz unbewußte* psychische Vorgänge und ebenso sicher alle Übergänge zu solchen höchsten Bewußtseins. Im einzelnen Falle die Grade festsetzen zu wollen, ist unmögliches Unterfangen.

Aus theoretischen Gründen kann derjenige natürlich das Unbewußte nicht denken, der Bewußt—psychisch und Nicht-bewußt—nicht-psychisch als zwei absolut verschiedene Welten betrachtet. Wie überhaupt in diese Frage noch persönliche Anschauungen hineinspielen, zeigt die Begründung eines Kollegen, der das Unbewußte abweist, um nicht ein Novum in Bekanntes hineinzubringen. Für mich käme umgekehrt ein Novum herein, wenn ich eine Bewußtheit annehmen wollte, wo ich nichts von ihr weiß[1].

Nach unserer Auffassung kann „das Unbewußte" nur ein Kollektivbegriff für eine große Anzahl von Vorgängen sein, nicht eine abgegrenzte Einheit, wie sie z. B. DESSOIR schildert. Jede beliebige Funktion kann gelegentlich unbewußt ablaufen. Aber nicht alles, was unbewußt ist, kann auch faktisch bewußt werden. Das Unbewußte ist der weitere Begriff nicht nur weil in ihm nebeneinander eine beliebige Menge von Tätigkeiten ablaufen können, sondern auch weil manche Funktionen nie zum Bewußtsein kommen, z. B. die Schlüsse, welche uns aus der Perspektive die dritte Dimension schaffen, die Zusammenhänge unserer Psyche mit den Körperfunktionen (Kreislauf, Drüsen, Verdauung, Menstruation usw. und viele andere[2]). Von ihm aus ist deswegen der Körper viel mehr zu beeinflussen als vom Bewußtsein aus[3]. Aber weil es keine einheitliche Direktive hat, ist viel weniger ein Verlaß auf die unbewußten Funktionen als auf das bewußte Ich, das die Strebungen in eine Einheit zusammenfaßt und die einen den andern unterordnet.

Im Unbewußten müssen die Funktionen nicht zusammengefaßt sein; die allgemeine Wirkung der Schaltung auf die Assoziationen, das Denken, die Strebungen und das Wollen fehlt, aber einzelne Komplexe können zusammenhängen und nach allen Regeln des strengsten logischen Denkens ausgearbeitet werden, so daß z. B. beim Gesunden die Lösung eines Problems, eine Dichtung fertig aus dem Unbewußten auftaucht, oder dem Kranken Halluzinationen und Wahnideen, die ein gewisses zusammenhängendes System bilden, auf einmal bewußt werden. Meistens aber herrscht das dereistische Denken; ja die Ungebundenheit geht noch darüber hinaus, produziert Spielereien und Mätzchen, die wir nicht ganz verstehen, und buchstabiert z. B. beim automatischen Schreiben Wörter und Sätze von hinten. Das zusammenhangslose Denken braucht sich um

---

[1] Es handelt sich in diesen Diskussionen nie um das Urbewußtsein, sondern nur um das Bewußtsein des menschlichen Ich.

[2] Sogar die Wurzel bestimmter allgemeiner Denkrichtungen ist uns unbewußt; sie kommen nach JUNG aus dem kollektiven Unbewußten (Kreislauf des Lebens, sexuelle Symbolik usw.).

[3] „Unbewußt bleibende" Erregungen können z. B. bei Hirnverletzten und Hysterischen mit stärkeren Ausschlägen des psychogalvanischen Phänomens verbunden sein als bewußte.

die Logik nicht zu kümmern; alle möglichen im bewußten Ich unterdrückten oder gar nie bemerkbaren Triebe können zum Wort kommen, die zeitlichen und örtlichen Zusammenhänge ignoriert oder gefälscht werden, die größten Widersprüche nebeneinander bestehen wie im Traum. FREUD meinte deshalb, das Unbewußte sei zeitlos und amoralisch. Das ist nicht richtig. Im Unbewußten können sogar oft viel genauere Zeitbestimmungen vorkommen, als es dem bewußten Ich zu vollziehen möglich wäre, und die moralischen Triebe kommen daselbst ebensogut zur Wirkung wie die andern (schlechtes Gewissen). Bei der Ungenauigkeit seines Denkens hat das Unbewußte in gewissem Sinne auch eine besondere Sprache, die es neben der gewöhnlichen benutzt. Nicht nur daß aus dem Unbewußten auftauchende Gedanken oft in schwer verständliche Worte gekleidet sind; manches wird oft nur in Symbolen ausgedrückt wie im Traum.

In der Schizophrenie werden viele Strebungen zwar mit der Persönlichkeit, aber nicht mit der Gesamtsituation in Verbindung gebracht. Der Patient weiß, daß er in der Anstalt eingesperrt ist, daß er seine Familie liebt; er bringt aber die beiden Vorstellungen nicht miteinander und nicht in ihrem Zusammenhang in Verbindung mit dem Ich und auch die einzelnen Vorstellungen selbst nur in ungenügender Ausbildung, so daß das Ich keine Stellung dazu nehmen kann und jeder Affekt fehlt, wie der Gesunde von irgendeinem großen Unglück, das ihn betroffen, unter Umständen ruhig reden kann, während ihn die gleichen Vorstellungen in anderer Konstellation zum Jammern und zur Verzweiflung treiben (damit ist die Affektlosigkeit der Schizophrenen nicht allseitig beschrieben; es handelt sich bei derselben um eine komplizierte Erscheinung, von der wir wohl noch nicht alle Komponenten kennen).

Wenn man Konfusionen vermeiden will, dürfen natürlich nur Funktionen „unbewußt" genannt werden, die abgesehen von dem Mangel der Qualität des Ichbewußtseins, ganz den Charakter des Psychischen haben, also mnemisch sind, und es müssen wirkliche Funktionen sein, nicht bloße Dispositionen wie die latenten Engramme, die FREUD dem Unbewußten zuzählt.

Besondere Arten Schaltung sind die des Schlafes und der Ermüdung. Vom Schlaf wissen wir wohl noch viel zu wenig, um ein zusammenhängendes Verständnis seiner Bedeutung und seiner Funktionen zu erwarten. Man nimmt aus ziemlich plausiblen Gründen an, daß im Wachen der Stoffverbrauch innerhalb der Organe größer sei als die Möglichkeit der Assimilation und der Abfuhr der Verbrennungsstoffe und Schlacken; in der Ruhe des Schlafes werde dieses Defizit ausgeglichen. Es wird niemand bestreiten, daß so etwas im Schlafe vorgehe. Ist das aber der Hauptzweck des Schlafes? Die Kraftausgabe bei besonderen, auch wochenlangen Anstrengungen kann ja das Vielfache der gewöhnlichen Tagesausgabe ausmachen — man denke an die Strapazen des Krieges — ohne daß man deswegen viel mehr schliefe, ja oft bei reduziertem Schlafe, ohne daß das Defizit sich zu summieren braucht. Und „intensiver" Schlaf scheint in ganz kurzer Zeit so viel zu leisten, wie eine lange Nacht „oberflächlichen" Schlafes, was sich wieder nicht recht vereinigen läßt mit der Vorstellung, daß die Erholung in der Hauptsache eine Funktion der Zeit sei. Was überhaupt die Muskeln unter besonderen Anregungen leisten können, ist in keinem Verhältnis zu ihrer gewöhnlichen Arbeit, die uns doch schon ermüdet[1].

[1] Man fühlt sich oft müde bei einer bestimmten Beschäftigung, nicht bei einer andern. Es ist gar nicht bewiesen, daß jedesmal lokale Erschöpfung eines (nervösen) Organes oder lokale Anhäufung von Ermüdungsstoffen die Ursache sei.

Was wir Ermüdung nennen, ist also eine warnende nervöse Einrichtung, die meinetwegen angeregt werden kann durch Ermüdungsstoffe und Nahrungsdefizit in den Organen, aber im Verhältnis zur möglichen Maximalleistung auffallend früh in Funktion tritt, und durch ein bißchen Nahrung im Magen (also bevor diese chemisch wirken kann) oder allerlei psychische Einflüsse wieder ausgeschaltet werden kann. *Es gibt eine besondere Ein- und Ausschaltung des Ermüdungsregulators.* Man kann vollständig erschöpft erscheinen; kommt nun ein Ereignis, das einen aufpeitscht, unter Umständen nur ein lustiger Marsch, so läuft man noch einmal so weit wie vorher; man hat nicht ohne Grund, wenn auch etwas zu stark verallgemeinernd, behauptet, man sei nach 20 Stunden Gehen nicht mehr erschöpft als nach 8 Stunden. Es kommt bei der Ermüdung auch ganz besonders darauf an, ob eine Funktion automatisiert oder noch direkt vom Willen geleitet sei, handle es sich um halbvorgebildete Koordinationen wie das Gehen oder um mit Mühe und Aufmerksamkeit eingelernte Fähigkeiten. Ermüdung bringen die bewußten Willensimpulse, besonders wenn ihnen ein Entschluß vorausgehen muß, oder wenn gar noch während der Ausführung innere Hemmungen wirksam bleiben. Alles, was automatisiert ist, ermüdet bei gleicher äußerer Leistung weniger oder gar nicht, vom Gefäßtonus und Herzschlag aller höheren Tiere bis zum Balancieren des Vogels auf einem schwankenden Aste oder zum Stehen des schlafenden Pferdes und dem Tragen des schweren Kopfes beim wachen Tiere. Ein schwächlicher Mensch kann in der Hypnose auf Ferse und Kopf gelegt starr gemacht werden und einen schweren Mann, der ihm auf den Bauch sitzt, tragen. Kurz die Ermüdung und Erschöpfung ist eine sehr komplizierte Funktion, die wir noch lange nicht verstehen; für ihr Verhältnis zur Psyche ist aber wichtig, daß die Anstrengung des bewußten Willens besonders stark ermüdet, und daß sie den Ermüdungsapparat empfindlicher macht oder besonders reizt, während die nämliche Leistung automatisch ohne fühlbare Ermüdung möglich ist, und zwar gewöhnlich, auch ohne daß der Organismus Schaden nähme.

Die „Neurasthenie“ soll eine Erschöpfung des Nervensystems sein. Wirkliche Erschöpfungen aber äußern sich anders. Die Neurasthenie, wie sie gewöhnlich diagnostiziert wird, ist eine *Folge unbefriedigender Lebensstellung und innerer Reibung.* Die Genese der Symptome ist eine komplizierte; es wäre aber nicht unmöglich, daß die zu frühe Einschaltung des Ermüdungsventiles eine gewisse Rolle dabei spielte, woran die inneren Reibungen ja denken lassen.

Wenn nun der Stoffwechsel eine so große Breite der Ersatzmöglichkeit besitzt, warum müssen wir ein Drittel der Zeit schlafen? Man kommt auf die Idee, daß die Erholungsfunktion nicht die Hauptaufgabe des Schlafes sei, sondern ihn nur ausnutze. Könnte dieser nicht den Zweck haben, das Geschöpf ruhig zu stellen zur Zeit, da ihm besondere Gefahren drohen, und es im äußeren Kampfe ums Leben nichts Notwendiges zu tun hat, als vielleicht zu verdauen (Hunde, Schlangen, Nachtfalter) und ähnliches? Ein so ausgesprochenes Tagzoon wie der Mensch — die Zeit vom Kienspan bis zur Glühlampe kommt natürlich nicht in Betracht — braucht in der Nacht außer Angst vor der Dunkelheit stilles Verhalten in geschützter Lage[1], Dinge, zu denen es der Schlaf zwingt.

Außerdem hat der Schlaf wenigstens beim Menschen eine psychische Bedeutung. Nachweislich findet die mnemische und intellektuelle Ausarbeitung des aufgenommenen Materials am besten im Schlafe statt; was

[1] Noch unsere Kinder streben instinktiv nach Hause und werden unruhig, wenn der Abend sie an einem fremden Orte überrascht.

abends gelernt ist, sitzt fester, als was man morgens einprägt; Probleme, mit denen man im Wachen nicht weiter kommt, erscheinen oft nach einem Schlaf gelöst oder doch klarer. Vor allem aber werden Affekteinstellungen, Sichabfinden mit etwas Unabänderlichem so gut wie schwierige Willensentschlüsse, besonders solche über die allgemeinen Leitlinien des Verhaltens, also halb oder ganz unbewußte, oft im Schlaf entschieden. Schon nach einem Schlafe von nur wenigen Minuten kann man einer solchen Sache ganz anders gegenüberstehen als vorher. Ob zu all diesen Bearbeitungen der *Traum* notwendig ist, wie manche annehmen, möchte ich bezweifeln. Anderseits ist es keine Frage, daß die intellektuellen Neukombinationen, wie vor allem die Affektneueinstellungen, sich oft im Traum ausdrücken. Auch bei Geisteskrankheiten und bei Neurosen kündet sich eine Änderung manchmal zunächst im Traume an.

Symptomatisch haben wir im Schlaf eine besondere Einstellung der Assoziationen mit größerer Unabhängigkeit von der Erfahrung und fast gänzlicher Ausschaltung des Kontaktes zwischen Willen und Motilität, wenn auch der Muskeltonus zunächst bleibt und erst im tiefsten Schlafe nahezu auf Null sinkt. Auch die Sensibilität wird im großen und ganzen abgeschaltet. Bei den zugelassenen Ausnahmen kommen zweierlei Schaltungen in Betracht. Die eine ist die, daß Reize im Schlafe irgendwie bemerkt werden (im Traum bewußt werden, wenn auch meist in symbolischer Umdeutung, oder Reaktionen, wie Drehen auf die andere Seite, Abwehren einer Fliege, verursachen). Die zweite Art betrifft die *Weckreize* und ist äußerst empfindlich auf bewußte und unbewußte Einstellungen, indem, der Einstellung folgend, das schwere Atmen des Kranken den Pfleger weckt, während ein Kanonenschuß ihn ruhig schlafen läßt.

Das zeigt mit Sicherheit, daß nicht nur der Warnungsapparat, der die Ermündungsempfindung hervorbringt, von einer Schaltung abhängig ist; auch Eintritt und Aufhören des Schlafes bedarf einer besonderen Schaltung, trotzdem das Schlafbedürfnis aus bestimmten andern Ursachen, z. B. Ansammlung von Ermüdungsstoffen, entsteht.

„Die Aufhebung des Bewußtseins" habe ich unter den Symptomen des Schlafes nicht genannt, weil wir darüber nichts Sicheres wissen. Solange man träumt, ist Bewußtsein natürlich vorhanden, und man träumt unzweifelhaft viel mehr, als man sich erinnert. Ein einfaches Einstellen der psychischen Funktionen im Schlafe kommt wohl nicht vor; das beweist der Umstand, daß die meisten Leute beim Erwachen ein bestimmtes Gefühl für die Dauer des Schlafes haben, und viele im Schlafe die Zeit viel genauer registrieren und schätzen als im Wachen. Wo das Zeitmaß im Schlafe verloren geht, hängt das nachweislich gewöhnlich nicht mit einem Bewußtseinsverlust zusammen, weil auch dann geträumt wird — vielleicht gerade besonders lebhaft. Wenn nun eine psychische Funktion, wie die Zeitregistrierung im Schlafe, fortdauert, so ist es recht unwahrscheinlich, daß alle anderen Funktionen und damit das Bewußtsein ganz fehlen. Aber die andere Assoziationseinstellung macht, daß wir uns im Wachen nicht mehr an die Schlaferlebnisse erinnern können.

Wie viel und wie wird überhaupt im Schlafe wahrgenommen? Man hat gute Gründe zu der Vermutung, daß vom Schläfer alles, was er bei geschlossenen Augen empfinden kann, registriert wird. Daraufhin deutet die willkürliche oder unwillkürliche Einstellung auf beliebige noch so leise Weckreize, die ganz unabhängig ist von der an gleichgültigen Weckreizen gemessenen Schlaftiefe. Die Wahrnehmungsschwelle kann unter solchen Umständen geradezu tiefer liegen als im Wachen. Ich habe auch beobachtet, daß ein Kind Worte wiederholte, ohne zu wissen, woher es sie hatte, Worte, die in der Nacht vorher gesprochen wurden, während man konstatierte, wie gut es schlief. VOGT[1] hat in einem Schlafsaal mit Kranken allerlei Hantierungen vorgenommen und festgestellt, daß sich die Schläfer nach dem

[1] Zitiert nach TROMMER: Problem des Schlafes S. 46, in KINDBORG: Suggestion, Hypnose und Telepathie S. 52, München: J. F. Bergmann 1920.

Erwachen nicht daran erinnerten; durch Hypnose konnte aber die Amnesie gehoben werden. Trotzdem ist das Vorkommen eines so tiefen Schlafes nicht auszuschließen, daß die gesamten psychischen Funktionen stillstehen, oder daß wenigstens keine äußere Wahrnehmung in die Rinde oder in die (unbewußte) Psyche gelange. *Zu beweisen ist aber das Vorkommen eines solchen Schlafes*, nicht das Fortfunktionieren der schlafenden Psyche.

Noch weniger kann man sagen, wie und inwiefern der Schlafende registriert; das meiste wohl neben der Aufmerksamkeit, neben dem Bewußtsein, wie wir auf der Straße alle Gesichtsbilder registrieren, aber nur das Besondere, das für uns irgendeine Bedeutung hat, zum Bewußtsein bringen. Daß im Traume viele Sinnesreize umgedeutet werden, weiß jedermann.

Es muß nun die psychische Schaltung in hohem Grade unabhängig sein von der organisch-chemischen Einstellung durch die Schlafschaltung. Während ein gesunder Mensch wie andere Säuger zugrunde geht, wenn er etwa 8 Tage lang am Schlafe verhindert worden ist (und zwar auch dann, wenn er wieder schlafen darf), können Hysterische und Geisteskranke monatelang schlaflos bleiben, und dabei ganz ordentliche Kräfte behalten. Ja es ist gar keine Frage, daß bei „nervöser" Schlaflosigkeit meistens nicht die Abwesenheit von Schlaf, sondern der Kampf um den Schlaf das besonders Schädliche ist; denn wenn der Kranke sich ergibt und ruhig liegen bleibt, so kann er trotz den größten Teil der Nacht erhaltenen Bewußtseins am Morgen ordentlich frisch und arbeitsfähig aufstehen, und das kann sich über Jahre hinziehen.

Den *Eintritt des Schlafes* haben wir uns also folgendermaßen vorzustellen: Die Tagesarbeit, das Wachen überhaupt, führt zu einem chemischen Bedürfnis nach Schlaf, verursacht aber den Schlaf nicht direkt, so wenig wie der Hunger das Essen. Das Bedürfnis nach Schlaf schaltet einen bestimmten Erscheinungskomplex, den wir als Müdigkeit bezeichnen, ein. Die chemische und nervöse Ermüdung hat das Bedürfnis nach Schlaf gesetzt, dem erst zu passender Zeit durch eine besondere Schaltung entsprochen wird. Wir schlafen nicht ein, wenn wir müde sind, sondern wenn wir uns hinlegen (oder auch setzen), überhaupt eine passende Situation schaffen. Diese Schaltung ist bei allen höheren Zoen nicht nur von der Gelegenheit, sondern auch stark vom Willen abhängig — aber nicht direkt: wir haben den Eintritt des Schlafes nicht in der Gewalt wie eine Muskelbewegung (es gibt indessen einzelne Menschen, die ganz nach Belieben in jedem Moment nicht nur aufwachen, sondern auch einschlafen können). Wichtige Zwischenglieder vom Willen zur Schaltung gehen durch das Unbewußte. Die Schlafschaltung ist deshalb sehr launisch und leicht störbar. Besonders wichtig sind dabei suggestive Einflüsse.

Die Schlafschaltung setzt sich aus zwei Mechanismen zusammen: 1. die (psychische) Ausschaltung der Verbindungen von und nach außen, die Verminderung der Assoziationsspannung, eine Aufhebung der psychischen Funktionen, vielleicht unter Umständen bis zum Schwinden des Bewußtseins; und 2. die vegetative Schaltung, die der Erholung dient, den Stoffwechsel, die Gefäße, die Drüsen usw. beeinflußt. Die beiden Mechanismen sind zwar meist zusammengekoppelt, aber im Prinzip unabhängig voneinander.

Narkose (Schlaf mit Schlafmitteln) ist natürlich kein Schlaf; doch kann sie die Hindernisse zur Schlafstellung der Schaltung beseitigen und so den Schlaf möglich machen oder einleiten. Ebenso die *Hypnose*.

Der *Begriff der Schaltung* ist natürlich nur ein Bild, dem keine andere Bedeutung zukommen soll, als daß es uns hilft, die einleitend genannten

Eigenschaften dieser Funktionen uns vorzustellen und diese Vorstellung durch eine einfache Bezeichnung festzuhalten und zu übermitteln. Daß gerade diese Eigenschaften in einen einheitlichen Begriff geordnet und als den physikalischen Schaltungen analog bezeichnet wurden, scheint uns manche Vorteile zu bieten. Es schließt andere (dynamische) Vorstellungen aus, die auch schon geäußert worden, aber sicher falsch sind. Diese Vorstellung der Schaltung läßt sich allein von allen, die ich kenne oder mir machen könnte, widerspruchslos an krankem und gesundem Beobachtungsmaterial durchführen, und die Psychopathologie ist an vielen Orten ohne diese Vorstellung einfach unverständlich. Deshalb gehört sie nicht etwa mir an, sondern ist eine Allgemeinvorstellung der Ärzte, wenn sie auch vielleicht für gewöhnlich nicht deutlich bewußt wird. Ich wüßte nicht, wie man sich die Wirkung der Affekte auf unser Denken und Handeln vorstellen soll, die Bildung der Wahnideen, wenn man nicht mit dem Schaltungsbegriff operiert. Dieser erklärt auch ohne weiteres die Einheit der zusammengesetzten Psyche, nicht nur indem sie den scheinbaren Widerspruch der Einheit in der Vielheit löst, sondern überhaupt diese ganze Einheit und ihre Grundlage als etwas Selbstverständliches erscheinen läßt. Sie erklärt aber auch den Zerfall der Persönlichkeit nach Komplexen in der Schizophrenie.

Was biisch hinter den Schaltungsvorgängen steckt, weiß wohl bis jetzt noch niemand. Einzelne können sich denken, daß in jeder Zelle eine Vorstellung sitze, und daß die Synapsen der Neurone auch Synapsen der Vorstellungen (Assoziationen) seien, so daß zwei Vorstellungen dann sich assoziieren, wenn die Berührungsstellen leitend werden, oder gar wenn bewegliche Endbäume sich momentan so weit vorstrecken, daß sie sich berühren. Solche Theorien können wir nicht ernst nehmen.

Als vorläufigen Begriff braucht man allerdings den der Synapsen nicht aufzugeben; vielleicht kann man ihn einmal brauchen, nur muß man ihn nicht anatomisch sondern funktionell, als Übergang von einem Engramm, von einer Funktion zur andern fassen, wobei wohl festzuhalten ist, daß vielerlei Engramme in den nämlichen Nervenelementen (nur vielleicht in verschiedener Verteilung; siehe Lokalisation) sitzen wie viele Töne in der nämlichen Saite, wenn man eine so grobe Analogie für so feine Dinge brauchen darf. Wie der Übergang des Neurokyms von einer Funktion (Vorstellung, Engramm) auf die andere statthabe, ob durch Hinüberfließen oder Induktion, beides Vorstellungen, die aus der Elektrizitätslehre herübergenommen sind, oder auf irgendeine andere schon bekannte oder unbekannte Weise, wissen wir nicht. Man könnte an eingesetzte und wieder aufgehobene Widerstände denken oder an Isolierung der Induktionswirkung oder an irgendeinen anderen Mechanismus, der das Neurokym entweder nicht passieren läßt oder es in seiner Wirkung hindert. Man hat die Hemmung als eine Verlängerung des Refraktärstadiums ansehen wollen, wofür in der Peripherie Anhaltspunkte sind[1]; schwer vorstellbar aber ist das im centralen Nervensystem und in der Psyche, wo Funktionen, die noch gar nicht abzulaufen haben, am Entstehen gehindert werden, so daß sie überhaupt nie zur Wirkung kommen. Man könnte sich auch denken, daß die Schaltung bloß in einer gegenseitigen Herab- und Heraufsetzung der Reizschwelle für die betreffende Funktion bestehe. Man wird auch in die Überlegungen hineinziehen müssen, daß Ähnlichkeiten als solche sich in gewissem Sinne in einem Zustand ursprünglicher Zusammenschaltung befinden. *Vorläufig* könnte uns das Bild der Schwingungen am besten den Schaltungs- und Assoziationsvorgang vorstellbar machen. Zwei Vorstellungen, die sich assoziieren, haben etwas Gemeinsames, sei es in der Ähnlichkeit oder in der zeitlichen Zusammengehörigkeit. Man kann nun SEMONS bildlichen Ausdruck der „*Homophonie*“ etwas wörtlicher nehmen, als er vom Autor gemeint ist, und sich vorstellen, daß beim Assoziieren deshalb ein bestimmter Vorgang auf einen vorhergehenden folge, weil die Schwingungskurve des ersten eine Resonanz im Engramm des zweiten hervorbringe. Diese Vorstellung wird namentlich verführerisch dann, wenn wir die Psychismen nicht isoliert betrachten, wie sie in Wirklichkeit gar nie vorkommen, sondern in den Komplikationen der ganzen psychischen Umgebung mit

[1] VERWORN: Erregung und Lähmung, eine allgemeine Physiologie der Reizwirkungen. Jena: Fischer 1914.

ihren Zielvorstellungen und den gleichzeitigen psychischen Vorgängen überhaupt. Dann können wir uns denken, daß nur *ein* anderer Vorstellungskomplex darauf resonieren könne. Es würde auch faßbar, wie von einer bestimmten Vorstellung, z. B. der der Untreue des Geliebten, nur *ein* Teil zur Wirkung oder zum Bewußtsein kommen mag, während ein anderer Teil, auch wenn er ekphoriert ist, keine Resonanz bei dem das bewußte Ich darstellenden Komplex findet, und deshalb nicht auf ihn wirken, seine Kurve nicht verändern, ihm nicht assoziiert werden kann, und so unbewußt bleibt. Die diesem Teil entsprechende Kurvengestalt hätte eben nichts Ähnliches im aktuell bewußten Komplex. Wir könnten auch verstehen, wie eine Vorstellung die Schaltung des ganzen Centralnervensystems im Sinne ihrer Strebungen stellt. Noch nicht recht vorstellen aber können wir uns, wie es unter diesen Umständen drei verschiedene Verhalten eines Neurokymvorganges gegenüber den Schaltern geben kann: Förderung, Hemmung und Indifferenz. Bei der Resonanz sehen wir nur gute und schlechte und gar keine Funktion, nicht aber eine hemmende. Doch wäre diese auch denkbar, wenn z. B. die eine Funktion den Schwingungsknoten an der Stelle hätte, wo die andere den Bauch, und der Knoten eine gewisse Fixierung bedeutete. Man hat wirklich an solche Interferenzerscheinungen gedacht. Die Vorstellung ist aber wohl zu physikalisch.

Das Bild der Schwingungen ist wahrscheinlich dem wirklichen Verhalten ähnlicher als das der elektrischen Anlage. Das letztere ist aber hier benutzt worden, weil in diesem Zusammenhang die dazu gehörigen Ausdrücke und Begriffe leichter verständlich sind.

Manchmal drängt sich noch eine andere Auffassung auf, die mit den genannten vereinbar wäre, die von *Induktion* oder von *Kraftfeldern* (aber nicht lokale, sondern funktionelle Ausbreitung der Kraftwirkung). Ein Affekt, aber auch eine Idee, begünstigen die Assoziationen die ihnen entsprechen, hemmen die entgegenstehenden in allen psychischen Vorgängen. In der Schizophrenie wäre die Ausbreitung der Kraftfelder über die ganze Psyche oder die Empfänglichkeit der Funktionen für deren Wirkung irgendwie gestört; daher die Uneinheitlichkeit des Ideenganges und die Spaltbarkeit der Psyche.

J. Die Spannungen.

Man redet in der Psychologie von Spannungen, meist ohne sich recht klar zu sein, was dahinter steckt. Wie über alles Dynamische in unserer Seele wissen wir tatsächlich über diesen Begriff noch recht wenig. Doch ließe sich die Vorstellung schon mit dem jetzigen Material bei genauerem Zusehen weiter ausbauen. Hier muß ich mich auf einige Andeutungen beschränken.

Man spricht von Aufmerksamkeitsspannung, Willens(an)spannung, Sexualspannung; man nennt einen Menschen gespannt, wenn er einen Affekt unterdrückt, den er einmal loslassen könnte. Da handelt es sich um den Begriff der dynamischen Spannung, wie er in der Physik gebräuchlich ist, und der seine Bezeichnung von dem gespannten Bogen erhalten hat, aber am geeignetsten mit der Dampfspannung im Maschinenkessel veranschaulicht wird. Man stellt sich vor, daß auch die psychische Maschine in ähnlicher Weise mit Kraft geladen sei. Bei der gespannten Aufmerksamkeit wird die Kraft auf einen Wahrnehmungs-, Denk- oder motorischen Vorgang verwendet: die Willensspannung steigert die Stärke der Aufmerksamkeit und der motorischen Äußerungen; bei der Sexual- und den Affekt- und Triebsspannungen überhaupt wird eine vorhandene Kraft, die sich in bestimmter Richtung äußern möchte, zurückgehalten und evtl. dadurch gestaut, angesammelt, explosionsfähiger gemacht.

Diese Spannungen des Willens, der Triebe, der Affekte, die nur künstlich auseinander zu halten sind, haben nicht nur mit der momentanen Energie, sondern auch mit der *Dauer* einer Tätigkeit etwas zu tun, obschon auch labile Leute viel Kraft verwenden können, einmal für diese Funktion, im nächsten Augenblick für eine andere. Die Kraft, mit der die Schaltung gesetzt wird, hat eine Beziehung zu ihrer Nachhaltigkeit. Kinder oder erethische Imbezille verschleudern ihre psychische Kraft damit, daß sie von einem Interesse zum andern gehen; ihre Inkonstanz macht den Eindruck einer gewissen Schwäche. Eine energisch gesetzte Schaltung wirkt dagegen wie ein nachbelebtes Engramm fort, und eine „energische Vorstellung“ beherrscht das Denken längere Zeit als eine „oberflächlich“ gedachte und deshalb „flüchtige“. Die größere Tenazität einer gespannten, konzentrierten Aufmerksamkeit hängt übrigens auch direkt davon ab, daß die ablenkenden (nicht zum Ziel gehörigen) Einwirkungen von innen und außen energisch abgehalten werden. So haben Stärke und Dauer eines Vorganges auch hier mehrfache Beziehungen zueinander.

Ein ganz anderer Begriff ist der der *Schaltspannung*. In der Hirnrinde oder in der Psyche ist es möglich, von jedem Ausgangspunkt aus zu jedem beliebigen anderen Punkt zu kommen. Von jeder einzelnen Idee aus sind andere in unbegrenzter Zahl assoziierbar. Unter normalen Umständen verlaufen aber die Assoziationen nach bestimmten Gesetzen, die die Möglichkeiten gewaltig einschränken (im praktischen Fall meist geradezu eindeutig bestimmen); je nach den aktuellen (und vergangenen) Einflüssen wird an eine bestimmte Idee nur eine kleine Auswahl anderer assoziiert; kommt ein neuer Einfluß zur Wirkung, so werden andere Bahnen ein- und die bisherigen ausgeschaltet. Wir sehen nun, daß die Zuverlässigkeit dieser Schaltungen irgendwie von der Dynamik der psychischen Tätigkeit abhängig ist; es ist wie wenn eine Kraft, eine Spannung, diese Schaltungen in ihrer Stellung festhielte, so daß sie nicht gesetzlos, sondern nur auf bestimmte Schaltkräfte ihre Einstellung änderten. Wenn man die Aufmerksamkeit ungenügend anstrengt, so gehen die Gedanken auf ungewollte Bahnen und vernachlässigen dafür die notwendigen Assoziationen. Wenn man sich beim Ruhen ganz gehen läßt, so schweifen die Gedanken ziellos und oft sinnlos herum. Beim Einschlafen ist es nach dem Ausdruck Kohnstamms (Neur. Zbl. 1916, Nr 20), wie wenn eine Marschkolonne sich auflöse; die Einheit des Ich, die „Ichkonzentration“ wird so weit vermindert, daß sich beliebige Vorstellungsgruppen bilden können, die nicht mehr unter einem einheitlichen Gesichtspunkt zusammengehalten werden. Wenn ich selbst einen beginnenden Traum verfolgen kann, so beobachte ich meist, daß jedes Sinnesorgan für sich zu halluzinieren anfängt, ohne auffindbaren Zusammenhang mit den andern, daß dann aber, wenn der eigentliche Traum beginnt, eines derselben die Führung übernimmt, worauf sich sekundär eine gewisse Traumeinheit und sogar eine Art Persönlichkeitseinheit einstellt. Im Traum schweifen im übrigen die Assoziationen frei von den Regeln des Wachdenkens in beliebiger Richtung, sich nach ganz anderen Gesetzen zu Einheiten zusammenballend. Bei Vergiftungen, im Fieber, bei Vorgängen *neben* der Aufmerksamkeit des wachen Gesunden sehen wir Ähnliches, und überall da müssen wir Schwäche einer Art psychischer Energie voraussetzen. Es ist also irgendeine Kraft tätig, die die Schaltungen in der richtigen Lage hält, die überwindbar ist und nachlassen kann wie die Spannung einer Feder; läßt sie nach, so lockern sich die Schaltungen, folgen anderen Einflüssen, schlottern hin und her.

Für die Theorie dieser Vorgänge mag es nicht unwichtig sein, daß man sich dieselben statt als „Lockerung“ der Schalteinrichtung auch als eine ungenügend in die Ferne[1] wirkende Schaltkraft jeder einzelnen Vor-

[1] „Ferne“ ist in erster Linie nicht topisch zu verstehen, sondern bezogen auf *inhaltlich* abliegende, weniger selbstverständlich dazu gehörige Engramme.

stellung, als ein zu schwaches „Kraftfeld“, denken kann[1]. Eine Idee würde dann, statt wie normal alle Schaltungen im ganzen Gehirn, nur einen Teil derselben in ihrem Sinne stellen, was die nämlichen Folgen hätte. Es würden dann noch die Schaltkräfte und Schaltrichtungen von beliebigen anderen nicht hinzugehörigen Ideen mitwirken, und eine Schaltung selbst könnte keinen Bestand haben, müßte launenhaft werden, weil sie immer wieder von den nebenan wirkenden Schaltkräften überwunden oder beeinflußt würde. In diesem Zusammenhang gefällt mir dieses Bild besser als das erste, weil es leichter faßbar ist; es würde eine Schwäche der Schaltungskraft der Ideen (weniger oder nicht der Affekte ?) oder dann einen größeren Widerstand gegen die Verbreitung der Schalteinflüsse bedeuten.

Diese Kraft der Schaltspannung ist eine besondere Äußerung psychischer Energie. Bei sehr geringer Energie im allgemeinen, bei Apathischen, bei Hirndruck, bei schweren organischen Störungen bleibt sie normal, während sie z. B. bei manchen Schizophrenen mit großer Handlungsenergie vollständig versagt. Sie kann auch unabhängig von der Schaltwirkung der Affekte schwanken, obgleich eine starke Aufmerksamkeit die Schaltspannung erhöht.

Die Schwäche der Schaltspannung stört oft die *Einheit des Ich*. Diese besteht ja gerade darin, daß *ein* Komplex von Vorstellungen herrscht, das ihm Passende assoziiert, das übrige aber absperrt. Verschiedene Ideenkomplexe und Triebe können aber nebeneinander bestehen, wenn keiner den andern assimiliert oder unterdrückt. In den einzelnen Vorstellungen kommen aus dem gleichen Grunde Teilkomponenten zur Wirkung, weil die Leitung durch die ganze Idee versagt. Der Schizophrene kann Brutus als einen Italiener bezeichnen, weil in seinem Begriff „Brutus“ die zeitliche Komponente fehlt oder doch nicht zur Schaltwirkung kommt. In einem Ideengang kann auf einmal eine Klangassoziation statt einer Begriffsassoziation eingesetzt werden, weil der ganze Komplex von Zielvorstellungen, der das verbieten sollte, nicht zur Schaltwirkung kommt; Vater und Mutter können verwechselt werden, weil die unterscheidenden Einzelbestandteile nicht wie sonst bei der Ekphorie dieser Begriffe eingeschaltet worden sind. Affektive Einflüsse auf das Denken, deren Schaltkraft dabei ungewöhnlich verändert ist oder sogar erhöht sein kann, spalten die Psyche in beliebige Teile, schließen gewisse Komplexe vom bewußten Ich ab, oder äußern ihre einseitige Macht in der Bildung der unsinnigsten Wahnideen. Weitere Einzelheiten werden am besten an schizophrenen Kranken studiert, deren Eigentümlichkeiten sich zum großen Teil aus einer ungenügenden Funktion der Schaltspannung erklären lassen[2]. Es gibt aber auch Leute, bei denen diese Schwäche zur angeborenen Konstitution gehört; sie sind eine schizoide Art von Konfusionären, die sich von den Schizophrenen dadurch unterscheiden, daß die Anomalie nicht fortschreitet, und daß die Kranken bei Aufpeitschung ihrer Energie von außen auf einmal klare Vorstellungen produzieren können. Meist (oder soweit sie zur psychiatrischen Untersuchung kommen ?) haben sie eine eher übernormale Energie des Willens oder Handelns oder wenigstens eine besondere Betriebsamkeit.

Soweit man aus der Symptomatologie der Schizophrenie schließen darf, reguliert die Schaltspannung nicht nur die intellektuellen Assoziationen, sondern auch *das assoziative Zusammenwirken der Affekte und Instinkte und das Gleichgewicht der vegetativen Funktionen.*

Die Schaltschwäche betrifft indessen niemals alle Funktionen im gleichen Maße. In der Schizophrenie bleiben die mehr automatischen meist ganz unberührt, so die Orientierung in Ort und Zeit, ebenso die Koordination der Bewegungen; nicht immer frei bleibt die Praxie, die

[1] Natürlich sind „Lockerung der Schalteinrichtung“ und „Schwäche des Kraftfeldes“ nur verschiedene Bilder für die nämliche psychisch-physiologische Tatsache, für die wir keine direkt bezeichnenden Ausdrücke besitzen. Sie schließen sich auch nicht aus; man kann sich geradezu vorstellen, daß das Kraftfeld die Schaltungen fest halte.

[2] Bleuler: Störung der Assoziationsspannung usw., Z. Psychiatr. **74** (1918).

namentlich dann zuweilen versagt, wenn affektive Einflüsse die Wahrnehmung stören. Neben normalen Wahrnehmungen kommt es bei der Schizophrenie leicht zu Halluzinationen und Illusionen verschiedener Genese. Wohl in einer etwas anderen Art leidet die Schaltspannung im Fieber, wo es leicht zu *Pareidolien*[1] kommt, in denen aus optisch wahrgenommenen Formen falsche Zusammenstellungen gemacht werden.

K. Das Psychokym.

Über die Natur des physikalisch-chemisch-physiologischen Vorganges, der der Psyche zugrunde liegt, wissen wir nichts. Es muß sich wohl um eine Spezialisierung einer allgemeinen funktionellen Eigenschaft des lebenden Kolloids (des „Biokyms") handeln. Wir stellen uns die psychische Energie als einen Strom vor, weil es eine stillstehende Psyche ebensowenig geben kann wie ein stillstehendes Leben, und weil die Verbindungen der peripheren Sinne und Erfolgsorgane mit der Psyche mit Sicherheit, und die anatomische Verteilung der verschiedenen Centralapparate mit höchster Wahrscheinlichkeit eine fließende Energie verlangt.

Wir müssen annehmen, daß diese Energie in der Hauptsache im Gehirn selbst frei werde. Es ist ja möglich, daß Reize, die als zentripetale Funktionen dem Gehirn zufließen, auch noch als solche irgendwie in die psychische Energiemasse eingehen; aber vielerlei Gründe sprechen dafür, daß das Gehirn ein selbständiges Kraftreservoir sei. Daß es eine von außen kommende Kraft bloß transformiere, wie z. B. Bergson meint, dafür gibt es auch nicht den mindesten naturwissenschaftlichen (logisch aus Beobachtungen abgeleiteten) Grund, sondern nur dereistische Bedürfnisse, die mit der Seele nicht zufrieden sind, wenn sie nicht einen als vornehmer geltenden Stammbaum nachweisen kann.

Wir kennen überhaupt keinen Grund, das Psychokym qualitativ von der zentralnervösen Energie, dem Neurokym, das jetzt von manchen mit der „negativen Schwankung" identifiziert wird, abzutrennen, und müssen annehmen, daß der Teil des Neurokyms, der die mnemischen Funktionen der Rinde besorgt, die Psyche im engeren Sinne bilde, zu der dann noch in Gestalt von Instinkten und Trieben und Bestandteilen der Affektivität irgendwelche noch undefinierbaren Zuflüsse aus vorgebildeten, offenbar zum Teil an der Basis sitzenden Mechanismen kommen.

Wie im Gehirn die *psychische Energie* entwickelt wird, wissen wir so wenig als wie auf physikalischem Gebiete eine Energie frei wird. Nach dem hier vielleicht gültigen Alles-oder-nichts-Gesetz kann ein Element, das gereizt wird, immer nur einen ganz bestimmten Kraftvorrat frei machen und muß dann ein kurzes Refraktärstadium zeigen. Daß der Tetanus aus diskontinuierlichen Stößen besteht, scheint damit übereinzustimmen. Doch gibt es wohl auch Toni, die kontinuierlich sind (Schließ-

[1] Es ist interessant, daß nichts so leicht in den Pareidolien erscheint wie Fratzen. Das hat verschiedene Gründe. Zunächst ist ein Gesicht sehr leicht anzudeuten; irgendein Umriß und darin drei oder vier Punkte genügen, während z. B. Worte oder Buchstaben durch kleine Änderungen ganz andere Bedeutung bekommen. Menschliche Gesichter sind ferner für den Menschen eines der wichtigsten Sehobjekte (wie auf akustischem Gebiet die Worte). Das affektive Verhältnis der Außenwelt zu uns drückt sich am häufigsten in der Mimik des Gesichtes aus, wir empfinden es leicht als etwas Persönliches; ein Haus kann uns ein freundliches Gesicht machen; die Personifizierung der Dinge liegt in bezug auf Drohung oder Freundlichkeit am nächsten. (Bei der Deutung von Klexabklatschen im Rorschachversuch und beim Delirium tremens werden am häufigsten Tierformen gesehen.)

muskel der Muscheln; wahrscheinlich aber auch bei höheren Zoen). Der Grad der entwickelten Energie ist dann eine Funktion der Zahl der Elemente, die gereizt werden, nach VERWORN aber auch eine der Größe der einzelnen Elemente (Ganglienzellen).

Die Komplikation der Leistung bedingt offenbar eine Zunahme der Elemente des Gehirns, nicht direkt aber eine Vergrößerung derselben. Das winzige Ameisenhirn leistet Erstaunliches. Auch eine größere Anzahl von Muskelfasern und eine größere Sinnesfläche verlangen mehr abgehende und ankommende Fasern mit besonderer Direktion und individuellen Unterscheidungszeichen der Funktion, wodurch bei größeren Tieren eine gewisse Vermehrung der Elementenzahl bedingt wird. Nach VERWORNschen Vorstellungen müßten wenigstens die motorischen Elemente bei größeren Tieren auch an Umfang zunehmen, weil sie mehr Energie zur Bewegung der schwereren Glieder auslösen müssen.

Eine wichtige nicht ganz geklärte Rolle spielt die *Zeit*. Von den einfachen Reflexen an bis zu den höchsten psychischen Funktionen in Intelligenz und Affektivität wird die zur Auslösung einer Reaktion notwendige Zeit durch die Stärke eines Reizes verkürzt; SHERRINGTON sagt geradezu, die Latenzzeit eines Reflexes sei umgekehrt proportional seiner Stärke. Wenn man letztere Angabe wörtlich nehmen dürfte, was vielleicht innerhalb enger Grenzen erlaubt ist, so wäre die Reizwirkung geradezu gleich Intensität mal Zeit. Undeutliche Sinnesempfindungen, sei es wegen zu geringer Stärke der Reize (Dämmerung, leises Reden oder Verdecktwerden der Worte durch andere Geräusche usw.) oder wegen schlechten Zustandes der Sinnesorgane oder des Gehirns, brauchen mehr Zeit, um zur Wahrnehmung zu werden. Mangelnde Intelligenz kann durch größeren Zeitaufwand ersetzt werden. *Zeit und Intensität können einander also beim Psychokym irgendwie vertreten, wie in der Mechanik.*

Möglicherweise erklärt sich dieses Verhältnis durch die *Summation*. Man muß annehmen, daß ein dauernder Reiz in jedem Moment neue Energie an den Wirkungsort bringt oder auslöst, so daß er den Erfolg eher bewirkt als ein vorübergehender, und ferner, daß Übertragung einer Wirkung Zeit braucht, so daß ein zu kurzer Reiz unter Umständen trotz großer Energie wirkungslos verpufft. Hat er aber nur eine ungenügende und doch eine gewisse Wirkung gehabt, so kann ein folgender Reiz, ganz wie im Falle zu schwacher Reize, sich zu ihm summieren und die Wirkung auslösen.

Summation von Wirkungen gibt es schon in der physischen Welt und ganz unabhängig vom Gedächtnis. Irgendeine Gewalt kann in immer neuen Stößen einen Körper zum Biegen oder zum Brechen bringen, indem jedesmal neue Anteile der molekulären Struktur geschwächt werden; wiederholte Axtschläge bringen den Baum zu Fall, indem sie den Einschnitt immer vertiefen. Hier handelt es sich um Summation von kleinen Wirkungen am beeinflußten Objekt, von denen jede bestehen bleibt. Ich kann einem Balken immer mehr Gewicht auflegen, bis er bricht; da summieren sich die Kräfte, die dauernd wirken. Ich kann einem brennbaren Stoff immer mehr Kalorien beibringen, bis er sich entzündet, die elektrische Ladung einer Leydnerflasche oder einer Dynamo immer mehr verstärken, bis der Funke überspringt, bzw. die Maschine zu laufen anfängt. Hier summieren sich die Kräfte nur insofern die erst hinzugefügten zur Zeit der jeweils folgenden Addition noch in wirksamer Form vorhanden sind. Die Wirkung einer Beleidigung aber kann nicht als Energie aufgespeichert sein, sondern als eine Disposition zu einer bestimmten Handlung. Eine neue Reizung kann die alte dann verstärken, wenn sie dieselbe wieder belebt, mit ihr zu einer funktionellen Einheit zusammenfließt. Das wäre eine ekphorische Gedächtnisfunktion. Man kann sich auch physikalisch vorstellen, die Moleküle bleiben labiler, aber nur gegenüber dem bestimmten Reiz und der Neigung zu einer bestimmten Reaktion. Doch wäre das eben auch ein Engramm. Eine solche Summation wie die letzterwähnte finden wir wohl nur biologisch, und daselbst schon in den peripheren Nerven, noch deutlicher in den niederen Centren und am ausgesprochensten in der Rinde. Da aber der Zwischenraum zwischen den einzelnen Reizungen in den Nerven und den unteren Centren nur Bruchteile einer Sekunde betragen darf, wenn die Summation noch stattfinden soll, während er in der Psyche Jahre dauern kann, so könnte man an einen prinzipiellen Unterschied denken, wenn nicht alle Übergänge von dem „Gedächtnis" des motorischen Nerven bis zu dem der Rinde vorkämen. Schon das Gedächtnis eines nervenlosen Infusors dauert mindestens Stunden; das einer Küchenschabe ist als Übungsgewinn, also in Form einer Summationswirkung, noch viel länger nachweisbar.

Über den *Ablauf* des Neurokyms haben wir noch ganz ungenügende Vorstellungen. Während man beim gewöhnlichen Überlegen mühsam Schrittchen für Schrittchen nehmen, sich alles in Gedanken ausprobieren, daran korrigieren, verwerfen und annehmen muß, um erst dann zur folgenden Idee weitergehen zu können, wissen wir, daß wir in Gefahr, in Inspirationen sehr komplizierte Kombinationen von Bewegungen mit kinästhetischen und anderen Reizen, und im Traum auch die kompliziertesten Vorstellungsreihen und Überlegungen nahezu oder ganz einzeitig machen können (s. Denken S. 143). *Wir kennen überhaupt keinen Grund, warum nicht ein Schluß, und wenn er noch so kompliziert ist, ja eine größere Idee, eine Abhandlung, die Durchführung eines bestimmten Geschäftes usw. einzeitig ablaufen sollte, und die Erfahrung zeigt einerseits, daß es möglich ist, anderseits aber, daß diese Möglichkeit von der Intelligenz nur ausnahmsweise benutzt werden kann.* Liegt letzteres im Prinzip der Neurokymtätigkeit, oder würde eine zu rasche Überlegung sich im Kampf ums Dasein nicht bewähren? Kann gerade das bewußte Denken es nicht benutzen, weil nur, was mit Reibung, mit einem Widerstand abläuft, bewußt wird, wie manche sich ausdrücken?

Die Psyche besitzt nun neben den Schwankungen der Intensität eine große Mannigfaltigkeit von *Qualitäten*, die sogenannten spezifischen Energien der Sinnesempfindungen, und alle die Qualitäten der inneren Wahrnehmungen. Bringen nun bestimmte Organelemente, z. B. die Sinnesflächen, durch ihre Reize bestimmte Qualitäten in die Psyche hinein? oder liegt die Qualität in der Verarbeitung? Wird durch die Tätigkeit der Ganglienzellen ein undifferenziertes Psychokym frei, das durch die Engramme und andere Einflüsse seine Qualität erhält? Oder entwickelt sich das Psychokym einer bestimmten Vorstellung gleich qualifiziert aus dem Engramm bzw. dessen Träger? Die letztere Annahme ist deshalb etwas schwierig durchzuführen, weil wir uns verschiedene Engramme an die nämlichen Moleküle gebunden denken. Wir sind noch weit entfernt, diese Frage zu beantworten.

In der Physik kennen wir keine Kraft, die neben der Intensität verschiedene Qualitäten hätte, außer dem zur Vergleichung ganz ungenügenden eindimensionalen Unterschied von positiv und negativ in der Elektrizität. Es ist aber doch denkbar, daß es solche Kräfte gebe. Lieber indessen denkt man an Modifikationen der Kräftewirkung, die eine Mannigfaltigkeit hineinbringen können, vor allem an die Schwingungen, die ins Unendliche zu variieren sind. Eine solche Vorstellung hat aber eine Schwierigkeit: Ein Wellensystem wird nur in der Zeit charakterisiert. Nun könnte man dem Gedächtnis zumuten, daß es die aufsteigende Kurve einer Schwingung mit allen ihren Veränderungen im Ablauf noch festhält, während die Kurve schon wieder abfällt, oder daß es die eine Schwingung oder die eine Modifikation der Schwingung festhalte, während eine andere kommt. Aber eine solche Funktion wäre dann in gewisser Beziehung etwas Neues, jedenfalls nicht diejenige, die wir kennen, die die schon gebildeten Qualitäten in ihrem Nacheinander aufbewahrt. Wir hätten dann im Gedächtnis zwei Einheiten zu unterscheiden, diejenige, die durch die Zusammenfassung der verschiedenen Phasen einer Schwingung in eine Qualität entsteht, und diejenige, die die verschiedenen erlebten Qualitäten in eine Einheit verbindet und sie bewußt werden läßt. All das wäre nicht unmöglich; es ist auch ganz gut denkbar, daß die verschiedenen zeitlichen Zusammenfassungen der nämlichen Eigenschaft des Gedächtnisses, resp. des nervösen Kolloids entspringen; aber es handelt sich hier eben nur um Denkbarkeiten, für die die Beobachtung noch keine Beweise der Existenz gegeben hat. Es ist auch möglich, daß auf der zeitlichen Größenordnung des Ablaufs psychisch bewußter Funktionen die viel schneller ablaufenden Schwingungsqualitäten als eine Einheit erscheinen in der Art, wie auf räumlichem Gebiet die Oberfläche eines Spiegels in bezug auf die Zurückwerfung des Lichtes oder gar auf das Schleifen eines anderen Körpers auf derselben als eine kontinuierliche Ebene erscheint, während sie schon auf der Größenordnung der Moleküle (und noch mehr der Atome oder gar der Elektrone) ein so unterbrochenes Ding ist wie die Nord- oder Süd-„Fläche“ unseres Sonnensystems. Eine langsame Muskelbewegung ist für die zeitliche Größenordnung von hundertstel Sekunden und die räumliche von Mikren eine Folge von Stößen, in der Ordnung der physikalischen Bewegungen der menschlichen Körperteile ein einheitliches Kontinuum. Die Schwierigkeiten scheinen also nicht unlösbar, aber sie sind noch nicht gelöst. Nicht sicher vergleichbar ist die (psychische) Kontinuität, welche unsere Sinnesorgane irgendwo von der Sinnesfläche bis zur Rinde aus der (physischen) Diskontinuität von Schall- und Lichtschwingungen oder chemisch molekulärer Wirkungen in Geschmack und Geruch machen, mit der auf einer andern zeitlichen Größenordnung stehenden, die aus rasch unterbrochenen physischen Vorgängen, Licht im schnell laufenden Kinematographen, Aufschlagen der Zähne eines sehr rasch laufenden Rädchens auf die Haut, entstehen. *Jedenfalls gibt es auch in der Physik zeitlich und räumlich diskontinuierliche Vorgänge, die als kontinuierliche wirken.*

Eine ähnliche aber kleinere Schwierigkeit besteht in der Vorstellung von der Diskontinuität des Neurokyms mit seinem Refraktärstadium nach VERWORN, die noch nicht einfach abgelehnt werden kann[1]. Wir gewöhnen uns indes, an immer mehr Orten statt mit prinzipiellen Kontinuitäten mit Quanten zu rechnen, und da werden wir uns auch auf psycho-neurischem Gebiet damit abfinden. Sind wir doch nicht einmal sicher, daß die als „gleichförmig“ angesehene Bewegung eines beliebigen Körpers im Raum eine kontinuierliche ist.

L. Die Lokalisation der psychischen Funktionen.

Man hat seit langem (bei den Säugern und den Menschen) die Psyche aus verschiedenen Gründen in die Hirnrinde verlegt. Auch nach unserer Betrachtung kann das Bewußtsein und die Intelligenz nirgends sein als im Gedächtnisapparat. Von der Intelligenz können wir das recht sicher sagen, denn (ausgebreitete) Rindenstörungen bewirken regelmäßig auch Störungen der Intelligenz. Unsere Überlegungen machen außerdem verständlich, warum nur *ausgebreitete* Erkrankungen der Rinde sich psychisch fühlbar machen: Unsere Begriffe, auch die scheinbar einfachsten, sind komplizierte Verarbeitungen von Sinneseindrücken, die bei dem allgemeinen Zusammenfließen aller psychischen Funktionen nirgends speziell lokalisiert sein können. Immerhin wissen wir, daß man sich nicht mehr im Raume orientieren kann, wenn die optischen Rindencentren in großer Ausdehnung geschädigt sind, wobei es nicht einmal so wichtig ist, ob noch Sehreste vorhanden sind oder nicht. Wir wissen auch, daß die aphasischen und apraktischen Störungen an gewisse Lokale des Gehirns gebunden sind; und wenn auch diesen Funktionen etwas eigentlich Psychisches nicht abgesprochen werden kann, so handelt es sich doch hier, wie in andern ähnlichen Fällen, immer nur um zentripetale oder zentrifugale Übergangsfunktionen, die natürlich im wesentlichen in einem bestimmten, mit besonderen anatomischen Verbindungen versehenen Areal ablaufen müssen, auf dem die zentripetalen Reize in die Psyche ein- und

[1] Das sympathische Nervensystem soll nach einigen einen kontinuierlichen Muskeltonus bewirken können, müßte also wohl selbst einer (mehr) kontinuierlichen Funktion fähig sein.

die zentrifugalen austreten können. Nun ist es nicht anders denkbar, als daß der Ein- oder Austritt eines Vorganges durch eine bestimmte Pforte zu seinen charakteristischen Eigenschaften gehört[1]; aber je abstrakter ein Gedanke ist, um so weniger wird er an irgendeine Lokalisation gebunden sein und um so eher die ganze Rinde in Anspruch nehmen. Ich kann mir gut denken und möchte es geradezu als wahrscheinlich bezeichnen, daß z. B eine Lichtvorstellung zunächst nur zustande kommen kann bei Vorhandensein eines bestimmten (Eintritts-)Areals im Occipitalhirn, daß aber, wenn sie einmal gewonnen ist, die Zerstörung dieses Areals die diffuse Funktion, die wir von innen als eine gewöhnliche, wenig anschauliche optische Vorstellung auffassen, nicht notwendig hindern müßte.

Es mag sò sein wie bei einer Gesellschaft, die sich *in* einem Saale befindet; durch eine Tür kommen die Gesellschaftsmitglieder, durch eine andere gehen sie fort, durch eine dritte und vierte kommen und gehen die Bedienten. Solange die Personen noch innerhalb der Türe sind, sind sie im Saal und bilden einen Teil der Gesellschaft, aber ihre Bewegungsrichtung und der Ort, wo sie sich befinden (zwischen einer bestimmten Türe und dem Tisch), sagt uns, abgesehen von andern Kennzeichen, ob es sich um Kommende oder Gehende, um Mitglieder oder Bediente handle. Bewegen sich aber die Personen ohne Rücksicht auf die Türen in beliebiger Richtung im Saal, so unterscheiden wir an andern Kennzeichen Kellner und Gesellschaftsmitglieder, und darunter diejenigen, die etwas bringen, und die, die forttragen, und diejenigen, die frisch angekommen sind, und die, die sich anschicken, fortzugehen. Dabei können die Türen ganz geschlossen sein. — So können wir annehmen, daß die wesentlichen psychischen Vorgänge diffus seien, daß aber auch Lokalisationen, namentlich bei zentripetalen und zentrifugalen Funktionen die Art des Vorganges mitbestimmen helfen.

Können nun aber nicht *Funktionen unterer Centren* an den psychischen Vorgängen mitbeteiligt sein? Die räumliche Orientierung rindenloser Vögel und Säugetiere gibt uns einige Winke. Solche Tiere können noch gehen, fliegen, schwimmen, Nahrung auffassen, Hindernissen ausweichen, verarbeiten also schon in den tieferen Centren Empfindungen der Kinästhesie mit Empfindungen der übrigen Sinne zu Gebilden, die dem entsprechen, was wir in der Rinde als Vorstellungen des Raumes, der Körper, der Formen bezeichnen. Es wäre nun merkwürdig, wenn diese Gebilde nicht von der Rinde irgendwie benutzt würden, und so wird man sich vorstellen dürfen, daß auch die menschliche Rinde gar nicht die Empfindungen als Rohmaterial zugeleitet bekommt, sondern als Zusammenfassungen zu Formen und sogar Dingen. Was wir direkt wahrnehmen, sind also Symbole von in unteren Centren gebildeten primäreren Symbolen der Außenwelt.

Es gibt noch einige Tatsachen, die diese Auffassung stützen: Bei Encephalitis epid. beobachtet man gelegentlich monokuläres Doppelsehen, d. h. ein von der Basis aus gefälschtes Orientierungsmaterial, das die Rinde benützen muß. Im gleichen Sinne sprechen wohl auch die Versuche von SCHILDER, der zeigte, daß bei Ohren- oder Drehnystagmus nicht nur Vorstellungen schief werden, sondern auch halluzinierte Linien zerfallen, ja menschliche Figuren sich in mehrere vollständige Figuren teilen können, und daß sie beweglich werden in einer Weise, die nicht direkt aus dem Nystagmus abzuleiten ist. — Auch die *anatomischen Verhältnisse* mit der Auflösung und Endigung des primären Neurons in der ersten Station machen es fast unvorstellbar, daß wir mit der Rinde ein direktes Symbol der Retinabilder „sehen". Schon die neben den unten gebildeten Beziehungskomplexen im obersten Organ vorkommenden Einzel„empfindungen" müssen ganz anders gestaltet sein als die in den unteren Centren. Wie nun die selbständigen Verarbeitungen durch die Rinde sich zu den übernommenen Gebilden verhalten, wissen wir noch nicht.

---

[1] Wir benützen den Begriff der *spezifischen Energie der Sinnesorgane* nicht, weil er etwas mehr sagt, als wir wissen. Wird der Unterschied von Licht und Schall und Geschmack bedingt durch eine besondere chemische oder molekulare Konstitution des Sinnesorganes von der Sinnesfläche bis zur Rinde, der eine spezifische Neurokymart zukommt, oder durch die rein räumlichen Verhältnisse, d. h. den Eintritt ins Gehirn an bestimmter Stelle, oder durch die funktionellen Zusammenhänge dieser Reize im Gehirn? Besteht der Unterschied schon in der Peripherie oder erst im Gehirn? Wie kann sich ein solcher Unterschied in der einheitlichen Psyche geltend machen?

Man will unser *Bewußtsein* (hier: Bewußtheit + geordnete Denkfunktion) in den untersten Teil des Stammes lokalisieren; ist es aber eine Nebenerscheinung der individuellen Gedächtnisfunktion, so kann es seinen Sitz nur in der Rinde haben. Wenn man beobachtet, daß Verletzungen (inkl. Erschütterungen) des Stammes besonders leicht Bewußtlosigkeit machen, so kann das damit zusammenhängen, daß dort sich Regulierapparate für die Gehirntätigkeit befinden, von welchen der der Blut verteilung bekannt ist.

Anders mag es mit unsern *Trieben* und der Stellungnahme zu den Erlebnissen, den *Affekten* sein. Berze, Reichardt u. a. bringen sie in Verbindung mit dem Stamm.

Allerdings will man nach Wegnahme des Occipitalhirns bei Tieren Erschlaffung der Triebenergie und bei Verletzung oder Wegnahme des Stirnhirns Verstärkung des Trieblebens oder Verminderung der Hemmungen gesehen haben, beim Menschen auch Neigung zum Witzeln und zu Bosheiten. Ferner sind unsere meisten affektiven und sogar die triebhaften intrazentralen und zentrifugalen Funktionen Reaktionen auf komplizierte Vorstellungsgestalten, die nur in der Rinde verlaufen. Auch so einfache Dinge wie die Nachricht vom Tod eines Lieben wirken nicht als Sinneseindruck, sondern als mnemische Vorstellungsmasse. Auch triebhafte sexuelle Erregungen gehen oft über Vorstellungen, z. B. von dem Vermögen oder dem Ansehen des Liebesobjektes. Viele phylisch neueren Triebe, wie die Wissenschaft und Kunst betreffenden, können so wie wir sie kennen, im wesentlichen nur in der Rinde lokalisiert sein. Das was in unserem Bewußtsein in diesen Fällen zur Außenwelt oder sonst zu einer Erfahrung „Stellung nimmt", die Persönlichkeit, ist unter allen Umständen zu einem großen Teil aus Vorstellungsbildern zusammengesetzt. Ferner sind alle Affekt*wirkungen*, die das Handeln und Denken betreffen, die Assoziationsschaltungen, zunächst bloß cortical, und sogar die Mimik (inkl. Dinge wie Schreien und Lachen) ist sicher mit von der Rinde abhängig, wenn auch die betreffenden Mechanismen offenbar ihren Hauptsitz in der Thalamusgegend haben[1]. Auch die subjektive Empfindung eines Affektes muß am Orte des empfindenden Ich statt haben. Wir wissen auch nicht recht, warum die Hirnrinde nicht die nämlichen oder sogar noch mehr Strebungen besitzen soll wie die untern Centren. Die Durchblutung des Großhirns ist eine so ausgiebige, daß man daselbst einen besonders großen Energieverbrauch annehmen muß, was unverständlich wäre, wenn da bloß wirkungslose Engrammekphorien und Schaltungsvorgänge, nicht aber eigentliche Energieabgaben statthätten.

Anderseits sind die meisten Triebe[2] und die Affektivität im allgemeinen[3] älter als die Rinde, und vor allem sehen wir Gemütsveränderungen bei Verletzungen in der Umgegend des Thalamus[4], und Anencephalen, sogar

---

[1] Von hier aus werden Paramimien, Zwangslachen, Zwangsweinen, steife Mimik bei Encephalitis lethargica usw. bedingt.

[2] Nicht alle.

[3] Über die dem phylischen Alter entsprechenden Besonderheiten des Schmerzaffektes siehe Kapitel Affektivität. Auch von andern ältern Affekten mag der basale Anteil besonders wichtig sein, während jüngere Affekte im wesentlichen cortical lokalisiert sein werden.

[4] Kraepelin (Psychiatrie, 8. Aufl., S. 558, Leipzig: Barth 1910) meint allerdings, daß es sich nicht um besonders heftige Gemütsbewegungen, sondern um erleichterte Auslösung krampfartiger Ausdrucksbewegungen handle. Es gibt aber doch nicht seltene Fälle, in denen sich die Stärke und Richtung der plötzlich labil gewordenen Affekte nicht nur in der Mimik, sondern ebensogut im Denken und Wollen ausdrückt wie bei Rindenerkrankungen (Gedächtnis und affektlose Logik ist nicht gestört). Ferner kann ein Herd in der Thalamusgegend auch vollständige Apathie bewirken.

solche ohne Stammganglien[1], zeigen noch Äußerungen, die, wie Schreien, auch beim Menschen nur als affektive bezeichnet werden können. Wir müssen auch annehmen, daß die Urgefühle v. Monakows, Hunger, Durst, Schmerz, die elementarste Sexualität, noch irgendwie oder in einem bestimmten Bestandteil im Stamm sitzen. Ob dieser Bestandteil etwas ist, das zum Bewußtsein kommen oder das, was bewußt wird, irgendwie beeinflussen kann, wissen wir nicht. Vielleicht kommen wir der Wirklichkeit am nächsten, wenn wir uns ausdrücken, es gehen Strebungen des Stammhirns in das Ich ein (normale, katatonische, choreatische usw.). Wahrscheinlich könnte uns eine genauere Verfolgung von halb reflektorischen Vorgängen, wie Schreien auf Schmerz, Kratzen bei Juckreiz, noch einige Aufklärung verschaffen. Immerhin wissen wir, wie der Geschlechtstrieb zu Handlungen veranlaßt, deren Zweck vollständig unbewußt ist, die uns aber angenehm scheinen. Man kann sich leicht denken, daß die Speichelsekretion durch eine Vorstellung über die Rinde ebensogut ausgelöst wird, wie durch Reizung der Geschmacksnerven in der Zunge über die Oblongata, indem die Rinde ganz wie ein Reiz von der Peripherie den Apparat im Stamm in Funktion setzt. Eine Zusammenarbeit sehen wir auch bei andern reflektorischen Funktionen, wie Blicken, Lidschluß, Atmung, und dann bei Funktionen wie der Orientierung, bei der gewiß auch im Menschengehirn die basalen Centren beteiligt sein werden. Die Funktion muß aber bei den verschiedenen Gefühlen und Trieben auf die beiden Hirnstellen verschieden verteilt sein, bei affektiver Betonung von komplizierten Vorstellungen und bei Trieben, wie dem Kunst- und Wissenstrieb, fast ausschließlich in die Rinde, bei den Urgefühlen und -trieben in erster Linie in die Stammganglien. Bis auf weitere Aufklärung durch Beobachtungen werden wir uns am besten denken, daß unter normalen Umständen die Rinde auf die nämlichen Reaktionen abgestimmt sei, wie die untern affektiven und triebhaften Centren, und wenn sie es nicht in der Organisation wäre, würde sie es wahrscheinlich sehr früh durch die einfache Gewohnheit infolge der beständigen Direktion von unten (Analogie: Assoziationsreflex).

Eine wichtige hierher gehörende Funktion der Rinde sind die *Hemmungen*, die gerade dadurch eine besondere Bedeutung bekommen, daß sie vom obersten Organ ausgehen. Es ist eine der vornehmsten Aufgaben der Intelligenz, die Affekte und Triebe in ihren Reaktionen und sogar in ihrem Ablauf zu zügeln; soweit die Triebe subcortical sind, wäre es eine Wirkung der Rinde auf die tieferen Centren.

Durch den mit Gedächtnis und Voraussicht ausgestatteten Verstand werden die Affekte und Strebungen stabiler gemacht, als sie sonst wären. Man kann sich einem Affekt nicht hingeben, wenn man weiß, daß man morgen eine gegenteilige Erfahrung machen wird; man erstrebt Dinge, von denen man weiß, daß sie erst nach langen Zeiträumen zu erhalten sind, und richtet sein ganzes Denken und Fühlen und Handeln unter Umständen Jahrzehnte danach. Umgekehrt plagen uns Erlebnisse der Vergangenheit nachträglich nicht bloß deshalb, weil der Affekt langsamer abklingt als das Erlebnis, sondern weil die affektbetonte Erinnerung daran fortlebt. Bei Erkrankungen der Rinde fehlen uns die Zügel und

[1] Utter: Fall von Anencephalie, Acta psychiatr. (Københ.) III, 311/12 (1928).

die von der Rindenfunktion herrührende Stabilität, aber auch — noch nicht verständlich — bei Erkrankungen der Thalamusgegend[1].

Andere Zusammenhänge zwischen Stamm und Rindenaffektivität mögen dadurch gegeben sein, daß vom Stamm aus Blutkreislauf, Atmung, das ganze vegetative Nervensystem und die Chemie des Körpers (inkl. Hormone) dirigiert werden. Alle diese Funktionen beeinflussen die Affektivität, und umgekehrt ist ihre Tätigkeit wieder von den Affekten abhängig.

Man spricht auch davon, daß überhaupt die „*psychische Energie*" oder die „Aktivität" nicht in der Rinde sitze, sondern im Stamm (Berze, Reichardt). Auch von diesem Begriff weiß ich zu wenig, als daß ich darüber etwas sagen könnte. Wir haben gar kein Maß, um die dynamischen Verhältnisse der Gehirnfunktionen irgendwie genauer abzuschätzen, als den Erfolg, und der wird in erster Linie bestimmt durch das *Verhältnis* einer Strebung zu den Hemmungen, und die aufgewendete Energie kann eine bloße Funktion der Zahl der teilnehmenden Nervenelemente sein, wie es das Alles-oder-nichts-Gesetz verlangt. Soweit nun die Energie gleichzusetzen ist den Trieben oder den Affekten, wird nach dem Obigen dem Stamm irgendeine Bedeutung bei der Energieentwicklung zukommen; aber daß die Rinde gar keinen Anteil haben soll an dem, was man unter dem Namen psychischer Energie zusammenfassen muß, kann ich mir vorläufig nicht denken.

Es ist auch gut möglich, ja wahrscheinlich, daß gewisse *allgemeine Schaltungen* vom Stamm aus beeinflußt werden, betrifft doch die Wirkung der Affekte neben der Energieproduktion hauptsächlich die Schaltungen. Es ist dabei namentlich an die dynamische Schaltung zu denken, die die Assoziationsspannung reguliert. Wenn die letztere in der Schizophrenie ungenügend ist, so können leicht basale Störungen daran schuld sein[2]. Auch die Schlafschaltung hat etwas mit dieser Gegend zu tun (Encephalitis lethargica, die beweisenden Experimente von W. R. Hess).

Man hat auch, gestützt auf hirnanatomische und -physiologische Überlegungen und auf pathologische Befunde versucht, die „Persönlichkeit", d. h. hier die oberste Zusammenfassung der das Ich bildenden Funktionen zu lokalisieren und zwar in die obersten Schichten der Rinde (Kraepelin). Unsere Kenntnisse reichen aber für solche Schlüsse noch lange nicht aus.

Andere lokalisieren die von ihnen als „höchste" angesehenen Funktionen in das Stirnhirn, weil dieses bei den höchsten Säugern am auffallendsten entwickelt ist. So soll, abgesehen von den Hemmungen, „das bewußte Wollen" dort sitzen. Gerade die allgemeinen Vorgänge, Empfinden, Affektivität, Wollen, Streben, Triebe, ja eine rudimentäre Überlegung sind aber so elementar, daß sie keines Großhirns bedürfen. Ein „Wollen" kommt also jedenfalls ohne Stirnhirn, ja ohne Großhirn vor, und da, wenigstens den Tieren mit komplizierterem, individuellem Gedächtnis aller Wahrscheinlichkeit nach ein „bewußtes" Wollen (wenn auch nicht mit bewußtem Kennen der Motive als solcher) zuzuschreiben ist, haben wir auch ein bewußtes Wollen ohne die besondere Entwicklung des Stirnhirns oder ohne ein solches überhaupt anzunehmen. Ich glaube, wir tun gut, noch nicht viel über diese Dinge zu reden, da wir noch nichts von ihnen wissen. Man sollte nicht nur mehr Hirnphysiologie und -pathologie kennen, sondern namentlich auch sich klarer sein, was Dinge, wie „bewußtes Wollen" sind.

---

[1] Wahrscheinlich wird man einmal Unterschiede in der vom Stamm ausgehenden Affektlabilität gegenüber derjenigen finden, die durch Reduktion der Rinde entsteht. Die erstere scheint mir massiger, elementarer, weniger abstufbar.

[2] Die Schizophrenie als eine ausschließliche Krankheit des Hirnstammes aufzufassen, wird aber doch nicht gehen.

IV. Lebens- und Weltanschauung.

Eine naturwissenschaftliche Psychologie ist ein Stück *Biologie*, nichts mehr und nichts weniger. Der Philosoph und der philosophisch orientierte Moralist werden sie eine „materialistische“ nennen und mit diesem Wort zugleich werten — meist negativ. Es gibt auch Naturwissenschafter, die meinen, auf dem Boden der materialistischen Erkenntnistheorie sei eine Lebens- oder Weltanschauung unmöglich. Sie verwechseln aber *ihre* persönliche Anschauung mit einer Lebensanschauung überhaupt. Man wirft den als „materialistisch“ verschrieenen Anschauungen vor, sie vernichten die Ideale. Auch das ist unrichtig; sie ersetzen nur Phantasieideale durch in der Erfahrung und direkt in den moralischen Instinkten begründete, rassenerhaltende und eudämonistische, aber auch andere z. B. wissenschaftliche und künstlerische. Die ganze Moral lassen sie nicht nur intakt, sondern sie verleihen ihr noch logisch verständlichen Wert.

Daß von hier aus eine Lebensauffassung möglich ist so gut wie von jedem andern Standpunkt aus, möchte ich im folgenden zeigen; nicht mehr. Eine Lebensauffassung ist nicht bloß eine Erkenntniskonsequenz, sondern darüber hinaus eine Befriedigung affektiver Bedürfnisse. Wo die logische Deduktion aufhört, verlangen noch wichtige Instinkte ihre Befriedigung. Von da an handelt es sich nicht mehr um Wissen, um alles andere ausschließenden Wahrheitswert, sondern um Glauben und Wollen, und um etwas, das keinen Anspruch auf allgemeine Gültigkeit machen kann, sondern dem einzelnen Individuum angepaßt sein muß, wenn auch bestimmte allgemeine Richtungen infolge ähnlicher Anlage und gemeinsamer Erziehungssuggestion für viele passen können. Die Konsequenz — nicht die logische, sondern die der Gewohnheit — einer realistischen Denk- und Fühlweise ist, daß man nicht nur in der Wissenschaft, sondern auch in seinen Hoffnungen und Zukunftsträumen auf die Erfahrung abstellt — und das andere dahingestellt läßt resp. nicht mehr denkt.

In bezug auf die Welt selbst kommt in Betracht: es gibt psychisch eine subjektive und unbestreitbare Realität; physisch eine objektive, nicht beweisbare aber zwangsmäßig angenommene[1].

Über die Existenz und Art des Dinges an sich Sicherheit bekommen zu wollen, ist Unsinn. Verlegt man es in die Ideen (Deussen), so ist es kein Ding an sich mehr.

Die äußeren Wahrnehmungen sind (ihrem Inhalt nach) Symbole, die wir selbst aus den Wirkungen der äußern Kräfte auf unsere Sinne schaffen. Es ist genau wie bei inneren Wahrnehmungen: ein Schmerz ist nicht als Schmerz in einem Organ vorhanden, sondern als eine Verletzung des körperlichen Zusammenhanges, die wir als solche nicht wahrnehmen. Ein Druck auf die Retina wird als Lichtschein wahrgenommen. Die Symbole können nie die Wirklichkeit selbst wiedergeben; in dem Begriff der Wahrnehmung selbst liegt die Unmöglichkeit; sie ist prinzipiell eine Symbolbildung aus Wirkung von Kräften. Äußere oder innere Dinge wahrnehmen wollen, „wie sie sind“, ist eine widersinnige Vorstellung, auch wenn man einen Gott mit einer solchen Fähigkeit ausstatten will.

Etwas *Absolutes* oder *Ewiges* oder irgendwie *Unendliches* kennen wir nicht. Wir wissen nur, daß wir in Raum und Zeit an kein Ende kommen. Der Begriff von Ende und Anfang bezieht sich auf endliche Dinge oder

[1] Vgl. die erkenntnistheoretischen Notizen im ersten Kapitel.

Geschehen (psychologisch ist beides das nämliche). Es war eine falsche Fragestellung (ob von MICHELSON selbst, weiß ich nicht), als man Versuche darüber anstellte, ob sich eine absolute Bewegung nachweisen lasse. Auch bei einem positiven Resultat seines Experimentes wäre der Schluß auf eine absolute Geschwindigkeit und ein absolutes Stillstehen falsch gewesen. In einem endlosen Raume gibt es nichts, was man Bewegung oder Stillstehen nennen könnte. Alle Punkte sind gleichwertig; es gibt also nicht einmal etwas, was man unserem Raumbegriff an die Seite stellen könnte[1]. Dieser ist eine Relation zwischen an Zahl und Umfang endlichen Erscheinungen, ebenso die Zeit. Man kommt also auch von dieser Seite zu der Unmöglichkeit, etwas Unendliches oder Absolutes mit unseren Vorstellungen und Erfahrungen in Verbindung zu bringen. (Das Relativitätsprinzip EINSTEINs hat mit diesen Fragen nichts zu tun.)

Ein Beispiel, wie schlecht auch die Spitzen der Wissenschaft das Unendliche vom Endlichen unterscheiden: HELMHOLTZ behauptet, mit ein paar Buchstaben in algebraischer Anordnung dem Weltgeschehen die dauernde Existenz abgesprochen zu haben, indem er „nachwies", daß beständig Bewegung in Wärme umgesetzt werde, aber umgekehrt viel weniger oder — astronomisch — gar nicht. Es müßte also schließlich nach ihm eine gleichmäßige Durchdringung des Weltalls mit Wärme resultieren, und jede andere Bewegungsform aufhören. Da aber vergißt er zuerst, daß wir nur eine *endliche* Abnahme der kinetischen Energie zugunsten der thermischen sehen, die der unendlichen Quantität nichts anhaben kann; ob man dabei mit astronomischen Zahlen oder mit Milli-Ergs rechnet, ist ganz gleichgültig[2]. Wichtiger ist, daß auch die Vergangenheit ebensogut wie die Zukunft unendlich ist und die ganze Überlegung das zeitlich unendliche Bestehen der jetzigen Annahmen voraussetzt. Diejenigen Gründe, die beweisen, daß eine solche universelle Umwandlung aller Energien in gleichmäßige Wärme stattfinden wird, beweisen genau so logisch, daß der Prozeß schon geschehen ist. Der Widerspruch ist keine Antinomie im KANTschen Sinne, sondern eine einfache Folge des logischen Fehlers, daß man einen endlichen Begriff, ein Geschehen, in eine Beziehung zum Unendlichkeitsbegriff bringt, die im letzteren wieder die Endlichkeit, das Geschehen, voraussetzt.

In bezug auf das „Weltall" der Erfahrung selber müssen wir uns schon bescheiden, resigniert die engen Grenzen unseres Wissens zu konstatieren; das Positive besteht höchstens in der Verabschiedung kindlich kosmozentrischer Vorstellungen. Es wird niemandem einfallen zu glauben, daß die Atome und Elektrone, die wir in unserem Weltausschnitt zu konstatieren glauben, auch den „übrigen" Teil der Welt ausmachen müssen; es braucht ja dort nichts zu sein, was wir als Energien bezeichnen könnten, und wenn so etwas vorhanden wäre, so brauchten diese Energien nicht die Form und die Kombination der Atome und Elektrone anzunehmen. Wir wissen auch, *daß die Unendlichkeit der Kleinheit ebensogut ein Postulat ist, wie die der Größe*, so daß unsere Elektronen relativ zu etwas noch Kleinerem wieder so groß erscheinen können wie unsere Sternenwelt relativ zu ihnen, *und so weiter*. Setzen wir aber einmal ein aus Atomen und Molekülen bestehendes Weltall voraus, in dem alle Energie als Wärme vorhanden wäre. Dann müßte es nach der bloßen Wahrscheinlichkeit gelegentlich auch vorkommen, daß von den nach allen Richtungen sich bewegenden Molekülen beliebige Mengen zusammentreffen und so einen Körper bilden. Ob dieser nun aus wenigen Molekülen bestehe, oder so groß sei wie die von uns vorgestellte Welt, ist gegenüber der Unendlichkeit der Molekülzahl kein Unterschied. Ebenso macht es keinen Unterschied, ob man die Zeit der Wahrscheinlichkeit eines ein-maligen solchen Zusammentreffens von Molekülen auf eine Sekunde berechnet oder auf eine Menge von Sonnenjahren, die sich in unseren Zahlen nur mit einer Reihe von Ziffern ausdrücken ließe, deren Länge nach Siriusweiten zu messen wäre.

---

[1] Man könnte einwenden, durch diese Behauptung sagen wir etwas Positives vom Unendlichen, das wir doch nicht kennen. Wir können aber von einem Begriff, der die Endlichkeit voraussetzt, wissen, daß er nicht zugleich die Unendlichkeit voraussetzt.

[2] Man behauptet jetzt, „die Welt" sei endlich. Die ist aber nicht das Weltall, der abstrakte Raum, sondern ein neuer prinzipiell ebenso endlicher Begriff wie z. B. der weniger umfassende ältere des Sonnensystems. Er bezeichnet den unseren Sinnen und unserem Denkvermögen zugänglichen „Teil" des Weltalls.

Die Psyche ist eine Funktion des Gehirns; das ist so bewiesen wie irgend etwas anderes, wenn man hier in gleicher Weise schließen darf wie sonst. Damit ist gesagt, die individuelle Psyche stirbt mit dem Gehirn[1]. Logisch ist damit das ewige Leben nicht ausgeschlossen, denn das Gehirn kann am Jüngsten Tage wieder aufgebaut werden. Es wird nur schwerer, von diesem Standpunkt aus an eine unbegrenzte Dauer der Seele, die von dem mit der Materie wechselnden Gehirne abhängig ist, zu glauben. (Es gibt übrigens noch andere Wahrscheinlichkeitsgründe gegen die ewige Existenz der Seele, ganz abgesehen von dem Fehler, daß wir da wieder einen endlichen Begriff mit einem unendlichen in Beziehung bringen.) Wer die Unsterblichkeit darin sieht, daß unser persönliches Bewußtsein in einem allgemeinen Bewußtsein aufgehe, kann nur Jenen Trost geben, die sich nichts Vernünftiges dabei denken. In dem allgemeinen Bewußtsein wären *wir*, unsere Person nicht mehr enthalten, ebensowenig wie in einem unserer mitlebenden Geschöpfe. *Wir* wären dann doch tot. Daß wir aber in einer andern Form weiter existieren, glauben wir ja doch, da wir an die Erhaltung der Kräfte glauben, die uns zusammensetzen (natürlich ohne jeden Grund, soweit es nicht unsere zeitlich und räumlich begrenzte Erfahrungswelt betrifft). — Wie man zum Begriff und Postulat des ewigen Lebens kommen mußte, ist ja klar. Abgesehen von den Wahrnehmungen Abgeschiedener in Traum und Wachhalluzination haben wir einen Trieb der Selbsterhaltung, sonst würden wir nicht existieren. Sterben ist uns ein unlustbetonter Begriff. Man wünscht es zu vermeiden und vermeidet es in der Vorstellung durch die Fiktion des ewigen Lebens.

Was hat denn aber unser Leben, der Mensch, für einen Zweck? Leute von Namen legen ein Gewicht auf diese Frage. Zum Verständnis müssen wir zwei Voraussetzungen auseinander halten. Wenn der Mensch mit der gesamten Welt von einem Gott geschaffen worden ist, der in der gewöhnlichen Vorstellung ganz menschlich, wenn auch allmächtig gedacht ist, dann dürfen wir annehmen, ein solcher Schöpfer habe gewußt, warum er den Menschen und das Bakterium schaffe. Aber zu glauben, ein Mensch könne des Schöpfers Absicht erklügeln und gar verstehen, ist ein unverzeihlicher Hochmut. Jedenfalls fehlen uns alle Voraussetzungen dazu. Man hat behauptet, Gott habe die Menschen erschaffen, um sich von ihnen preisen zu lassen; das wäre wohl unter der Würde eines Gottes. Im übrigen antwortet man tausend Kindereien. Die Fliege ist da, um der Spinne Nahrung zu sein; die Spinne ist da, um einen in einer Höhle verborgenen Prinzen zu retten, indem sie durch ein Netz vor dem Eingang glauben läßt, da könne niemand hineingegangen sein. Aber warum muß der Prinz gerettet sein? Regressus in infinitum ....

Unterlassen wir aber eine Personifizierung und Vermenschung der Weltordnung, so ist die Frage nach dem Zweck der existierenden Dinge einschließlich der Organismen so sinnlos wie die, was die Gerechtigkeit für einen Wassergehalt habe. *Der Begriff der Zweckmäßigkeit setzt Beziehungen zu einem bewußten oder unbewußten Bedürfnis eines Lebewesens voraus.* Ein Erdbeben oder ein Berg hat somit keinen Zweck. Aber die Verdauung und das Denken haben einen Zweck, *insofern von uns die Erhaltung der Organismen als Ziel gesetzt wird;* im übrigen sind diese

[1] Wenn man wenigstens nicht mit einer okkulten Welt mit unbekannten Gesetzen rechnen will. Auch wenn übrigens die bis jetzt von den Spiritisten berichteten „Erscheinungen Verstorbener" zurecht bestünden, würden sie das Weiterleben einer Persönlichkeit in der Form, wie es vorgestellt wird, nicht beweisen, sondern geradezu unwahrscheinlich machen.

Funktionen Vorgänge, die zwar mnemisch entstehen, aber, wenn ihre Bedingungen da sind, ablaufen, ganz wie eine Welle im Wasser oder ein Erdbeben.

Aus der biologisch-materialistischen Auffassung folgt ohne weiteres die auch sonst von der Naturwissenschaft verlangte *deterministische Anschauung* in bezug auf den Willen, d. h. die Ansicht, daß unser Handeln restlos begründet ist in der angeborenen Organisation und den auf diese einwirkenden Einflüssen.

Was ist nun Wahrheit? Zunächst dasjenige, was unsere Sinne sagen. Aber wir wissen, daß die Wahrnehmungen eine komplizierte Verarbeitung der Empfindungen sind. Darum und noch aus anderen Gründen täuschen uns die Sinne manchmal. Sie sagten uns früher, die Erde stehe still, und Sonne und Mond und Himmel drehen sich um sie herum. Da die Sinne uns täuschen können, muß man mit Experiment und Logik ihre Zuverlässigkeit im einzelnen Falle prüfen. Die Logik sagte uns, daß sich die Erde um die stillstehende Sonne drehe. Die Logik kann aber auch Fehler machen. Sie wird an neuen Erfahrungen und an neuen logischen Operationen geprüft. Da schafft sie uns einen neuen Begriff der Bewegung, und wenn man den anwendet (aber nur dann), muß man sich sagen, daß je nach dem Standpunkt die Sonne um die Erde oder die Erde um die Sonne gehen müsse oder auch keines von beiden. Das meiste übrigens, was wir als Wahrheit ansehen, daß ich zwei Hände habe, daß Bern in der Schweiz liegt, und Milliarden anderer Zusammenhänge gelten uns als unangreifbar, und die meisten von diesen werden es auch sein. Immer weiter wird die Grenze dieser anscheinend feststehenden Wahrheit unserer Kenntnisse. Aber niemals wissen wir, *was* wir später wieder anders auffassen werden, und an der Peripherie des Erkennens schwanken die Ansichten auf und ab, so daß dort schon das *Glauben* beginnt.

Glauben aber ist annehmen nicht als Zeugnis der Sinne und der Logik, sondern aus innerem Bedürfnis. Auch der Glaube kann täuschen, namentlich weil er so leicht von anderen suggeriert werden kann und dann gar nicht eigentlich *unser* Glaube ist. Aber er füllt die Lücken unseres Wissen aus, die wir empfinden, und tut das nach unseren wirklichen inneren Bedürfnissen, und darin leistet er etwas Richtiges, wenn auch sein Inhalt vor dem Richterstuhl des Intellekts ein Scheinwissen ist. Er treibt uns, die Welt nach unserer Organisation anzusehen und danach zu handeln. Diese Triebfeder ist etwas Reales, es liegt in gewissem Sinne etwas Wahres darin, daß man nach seinen eigenen Trieben denkt und handelt. Redet man davon, daß *der Inhalt* des Glaubens wahr sei, so verschiebt man den Begriff der Wahrheit, der ursprünglich nur auf den Inhalt des Wissens paßt. In dem Begriff des Glaubens aber liegt es, daß er uns ein Wissen nicht nur ersetzt, sondern auch vortäuscht, wenigstens kann niemand wissen, wo die Wahrheit seines Wissens und die seines Glaubens sich voneinander scheiden, und das ist das Gefährliche am Glauben. Sind aber unsere moralischen Instinkte gut, und haben wir geprüft, was gut und böse, d. h. für die Allgemeinheit nützlich und schädlich ist, so kann der Glaube an sich und an seine Aufgabe und an die Wege dazu nur Gutes stiften. Wahrheit ist also zunächst etwas Relatives, wenn auch unter gewöhnlichen Verhältnissen nicht Bestreitbares, das, was uns Erfahrung und Logik nach genauer Prüfung als richtig darstellt. Wie groß die Tragweite von Erfahrung und Logik und der Prüfung selbst ist, können wir nicht wissen. Ein Teil des in einem bestimmten Zeitpunkt für wahr Gehaltenen kann sich einmal als falsch erweisen, naturgemäß am ehesten gerade derjenige, bei dem man daran denkt, ob Wahrheit vorliege oder nicht. Glaube, bei dem man wenigstens seit Christi Zeiten am meisten von Wahrheit redet, entspricht angeborenen und ansuggerierten Bedürfnissen. Der Begriff der Wahrheit ist von den prüfbaren Verhältnissen auf den Glauben übertragen und muß notwendig mit dem Begriff des Glaubens verbunden sein, obschon er dadurch und für diese Fälle eine ganz andere Bedeutung bekommt.

Das Glauben, das unseren Trieben und Komplexen entspringt, hat natürlich unvergleichlich stärkere Tendenz, sich andern aufzudrängen, als das Wissen und führt zu häßlichen Zänkereien und zu Blutvergießen— auf religiösem Gebiete zwar vorwiegend aber nicht ausschließlich da, wo die Religion der Liebe oder der Mohammedanismus in Betracht kommt (auch Indien hatte schon früh seine religiösen Verfolgungen). Solche Auswüchse sind aber nicht notwendig. Unter einfacheren Verhältnissen kann man leicht tolerant sein, weil man die Gegensätze ungenügend erfaßt, so von den Primitiven, von denen jeder ungestört seinen beliebigen Fetisch haben kann, bis zum klassischen Altertum. Man kann auch, soweit nicht praktische Gründe zu anderem Verhalten zwingen, in hohem Grade tolerant sein aus einer gewissen Indifferenz heraus, wie es bei vielen Kreisen namentlich in deutschsprechenden Gebieten der Fall ist. Und man kann schließlich selber einen starken Glauben haben und sich energisch dafür einsetzen, aber jede Überzeugung anderer dennoch moralisch ähnlich werten wie seine eigene. Diese wohl höchste Stufe des Verhaltens gegenüber dem Glauben ist auf religiösem und politischem Gebiete in englischsprechenden Ländern geradezu die herrschende. Wie aber eine solche Einstellung mit dem eigenen Glauben vereinbar ist, ist wieder nur dereistisch zu erklären.

Man spricht in neuerer Zeit viel von der Macht oder von dem Durchbruch des *Irrationalen* und meint damit das Dereistische und Magische im Denken, das Glauben, das Mystische, das Instinktive. Es handelt sich dabei in der Regel wirklich um etwas, das mit den Instinkten zusammenhängt, und somit nur insofern irrational ist, als es außerhalb unserer bewußten Ratio, unserer Hirnrinden- oder Individuallogik verläuft. In dem Instinktiven äußert sich aber diejenige Ratio, die sich aus der Erfahrung und den Bedürfnissen der Species im Laufe der Zeiten ergeben hat, und deren bloße Dienerin die Individualratio ist.

Sehr zu bedauern ist, daß das Wertvolle, das in den *Religionen* liegt, mit der rapid wachsenden Schwierigkeit, ihre Dogmen ernst zu nehmen, sich mit diesen zu verflüchtigen beginnt. Auch jetzt noch können die alten Religionen Vielen Halt und Trost in schwieriger Lage verleihen, und namentlich auch den Anstoß, ja geradezu die Kraft zur Umkehr von einem schlimmen Leben geben, was z. B. die sozialistische Religion nicht kann, die im Gegenteil mit ihrer übertriebenen Negation des Bestehenden und der Ignorierung so vieler wertvoller Imponderabilien durch Hintansetzung der Moral und Überschätzung des äußerlichen Wohlbefindens manchmal schadet. Ob es einmal einem Genie gelingt, all das Schöne und Gute der alten Religionen an zeitgemäße Vorstellungen zu knüpfen und dadurch wieder wirkungsfähig zu machen, und mit der Energie eines allgemeinen Instinktes zu laden? Die Moral, welche das Studium der Natur lehrt, ist etwas zu vernunftgemäß d. h. zu wenig instinkt-verbunden für die breiten Volksmassen. Wenn man allerdings nicht die einzelnen, sondern die Gesamtheit einer Religionsgenossenschaft betrachtet, so erscheinen auch ihre Leistungen in bezug auf Besserung der Menschen, auf Mehrung von Glück und Minderung von Leid so minim, daß man nicht große Hoffnungen hegen kann.

Das wäre nun die Welt unserer Auffassung. Wie stellen wir uns ihr gegenüber? In bezug auf den Determinismus bin ich oft gefragt worden:

Wenn alles kausal begründet ist, dann ist auch alles vorausbestimmt. Ich kann also nichts dazu oder davon tun; es nützt nichts, daß ich mir in Arbeit oder Gutestun Mühe gebe? — Ist es aber vorausbestimmt, daß man ohne Eingreifen etwas erreicht?

Ziehen wir zunächst die praktischen Folgerungen in einem Beispiel: Ich habe Hunger. Da muß ich nach dieser Überlegung mir sagen: ich brauche nicht essen zu wollen und nicht zu essen. Handle ich aber danach, d. h. esse ich nicht, so bekomme ich ganz sicher meinen Hunger nicht los. *Die Kausalreihe vom Hunger zur Sättigung geht eben durch das, was ich Wollen und Handeln nenne.* Es ist, wie wenn ich sage: es ist vorausbestimmt, daß ein Schuß losgeht. Ich brauche „also" nicht zu laden. Es ist vorausbestimmt, daß der Baum entwurzelt wird, der Wind braucht also morgen nicht zu wehen; der Baum wird doch umfallen.

Wenn im Reiche der Kausalität ein Vorgang „vorausbestimmt" ist, *so sind eben aus dem gleichen Grunde auch seine Ursachen, seine Bedingungen vorausbestimmt.* Ein anderes Geschehen gibt es da nicht. Wenn ich also den Hunger los sein will, so „muß" ich essen, genau wie die Flinte geladen sein muß, damit der Schuß losgehe, oder der Wind wehen muß, damit der Baum umstürze.

Das „Müssen", das „Wollen", das „Nützen" empfinden wir nun sehr verschieden. Wenn ich sage: ich will essen, mein Wollen nützt, indem es mich zum Essen bringt und mir den Hunger beseitigt; um den Hunger los zu haben, muß ich essen wollen und essen, so kommt uns das als etwas anderes vor, als wenn ich sage: der Baum „will" umfallen; damit er umfalle, muß der Wind wehen; das Laden nützt, weil sonst der Schuß nicht losgehen könnte; die Flinte muß geladen sein, wenn ein Schuß losgehen soll. Der Unterschied liegt aber nur darin, daß der eine Vorgang, der des Essen-wollens „bewußt" ist, der andere nicht (soweit wir wissen; wenigstens betrachten wir ihn unabhängig von irgendwelcher bewußten Qualität; den ersten im Gegenteil betrachten wir nur von innen, von der Bewußtseinsseite, obschon wir wissen, daß er auch eine objektive Seite hat). Das „Bewußtsein" kennt die Motive zu essen, und es kennt eine Art Übergangsstelle aus den Ursachen in die Wirkung: es „weiß", daß es handelt. Es weiß auch, warum es handelt, und weiß es, bevor die Bedingungen in die Wirkung, subjektiv ausgedrückt, in das Handeln übergehen. Die Bedingungen sind der Hungerreiz (unabhängig davon, ob er bewußt werde oder nicht), die physiologische Einrichtung, daß Hungerreiz die Tendenz zum Essen bewirkt, und dann natürlich das Vorhandensein der Organe und Verbindungen, die das Essen besorgen. Die Tendenz des Nervenapparates, bei bestimmten Reizen (Situation) eine bestimmte Funktion auszuführen, nennen wir von innen gesehen, vom Bewußtsein aus: Wollen. Sind eine größere Anzahl der Bedingungen ebenfalls bewußt (daß Essen Annehmlichkeit verschafft, daß es den Hunger beseitigt), so ist es der *zielbewußte* menschliche Wille.

Würde der Baum seine Tendenz, der Schwere und dem Winddruck zu folgen, von innen ansehen, würde sie ihm bewußt, so hätte er einen „Willen"; würden ihm auch die Bedingungen bewußt, oder wäre gar die Ablehnung des jetzigen Zustandes und die Annahme des nächsten in Form von Unlust und Lust bewußt, so würden die Bedingungen zu Motiven, und wir hätten einen motivierten Willen vor uns.

Was tut das Wollen oder Nichtwollen dazu? Ob die Tendenz bewußt sei oder nicht, ob sie also ein Wollen sei oder nicht, das ist ganz gleichgültig; aber das, was wir in diesem Falle so nennen, die Tendenz mit ihren Bedingungen, *das* „muß" vorhanden sein, wenn der Baum umfallen soll, im gleichen Sinne, wie ich essen wollen muß, um zu essen und vom Hunger befreit zu werden. Der Einwand, daß der Determinist nichts an dem „vorausbestimmten" Geschehen ändern könne, beruht auf Mißverständnis. Der Determinist ändert ja wirklich durch sein Wollen etwas, gerade wie der Wind, der den Baum umwirft. Erst wenn er objektiv die Wurzeln des Wollens prüft, dann sieht er, daß er nicht anders wollen kann.

Es ist also theoretisch so falsch wie praktisch bedenklich zu formulieren: wenn alles „vorausbestimmt" ist, so nützt meine Anstrengung nichts. Sie nützt ja wirklich, weil sie eine notwendige Bedingung des gewünschten Erfolges ist, genau wie der Wind eine der Bedingungen ist, daß der Baum fällt. Der Indeterminist fordert aber hier ein „Nützen" in einem ganz anderen Sinne; *er möchte nicht „bloß" ein Glied in einer Kausalkette bilden, die vorher wie nachher besteht, sondern er möchte eine Kausalkette anfangen, eine erste Ursache setzen*, er möchte ein Gott sein, denn nur einem solchen schreibt man diese Fähigkeiten zu, die sich übrigens vor und mit und nach KANT noch niemand denken konnte. Seinen größenwahnsinnigen Wunsch können wir ihm nicht erfüllen und deshalb ist er mit uns unzufrieden. Er wünscht etwas für diese Welt der Erfahrung Unmögliches und Undenkbares. Daß er es wünscht, hat seinen Grund in dem natürlichen Bedürfnis nach Macht und hoher Bedeutung der Persönlichkeit; davon läßt er sich zu dem logischen Fehler verleiten, nur die wenigen Kausalglieder, die ihm die innere Anschauung des Willensaktes zu erkennen gibt, und die er Motive und Entschluß nennt, zu berücksichtigen, die früheren Glieder aber zu ignorieren. So kommt er dazu, der (scheinbar) nach rückwärts abgebrochenen Kausalkette eine besondere Wertung zu geben, wozu objektiv kein Grund besteht.

Nun sollen materialistische Auffassung und Determinismus zusammen die *Moral* untergraben — der Materialismus, weil er das Motiv der ewigen Strafe und Belohnung mehr oder weniger ausschalte, der Determinismus, weil er zum Fatalismus führe und die Begriffe der Schuld und Sühne unmöglich mache.

Schon die Erfahrung zeigt, daß das nicht richtig ist: die Moral ist ganz unabhängig von theoretischen Auffassungen; wer aus zwei moralisch angelegten Keimplasmen entstanden ist, wird auch moralisch, wenn nicht spätere Hirnkrankheiten aus ihm einen andern Menschen machen. (Was die Erziehung verderben kann, hat eine ganz andere Bedeutung; der Zigeuner und der Spartaner, die zum Stehlen erzogen werden, der Primitive, dem Blutrache Pflicht ist, der Student, der das Kneipenleben als idealen Ausdruck der Mannhaftigkeit wertet, sind nicht unmoralisch im biologischen Sinn.) Bei jeder Lehre gibt es gute und böse Menschen in ungefähr gleicher Mischung. Nur eines scheint dem Schwarzseher recht zu geben: wenn man Zuckerbrot und Rute nicht auch noch nach dem Tode zu erwarten hat, so fällt ein wichtiger Grund des Rechttuns weg. Ich glaube nicht, daß das ins Gewicht fällt. Für den Moral-Philister genügen neben dem Gewissen die Strafgesetze, die Verachtung und die Achtung durch die Nächsten, die Eitelkeit, als gut zu gelten; der besonders Moralische ist von vornherein tugendhaft; der Amoralische hat kein Gewissen und kümmert sich weder um seine irdische noch seine ewige Zukunft; und die zwischenstehenden Schufte, die ihr Gewissen jeweilen mit einer guten Tat beruhigen, haben nach Erfüllung der Sühne wieder mehr Kraft für neue Schlechtigkeiten. So lehrt mich die Beobachtung. Sind die Völker, die wenig oder gar nicht mit dem Leben nach dem Tode rechneten, wie die alten Griechen, die Juden, verbrecherischer in ihrem Handeln? Und die in Gemeinschaft lebenden Tiere?

Der Fatalismus ist an sich weder moralisch noch unmoralisch, aber er ist intellektuell eine Schwäche, die je nach der Anlage von den Trieben benutzt wird. Der fanatische Mohammedaner stürzt sich im Glauben, alles komme ja doch, wie Allah es wolle, ohne Rücksicht auf die Gefährdung der eigenen Existenz in die Schlacht; der Faulenzer kann mit der gleichen Begründung die Anstrengungen vermeiden, der Unmoralische das Gute unterlassen oder das Böse tun. Keiner aber ist konsequent. Nur da, wo es ihnen paßt, ziehen sie den Schluß: da es doch geht, wie Gott oder die Naturgesetze es wollen, brauche ich mich nicht um mein Leben zu kümmern, oder brauche ich mich nicht anzustrengen. Dem Tapferen fällt es nicht ein, die logisch gewiß besser begründete Konsequenz zu ziehen: Gott ist allmächtig; wenn er will, daß unsere Sache siegen soll, so wird er sie siegen lassen ohne die Anstrengung eines armseligen Menschen; der Fatalist ißt und trinkt wie ein anderer, obschon Gott ihn auch füttern oder am Leben erhalten könnte, ohne daß er schluckt. Man braucht eine solche Anschauung in erster Linie zur Befriedigung seiner (von den Ansichten ganz unabhängigen) Instinkte genau wie die Religion, aus der der Weichherzige die Vorschrift, dem Leidenden zu helfen, der Rachsüchtige oder Sadistische den Befehl, andere zu verbrennen, herausliest.

Genau so ist es mit dem Determinismus. Es gibt keinen Deterministen, der sich in allen Fällen sagen würde, mein Wille läuft von selber, ich brauche mich zu nichts zu entschließen, und wohl auch keinen, der konsequent einen Schuldbegriff leugnen wollte. Theoretisch allerdings ist der Schuldbegriff ein anderer beim konsequenten Deterministen als beim Indeterministen. Statt des Willens nennt er die Organisation oder die Erziehung des Übeltäters schlecht. Beide meinen mit diesen verschiedenen Worten das nämliche Ding, nur fügt der eine die Vorstellung hinzu: „es könnte anders sein“, der andere „es ist mit Notwendigkeit so“. Das ist aber auch der ganze Unterschied. Die Konsequenzen sind die nämlichen. Vor dem Menschen mit der bösen Anlage muß man sich ebenso schützen wie vor dem mit dem bösen Willen; so brauchte man in einem Strafgesetz, das sich scheinbar auf die eine Theorie stützt, nichts zu ändern, um es für die andere umzuarbeiten, als einige Worte; materiell müßten die Strafandrohungen gleich bleiben, solange nicht noch andere Gründe mitspielen. Die Säulen des Staates sind zwar anders angestrichen, aber ganz gleich fest, ob man den Sünder hänge zur Strafe für seinen bösen Willen, oder weil man ihn verhindern will, weiter zu sündigen, und auch der Missetäter selber zappelt in beiden Fällen genau gleich lang. Mit dem Gesagten fällt auch die Notwendigkeit des *Schuld- und Sühne-Begriffes* für die Moral ohne weiteres.

Die Moral ist ein Instinkt, der bei allen gesellschaftlich lebenden Wesen da sein muß, Jahrmillionen existierte, bevor ihn der homo sapiens mit solchen Spitzfindigkeiten begründen wollte, und der sich bei den geeigneten Gelegenheiten als Liebe und Haß und Belohnung und Rache und Selbstaufopferung und Vernichtung des Schädlichen äußert. Logisch begründen läßt die Moral sich niemals aus Gesetzen, die uns von außen gegeben worden sind, wohl aber aus dem kategorischen Imperativ, dann nämlich, wenn wir diesen nicht im KANTschen

Sinne fassen, sondern als einen Instinkt zur Erhaltung der Art (und wohl, sekundär, in einer Art Nebenamt, auch zur Verkleinerung der Summe von Unlust und zur Vergrößerung der Summe von Lust einer Gemeinschaft). Die Moral ist also sehr leicht biologisch zu begründen, niemals aber auf andere Weise (vgl. Ethik). Was so aussah, sind Scheindeduktionen, mit denen man die guten und die bösen Instinkte befriedigen konnte: man durfte verbrennen und köpfen und Bußen einziehen und als herrschende Klasse oder herrschender Staat andere aussaugen und vergewaltigen und sich aufopfern und Leiden lindern und lieben und hassen — alles das gestützt auf Grundsätze, von denen man behauptete, eine höhere Macht habe sie eingeführt, während es in Wirklichkeit nichts anderes als Phantasien waren, die zur Befriedigung der guten und bösen Instinkte verwendet und wohl auch geschaffen wurden. Wenn eine äußere „höhere" Macht uns solche Vorschriften gibt, so tut sie es in einer Weise, daß der eine sie so, der andere anders versteht — immer gemäß seinen Trieben und Komplexen, ganz wie bei Mißverständnissen von Mensch zu Mensch.

Wer also ein Gewissen hat, der hat es bei jeder Lehre; aber wenn praktisch in der Wirkung verschiedener Theorien ein Unterschied besteht, so kann es nur zugunsten des Materialismus sein. Mit dem menschlich geformten Herrgott, wie ihn die Mittelmäßigkeit benutzt, ist leicht zu reden, on trouve avec lui des accommodements; hat man etwas Schlimmes begangen, so tut man eine Buße, und wenn auch die Sünde schwarz war wie Pech, so wird man dadurch wieder weiß wie Schnee. „Ich stehl mei Holz und zahl mei Bueß" ist ein ziemlich populärer Standpunkt. Der Determinist dagegen kann Beruhigungsmittel höchstens darin finden, daß er die angerichteten Schäden gutmacht, soweit es möglich ist, und daß er sich bessert; aber er weiß, daß er die unangenehme Empfindung in seinem Gewissen zeitlebens mit sich herumtragen muß wie bis zur Erfindung des Salvarsans die meisten Luiker ihre Spirillen. Verzeihung gibt es für ihn ebensowenig wie sonst in der Natur. Wer sich ein Stück Gehirn oder Gesundheit weggesoffen hat, dem bringt es weder Reue noch Buße zurück.

Wer fühllos ist für das Elend des Nächsten oder sich gar an seinen Schmerzen weidet, der wird wenig oder gar nichts Gutes, aber viel Böses tun bei jeder Lehre; und wenn er, um Strafe von sich abzuwenden, einmal ein gutes Werk tut, so wird er in den meisten Fällen die Wirkung überkompensieren durch die Benutzung seiner Moralvorschriften zum Schaden anderer. Aus Liebe zu Gott tugendhaft handeln kann nur der, der lieben kann, d. h. schon moralisch ist. Daß die Furcht vor ewiger Strafe nicht mehr leistet als die vor dem Strafgesetz, zeigt die Erfahrung. Wer seinen Nächsten liebt, wem es Schmerzen macht, andere unglücklich zu sehen, wird Gutes tun, ohne lang nach philosophischer Begründung zu fragen, und für Ideale sich erwärmen kann der unter allen Umständen, dessen Gefühle dazu angelegt sind, niemals aber ein anderer, auch wenn er sich durch das dickste Buch über Ethik hindurchochst.

Wenn der Materialismus theoretisch den Schuldbegriff etwas verändert, so schließt er sich wieder an die antike Auffassung an, der auch konsequente christliche Denker wie Augustin nicht fernstanden. Wir rechnen jetzt nur die Tugend dem Menschen zum persönlichen Verdienst an; Intelligenz, Körperkraft, Gesundheit können wir schätzen, aber das ist ihm von außen gegeben; und fehlen ihm diese Eigenschaften, so heißt es, „er ist ja nicht schuld daran". Wer aus Dummheit Verbrechen oder sonst Fehler begeht, wird bemitleidet und auch vom Gesetz milder oder gar nicht bestraft. Man ignoriert aber, daß man sich seinen Charakter ebensowenig selber gemacht oder ausgewählt hat wie seine Intelligenz. Das ist eine Inkonsequenz, die nicht zu allen Zeiten begangen wurde. Es hat ja einen gewissen Sinn, die Schädigung aus bösem Willen mehr zu bestrafen als die unabsichtliche, denn es gibt wirklich Umstände, wo in diesem Falle die Strafe etwas nützen kann, während die Dummheit und Unaufmerksamkeit sich weniger eindämmen oder kompensieren läßt. Immerhin gibt es auch nach unseren Gesetzen Verbrechen aus Fahrlässigkeit, wobei man allerdings den herrschenden Auffassungen zu Liebe einen moralischen Fehler konstruiert, auch wenn gar nichts davon zu sehen ist. Man liebt ein schönes Frauenzimmer nicht weniger, weil sie ihre Schönheit nicht selber gemacht hat — im Gegenteil.

Würde man den jetzigen auf den bösen Willen gebauten Schuldbegriff wieder aufgeben, so könnte endlich die Frage der *Zurechnungsfähigkeit* wegfallen, die ganz unnütz und im Sinne der bestehenden Gesetzgebungen eigentlich gar nicht zu beantworten ist, schrecklich viel zu reden gibt und eine richtige Bekämpfung des Verbrechens und angemessene Verbrecherbehandlung unmöglich macht. Man hätte bei forensischen Untersuchungen auch nicht mehr auf die in einer großen Zahl von Fällen nur willkürlich zu beantwortende Frage, ob gesund oder krank, einzugehen usw.

Wie steht es nun aber mit der „*Gerechtigkeit*"? Der Begriff wird bei uns eng an den bösen Willen geknüpft. Das ist aber gar nicht notwendig. Die Natur straft die Sünden mit oder ohne bösen Willen ganz gleich; die Syphilis insontium verläuft wie die derjenigen, die die Krankheit durch einen Fehler gegen die sexuelle Moral erworben haben. Der alttestamentliche Gott wird seiner Gerechtigkeit wegen gerühmt und rächt die Sünden der Väter an den unschuldigen Kindern bis in das dritte und vierte Geschlecht. Die Atriden waren zum Unglück bestimmt. Daß Orestes zum Morde seiner Mutter moralisch verpflichtet war, hinderte die unbestechlichen Erinnyen nicht, an ihm Rache zu nehmen. Die „nützlichen" Tiere lieben wir und beschützen wir mit unserem Mitleid, die „schädlichen" vertilgen wir mit innerer Befriedigung; es sind aber beide genau gleich brav. Der moderne Begriff der Gerechtigkeit ist ein intellektuell und praktisch gleich unhaltbarer. Er ist aber geradezu schädlich geworden im Rechtsstaat. Rache und Sühne sind nötig, solange sich der einzelne oder seine Sippe selber helfen muß, in primitiven menschlichen Verhältnissen und bei Tieren, nicht mehr aber bei uns, wo man Jahrzehnte verschwatzt, um das beste Strafgesetz auszuklügeln und im Übertretungsfalle zu langen Diskussionen zusammensitzt, um zu entscheiden, was nun mit dem Übeltäter zu tun sei.

Mit der Frage nach der Gerechtigkeit wird oft diejenige verquickt, *wie das Übel in die Welt kommt*? Die Mythologien machen verzweifelte Anstrengungen, sie zu beantworten. Für den Materialisten gibt es keine Antwort, weil es diese Frage nicht gibt. Für ihn kommt kein Übel in die Welt, sondern: es gibt Dinge, die unsere Existenz fördern, das Gute, und andere, die sie schädigen, das *Übel, beides relativ zu uns*. Für den Elefanten, den wir ausrotten, wäre es das Gute, wenn die Menschen zugrunde gingen. Übel ist ein rein relativer Begriff, relativ in Beziehung zu bestimmten Geschöpfen oder Zwecken, nicht zu der Gesamtwelt. Das mag genügen.

Die übliche Einkleidung der Moral wäre natürlich nicht entstanden, wenn sie nicht bestimmten Bedürfnissen entspräche; sie ist auch nicht ohne wirkliche Vorteile; für die Mittelmäßigkeit mag sie die größte Bequemlichkeit darstellen. Der materialistische Determinist muß auch auf Vorstellungen verzichten, die jedem Menschen einmal lieb geworden sind, nicht nur weil sie in der Jugend eingepflanzt und assoziativ mit allen Gefühlen des Guten und Schönen enge verbunden worden sind, sondern auch, weil sie eben in unserer Natur wurzeln. Wie der einzelne im Traum und in der Poesie seine Wünsche befriedigt, so tut es die Gesamtheit in solchen Vorstellungen; und auf diese ganz zu verzichten, wird auch der ausgepichteste Intellektualist nur schwer fertig bringen. Er muß verzichten auf die Ewigkeit seines individuellen Lebens resp. seines Ich, auf die Vorstellung einer außerhalb der menschlichen Gesellschaft existierenden Gerechtigkeit mit Belohnung und Strafe, ja sogar auf die Möglichkeit einer Annäherung an das Unendliche oder Absolute, Dinge, die ihm nur Grenzbegriffe sind, mit denen er im übrigen nichts anzufangen weiß. Dafür wird ihm das Mitgefühl nicht durch „Gerechtigkeit" und Haß gegen Menschen, die nur in einer andern Ansicht als er erzogen worden sind, unterdrückt, und er wird mit um so größerer Ehrfurcht vor dem stehen, was man jetzt oft mit verächtlichem Beiklang als „Tugend" bezeichnet, weil er weiß, wozu und warum er das Bedürfnis dazu im Busen trägt. Und wenn er begeisterungsfähig ist, so wird er sich nur um so mehr dafür entflammen, weil er nicht nur glaubt, sondern auch weiß, daß er nicht für eine Chimäre eintritt, sondern für die höchsten Güter der Menschheit. Und Ideale kann er sich wählen, so viel er will, sogar unter Umständen noch dereierende des Glaubens, nur nicht solche, die andern schaden oder bequeme Ausreden sind, für die reale Welt nichts zu tun. Leicht ist es auf realistischem Boden mit beliebigen Leuten anderen Glaubens das nämliche Ziel zu verfolgen; in der Verhinderung des Elendes, im Kampf gegen Verbrechen, Alkohol, Geschlechtskrankheiten und viele andere vermeidbare Übel arbeiten Materialist und Idealist, Freigeist und Orthodoxe aller Konfessionen einträchtig zusammen, während das „andächtig Schwärmen" für irgendeines der absoluten Ideale dieser Gemeinschaften neben einigem Guten Selbstüberhebung und Faulheit für sich selbst und Haß und Verleumdung und Gewalttat gegen andere zeitigt.

Nach allem ist es klar, daß es ein Mißverständnis ist, wenn man behauptet, der Materialismus vernichte die Moral. Im Gegenteil, er weiß am besten, daß ein Zoon politikon nicht ohne Moral bestehen kann; seine Moral ist eine strenge, unerbittliche, und er allein kann sie — von seinem Standpunkt aus — begründen, unwiderleglich und objektiv.

Auch die religiösen Bedürfnisse lassen sich von hier aus so gut wie bei jedem andern Standpunkte befriedigen. Ja eigentliche Religionen schaffen kann der Materialismus, wie der Sozialismus beweist, der seit mehr als einem Menschenalter zu einer Religion mit allen ihren Licht- und Schattenseiten geworden ist. Daß er seine Ziele auf dieser Welt sucht, wird ihm wohl wie der mosaischen Religion eher zur Stärke als zur Schwäche gereichen[1]. So weit aber der Sozialismus Anschluß an Erkenntnistheorien hat, ist es an die materialistische. Einer Religion auf materialistischer Basis überhaupt muß, so weit ich sehe, nichts fehlen, was einer andern prinzipiell notwendig ist, und eine solche braucht auch nichts prinzipiell Neues. Das gebende und nehmende Verhältnis von Religion und Moral

[1] Wenn er, wie in den letzten 20 Jahren, gegen seine eigenen Prinzipien und gegen das Prinzip der Moral, dem er entsprungen ist, vergißt, daß es nur eine Moral zur Erhaltung der *Gesamtheit* gibt, so wird er daran zugrunde gehen.

muß oder kann dasselbe bleiben. Was in andern Religionen die Prädestination, die Gnade, das Schicksal oder das Fatum ist, das besteht noch, wenn auch der uns besser als früher bekannte Teil desselben jetzt unter dem Namen der Naturgesetze eine etwas andere Beleuchtung erhalten hat.

So ist es moralisch und praktisch recht gleichgültig, welche theoretische Anschauung man besitze, und es ist ziemlich unnütz, die im Gehirn gewachsenen moralischen Gesetze in Form von objektiven Geboten aus sich heraus zu projizieren und die Gewissensbisse als Teufel und Hölle sich zu denken oder gar in Halluzinationen so wahrzunehmen. *Sehr fragwürdig aber ist es, wenn man in der jetzigen Zeit des Überganges, wo die alten Anschauungen ihre intellektuelle und affektive Zugkraft immer mehr verlieren, kleinen und großen Kindern in Gestalt einer religiösen oder philosophischen außermenschlichen Forderung einen Stecken gibt und sie daran zu laufen gewöhnt, der bei der Mehrzahl der Menschen unfehlbar zusammenbricht, sobald sie sich einmal auf ihn stützen sollten. Wäre es nicht besser, sie ohne Stecken gehen zu lassen oder ihnen einen zu geben, dessen Tragfähigkeit den jetzigen Umständen angepaßt ist, statt ihnen immer vorzumachen, daß die neuen Anschauungen die Moral vernichten — bis sie es glauben und sich um Moral und Gewissen nicht mehr kümmern. Gerade von diesem konfusen Halb-und-Halbverfahren am meisten kommt die jetzige Verwirrung in der Moral und die Schwäche moralischen Einflusses.*

Lohnt es sich aber zu leben ohne Glauben an einen „Zweck" und an Ausgleich des erfahrenen Übels und an ewiges Leben? Wenn man nichts mehr zu erwarten hat, wenn man nicht mehr der Mittelpunkt und Zweck des Weltgeschehens ist? Auch diese Frage ist gestellt und verneint worden. Schon das Emporkommen des eudämonistisch orientierten Sozialismus bejaht aber die Frage definitiv, die sich übrigens auch sonst aus der menschlichen Psychologie heraus sehr leicht erledigt. Der Lebenstrieb und die Lebensfreude besteht eben in jedem Gesunden und ist nicht umzubringen durch die Lehren einer Schule; man wird nicht griesgrämig oder fröhlich, weil man eine pessimistische oder optimistische Philosophie logisch deduziert, sondern man schafft sich seine Philosophie nach seinen affektiven Bedürfnissen, je nachdem man schwerblütig oder fröhlich angelegt ist, ob man sich glücklich verheiratet hat, oder ob einem der wichtigste Wurf im Leben mißglückt ist[1]. Man wird auch nicht Asket, weil einem bewiesen wird, das sei die beste Art Gott zu dienen, sondern man schätzt unter

[1] Für die äußere Lebensanschauung gilt nicht, daß man sie an den Früchten erkennen könne, die Früchte hängen vom Charakter und nicht von der überkommenen Form der Lebensanschauung ab. Biologisch, an ihren Wurzeln, ist die Lebensanschauung zu werten: Pessimismus entspringt im wesentlichen mangelnder Fähigkeit, sich den Bedürfnissen des Lebens anzupassen und sich an dem zu freuen, was es bietet; aber nachgebetet wird er von manchen nur deshalb, weil man sich damit interessanter erscheint: man kann alles kritisieren und zeigen, was für einen Fehler der liebe Gott gemacht hat, als er nach seinem eigenen Gutdünken die Welt einrichtete, statt nach der so wunderbaren Weisheit des betreffenden Philosophen. Wirkliche Lebensverneinung — nicht die mit dem Mitgefühl für das Elend der Menschen gepaarte Bedürfnislosigkeit eines Franz von Assissi — kann bis zu einem gewissen Grade eine gesunde Reaktion auf durch Übersättigung erworbene Blasiertheit sein, wie es bei dem Königssohn Buddha der Fall sein mag (ich kenne ihn zu wenig, um bestimmt zu reden). Aber gerade auch bei ihm und der indischen Weltanschauung überhaupt verrät die Lebensverneinung, die Furcht vor der Wiedergeburt, den degenerativen Mangel an Lebenstüchtigkeit und Freude, den Kampf mit dem Leben durchzuführen, während vielleicht in den Begriff des Nirwana da und dort etwas von der sexuellen Wollust eingegangen ist, deren Höhe von manchen als ein Schwinden des Bewußtseins der Außenwelt oder des Bewußtseins überhaupt dargestellt wird. Lebens- und Genußfähigkeit verlangt nach „Ewigkeit", d. h. Nicht-aufhören.

allen guten Werken die Selbstkasteiung am höchsten, wenn man masochistische und sadistische Anlagen hat. Eine Art, die keinen Selbsterhaltungstrieb mehr hat, geht zugrunde; was besteht, hat als Ganzes genommen Lebenstrieb und damit Lebensfreude; wenn man auch unter Umständen gegen seinen Willen leben muß, und Geschöpfe denkbar sind, die nur leiden, aber doch noch genug Instinkte haben, sich nur mit der Abwehr des Unangenehmsten zu erhalten. Menschen ohne Lebensfreude würden bald aussterben und das Feld denen lassen, die (auch) positive Gefühle haben. Daß auch unsere vorausdenkende Menschenspecies fröhlich leben kann ohne die Aussicht auf ewige Belohnung, das zeigen, wenn es noch nötig ist, die viel gerühmten Griechen, die zwar an ein Fortleben geglaubt, aber es zu einem höchst traurigen gestaltet hatten. Nicht vergleichen wollen wir die Primitiven, die sich zwar durch Zauberglauben bös schikanieren lassen, aber im übrigen fröhlich dahinleben, obschon sie sich (trotz aller Begräbnisfeierlichkeiten für ihre Großen) herzlich wenig um die Fortexistenz kümmern.

Die Frage, ob es sich lohnt zu leben, hat übrigens nur dann einen Sinn, wenn man bereit wäre, aus einer verneinenden Antwort die Konsequenz zu ziehen: Solange man dieser ausweicht, wertet man immer den Tod (oder das Sterben) schlechter als das Leben. Im übrigen hat man uns vor der Geburt nicht gefragt, ob wir das Leben oder die Nichtexistenz vorziehen. Aber jetzt ist man da, „zu leiden, zu weinen und zu freun sich“, — wenn man gesund ist, überwiegt auch beim Kulturmenschen noch das Positive. Und wer eine Ethik im Leibe hat, der sucht und findet seine Befriedigung darin, aus sich etwas Rechtes zu machen und anderen etwas Tüchtiges zu leisten.

Der Lebensgenuß hängt nicht von den Anschauungen ab, sondern (soweit das Individuum selbst direkt dabei beteiligt ist) nur von der physisch bedingten Stimmungslage. Dem Melancholiker hilft weder Philosophie noch der festeste Glauben an die Güte eines persönlichen Gottes; wenn hier überhaupt ein Unterschied besteht, so ist er gewiß nicht zugunsten des Gläubigen, dem, solange die Melancholie besteht, keine Macht der Welt die Überzeugung nehmen kann, daß gerade er die Gnade definitiv verscherzt habe.

Zum Glück trägt ferner bei das Ausleben irgendeines vernünftigen Triebes; die modernen Dichter stellen fast nur den erotischen dar und gerade da muß man dem Begriff des „Auslebens“ den allerbeschränktesten Sinn geben, wenn nicht für die meisten das Gegenteil von dem Gewünschten herauskommen soll. Es gibt aber auch noch das Sorgen für die Familie, für jemanden überhaupt, Betätigung in irgendwelchen guten oder schönen oder nützlichen Werken usw. usw.

Man darf aber auch nicht meinen, daß die jetzige Zeit der schwindelerregenden Ausbildung der realistischen Kenntnisse und des realistischen Denkens das affektiv dereistische Denken und das entsprechende Fühlen entbehren könne. Wenn wir uns so weit entwickelt haben, daß wir nur noch realistisch denken, dann wären wir keine Menschen mehr, sondern eine neue Species. Der bloße Verstand, auch unterstützt von der besten Gesinnung und dem eifrigsten Streben, sich für das Wohl seiner Mitmenschen einzusetzen, ist nicht ganz genügend, um die Leistungsfähigkeit in dieser Beziehung auf dem Maximum zu halten. Schon gegenüber sich selber ist es ein Vorteil, wenn man seine eigenen Fehler nicht allzu schwer anschlägt[1]. Man muß sich selber gegenüber eine mehr gefühlsmäßig optimistische Stellung einnehmen, um das Maximum sowohl von Glück wie von Leistungsfähigkeit zu besitzen. Man muß aber auch nach außen bis zu einem gewissen Grade „schwärmen“ können. Wer immer zum voraus ausrechnen und bewiesen haben will, daß ein bestimmtes Handeln oder Streben wirklich zum Ziele führt, kommt zu nichts, da wir doch in den wichtigen Sachen, für die solche Überlegungen gültig sind, niemals alles überblicken können. Man muß den Instinkten, die wir als gute bezeichnen, nachleben, begeistert sein für das Gute und da angreifen, wo man gerade kann, auf die Gefahr hin, einmal etwas Unnützes oder sogar einen Fehler zu machen. Wer hier zu logisch-mathematisch vorgehen will, wird nichts erreichen *und namentlich niemals andere mitreißen.* Auch im Denken ist das Richtige wie überall ein angemessenes Verhältnis der beiden einander regulierenden Gegensätze Wissen und Glauben, realistisch Denken und Dereieren. Der bloß Berechnende wird nichts Großes erreichen, aus Mangel an Wagemut und Überfluß an Rücksichten (auch für rein technische Erfindungen ist ein bestimmter Charakter die wichtigste Bedingung); der zu sehr Dereierende umgekehrt wird als Phantast den Kopf einrennen. Ein besonders durchsichtiges Beispiel großer Leistung infolge harmonischer aber sehr hoher Ausbildung beider Denkarten ist der „Vater der Londoner Niemandskinder“, Barnardo, der z. B. auf dem Gebiete der praktisch-psychologischen Erkenntnis der Nebenmenschen einen Blick und eine Überlegungskraft für das Reale hatte, wie kaum ein zweiter, auch sehr gut berechnen konnte, wieviel Geld er für ein bestimmtes Unternehmen brauche, und dabei sich in den wichtigsten Dingen darauf verließ, daß der liebe Gott ihm zur rechten Zeit die nötigen Mittel schicke. Der liebe Gott hat es dann auch getan — für unsere materialistische Logik deswegen, weil Barnardo nur so viel erstrebte, als die reale Situation erlaubte. Die Jungfrau von Orléans war ihrer Aufgabe so lange gewachsen, als es sich darum handelte, ihren Landsleuten den Gedanken beizubringen und mit lebhaften Gefühlen betonen zu lassen, daß eine Aufrappelung der Kräfte den Feind aus dem Lande jagen könnte, und daß man jetzt einfach draufloszugehen habe. Durch die Stimme der heiligen Jungfrau sagte ihr ihr guter Verstand, was im einzelnen zu tun war, und die Begeisterung für das instinktive, einfache Ziel ließ sie das Volk leicht mitreißen. Als aber Orléans entsetzt war, und die Aufgaben der großen Strategie und Diplomatie zu lösen waren und die Intrigen der Eifersucht ihr Feind wurden, da zeigte sich das Verständnis des einfachen Hirtenmädchens der realen Lage nicht mehr gewachsen; die Stimmen wurden verwirrend oder widersprechend oder blieben ganz aus, und die gleiche dereierende Begeisterung, die sie zuerst von Sieg zu Sieg getragen, führte das arme Kind auf den Scheiterhaufen.

Genaue Überlegungen sind vorzüglich als *Mittel* zum Zwecke; das eigentliche Ziel hat der *Glaube* an sich und an den Wert und an die Erreichbarkeit des Gewünschten zu bestimmen und lockend zu machen. Für die Helden des Glaubens und für Ideale dürfen und sollen wir uns alle unbesehen begeistern — auch wenn wir sie psychopathologisch untersuchen und begreifen. Interessant ist, daß es für den konsequenten Naturforscher nichts Geheimnisvolles, kein Wunder, nichts Übernatürliches

[1] Kennen soll man hingegen seine Fehler, um sie soweit möglich bessern zu können, und um nichts zu unternehmen, in dem sie verhängnisvoll werden können oder wenigstens uns Kräfte vergeuden lassen.

mehr gibt, und daß der Reiz dieser Dinge, trotz aller Wahrsager und medizinischer Pfuscher und ähnlicher Leute, im gesamten bedeutend abgenommen hat. Gewiß gibt es für uns immer mehr Fragen, die wir (noch) nicht beantworten können, und wir wissen, daß hinter jeder Antwort mehrere neue Fragen stecken — aber kein Geheimnis mehr. Ein Faust ist heute unmöglich. Dafür gibt es ein „Interesse", zu verstehen und zu wissen, *das einen vollen Ersatz für die dereierenden Strebungen von Glauben und Zauber bietet*. Immerhin müssen wir damit rechnen, daß viele auch jetzt noch gar nicht alle Möglichkeiten kennen *wollen*. Sie möchten noch ein Land haben, in dem sie sich etwas Wunderbares, Irrationales, speziell die Erfüllung ihrer Wünsche, hineindenken können.

Auch die kultiviertesten Teile der Menschheit sind noch lange nicht ganz realistisch und rationalistisch. Sollten sie es aber einmal sein, so wäre das kein Unglück; das Leben selbst mit seinen Notwendigkeiten bringt immer die *Wertung* als das Wichtigste in unsere Vorstellungswelt hinein. Vorläufig haben wir den Trieb, auch, oder allein, dereistische Ziele zu verfolgen, und so wird nur ein armseliger Philister im Leben seine Befriedigung finden können, wenn er nicht einem solchen Ziele zustreben kann, sei es auf einem Steckenpferd oder auf dem Pegasus oder auf einer Weihrauchwolke oder einhergehend neben dem Pfluge des stillen Arbeitens für jetziges und künftiges Wohl anderer.

Und nun mag man mich fragen: wenn man bei jeder Ansicht glücklich und gut sein kann, warum gibst du dir die Mühe, andern deine Ansicht aufzudrängen? Und ich antworte: schon weil ich Wissenschafter bin, und ich wie jeder Kulturmensch den mit positiven Gefühlen arbeitenden Trieb in mir habe, zu untersuchen, wie die Dinge und Verhältnisse sind, und einen Teil von den Erkenntnissen andere wissen zu lassen. Es ist auch wahr, daß Glück und Unglück in ihren größten Zügen von der affektiven Konstitution abhängen. Aber das schließt nicht aus, daß im einzelnen mit falschen Ansichten viel Schlimmes gestiftet wird, weil sie die Köpfe verwirren, und weil sie die Menschen veranlassen, sich und andere zu quälen, statt die nämliche Mühe aufzuwenden, einander das Leben lebenswerter zu gestalten. Hilft Philosophie weder gegen Zahnweh noch gegen die Bosheit der Menschen, so mildert oder verunmöglicht eingehende naturwissenschaftliche Erkenntnis den schlimmsten Zank, den um dereistische Ziele, und erschwert sie es dem Egoismus, sich als Kämpfer für Moral und Gerechtigkeit aufzuspielen.

Dabei weiß ich, daß die Wahrheit etwas Relatives ist. Für den jetzigen Stand unserer naturwissenschaftlichen Kenntnisse halte ich das Gesagte im großen und ganzen für Wahrheit, nicht aber für *die* Wahrheit.

Namen- und Sachverzeichnis.

Einklammerung einer Seitenzahl bedeutet, daß entweder nur die Sache, nicht aber das Stichwort auf der bezeichneten Seite erwähnt ist, oder daß die Sache nur nebensächlich behandelt wird.

Carl Ritter G. m. b. H., Wiesbaden.